Bitte streichen Sie
in unseren Büchern
nichts an.
Es stört spätere Benutzer.
Ihre Hochschulbibliothek

JAHRBUCH 2006/2007

BAUTECHNIK

18. Jahrgang, September 2006

Herausgeber:
Verein Deutscher Ingenieure
VDI-Gesellschaft Bautechnik (VDI-Bau)

Redaktion: Reinhold Jesorsky, VDI-Bau
Anzeigen: Wolfgang Wernitz
Herstellung: Monika Ostojić
Druck: Limberg Druck GmbH, Kaarst

© Verein Deutscher Ingenieure

VDI Verlag GmbH · Düsseldorf 2006

Alle Rechte, auch das des auszugsweisen Nachdrucks, der auszugsweisen oder vollständigen photomechanischen Wiedergabe (Photokopie, Mikrokopie) und das der Übersetzung, vorbehalten.

ISBN 3-18-401656-0

Printed in Germany

Inhalt

Geleitwort   8

Teil I Aktuelles, bemerkenswerte Bauwerke, Beruf, Karriere

Vorwort zum Themenschwerpunkt „Bauwerksmonitoring"   11
Univ.-Prof. Dr.-Ing. Reinhard Harte VDI, Statik und Dynamik der Tragwerke,
Bergische Universität Wuppertal

**Integriertes Sicherheitsmanagement alternder Bauwerke
durch Computersimulation und Zustandsmonitoring**   13
Univ.-Prof. Dr.-Ing. Reinhard Harte VDI, Wuppertal;
Univ.-Prof. Dr.-Ing. Dr.-Ing. E.h. Wilfried B. Krätzig VDI, Bochum;
Univ.-Prof. Dr.-Ing. Dr.-Ing. E.h. Dr. h.c. mult. Karl-Hans Laermann VDI, Wuppertal

**Aus alt mach neu – Gebäudediagnose und Bauen im Bestand an
ausgeführten Beispielen**   30
Dr.-Ing. Volker Theile und Dipl.-Ing. Architekt Werner Völler,
Hochtief Construction AG, Frankfurt

**Neue Möglichkeiten der Zustandsüberwachung durch
strukturintegrierte faseroptische Sensoren**   51
Dr.-Ing. Wolfgang R. Habel, Bundesanstalt für Materialforschung und
-prüfung (BAM), Berlin

**Monitoring als Grundlage für effektive Instandhaltung
Neue Wege bei der Bauwerkserhaltung**   66
Dipl.-Ing. Joachim Roloff, TÜV Rheinland Industrie Service, Köln
Dipl.-Ing. Ulf Kohlbrei, TÜV Rheinland Industrie Service, Köln

**In-situ-Messungen an einem Spannbetonschaft für den Prototypen einer 5
- MW - Offshore Windenergieanlage**   78
Prof. Dr.-Ing. Jürgen Grünberg VDI und Dipl.-Ing. Joachim Göhlmann, Technische
Universität Hannover

**Die Verwendung von Stahlbausystemen (Walzträger) bei der Sanierung
und beim Bauen im Bestand**   102
Dipl.-Ing. Dipl.-Wirtschaftsing. Marc Blum, Dipl.-Ing. Andreas Girkes VDI, Köln

Experimentelle Tragsicherheitsbewertung von Hallendächern 115
Prof. Dr.-Ing. Klaus Steffens, Prof. Dr.-Ing. Steffens Ingenieurgesellschaft mbH
und Dr.-Ing. Marc Gutermann, Hochschule Bremen, Institut für
Experimentelle Statik, Bremen

Anwendung von Geokunststoffen bei der Deichertüchtigung 124
Prof. Dr.-Ing. Georg Heerten und Dipl.-Ing. Katja Werth,
NAUE GmbH & Co. KG, Espelkamp,

Erweiterung der U3/U6 im Zentrum Münchens
Verformungsarmer Tunnelvortrieb durch Baugrundvereisung 135
Dipl.-Ing. Lothar Eicher, Baureferat U–Bahn-Bau der LH München,
Dipl.-Ing. Franz Bayer, Max Bögl GmbH & Co KG, Zentralbereich Tunnelbau,
München, Prof. Dr.-Ing. Norbert Vogt VDI und Dipl.-Ing. Christian Kellner,
Zentrum Geotechnik, Technische Universität München

Off-shore Baugrunderkundung für eine Hängebrücke in Südamerika 151
Dipl.-Ing. Ludger Oligmüller, HOCHTIEF Construction AG, Essen ,
Prof. Dr.-Ing. Martin Empelmann, Technische Universität Braunschweig

Innovative Verfahren für die grabenlose Verlegung von Rohren,
Kabeln und Leitungen 163
Dr. Hans-Joachim Bayer, TRACTO-TECHNIK GmbH, Lennestadt

Innovative Schaumglasprodukte eröffnen neue Perspektiven im
energiesparenden Bauen ohne Wärmebrücken 199
Dipl.-Ing. Andreas Schreier, Deutsche FOAMGLAS® GmbH, Haan

Bögen im Freivorbau
Neubau der Seidewitztalbrücke im Zuge der A17 Dresden – Prag 205
Dipl.-Ing. Dirk Pötzsch, Dipl.-Ing. (FH) Martin Jahn, Dipl.-Ing. Tobias Schmidt,
Ed. Züblin AG, Direktion Ost, Bereich Dresden

Die 2. Strelasundquerung mit der Rügenbrücke
Interaktive Entwicklungen in der Bauphase 224
Dr.-Ing. Karl Kleinhanß, DEGES Berlin, Dipl.-Ing. Martin Steinkühler,
Max Bögl Neumarkt, Dr. -Ing. Björn Schmidt-Hurtienne, EHS Schwerin

Tragwerk und Montage der Bügelgebäude des Berliner Hauptbahnhofs 241
Dr.-Ing. Bernd Naujoks, Donges Stahlbau GmbH, Darmstadt

Die Skisprungschanze in Klingenthal - Planung und Ausführung 262
Dipl.-Ing. Eva Hinkers VDI, Dr.-Ing. Torsten Wilde-Schröter und Dr.-Ing.
Joachim Güsgen, Arup GmbH, Düsseldorf

Der Einfluss von Schwingungstilgern auf die Standsicherheit und Gebrauchstauglichkeit von Bauwerken 286
Dr.-Ing. Peter Nawrotzki, Dipl.-Ing. Frank Dalmer,
GERB Schwingungsisolierungen GmbH & Co. KG, Berlin/Essen

Behutsame Betoninstandsetzung 297
Prof. Dr.-Ing. Harald S. Müller VDI, Dipl.-Ing. Edgar Bohner MSc,
Dipl.-Ing. Michael Vogel, Institut für Massivbau und Baustofftechnologie,
Universität Karlsruhe (TH),
Dr.-Ing. Martin Günter, Ingenieurgesellschaft Bauwerke GmbH, Karlsruhe

Grenzen der Rechtsberatung durch Ingenieure 323
RAin Sabine Freifrau von Berchem, Verband Beratender Ingenieure VBI, Berlin

Fallstricke in der Berufshaftpflichtversicherung 333
RA Ulrich Kleefisch, Gerling Allgemeine Versicherungs AG,
Planungshaftpflicht / Schaden, Köln

Public Private Partnership im Aufwind 343
Rechtsanwalt Johann Friedrich Rumetsch und Rechtsanwalt Olaf Strehl,
Partner bei BEITEN BURKHARDT, Düsseldorf

Master of Science in Urban Management –
Aufbaustudiengang an der Universität Leipzig 360
Prof. Dipl.-Ing. Architekt Johannes Ringel, Universität Leipzig und RKW Düsseldorf

Baustellenexkursionen für Studierende –
Erfahrungen und Erkenntnisse aus Sicht der Teilnehmer 365
Prof. Dr.-Ing. W. Brameshuber VDI, Dipl.-Ing. Stephan Uebachs VDI,
Dipl.-Ing. Thomas Eck VDI, Institut für Bauforschung, RWTH Aachen, Aachen

Studium im Bauingenieurwesen – Der StAuB
(Ständiger Ausschuss der Bauingenieur-Fachschaften-Konferenz) informiert 381
Mirko Landmann, Weimar; Michael Richter, Leipzig; Anne Kawohl, Darmstadt;
Kian Giahi, Aachen; Walter Biffl, Wien

Vom Abitur zum Bauingenieur-Diplom –
Ein Erfahrungsbericht zweier Jungingenieure 385
Dipl.-Ing. Kai Osterminski, TU München und Dipl.-Ing. Karoline Ossowski,
Ruhr-Universität Bochum

Messe BAU 2007 vom 15.-20. Januar 2007 in München
VDI-Stand und exklusive Vergünstigungen für VDI-Mitglieder 395

**Improving Infrastructure Worldwide - Bringing People Closer
IABSE Symposium Weimar, 19.-21. September 2007** 400
Prof. Dr.-Ing. U. Kuhlmann VDI, Universität Stuttgart

Teil II Fachwissen

Nanotechnologie im Bauwesen – Grundlage für Innovationen 405
Univ.-Prof. Dr.-Ing. Wolfgang Brameshuber VDI, Aachen

**Anwendungsmöglichkeiten photokatalytischer Beschichtungen im
Bereich von Gebäudefassaden** 413
Dr. Franz Groß, NANO-X GmbH, Saarbrücken

**Nanotechnologie für funktionelle und dekorative Beschichtungen auf
Betondachsteinen und Ziegeln** 421
Dr.rer.nat. Martin Schichtel, Viking Advanced Materials GmbH, Homburg

**Mehrere Beiträge zum Thema „Bauen mit Glas" –
Transparente Werkstoffe im Bauwesen" (VDI-Bericht 1933)** 434

Verglaste Stabnetze auf immer freieren Flächenformen 436
Dr.-Ing. H. Schober, Dr.-Ing. K. Kürschner, Schlaich Bergermann und
Partner GmbH, New York und Stuttgart

Einsatz höherfester Klebstoffe im Glasbau 446
Prof. Dr.-Ing. B. Weller, Dipl.-Ing. V. Prautzsch, Dipl.-Ing. S. Tasche,
Dipl.-Ing. I. Vogt, TU Dresden, Institut für Baukonstruktion

Die atmende Haut – Muss es wirklich 100 % Glas sein 462
Dipl.-Ing. Arch. Herwig Barf, DS-Plan GmbH, Stuttgart,
Dipl.-Ing. (FH) Arch. Martin Lutz, DS-Plan AG, Stuttgart

Transparente Gebäudehüllen – neue Projekte und aktuelle Forschung 471
Dr.-Ing. Wolfgang Sundermann, Dr.-Ing. Dipl.-Wirt.-Ing. Thomas Winterstetter,
Werner Sobek Ingenieure, Stuttgart

**Praktische Umsetzung anspruchsvoller Glaskonstruktionen
aus der Sicht des ausführenden Unternehmens** 481
Dipl.-Ing. Peter Tückmantel VDI, Dipl.-Ing. Wolfgang Wies, Wagener Gruppe,
Kirchberg

Innovative Lösungen im konstruktiven Glasbau 511
Dr.-Ing. Albrecht Burmeister, DELTA-X-GmbH Ingenieurgesellschaft, Stuttgart,
Prof. Dr.-Ing. Dr.-Ing.E.h. Dr.h.c. E. Ramm, Universität Stuttgart, Institut für Baustatik,
DELTA-X-GmbH Ingenieurgesellschaft, Stuttgart

Teil III Technisch-geschichtlicher Beitrag

100 Jahre Mittellandkanal – Geschichte, Bauwerke und Verkehrsbedeutung 521
Dipl.-Ing. Reinhard Henke, Wasser- und Schifffahrtsdirektion Mitte, Hannover

Teil IV VDI-intern

VDI-Stellungnahme zur Gebäudesicherheit	554
Richtlinie VDI 6200 „Überwachung und Prüfung von Bauwerken"	558
Neue Köpfe im Beirat der VDI-Bau	558
VDI-Ehrungen für Bauingenieure	560
Veranstaltungsvorschau	562
Tagungen	562
Lehrgänge/Seminare	565
Chinesische Delegation zu Gast beim VDI	566
Statistiken zu Schule, Hochschule und Arbeitsmarkt	567
Baufilm-Tag Düsseldorf 2006	568
Aktuelle VDI-Berichte zu Bauthemen	569

- VDI-Gesellschaft Bautechnik - ein Überblick 572
  - Aufbau und Arbeitsweise 572
  - Leistungen auf einen Blick 573
  - Tätigkeitsgebiete 575
  - Ehrenamtliche Mitarbeiter der VDI-Gesellschaft Bautechnik 575
  - VDI-Mitgliedschaft und Beiträge 580
  - Veröffentlichungen 581
  - Fachzeitschrift „Bauingenieur" 583
  - Der VDI – ein Überblick 584
  - Ansprechpartner im VDI 586
  - Mitgliederentwicklung 587
  - Antwort-Formblatt 589

Teil V Übersichten/Tabellen/Adressen

- Literaturverzeichnis zum Berufsbild des Bauingenieurs 592
- Homepages aller Hochschulen mit Bauingenieur-Studiengängen 597
- Neue DIN-Taschenbücher und neue DIN-Normen des NABau 599
- Veranstaltungskalender 621
- Neue Mitglieder 627
- Inserentenverzeichnis 640

Geleitwort

Sehr geehrtes Mitglied, liebe Leserin, lieber Leser,

das Jahrbuch 2006/2007 enthält wieder gezielt ausgesuchte Aufsätze und Berichte über aktuelle Bauwerke, Baumaßnahmen und neue Entwicklungen auf verschiedenen Gebieten der Bautechnik. Im Teil I bilden die Themen „Bauen im Bestand" und „Bauwerksmonitoring" mit mehreren Beiträgen einen aktuellen Schwerpunkt. Von allgemeinem Interesse sind die Beiträge über Rechtsberatung durch Ingenieure, die Berufshaftpflichtversicherung und PPP-Verträge. In drei Beiträgen berichten Studierende und Jungingenieure über ihre Erfahrungen und Erlebnisse.

Im Teil II unter der Überschrift Fachwissen lauten die Themenschwerpunkte „Nanotechnologie im Bauwesen" (3) und „Bauen mit Glas" (6).

Der traditionelle technisch-geschichtliche Beitrag im Teil III ist ausnahmsweise keiner Einzelperson gewidmet sondern beleuchtet die Geschichte und die Bedeutung des Mittellandkanals und seiner Einzelbauwerke. Die VDI-Interna (Teil IV) und die bewährten Übersichten, Tabellen und Adressen in Teil V runden den Inhalt ab.

Das Jahrbuch soll für Sie eine nützliche Informations- und Wissensquelle, ein Handbuch für die tägliche Arbeit und eine Publikation zur Verstärkung der Mitgliederbindung sein, denn das Jahrbuch erscheint seit immerhin 18 Jahren. Die letzten 3 Jahrbücher sind mit eingelegter CD-ROM erschienen, so dass die Beiträge auch in Farbe sichtbar werden.

Für Anregungen, Wünsche, Vorschläge und Kritik zum Inhalt und zur Gestaltung unserer Jahrbücher haben wir stets ein offenes Ohr. Bitte äußern Sie Ihre Meinung!

Ihre

VDI-Gesellschaft Bautechnik

Der Vorsitzende

Prof. Dr.-Ing. M. Curbach

Düsseldorf, September 2006

Der Geschäftsführer

Dipl.-Ing. R. Jesorsky

Teil I

**Aktuelles/
Beruf/
Ausbildung/
Karriere
in Exklusiv-
beiträgen**

Vorwort zum Themenschwerpunkt „Bauwerksmonitoring"

Univ.-Prof. Dr.-Ing. Reinhard Harte VDI, Statik und Dynamik der Tragwerke, Bergische Universität Wuppertal

Der Einsturz der Eissporthalle in Bad Reichenhall wie auch weitere spektakuläre Schadensfälle zu Beginn des Jahres 2006 haben uns der Illusion immerwährender, weitgehend wartungsfreier Standsicherheit unserer Gebäude beraubt. Einstürze sind nicht nur– wie bei Schäden im Ausland gern unterstellt – eine Folge mangelhafter Bauqualität, sondern vor allem das Ergebnis unkontrollierter Alterung der Tragkonstruktion.

Ausgelöst durch die Brandkatastrophe 1995 im Flughafen Düsseldorf mit 13 Toten ist die kontinuierliche Überwachung hinsichtlich des baulichen Brandschutzes mittlerweile vorbildlich geregelt. In Brandschutzkonzepten nach [BauPrüfVO] werden die Erfordernisse zusammenfassend festgelegt. Der Takt der wiederkehrenden Prüfungen und die Zuständigkeiten für deren Durchführung durch Sachkundige bzw. Sachverständige sind in der [TPrüfVO] geregelt. Bei risikoträchtigen Bauwerken wie Versammlungsstätten, Schulen, Krankenhäusern etc. wird das Prozedere ergänzt durch turnusgemäße Brandschauen der zuständigen Brandschutzdienststellen nach [FSHG].

Für die Standsicherheit fehlt es – mit Ausnahme der Brücken (Brückenprüfungen nach DIN 1076) – an entsprechenden Kontrollmechanismen über die Lebensdauer des betreffenden Bauwerks, und das unabhängig davon, ob es sich um eine Lagerhalle mit geringem Risikopotential oder eine Versammlungsstätte mit multipler Gefährdung von Personen handelt. Wiederkehrende Inspektionen oder kontinuierliche Überwachung (Monitoring) über die Lebensdauer des Bauwerks sind weder Bestandteil bauaufsichtlicher Auflagen noch werden sie durch Facility Management Maßnahmen im Sinne eines Life-Cycle-Management abgedeckt [Diederichs 2005]. Hier genießt die Funktionsfähigkeit haustechnischer Einrichtungen einen höheren Stellenwert als die Standsicherheit, wenngleich jeder einzelne Bauherr durch die jeweilige Bauordnung seines Bundeslandes gehalten ist, dafür Sorge zu tragen, dass „jede bauliche Anlage... standsicher sein muss" und dass „jede ... bauliche Anlage... so instand zu halten ist, dass die öffentliche Sicherheit nicht gefährdet wird". Ob diese Vorschrift mit der erforderlichen Sorgfalt befolgt wird, ist mehr als fraglich, wohl auch deshalb, weil sich viele Bauherren über die hinter den Aussagen der Landesbauordnungen stehenden Verantwortlichkeiten nicht bewusst sind.

Der VDI hat in Presseerklärungen anlässlich des Einsturzes von Bad Reichenhall mehrfach auf diesen Missstand hingewiesen und die Abkehr vom Dogma der Deregulierung und Privatisierung gefordert. Er ist damit in guter Gesellschaft, denn bereits im Jahre 2005 hat der Club of Rome in seinem Bericht „Limits of Privatisation" [Weizsäcker u.a. 2005] festgestellt, dass beide nicht als Paar funktionieren können. Danach kann Privatisierung nur dann zum Erfolg führen, wenn ein starker Staat in der Lage ist, die Spielregeln festzusetzen und auch durchzusetzen. Privatisierung verlange also nicht weniger, sondern mehr Regulierung, so der [VDI 2006].

Vor diesem Hintergrund diskutieren die Autoren des ersten Beitrages die Möglichkeiten eines Integrierten Sicherheitsmanagements, bestehend aus Computersimulationen zur Identifizierung relevanter Messpunkte und Messgrößen sowie zur Quantifizierung tolerabler Grenzwerte der Bauwerkssicherheit, und aus einem Zustandsmonitoring zur regelmäßigen Erfassung der für eine kontinuierliche Systemidentifikation benötigten Daten. Die nachfolgenden Beiträge in diesem Jahrbuch werden sich dann mit konkreten Anwendungen derartiger Überwachungskonzepte befassen.

Diederichs, C. J. (2005): Immobilienmanagement im Lebenszyklus. 2. Aufl., Springer-Verlag Berlin.
BauPrüfVO (2000): Verordnung über bautechnische Prüfungen vom 06.12.1995, mit Verordnung zur Änderung der Verordnung über bautechnische Prüfungen vom 20.02.2000. GV.NW.2000, S. 226.
TPrüfVO (2000): Technische Prüfverordnung, vom 05.12.1995, mit Verordnung zur Änderung der Technischen Prüfverordnung, vom 09.05.2000. GV.NW.2000, S. 484.
FSHG (1998): Gesetz über den Feuerschutz und die Hilfeleistung, vom 10.02.1998. GV.NW.1998, S. 122.
Weizsäcker, von, E.U., Young, O.R., Finger, M. (Ed.) (2005): Limits of Privatisation. Report to the Club of Rome. Earthscan, London 2005.
VDI (2006): VDI fordert regelmäßige Standsicherheitsprüfungen bei risikobehafteten Bauwerken. VDI Pressemitteilung vom 16.02.2006.

Integriertes Sicherheitsmanagement alternder Bauwerke durch Computersimulation und Zustandsmonitoring

Univ.-Prof. Dr.-Ing. **Reinhard Harte** VDI, Wuppertal;
Univ.-Prof. Dr.-Ing. Dr.-Ing. E.h. **Wilfried B. Krätzig** VDI, Bochum;
Univ.-Prof. Dr.-Ing. Dr.-Ing. E.h. Dr. h.c. mult. **Karl-Hans Laermann** VDI, Wuppertal

Zusammenfassung

Bauwerke verlieren im Laufe ihrer Nutzung durch Alterung ihre anfängliche Sicherheit, sie deteriorieren. Deswegen werden z.B. Brücken nach DIN 1076 regelmäßig überwacht, überprüft und ggf. instandgesetzt. Bei Hochbauten fehlt ein vergleichbares Sicherheitsmanagement, selbst bei solchen mit hohem Risikopotential. Der folgende Artikel beschreibt die Grundzüge eines für Ingenieurbauten geeigneten Sicherheitsmanagements. Dieses integriert Computersimulationen und ein geeignetes Zustandsmonitoring, indem es mittels Testbelastungen am Realtragwerk einen hohen Vertrauensgrad aller Aussagen garantiert.

1. Deteriorierende Baukonstruktionen

Bauwerke beginnen ihre Lebensphase mit einer durch Normen detailliert geregelten, während des Planens und Bauens vielfach überprüften Versagenssicherheit. Diese Anfangssicherheit reduziert sich durch Nutzungseinflüsse, Baustoffalterung oder Umwelteinwirkungen: Das Bauwerk *deterioriert*, es verliert seine Neuwert-Qualität.

Um katastrophale Situationen alternder Tragwerke zu vermeiden, sollten deren aktuelle Sicherheiten bekannt bzw. bestimmbar sein. Hierzu dienen Strategien eines *integrierten Sicherheitsmanagements* aus Computersimulationen und kombiniertem Bauwerksmonitoring,

- um normengemäße Sicherheit, Zuverlässigkeit und Funktionsfähigkeit von Baukonstruktionen ständig zu gewährleisten, insbesondere bei hohem Risikopotential,
- um die verbleibende Nutzungsdauer alternder Bauobjekte zu quantifizieren,
- um Reparatur- und Ertüchtigungsmaßnahmen gezielt zu planen und rechtzeitig durchzuführen, ehe durch Sicherheitsdefizite irreparable Schäden auftreten,
- um Erfolg und Wirkung derartiger Maßnahmen zuverlässig zu kontrollieren.

Aber nicht nur Sicherheitsaspekte zur baulichen Gefahrenabwehr, auch Gesichtspunkte volkswirtschaftlicher Werterhaltung sprechen für eine Überwachung von Bauwerken, da deteriorierte Bausubstanz während der Weiternutzung erfahrungsgemäß steigende Unterhaltsaufwendungen erfordert. Restsicherheiten sollten mittels weitgehend zerstörungsfreier, die Gebrauchsfähigkeit erhaltender Analysemethoden bestimmbar sein, die im folgenden beschrieben werden. Mit den gewonnenen Daten lassen sich die Auswirkungen aufgetretener Deteriorationen auf Tragsicherheit und Restlebensdauer bestimmen, um kostengünstige Ertüchtigungen zu konzipieren, deren Zeitkorridore zu fixieren oder über einen Abbruchzeitpunkt zu entscheiden. Sparsamer Umgang mit finanziellen Ressourcen und nachhaltiges Wirtschaften sprechen oft gegen den schnellen Ersatz von Bauten, deren Lebensdauer erschöpft erscheint, die aber kostengünstiger repariert bzw. ertüchtigt werden können.

2. Strategien eines integrierten Sicherheitsmanagements

Das Ziel jedes Sicherheitsmanagements ist die realitätsnahe Bestimmung der aktuellen Versagenssicherheit, wegen der sich entwickelnden Deteriorationen auch als *Restsicherheit* bezeichnet. **Bild 1** gibt hierüber einen schematischen Überblick. Zum Fertigstellungszeitpunkt t_0 beginnt die Nutzung des Tragwerks mit einer Sicherheit γ_0 des *Widerstandes* R gegenüber der *Last* S. γ ist der Einfachheit halber als zentraler Sicherheitskoeffizient dargestellt. Während der Nutzung deteriorere der Tragwerkswiderstand R durch Alterung, Umgebungseinwirkung oder Überlastungen, während die Last S ansteige, beispielsweise durch Umnutzung. Beides reduziert die anfängliche Sicherheit γ_0.

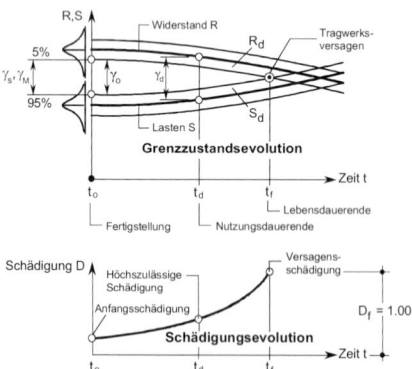

Bild 1. Grenzzustandsevolution und Tragwerksschädigung während der Nutzung

Besaß das Tragwerk mit γ_0 zum Zeitpunkt t_0 noch Sicherheitsreserven, so seien diese zum Zeitpunkt t_d, der *Entwurfslebensdauer*, aufgezehrt, normengemäß das Nutzungsende. Bei Weiternutzung würde der Schnittpunkt $R = S \Rightarrow \gamma = 0$ *Tragwerksversagen* markieren, das theoretische Ende der Lebensdauer.

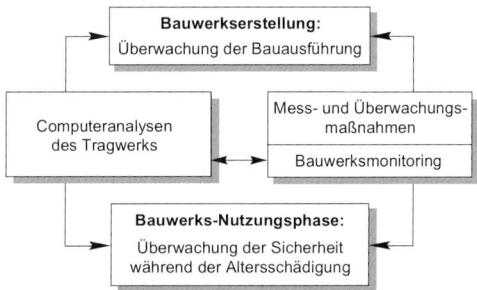

Bild 2. Überblick über ein Sicherheitsmanagement

Moderne Tragwerkstheorien beschreiben diesen Lebenszyklus gemäß **Bild 1** mittels *Schädigungsindikatoren* D. Diese entwickeln sich vom ungeschädigten Ausgangswert $D_0 = 0$, ggf. auch einer Anfangsschädigung, bis zur Versagensschädigung $D_f = 1$. Schädigungsindikatoren dienen zur Abschätzung von Restnutzungsdauern.

Wie kann man nun die sich während der Nutzungsphase entwickelnde Sicherheitsreduktion wirklichkeitsnah bestimmen? Nach heutigem Erkenntnisstand bildet die einzig mögliche Vorgehensweise eine Kombination aus *Computersimulation* und einem *Zustandsmonitoring* gemäß **Bild 2** [10].

Jedem Bauingenieur ist das Wechselspiel zwischen Berechnung, Konstruktion, Errichtung und *Überwachung* aus der Planungs- und Bauphase eines Bauwerks vertraut. Das Sicherheitsmanagement führt dieses während der Bauwerksnutzung weiter. Zielend auf eine realitätsnahe Kenntnis der Versagenssicherheit als bauliches Risikomaß, ist die Interaktion von Computersimulation und Bauwerksmonitoring auf aktuelle Tragwerkszustände hin orientiert, eine viel komplexere Aufgabe als die Erstellung der ursprünglichen Ausführungsstatik.

3. Die Einzelschritte eines Sicherheitsmanagements

3.1 Bauüberwachung ab Neubau-Fertigstellung

Beginnend mit dem (seltenen) Fall einer Bauwerksüberwachung unmittelbar ab Fertigstellung gibt **Tabelle 1** einen Überblick über die Einzelschritte eines integrierten Sicherheitsmanagements durch Kombination von Computersimulation und Bauwerksmonitoring, die im folgenden erläutert werden. Dabei werden alle aktuellen Festigkeiten und Steifigkeiten der Bauwerkskomponenten als bekannt vorausgesetzt.

1. Computersimulationen:	2. Tragwerksmonitoring:

a) Aufbau eines hinreichend genauen Computermodells des (aktuellen) Tragwerks
a) Rechnerische Simulation der bemessungsrelevanten Zustandsgrößen aus den maßgebenden Lastkombinationen
b) Feststellung der Schwachstellen des Tragwerks:
  • höchstbeanspruchte Tragwerksbereiche
  • schädigungskritische Bereiche gemäß Bauwerksaufnahme

    c) Festlegung zu überwachender Zustandsgrößen (statische und dynamische Verformungen) als Kontrollgrößen
    e) Durchführung von Eichungsmessungen der zu überwachenden Kontrollgrößen mittels Testbelastungen am (aktuellen) Realtragwerk

f) Validierung und Kalibrierung des Computermodells (Identifikation) aus den Eichungsmessungen der Kontrollgrößen am Realtragwerk
g) Rechnerische Simulation der aktuellen bemessungsrelevanten Zustandsgrößen aus den maßgebenden Lastkombinationen
h) Feststellung der aufgetretenen Sicherheitsdefizite: Restsicherheitsanalyse
i) Gegebenenfalls Verfeinerung des Computermodells

Bei regelmäßigen Zustandsbestimmungen im Zuge eines Sicherheitsmanagements werden die Schritte e) bis h) in festgelegten Zeitintervallen wiederholt

Tabelle 1. Einzelschritte eines integrierten Sicherheitsmanagements

a) Aufbau des Computermodells Übliche Statische Berechnungen dienen nie der Erfassung der physikalischen Wirklichkeit, sondern bilden Minimalabschätzungen normenseits geforderter Sicherheiten. Stets sind sie ein Kompromiß zwischen Berechnungsaufwand, Verläßlichkeit der verfügbaren Eingangsdaten und geforderter Aussagegenauigkeit.

Eine völlig andere Rolle spielen Analysen zum Aufspüren von Sicherheitsmängeln oder Schwachstellen. Wegen der Eichung an Eigenschaften des wirklichen (aktuellen) Tragwerks stellen sie höhere Genauigkeitsansprüche, erfordern wirklichkeitsnähere Tragwerksmodellierungen und führen zu gesteigertem Berechnungsaufwand [8].

Hinsichtlich notwendiger Detaillierungen des Modells sei DIN 1076 [1] zitiert. Diese Norm für Überwachung und Prüfung von Ingenieurbauten fordert *handnahe Prüfungen*, also Auflösungen der Prüfdetails bis in *Blickfeldgröße*.

www.tuev-sued.de

Brandschutz mit TÜV SÜD fängt an, wo andere aufhören.

In Sachen Vorbeugender Brandschutz macht uns so schnell keiner etwas vor: Wo sonst findet man Know-how aller Ingenieurdisziplinen gebündelt unter einem Dach. Der tägliche Umgang mit modernster Technik, die Kenntnis aller relevanten Regelwerke sowie jahrzehntelange Erfahrung machen TÜV SÜD zu Ihrem Partner der ersten Wahl.

Vom baulichen über den anlagentechnischen bis hin zum organisatorischen Brandschutz – Sie wissen: Die Sicherungskette Brandschutz ist nur so stark wie ihr schwächstes Glied. Profitieren Sie daher von unserer einzigartigen Fachkompetenz und interdisziplinären Vorgehensweise. Wir sind bundesweit tätig.

TÜV SÜD Industrie Service GmbH · Westendstraße 199 · 80686 München · brandschutz@tuev-sued.de

b) Rechnerische Simulation der Zustandsgrößen Hiermit gewinnt man die Grundlagen für die Ortung aller Schwachstellen des Tragwerks, auf welche sich jedes Sicherheitsmanagement konzentrieren wird.

c) Lokalisation von Schwachstellen Die unter b) durchgeführten Analysen dienen der Identifikation von Schwachstellen im Tragwerk [8]. Dies sind alle *höchstbeanspruchten* Tragwerksbereiche sowie alle bei Bauaufnahmen als *schädigungskritisch* erkannten Bereiche. Schwachstellen müssen in hinreichend feiner Auflösung modelliert sein, ein wichtiger Unterschied zu üblichen statischen Berechnungen.

d) Festlegung der Kontrollparameter des Monitoring Wesentliche Aufgabe des eingebundenen Monitorings ist die Eichung (Validierung und Kalibrierung) des Computermodells am Realtragwerk. Daher sind *Kontrollparameter* auszuwählen, die mit bestmöglicher Genauigkeit am realen Objekt zu messen sind [13]. Hierzu zählen statische (*Durchbiegungen, Relativverschiebungen*) und dynamische (*Eigenfrequenzen*) Weggrößen.

Bild 3. Firstgelenk eines Holzleimbinders mit Riss-Schädigungen

e) Eichungsmessungen der Kontrollparameter Selbst bei Überwachungen ab Nutzungsbeginn, mit Rechenwerten der Kontrollparameter des ungeschädigten Ausgangszustandes aus der ursprünglichen Computeranalyse, wird ein Abgleich zwischen Modell und Realtragwerks immer empfohlen. Hierzu wählt man zweckmäßige *Testbelastungen* auf Tragwerk und Modell. Bei regelmäßigen Überwachungen sind die (deteriorierten) Kontrollparameter der jeweiligen aktuellen Zustände stets neu abzugleichen.

f) Validierung und Kalibrierung des Computermodells Das unter Punkt e) als *Eichung* abgekürzte Vorgehen, die *Identifikation* zweier Systeme, ist eine schwierige Aufgabe, für welchen hier keine allgemeinen Richtlinien vorgegeben werden. Die verschiedenen Identifikationstechniken führen oft auf *inverse Probleme* [13], [16]. Sie erfordern, vereinfacht ausgedrückt, genügend Freiwerte im Computermodell, z.B. Steifigkeitsparameter, um alle als wichtig erkannten Tragwerkseigenschaften beeinflussen zu können. Hierbei können Sensibilitätsanalysen hilfreich sein. Hat man die Validierung bewältigt, kann das Modell an den Messergebnissen der Kontrollparameter des Realtragwerks kalibriert werden.

Bei Überwachungen in regelmäßigen Zeitabständen durch Messungen der Kontrollparameter werden bei Baustoffdeteriorierungen stets neue Kalibrierungen notwendig, gelegentlich auch neue Validierungen.

g) Analyse des aktuellen Ist-Zustandes Bis hierhin seien das Computermodell und das aktuelle Realtragwerk bestmöglich identifiziert. Damit kann dessen Berechnung zur Bestimmung der bemessungsrelevanten Zustandsgrößen für die maßgebenden Belastungskombinationen ausgeführt werden.

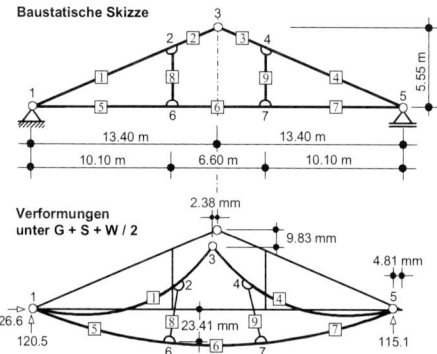

Bild 4. Standard-Computermodell des Holzleimbinders

h) Feststellung möglicher Sicherheitsdefizite Der vorige Schritt g) gestattet es nun, die aktuell vorhandenen Restsicherheiten bzw. mögliche Sicherheitsdefizite zu quantifizieren.

i) Verfeinerung des Computermodells Oftmals wird erst nach den beiden vorigen Schritten die Notwendigkeit von Modellverfeinerungen erkennbar, beispielsweise eine bereichsweise detailliertere Diskretisierungen oder die Verwendung von Elementen höherer mechanischer Leistungsfähigkeit. Die **Bilder 3** bis **5** illustrieren diese Verfeinerung aus der Sicherheitsanalyse eines durch Trocknungsrisse geschädigten Holzleimbinders. **Bild 4** zeigt die anfängliche Stabdiskretisierung, **Bild 5** eine Schwachstelle mit eingekoppelten Scheibenelementen zur feineren Ergebnisauflösung.

Bei regelmäßigen Bauwerksüberwachungen werden mindestens die Schritte e) bis h) in festgelegten Zeitintervallen, periodisch, nach beobachteten Altersschädigungen oder für prognostizierte zukünftige Schädigungszustände, wiederholt.

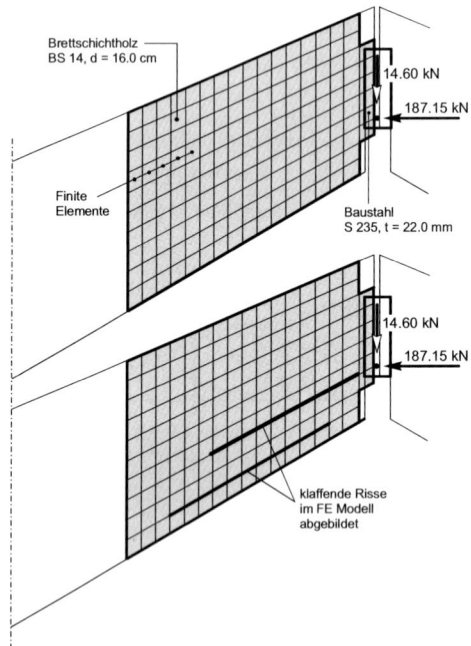

Bild 5. Verfeinerung einer geschädigten Schwachstelle durch homogene Scheibenelemente (oben) und solche mit modellierten Rissen (unten)

3.2 Bauüberwachung bestehender (geschädigter) Bauwerke

Der bisherige Idealfall eines Sicherheitsmanagements ab ungeschädigtem Neuzustand tritt in der Überwachungspraxis selten auf, weil Sicherheitsüberprüfungen selten präventiv, sondern zumeist erst nach Verdacht auf Sicherheitsverluste vom Bauherrn erwogen werden. In diesem Fall fehlt die Kenntniss des Neuwert-Zustands als Bezugsbasis.

Aber auch dann können die Einzelschritte der **Tabelle 1** in analoger Weise abgearbeitet werden. Allerdings bedarf die Konstruktion des Basismodells -Tabelle 1, a)- nun besonderer Sorgfalt, sowohl was dessen Auflösung als auch dessen Abgleich mit der aktuellen (vorgeschädigten) Realität betrifft. Zur Tragwerksmodellierung wird hier eine sorgfältige *material-*

technische Bauaufnahme zwecks Feststellung aller maßgebenden aktuellen Steifigkeiten und Festigkeiten unumgänglich.

Manchmal existiert für das zu untersuchende Objekt nicht einmal mehr eine statische Entwurfsberechnung, oft beruht diese auf überholten Normen oder erscheint fehlerhaft. Deswegen ist es immer zweckmäßig, die Sicherheiten des aktuellen Tragwerkszustands nach den neuesten Normen nachzuweisen, Tabelle 1, b). Dies läuft auf die Erstellung einer neuen, i.a. sehr genauen statischen Berechnung hinaus, deren Ergebnisse dann als Basis für später zu gewinnende Aussagen dienen.

Beim Sicherheitsmanagement existierender, im Verdacht von Vorschädigungen stehender Konstruktionen spielt die Identifikation, d.h. Validierung und Kalibrierung, eine Hauptrolle. Hierbei ist stets mit Testbelastungen am aktuellen Tragwerk zu arbeiten, um das Computermodell eng an das Realtragwerk anzupassen.

In der Ingenieurpraxis ist es durchaus üblich, Sicherheitsaussagen von existierenden (geschädigten) Tragwerken allein aus Computersimulationen zu gewinnen, ohne Kontrollabgleiche eines Monitorings. Trotz begründeter Ausreden, wie fehlende Finanzen, fehlende Zeit, fehlendes Monitoring-Wissen, ist dies immer ein Notbehelf: Den berechneten Aussagen fehlt die Vertrauens-Verknüpfung mit dem wirklichen Tragwerk!

Noch abenteuerlicher allerdings erscheinen Versuche, ein Sicherheitsmanagement allein auf das Bauwerksmonitoring zu begründen: Den so produzierten Messwerten fehlt jeder Bezug zur einzig interessierenden, *aktuellen Tragwerkssicherheit*. Ohne beide Komponenten, Computersimulation und Zustandsmonitoring, d.h. ohne den Abgleich zwischen Modell und Realität, läßt sich die von Sicherheitsbeurteilungen erwartete Genauigkeit nie erreichen.

4. Verfahren zur in-situ-Messung von Zustandsgrößen

Mit Methoden der Messtechnik sowie zugehörigen Messgeräten und Messsystemen lassen sich Überwachungssysteme zur Beobachtung des Verformungsverhaltens auch komplexer Tragwerke für die beschriebenen Aufgaben installieren. Die Verfahren beruhen auf unterschiedlichen physikalischen Messprinzipien:
- Mechanische/elektrische Verfahren und Sensoren;
- Optische/elektro-optische Verfahren und Sensoren;
- Tachymetrische, photogrammetrische u. Satelliten-basierte Verfahren (GPS).

Zur Konzipierung eines integrierten Sicherheitsmanagements kommen in aller Regel Kombinationen verschiedener Messverfahren und Sensoren in Betracht. Deren Wahl hängt von vielen Faktoren ab: Art des Tragwerks, Neubau oder Bestand, Grad der Schädigung, Kontrolle von Ertüchtigungsmaßnahmen, Umgebungsbedingungen, permanente oder temporäre Überwachung, u.s.w..

Neben den bisher vorwiegend eingesetzten mechanischen und elektrischen Messverfahren setzen sich optische Verfahren immer stärker durch, insbesondere solche unter Verwendung von Lichtwellenleitern. Die Verfügbarkeit von Lasern und Licht-emittierenden Dioden (LEDs) haben diesen Verfahren zum Durchbruch in der Messtechnik verholfen, wie im Folgenden skizziert werden wird [11].

Bei den faseroptischen Verfahren wird der in der Nachrichtentechnik unerwünschte Einfluss mechanischer Beanspruchungen auf die Signalübertragung in Lichtwellenleitern (LWL) als Sensoreffekt genutzt. Mit LWL-Sensoren, sogenannten *optischen Saiten* [21], mit Messbasis bis zu zehn Metern und mehr, können Längenänderungen unter statischen wie dynamischen Bedingungen gemessen werden. Der Sensor besteht aus mehreren miteinander verseilten optischen Fasern. Er wird an beiden Enden fest mit dem Bauteil verbunden und vorgespannt. Das Funktionsprinzip beruht auf der *Amplitudenmodulation* des aus einer LED in die einzelnen Fasern eingeleiteten Lichts durch *Mikrobending*, die proportional der Längenänderung zwischen den Festpunkten ist.

Bei Sensoren nach dem MACH-ZEHNDER-Prinzip werden zwei LWL auf der Objektoberfläche oder im Messobjekt parallel geführt, wobei die aktive Faser über eine Messlänge an ihrem Endpunkten fest mit dem Objekt verbunden wird. Die andere Faser verläuft frei als Referenzfaser parallel dazu. Licht aus einer LED wird über einen Koppler in diese LWL eingeleitet. Nach dem Passieren der Messstrecke werden beide Lichtanteile wieder zusammengeführt, wobei sich nunmehr wegen der mechanischen Beanspruchung der aktiven Faser Differenzen in den optischen Weglängen ergeben. Diese führen zu Interferenzen, deren Ordnungen ein Maß für die Änderungen der Messlänge liefern. Für den praktischen Einsatz in der Bauwerksüberwachung entstand z.B. das System SOFO [9]. Technisch einsetzbare Dehnungssensoren sind auch auf Basis weiterer physikalischer Prinzipien, z. B. der FABRY-PEROT-Interferometrie, entwickelt worden [2].

Ein vielseitig einsetzbares faser-optisches Verfahren für Dehnungsmessungen basiert auf *Fiber-BRAGG-Gratings* [17]. Mittels verschiedener Verfahren, wie z.B. dem *photo-printing* oder dem *interference-printing*, werden in einem LWL solche Gitter als Miniresonatoren erzeugt. Eine Reihe dieser Gitter wird in definierten Abständen auf einer Faser angeordnet und auf verschiedene Wellenlängen in Abhängigkeit von der Periode Λ_i der Gitterlinien und dem Brechungsindex des Fasermaterials eingestellt. Wird Licht aus einer Breitbandquelle darin eingeleitet, so wird durch jedes einzelne Gitter eine Schmalband-Komponente λ_{Bi} reflektiert, die der eingestellten Wellenlänge des jeweiligen Gitters G_i entspricht. Bei einer Dehnung der Faser werden die Abstände der Gitterlinien Λ_i verändert. Damit verschiebt sich die Wellenlänge des reflektierten Lichtes um $\Delta\lambda_i$ in Abhängigkeit von der an der Stelle *i* induzierten mechanischen Dehnung. Gesteuert über einen PC werden die einzelnen Gitter G_i adressiert und abgefragt. Statische und dynamische Wirkungen auf die Dehnungen können mit diesen Sensoren erfasst werden.

Für die Registrierung von Weggrößen, insbesondere von Durchbiegungen, eignen sich eindimensionale Dioden-Arrays, sogenannte *Positions-sensitive Detektoren* (PSD) [4]. Aus einem Laser tritt über eine Aufweitungsoptik ein flaches Lichtband aus, das auf mehrere mit dem Messobjekt verbundene PSD trifft. Diese Sensoren registrieren mit Pixelgenauigkeit die Lage des Maximums der Lichtintensität und damit die Verschiebungen an den Positionen der PSD senkrecht zum Laserstrahl zwischen zwei Verformungszuständen. Dieses Verfahren eignet sich sowohl für statische (Testbelastung) als auch dynamische Untersuchungen.

Der Vollständigkeit halber sei vermerkt, dass auch die aus der experimentellen Festkörpermechanik bekannten Feldmessverfahren, wie MOIRÉ-Techniken und interferometrische Methoden (*Shearographie* und *Speckle-Interferometrie*) durchaus in der Bauwerksüberwachung angewandt werden können. Um besonders unzugängliche lokale Bereiche zu inspizieren, steht auch die Endoskopie auf der Grundlage der digitalen Holographie zur Verfügung [5].

Die *Photogrammetrie* [12] ermöglicht die simultane, 2D oder 3D Bestimmung der Koordinaten einer großen Zahl markierter Zielpunkte, berührungslos und mit hoher Genauigkeit. Sie eignet sich damit hervorragend für Verformungsmessungen. Dazu werden geeignete Kamerasysteme eingesetzt, entweder CCD-Kameras on-line am Rechner, was schnelle Bildfolgen ermöglicht und auch für real-time Anwendungen geeignet ist, oder Still-Video-Kameras mit integriertem Datenspeicher [14].

Elektronische Tachymeter bieten die Möglichkeit der automatischen Verfolgung von Zielpunkten [19]. Sogenannte Totalstationen, insbesondere mit reflektorloser Puls-Laser-Technologie, werden zunehmend in der Bauwerksüberwachung für Verformungsmessungen eingesetzt. Bei dieser Technologie entfällt die aufwändige Signalisierung zahlreicher Messpunkte mittels Reflektoren. Selbst schnelle Bewegungen können erfasst werden. Die Messdaten, Entfernungen und Raumwinkel, werden zwischengespeichert oder direkt zum Rechner übertragen. Die Auswertung liefert die Koordinaten der Zielpunkte und damit deren 3D Verschiebungen. Der Rechner steuert alle Instrumente und berechnet die Abweichungen jedes Messpunktes vom ursprünglichen Wert. Kontrollmessungen erfolgen automatisch.

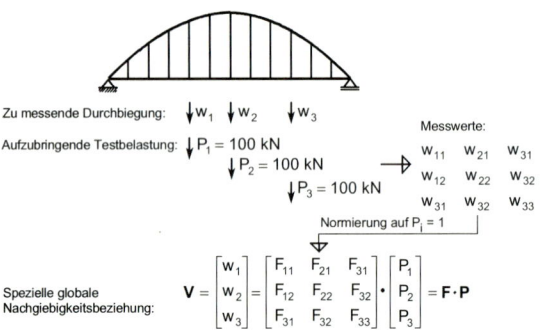

Bild 6. Aufbau einer speziellen Gesamt-Nachgiebigkeitsmatrix **F** durch Testbelastung

Auch das GPS (*Global Positioning System*) steht, satellitengestützt, für Verformungsmessungen an Bauwerken zur Verfügung. Die exakte Position eines GPS-Empfängers wird aus Laufzeit, Geschwindigkeit und Frequenz der empfangenen Funksignale berechnet. Zur Elimination von Fehlern aus der Ionosphäre, der Troposphäre, aus selektiver Verfügbarkeit, Antennenabschattung und Synchronisationsmängeln werden die Messwerte von mindestens zwei gleichzeitig arbeitenden Empfängern zusammengeführt [18]. Die heute verfügbaren Geräte mit Software ermöglichen Positionsbestimmungen im Subzentimeter-Bereich und Verformungsregistrierungen in Echtzeit. Der Vorteil der GPS-Anwendung besteht auch darin, dass Messprozesse unabhängig von der optischen Sicht ablaufen können.

Für Schwingungsmessungen setzt sich das Laser-basierte, berührungslos arbeitende optische Verfahren der *Laser-Vibrometrie* wegen seiner breiten Einsatzmöglichkeiten auch in der Tragwerksüberwachung immer stärker durch. Es beruht physikalisch auf dem Prinzip des DOPPLER-Effektes, technisch auf dem Prinzip des MICHELSON-Interferometers: Ein Laserstrahl wird in einen Objektstrahl und einen Referenzstrahl geteilt, der Objektstrahl wird auf die Objektoberfläche gerichtet und der von dort reflektierte Strahl interferiert mit dem Referenzstrahl. Bewegt sich das Messobjekt, kommt es zu einer Modulation der Lichtintensität, deren Hell-Dunkel-Zyklen in einem lichtempfindlichen Detektor in elektronische Signale umgewandelt werden, aus denen sich die DOPPLER-Frequenz f_D ergibt, Diese ist proportional der Geschwindigkeit des angepeilten Objektpunktes in Richtung des Objektstrahles. Um die Bewegungsrichtung des Objektstrahles vom Beobachtungspunkt weg oder zu diesem hin zu bestimmen, gibt es verschiedene technische Lösungen, wie zum Beispiel das Phasenshift- (System OMETRON) oder das Frequenzshift-Verfahren (System POLYTEC).

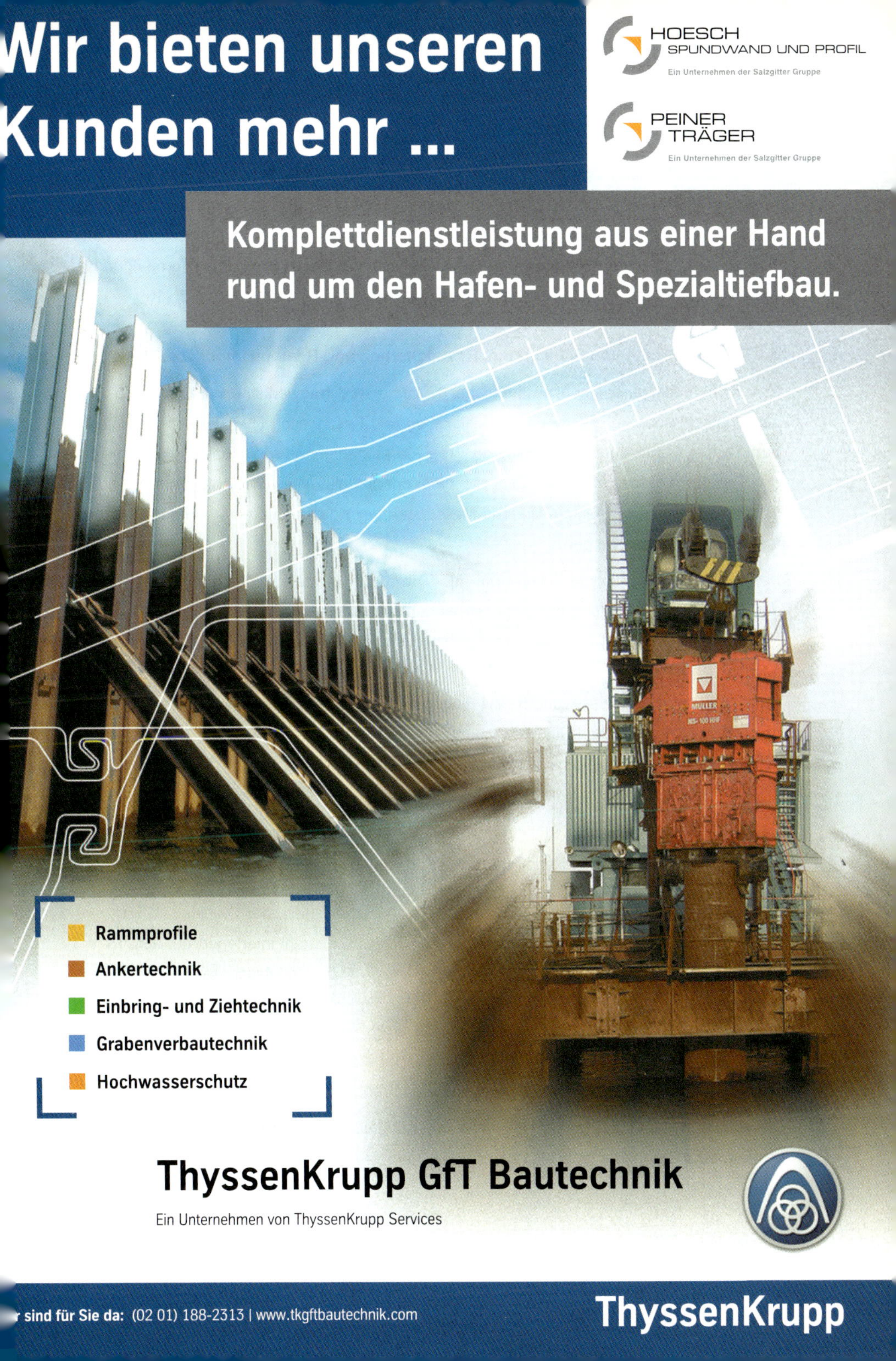
Wir bieten unseren
Kunden mehr ...
HOESCH
SPUNDWAND UND PROFIL
Ein Unternehmen der Salzgitter Gruppe
PEINER
TRÄGER
Ein Unternehmen der Salzgitter Gruppe
Komplettdienstleistung aus einer Hand
rund um den Hafen- und Spezialtiefbau.
Rammprofile
Ankertechnik
Einbring- und Ziehtechnik
Grabenverbautechnik
Hochwasserschutz
ThyssenKrupp GfT Bautechnik
Ein Unternehmen von ThyssenKrupp Services
r sind für Sie da: (02 01) 188-2313 | www.tkgftbautechnik.com
ThyssenKrupp

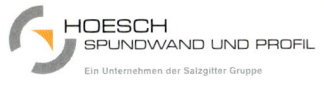

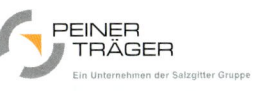

Die skizzierten Messtechniken liefern Datensätze über das Verformungsverhalten des Tragwerks, an Hand derer sich die entsprechenden computer-simulierten Daten abgleichen lassen, um Differenzen zwischen Computermodell und realer Struktur festzustellen. Die für eine umfassende Systemidentifikation erforderlichen Daten, wie Steifigkeiten, innere Kräfte und Spannungen, können nie direkt gemessen werden. Sie müssen aus den Verformungen berechnet werden, was auf mathematisch komplizierte inverse Probleme führt [13],[16].

5. Quantifizierung von Schädigung, Restsicherheit und Restnutzungsdauer

Das Sicherheitsmanagement während der Nutzung wird tragwerksmechanisch durch Prozesse beschrieben, in welchen sich Steifigkeiten und Festigkeiten über die Zeit verschlechtern. Dieses nichtlineare Geschehen, als Tragwerksschädigung bezeichnet, wird im Konzept der **Tabelle 1** dadurch erfaßt, dass die deteriorierten aktuellen Baustoffparameter durch Testbelastungen am Realtragwerk und Messungen der Kontrollparameter in das Computermodell übernommen werden.

In der Theorie geschädigter Tragwerke [6], [7] wird die zentrale *Schädigungsmatrix* **D** aus der (Lebens-) Zeitableitung der aktuellen tangentialen Steifigkeitsmatrix $\mathbf{K}_{T,t}$ zum betrachteten (Lebens-) Zeitpunkt t und der Nachgiebigkeitsmatrix $\mathbf{F}_{t=0}$ zur Anfangszeit t = 0 wie folgt gebildet:
$$\mathbf{D} = \mathbf{F}_{t=0} * d\mathbf{K}_{T,t} / dt.$$
Setzt man beide Matrizen **F** und $\mathbf{K}_T$ als diagonalisiert voraus, so gewinnt man - nach Ersatz des Differential- durch den Differenzenquotienten - hieraus als Komponenten von **D** den folgenden Satz von Schädigungsindikatoren D_i, i=1,2 ... m:

$$D_i = \frac{k_{T,i}(\text{ungeschädigt}) - k_{T,i}(\text{aktuell})}{k_{T,i}(\text{ungeschädigt})} = 1 - \frac{k_{T,i}(\text{aktuell})}{k_{T,i}(\text{ungeschädigt})},$$

worin $k_{T,i}$ die Hauptdiagonalglieder von $\mathbf{K}_T = (\mathbf{F}_T)^{-1}$ darstellen, die *Eigenwerte* von $\mathbf{K}_T$. Da diese in die *Eigenfrequenzen* ω_i des jeweiligen Tragwerkszustandes transformierbar sind, kann man auch das Spektrum der Eigenfrequenzen ω_i an Stelle der Eigenwerte $k_{T,i}$ verwenden.

Alle so definierten Schädigungsparameter D_i sind für jeden ungeschädigten Ausgangszustand Null: $\forall D_i \equiv 0$. Bis zu Werten von $D_i \approx 0{,}25$ sind nach unseren Erfahrungen alterungsbedingte Schädigungen unbedenklich, da viele Tragwerke planmäßig vorgeschädigt werden (z.B. Stahlbetonbauwerke im Zustand II). Im Zustand des Tragwerksversagens verschwindet ein Eigenwert $k_{T,i}$ von $\mathbf{K}_T$ oder eine Eigenfrequenz ω_i, somit gilt hier $\forall D_i = 0$ [6].

Die zentralen Parameter für Schädigungs- und Lebensdauerabschätzungen im Rahmen eines Sicherheitsmanagements sind somit die *Eigenwerte* $k_{T,i}$ der tangentialen Steifigkeitsmatrix $\mathbf{K}_T$ und/oder die *Eigenfrequenzen* ω_i des Tragwerks. Aus der Evolution eines dieser beiden Parametersätze über die Nutzung lassen sich Schädigungsindikatoren D_i bestimmen, die wegen ihrer klaren Grenzen zwischen 0 (Schädigungsfreiheit) und 1,0 (Versagen) Trends hinsichtlich der Nutzungsdauer t_d gestatten, meist schon für niedrige Werte $k_{T,i}$ bzw. ω_i.

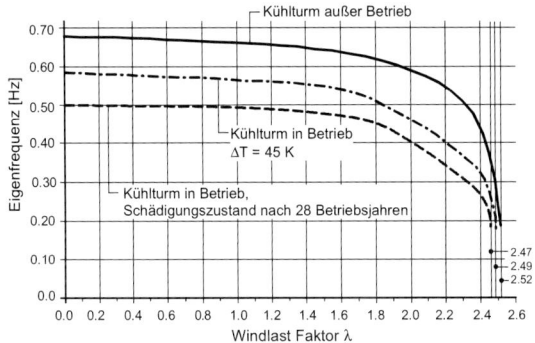

Bild 7. Verlauf der 1. Eigenfrequenzen eines Kühlturms in Abhängigkeit der Sturmbelastung λ für verschiedene Betriebszustände

Beide Parametersätze lassen sich, genau wie aktuelle Tragwerkssicherheiten vorgegebener Lastkombinationen, aus Analysen am aktuellen Computermodell ermitteln. Gleichermaßen aber sind sie, wie im Abschnitt 4 dargelegt, messtechnisch im Rahmen des Monitorings am Realtragwerk bestimmbar. Kondensierte aktuelle Steifigkeitsmatrizen lassen sich z.B. mittels weniger Testlasten und zugehöriger Durchbiegungsmessungen ermitteln. **Bild 6** illustriert selbsterläuternd ein solches Vorgehen, wobei der Leser an die Beziehung $\mathbf{K}_T = (\mathbf{F}_T)^{-1}$ erinnert werde. **Bild 7** zeigt berechnete 1. Eigenfrequenzen ω_1 eines windbeanspruchten Bauwerks in Abhängigkeit von der Sturmintensität λ. Teile dieser Kurven bis ca. λ ≈ 1, dem Berechnungswind nach DIN 1055-4, wären einem Bauwerksmonitoring zugänglich.

Natürlich lassen sich in der Theorie der Schädigungsmechanik aus n *Eigenwerten* $k_{T,i}$ nebst *Eigenformen* von $\mathbf{K}_T$ bzw. *Eigenfrequenzen* ω_i nebst *Modalformen* eines aktuellen (geschädigten) Tragwerkszustandes im Vergleich zu denjenigen des ungeschädigten Ausgangszustandes sogar *Schädigungen* lokalisieren [15]. In der Praxis des Tragwerksmonitoring liegen jedoch dabei die Messfehler oft in der Größenordnung der Änderungen der Kontrollparameter infolge Baustoffdeteriorationen, was jedes Ergebnis mit großen Unschärfen behaftet.

Dagegen sind generelle Schädigungstrends vom Neuzustand bis zum Ende der Nutzungsphase i.a. gut erkennbar und vorhersagbar, siehe **Bild 1** unten, denn die Schädigungsevolution zwischen Neuwert und Nutzungsende t_d läßt sich zumeist *angenähert linear extrapolieren*. Die nichtlineare Schädigungszunahme bis zum Versagenswert $D_f = 1$ erfolgt i.a. erst nach t_d.. Gemeinsam mit den aus Computeranalysen bestimmbaren Restsicherheiten entsteht so eine hervorragende Bewertungsbasis des aktuellen Sicherheits- und Schädigungszustands eines Tragwerks. Hieraus lassen sich Prognosen über noch zu erwartende Restnutzungsdauern gewinnen, d.h. den Zeitabstand bis t_d. Ein Beispiel dieses Vorgehens für einen gealterten Naturzugkühlturm enthält [3].

6. Abschlußbemerkungen

Verschiedene Beispiele des vergangenen Winters haben verdeutlicht, dass alternde Bausubstanz ganz erhebliche Sicherheitsrisiken in sich bergen kann. Für Bauwerke mit erhöhtem Risikopotential werden daher Verfahren nachgefragt, um deren aktuellen Sicherheits- und Schädigungszustand zuverlässig zu bestimmen [20].

Die vorliegende Arbeit erläutert ein hierfür geeignetes integriertes Sicherheitsmanagement. Es kombiniert nichtlineare Computersimulationen mit modernen Verfahren des Bauwerksmonitorings. Aus langjährigen Erfahrungen der Autoren sei betont, dass nur eine solche Kombination die erwünschte Aussagezuverlässigkeit liefert, welche eine sorgfältige Gefahrenabwehr baulicher Risiken gebietet.

Internet-Anschriften (Nicht vollständig)

Elektrisches Messen: Hottinger Baldwin Messtechnik: www.hbm.com; Vishay Measuerements Group: www.vishay.com.
Faser-optische Verfahren: RISS Austria Messtechnik: www.riss.at; AOS GmbH: www.aosfiber.com; Smart fibres Ltd: .www.smartfibres.com.
Optische Flächenverfahren: Dantec Dynamics, www.dantecdynamics.com; Jenoptik Laser Optik Systeme, www.jenoptik.com.
Laser-Vibrometer: POLYTEC GmbH: www.polytec.de; OMETRON: www.ometron.com; Bruel & Kjaer GmbH: www.bruelkjaer.de.
Photogrammetrie: AICON 3D Systems GmbH: www.aicon.de; sowie alle bekannten Kamerahersteller: Kodak; Nikon; Canon; Rollei; ...
Tachymetrie und GPS: Carl Zeiss Geodätische Systeme: www.zeiss.de; TOPCON Deutschland GmbH: www.topcon.com; Spectra Precision: www.spectraprecision.com; Trimble Navigation Deutschland: www.trimble.com.

Literatur

[1] DIN 1076 (1999): Ingenieurbauwerke im Zuge von Straßen und Wegen, Überwachung und Prüfung. Beuth Verlag Berlin.

[2] Habel, W. (1995): Neue Anwendungen faseroptischer Sensortechnik für Bauteiluntersuchungen und Schadensmonitoring. VDI-Berichte Nr. 1196, 277-291.

[3] Harte, R., Krätzig, W. B., Lohaus, L., Petryna, Y. S. (2006): Sicherheit und Restlebensdauer altersgeschädigter Naturzugkühltürme. Beton- u. Stahlbetonbau 101, Heft 8 (im Druck).

[4] Knapp, J. (1993): Laseroptisches Verfahren zur mehrkanaligen Verformungsmessung an großen Objekten. Sensor ´93, Bd.1, 33-39, Nürnberg.

[5] Kolenovic, E. et al.(2001): Endoscopic shape and deformation measurement by means of digital Holography. Mitteilungen BIAS, Bremen.

[6] Krätzig, W. B., Montag, U., Petryna, Y. S. (2003): Schädigung, Dauerhaftigkeit und (Rest-) Nutzungsdauer von Tragwerken. Bauingenieur 78, 553-561.

[7] Krätzig, W. B., Petryna, Y. S. (2001): Assessment of structural damage and failure. Archive of Applied Mechanics 71, 1-15.

[8] Krätzig, W. B., Harte, R., Meskouris, K. (1993): Schwachstellen- und Restsicherheitsanalysen. Bautechnik 70, 392-401.

[9] Kronenberg, P., Casanova, N. (1997): SOFO-Bauwerksüberwachung mit Glasfasersensoren. Schweizer Ing. Arch. 47, 321-327.

[10] Laermann, K.-H. (2000): Bauwerksüberwachung - eine Ingenieurdienstleistung von wachsender Bedeutung. vision, Heft 1, 4-9. Berg. U Wuppertal.

[11] Laermann, K.-H. (2000): Neuere Verfahren der in-situ-Messung statischer und dynamischer Verformungen. In: H.G. Natke (Hrsg.), Dynamische Probleme – Modellierung und Wirklichkeit, Mitteil. des Curt-Risch-Instituts, U Hannover, 1-23.

[12] Luhmann, Th. (2000): Nahbereichsphotogrammetrie. Wichmann Heidelberg.

[13] Natke, H. G. (1992): Einführung in Theorie und Praxis der Zeitreihen- und Modalanalyse, 3. überarbeitete Auflage. Vieweg Verlag Braunschweig/Wiesbaden.

[14] Peipe, J., Schneider, C.-Th. (2003): Moderne photogrammetrische Messtechnik für die Beanspruchungsanalyse. VDI-Berichte Nr. 1757, 177-184.

[15] Petryna, Y. S. (2005): Schädigung, Versagen und Zuverlässigkeit von Tragwerken des Konstruktiven Ingenieurbaus. Habilitationsschrift, Schriftenreihe des Instituts für Konstruktiven Ingenieurbau, Heft 2004-2, Ruhr-Universität Bochum.

[16] Santamarina, J.C., Fratta, D. (1998): Introduction to Discrete Signals and Inverse Problems in Civil Engineering, ASCE Press, New York.

[17] Saouma, V.E. et al. (1998): Application of fiber-Bragg grating in local and remote infrastructure health monitoring. Materials and Structures, 31, 259-266.

[18] Spectra™ Precision, (1999): Practical Surveying with GPS. Geodimeter – Informationsschrift.

[19] Staiger, R. (1998): Verfahren der automatisierten Zielpunkterfassung und –verfolgung, Schriftenreihe des DVM, Verlag Konrad Wittwer 29, 109-124. Stuttgart.

[20] TÜV SÜD Industrieservice: Fachforum Integrierte Gebäudesicherheit, München 2006.

[21] Wolff, R., Mießeler H.-J. (1992): Lichtwellenleitersensoren, eine zukunftsweisende Technologie für die Überwachung von Bauwerken und Bauteilen. Neue Technologien im Bauwesen, IBMB Braunschweig, Heft 97, 37-42.

Aus alt mach neu - Gebäudediagnose und Bauen im Bestand an ausgeführten Beispielen

Dipl.-Ing. Architekt **Werner Völler**
HOCHTIEF Consult, Frankfurt

Dr.-Ing. **Volker Theile**
HOCHTIEF Consult, Frankfurt

Zusammenfassung

Der Anteil des Bauens im Bestand, der Sanierung sowie der Revitalisierung gewinnt in dem deutschen Baumarkt zunehmend an Bedeutung. Neben der traditionellen Form im Bereich des Wohnungsbaues, in dem seit Jahrzehnten die Sanierung und der Umbau ihren Markt haben, nimmt die gewerbliche Immobilie einen immer größer werdenden Raum ein.

Voraussetzung für den professionellen Umgang mit Bestandsimmobilien ist, die intensive Auseinandersetzung mit dem Bestand. Nur dadurch werden Möglichkeiten und Risiken erkannt und bewertet. Im Folgenden wird dargestellt, welche Teilleistungen bei der Gebäudediagnose sinnvoll und erforderlich sind.

Anhand von vier Projektbeispielen wird aufgezeigt, welche Probleme anhand einer systematischen Analyse vermieden werden können und welcher Nutzen für alle am Bau Beteiligten aus partnerschaftlicher Zusammenarbeit entsteht.

Einleitung

In der deutschen Bauwirtschaft waren die Investitionen für Neubauten in den letzten 10 Jahren rückläufig bzw. stagnierten. Dem steht gegenüber, dass die Bauwerkserhaltung und die gezielte Investition in die Aufwertung von Bestandsimmobilien zunahmen. Fachbegriffe wie Refurbishment oder Redevelopment sind heute bei Eigentümern, Entwicklern und Investoren eine feste Größe: Bei nicht vom Eigentümer selbst genutzten Bauten führen die vorhandenen Leerstandsraten der Immobilien dazu, dass bezüglich der Qualität der Mietobjekte ein funktionierender Wettbewerb entsteht. Bauten, die den heutigen Erwartungen und Bedürfnissen ihrer potentiellen Nutzer nicht mehr voll entsprechen, fallen in der Attraktivität und damit zumeist in der Rendite zurück. Aus diesem Grund wird nach Kriterien wie baulichem Standard und architektonischem Anspruch gemäß den der Lage der Immobile gerecht werdenden Nutzerprofilen saniert, revitalisiert oder umgenutzt. Ideen, wie beispielsweise die Umnutzung von Büroflächen zu Wohnungen in der Stadt oder die Aufwertung von Geschäftshäusern durch Implementierung mehrerer Funktionen werden heute vielerorts vorangetrieben.

Ausgangslage

Durch Investitionen in Bestandsimmobilien können marktgerechte, vermietbare und renditestarke Immobilien entstehen. Dabei ist heute festzustellen, dass nicht nur der Verwaltungsbau sondern auch Gewerbe, Hotel, Industrie und Wohnbauten hervorragende Beispiele für zukünftige Nutzungen aufzeigen.

Im Vergleich zu Neubauten gibt es jedoch einige deutliche Unterschiede. Das wesentliche Unterscheidungsmerkmal gegenüber der Planung eines Neubaus ist, dass nicht „auf der grünen Wiese" sondern nach engen vorhandenen Gegebenheiten zu planen ist. Diese, zum Planungsbeginn häufig unbekannten Parameter müssen ermittelt werden. Dazu gehören sowohl die technischen Bewertungen, als auch die Grundlagenermittlung für die Beurteilung von wirtschaftlichen Chancen und Risiken zur Wert- und Renditesteigerung der Immobilie. Für diese umfassende Analyse vor dem Beginn der eigentlichen Planungsaufgabe prägt sich in den letzten Jahren zunehmend der Begriff „Gebäudediagnose" ein.

Eine Gebäudediagnose beinhaltet folgende Bausteine:
- Standortanalyse
- Baubestandsanalyse
- Baurechtsanalyse
- Ertragswertanalyse

Bei der **Standortanalyse** sind Infrastruktur, Verkehrsmittel, Parkmöglichkeiten und Umfeld (Shopping, Restaurants etc.) auf die Erwartungshaltung verschiedener potentieller Gebäudenutzer abzugleichen. Weiterhin sind die angebotenen und nachgefragten Bauwerksqualitäten, der Flächenumsatz und die Leerstandsraten im Stadtteil zu erheben. Ziel der aus diesen Parametern erstellten Analyse des Standorts ist es, eine Prognose für verschiedene Nutzungen und Standards am Standort bezüglich der Vermietbarkeit und des erforderlichen Standards zu erarbeiten.

Die **Bestandsanalyse** der umzuplanenden und/oder umzunutzenden Immobilie ist für die Planer eine neue Herausforderung. Nicht der freie Geist der Architektur sondern das Kennen der Handwerkstechniken, alter Normen und der Umgang mit dem baulichen Bestand stellen die Regeln bei der Bestandsimmobilie dar. Neben den Untersuchungen des Tragwerks mit seinen im Verlaufe seines bisherigen Lebenszyklusses ggf. veränderten lastabtragenden Systemen, Schädigungen aber auch Lastreserven sind die übrigen Gewerke ebenfalls aufzunehmen und zu bewerten. Welchen thermischen Schutz bietet die Fassade, entspricht z.B. der Schallschutz von Geschoss zu Geschoss mit dem vorhandenen Bodenaufbau den Anforderungen, ist die Lüftungsanlage erhaltenswert? Wenn es nicht nur gilt ein Aggregat korrekt zu dimensionieren, sondern die voraussichtliche Restlaufzeit einer vorhandenen Lüftungsanlage zu ermitteln, wird deutlich, dass die Gebäudediagnose einer entsprechenden Immobilie ein hohes Maß an Fach- und Erfahrungswissen voraussetzt.

Neben den technischen Parametern ist, wie im Beispiel weiter unten ersichtlich, die Gebäudegeometrie nicht zu vergessen. Das Aufmaß nimmt eine wichtige Stellung ein, in der die weiteren Schritte zu einer belastbaren Analyse gelegt werden.

Die Analyse der **baurechtlichen Belange** ist meist erforderlich, da aufgrund des fortschreitenden Standes der Technik viele Bauten der 60er / 70er Jahre heute nicht mehr genehmigungsfähig wären. So stellt sich die Frage nach der Bewertung des Bestandschutzes. Insbesondere die Nachrüstung der Gebäudetechnik, die einen immer größeren Stellenwert in modernen Immobilien einnimmt, verändert die Bausubstanz nachhaltig. Gemäß Zivilrecht, Artikel 14, Absatz 1, Satz 1 GG hat das Bauwerk mit der Errichtung Bestandsgarantie. Wichtig ist, dass für nachfolgende Rechtsänderungen trotz Verschärfung der materiellen Anforderungen die Behörde keine Eingriffsmöglichkeit in die Bausubstanz hat. Die einzige Möglichkeit der Baubehörde Einspruch zu erheben ist aus ökologischen Gründen und bei menschlicher Gefährdung gegeben. Hier wäre als Beispiel die Anordnung einer Asbestentsorgung zu nennen.

Daraus resultierend ergibt sich ein Anspruch für den Bestands-/Zivilschutz nach den seinerzeit gültigen Vorschriften. Hierbei ist jedoch zu beachten, dass bei der Sanierung keine, die

24 mal in Deutschland
... auch in Ihrer Nähe

Wenn man mehr zu bieten hat als andere, sollte man es ruhig sagen. Wir sind mit 24 Stützpunkten nahezu flächendeckend in Deutschland vertreten – und das ist einzigartig. Genauso wie unsere engen Beziehungen zu unseren Kunden, die unkomplizierte Inanspruchnahme unserer vorteilhaften Dienstleistungen und nicht zuletzt die umgehende Verfügbarkeit aller unserer Schalungs- und Gerüstprodukte. Warum sollten Sie sich mit weniger zufrieden geben?

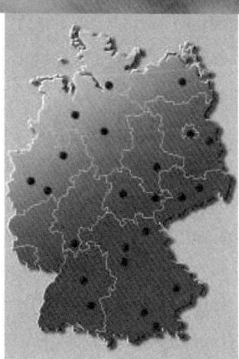

Hünnebeck GmbH
Postfach 10 44 61
40855 Ratingen
Fon (02102) 937-1
Fax (02102) 37651
info@huennebeck.com
www.huennebeck.de

Schalungen
Gerüste
Dienstleistungen

HÜNNEBECK

Nutzung wesentlich erstellte Veränderung vorgenommen wird. Es ist zu gewährleisten, dass heute bei der Nutzung keine unmittelbare Gefährdung vorliegt und die Sanierung ohne Eingriffe in die statische Substanz erfolgt.

Werden maßgebliche bauliche Veränderungen vorgenommen, so ist die Veränderung des Bestandsschutzes nach den technischen Regeln zu bewerten. Hier sind im Einzelfall die Landesbauordnung, die Grundsatzanforderung nach § 3 bis 14, die Bauprodukt- und Bauordnung nach § 17 bis 25, die materiellen Anforderungen nach § 26 bis 48 zu beachten. Wichtig ist, dass der Denkmalschutz § 3 und 14 nicht freistellen kann, sondern weitere Forderungen dem Bauwerk zugetragen werden.

Die **Ertragswertanalyse** der Immobilie liefert in Verbindung mit den Ergebnissen der vorherigen Teilschritte die Entscheidung zur Revitalisierung oder Umnutzung, aber auch zum Abriss, Neubau oder Belassen des Status Quo. Die Prognosen zu Mietspiegeln und Marktdaten unterstützen die Investitionsentscheidung, die die prognostizierten Erträge unter Abwägung der Chancen und Risiken dem Investment gegenüberstellt.

Mit der Gebäudediagnose und dem daraus ableitbaren Kapitalbedarf für die Ertüchtigung und die Leerstandszeiten während der Bau- und Umbauphase, den Risiken und den Renditeerwartungen hat der Investor also eine belastbare Grundlage für seine Bauentscheidung.

Die Frage nach dem Bestand, ist jedoch nicht nur ein technisches sondern zum Teil historisches Problem. Für Gebäude, die in den letzten 30 bis 40 Jahren erstellt worden sind, gibt es entsprechende Normen, Baugenehmigungen und Regelwerke. Ältere Gebäude hingegen lassen nur wenige Informationen zu.

Folgende Arbeitsschritte haben sich bei der Gebäudeanalyse und beim Bauen im Bestand als gut herausgestellt. Für das Aufmaß haben die Autoren die Aufmaßgenauigkeiten in vier Anforderungsstufen gegliedert:

Genauigkeitsstufe 1: Umbau mit geringen Eingriffen, Maßstab 1:100, Außenabmessungen, Raummaße, Öffnungen, Bauteilstärken

Genauigkeitsstufe 2: Einfache Sanierungen, Kartierung: Maßstab 1:50, 1:100, Konstruktion und Struktur erkennbar, deutliche Verformungen, Neigungen und Winkelabweichungen, Hinweise auf frühere Bauzustände

Genauigkeitsstufe 3: Umfangreiche Revitalisierungen, Restaurierung, Umbau, Maßstab 1:50, exakt verformungsgetreues Aufmaß, Grundlage 3D-Vermessungssystem innen und außen, Baufugen, Bauschäden, Detailaufnahme nach Bedarf

Genauigkeitsstufe 4: Hochwertige Objekte, Denkmäler, mit hohem Schwierigkeitsgrad, Rekonstruktion und Translokation, Maßstab: 1:50, 1:25 und größer, (Aufmaß von Verbindungsdetails und Schmuckelementen)

Das planimetrische Aufmaß, digitale Aufmaße, Kameras und komplette 3D Rauminstallationen sind heute möglich. Darüber hinaus hat es sich bewährt die Konstruktionen in einem Bausollplan darzustellen. Dieser beeinhaltet sämtliche Konstruktionen, wenn dieses zum Aufmaß möglich ist, in ihrem Schichtenaufbau für Boden, Wand, Decke, Brandschutz und Schallschutz darzustellen.

Neben der rein technischen Lösung sind die darüber hinaus liegenden Wertigkeiten der wirtschaftlichen Sicherheit und der Nachhaltigkeit der Immobilie für die nächsten Jahre Hauptpfeiler der Gebäudediagnose. Sieht man in den 90er Jahren die Neubauten des RWE-Turms, Essen, der Commerzbank, Frankfurt oder des Sony Centers, Berlin, als die Architektenimmobilien in der Bauwirtschaft an, so hat sich dieses Bild seit den letzten Jahren deutlich gewandelt. Heute sind neben Neubauten ein Steigenberger Airport Hotel in Frankfurt, die RTL Hallen in Köln, die geplante Elbphilharmonie in Hamburg oder aber das Staatsratsgebäude der ehemaligen DDR in Berlin, architektonische Highlights die alle einen Namen tragen: „Bauen im Bestand".

Alte Bausubstanz

Die Bautechnik der vergangenen Jahrzehnte und Jahrhunderte stellt eine besondere Herausforderung an heutige Architekten und Ingenieure. Insbesondere das Wissen um verloren gegangene Techniken ist wieder aufzubauen, damit Bauen im Bestand ein Erfolg bleiben kann.

Unsere heutigen Baustoffe unterlagen einer weit über 100-jährigen Entwicklung. Entsprechend findet sich im Gebäudebestand eine Vielzahl von Konstruktionen. Schüttbetondecken, Kappendecken, Stahl-/Steindecken, Rippenplattendecken, Holzbetondecken, Stahlbeton-Kassettendecken und Gewölbe wurden erstellt. Die Stahlbetondecke entwickelte sich mit zunehmenden Spannweiten bis hin zur Flachdecke. Doch wie reagieren diese Konstruktionen auf unsere heutigen Anforderungen? Der Brandschutz und das Baurecht stellen hier die Herausforderungen beim Bauen im Bestand dar. Konstruktionen aus den Jahren 1850 bis 1950 können durchaus zufrieden stellende bis gute Traglast- und Brandschutzergebnisse erzielen. Den heutigen Anforderungen im Brandschutz werden sie jedoch nur selten gerecht. Bezüglich der Baustoffe aus Stahl/Guss ist die Entwicklung vergleichbar. Bei Guss-Stützen führt dies zumeist dazu, dass der Erhalt dieser Stützen bei Umbauen von den obersten Bauaufsichtsbehörden im Einzelfall zu genehmigen ist. Häufig wurden mit Holz, Naturstein und Mauerwerk später Ergänzungen vorgenommen und mit Beton und Stahl Mischbauweisen oder Skelettbauformen in der Bautechnik erstellt. All die hier aufgeführten Konstruktionen finden ihren Zusammenschluss in einer grundlegend erarbeiteten Gebäudediagnose.

Wie auch in der Denkmalpflege, ist für alte Bausubstanz ein Schadenskataster zu erstellen, ein örtliches Aufmaß vorzunehmen und, so weit es möglich ist, die Baustoffparameter der vorhandenen Immobilie zu ermitteln.

Beispiele

Mit nachfolgenden Projekten des Bauens im Bestand und der Gebäudediagnose sollen im Folgenden die Randbedingungen und Handlungsschritte beim Bauen im Bestand exemplarisch dargestellt werden, um deutlich zu machen, wie Gebäudediagnose, Entscheidungsfindungen, Planung und Bauen im Bestand miteinander vernetzt sind.

HOCHTIEF Consult.
Wir machen Ideen baubar.

HOCHTIEF Consult ist weltweit tätig und bietet sämtliche Planungsleistungen unter einem Dach. Dazu gehören beispielsweise auch die Gebäudediagnose und Planung für das Steigenberger Airport Hotel in Frankfurt.

Im Mittelpunkt unseres Handelns steht das Projekt unseres Kunden. Der Maßstab für unsere Leistung ist der Erfolg des Projekts. consult@hochtief.de

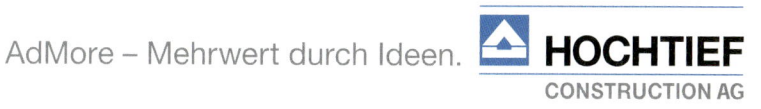

AdMore – Mehrwert durch Ideen.

HOCHTIEF
CONSTRUCTION AG

Steigenberger Airport Hotel

Bild 1   Steigenberger Airport Hotel, Frankfurt am Main

Das Steigenberger Airport Hotel am Frankfurter Flughafen sollte angebaut und modernisiert werden. Eine teilweise Schließung während der Bauzeit schien unumgänglich, sollte jedoch auf ein Minimum reduziert werden. Die Steigenberger Hotels AG entschied sich daher konsequent zunächst für eine technische Gebäudediagnose und Vorplanung. Mit einem Partnerschaftsvertrag gebunden, wurden die Leistungen von HOCHTIEF Construction erarbeitet und später ausgeführt. Das Gebäude wurde komplett analysiert, entsprechend den Erfordernissen der anerkannten Regeln der Technik sowie der zu erwartenden Normen geprüft und die umzusetzenden Leistungen mit dem Bauherrn festgelegt. Hierbei war zu beachten, das dass Gebäude Steigenberger Airport Hotel an einem Verkehrsknotenpunkt mit sehr vielfältigen Anforderungen liegt. Der Flughafen und das Frankfurter Kreuz seien hier exemplarisch genannt.

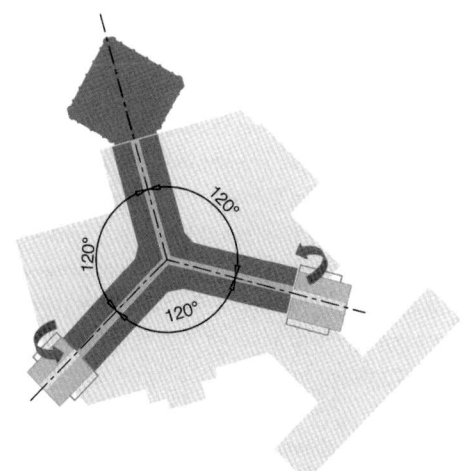

Bild 2   Winkelausrichtung   Bild 3   Flurkonsequenzen

Die neue Energieeinsparungs-Verordnung war zum Zeitpunkt der Entscheidungsfindung in Arbeit aber noch nicht verabschiedet. Die Lage einer möglichen dritten Landebahn des Flughafens war noch im Gespräch. Die Lage für ein neues Flughafenterminal war noch nicht entschieden. Aus allen Komponenten heraus musste eine schlüssige, wirtschaftliche und technisch genehmigungsfähige Anlage geplant und errichtet werden. Hierzu waren folgende Maßnahmen erforderlich:

- digitale Bauaufnahme im 3D-Modell
- Erstellung eines Bauwerkskatasters
- Erstellung eines Brandschutzkatasters
- Gutachter für Bauphysik (Schall und Wärme). Festlegung der Bauphysik gemeinsam mit dem Bauherrn hinsichtlich der Wärmeschutzverordnung von 1995 zur noch nicht eingeführten ENEV. Der Wärmeschutz für Wandqualitäten und für Neukomponenten der technischen Gebäudeausrüstung wurde nach der ENEV ausgelegt. Die Altanlagen wurden im Bauwerk belassen.
- Tragwerksanalyse des Rohbaus
- Untersuchung der technischen Gebäudeausrüstung hinsichtlich des Alters und der Verweildauer im Bauwerk
- Überprüfung der technischen Anlagen für die Betriebszeit während des Umbaus.

- Abstimmungsgespräche mit Baubehörden

Vor Einreichung der Bauantragsunterlagen bei den zuständigen Baubehörden und der Feuerwehr, erfolgte eine Klärung, wie mit der vorhandenen Bausubstanz in Hinsicht auf Tragfähigkeit und Brandschutz umgegangen wird. Bei der technischen Gebäudeaufnahme und daraus resultierender Neuplanung konnte erreicht werden, dass viele Trassen, insbesondere im Elektro- bzw. Kältebereich im Gebäude verbleiben konnten und dadurch teure Rück- und Neubaubaukosten erspart blieben. Durch den Einsatz von zusätzlichen Sprinklern im Bereich der notwendigen Türen in den Rettungswegen wurden hohe Brandschutzsicherheiten ausgewiesen. Eine neue Fluchtwegkonzeptionierung, neue Brandabschnitte und eine mit der vorhandenen Anlage kompatible Brandmeldeanlage führten trotz Anbauten zu einem funktionalen, sicheren und wirtschaftlichen Bauwerkskonzept.

Die vorhandenen Türen zu den Zimmern im Altbaubereich (ca. 350 Stück) stammen aus dem Jahre 1970. Die Gebäudediagnose der Türen befand, dass die Türen hinsichtlich ihrer Schallschutz- und Einbauqualität durchaus den Anforderungen der heutigen Zeit gerecht würden. Mit der Baubehörde konnte hierzu nach Einschaltung der Materialprüfungsanstalt mit einer Zulassung im Einzelfall das Einvernehmen wie folgt geregelt werden:

Die vorhandenen Zargen verbleiben im Bauwerk. Es werden neue Türblätter mit der Brandschutzqualität RS und der erforderlichen Schallschutzqualität eingesetzt. In der Einzelprüfung konnte ermittelt und nachgewiesen werden, dass das Verfahren zielführend ist und dem Bauherrn wurden durch den Verbleib der Türzargen im Bau beträchtliche Kosten erspart.

Tectum Tower

Bild 4 Altbau Substanz   Bild 5 Visualisierung Neubau

Beim Bauvorhaben Tectum Tower in Frankfurt wurde HOCHTIEF Construction während der Bauantragsphase durch den Bauherrn Dr. Dietz mit seinem Architekten Albert Speer + Partner als Vertragspartner (PreFair) für das Projekt hinzugezogen. Ziel war, technische Optimierungen vorzunehmen, um ein wirtschaftlich darstellbares Baubudget zu erreichen.

Durch Sichtkontrollen, Überprüfung der Betonkonstruktionen und letztlich ein digitales Aufmaß wurden geometrische Randbedingungen erarbeitet, die hier exemplarisch dargestellt werden: Der Altbau des Hochhauses hat sich geneigt, so dass die Kopfauslenkung 19 cm beträgt.

Mit dem digitalen Aufmaß und einer Variantenanalyse der Fassadenmontage war es uns möglich, die Konstruktion linear, aber dem Altbau angepasst, vorzunehmen. Die Kosten für die Fassadenkonstruktion wurden deutlich gesenkt und das Risiko wurde für alle kalkulierbar. Eine vergleichbare Bewertung musste durchgeführt werden, da durch die Schiefstellung eine Deckenneigung von bis zu 5,0 cm Differenz vorhanden war. Die neu zu errichtenden Doppelböden mit ihrer lichten Installationshöhe, der abgehängten Deckenkonstruktion und der geforderten Raumhöhe zwischen den Elementen musste soweit nivelliert werden, das heute die Ausführung gesichert die zugesagten Eigenschaften vorhanden sind.

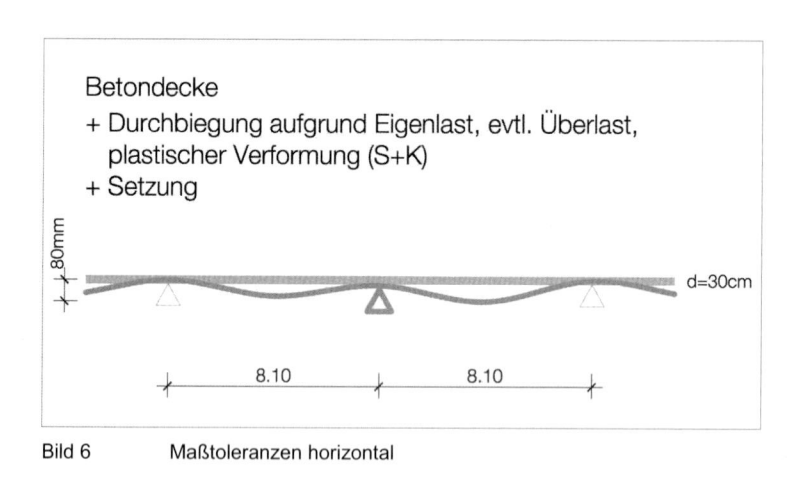

Betondecke
+ Durchbiegung aufgrund Eigenlast, evtl. Überlast, plastischer Verformung (S+K)
+ Setzung

80mm   d=30cm
8.10   8.10

Bild 6   Maßtoleranzen horizontal

Der geneigte Altbau am neuen, lotrechten Anbau reduziert vom Erdgeschoß zunehmend bis zur 26. Etage die Grundfläche des Neubaus. Dieses hätte bei Nichterkennen dazugeführt, dass die Breiten der Rettungswege nicht mehr eingehalten wären.

Bedenkt man die Konsequenzen aus Nichterkennen der geometrischen Problematik, so zeigt sich, dass insbesondere die Gebäudediagnose ein nicht nur wichtiges sondern notwendiges Mittel ist, um sich den Anforderungen des Bauwerks stellen zu können.

Hier sei ein Satz aus der HOAI zitiert:

„... Bauaufgaben sind gemäß HOAI folgend umzusetzen. Unter Berücksichtigung städtebaulicher, gestalterischer, funktionaler, technischer, bauphysikalischer, wirtschaftlicher, energiewirtschaftlicher und landschaftsökonomischer Anforderungen ...".

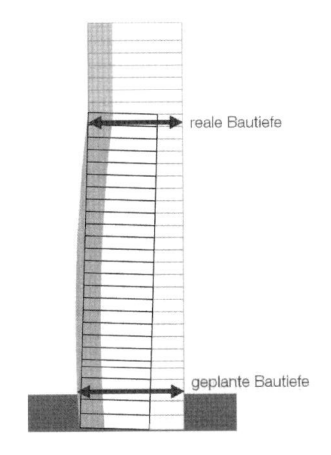

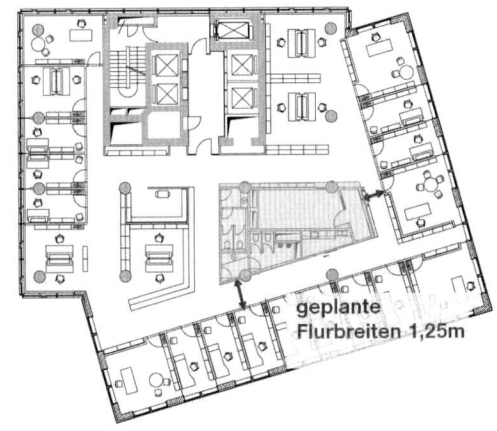

Bild 7   Maßtoleranzen vertikal   Bild 8   Maßtoleranz Konsequenz

Die vorgenannten Maßtoleranzen haben einen großen Einfluss auf Ausführungsentscheidungen und sind damit kostenrelevant. Des Weiteren ist in einem PreFair Vertrag sehr deutlich ablesbar, dass in der Entwurfsplanung und Genehmigungsphase die Kostenbeeinflussbarkeit, aber auch die Erarbeitung der Grundlagen von großer Wichtigkeit für den Erfolg eines Bauwerks ist. Insbesondere durch die komplexe, integrative Herangehensweise an Diagnose, Planung und Ausführung können große Vorteile für den Bauherrn und die Beteiligten bei der Realisierung der Baumaßnahme erarbeitet werden.

ADAC Hochhaus, Frankfurt

Bei dem ADAC Hochhaus in Frankfurt a.M., wurde HOCHTIEF Construction nach Einreichung der Bauantragsunterlagen Vertragspartner des ADAC. Nach Erkennen erster Unzulänglichkeiten wurden wesentliche Teilaspekte der technischen Gebäudeanalyse durchgeführt. In Abwägung der neu hinzugewonnenen Erkenntnisse führte dies dazu, dass der Entwurf zum Umbau des Bestandes neu erstellt und zur Baugenehmigung eingereicht wurde. Durch die grundlegende Analyse des Bestandes, seines Teilrückbaus und der dem Bestand angepassten Gestaltungsideen konnte ein reibungsloser Bauprozess vonstatten gehen. Beispielsweise der Rückbau der Reinigungsbalkone mit gleichzeitiger Sicherung und Vorbereitung für die Neufassaden, wie im Bild dargestellt, ermöglichte einen reibungslosen Ablauf.

Dieses führte dazu, dass nach Neueinreichung des Bauantrages die fehlende Zeit durch durchdachtere und effektivere Montage der Konstruktion ausgeglichen werden konnte.

Bild 9   Demontage der Balkone   Bild 10   ADAC-Hochhaus

Die vorhandenen Seitenwände mit geschlossenen Putzfassaden wurden durch Anbetonieren zu einem stehenden Trapez umgeformt. Die gewählte Auskragung an der Attika beträgt links und rechts jeweils 1,5 m. Im Spannungsbogen hierzu wurde der Treppenturm weithin sichtbar mit der gelben Wand als liegendes Trapez errichtet, d.h. die Verbreitung wurde am Fußpunkt vorgenommen.

Bild 11   Kundenzentrum und Veranstaltung

Besondere Anstrengungen waren für die technischen Installationen erforderlich. Viele Anlagen konnten nur mit den Behörden in gemeinsamen Gesprächen festgelegt werden, da der Bestand (beispielsweise mit den Technikschächten, die wie bei den meisten Hochhäusern als statisch relevante Bauteile kaum veränderbar sind) nicht immer alle Lösungen zur Verfügung stellte. Zusätzliche Anlagen, wie die neu zu errichtende Druckbelüftungsanlage und Verlegung der Trassenführungen im Rettungsweg konnten in ihrer Anordnung angepasst auf das im Bestand machbare einvernehmlich mit den zuständigen Behörden geplant und ausgeführt werden.

Das Projekt ist Beispiel dafür, dass bei der Konzeptfindung für die Veränderung einer Bestandsimmobilie auch die Bauabfolge und die Baustellenlogistik maßgebliche Faktoren sind. Im Rückblick auf die Baumaßnahme des ADAC Hochhauses ist insbesondere festzustellen, dass das Zusammenwirken von Bauherr, Architekt und Bauunternehmen zu einem für alle Beteiligten guten Erfolg führte. Durch HOCHTIEF Consult wurden die Gebäudediagnose, der darauf aufbauende Entwurf und die Planung vorgenommen.

ESMT, Berlin

Bild 12   European School of Management and Technologie, Fassadenansicht

Der Umbau des ehem. Staatsratsgebäudes der DDR in Berlin zur privaten Management Schule, European School of Management and Technology, stellt durch die Klassifizierung des Gebäudes als Denkmal im Bestand eine noch größere Herausforderung dar, als die zuvor genannten Büro- und Hotelimmobilien. Der sensible Umgang mit Materialien, die Auflagen der Denkmalpflege und die Sicherung der denkmalpflegerischen Bauteile, war eine Herausforderung weit über das Bauen im Bestand hinaus.

Der Amtssitz von Walter Ulbricht und später Erich Honecker erlebte nach der Wende noch eine kurze Blütezeit als Bundeskanzleramt und wurde im Jahre 2001 unter Denkmalschutz gestellt. Das Staatsratsgebäude befindet sich auf der Museumsinsel, direkt am Schlossplatz und war im Jahre 1964 durch den jungen Chefarchitekt Roland Korn für die DDR errichtet worden.

Der Baukörper gliedert sich in drei Bauteile, A, B und C, mit einer Gesamtlänge von 141,0 m. An zentraler Stelle wurden Teile des Portals des ehem. Stadtschlosses in das Bauwerk integriert. Vom vorhandenen Balkon rief Karl Liebknecht am 09.11.1918 die sozialistische Republik aus. Die Einbeziehung des ehem. Stadtschlossportals durch den Architekten Roland Korn verleiht dem Gebäude einen eigenen und bedeutungsvollen Charakter.

Durch die ursprüngliche Nutzung als Repräsentativbau wurden mit dem Umbau zu European School of Management and Technology, Raumfolgen und Nutzung in großen Teilen geändert. Die großen Säle, wie Bankettsaal, Festsaal und Kinosaal mit einem über 95 m langen Wandelgang wurden belassen.

In Zusammenarbeit zwischen der ESMT, dem Architekturbüro HG Merz und dem Amt für Denkmalpflege wurde ein Konzept erarbeitet, bei welchem alle historischen und qualitativ hochwertigen Räume erhalten blieben und mit neuen Funktionen belegt werden konnten. Alle anderen Bereiche dagegen wurden rückgebaut und grundlegend neu gestaltet. Im Einzelnen wurden folgende Räume neu geschaffen: ein Audimax, Hörsäle, Studienräume, Seminarräume, Bibliothek, Kaffee Shop und Restaurant. Die vertikale Erschließung wurde durch ein neu zu erstellendes Treppenhaus (Fluchttreppe) und sieben neue Aufzüge wesentlich verbessert.

Bild 13 Servicebox / Flur

Zur Unterbringung der notwendigen Anzahl der Studienräume musste im 1. OG ein zusätzliches Zwischengeschoss eingebaut werden, um den Raumanforderungen der European School of Management and Technology zu erfüllen. Die technische Gebäudeausrüstung war zu erneuern, um den heutigen Bedürfnissen gerecht zu werden. Die Technikzentralen wurden im Untergeschoss und Dachraum vorgesehen.

Die Besonderheiten des Projekts stellen sich im Bereich der Denkmalpflege und der vorhandenen Bausubstanz dar. Eine umfassende Gebäudeanalyse von über 300 Ordnern vorhandener Bestandsdokumentationen sowie ein umfassendes Schadstoffgutachten aller Räumlichkeiten im denkmalpflegerischen Sinne, ermöglichte es dem Bauteam, den Anforderungen und künftigen Nutzungen gerecht zu werden.

Alle historischen Räume wurden photogrammetrisch aufgenommen und vermessen. Es wurde eine umfassende Beweissicherung durchgeführt, so dass hier jederzeit reagiert werden konnte und ein reibungsloser Ablauf gewährleistet war. Beim Staatsratsgebäude wurden die Planung und die Bauleitung durch die ca. 150 Nachunternehmer vor eine besondere Herausforderung gestellt. Zur schnellen Problemlösung installierte das beauftragte Unternehmen HOCHTIEF Construction neben dem gesamten Bauteam auch einen Großteil des Planungsteams auf der Baustelle.

Zweckmäßig war es, die Planung der Haustechnik, der Ausbaugewerke und des Brandschutzes genau auf die Erkenntnisse aus dem Bestand abzustimmen und dabei möglichst viel Nutzen aus vorgefundenen Bestandsunterlagen und Aufmaßen zu ziehen. Aus diesen Überlegungen heraus ist es zum Teil sogar sinnvoll gewesen, geplante Trassenverläufe zu ändern, wenn dadurch denkmalgeschützte Bausubstanz nicht zurückgebaut und wieder erneuert werden musste. Selbstverständlich ist bei einem Bestandsbau, einem Denkmal, der Brandschutz ein weiteres großes Problem. Insbesondere durch die Diagnose, vorhandene Mauerwerkschächte für neue Lüftungsanlagen und haustechnische Installationen wieder zu nutzen, konnten viele Rückbauten erspart werden. Die vorhandenen Wandkonstruktionen wurden maßstabsgetreu aufgenommen, so dass das Brandschutzkonzept mit der Brandbehörde und den Beteiligten sicher und verträglich für das Denkmal sowie für die Hochschule erstellt werden konnte.

Bild 14 Hörsaalschale

Der Vertrag wurde von ESMT und HOCHTIEF als Partnerschaftsvertrag, PreFair, geschlossen. Bei dem denkmalgeschützten Staatsratsgebäude stellte sich trotz im Vorfeld sehr detailliert aufgestellter Gebäudediagnose als richtig heraus, einen Großteil des Planungsteams auf der Baustelle zu installieren. So konnten Bestand – Planung – und Bauausführung Vorort zur effizienten und dem Bau gerecht werdender Lösung der Detailprobleme gebracht werden. Es entstanden keine Aufmaßprobleme und eine hohe Identifikation des gesamten Teams trug zum Erfolg dieser Maßnahme bei.

Fazit, Ausblick

Der Immobilienmarkt hat das Bauen im Bestand zu einer nicht mehr wegzudenkenden Größenordnung im deutschen Baugeschehen gemacht. Gerade in Ballungsräumen gewinnt der Investor Bauzeit und damit Mieteinnahmen. Vielleicht gibt es sogar einen erheblichen Zusatznutzen, wenn z.B. die Stellplatzsatzung einer Stadt heute viel restriktiver die Parkplätze einschränkt als zu Zeiten der ersten Errichtung der Bestandimmobilie. Die Erneuerung des Bestandes entsprechend der nachgefragten Qualitäten erhöht bei sinnvollem Kapitaleinsatz die Rendite.

Es gibt aber auch Risiken: Da sind zum einen die Überraschungen aus dem Bestand selbst, mangelndes Tragvermögen, geometrische Imperfektionen, die einen ganzen Entwurf zunichte machen können oder genehmigungsrechtliche Fragestellungen, die die geplante Nutzung erschweren oder unmöglich machen können.

Um die Risiken beherrschbar zu machen, haben sich an zwei Feldern wesentliche Neuerungen entwickelt: Zum einen führen zunehmend Partnerverträge mit kompetenten Unternehmen in der frühen Projektphase dazu, dass Chancen und Risiken im Vorfeld der Baumaßnahme durch Einbringen der Baukompetenz gemeinsam minimiert werden. Zum andern etabliert sich eine neuartige Planungsleistung als Querschnittsfunktion zur Beurteilung des Bestandes, die Gebäudediagnose. Nur mit der sorgfältigen Analyse des Bestands durch erfahrene Architekten und Ingenieure lässt sich eine Grundlage schaffen, auf der neue Konzepte, Kostenermittlungen und Terminpläne belastbar umzusetzen sind. Mit diesen Neuerungen wird das Bauen im Bestand wesentlich attraktiver. Für unsere Städte und Kommunen bedeutet das einen Zugewinn an attraktiven Quartieren, für uns alle einen weiteren Schritt zum nachhaltigen Bauen.

Neue Möglichkeiten der Zustandsüberwachung durch strukturintegrierte faseroptische Sensoren

Dr.-Ing. **Wolfgang R. Habel**, Berlin

Zusammenfassung

Durch Weiterentwicklung und Adaption klassischer Funktionsprinzipien faseroptischer Sensoren verbreitert sich deren Einsatz in der Bautechnik kontinuierlich, sowohl zahlenmäßig als auch aufgabenspezifisch. Neben dem häufigsten Einsatz von Fasersensoren für Verformungsmessungen kommen im Interesse einer hohen Bauwerksicherheit zunehmend auch Messaufgaben mit bauphysikalischem und bauchemischem Hintergrund für die Zustandsüberwachung bzw. zur Online-Schadensidentifikation und -Schädigungsbewertung ins Visier. Der Beitrag zeigt beispielhaft neue Entwicklungen und Anwendungsmöglichkeiten der Fasersensorik für eine sensorintegrierte Bauzustandsüberwachung einschl. der frühzeitigen Online-Erkennung drohenden Versagens von Strukturen.

1. Die faseroptische Messtechnik - eine inzwischen etablierte Messtechnologie ?!

Seit nunmehr 20 Jahren wird über Anwendungen der faseroptischen Sensoren (FOS) im Bauwesen berichtet. In den letzten Jahren hat insbesondere die Strukturintegration dieser Sensoren, d. h. ihr Einbau bereits in der Bauphase eines Bauwerks bzw. dessen nachträgliche innige Einbindung ins Bauteil eine herausragende Bedeutung erlangt. Mit Integration ist nicht einfach die „Befestigung" des Sensors an einem Baukörper, beispielsweise ähnlich der schwingenden Saite oder einem induktiven Wegaufnehmer, zu verstehen, sondern ein optimaler Verbund des sensitiven Elements mit dem Werkstoff. Bei diesem Verbund spielt sowohl ein direkter Abgriff der Veränderungen des Messobjekts eine Rolle als auch die Tatsache, dass eingebaute hochempfindliche Sensoren das Baustoff- bzw. Bauteilverhalten nicht merklich beeinflussen dürfen. Der Großteil der bauwesenspezifisch ausgerichteten Beiträge zur Fasersensorik in der Fachliteratur betrifft wissenschaftliche Untersuchungen neuer Sensorsysteme in Laboratorien, gelegentlich in Kombination mit Feldtests. Neben diesen forschungsorientierten Anwendungen gibt es erfreulicherweise immer mehr kommerzielle Einsätze faseroptischer Sensoren für Bauwerksüberwachungsaufgaben.

Wenngleich momentan noch allgemein gültige Richtlinien für einen zuverlässigen und vergleichbaren Einsatz dieser recht jungen Sensorik fehlen, werden einige Typen faseroptischer Sensoren von Firmen weltweit als etablierte messtechnische Alternative angeboten bzw. genutzt (z. B. /1/).

2. Genutzte Sensorprinzipien und Vorteile faseroptischer Sensoren

Neben den immer wiederkehrenden Monitoring- und Messaufgaben, bei denen FOS als Dehnungs- oder Verschiebungssensoren zum Einsatz kommen, wird die Palette der Grundtypen faseroptischer Sensoren durch Adaption an weitere Messaufgaben ständig ergänzt. Am häufigsten verwendet werden

- Faser-Bragg-Gitter-Sensoren für Dehnungs- und Temperaturmessungen,
- interferometrische Sensoren (Michelson-Interferometer-Sensoren mit großer Messbasis sowie Fabry-Pérot-Sensoren mit kleiner Messbasis als hochempfindliche statische und dynamische Verformungssensoren)
- unterschiedliche konstruktive Lösungen intensitätsmodulierter Sensoren sowie
- nichtlineare Rückstreueffekte in sehr langen Fasern für Dehnungs- und Temperaturmessungen.

Die nachfolgend dargestellten neueren Anwendungen greifen auf diese Grundtypen von FOS zurück, nutzen jedoch spezielle Modifikationen für Aufgaben der Zustandsüberwachung. Darüber hinaus werden auch mehr und mehr faseroptische Funktionsprinzipien mit besonderen Eigenschaften für spezielle Aufgaben der Zustandsüberwachung genutzt, für die erst seit relativer kurzer Zeit Messgeräte verfügbar sind. Zur einfacheren Übersicht sollen die bauwesenspezifischen Sensoren wie folgt eingeteilt werden:

- Sensoren mit großer Messbasis ($\geq$ 50 cm)
- Verformungs- oder Rissdetektoren für die Überwachung sehr großer Bereiche mit verteilten Sensoren (ohne vorab definierte Messlängen-Grenzen)
- Sensoren mit kleiner Messbasis ($\leq$ 20 cm) als Einzelsensoren bzw. als Sensorketten aus aneinander gereihten Einzelsensoren (mit einer gemeinsamen Zuleitung!)
- Miniaturmessfühler für physikalische (Temperatur, Druck, Feuchte, Gas- oder Flüssigkeitsströmung) oder chemische (pH, Chlorid, organische Substanzen) Größen.

Motivation für ihre Nutzung sind bestimmte Vorteile, wie

- große Messlängen bzw. die Möglichkeit, Sensorfasern in mehrere aufeinander folgende Messabschnitte einzuteilen, aus denen online unterschiedlichste Messgrößen nach Ort und Größe abgefragt werden können,
- geringe Abmessungen der Sensorelemente, dadurch nahezu rückwirkungsfreie Bauteilintegrierbarkeit,
- hohe Präzision der Messungen bei geringen Messwertauflösungen, wobei die Messinformation bei einigen Messverfahren als absoluter Messwert ausgegeben wird.

Fasersensoren

- können chemisch inert ausgeführt werden, sind temperaturstabil bis zu Temperaturen von einigen Hundert °C sowie elektromagnetisch unbeeinflussbar und blitzsicher wegen Fehlens elektrischer Komponenten am Messort und in der Zuleitung,

- vermeiden Messfehler infolge Feuchtigkeitsschwankungen bei Messung chemischer Größen, z. B. pH-Wert im Beton,
- können so konzipiert werden, dass nach Abschaltung der Messanlage oder nach Austausch von Komponenten des Sensorsystems der Referenzmesswert nicht verloren geht oder die neuen Komponenten die Messinformation nicht beeinflussen.

Über typische Anwendungen von FOS in der Bautechnik ist in der Vergangenheit mehrfach auf Fachtagungen berichtet worden. In den ausgewählten Beispielen neuer Einsatzmöglichkeiten wird nur knapp auf das Messproblem und das gewählte Funktionsprinzip eingegangen; ausführlichere Beschreibungen finden sich in der jeweils zitierten Literatur oder können beim Autor angefordert werden.

3. Neue Möglichkeiten der strukturintegrierten faseroptischen Zustandsüberwachung

3.1 Verteilte Dehnungs- und Temperatursensoren zur Früherkennung von Schäden an Staumauern, Deichen, und Rohrleitungen /2/, /3/

Gegenüber der Messung von Verformungen mit Fasersensoren kleiner und mittlerer Messbasis zur Bestimmung des Bauzustands in lokal begrenzten Bereichen erfordern ausgedehnte Bauwerke für die Überwachung oder die Bewertung der Integrität ihrer Gesamtstruktur Sensoren mit großer Messbasis. Solche Sensoren, die häufig auch als Schadensdetektoren eingesetzt werden, sollen in der Lage sein, sicherheitsrelevante Veränderungen am Bauwerk an beliebigen Orten entlang einer Kontur aufzuspüren. Für derartige Monitoringaufgaben eignen sich besonders optische Fasern, die entlang der Kontur verlegt werden, und bei denen nichtlineare Lichtstreueffekte für die Gewinnung der Messinformation ausgewertet werden. Solche Sensorfasern nutzen das Prinzip der stimulierten Brillouin-Streuung bzw. der Raman-Streuung und werden als „verteilte" Sensoren bezeichnet. Gerade in den letzten fünf Jahren sind einige neu entwickelte Geräte für diese verteilte Sensorik auf den Markt gekommen. Solche Geräte sind zwar im mittleren bis hohen Preissegment anzusiedeln, jedoch können als kilometerlange Sensorfasern preisgünstige optische Fasern der Telekommunikationstechnik verwendet werden, wodurch bei bestimmten Anforderungen viele teure Einzelsensoren mit separaten Messgeräten entfallen können.

Seit vielen Jahren bekannt und genutzt ist das Prinzip der verteilten Temperaturmessung nach dem Raman-Effekt, bei dem Lichtstreuungen an Molekülschwingungen in der optischen Faser gemessen und ausgewertet werden. Eine in das Bauwerk eingebrachte Sensorfaser kann dann Auskunft über die Temperaturverteilung entlang einer Faserstrecke von mehreren Kilometern geben /4/. Die Messgeräte erlauben, abhängig von der Messstrecke, eine Temperaturauflösung von $\pm 0,1$ K bis ± 1 K bei einer Ortsauflösung von 0,25 m bis zu 5 m (bei einer Faserlänge zwischen 8 km und 15 km). Dieses Messverfahren kann beispielsweise für die direkte Bestimmung der Entwicklung der Hydratationstemperatur im Massenbetonbau, etwa zur Bewertung der Temperaturentwicklung frisch betonierter Schwergewichtsstaumauer-Abschnitte, aber auch indirekt zur Detektion von Durchfeuchtungsschäden bei Staumauern und Deichen oder bei Leckagen an Gas-Pipelines eingesetzt werden. Hier wird die bei Sickerströmungen im Bauwerk oder die bei Druckabfall eintretende Änderung im Temperaturprofil gemessen und für eine Schadenssignalisierung genutzt.

Ein verwandtes Messverfahren auf Basis nichtlinearer Lichtstreueffekte lässt sich auch zur verteilten Messung von Dehnungen, die entlang eines Lichtwellenleiters auftreten, nutzen. Hierfür werden wiederum preiswerte optische Fasern der Telekommunikation genutzt, jedoch ist hier die stimulierte Brillouin-Streuung der dominierende nichtlineare Effekt, der die Bestimmung verteilt auftretender Verformungen entlang der Faser ermöglicht. Bei diesem Effekt handelt es sich um eine induzierte Rückstreuung optischer Strahlung an Schallwellen in der Faser. Physikalische Größen wie Temperatur und Dehnung verändern die Schallgeschwindigkeit in der Faser. Diesen Effekt kann man sich für Temperatur- und Dehnungsmessungen entlang der Faser auf folgende Weise zunutze machen: Eine Lichtwelle bestimmter Frequenz (Pumpwelle) wird in die Faser eingestrahlt; sie wird an den Schallwellen in der Faser mit einer veränderten Frequenz rückgestreut (Brillouin-Streuung). Die Frequenzverschiebung (Brillouin-Frequenz f_B), die von physikalischen oder mechanischen Einflüssen auf die Faser beeinflusst wird, wird ortsaufgelöst gemessen. Somit können Dehnungs- und Temperaturänderungen entlang einer mehrere Kilometer langen Faserstrecke ermittelt werden. Eine Standard-Monomodefaser besitzt bei Raumtemperatur eine Brillouin-Frequenz von ca. 12,8 GHz. Die Empfindlichkeit der Brillouin-Frequenz bei Temperaturänderung bzw. Dehnung ist linear und beträgt etwa 1,2 MHz/K bzw. 500 MHz/1% Dehnung. Beim Einsatz als verteilter Dehnungssensor ist zu beachten, dass bei Anwendung des Messverfahrens aus der infolge Temperatur- und Dehnungswert beeinflussten Frequenzänderung die Dehnung separiert werden können muss.

Jüngere Entwicklungen dieses Messverfahrens zielen auf seine Anwendung in der Geotechnik und für große Ingenieurbauwerke ab. Da inzwischen Dehnungen in der Faser von bis zu einigen Zehn µm/m aufgelöst werden können, wird intensiv geforscht, diese Technik zur Überwachung von Tragelementen weit gespannter Brücken, von Pipelines über Hunderte von Kilometern oder von Bauteilen aus neuen Werkstoffkombinationen einzusetzen. Es ist jedoch zu beachten, dass der Ort der gemessenen Dehnung nur mit einer Ortsauflösung im Zentimeterbereich möglich ist, d. h., die für die Rechengröße „Dehnung" notwendige korrekte Angabe der entsprechenden Messbasis ist mit diesem verteilten Messverfahren nicht möglich. Das Setzen von „Markern" kann hier bedingt Abhilfe schaffen. Der Einsatzentscheidung für diese Technik zum Zweck der experimentellen Spannungsanalyse sollte zuvor immer eine Betrachtung aller fasersensorischen bzw. messtechnischen Alternativen vorausgehen.

Für die frühzeitige Erkennung von Strukturveränderungen an ausgedehnten Bauwerken, wie z. B. Pipelines und Deichen, und damit eventuell einhergehender Gefährdung, ist jedoch dieses Messverfahren alternativlos. Bislang vorgeschlagene „quasi-verteilte" Fasersensoren mit sog. Faser-Bragg-Gitter-Sensoren als Messelemente liefern nur abschnittsweise Infor-

www.naue.com
Willkommen in der Welt der Geokunststoffe!

Die **Experten**
mit Geokunststoff Know-how!

NAUE GmbH & Co. KG
Gewerbestraße 2
32339 Espelkamp-Fiestel
Telefon   05743 41-0
Telefax   05743 41-240
E-Mail   info@naue.com
Internet www.naue.com
          www.bentofix.com
          www.secugrid.com

mationen in denjenigen Bereichen, wo die Faser-Gitter montiert sind. Für großflächige Areale oder lange Messstrecken erfordert die hohe Zahl von (immer noch recht teuren) Gittersensoren eine entsprechend aufwändige Verkabelung. Eingelegte optische Fasern ohne besondere Sensorelemente versprechen kostengünstige Monitoringlösungen. Dieser Vorteil der Brillouin-Sensorik wird derzeit für die Entwicklung multifunktionaler Geotextilien mit integrierten Sensorfasern genutzt. Geotextilien werden u. a. für die Ertüchtigung von Deichen, Dämmen oder die Sicherung von Senkungszonen und gefährdeten Hängen eingesetzt. Im Krisenfall, beispielsweise bei Hochwasser, müssen gefährdete Deichbereiche schnell und zuverlässig identifiziert werden können. Dies kann durch lange, in die Geomatten eingebaute Sensorfasern erfolgen (Bild 1). Schäden am Deich führen zur Deformation der Geomatten - und somit der Sensorfasern - und werden unmittelbar automatisch erkannt. Ein angeschlossenes Gerät signalisiert die Veränderung und gibt auch den Ort der Veränderung an; für die Identifizierung gravierender Veränderungen am Deich wäre sonst die permanente visuelle Inspektion durch Deichläufer erforderlich. Eine tiefergehende Analyse des Schadens sollte jedoch, insbesondere im Krisenfall, zielgerichtet vor Ort vorgenommen werden.

Durch Reduktion der Auflösung der Ortsangabe des Schadensortes auf 50 cm bis 100 cm kann preiswerte Gerätetechnik zum Einsatz kommen. Diese „intelligenten" Textilien werden im Rahmen eines Verbundforschungsprojekts „Sensorbasierte Geotextilien zur Deichertüchtigung" unter Beteiligung mehrerer Partner aus der Geotechnik und der Forschung im Rahmens der BMBF-Fördermaßnahme „Risikomanagement extremer Hochwasserereignisse" entwickelt und erprobt /5/.

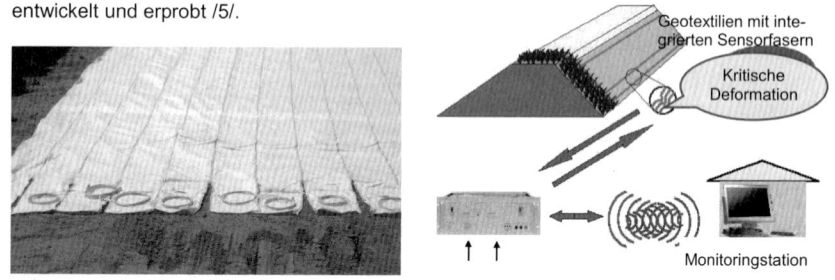

Bild 1 Geomatte mit integrierten Sensorfasern (links) in einem Neubau-Deich; Kopplung der sensorbasierten Geomatten mit der Überwachungszentrale (rechts). Das Geotextil wurde bereitgestellt durch Sächsisches Textilforschungsinstitut e. V. (STFI) Chemnitz (Grafik rechts: Dipl.-Ing. E. Thiele, STFI Chemnitz)

3.2 Bewertung der Gebrauchsfähigkeit von Betonpfählen durch dynamische Anregung und ortsabhängig korrelierte Schallemissionsmessung mittels eingebetteter faseroptischer Schallaufnehmer /6/, /7/

Beim Bauen auf nicht tragfähigem Baugrund werden u. a. Betonpfähle als Tiefgründungsmaßnahme zum Lastabtrag in den tiefer liegenden tragfähigen Baugrund eingesetzt. Da eine exakte Vorausberechnung deren Tragfähigkeit kaum möglich ist, haben experimentelle Untersuchungen zur Bewertung der Gebrauchstauglichkeit große Bedeutung erlangt. Eine effiziente Methode ist die dynamische Strukturanalyse, bei der am Pfahlkopf ein Impakt in den Pfahl eingeleitet wird (Hammerschlag beim 'Low-Strain'-Verfahren zur Bestimmung der Unversehrtheit, Fallgewicht beim 'High-Strain'-Verfahren zur Bestimmung der Tragfähigkeit). Bei den Standardverfahren wird am Pfahlkopf die resultierende Schallemission gemessen und analysiert. Daraus soll sowohl auf die Pfahlintegrität geschlossen als auch die Tragfähigkeit bewertet werden können. Die bisherige Instrumentierung bei den dynamischen Verfahren ausschließlich am Pfahlkopf liefert nicht immer ausreichende Informationen über das Wellenausbreitungsverhalten. Daher wurden beton-einbettbare hochdynamische Fasersensoren entwickelt, die entlang der Tragstruktur (Pfahlschaft) an sicherheitsrelevanten Stellen die Wellenausbreitungsvorgänge ortsverteilt aufzeichnen können und somit eine genauere Analyse der Pfahlgeometrie und des Tragverhaltens unter den konkreten Bedingungen der Pfahl-Boden-Interaktion gestatten.

Grundelement des faseroptischen Messaufnehmers ist ein Fabry-Pérot-Interferometer-Sensor (Bild 2, links), der aus einer Kapillare besteht, in der zwei Glasfasern derart angeordnet sind, dass sich ihre Stirnflächen mit einem definierten Abstand gegenüber stehen. Der Aufnehmer wird auf einen Stahlkörper geklebt und bei dynamischer Anregung entstehen an den sich gegenüberstehenden Stirnflächen Interferenzstreifen-Änderungen. Da der Sensor Änderungen des Stirnflächenabstands s im Nano- oder Mikrometerbereich erfasst, werden die Materialschwingungen hochempfindlich gemessen. Bild 2, rechts zeigt den zylindrischen Stahlträger, auf dessen Innenwand der faseroptische Sensor appliziert ist und zusätzlich ein Beschleunigungssensor positioniert wurde. Außen appliziert erkennt man elektrische Dehnungssensoren zur Referenzierung der Fasersensoren im Rahmen der Validierung des Messverfahrens. Bild 3 zeigt den Einbau eines der Sensorträger in einen Fertigteilpfahl /8/. Zur Verifizierung der Sensorkennwerte werden diese zunächst kleinmaßstäblichen Modellpfahluntersuchungen unterzogen (Bild 4); anschließend werden großmaßstäbliche Feldversuche sowohl mit instrumentierten Fertigteil- als auch mit Ortbetonpfählen durchgeführt. Bild 5, rechts zeigt übliche Schallemissionsantworten am Kopf eines unbeeinträchtigten Pfahls sowie eines Pfahls mit Fehlstelle.

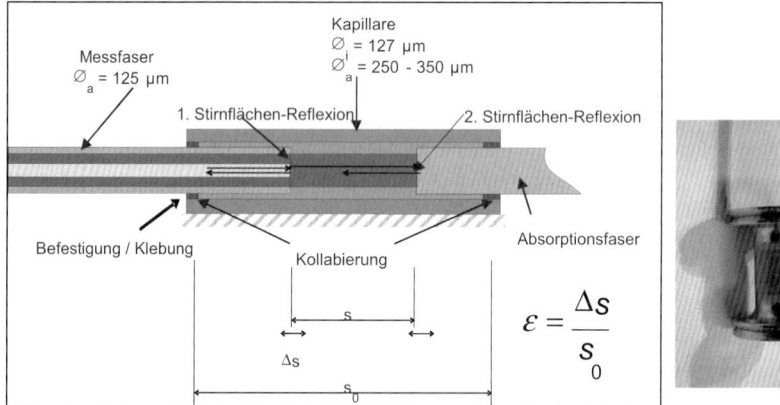

Bild 2   Physikalisches Prinzip des Interferometer-Sensors, rechts ist der Stahlträger /9/ mit applizierten Sensoren gezeigt (die zur Referenzierung benutzten DMS Sensoren entfallen nach Abschluss der Untersuchungen.)

$$\varepsilon = \frac{\Delta s}{s_0}$$

Bild 3 Pfahlintegriertes Messelement

Bild 4 Vorbereitung der statischen Belastung eines Fertigteilpfahls am IGB der TU Braunschweig

Mit Hilfe dieser neuartigen Sensortechnik können umfassendere Aussagen über die Boden-Bauwerk-Interaktion gewonnen werden, die dann in Rechenmodelle und Entwurfskriterien einfließen. Des Weiteren bietet dieser strukturintegrierbare Sensor die Möglichkeit der Langzeitüberwachung tragender Bauwerksteile mit Hilfe der dynamischen Strukturanalyse, insbesondere bei Schadensereignissen im Überbau oder bei fortschreitender Schädigung der Gründungselemente. Die Ergebnisse aus den Modellfpfahluntersuchungen mit integrierten

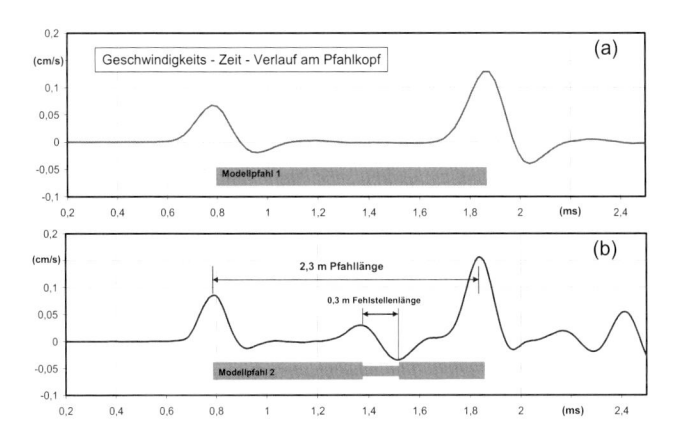

Bild 5: 'Low-Strain'-Messungen am Kopf eines intakten Pfahls (a) und eines Pfahls mit Fehlstelle (b) – Standardverfahren /10/ (Messgröße Beschleunigung integriert zur Geschwindigkeit)

Fasersensor-Schallaufnehmern werden ausführlich auf dem Pfahl-Symposium des IGB der TU Braunschweig im Februar 2007 vorgestellt (http://www.igb.tu-bs.de/).

Die betonintegrierbaren Schallaufnehmer sind auch einsetzbar für die Langzeitüberwachung tragender oder sicherheitsrelevanter Bauwerksteile in anderen Bereichen des Bauwesens, beispielsweise unterirdische Beton-Rohrleitungen, Tunnel, Containments. Im Falle von bereits eingetretenen Schädigungen kann der Schadensfortschritt durch gezielte Messungen bewertet werden.

3.3 Ortsselektive Früherkennung potentieller Korrosionsgefahr von Betonstahl durch bauteil-integrierte pH-Sensoren /11/

Korrosionsschäden an der Stahlbewehrung in Betonbauteilen verursachen jährlich immense Kosten. Durch zu starkes Absinken des pH-Werts der zementgebundenen Matrix im Umfeld von Stahl ist der Korrosionsschutz gefährdet. Daher ist die frühzeitige Kenntnis des Absinkens des pH-Werts in einen Bereich um 10 von großer Bedeutung für die Erhaltung der Bausubstanz. Zurzeit gibt es nur einzelne kommerziell erhältliche Messsysteme zur Betonstahl-Korrosionserkennung, die nicht immer allen Anforderungen genügen. Problematisch können z. B. Querempfindlichkeiten oder der Einfluss von Feuchtigkeitsschwankungen auf das Messsignal elektrischer Sensoren sein. Auch die Größe mancher Messfühler verhindert deren Einsatz in bestimmten gefährdeten Betonbereichen bzw. deren nachträglichen Einbau.

Aus dieser Situation heraus wurden alternative Messmöglichkeiten gesucht, um den pH-Wert stromlos und zugleich online erfassen zu können. Ein faseroptischer pH-Sensor (pH-Optode) bietet eine solche Alternative. Derartige Optoden bestehen prinzipiell aus einem pH-empfindlichen Material, das an der Stirnseite einer optischen Faser oder eines Faserbündels mechanisch oder chemisch fixiert wird. Es wird die Änderung der Absorption oder der Fluoreszenz eines Farbstoffs bei sich veränderndem pH-Wert gemessen. Nach umfangreichen Voruntersuchungen zur Eignung der Messverfahren wurde für die pH-Optode das Messverfahren der Absorptionsmessung gewählt. Um sowohl zuverlässige als auch reproduzierbare Messaussagen über zu erreichen, wurde ein ratiometrisches Auswerteverfahren bevorzugt, d. h. die mit dem pH-Wert schwankenden Intensitätswerte eines absorbierenden pH-empfindlichen Materials werden bei zwei unterschiedlichen Wellenlängen gemessen und das Intensitätsverhältnis der Messwerte ausgewertet. Lediglich eine pH-Wert-Schwankung des Betons liefert eine Änderung im Verhältnis beider Messwerte. Störungen werden eliminiert.

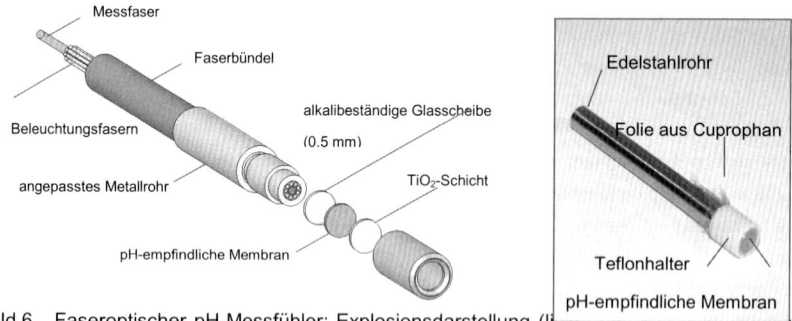

Bild 6 Faseroptischer pH-Messfühler: Explosionsdarstellung (links) und Messkopf (rechts); Durchmesser des Messkopfes: 6 mm

Der Aufbau eines Messfühlers ist im Bild 6 gezeigt. Kernstück des Messfühlers ist die pH-empfindliche Membran, deren Herstellungsverfahren zum Patent angemeldet wurde. Entscheidende Qualitätskriterien für die pH-empfindliche Membran sind ihre dauerhafte Empfindlichkeit und ihre mechanische und chemische Langzeitstabilität unter hochalkalischen Bedingungen. Die bei der entwickelten pH-Optode zum Einsatz kommenden Substanzen liefern den pH-Wert im Bereich von 12 bis 9 und genügten in Untersuchungen über einen Zeitraum von einem Jahr bei einem pH-Wert bis zu 13 diesen Kriterien. Aus den bisherigen Kalibrierkurven (Bild 7) lässt sich eine Auflösung des pH-Werts von 0,1 bis 0,6 in Abhängig des pH-Wertebereichs angeben. Zu beachten ist jedoch, dass zum Erhalt der Hydrophilität des pH-empfindlichen Materials dessen Austrocknen verhindert werden muss. Diesem Umstand ist beim Einsatz der Sonden Rechnung zu tragen, kommt aber entgegen, dass in einigen Anwendungsbereichen, wie z. B. im Grundbau, Wasserbau, in Abwasseranlagen oder auch in Kraftwerksanlagen, die Betonbauteile ausreichend feucht bleiben. Lediglich für die

Dauer der Bauphase müssen Vorkehrungen gegen Austrocknung der pH-empfindlichen Membran getroffen werden.
Die baupraktische Handhabkarkeit dieses neuen pH-Sensors wurde beim Einbau von Verpressankern im Ölhafen Rostock geprüft /12/. Die in zehn Ankern applizierten Sensoren sollen den pH-Wert des Verpressmörtels im Verpressbereich über einen möglichst langen Zeitraum überwachen. Um das Austrocknen des Messkopfes zu verhindern, wurde die Schutzkappe erst unmittelbar vor Einführen des Ankers in das Bohrloch entfernt. Sowohl das Einführen des Ankers als auch den Verpressvorgang überstanden die Sensoren ohne Beeinträchtigungen. Bild 8 zeigt die Befestigung der pH-Optoden an einem werksseitig vorgefertigten Anker; Bild 9 zeigt die Verkabelung nach Fixierung der Anker im Spundwandbereich.

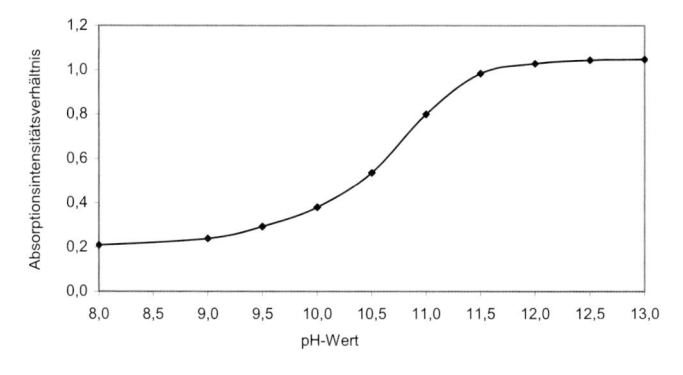

Bild 7 Kalibrierkurve einer präparierten pH-sensitiven Membran in Abhängigkeit vom pH-Wert (die Absorptionsmaxima liegen bei 605 nm und 450 nm)

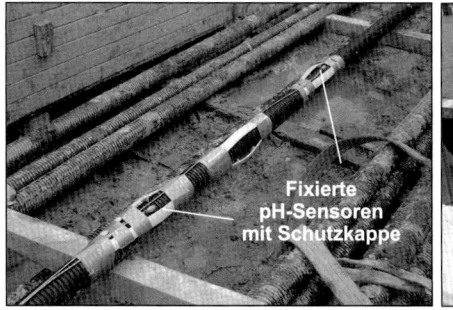

Bild 8 Fixierung der pH-Optoden auf den im Werk vorgefertigten Ankern

Bild 9 Leitungsführung an der Spundwand für Messgeräteanschluss

Die Mehrzahl der applizierten Sensoren liefern seit Einbau verwertbare Informationen über den aktuellen pH-Wert. Das pH-Messsystem wird gegenwärtig im Rahmen eines AiF-Projekts für den kommerziellen Einsatz vorbereitet. Wesentliche Kriterien hierfür sind die einfache und zuverlässige Handhabung sowie ein deutlich geringerer Systempreis. Durch Installation mehrerer lokal verteilter pH-Sonden können auch selektiv Tiefenprofile des pH-Werts angegeben werden. Eine weitere Verkleinerung der Messköpfe ist möglich, wird jedoch von den bisher interessierten Nutzern nicht gefordert.

3.4 Blitzsicherer und langzeitstabiler Druckmesskopf für Spannungsmesssonden der Geotechnik /13/

In der Geotechnik werden Druck- oder Zugspannungen oft durch flache Druckkissen (Flat Jacks) oder andere ölgefüllte Spannungsmesszellen bestimmt /14/. Die auf die Spannungsmesszelle einwirkende mechanische Beanspruchung erzeugt einen hydraulischen Druck in einem über ein Verbindungsrohr gekoppelten Messkopf mit Membran. Die Druckänderung bewirkt eine Membranauslenkung, die mittels auf die Membran geklebter Dehnungsmessstreifen (DMS) gemessen wird. Aus der Membrandeformation wird auf die Spannung am Messkissen geschlossen. Wegen der notwendigen elektrischen Verbindungsleitungen zwischen Messgerät und Membranmesskopf kommt es gerade bei Anwendungen im Wasserbau zu blitzeinschlagsbedingten Ausfällen. Andererseits können Kriecheffekte bei periodischen Messungen über Jahre deren Wiederholgenauigkeit stark verringern, weil eine Nullpunkt-Korrektur bislang nicht möglich ist.

Eine faseroptische Abtastung der Membranauslenkung im Messkopf schafft hier Abhilfe und vermeidet das Problem der Blitzgefährdung der Messzellen, weil ausschließlich metallfreie Anschlussleitungen verwendet werden können. Andererseits erlaubt die a priori hohe statische Auflösung interferometrischer Abtastverfahren eine präzisere Angabe der Membranauslenkung bei geringeren Membranverformungen. Diese Vorteile werden bei einem faseroptischen Messkopf für die Ausstattung von Spannungsmesskissen ausgenutzt. Der Messkopf hat folgende Merkmale:

- hochauflösende berührungsfreie Abtastung der Deflektion der Messmembran im Messkopf mittels eines Faser-Fabry-Pérot-Interferometer-Sensors
- in den Messkopf integrierte Vorrichtung für die regelmäßige Referenzierung der Nullpunkt-Lage des Sensors im Messkopf zur Identifikation von Drifteffekten bei kurz- oder langzeitig unterbrochener Messung
- Unempfindlichkeit des Messkopfes gegenüber Veränderungen an den Zuleitungen, Geräteanschlüssen oder bei Austausch des Messgeräts
- Immunität des Messkopfes gegenüber Blitzspannung oder hohen elektromagnetischen Störeinstrahlungen

Bild 10 zeigt den geöffneten Messkopf mit integrierter, zum Patent angemeldeter, Nullpunkt-Referenzmesseinrichtung. Zur Durchführung der Referenzmessung wird mittels Pressluft ein

Fabry-Pérot-Referenzsensor in eine definierte Position gebracht. Aus dieser kann die aktuell vorhandene (ggf. einer Drift unterliegende) Ausgangsposition des Membransensors ermittelt werden. Erst nach Referenzkontrolle kann eine genaue Messung durchgeführt werden. Für die eigentliche Druckmessung ist Pressluft nicht mehr erforderlich. Der Messkopf ist für den Druckmessbereich 0 bis 1 bar bei einer Membran-Deflektion von 60 nm ausgelegt, liefert aber bis zu einem Druck von 2 bar reproduzierbare Messergebnisse. Die Unsicherheit in der Nullpunkt-Referenzierung beträgt ± 42,5 mbar. Für die Sensormuster wurde eine Langzeit-Scandrift von < 16 mbar (mittlere Abweichung: < 1,6 %) gemessen. Vier faseroptische Messköpfe wurden in einem Bergbauerschließungsgebiet in Polen eingesetzt und getestet /15/. Weitere Feldapplikationen sind in Vorbereitung.

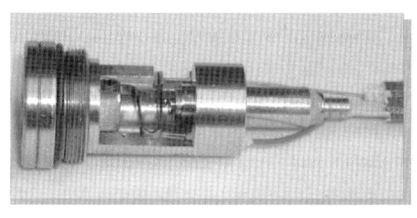

Bild 10 Geöffneter Messkopf mit Membranabtastung und Referenzsensor

Bild 11 Messkopf-Drift unter Druckbeanspruchung /13/

Bild 12 Spannungsmessstation mit Fasersensor-Messköpfen vor Einbau (Bild: Glötzl GmbH)

Das berührungsfreie Abtastprinzip kann ebenso in Druckmessköpfen für andere Anwendungsbereiche, beispielsweise in der Medizintechnik oder in Kraftwerken und Chemieanlagen eingesetzt werden. Wegen der ebenso hohen dynamischen Empfindlichkeit ist dieses Prinzip besonders zur Aufzeichnung von Schwingungsdaten für die dynamische Strukturanalyse geeignet.

4. Resümee und Ausblick

Die Hemmschwelle, faseroptische Messverfahren im Bauwesen zu nutzen, ist überwunden. Zunehmend werden diverse faseroptische Messverfahren weltweit sowohl von Firmen als auch von wissenschaftlichen Einrichtungen für unterschiedliche Messaufgaben im Bauwesen genauso in Betracht gezogen, wie „klassische" Messverfahren. Bislang gibt es aber für Fasersensoren keine geschlossenen Regelwerke (Normen, Vornormen oder Anwendungsrichtlinien). Einige Produzenten und Lieferanten geben für einzelne Fasersensor-Typen Beschreibungen der Eigenschaften des Messsystems bzw. Einsatzhinweise heraus. Diese Unterlagen sind jedoch nicht vergleichbar mit beispielsweise den VDI-Richtlinien zur DMS-Technik (z. B. /16/) und können somit nicht als Konzipierungshilfen oder Handlungsanweisungen verstanden werden. Der Umgang mit der Fasersensortechnik selbst erfordert besondere Arbeitsmittel sowie Fachwissen und einige Erfahrung im Umgang mit den Komponenten und deren Applikation. Beim Einsatz dieser Messtechniken sind für Anwender zwei Aspekte von besonderer Bedeutung:

a) Für die Konzipierung einer faseroptischen Messanlage müssen neben den genauen Anforderungen an die Messtechnik auch die Charakteristika der Komponenten des Messsystems (Merkmalskennwerte) bekannt sein. Der Anwender sollte bei Anbietern hierüber detaillierte Auskunft einfordern. Die bestmögliche Information liegt dann vor, wenn alle Sensorkomponenten (nicht nur das Messgerät!) validiert sind und die Beschreibung der charakteristischen Größen des Messsystems korrekt, d. h. gemäß DIN 1319, ist. Leider sind derartige Angaben häufig lückenhaft oder mehrdeutig.

b) Die Zuverlässigkeit von Messaussagen ist nur dann sichergestellt, wenn die Sensoren in geeigneter Weise appliziert worden sind. Gerade bei der Integration von Fasersensoren in Bauteile oder Werkstoffe müssen je nach Art der Applikation (Einbettung, Klebung auf der Oberfläche) sehr komplexe Zusammenhänge beachtet werden, die sowohl (optische) Funktionsparameter des Sensors als auch rein mechanischen Fragen der Signalübertragung vom Messobjekt auf das sensitive Element betreffen. Eine ausführlichere Betrachtung dieser Einzelheiten ist in /17/ und /18/ zu finden.

Im Arbeitskreis AK 17 „Faseroptische Messverfahren" der „Gemeinschaft Experimentelle Strukturanalyse" (GESA) des VDI werden derzeit Anstrengungen unternommen, Richtlinien für die Beschreibung der Messverfahren einschl. deren Leistungsmerkmale sowie für Applikationstechniken und Betriebsbedingungen für deren zuverlässige Nutzung auf den Weg zu bringen. Aufgrund der recht breiten Palette an faseroptischen Messverfahren und Sensorvarianten, die für eine bestimmte Messaufgabe zur Anwendung kommen könnten, ist es unabdingbar, dass Interessenten solche Richtlinien vorfinden bzw. sich beraten lassen können. Für interessierte Anwender, die mit der Fasersensorik noch keine Erfahrung gesammelt haben, ist empfehlenswert, sich vor der Entscheidung für ein Messsystem von der Möglichkeit einer fachkundigen und neutralen Beratung Gebrauch zu machen. Eine solche wird u. a. von der BAM zur Unterstützung von Wirtschaftsunternehmen oder Forschungseinrichtungen angeboten. Gleichzeitig stehen in der BAM Laboratorien zur Verfügung, in denen diverse faseroptische Messverfahren und deren Komponenten neutral validiert werden können.

Quellen und Literaturhinweise
/1/ http://www.smartec.ch
/2/ Krebber, K.; Schiffner, G.: Monomode-Fasersensor zur ortsaufgelösten Temperatur- bzw. Dehnungsmessung basierend auf der stimulierten Brillouin-Streuung. Journal e&i Elektrotechnik und Informationstechnik, Nr. 4, (2002), Seiten 120 - 125.
/3/ Inaudi, D.: Overview of fibre optic sensing to structural health monitoring applications. Proc. of the ISISS'2005, International Symposium on Innovation & Sustainability of Structures in Civil Engineering, Nanjing, China, November 20-22, 2005, S. 203-217.
/4/ Hurtig, E.; Großwig, S.: Distributed Fiber Optics for Temperature Sensing in Buildings and other Structures Proceedings of the 24th Annual Conference of the IEEE Industrial Electronics Society, Vol. ¾, 1829-1834 und http://geso-online.de/
/5/ http://www.rimax-hochwasser.de/download/kick_off_ergebnis/28.pdf und http://www.rimax-hochwasser.de/projekte.htm (Koordinator: STFI e.V. Chemnitz)
/6/ Stahlmann, J.; Kirsch, F.; Schallert, M.; Klingmüller, O.; Elmer, K.-H. Pfahltests - modern dynamisch und/oder konservativ statisch. 4. Kolloquium 'Bauen in Boden und Fels', Technische Akademie Esslingen, 20.-21.01.2004
/7/ Schallert, M.; Krebber, K.; Hofmann, D.; Habel, W. R.; Stahlmann, J. Auswahl geeigneter Fasersensorprinzipien für Anwendungen in der Geotechnik Messen in der Geotechnik 2004, Fachseminar am 2004 in Braunschweig, Mitteilung des Instituts für Grundbau und Bodenmechanik, Technische Universität Braunschweig, Heft 77
/8/ Bereitstellung durch den FuE-Kooperationspartner Centrum Pfähle GmbH Hamburg (BAM-Forschungsvorhaben 9123)
/9/ Bereitstellung durch den FuE-Kooperationspartner Astro- und Feinwerktechnik Adlershof GmbH Berlin (BAM-Forschungsvorhaben 9123)
/10/ Persönliche Information Dipl.-Ing. M. Schallert, Juni 2006, BAM Berlin, Fachgruppe VIII.1 und TU Braunschweig, Institut für Grundbau und Bodenmechanik.
/11/ Dantan, N.; Habel, W.R.: Überprüfung des Korrosionsschutzes. Die bauteil-integrierte pH-Optode. Betonwerk + Fertigteil-Technik 72(2006)3, S. 48-55.
/12/ FuE-Koop. mit STUMP GmbH Langenfeld und MBF GmbH Berlin (BAM-VH 9115)
/13/ Glötzl R.; Hofmann D.; Basedau F ; Habel W.R.: Geotechnical Pressure Cell Using a Long-Term Rellable High-Precision Fibre Optic Sensor Head. Proc. of the Int. Conf. on Smart Structures and Materials 2005. San Diego/USA 2005, SPIE-Vol. 5758, S. 248-253.
/14/ http://www.gloetzl.com/
/15/ Glötzl, R.; Krywult, J.; Schneider-Glötzl, J; Dynowska, M.: Long-term stability of a new EFPI stress monitoring sonde installed in a brown coal mine in Poland. Proc. of the Int. Conf. on Smart Structures and Mat. 2006. San Diego 2006, SPIE vol. 6167, Seiten 0M1-0M7.
/16/ VDI/VDE/GESA-Richtlinie 2635, Blatt 1 (Entwurf): Dehnungsmessstreifen mit metallischem Messgitter - Kenngrößen und Prüfbedingungen. Juni 2005.
/17/ Habel, W.: Faseroptische Sensoren für Deformationsmessungen - Kriterien für eine zuverlässige Nutzung. VDI-Berichte 1757(2003), S.141-158.
/18/ Habel, W.: Fiber optic sensors for deformation measurements: criteria and method to put them to the best possible use (Invited paper). 11th Annual Intern. Symposium on Smart Structures and Materials. San Diego/USA. 2004. SPIE-vol. 5384, S. 158-168.

Kontakt: Dr. Habel, Bundesanstalt für Materialforschung und -prüfung (BAM), Fachgruppe Mess- und Prüftechnik; Sensorik, Tel. 030/8104-1916, Fax: 030/8104-1917
e-mail: wolfgang.habel@bam.de

Monitoring als Grundlage für effektive Instandhaltung

Neue Wege bei der Bauwerkserhaltung

Dipl.-Ing. **Joachim Roloff**, TÜV Rheinland Industrie Service, Köln
Dipl.-Ing. **Ulf Kohlbrei**, TÜV Rheinland Industrie Service, Köln

Zusammenfassung

Das Monitoring wichtiger Einfluss- bzw. Zustandsparameter bei Bauwerken spielt zukünftig eine wichtige Rolle, da es die Wissenslücken für die Umsetzung der richtigen Erhaltungsstrategie schließt. Das Monitoring ist dabei in einen Diagnoseprozess eingebettet, der abhängig von der Aufgabenstellung und vom Bauwerk eine sorgfältige Vorbereitung und die Analyse von Auswirkungen beinhaltet. Das Ziel sind klare Verhaltensregeln, die in Erhaltungsmaßnahmen umgesetzt werden können. Zur Wirtschaftlichkeit tragen dabei entscheidend standardisierte Abläufe und Monitoring Systeme bei. Dies wird an Beispielen verdeutlicht, die typische Anwendungsfälle für das Monitoring von Bauwerken darstellen: die Spannkraftüberwachung bei Spannbetonbauwerken am Beispiel der Köhlbrandbrücke in Hamburg, die Gleislageüberwachung im Schienennetz, die Zustandsüberwachung von Einfeldbrücken und die permanente Lastüberwachung.

1. Einleitung

Bei Baukonstruktionen stehen zunehmend infrastrukturelle Erfordernisse, Bauzustandsentwicklung und finanzielle Rahmenbedingungen im Widerspruch zueinander. Nicht nur in der Verkehrsinfrastruktur, aber besonders dort, muss die Wahrung der Verfügbarkeit als Wertschöpfungsprozess verstanden werden. Beispielhaft für die Beanspruchungssituation im Straßenverkehr zeigt Abbildung 1 die Häufigkeitsverteilung von Lasten von Schwerverkehr, siehe BAST [1].

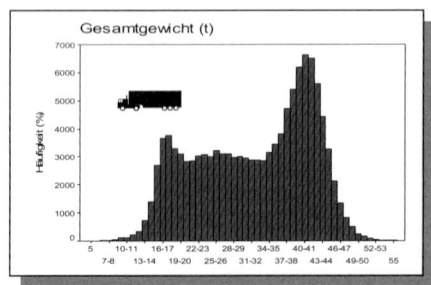

Bild 1 Häufigkeitsverteilung von Lasten im Schwerverkehr, siehe BAST [1]

Tatsächlich geben aber solche Informationen nur einen qualitativen Aufschluss über die Lasteinwirkungen auf Bauwerke. Ebenso wenig führen gängige Verfahren der Bauwerksprüfung zu ausreichenden Kenntnissen über die Beanspruchungssituation in der Struktur und über die Bauzustandsentwicklung.

Die Bereiche

- Brückenbauwerke im Straßennetz
- Bauwerke im Schienennetz
- Wasserbau
- Historische Bauwerke
- Geotechnik und Grundbau
- Türme und Hochbau

bilden einen bedeutenden Teil der Infrastruktur, deren Werterhalt unter den Prämissen Verfügbarkeit, Sicherheit und Wirtschaftlichkeit mit systematischen Mitteln gesichert werden muss. Das Monitoring wichtiger Einfluss- bzw. Betriebsparameter spielt hier eine wichtige Rolle, da es die Wissenslücken im Strukturverhalten schließt. Dabei müssen in der Praxis die Vorstellungen über einen wünschenswerten Überwachungsumfang und über die Wirtschaftlichkeit des Monitoring so vereint werden, damit für den Anwender klare Verhaltensregeln abgeleitet werden können. Idealerweise fließen Monitoring-Daten automatisch in das Leitsystem von Betriebssteuerungen ein. Dies weist den Weg zu modularen und standardisierten Monitoring-Lösungen.

Verfahren für das kontinuierliche Strukturmonitoring von Bauwerken erfassen charakteristische physikalische Eigenschaften, wie z.B. Verformungen, Schwingungen, Temperaturen, usw. Die Daten werden hinsichtlich definierter Kriterien aufbereitet und ausgewertet. Die Bedeutung bei der Zielsetzung und Realisierung von Monitoring-Maßnahmen wird anhand von vier Beispielen erläutert. Im Fokus stehen dabei auch die messtechnischen Möglichkeiten, die entscheidend zu der Wirtschaftlichkeit des Monitoring beitragen.

2. Überlegungen und Grundlagen zum Monitoring

Monitoring ist ein aus dem Englischen stammender Ausdruck für die Tätigkeit des Beobachtens. Damit Einigkeit über den Begriff besteht und eine Abgrenzung zu etablierten Beobachtungsmethoden oder anderen Disziplinen (z.B. Umweltmonitoring) möglich ist, ist eine Definition im Sinne einer Anwendung für Bauwerke hilfreich:

Monitoring ist die kontinuierliche und automatisierte Erfassung, Speicherung, Weiterleitung von Informationen über Einwirkungen, Beanspruchungen und den Zustand einer Bauwerksstruktur mit dem Ziel, insbesondere schädigende oder gefährdende Einflüsse und Entwicklungen in ihrer zeitlich Entwicklung zu erkennen und ggf. zu informieren, um daraus Aussagen zur Tragfähigkeit und ggf. weitere Maßnahmen abzuleiten.

Grundlegend ist die Frage nach dem richtigen Zeitpunkt für Monitoring. Bild 2 illustriert am Beispiel einer Kurve für den Abnutzungsvorrat, dass es im gesamten Lebenszyklus eines Bauwerks Potential für eine Kostensenkung und Effizienzsteigerung durch Monitoring gibt:

1. Monitoring als präventive Maßnahme von Beginn an: Qualitätskontrolle, Tragverhalten neuer Konstruktionen, Verifikation der tatsächlichen Beanspruchung.
2. Monitoring zur Erhaltungsplanung: Veränderung im Tragverhalten, Schadensanalyse, Beweissicherung.
3. Monitoring bei hoher Nutzungsdauer: Frühwarnsystem bei kritischen Zuständen, Prognosen über die Standsicherheit, Verlängerung der Restlebensdauer.

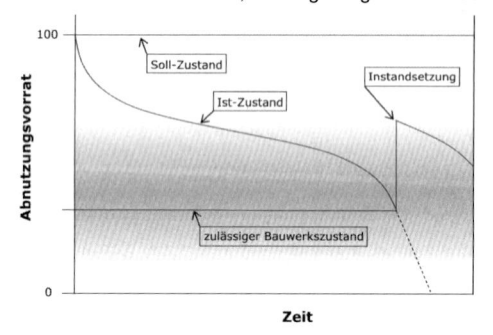

Bild 2   Abnutzungsvorrat in Anlehnung an DIN 31051

Monitoring ist zunächst für sich gesehen wertlos, wenn es nicht in einen Diagnoseprozess eingebettet ist. Darunter sind allgemein die vorbereitenden Maßnahmen zu verstehen, die zu einer Umsetzung des Monitoring führen:
- Bauwerksanalyse, d.h. theoretische Analyse des Tragverhaltens sowie der bekannten Einwirkungen und Schäden,
- Modellbildung zur Modellierung von Lastfällen und Schadensentwicklungen,

- Prüfverfahren zur Bestimmung von Materialkenngrößen,
- Ggf. Belastungsversuche zur Bestimmung von Referenzgrößen

und die Nachbereitungen für die Ableitung konkreter Maßnahmen:
- Bauwerksanalyse, d.h. theoretische Analyse des Tragverhaltens sowie der bekannten Einwirkungen und Schäden.
- Bewertung der Tragfähigkeit: Analyse von Ursachen und Auswirkungen, Vergleich mit experimentell oder rechnerisch bestimmten Größen, Rückführung in Rechenmodelle.
- Auswirkungsanalyse: Anpassung von Sicherheitsbeiwerten, Lebensdauerabschätzung, Festlegen wirtschaftlicher Erhaltungsmaßnahmen.
- Festlegen von Maßnahmen bei kritischen Ereignissen, z.B. Risikoanalyse, Alarmpläne.

Dieses Aufgabenspektrum verdeutlicht, dass Monitoring vielfach eine umfangreiche und individuelle Vorbereitung erfordert. Dies gilt besonders bei Maßnahmen, die eine hohe Sicherheitsrelevanz haben. Momentan gibt es kein Regelwerk für ein standardisiertes Vorgehen beim Monitoring. Zur Zeit existiert mit dem Merkblatt B9 der DGzfP ein Leitfaden für die Anwendung von Monitoring im Ingenieurbau, siehe [2].

Ziel muss es also sein, definierte Anwendungsfelder für Monitoring festzulegen, für die mit festgelegten Abläufen eine breite Anwendung im Bauwerksmonitoring ermöglicht wird. Hiermit wird die Grundlage geschaffen, standardisierte Monitoring Systeme einsetzen zu können, die die Wirtschaftlichkeit maßgeblich beeinflussen.

3. Anforderungen an die Monitoring Technik

Die bisherigen Erfahrungen belegen, dass bei der Auswahl der Monitoring Technik Systemlösungen mit flexiblen Anschlussmöglichkeiten und modularem Aufbau Vorrang gegenüber von Fall zu Fall zusammengestellten Komponenten haben. Dies gilt direkt für die Kosten des Monitoring, hat aber indirekt auch einen zusätzlichen Effekt auf die Wirtschaftlichkeit, da auf Kompatibilitätstests und Qualitätskontrollen bei der Dauerhaftigkeit der Technik weitgehend verzichtet werden kann. Bild 3 zeigt die wesentlichen Anforderungen an die Monitoring Technik:

Sensoren	Datenerfassung	Datenmanagement
Zuverlässig und robust für Umgebungsbedingungen Hohe Auflösung (μm-Bereich) Hohe Genauigkeit Integrale Überwachungsgrößen (Dehnung, Schwingung, Neigung) mit faseroptischen und elektrischen Sensoren Lokale Überwachungsgrößen (Dehnung, Verformung, Temperatur) mit elektrischen Sensoren	Stabiles Betriebssystem Schnittstellen für Datenfernübertragung und Leitsysteme Darstellung in Echtzeit Modulare Erweiterbarkeit Intelligente Datenreduktion Kabelsparende Datenübertragung vom Sensor zur Datenerfassung über Bussyteme oder Funk	Visualisierung der Daten Zentraler Datenbankserver Automatisierte Funktionskontrollen Datenzugriff über Internet Unabhängige Auswertefunktionen Alarmierungsfunktionen Datenexport

Bild 3   Anforderungen an Monitoring Systeme

Da das Monitoring in der Regel für längere Zeiträume durchgeführt wird und dabei große Datenmengen anfallen, muss mit der Auswahl der Systeme sichergestellt sein, dass - soweit sicherheitstechnisch vertretbar – Routineaufgaben automatisiert durchgeführt werden. Dazu zählen insbesondere Datenreduktion, Funktionskontrollen, statistische Auswertung, Datenfernabfrage und Datensicherung. Hingegen gehört die individuelle Bewertung von Schadensentwicklungen und Tragkraftreserven immer in die Hände fachkundiger Experten.

4. Beispiele

Vier Beispiele zeigen unterschiedliche Fragestellungen bei der Verfügbarkeit und Erhaltung von Bauwerksstrukturen. Dabei wurden bevorzugt Systemlösungen mit modular aufgebauten Monitoring Stationen eingesetzt, damit die oben dargestellten Anforderungen erfüllt und ein hoher Überwachungskomfort erreicht werden konnte.

4.1 Spannkraftüberwachung

Bei einer Hauptprüfung wurden im letzten Feld einer Rampe zur Köhlbrandbrücke (siehe Bild 4) zuerst Hohlstellen, dann zwei unzureichend verpresste Spannglieder und schließlich das korrosionsbedingte Versagen von einigen Litzen dieser Spannglieder festgestellt. Nach einer fachgerechten Sanierung werden mit Hilfe des Monitoring das Langzeitverhalten der geschädigten Struktur unter Berücksichtigung der äußeren Einwirkungen überwacht und bewertet sowie Lasten, insbesondere Lasten größer 45 t, klassiert.

PCI®
Für Bau-Profis

Sicher bauen und instandsetzen

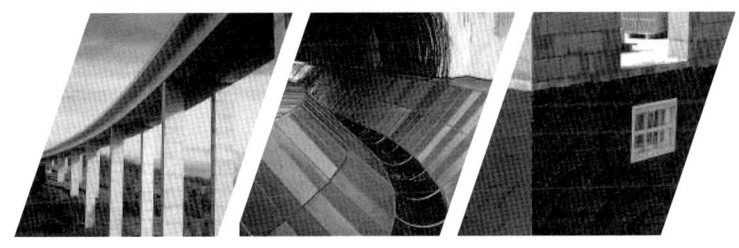

- Beton instandsetzen und schützen
- Kläranlagen, Abwasserkanäle bauen und instandsetzen
- Fassaden instandsetzen und schützen
- Industrieböden einbauen und instandsetzen
- Gewässerschutz
- Fundamente, Kelleraußenwände, Balkone, Einstiegschächte, Sickerschächte in Haus- und Sondermülldeponien abdichten
- Fliesen und Platten im Wohnbau, Industrie- und Verwaltungsbau, Trinkwasser- und Abwasserbereich verlegen, verfugen und elastisch abdichten

PCI-Produktsysteme sind marktorientierte Innovationen auf dem Gebiet moderner Baustofftechnik.

PCI Augsburg GmbH
Piccardstraße 11 · 86159 Augsburg
Tel. 0821/ 59 01-0 · Fax 0821/ 59 01-372
www.pci-augsburg.de · pci-info@degussa.com

Bild 4   Köhlbrandbrücke Hamburg

In zwei Feldern wurden jeweils paarweise zwei integrale Dehnungssensoren im Bereich der detektierten Schädigung im Hohlkasten installiert. Bei der kontinuierlichen Überwachung wird in einer ersten Stufe die dynamische Reaktion der Struktur auf äußere Einwirkungen, z.B. Verkehr, erfasst. Dabei werden nur besondere Ereignisse durch eine abgestufte Grenzwertfestlegung gespeichert. Besondere Ereignisse sind beispielsweise auffällig hohe oder steile Verformungsamplituden, unsymmetrisches Bauwerksverhalten oder fehlende bzw. verzögerte Elastizität der Struktur. Folgende Bild 5 zeigt das Verformungsverhalten des Hohlkastens infolge von zwei Fahrzeugen.

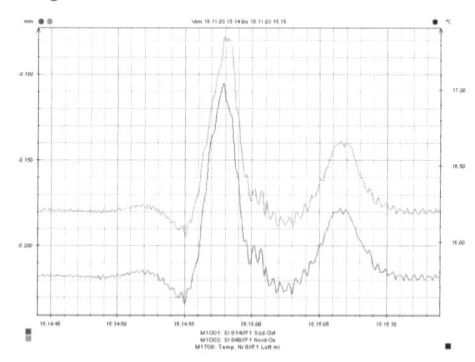

Bild 5   Bauwerksverhalten an den Messstellen „Süd-Ost" und „Nord-Ost" im Feld 1 durch zwei Fahrzeuge.

In einer zweiten Stufe werden die Messdaten kontinuierlich zu statischen Werten transformiert. Bei dieser Darstellung treten langsame bzw. bleibende Bauwerksveränderungen in den Vordergrund, sozusagen das „Gedächtnis" der Struktur. Auf diese Weise können auch Veränderungen im Vorspannungszustand erkannt werden. Bild 6 verdeutlicht, dass nach ca. anderthalb Jahren das Verformungsverhalten einen eindeutigen Temperatureinfluss ohne weitere Schadensentwicklung zeigt, so dass bislang keine weiteren Instandhaltungsmaßnahmen notwenig sind.

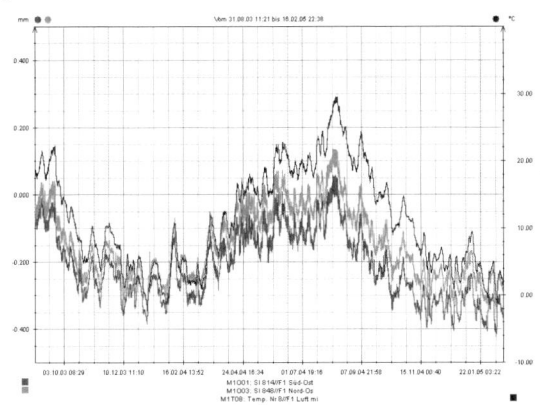

Bild 6 Verformungsverhalten und Temperaturgang im Feld 1 an den Messstellen „Süd-Ost" und „Nord-Ost" vom 29.08.2003 bis zum 16.02.2005.

4.2 Gleislageüberwachung im Schienennetz

Dort wo aufgrund der Eigenschaften des Untergrunds die Standsicherheit der Gleisbettes nicht zuverlässig oder dauerhaft eingeschätzt werden kann (aufgefüllte Tagebaugelände, durchfeuchtete Dämme, Torf- oder Karstgebiete), werden zusätzlich zu betrieblichen Maßnahmen die Gleislagen für den Schienenverkehr überwacht. Im Vordergrund steht dabei ein zweistufiges Identifikations- und Benachrichtigungssystem, das frühzeitig noch unkritische Veränderungen im Untergrund meldet, damit Instandsetzungsarbeiten eingeleitet werden können. Mit einer zweiten Benachrichtigungsstufe werden kritische Veränderungen, d.h. bleibende direkt an die Fahrdienstleistung für eine Streckensperrung weitergeleitet. Die folgenden Bilder zeigen beispielhaft einen überwachten Streckenausschnitt (Bild 7) und die zweistufige Vorgehensweise bei der Gleisüberwachung (Bild 8).

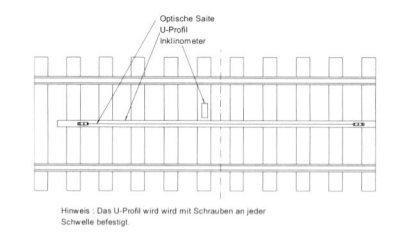

Bild 7   Prinzip und Ausführung einer Gleislageüberwachung

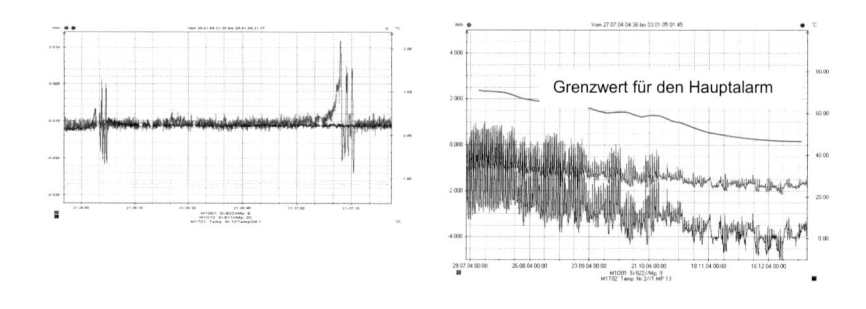

(a) Kurzzeitüberwachung   (b) Langzeitveränderungen

Bild 8   Überwachung von Kurz- und Langzeitveränderungen der Gleislage

4.3 Zustandsmonitoring bei kleinen Brückenbauwerken

Die Situation bei Städten und Kommen zeigt, dass für eine Vielzahl kleiner Brücken keine Unterlagen verfügbar sind, Prüfungen nicht durchgeführt wurden sowie die finanziellen und personellen Möglichkeiten einer systematischen Bauwerkserhaltung fehlen. Gleichermaßen haben diese Bauwerke eine hohe infrastrukturelle Bedeutung, die häufig im Widerspruch zu einem augenscheinlich schlechten Bauwerkszustand steht.

Die Auswertung solcher Monitoring Maßnahmen hat ergeben, dass auf der Grundlage einer gründlichen Begutachtung vor Ort die messtechnische Konfiguration in Anbetracht der fehlenden Belastungs- und Beanspruchungskenntnisse in einer ersten Phase fast immer gleich ausfällt. Daraus wurde das standardisierte Verfahren Brücken SCAUT abgeleitet, das einfachen Mitteln eine Bauwerksbewertung ermöglicht:

- Bauwerksprüfung in Anlehnung an DIN 1076 und Aufmaß vor Ort,
- Monitoring des dynamischen und statischen Bauwerksverhaltens mit integraler Dehnungsmessung in Feldmitte für mind. 12 Monate,
- Ggf. Belastungstest,
- Bewertung der Standsicherheit und Dauerhaftigkeit anhand weniger Parameter (z.B. Spannungen durch Maximallasten, Elastizität, Langzeitverhalten, Temperaturverhalten),
- Bauwerksdokumentation.

Diese Vorgehensweise hat sich insbesondere bei Einfeldträgern bewährt, bei denen mit hohen Lasten zu rechnen ist (Bild 9).

Bild 9 Monitoring an einer Einfeldbrücke

Mit Hilfe eines Belastungsversuchs wurden Hilfsgrößen für eine Bewertung der Lasteneinwirkungen ermittelt. Abbildung 10 zeigt die Auswirkung einer Maximallast im laufenden Verkehr von 65 t und das Langzeitverhalten unter Einfluss der jahreszeitlichen Temperaturschwankungen. Da das Bauwerk nur temperaturbedingtes Langzeitverhalten zeigt und die Beanspruchung infolge der identifizierten Maximallast vernachlässigbare und reversible Verformungen erzeugt hat, sind in absehbarer Zeit keine zusätzlichen Instandhaltungsmaßnahmen notwendig.

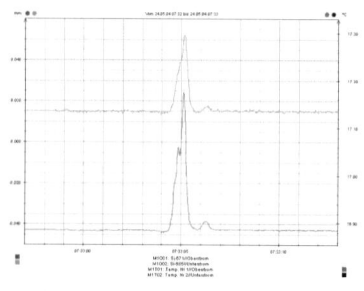

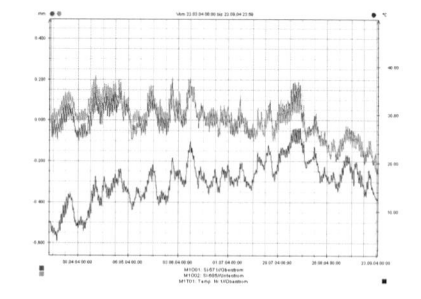

(a) Kurzzeitverhalten bei Maximallast (b) Langzeitveränderungen durch Temperatur

Bild 10 Überwachung von Kurz- und Langzeitveränderungen

4.4 Lastmonitoring

Bei bevorzugten Schwerlaststrecken oder lastbeschränkten Bauwerken wird der Instandsetzungszeitpunkt bei Brückenbauwerken entscheidend vom Lastkollektiv beeinflusst. Häufigste Schädigungseinflüsse sind die Überschreitung des zulässigen Gesamtgewichts, die Nutzung nicht geeigneter Fahrspuren sowie ungleichmäßige und unzulässige Achslastverteilung.

Abhängig von der konstruktiven Ausführung des Bauwerks wird das Monitoring hier in Verbindung mit einem Eichvorgang als Lasterfassung genutzt. Dabei muss experimentell sichergestellt werden, dass das Verformungsverhalten reproduzierbar ist und durch geeignete Auswertealgorithmen Fehlinterpretationen durch z.b. Begegnungsverkehr ausgeschlossen sind. Die gewonnenen Informationen dienen als statistische Grundlage für Lebensdauerabschätzungen oder unterstützen die Identifikation von Verursachern (Bilder 11).

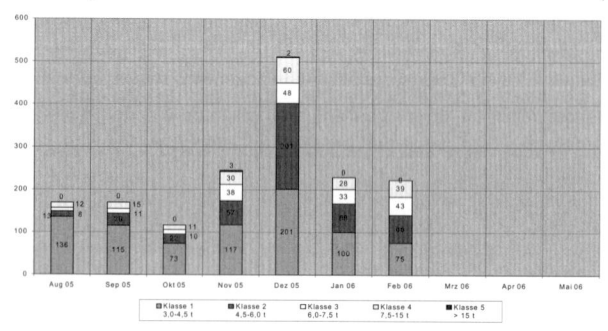

Bild 11 Lastklassierung bei einem lastbeschränkten Bauwerk

Mit weitergehenden Verfahren werden bei besonderen Schwerlasttransporten online Achslastverteilungen und Gesamtgewichterfassung an Überwachungsinstitutionen gemeldet, um den Transport nicht durch aufwändige Wägung auf mobilen Wägestationen zu behindern. Bei Überschreitungen wird so eine Schädigung im weiteren Streckenverlauf vermieden (Bild 12).

Bild 12 Datenschrieb für Gesamtgewicht und Achslastverteilung bei einem Schwerlasttransport (blockierte Hydraulik bei Achse 15)

5. Literatur

[1] Bast: Bauwerksüberwachung im Rahmen des Bauwerks Management Systems aus Sicht der Bundesanstalt für Straßenwesen, *Vortrag auf einem Fachkolloquium des TÜV Industrie Service in Dortmund am 29.04.2005*

[2] DGzfP: Merkblatt über die automatisierte Dauerüberwachung im Ingenieurbau, Merkblatt B9. Deutsche Gesellschaft für Zerstörungsfreie Prüfung e.V. Ausgabe Oktober 2000

In-situ-Messungen an einem Spannbetonschaft für den Prototypen einer 5-MW-Offshore Windenergieanlage

Validierung eines Schädigungsmodells für mehrstufige Ermüdungsbeanspruchungen durch Bauwerksmessungen

Prof. Dr.-Ing. **Jürgen Grünberg**
Dipl.-Ing. **Joachim Göhlmann**
Institut für Massivbau, Universität Hannover

1. Einleitung

Zur Validierung eines Schädigungsansatzes für Beton unter mehrstufiger Ermüdungsbeanspruchung werden am Institut für Massivbau numerische Schädigungsuntersuchungen an Spannbetonkonstruktionen für Windenergieanlagen (WEA) sowie experimentelle Laboruntersuchungen an kleinformatigen Betonproben durchgeführt. Um die aus der mechanischen Modellvorstellung und aus den Laborversuchen resultierenden Ergebnisse und Erkenntnisse auf das Schädigungsverhalten von Beton in realen Tragkonstruktionen für WEA übertragen zu können, wurde zusätzlich mit der Durchführung von in-situ-Messungen an einem Spannbetonschaft für eine WEA begonnen.

Ziel der messtechnischen Bauwerksuntersuchung ist die Bestimmung der tatsächlich ermüdungswirksamen Beanspruchungen und deren Auswirkungen auf die Betondehnungen und deren Verteilung. Dabei sind die Langzeiteinflüsse aus Schwinden und Kriechen sowie die Verzerrungsentwicklung in Bereichen mit konzentrierter Lasteinleitung von besonderem Interesse. Die gewonnenen Messdaten dienen zur Kalibrierung des mechanischen Schädigungsmodells und dessen angestrebte Erweiterung auf mehraxiale Beanspruchungszustände.

2. Spannbetontürme für WEA unter mehrstufiger Ermüdungsbeanspruchung
2.1 Problemstellung und Stand der Forschung

Die Erschließung bisher ungenutzter Windpotenziale aus dem Windprofil über der Erde führt zunehmend zu anspruchsvolleren Tragkonstruktionen für WEA. Dies resultiert zum einen aus dem Bedarf an immer höher werdenden Turmkonstruktionen für Onshore-Standorte und zum anderen aus dem verstärkten Ausbau der Offshore-Windenergie. WEA sind stark dynamisch beanspruchte Bauwerke mit Lastwechselzahlen von bis zu $\Sigma N_i = 10^9$ bei einer geplanten Lebensdauer von 20 – 25 Jahren. Zusätzlich treten bei Offshore-Konstruktionen infolge Wellenbeanspruchungen Lastwechselzahlen von mehr als $N = 10^8$ auf. Für die Dimensionierung von Tragstrukturen aus Stahl oder Beton bzw. Spannbeton sind daher die Ermüdungsbeanspruchungen von entscheidender Bedeutung.

Der in den derzeitig gültigen Normen [1], [2], [3] und Richtlinien [4] enthaltenden vereinfachte, lineare Bemessungsansatz für mehrstufige Ermüdungseinwirkungen erfasst jedoch die tatsächlich stark nicht lineare Schädigungsentwicklung im Beton nur unzureichend.

Wie in [5] aufgeführte Versuchsergebnisse aus der Literatur zeigen, kann die Anwendung der linearen Schädigungsberechnung zu unwirtschaftlichen oder aber auch zu sehr unsicheren Bemessungsergebnissen bzw. Bauwerksabmessungen führen. Insbesondere für numerische Schädigungsanalysen sind daher validierte mechanische Modellansätze notwendig, die die eintretenden nichtlinearen Veränderungen der Materialsteifigkeit infolge der Ermüdungsschädigung wirklichkeitsnah beschreiben können.

2.2 Ermüdungsmodell und numerische Simulation

In [6] wird ein neuer mechanisch begründeter Modellansatz zur Beschreibung des Materialverhaltens von Beton unter Ermüdungsbeanspruchung bei konstanter Schwingweite vorgestellt. Dieser basiert auf einer energetischen Betrachtungsweise des Ermüdungsprozesses. In diesem Modellansatz wird der Schädigungszustand durch die im Ermüdungsprozess dissipierte Energie beschrieben und über eine Schädigungshypothese direkt aus der Arbeitslinie des Betons unter monotoner Beanspruchung bestimmt. Die durch den Ermüdungsprozess degradierte Materialsteifigkeit kann nach Gl. (1) ermittelt werden.

$$E_c^{fat} = (1 - D^{fat}) \cdot E_c \quad (1)$$

Mit:

E_c = Elastizitätsmodul des ungeschädigten Materials
D^{fat} = 0: ungeschädigtes Materialverhalten
D^{fat} = 1: vollständigerer Verlust der Materialsteifigkeit

Der mechanische Modellansatz wurde anhand von in der Literatur dokumentierten Versuchen kalibriert und verifiziert. In Bild 1 sind exemplarisch die mit dem vorgestellten Ermüdungsmodell berechneten Schädigungsentwicklungen für einen Betonzylinder unter Druckschwellbeanspruchung dargestellt.

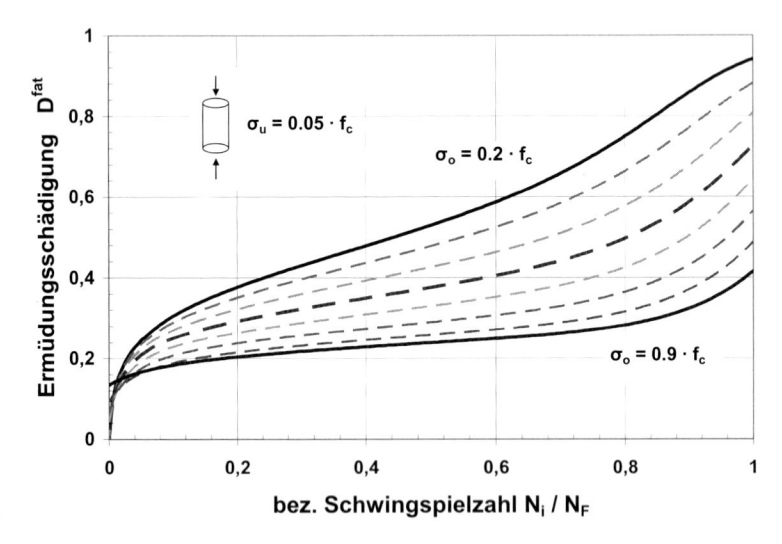

Bild 1: Berechnete Schädigungsentwicklung nach energetischem Ermüdungsmodell

Die an Tragwerken für WEA auftretenden Ermüdungsbeanspruchungen sind jedoch durch eine Vielzahl unterschiedlicher Belastungssituationen geprägt. Für die Bemessung der Anlage und der Tragstruktur werden daher die Belastungen durch numerische Windlastsimulationen ermittelt und als Betriebslastkollektive mit unterschiedlichen Lastamplituden und Schwingweiten sowie den Lastwechselzahlen zusammengefasst.

Um die Schädigungsentwicklung in Spannbetontragwerken auch für solche nicht konstanten Lastgeschichten bestimmen zu können, wurde der energetische Modellansatz für mehrstufige Ermüdungsbeanspruchungen erweitert. Dieser wurde als externer Schädigungsalgorithmus über eine User-Subroutine an das vom FE-Programm ABAQUS verwendete elastoplastische Betonmodell adaptiert. Dadurch wird es möglich numerische Ermüdungsuntersuchungen an Spannbetonkonstruktionen für WEA durchzuführen. Von besonderer Bedeutung ist dabei, dass durch die numerische Simulation auch der Einfluss von Spannungsumlagerungen innerhalb des Querschnitts auf die resultierende Ermüdungslebensdauer des Turmtragwerkes berücksichtigt werden kann [7].

Die Ergebnisse der numerischen Schädigungsuntersuchung für den im Bild 3 bzw. Bild 5 dargestellten Spannbetonschaft sind im Bild 2 a) bis Bild 2 c) aufgeführt.

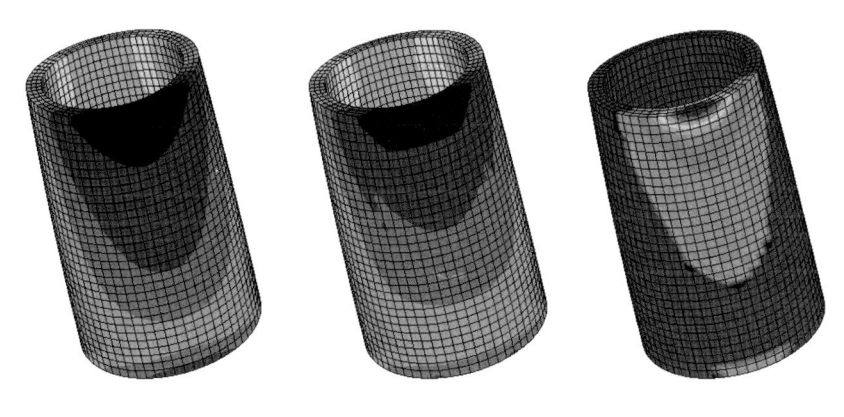

Bild 2 a): Spannungsverteilung zu Beginn ...   Bild 2 b): ...und am Ende der Ermüdungslastgeschichte   Bild 2 c): Berechnete Schädigungsverteilung

Die Ergebnisse der numerischen Schädigungssimulation ergaben eine deutliche Verringerung der resultierenden Ermüdungsschädigung im untersuchten Spannbetonschaft gegenüber dem vereinfachten linearen Berechnungsansatz in den Vorschriften, siehe Abschnitt 2.1. Dies ist im wesentlichen auf die Berücksichtigung der während des Ermüdungsprozesses entstehenden Steifigkeitsveränderungen im Querschnitt zurück-zuführen. Die Spannungsumlagerungen führen also dazu, dass höher geschädigte Bereiche entlastet werden und insgesamt eine geringere Schädigung erleiden.

3. Beschreibung des Bauwerks

Die Bauwerksmessungen werden an einem Prototypen („Multibrid M5000") mit einer Nennleistung von 5-MW durchgeführt, der von der Multibrid Entwicklungsgesellschaft in Bremerhaven für die Offshore – Windenergienutzung entwickelt wurde. Die Anlage wurde im Dezember 2004 mit einem Rotordurchmesser von 116 m und einer Nabenhöhe von 102 m errichtet und anschließend in Betrieb genommen.

Die hybride Turmkonstruktion besteht aus einem extern vorgespanntem 26 m hohen Betonschaft und einem anschließenden 71 m langen Stahlschaft, Bild 3. Als Übergangskonstruktion zwischen Betonschaft und Stahlschaft wurde ein Stahladapter eingebaut, der durch die Spannglieder des Betonschaftes rückverankert wird. Der Spannbetonschaft ist abschnittsweise mit einer Kletterschalung für konisch verlaufende Türme erstellt worden. Die Turmkonstruktion wurde über einer Kreisringplatte auf teilweise geneigten Ortbetonrammpfählen gegründet, siehe auch Bild 5.

Bild 3: Turmkonstruktion Multibrid (Quelle: Multibrid)

4. Durchführung der Bauwerksmessungen

Die Messungen werden sowohl in Bereichen mit mehraxialen Beanspruchungszuständen, wie im Anschlussbereich des Stahladapters an den Betonschaft, als auch an Stellen mit der höchsten Betonspannung im ungestörten Schaftbereich durchgeführt. Ferner werden Messungen an drei Ortbetonrammpfählen vorgenommen. Gemeinsam mit zur Verfügung gestellten Messwerten vom Stahlschaft wird somit eine messtechnische Erfassung der Beanspruchung entlang der gesamten Turmkonstruktion der WEA möglich.

4.1 Verformungsmessungen im Beton

Bauwerksmessungen erlauben Rückschlüsse auf die Beanspruchungen sowie der vorhandenen Materialsteifigkeit des Bauteils unter Einbeziehung aller Langzeiteinflüsse sowie der klimatischen Rand- bzw. Umgebungsbedingungen. Zweckmäßigerweise werden hierfür die auftretenden Verformungen gemessen, aus denen direkt die Steifigkeits-veränderungen ermittelt werden können. Die zugehörigen Spannungen können nur indirekt über die gemessenen Dehnungen und die Verwendung bekannter Spannungs-Dehnungsbeziehungen (Materialgesetz) berechnet werden. Hierfür müssen die vorhandenen Materialeigenschaften im Bauwerk abgeschätzt werden.

Die Verformungen im Beton werden einerseits durch äußere Einwirkungen wie z.B. aus Vorspannung, Wind oder Temperatur und andererseits durch das zeitabhängige Materialverhalten des Betons hervorgerufen. Die zeitabhängigen Dehnungen können dabei ein Mehrfaches der elastischen Dehnungen erreichen.

4.1.1 Schwind – und Kriechverformungen

Gewöhnlich werden die unter einer konstanten Druckspannung auftretenden Betondehnungen in einen lastunabhängigen Anteil $\varepsilon_{cs}(t,t_s)$ aus Schwinden und die lastabhängigen Anteile $\varepsilon_{ci}(t_0)$ aus elastischer Verformung und $\varepsilon_{cc}(t,t_0)$ aus Kriechen aufgespaltet, Gl. (2):

$$\varepsilon_c(t) = \varepsilon_{cs}(t,t_s) + \varepsilon_{ci}(t_0) + \varepsilon_{cc}(t,t_0) \quad (2)$$

Mit:

t = Zeitpunkt der auftretenden Betondehnung
t_s = Beginn der Austrocknung
t_0 = Belastungsbeginn

Als Schwinden wird vor allem die Volumenänderung durch das von den Feuchterandbedingungen abhängige Austrocknen des Betons sowie die Volumenreduktion durch chemische Prozesse als Folge der Hydratation des Zements bezeichnet. Als Kriechen wird hingegen die lastabhängige Verformung insbesondere des Zementsteins bezeichnet. Die Zusammenhänge des Kriechens sind noch nicht vollständig geklärt. Kriechdehnungen entstehen unter anderem aus Umlagerungsprozessen der Wassermoleküle in Verbindung mit Gleitvorgängen in der Zementmatrix. Die Kriechdehnung wird besonderes durch das wirksame Betonalter zu Belastungsbeginn und der Beanspruchungshöhe beeinflusst [8].
Weiterhin wird sowohl das Kriechen als auch das Schwinden erheblich von den Umgebungsbedingungen (Luftfeuchtigkeit, Temperatur etc.) und den Bauteilabmessungen sowie von zahlreichen betontechnologischen Parametern wie Wasserzementwert, Zementart und Zementgehalt beeinflusst. Dies führt dazu, dass auch innerhalb eines Betonquerschnitts die auftretenden Kriech- und Schwindvorgänge Schwankungen unterworfen sind.
Von besonderer Bedeutung für das Kriechen ist das Maß des Feuchteverlustes während der Dauerlastbeanspruchung, da z.B. durch Austrocknung der Kriechvorgang beschleunigt wird. Ist die Feuchte im Betonquerschnitt ungleichmäßig verteilt (Feuchtegradient), resultieren hieraus ungleichmäßige Kriech- und Austrocknungsvorgänge. Dadurch entstehen im Querschnitt ungleichmäßig verteilte Eigenspannungen, die die resultierenden Beton-dehnungen deutlich beeinflussen können.

4.1.2 Verformungen infolge Temperatur

Da Temperaturänderungen den Dehnungszustand in einem Bauteil maßgeblich be-einflussn, erfordern Dehnungsmessungen immer auch eine Beurteilung des im Querschnitt vorhandenen instationären Temperaturzustands. Gleichzeitig ermöglichen Temperatur-messungen eine Aussage über die Größe und Verteilung der im Bauteil auftretenden Temperaturverhältnisse. Diese können ferner zur Bewertung der in den Vorschriften angegebenen Bemessungsregeln herangezogen werden. Weiterhin können die Mess-ergebnisse zur Kalibrierung von numerischen Untersuchungen über den Einfluss von klimatischen Randbedingungen auf die Spannungsverteilung im Bauwerk, wie sie z.b. basierend auf [9] in [10] für einen Spannbetonschaft einer WEA durchgeführt wurden, heran-gezogen werden.

Infolge klimatischer Einwirkungen ist die Temperaturverteilung in einem Querschnitt nichtlinear verteilt, Bild 4. Durch die Nichtlinearität entstehen im Querschnitt Zwangs- und Eigenspannungen, da die resultierenden Dehnungen unterschiedlich behindert werden. Bei der rechnerischen Erfassung wird die Temperaturverteilung zweckmäßigerweise in drei Anteile zerlegt. Eine gleichmäßige Erwärmung oder Abkühlung bewirkt eine Längenänderung des Bauteils. Hierbei entstehen nur Zwangspannungen, wenn die freie Bewegung behindert wird. Der linear veränderliche Anteil bewirkt eine Verkrümmung des Querschnitts. Wird dieser behindert, entstehen Zwangsbiegemomente. Der nichtlineare Anteil entsteht dadurch, dass der wärmere Bereich im Querschnitt sich ausdehnen möchte, vom kälteren Bereich aber daran gehindert wird. Im warmen Bereich führt dies zu Druckspannungen und im übrigen Querschnitt zu Zugspannungen. Die so hervorgerufenen Eigenspannungen erzeugen keine äußeren Verformungen oder Schnittgrößen sondern stehen innerhalb des Querschnitts im Gleichgewicht.

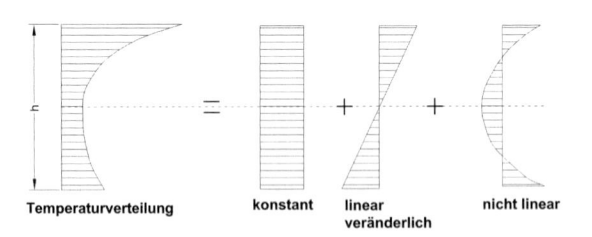

Bild 4: Anteile der Temperaturverteilung über die Schaftwanddicke h

Die in einem Bauwerk auftretenden Zwangs- und Eigenspannungen aus Temperatur hängen also stark von der Temperaturänderung bzw. von dem Temperaturgradienten innerhalb des Betonquerschnitts ab. Weiterhin sind die Bauteilabmessungen und die Bauteilsteifigkeiten von besonderer Bedeutung. Der Verformungsanteil infolge einer Temperaturdifferenz kann allgemein nach Gl. (3) bestimmt werden:

$$\varepsilon_c(\Delta T) = \alpha_{Tc} \cdot \Delta T \qquad (3)$$

Mit:

$\alpha_{Tc} = 1 \cdot 10^{-5}$ 1/K (Wärmedehnzahl für Beton)

ΔT = Temperaturdifferenz [K]

Für einen über die Schaftwanddicke linear veränderlichen Temperaturgradienten ergeben sich bei Verformungsbehinderung die Zwangsbiegemomente M_φ und M_x in Umfangs- und Längsrichtung nach Gl. (4) zu:

$$M_\varphi = M_x = -\frac{\alpha_{Tc} \cdot E_c \cdot \Delta T \cdot h^2}{12 \cdot (1 - \mu)} \qquad (4)$$

Mit:

E_c = Elastizitätsmodul des Betons

μ = Querkontraktionszahl des Betons

$\Delta T = T_a - T_i$ (Temperaturdifferenz zwischen Außen- und Innenseite)

h = Schaftwanddicke

Die resultierenden Randspannungen σ_φ und σ_x können dann aus Gl. (5) berechnet werden:

$$\sigma_\varphi = \sigma_x = \pm \frac{\alpha_{Tc} \cdot E_c \cdot \Delta T}{2 \cdot (1 - \mu)} \qquad (5)$$

Die Gesamtverformung in einem Querschnitt ergibt sich somit aus der Addition von Gl. (2) und Gl (3).

4.2 Messstellenanordnung

Durch Vorversuche im Labor an einer häufig ausgeführten Übergangskonstruktion und numerischen FE-Berechnungen des Spannbetonschaftes wurde die genaue Lage der Betondehnungsaufnehmer für die Bauwerksmessungen festgelegt [11].

Insgesamt wurden 29 Betondehnungsaufnehmer und drei Temperaturaufnehmer in den Betonschaft sowie zwei Kraftmessringe an den Spanngliedverankerungen eingebaut. Die Betonkonstruktion wird dabei in vier Messebenen untersucht. Da die Hauptwindrichtung für den betreffenden Standort aus langjährigen Windmessungen bekannt ist, konnten die Betondehnungsaufnehmer gezielt in Bereichen mit hohen bzw. geringen zu erwartenden Beanspruchungen eingebaut werden. Die Einteilung der Messebenen ist im Bild 4 und die Anordnung der Betondehnungsaufnehmer im Lasteinleitungsbereich des Stahladapters im Bild 5 dargestellt.

In der Messebene 1 soll die tatsächlich vorhandene Spannungsverteilung im Beton im unmittelbaren Lasteinleitungsbereich des Stahladapters ermittelt werden. In den Messbereichen wurden zusätzlich Kraftmessringe an zwei Spanngliedverankerungen eingebaut. Die Messebene 2 wurde im geringen Abstand unterhalb der Ebene 1 angeordnet, um die Dehnungs- bzw. Spannungsänderungen über die Bauteilhöhe messen zu können. Zur Ermittlung der Spannungsverteilung in der Schaftwand wurden an den maßgebenden Stellen in den Messebenen 1 und 2 jeweils zwei Betondehnungsaufnehmer über die Wanddicke verteilt angeordnet, Bild 6.

Zur Erfassung der maximalen Beanspruchungen im ungestörten Betonschaftbereich wurde die Messebene 3 in der Höhe der rechnerisch ermittelten höchsten Betonspannungen festgelegt. Zusätzlich wurden in drei Pfählen mit den höchsten und geringsten Beanspruchungen (Messebene 4) Betondehnungsaufnehmer einbetoniert, siehe Bild 5.

Ein Fall für zwei…

…Spezialisten am Bau!

Wir bauen für Menschen. Wir bauen mit Verantwortung für die Umwelt, Sozialstrukturen und für eine Welt, in der sich auch unsere Kinder noch wohlfühlen. Wir bauen mit Ideen, die all dies möglich machen.

Die **SCHWENK Zement KG** bietet ein umfassendes Programm unterschiedlichster Zemente und Spezialbaustoffe, hergestellt in ökonomisch wie ökologisch vorbildlichen Produktionsprozessen. So schaffen wir die Grundlagen für die Gestaltung unserer Umwelt und die Gestaltung Ihrer Ideen. Damit nicht nur die Substanz, sondern auch das Äußere stimmt, gibt es unsere Spezialisten der **SCHWENK Putz- und Mörtelsysteme.**

Sie sorgen dafür, dass mit innovativen Produkten wie z.B. den *it.*-Putzsystemen Arbeitsprozesse erleichtert werden. Oder mit Wärmedämm-Verbundsystemen dafür, dass es im Haus behaglich warm bleibt. Wir haben immer die passende Lösung. **Bauen Sie mit Baustoffen fürs Leben!**

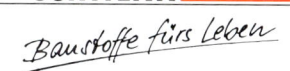

SCHWENK Zement KG
Hindenburgring 15 · 89077 Ulm
Telefon: (07 31) 93 41-4 09
Telefax: (07 31) 93 41-3 98
Internet: www.schwenk.de
E-Mail: schwenk-zement.bauberatung@schwenk.de

SCHWENK Putztechnik GmbH & Co. KG
Hindenburgring 15 . 89077 Ulm
Telefon: (07 31) 93 41-2 07
Telefax: (07 31) 93 41-2 54
Internet: www.schwenk-putztechnik.de
E-Mail: info@schwenk-servicecenter.de

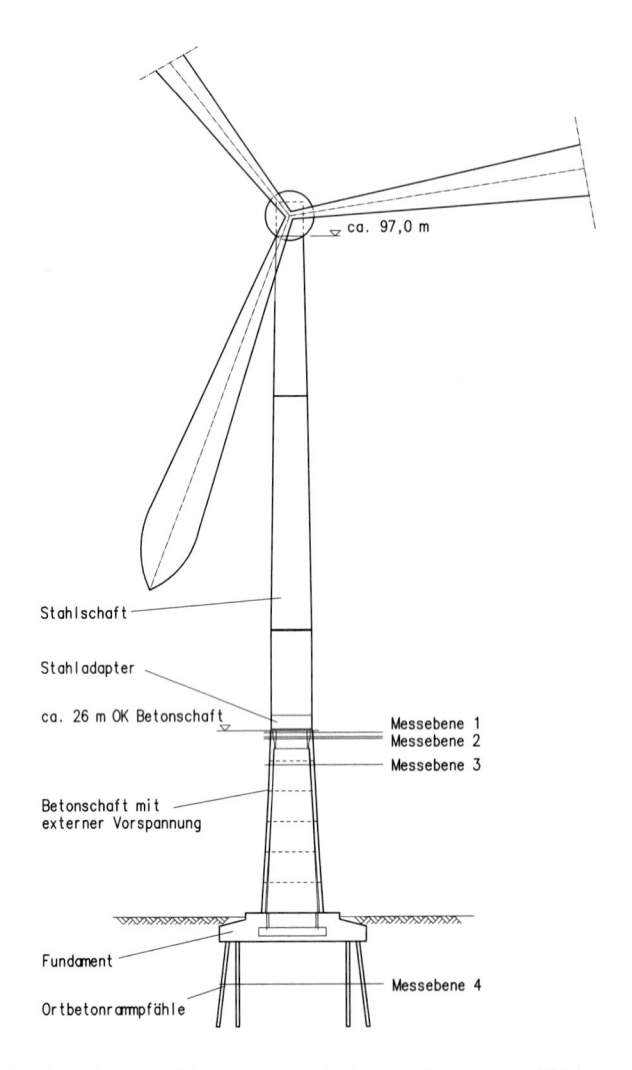

Bild 5: Anordnung der Messebenen im Betonschaft und in den Pfählen

88

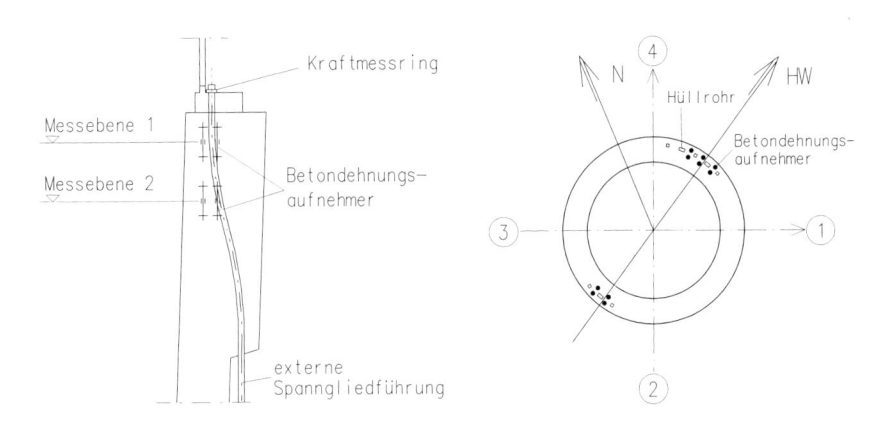

Bild 6: Messstellen im Übergangsbereich

Bild 7: Anordnung der Betondehnungsaufnehmer in Messebene 1 und 2

4.3 Messeinrichtung

Die Messungen der Betondehnungen werden mit Betondehnungsaufnehmern durchgeführt, die am Institut für Massivbau entwickelt [12] und in den vergangenen Jahren ständig modifiziert wurden [13]. Der hier verwendete Aufnehmertyp, Bild 8, besteht aus einem Stahlrechteckprofil mit beidseitigen Verankerungsplatten. Gegenüber einer möglichen Querstabverankerung konnte so die Betonflächenpressung reduziert und eine nicht kontrollierbare Kerbwirkung der Verankerungsstäbe unter häufig wiederholender Beanspruchung nahezu ausgeschlossen werden. Im mittleren Bereich der Aufnehmer werden Dehnungsmessstreifen (DMS) appliziert und zu einer Wheatstonschen Vollbrücke zusammengeschaltet, Bild 9.

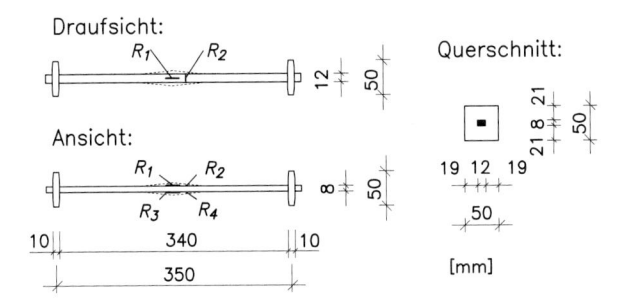

Bild 8: Betondehnungsaufnehmer mit Plattenverankerung

Dehnungsmessstreifen:

HBM 6/350 XG11
$R = 350\ \Omega \pm 0,2\ \%$
$k = 2,05 \pm 0,5\ \%$
$\alpha_T = 11 \cdot 10^{-6}/K$

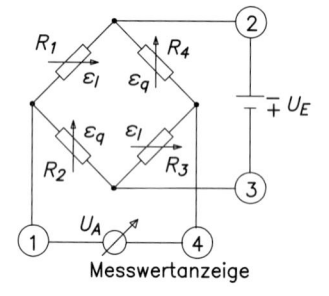

Bild 9: Verdrahtung der DMS zu einer Wheatstonschen Vollbrücke

Jeder Aufnehmer wurde in einer Universalprüfmaschine kalibriert und mehrfach bis über die später zu erwartende Maximaldehnung beansprucht, so dass die hohe Messgenauigkeit und Linearität der DMS gerade auch für geringe Dehnungsbereiche voll genutzt werden konnte.

Aus Untersuchungen am Institut für Massivbau folgt, dass bei denen hier zum Einsatz kommenden Betondehnungsaufnehmern unter Berücksichtigung aller unvermeidbaren Fehlereinwirkungen nur Messunsicherheiten bis zu $u = \pm 4\ \%$ zu erwarten sind. Diese sind jedoch bei Messungen im Beton vor dem Hintergrund der ohnehin stärkeren Streuungen bei den Materialeigenschaften des Betons hinnehmbar.

4.4 Messprogramm

Die zu registrierenden Messsignale werden über temperaturkompensierte Kabel an die besonders für dynamische Messungen geeigneten Messverstärker geleitet. Durch ein selbst entwickeltes Messprogramm können in Abhängigkeit der Windgeschwindigkeit, des Azimutwinkels der Gondel und der Leistung der Anlage die Messungen gestartet und gezielt die Frequenz der Abtastrate gesteuert werden.

Die Messwerte werden vom Messprogramm direkt für eine entsprechende Auswertung und Weiterverarbeitung aufbereitet. Die Ergebnisse werden auf den Festplatten des Messrechners gespeichert und diese in Abständen von einigen Wochen ausgewechselt. Die Kontrolle und Wartung der Messungen wird durch Datenfernübertragung vom Institut für Massivbau in Abständen von wenigen Tagen regelmäßig ausgeführt.

Mit den dynamischen in-situ-Messungen wurde im Mai 2005 begonnen, nachdem die notwendigen Anlagendaten zur Verfügung gestellt werden konnten.

5. Auswertung der Messergebnisse
5.1 Stationäre Messung
5.1.1 Schwinden und Kriechen

Während der Zeit zwischen dem Aufbringen der Vorspannung auf den Betonschaft und dem Beginn der dynamischen Messungen wurden die Messdaten manuell mit einem Digitalen Dehnungsmesser (Dehnungsmesser DMD 20) aufgenommen. Die in diesem Zeitraum aufgetretenen Kriech- und Schwinddehnungen in der Messebene 3 sind in Bild 10 zusammengestellt. Die Dehnungsentwicklungen verlaufen, wie zu erwarten war, aufgrund des gleichmäßigen Kriech- und Schwindvorganges nahezu parallel. Die Dehnungszunahme innerhalb des aufgeführten Messzeitraumes von 5 Monaten beträgt ca. 1/7 des rechnerischen Endmaßes aus Schwinden und Kriechen. Zum Vergleich ist der Berechnungsansatz für die Schwind- und Kriechentwicklung nach DIN 1045-1 mit aufgeführt. Es ergibt sich eine gute Übereinstimmung zwischen Mess- und Rechenwerten.

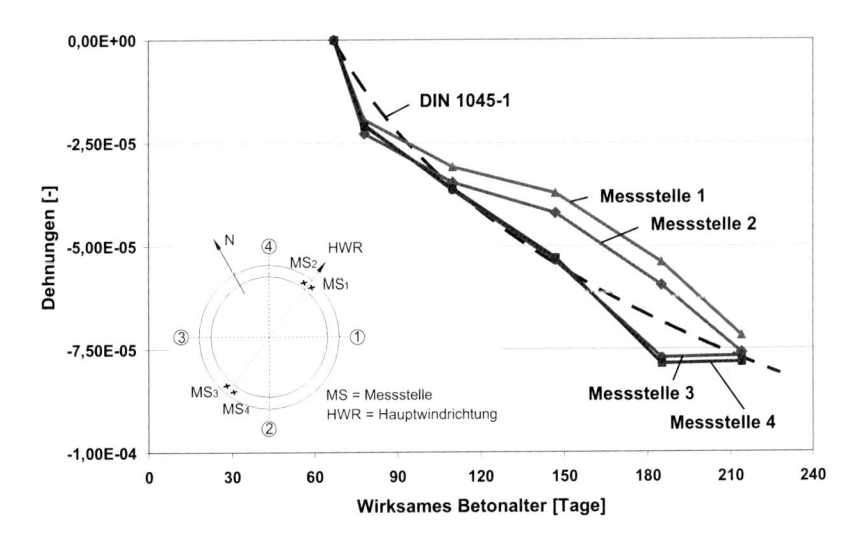

Bild 10: Gemessener Dehnungszuwachs aus Schwinden und Kriechen

Zur Abschätzung der bereits bis zum Messbeginn im Querschnitt aufgetretenen Verformungen ist im Bild 11 die nach DIN 1045-1 für den Zeitraum zwischen Ausschalen und Beginn der stationären Messung berechnete Schwind- und Kriechentwicklung aufgeführt.

Die Berechnungsergebnisse weisen daraufhin, dass bis zur Aufbringung der Vorspannung (t_0 = 48 Tage) bereits eine deutliche Schwinddehnung $\varepsilon_{cs}(t_0, t_S)$ im Querschnitt eingetreten ist. Die Dehnung im Querschnitt wird bei einem wirksamen Betonalter von t_0 = 48 Tage durch den elastischen Verformungsanteil $\varepsilon_{ci}(t_0)$ aus der Vorspannung erhöht. Nach Aufbringen der Vorspannung setzt der Kriechvorgang im Querschnitt ein. Dieser führt zunächst zu einer schnell anwachsenden, stark nicht linear ausgeprägten Dehnungszunahme. Anschließend treten ab einem wirksamen Betonalter von $t \approx 60$ Tage nur noch nahezu konstante Dehnungszuwächse infolge Schwinden und Kriechen auf. In diesen Zeitbereich fallen die in Bild 10 aufgeführten stationären Messungen.

Um bei der späteren Auswertung der dynamischen Messungen während des Betriebs der Anlage den Einfluss aus Schwinden und Kriechen auf die Dehnungsentwicklung abschätzen zu können, kann aufgrund der guten Übereinstimmung zwischen stationärer Messung und den Rechenwerten der Berechnungsansatz nach DIN 1045-1 verwendet werden.

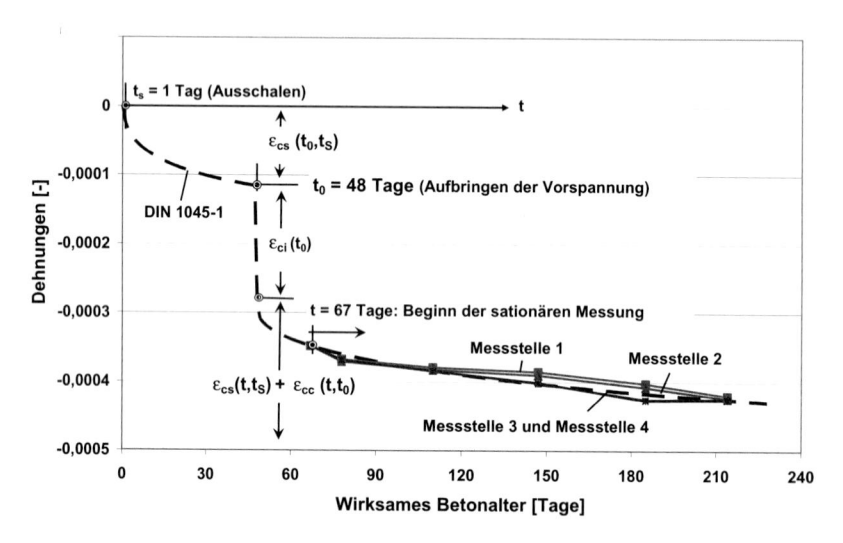

Bild 11: Berechnete Gesamtverformung im Querschnitt

5.1.2 Turmmontage

Die Dehnungszunahmen im Betonschaft während der neuntägigen Montage der einzelnen Stahlturmsektionen sowie der Gondel und der Rotorblätter wurden ebenfalls messtechnisch erfasst. Sie sind für zwei Messstellen der Messebene 1 im Bild 12 zusammengestellt. Die Messstelle 1 und Messstelle 2 liegen auf der Druckseite der Hauptwindrichtung und die Messstelle 3 sowie Messstelle 4 auf der gegenüberliegenden Zugseite, siehe Bild 7. Die Dehnungszunahmen verlaufen an den jeweils nebeneinander liegenden Messstellen nahezu identisch. Die Differenz zwischen den Messwerten auf der Winddruck- und der Windzugseite nach Montage der 1. Sektion wird durch die ausmittige Unterkonstruktion für den Trafo- und den Umrichtorkontainer hervorgerufen. Die Abweichung nach der Fertigstellung (Rotorblattmontage) resultieren aus dem exzentrisch angreifenden Eigengewicht der Gondel und der Rotorblätter. Die gemessenen Dehnungszuwächse konnten durch Vergleichsrechnungen bestätigt werden. Bild 13 zeigt die Montage der 2. Sektion. In Bild 14 ist bereits die auf die 3. Sektion aufgesetzte Gondel ersichtlich. Die Vorbereitung zur Montage der Rotorblätter ist ebenfalls in Bild 14 erkennbar.

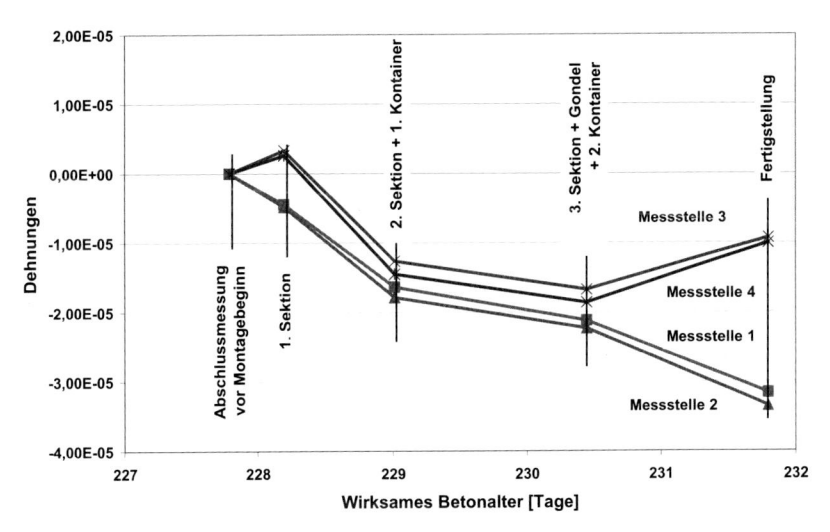

Bild 12: Dehnungentwicklung im Betonschaft während der Montage

Bild 13: Montage 2. Sektion   Bild 14: Montage der Rotorblätter

5.2 Dynamische Messung

Derzeit werden die Ergebnisse aus den dynamischen Messungen unter Anlagenbetrieb ausgewertet. Dabei werden in Abstimmung mit der Multibrid Entwicklungsgesellschaft auch besondere Beanspruchungssituationen, wie z. B. Notabschaltung, Abbremsvorgänge etc., untersucht.

Für die Auswertung der dynamischen Messung werden die von der Multibrid Entwicklungsgesellschaft am Fußpunkt des Stahlturmes gemessenen Hauptbiegemomente zur Verfügung gestellt. Dadurch wird es möglich, den gemessenen Dehnungen im Betonschaft sowie deren Verteilung und Veränderungen während der bisherigen Lebensdauer die zugehörigen Beanspruchungssituationen gegenüber zu stellen.

Die Nullmessung des Messsystems bzw. der Beginn der dynamischen Messung wurde am 3.Mai 2005 vorgenommen. Hierfür wurden alle Messwerte der Betondehnungsaufnehmer zu Null gesetzt. Dies bedeutet, dass zur Beurteilung der Gesamtverformung im Querschnitt die verschiedenen Dehnungsanteile aus der stationären Messung additiv zu den Messergebnissen der dynamischen Messung unter Anlagenbetrieb hinzuzufügen sind.

5.2.1 Windbeanspruchung

Die typischen Dehnungsverläufe für einen Messzeitraum von vier Stunden sind für die Messstellen 1 bis 4 in Bild 15 aufgeführt. Die Anordnung der Messstellen kann der Zeichnung in Bild 10 entnommen werden. Während dieser Zeit wurde überwiegend die Nennleistung der Anlage von 5 MW erreicht. Die Windbeanspruchung trat in Hauptwindrichtung auf. Die gemessenen Schwingweiten der Dehnungen liegen bei ca. $\Delta\varepsilon_c \cong 25 \cdot 10^{-6} = 0{,}025$ ‰. Die maximale Stauchung an der Messstelle 1 beträgt für diesen Messzeitraum $\varepsilon_{c,max} \cong 113 \cdot 10^{-6} = 0{,}113$ ‰. Die zugehörigen Dehnungsentwicklungen im gesamten Lasteinleitungsbereich des Stahlschaftes sind in Bild 16 für einen verkürzten Messzeitraum von fünf Sekunden zusammengestellt. Die sich daraus ergebenen Dehnungs-verteilungen entlang der Schaftwand sind in Bild 17 aufgeführt. Die Dehnungen an den Rändern der Schaftwand wurden hierfür aus den Messwerten linear approximiert und die Verläufe in Bild 17 gestrichelt dargestellt. Aus Bild 16 und Bild 17 wird deutlich, dass die größten gemessenen Dehnungen im Beton in Verlängerung der Stahlschaftwandung an der Messstelle 7 ($\varepsilon_{c,max} \cong 0{,}15$ ‰) und eine Messebene tiefer an der Messstelle 19 ($\varepsilon_{c,max} \cong 0{,}12$ ‰) auftreten. Dieses bedeutet, dass eine Lastverteilung durch den Stahlringflansch für die hier untersuchte Beanspruchungssituation nur sehr begrenzt auftritt. Vielmehr werden die Lasten aus dem Stahlschaft sehr konzentriert in den Beton eingeleitet.

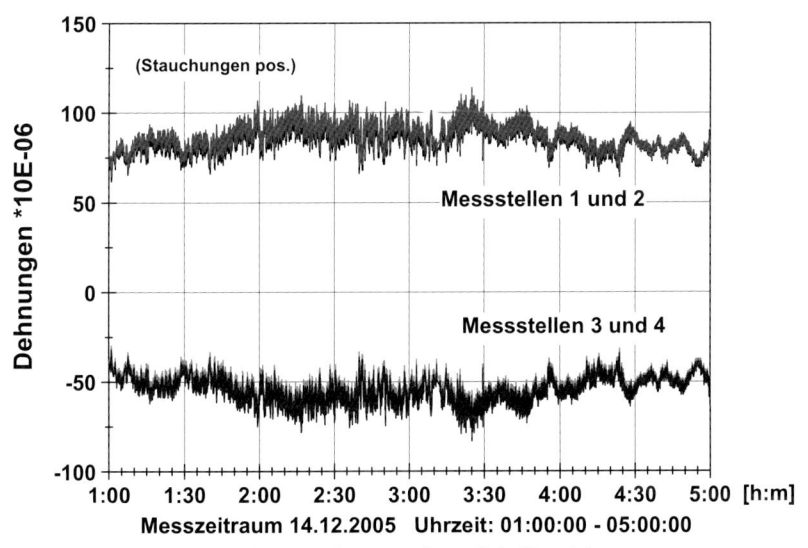

Bild 15: Gemessene Dehnungen im ungestörten Schaftbereich

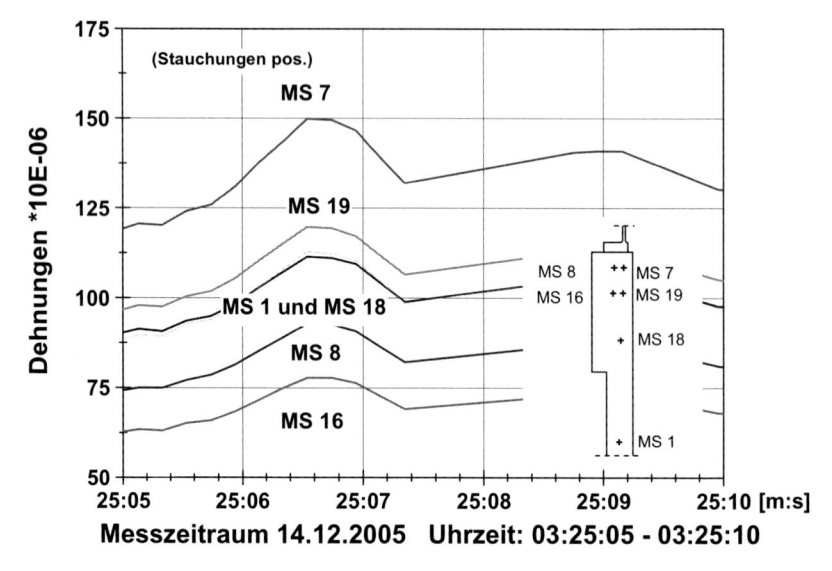

Bild 16: Dehnungsverteilung im Lasteinleitungsbereich

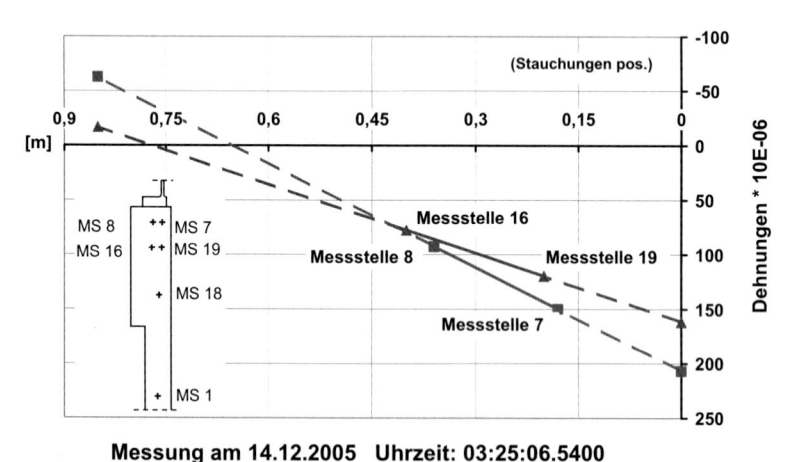

Bild 17: Dehnungsverteilung entlang der Schaftwanddicke

Messung am 14.12.2005 Uhrzeit: 03:25:06.5400

5.2.2 Verteilung der Bauwerkstemperatur

Die an den drei Messstellen in der Mitte der Schaftwand gemessenen Bauwerkstemperaturen sind in Bild 18 exemplarisch für einen Messzeitraum zusammengefasst. Wie zu erwarten war, zeigt die Messstelle T3 im Süd-Westen des Bauwerks den höchsten Temperaturwert an. Die Differenz zu den beiden anderen Messstellen ist dabei geringer als 2 K. Hieraus kann insgesamt eine verhältnismäßig einheitliche Temperaturverteilung über den Umfang des Querschnitts abgeleitet werden.

Weiterhin ist aus der Temperaturentwicklung der einzelnen Messstellen der Sonnengang erkennbar. Die Messstelle T2 (Osten) erreicht als erstes ihren Höchstwert. Anschließend folgt mit einem deutlich höheren Temperaturwert die Messstelle T2. Als letztes erreicht die Messstelle T1 im Nord – Osten ihren höchsten Messwert, der jedoch wiederum deutlich geringer ist als an Messstelle 2.

In Bild 18 ist zur Abschätzung der Temperaturentwicklung im Bauwerk auch die Außentemperatur für den Standort der Anlage mit aufgeführt. Die Temperaturdaten wurden den Angaben des Deutschen Wetterdienstes entnommen. Es ist erkennbar, dass zwischen den Maximal- bzw. Minimalwerten der Außentemperatur und den gemessenen Bauwerkstemperaturen in Schaftwandmitte eine zeitliche Verzögerung von ca. 6 – 8 Stunden auftritt, wobei sich kurzzeitige Schwankungen der Außentemperaturen nicht bis zur Schaftwandmitte hin auswirken.

Durch die zeitliche Verzögerung der Temperaturentwicklung im Bauwerk entstehen innerhalb der Schaftwand ungleichmäßige Temperaturverläufe, vgl. Bild 4, durch die Zwangs- und Eigenspannungen hervorgerufen werden. Aus Bild 18 ist ersichtlich, dass z.B. am Nachmittag des 29. Julis eine ca. 5,5 K höhere Außentemperatur im Vergleich zur Messstelle T1 auftrat. Umgekehrt kühlte die Außentemperatur in den frühen Morgenstunden des 31. Julis deutlich ab, so dass die Bauwerkstemperatur an der Messstelle T3 einen ca. 8 K höheren Wert gegenüber der Außentemperatur besaß. Dies bedeutet, dass sich die Temperaturverteilung entlang der Schaftwand stetig ändert und sehr unterschiedliche Temperaturverteilungen auftreten. Es sei darauf hingewiesen, dass durch direkte Sonneneinstrahlung die Bauteiltemperatur an der Oberfläche deutlich größer sein kann als die gemessene Außentemperatur [9], [10] und sich dadurch sehr steile Temperatur-gradienten in der Schaftwand einstellen können.

Durch die Änderung der Temperaturverteilung treten die Zwangs- und Eigenspannungen mit wechselnden Vorzeichen auf und können so die Messwerte der Betondehnungsaufnehmer vergrößern oder verringern. Bei der Auswertung von Messungen über einen längeren Zeitraum ist daher immer auch der Einfluss der Zwangs- und Eigenspannungen auf die Messwerte zu beurteilen. Werden hingegen Kurzzeitmessungen mit konstanten Temperaturrandbedingungen untersucht, kann dieser Einfluss vernachlässigt werden.

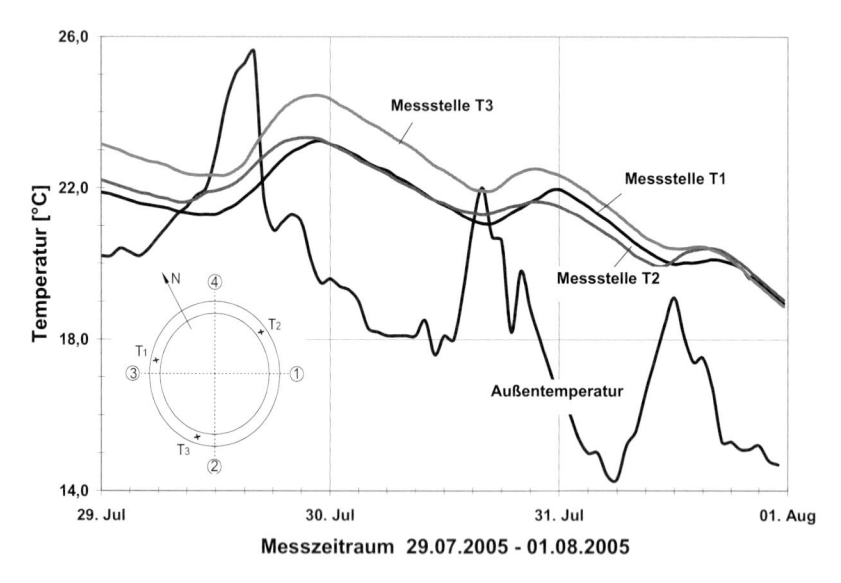

Bild 18: Verlauf der Außentemperatur und der gemessenen Bauwerkstemperaturen

5.2.3 Weitere Beanspruchungssituationen

Zusätzlich zu den Beanspruchungen aus Wind können besondere Ereignisse aus der Anlagenführung, wie z. B. Bremsvorgänge oder Notabschaltungen, die gesamte Tragkonstruktion erheblich beanspruchen. Bild 19 zeigt hierfür exemplarisch die gemessenen Dehnungsentwicklungen während einer Notabschaltung. Durch diesen plötzlichen Abschaltvorgang steht die Anlage nach wenigen Sekunden still und das gesamte Turmsystem schwingt aus. Die dabei auftretenden Schwingweiten der Dehnungen betragen für die Messstelle 2 und Messstelle 4 $\Delta\varepsilon_c \geq 0{,}15\ ‰$ und sind damit um ein Vielfaches größer als unter Normalbetrieb, siehe Abschnitt 5.2.1. Diese großen Schwingweiten der Dehnungen sind jedoch bereits nach wenigen Eigenschwingungen des Turmes durch die Dämpfung der gesamten Tragstruktur sowie des Bodens abgeklungen und liegen anschließend während des weiteren Ausschwingvorgangs unterhalb der Dehnungsschwingweiten während Normalbetrieb. Das in Bild 19 aufgeführte Ausschwingen der Tragkonstruktion dauerte mehrere Minuten an und wurde durch die Anregung des Windes überlagert. Die Windgeschwindigkeit in Nabenhöhe betrug für den Messzeitraum in Bild 19 v_{Wind} = 10 – 20 m/s.

Die 1. Eigenfrequenz der Tragkonstruktion tritt bereits deutlich aus dem zeitlichen Verlauf der Messwerte hervor. Sie liegt bei etwa f_0 = 0,41 Hz und stimmt gut mit den Ergebnissen der genaueren Frequenzuntersuchungen des Anlagenherstellers überein. Dies bestätigt die hohe Genauigkeit der hier eingesetzten Betondehnungsaufnehmer sowie den Steuerungsprozess der Messeinrichtung. Für eine genauere Ermittlung der Eigenfrequenz sowie der Dämpfung des gesamten Tragsystems aus dem zeitlichen Verlauf der gewonnenen Dehnungsmesswerte kann die Fast Fourier Transformation (FFT) angewendet werden. Diese bietet die Möglichkeit, eine periodische Funktion durch ihre einzelnen Bestandteile (Vielfache bzw. Harmonische der Grundfrequenz) auszudrücken. Eine solche Untersuchung steht jedoch noch aus.

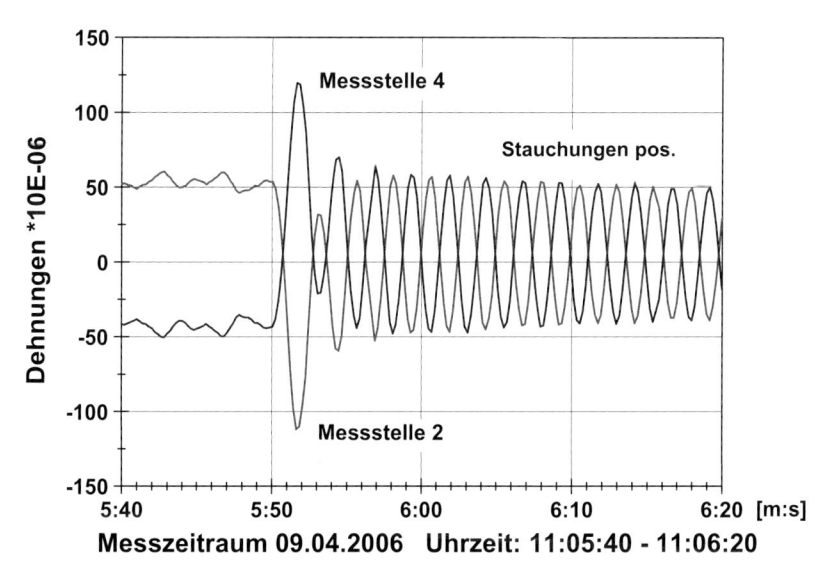

Messzeitraum 09.04.2006 Uhrzeit: 11:05:40 - 11:06:20

Bild 19: Gemessene Dehnungsentwicklung während einer Notabschaltung der Anlage

6. Zusammenfassung und Ausblick

Bei immer anspruchsvolleren Tragkonstruktionen für Windenergieanlagen sind in-situ-Messungen notwendig, um mechanische Modellansätze zur Bemessung von Spannbetontürmen unter hohen Ermüdungsbeanspruchungen kalibrieren und modifizieren zu können. Die hier vorgestellten Messungen sollen dazu beitragen, Aufschluss über die tatsächliche Beanspruchungsverteilung und Steifigkeitsveränderung im Beton unter realen Bedingungen zu geben.

Danksagung

Danken möchten wir an dieser Stelle Herrn Dipl.-Ing. Funke und seinen Mitarbeitern von der Firma Oevermann GmbH in Münster für das überaus große Engagement und die verlässliche und vertrauensvolle Zusammenarbeit sowie Herrn Dipl.-Ing. Klussmann von der Multibrid Entwicklungsgesellschaft in Bremerhaven für seine stetige Unterstützung und das große Interesse an der Durchführungen der Bauwerksmessungen am Prototypen.
Weiterhin gilt unser Dank Herrn Dipl.-Ing Heubel, VT-Vorspanntechnik in Salzburg, für die Bereitstellung von Spanngliedern und der Unterstützung durch technische Mitarbeiter bei der Planung und der Durchführung von Vorversuchen sowie dem Einbau der Kraftmessringe am Prototypen.
Dem Deutschen Institut für Bautechnik (DIBt) sei an dieser Stelle herzlich für die finanzielle Unterstützung eines Forschungsvorhabens über die Ermüdungsbeanspruchungen bei turmartigen Bauwerken gedankt. Ebenso gilt der Dank ForWind, dem Zentrum für Windenergieforschung, für die Bereitstellung von finanziellen Mitteln zur Durchführung von praxisnahen Forschungs- und Entwicklungsprojekten.

Literatur

[1] DIN 1045: Tragwerke aus Beton, Stahlbeton und Spannbeton, Teil 1: Bemessung und Konstruktion, Juli 2001

[2] Eurocode 2 : Bemessung und Konstruktion von Stahlbeton- und Spannbetontragwerken – Teil 1-1 : Allgemeine Bemessungsregeln und Regeln für den Hochbau ; Deutsche Fassung EN 1992-1-1 , 2005

[3] Comité Euro – International du Béton: CEB-FIP Model Code 90. Bulletin d'Information No. 213/214, Final Draft, Lausanne, July 1993

[4] Richtlinie Windenergieanlagen. Einwirkungen und Standsicherheitsnachweise für Turm und Gründung, Deutsches Institut für Bautechnik (DIBt), Fassung März 2004

[5] Grünberg, J.; Funke, G.; Stavesand, J.; Göhlmann, J.: Fernmeldetürme und Windenergieanlagen in Massivbauweise, in: Beton-Kalender 2006, Teil 1, Ernst & Sohn

[6] Pfanner, D.: Zur Degradation von Stahlbetonbauteilen unter Ermüdungsbeanspruchung, Konstruktiver Ingenieurbau, Ruhr-Universität Bochum, VDI-Verlag GmbH, 2003

[7] Grünberg, J.; Göhlmann, J.: Schädigungsberechnung an einem Spannbetonschaft für eine Windenergieanlage unter mehrstufiger Ermüdung, Beton- und Stahlbetonbau 101 (2006), Heft 8, Ersnt & Sohn, Berlin

[8] Zilch, K; Zehetmaier, G.: Bemessung im konstruktiven Betonbau. Nach DIN 1045-1 und DIN EN 1992-1-1, Springer, 2006

[9] Fouad, N.: Rechnerische Simulation der klimatisach bedingten Temperaturbeanspruchung von Bauwerken, Berichte aus dem Konstruktiven Ingenieurbau, Technische Universität Berlin, Heft 28, 1998

[10] Gerasch M..: Klimatisch bedingt Temperaturbeanspruchung auf eine Windenergieanlage in Spannbetonbauweise, Diplomarbeit, Institut für Massivbau, Universität Hannover, August 2003

[11] Lierse, J.; Göhlmann, J.: Experimentelle Untersuchungen an Windenergieanlagen in Spannbetonbauweise, 44. Forschungskolloquium des Deutschen Ausschusses für Stahlbeton, 7./8. Oktober 2004, Institut für Massivbau der Universität Hannover

[12] [Lierse-80] Lierse, J.: Dehnungs- und Durchbiegungsmessungen an Massivbauwerken, Düsseldorf: Werner-Verlag 1980

[13] Bieger, K.W.; Lierse, J.; Tengen, A.: Zwangbeanspruchungen infolge Sonneneinstrahlung und veränderlicher Temperaturen in den dicken Schaftwänden des neuen Fernmeldturms Hannover, Forschungsbericht Nr. 9106. Institut für Massivbau, Universität Hannover 1995

Die Verwendung von Stahlbausystemen (Walzträger) bei der Sanierung und beim Bauen im Bestand

Dipl.-Ing. Dipl.-Wirtschaftsing. **Marc Blum**, Haßlinghausen/Köln, und Dipl.-Ing. **Andreas Girkes** VDI, Wetter/Köln

Angesichts stagnierender, demographischer Entwicklung und hinreichendem Wohnungsbestand gewinnt das Bauen im Bestand zunehmend an Bedeutung. Bereits heute übersteigen die Investitionen in den Bestand mit nahezu 55 % die Investitionen in Neubauprojekte. Die Architektur von heute wird somit in dreierlei Hinsicht geprägt: Erstens durch Neubauten in alter Umgebung, Zweitens durch Weiterbau des Vorhandenen und Drittens durch Umbau alter Substanz

Die Anpassung älterer Bestände an neue und moderne Standards ist allein aus dem nachhaltigen Aspekt eines schonenden Umgangs mit den natürlichen Ressourcen wichtig und richtig.

Für Architekten, Ingenieure und die Baustoffindustrie eröffnet sich durch das Nachhaltige Bauen im Bestand ein neues Feld für kreative Lösungen. Eine wichtige Voraussetzung sind dabei kostengünstige Bautechniken und Bauverfahren.

Betrachtet man die entstehenden Kosten rund um ein Bauwerk über die gesamte Lebensdauer (Life – Cycle - Analysis), so stellt man fest, dass der Aufwand für die Bauwerkserstellung nur etwa 30 % beträgt. Der Großteil der Kosten entsteht zu einem späteren Zeitpunkt durch max. Nutzung, Instandsetzung und Modernisierung. Diese nicht unerheblichen Kosten, die durch Instandsetzung und Modernisierung anfallen, könnten bereits in der Planungsphase auf ein Minimum reduziert werden, wenn von vorne herein Kriterien wie Umbau-, Erweiterungs- und Sanierungsfähigkeit berücksichtigt werden.

In der Vergangenheit wurde in Deutschland eher für die Ewigkeit gebaut. Im Ausland hat man schon sehr früh die Vorteile von z.b. der modernen Stahl- oder Stahlverbundbauweise genutzt. Ab der deutschen Grenze galt bisher aber ein anderer Grundsatz: bei uns wurde nur für den Zweck gebaut, d. h. für die primäre Erstnutzung. je massiver desto besser. Lediglich bei repräsentativen Bauten dachte man bei uns auch an Stahl.

Ein herausragendes Merkmal unserer Zeit ist die dynamische Schnelllebigkeit, die dabei auftretende immer kürzer werdende Nutzungsdauer verlangt ein Maximum an Nutzungsflexibilität. Die Architekten sind nach wie vor die Ideenträger. Die Umsetzung der Ideen erfolgt durch Ingenieure oder Tragwerksplaner. Die Anforderungen für das Bauen und Nutzen von Gebäuden stellen deshalb heute ein weitaus größere Herausforderung dar (s. Bild 1).

Bauen im Bestand

anders als bei Neubauten ist der Spielraum des Architekten und Ingenieurs eingeschränkt

- Tragsystem vorgegeben
- Umsetzung von Anforderungen nach heutiger Sicht für eine flexible Nutzung überwiegend nur mit großem Aufwand möglich

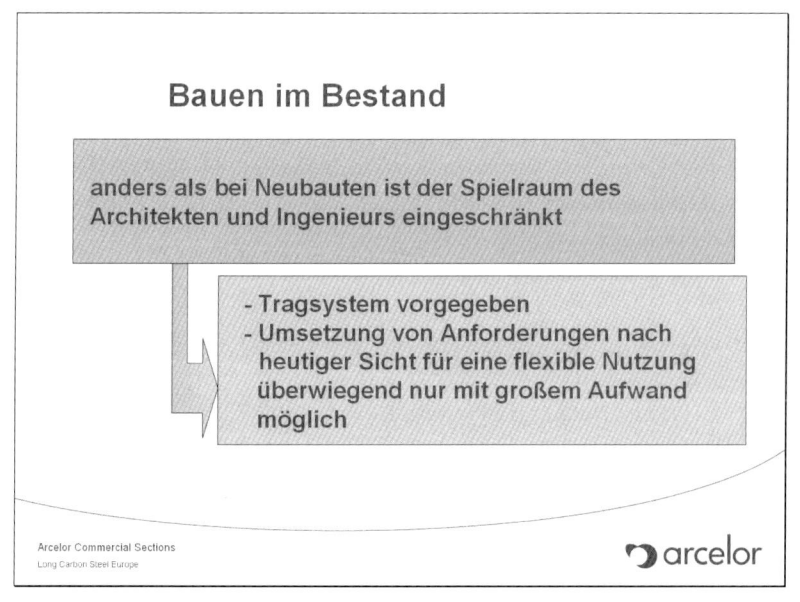

Arcelor Commercial Sections
Long Carbon Steel Europe

🟢 arcelor

Bild 1

Modernisierungs- und Erweiterungsmaßnahmen erfordern heute große Gestaltungsfreiheit und Flexibilität. Hierzu eignen sich in besonderem Maße leichte und flexible Konstruktionen, welche der Stahl-/Stahlverbundbau jederzeit ermöglicht. Bauen im Bestand bedeutet vor allem auch eine Anpassung an heutige Bedürfnisse. Die zwei wesentlichen Gründe sind eine Nutzungsänderung und die Sanierung und Umbau (s. Bild 2). Die Erhaltung und Instandsetzung oder sagen wir besser, die Überführung einer Immobilie in den ursprünglichen Originalzustand, stellt unter dem allgemeinen Begriff „Bauen im Bestand" unter Umständen eine weitere und ganz besondere Herausforderung dar, wenn Denkmal schützende Auflagen zu beachten sind.

Der Architekt und Ingenieur hat beim Bauen im Bestand nicht mehr den Spielraum zur Verfügung, den er sonst bei Neubauentwürfen hat. Das Tragsystem ist bereits vorgegeben und eventuelle schlechte oder fehlende Dokumentationen von z.b. Umbauten können zu einem erhöhten Planungsaufwand führen. Die Umsetzung heutiger Anforderungen für eine flexible Nutzung stellt deshalb eine besondere Herausforderung dar. Dann treten manchmal auch Überraschungen auf, wenn z.b. bei der Ausführung planerisch beschriebene Zustände nicht mit den örtlichen vorgefundenen Zuständen übereinstimmen. Die Folge davon sind mit Zusatzkosten verbundene Änderungen vor Ort, und nicht zuletzt wird dadurch auch der vorgesehene Bauablauf empfindlich gestört.

Mit der Nutzungsänderung einer Immobilie wird oft das Ziel verfolgt, die Attraktivität zu erhöhen, um z.B. weitere vermietbare Flächen zu schaffen oder um räumliche Gegebenheiten an heutige Bedürfnisse anzupassen.

Bauen im Bestand

Warum Nutzungsänderung ?

- Erweiterung vermietbarer Flächen
- Umsetzung neuer Raummaße
  ↳ lichte Raumhöhe, Raumtiefe
- Attraktivität erhöhen

Investitionsentscheidung hängt ab von ....
- technische Machbarkeit
- Terminsicherheit (Mietausfall)
- Kostensicherheit

Arcelor Commercial Sections
Long Carbon Steel Europe

↻ arcelor

Bild 2

ACB® : Arcelor Cellular Beams

Befreit von räumlichen Beschränkungen.

ACB®-Lochstegträger ermöglichen die Konzeption von Gebäuden mit großen Spannweiten. Das bedeutet Gewichtseinsparung, hohe Flexibilität und geringere Herstellungskosten - und dies unter Respektierung der Nachhaltigkeit.

Arcelor Commercial Sections Deutschland GmbH
Subbelrather Straße 13 • D-50672 Köln • Tel. : +49-221-572 90 • Fax: +49-221-572 92 65
Augustenstraße 14 • D-70178 Stuttgart • Tel. : +49-711-667 40 • Fax: +49-711-667 42 40

www.arcelor.com/sections – e-mail: sections.germany@arcelor.com

🝆 arcelor

Steel solutions for a better world

Die Investitionsentscheidung hängt wesentlich von der technischen Machbarkeit ab. Zu berücksichtigen sind zeitliche Nutzungsausfälle, welche gleichzusetzen sind mit Mietausfällen. Flexible Bausysteme, industriell vorgefertigt aus Stahl, die kurze Bauzeiten ermöglichen, die weiterhin auch im Bauablauf ohne großen Aufwand anpassungsfähig sind, erhöhen nicht nur die Qualität, sondern zusätzlich die Termin- und Kostensicherheit.

Unterschiedliche Gewerke, beengte Raumverhältnisse und Termindruck stellen hohe Anforderungen an die Baustellenlogistik. Die Baustellenverhältnisse sind oft sehr beengt und Baustellentransporte sind oft nur mit einfachen Hilfsmitteln möglich. Dadurch sinkt die sonst bei Neubauprojekten übliche Produktivität.

Die Lösung für all diese Probleme bieten Leichtbaukonstruktionen aus Stahl oder Stahlverbund. Solche Bauteile lassen sich als industriell teilvorgefertigte oder einbaufertige Elemente als Systembauteil innerhalb kürzester Zeit montieren.

Ein weiterer Aspekt, der nicht nur für das Bauern im Bestand, sondern für das Bauen allgemein gilt, ist die Umsetzung der Prinzipien einer nachhaltigen Entwicklung. In der Auseinandersetzung mit der Bestandsentwicklung und den urbanen demografisch bedingten Strukturveränderungen gilt für die planende Zunft, dass noch konsequenter interdisziplinäres Denken und Handeln gefordert wird als bisher praktiziert. So bieten Stahl- rsp. Stahlverbundkonstruktionen nicht nur große ökonomische Potentiale, sondern vielmehr ist Stahl der Werkstoff, der auch zu 100 % recyclebar ist, sei es in der Weiterverwendung des Bauteils oder in der Verwertung als Rohstoff (= Schrott). Die modernen Langprodukte von heute werden ausschließlich auf Basis von Schrott erzeugt. Die Prinzipien einer nachhaltigen Entwicklung werden bei Verwendung von Stahlbauteilen somit in besonderem Maße unterstrichen.

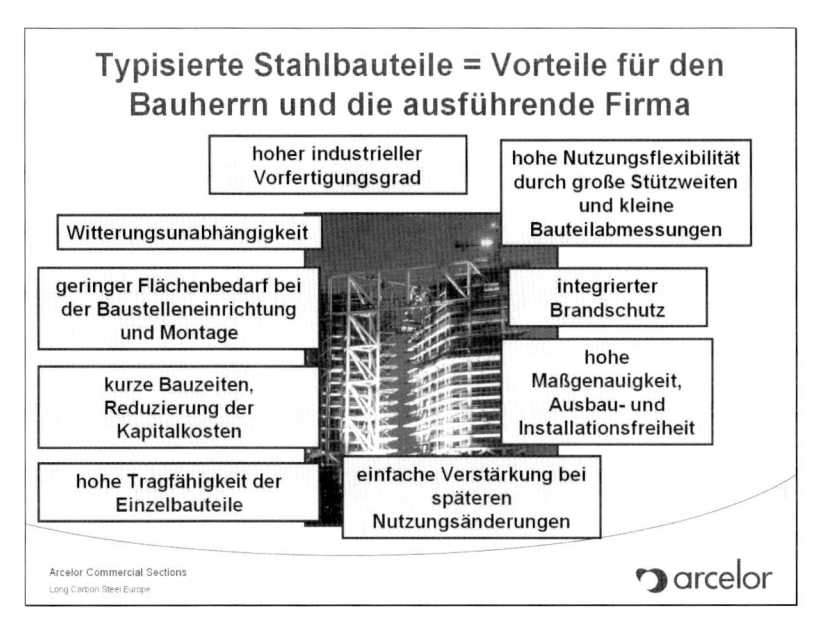

Typisierte Stahlbauteile = Vorteile für den Bauherrn und die ausführende Firma

- hoher industrieller Vorfertigungsgrad
- Witterungsunabhängigkeit
- geringer Flächenbedarf bei der Baustelleneinrichtung und Montage
- kurze Bauzeiten, Reduzierung der Kapitalkosten
- hohe Tragfähigkeit der Einzelbauteile
- hohe Nutzungsflexibilität durch große Stützweiten und kleine Bauteilabmessungen
- integrierter Brandschutz
- hohe Maßgenauigkeit, Ausbau- und Installationsfreiheit
- einfache Verstärkung bei späteren Nutzungsänderungen

Arcelor Commercial Sections
Long Carbon Steel Europe

◯ arcelor

Bild 3

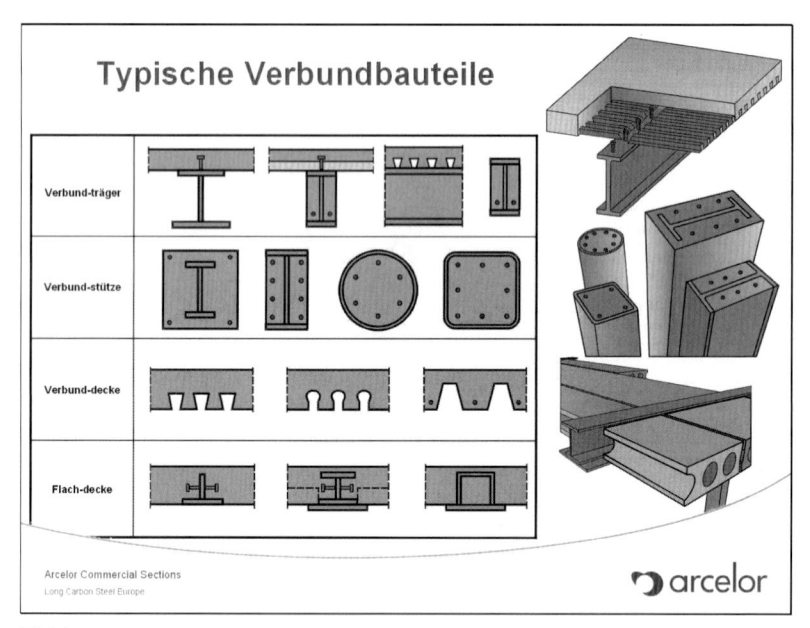

Bild 4

Aus Sicht des Bauherren und Nutzers ergeben sich schlussendlich bei Verwendung von Stahl- / Stahlverbundbauteilen unschlagbare Vorteile (s. auch Bild 3):

- Große Spannweiten, die auch spätere Umnutzungen erleichtern
- Hohe Flexibilität durch stützenfreie Flächen
- Ideale Voraussetzungen für Umbau, Erweiterung und Sanierung, durch hohe Tragfähigkeit der leichten Konstruktion
- Geringere Kosten für Zwischenfinanzierung, dank kurzer Bauzeiten und schnellerer Nutzbarkeit

Stahl ist zweifellos ein Ingenieurbaustoff, so bieten aber typisierte Stahlbauelemente (s. Bild 4) gute Voraussetzungen für ein breites Anwendungspotenzial. Die Verwendung von standardisierten Systembauteilen führt vor allem auch zu einer Optimierung des Planungsaufwandes.

VDI NACHRICHTEN
DA FINDET MAN EINFACH DIE BESTEN LEUTE.

Besondere Leistungen:
thematischer Schwerpunkt
im Ingenieursegment,
medienübergreifende
Recruiting-Angebote

Ohne Streuverlust:
Leser
300.000 (AWA 2005)
Online-Visitor/Monat
ø 205.000 (Sitestat 2005)
Besucher
ø 600 (pro Recruiting Event)

WENN ES UM INGENIEURE GEHT. ✱

Das VDI nachrichten-Karrierereportal ingenieurkarriere.de bietet z. B. mit über 6.000 von unabhängigen Personalberatern bewerteten Lebensläufen Deutschlands qualifizierte Bewerber-Datenbank für Ingenieure.

Medienübergreifende Personalsuche mit VDI nachrichten, einfach unverzichtbar für jeden Personalentscheider. Gezielt, effektiv, ohne Streuverlust. Täglich unter ingenieurkarriere.de. Wöchentlich im Stellenmarkt der VDI nachrichten. Regelmäßig im Magazin Ingenieur Karriere und auf den Recruiting Events.

vdi nachrichten

Medienübergreifende Personalsuche mit VDI nachrichten: Stellenmarkt • Ingenieur Karriere • ingenieurkarriere.de • Recruiting Events

IG-Farben-Gebäude in Frankfurt, 1930
Umbau und Sanierung
Architekt: Hans Poelzig

Fotoquelle: Internet

Arcelor Commercial Sections
Long Carbon Steel Europe

↻ arcelor

Bild 5

Ein herausragendes Beispiel, um die für das Bauen im Bestand höchstmögliche Flexibilität aufzuzeigen, die allein nur das Bauen mit Stahl bietet, ist das IG-Farben-Gebäude in Frankfurt (s. Bild 5). Ursprünglich erbaut in den Jahren 1927 bis 31 wurde das Gebäude mehrfach umgenutzt. Das besondere daran ist, dass dieses Gebäude in moderner Stahlskelettbauweise errichtet wurde, d. h. unter den damaligen noch eingeschränkten Möglichkeiten, waren bereits durch die gleichzeitig modulare Bauweise und große Spannweiten, weitere gute Voraussetzungen geschaffen für eine spätere Umnutzung. In der Geschichte dieses Gebäudes (die sehr interessant ist, aber aus Platzgründen nicht aufgegriffen werden kann) erfolgten mehrere gänzlich unterschiedliche Umnutzungen mit entsprechenden baulichen Anpassungen.

Bei anderen Gebäuden, die nach klassischen Strickmustern erstellt sind, muss man sicher davon ausgehen, dass spätestens die 2. anstehende Umnutzung mit entsprechend notwendigen Anpassungsbaumaßnahmen aus wirtschaftlichen Gründen nicht mehr vertretbar ist. Als Extrembeispiel sei hier die ehemalige Hochtief-Zentrale in Frankfurt (s. Bild 6) aufgeführt. Die langatmigen Versuche, dieses unter Denkmalschutz stehende Gebäude den neuen Bedürfnissen anzupassen, waren wirtschaftlich nicht zu vertreten.

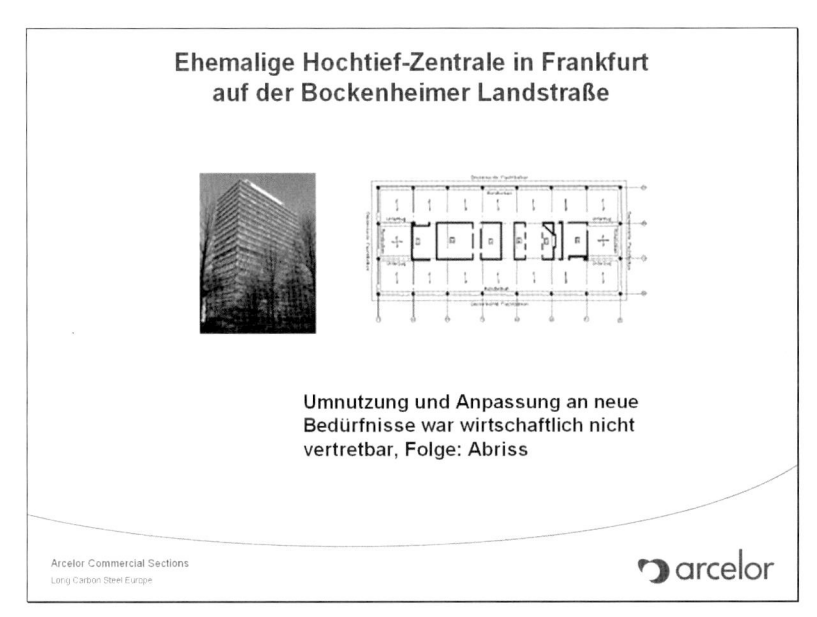

> **Ehemalige Hochtief-Zentrale in Frankfurt auf der Bockenheimer Landstraße**
>
> Umnutzung und Anpassung an neue Bedürfnisse war wirtschaftlich nicht vertretbar, Folge: Abriss
>
> Arcelor Commercial Sections
> Long Carbon Steel Europe
>
> ᑐ arcelor

Bild 6

Walzträger sind im ganzheitlichen Sinne der Gesamtplanung ideal geeignet als tragendes Element im Geschoss- und Industriebau. Diese sind mittlerweile auch in hochfesten Baustahlgüten wirtschaftlich herstellbar und nehmen hohe Lasten bei kleinen Querschnitten auf. So bieten Walzträger eine hervorragende Alternative zu sonst üblichen Betonstrukturen, da diese Bauteile ein hohes Maß an industrieller Vorfertigung zulassen. Arbeiten auf der Baustelle reduzieren sich lediglich auf die Montage. Die industrielle Vorfertigung zeichnet sich durch eine gleich bleibende Qualität und hohe Maßgenauigkeit aus. Konstruktive Lösungen wie Anschlüsse, Aussteifungen und Lagerungen sind typisiert und erlauben eine Vielzahl von einfachen und montagefreundlichen Anschlussmöglichkeiten an andere Baustoffe wie z.B. Beton oder Holz. Ein positiver Nebeneffekt durch die Wahl typisierter Stahl- oder Stahlverbundbauteile ist der reduzierte Planungsaufwand mit Reflexion auf eine spätere Umnutzung/Änderung, den man besonders beim Bauen im Bestand nicht unterschätzen darf.

Eine besondere Herausforderung stellt beispielsweise die Erweiterung eines Gebäudes durch Aufstockung dar. Unter Umständen befindet sich das Bestandsgebäude noch unter

Nutzung, so dass sämtliche Baumaßnahmen so zu planen und auszuführen sind, dass der laufende Betrieb im bestehenden Gebäude nicht gestört wird. Beim Beispiel „Umbau und Erweiterung der Crona Klinik in Tübingen" (s. Bild 7) sollte ursprünglich nur eine einstöckige Aufstockung erfolgen, welche in Stahlbeton vorgesehen war. Durch Verwendung einer Stahl-/Stahlverbundkonstruktion mit Walzträgern und Verbunddecken konnte die Aufstockung zweigeschossig erfolgen, da aufgrund des geringen Eigengewichtes der Bestandsbau nur mäßig belastet wird. Somit konnte auch die Gründung der Aufstockung ausschließlich über das bestehende Gebäude erfolgen.

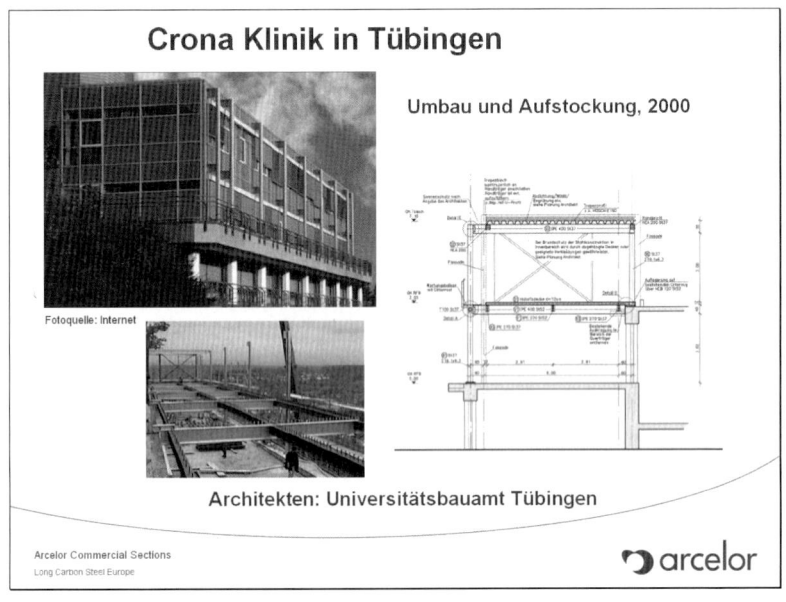

Bild 7

Vielfach wird der Baustoff Stahl aus Brandschutzgründen eher zweitrangig betrachtet. Zu Unrecht, denn durch die kontinuierliche Weiterentwicklung insbesondere der höherfesten Feinkornbaustähle bei Langprodukten, ist eine wirtschaftliche und wettbewerbsfähige Bemessung brandgefährdeter Stahlkonstruktionen, die beispielsweise auch sichtbar und ungeschützt bleiben sollen, grundsätzlich möglich. Der klassische Brandschutz bedingt normalerweise einen feuerhemmenden Anstrich, Spritzputz oder wird einfach und praktisch integriert bei Verbundkonstruktionen. Eine andere sehr interessante Alternative, um ungeschützte

Stahlkonstruktionen herzustellen, ist der Einsatz einer optimierten (d.h. höheren Stahlgüte) in der Warmbemessung oder die Anwendung des Naturbrandkonzeptes. D.h. Brandschutzanforderungen für Stahlbauten lassen sich heute sehr viel effizienter und architektonisch anspruchsvoller realisieren, als mit herkömmlichen Methoden.

Das ganzheitliche Bauen im Bestand ist ein komplexes Thema, welches eine besondere Herausforderung an das Bauen stellt. Mit dem vorliegenden Aufsatz soll Architekten, Ingenieuren und Bauherren Mut gemacht werden, innovative und architektonisch anspruchsvolle Lösungen in Stahl/Stahlverbund zu realisieren, um gleichzeitig der notwendigen Anforderung ein Höchstmaß an Flexibilität gerecht zu werden.

Literatur

/1/ Die Bundesregierung: Perspektiven für Deutschland, Unsere Strategie für eine nachhaltige Entwicklung, undatiert

/2/ TÜV Energie und Umwelt GmbH: Workshopdokumentation Nachhaltiges Bauen im Bestand, (2002)

/3/ Stellungnahme zur Nationalen Nachhaltigkeitsstrategie der Bundesregierung, undatiert

/4/ Tagungsunterlagen 6. Bauforum Berlin: Herausforderungen des demografischen Wandels annehmen, (2005)

/5/ Arcelor Long Commercial: Tragwerkskonstruktionen in nachhaltigen Gebäuden, (2003)

/6/ Arcelor Sections Commercial: Träger, (2005)

/7/ M. Blum, J.-B. Schleich: Moderne Stahlbauarchitektur durch globale Brandsicherheitskonzepte, (1999)

/8/ M. Pfeiffer: Planen, Bauen und Managen im Bestand, Nachhaltige Sanierungskonzepte - Nachhaltiger Wachstumsmarkt der Bauwirtschaft, Journal, Sonderausgabe Bauen im Bestand, (2004)

/9/ J. Lange: Nachweis überflüssig - Brandsicherheitsnachweis mit typengeprüften Verbundstützen, Deutsches Ingenieurblatt, (August 2005)

/10/ G.W. Betzner: 100 % Recyclingfähigkeit ist das Ziel, Bautechnik, (1999)

/11/ I. Kopf: Chanzen im Bestand, Deutsches Ingenieurblatt, (Juli/August 2005)

/12/ M. Blum: Schweißverbindungen in der Instandsetzung, Deutsches Ingenieur-blatt, (Juli/August 2005)

/13/ H. Hauser, Baustoff Stahl: Überall im Einsatz und doch verkannt?, Aufsatz, (2005)
/14/ Bauen mit Stahl: Objektdokumentation Crona Klinik in Tübingen, (2003)
/15/ Bauen mit Stahl: Dokumentation 601, Neue Wege im Stahl- und Verbundbau, (2000)
/16/ Stahlinformationszentrum: Dokumentation 571, Wirtschaftliche Lösungen mit Stahl – Geschoßbauten, (2001)
/17/ Bauen mit Stahl: Dokumentation 608, Brandsicher bauen mit Stahl, (2000)
/18/ Arcelor Commercial Sections: ungeschützte Stahlträger im Brandfall, (2004)

Experimentelle Tragsicherheitsbewertung von Hallendächern

Prof. Dr.-Ing. **Klaus Steffens**, Bremen
Dr.-Ing. **Marc Gutermann**, Bremen

Zusammenfassung

Tragwerke werden für eine definierte Nutzung und eine begrenzte Lebensdauer projektiert. Werden sie aufgrund aufgetretener Schäden oder anderweitig auffällig oder erhöhen sich die Verkehrslasten wegen eines geänderten Nutzungsanspruchs, müssen sie erneut auf ihre Gebrauchstauglichkeit und Tragsicherheit überprüft werden. Wenn ein rechnerischer Nachweis nicht zum Erfolg führt, bietet sich als Alternative zur aufwändigen konventionellen Verstärkung ein ressourcenschonender experimenteller Tragsicherheitsnachweis an. Die experimentellen Untersuchungen in situ zeigen regelmäßig günstigere Ergebnisse als rechnerische Verfahren, weil die Konstruktion bei planmäßiger Ausführung Tragreserven hat, die nur experimentell erschlossen werden können:

- Die effektiven Baustoffkennwerte sind besser als die rechnerisch ansetzbaren
- Das Tragsystem muss rechnerisch vereinfacht (lösbar!) abgebildet werden und enthält Reserven
- Der experimentelle Nachweis kann teilweise mit abgeminderten Teilsicherheitsbeiwerten geführt werden, weil durch den Nachweis am Objekt Imponderabilien herausfallen [1]

Dieser Beitrag soll an Beispielen zeigen, wie die Tragsicherheit von Hallendächern mit experimentell gestützten Methoden nachgewiesen werden kann, nachdem sie sich analytisch nicht nachweisen ließ.

1. Sicherheitskonzept

Das Konzept des experimentellen Tragsicherheitsnachweises lässt sich anhand Bild 1 wie folgt beschreiben: Sowohl der effektive Tragwerkswiderstand eff R_U als auch die vorhandene Belastung durch die ständigen Einwirkungen $G_{k,1}$ eines Bauwerks sind vor Versuchsbeginn unbekannt und lassen sich analytisch meist nur unzureichend abschätzen.

115

Während des Versuchs wird die reale Tragfähigkeit ausgelotet, indem externe Lasten stufenweise eingetragen und die Auswirkungen auf das Bauwerk (z.B. Verformungen) zeitgleich gemessen und zur Analyse grafisch dargestellt werden. Wird die Versuchsziellast F_{Ziel} erreicht, ohne dass ein vorher definiertes Grenzwertkriterium verletzt wird, gilt der experimentelle Nachweis als erbracht. Die Versuchsziellast F_{Ziel} muss in ihrer Höhe im Vorwege bestimmt werden, um im Versuch zu den Rechenlasten äquivalente Beanspruchungszustände zu erzeugen. Werden dagegen ein Grenzwert und damit die Versuchsgrenzlast F_{lim} erreicht, darf die Belastung nicht weiter gesteigert werden, da sonst die irreversible Schädigung des Bauteils beginnen würde.

In der überwiegenden Mehrzahl aller praktischen Fälle wird die mögliche Schädigungsgrenze, also die Versuchsgrenzlast F_{lim}, nicht erreicht, weil die Versuchsziellast F_{Ziel} einschließlich aller Sicherheitsanteile geringer ist.

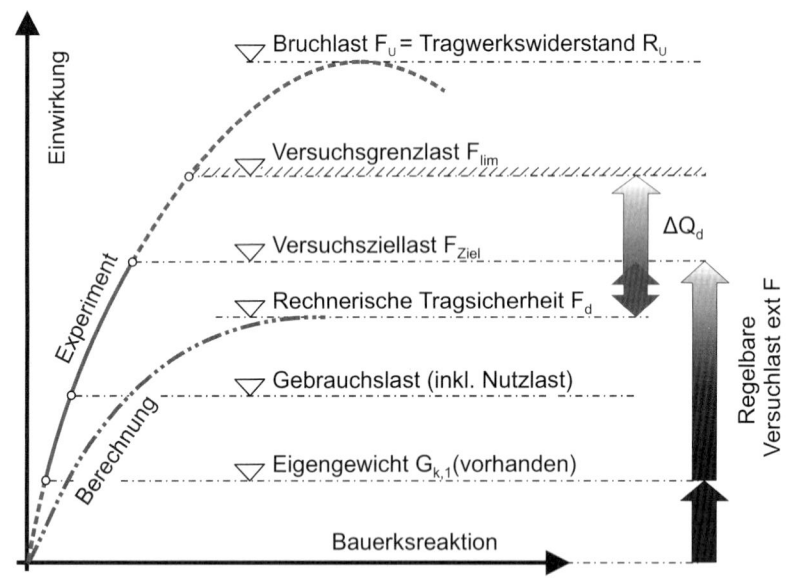

Bild 1: Sicherheitskonzept bei Belastungsversuchen (ΔQ_d: nutzbarer Zuwachs von Q)

2. Methodik der Belastungsversuche in situ

Das Verfahren der experimentellen Tragsicherheitsbewertung von Tragwerken reduziert sich regelmäßig auf eine zweidimensionale Parameteranalyse:

- unabhängige Variable = Versuchslast (actio)
- abhängige Variable = Messgrößen (reactio)

Wegen des Zwanges, die (zunächst unbekannte) Versuchsgrenzlast in Abhängigkeit der vielfältigen Bauwerksreaktionen bei steigender Versuchslast sicher erkennen zu können, ist eine stufenlos regelbare Belastungstechnik und eine Online-Messtechnik unerlässlich. Die Versuchsanordnung muss daher die wesentlichen Voraussetzungen für schädigungsfreie Belastungsversuche erfüllen:

- Regelbare Versuchslasten
- Selbstsicherung durch Kräftekreislauf unter Vermeidung absturzgefährdeter Testmassen
- Online-Darstellung der Messergebnisse in graphischer Form zur Erkennung der Versuchsgrenzlast

3. Versuchsziellastermittlung

Die extern aufzubringende Versuchsziellast ext F_{Ziel} wird unter Berücksichtigung der Lastbilder der jeweilig gültigen Normung (z.b. DIN 1072, EC 1) ermittelt. Die dort angegebenen Flächen- und Einzellasten ergeben für die jeweiligen Nachweise (z.B. Biegemoment, Querkraft) Beanspruchungszustände, die im Versuch durch Ersatzlasten (Reduzierende) nachgebildet werden müssen. Dabei sollen sowohl im maßgebenden Schnitt die maximale Beanspruchung als auch eine möglichst gute Übereinstimmung des Beanspruchungsverlaufs erreicht werden. Das Versuchsprogramm muss daher vom Ingenieur jeweils der Aufgabe angepasst und notfalls auf mehrere Laststellungen aufgeteilt werden. Die Richtlinie [1] gibt für die Berechnung der Versuchsziellast folgende Formel an:

$$ext\ F_{Ziel} = \sum_{j>1} \gamma_{g,j} \cdot G_{k,j} + \gamma_{q,1} \cdot Q_{k,1} + \sum_{i>1} \gamma_{q,i} \cdot \psi_{o,i} \cdot Q_{k,i}$$

wobei $0{,}35\ G_{k,1} \leq ext\ F_{Ziel} \leq ext\ F_{lim}$

mit
- $G_{k,1}$ charakteristischer Wert der beim Belastungsversuch vorhandenen ständigen Einwirkungen
- $G_{k,j}$ charakteristischer Wert der nach dem Belastungsversuch zusätzlichen ständigen Einwirkungen j
- $Q_{k,1}, Q_{k,i}$ charakteristischer Wert der veränderlichen Leiteinwirkung bzw. der veränderlichen Einwirkungen i
- $\gamma_{g,j}$ Teilsicherheitsbeiwerte für ständige Einwirkungen G
- $\gamma_{Q,1}, \gamma_{Q,i}$ Teilsicherheitsbeiwerte für veränderliche Einwirkungen Q
- $\psi_{o,i}$ Kombinationsbeiwerte für veränderliche Einwirkungen Q

Bei Belastungsversuchen gehen die ständigen Einwirkungen in ihrer vorhandenen Größe ein und werden bei der Ermittlung des extern eingetragenen Lastanteils der Versuchsziellast ext F_{Ziel} nicht berücksichtigt: $\gamma_{g,1}$ = 1,0. Bei möglichen Systemveränderungen oder Erhöhung der Eigenlasten während der Restnutzungsdauer (z.b. Durchfeuchtung) kann es im Einzelfall erforderlich sein, den Sicherheitsbeiwert abweichend mit $\gamma_{g,1}$ > 1,0 zu wählen.

Für später aufgebrachte Eigenlasten, sonstige ständige Lasten und Verkehrslasten gelten die üblichen Lastansätze, Teilsicherheitsfaktoren und Kombinationsbeiwerte. Weitergehende Abminderungen der Teilsicherheitsbeiwerte sind nach der Richtlinie im begründeten Einzelfall möglich [1], die nach dem DAfStb-Heft 467 „Verstärken von Betonbauteilen" auch für die Teilsicherheitsbeiwerte der Werkstoffseite (γ_m) möglich sind: Wenn aussagekräftige Untersuchungen der Materialeigenschaften vorliegen, kann der Teilsicherheitsbeiwert für Beton auf γ_c = 1,4 und für Stahl auf γ_s = 1,1 festgesetzt werden.

4. Anwendungsbeispiele
4.1 Leichtbetonplatten, Deutschlandhalle Berlin

Die Deutschlandhalle wurde 1935 zu den Olympischen Spielen errichtet und 2001 zu einer Eishalle umgebaut. Das Dach ist mit Leichtbetonplatten b/l ~ 0,50/2,00 m eingedeckt, die als Einfeldsystem berechnet wurden. Die Längsfugen wurden mit einer konstruktiven Bewehrung versehen und mit Ortbeton geschlossen. Im Rahmen eines Gutachtens wurden folgende Schäden festgestellt:

- Risse quer zur Spannrichtung der Leichtbetonplatten
- Abplatzungen (vorwiegend an den Plattenlängsfugen)

Die Schäden deuten auf örtlich hohe Beanspruchung aus Zwängung, überlagert mit Biegung und evtl. Reparaturlasten hin. Als Sicherung gegen herabfallende kleinere Betonteile wurde das Hallendach mit Netzen unterspannt.

Weder eine Nachrechnung der Platten noch Belastungsversuche an einer ausgebauten Platte ergaben eine ausreichende Tragsicherheit, weil keiner der Lösungsansätze den realen Lastabtrag (Quertragwirkung) berücksichtigen konnte. Daher wurden In-situ-Versuche vorgeschlagen, durch die das Tragverhalten einschließlich aller realen Randbedingungen zutreffend nachgewiesen werden kann, sofern der Versuchsaufbau das Tragsystem nicht unzulässig verfälscht ([2], [3]).

Um für einen Belastungsversuch im Einbauzustand eine Stichprobe aus den ca. 4.600 Dachplatten auszuwählen, wurden sie in 4 Schädigungsklassen eingeteilt:

Klasse 1: Platten ohne signifikanten Schäden (rissefrei oder Biegerisse $w \leq 0,3$ mm, keine / geringe Abplatzungen)

Klasse 2: Platten mit Trennrissen längs oder quer zur Spannrichtung ($0,3 \leq w \leq 0,6$ mm, mäßige Abplatzungen an den Längsfugen)

Klasse 3: Platten mit Trenn-Rissen $0,6 \leq w \leq 1,5$ mm quer zur Spannrichtung und/oder mäßiger Schädigung des Auflagerbereichs

Klasse 4: Platten mit groben Schäden (große Ausbrüche ~ 1 dm³, Risse infolge örtlicher Überlastung)

Platten der Klasse 1 bedürfen keiner Neubewertung. Für den experimentellen Nachweis der Gebrauchstauglichkeit, Tragsicherheit und Dauerhaftigkeit wurde aus den Platten der Schädigungsklassen 2 + 3 eine Stichprobe von 24 Stück an 3 örtlich voneinander entfernten Untersuchungsbereichen ausgewählt. Platten der Schädigungsklasse 4 waren auch durch Belastungsversuche nicht nachzuweisen und bedurften der Ertüchtigung oder Auswechslung.

Für die Dachplatten sind als maßgebende Belastung jeweils 2 Reparaturlasten $F_1 = 2 \cdot 1,0$ kN ungünstig an den Längsfugen anzusetzen. Mit einer wieder verschließbaren Dachdeckenbohrung konnten so an einem Messort 4 Platten untersucht werden (Bild 2). Die geregelte, selbstgesicherte Versuchslast wurde durch einen internen Kräftekreislauf ohne Massenkräfte (Gewichte) per Spindel stufenlos erzeugt und auf der Dachdecke eingeleitet (Bild 3).

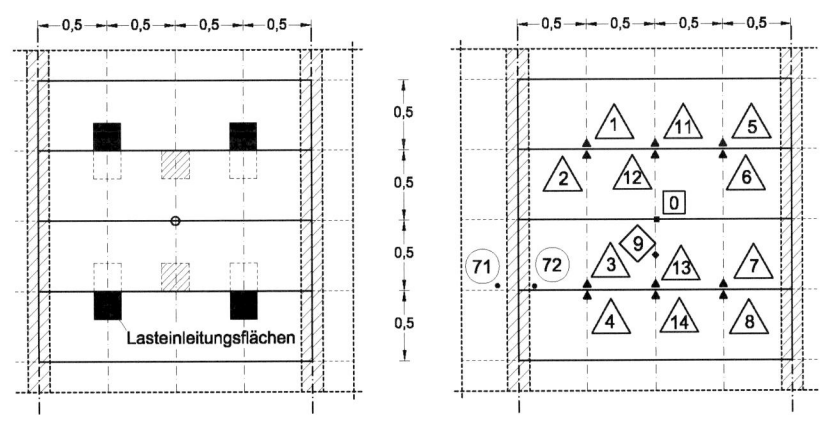

Bild 2: Grundriss der Versuchsanordnung (Messung der Verformung Δ, Kraft □, Neigung O, Rissweitenänderung ◊)

Die Durchbiegungen der Platten wurden an ihren Rändern unterhalb der Einzellasten aufgenommen. Hierdurch wurde die mögliche Querverteilung über die Plattenfuge verifiziert. Ferner wurde eine Hauptrissweitenänderung sowie die Verdrehungen der Plattenenden aufgenommen, um die Durchlaufwirkung zu belegen (Bild 2).

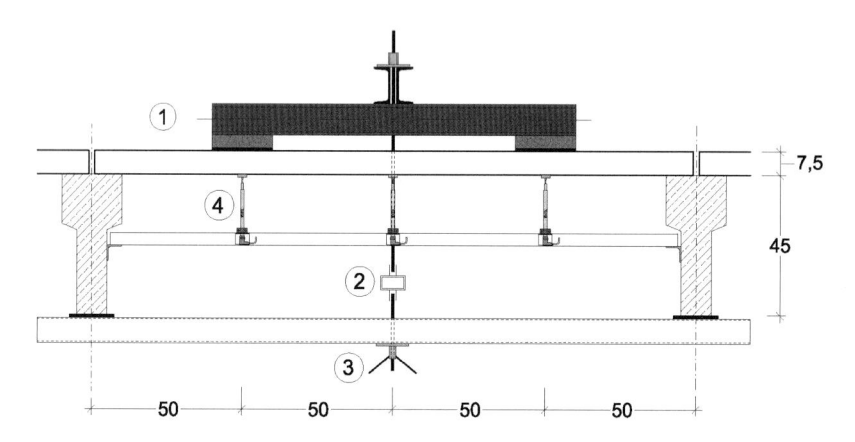

Bild 3: Versuchsanordnung (1 = Lastverteilung; 2 = Kraftmessdose; 3 = Spindel; 4 = Wegaufnehmer)

Bei allen Dachplatten konnte die Gebrauchstauglichkeit und Tragsicherheit durch Erreichen der Versuchsziellast nachgewiesen werden. Die Messergebnisse zeigten

- dass eine Durchlaufwirkung der Dachplatten in Längsrichtung praktisch nicht existiert und somit mögliche Mängel an der Vergussfugenbewehrung nicht relevant sind,
- dass die Lasten über die Plattenlängsfugen querverteilt werden und
- dass die Rissweitenänderung unter Gebrauchslast $\Delta w_{el} \leq 0{,}15$ mm beträgt.

An Referenzstellen der Dachplatten wurde die Bewehrung freigelegt. Es wurde keine Korrosion der glatten Rundstahlbewehrung festgestellt, so dass die Platten der Stichprobe für eine prognostizierte Restnutzungsdauer von 3 Jahren dauerhaft sind und das Ergebnis auf die nicht untersuchten Dachplatten der Schädigungsklassen 1, 2 und 3 übertragen werden konnte. Platten der Schädigungsklasse 4 waren durch bauseitige Sichtprüfung zu identifizieren und bedurften besonderer Maßnahmen (Konstruktive Verstärkung / Austausch). Für eine prognostizierte Restnutzungsdauer von 3 Jahren wird die Netzunterspannung als Sicherung gegen herabfallende Betonteile beibehalten.

4.2 Kantholzbinder, Bürgersaal Schneverdingen

Die Dachkonstruktion über dem 1981 errichteten Bürgersaal besteht aus 5 Fachwerkbindern mit einem Abstand von e = 3,75 m und einer Stützweite von l = 15,00 m. Die Ober- und Untergurte sind 2-teilig, sämtliche Vertikal- und Diagonalstäbe sind einteilig (Bild 4). Die Knotenpunkte werden durch Einlassdübel bzw. Einpressdübel mit Bolzenverbindung gebildet (Bild 5).

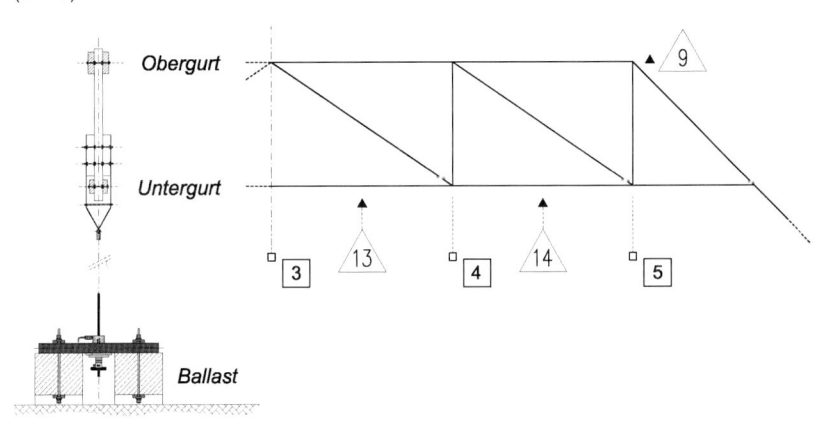

Bild 4: Versuchsanordnung (Δ = Verformungsmessung; □ = Kraftmessung)

Nachdem sich ein deutlich sichtbarer Binderdurchhang (ca. 15 cm) eingestellt hatte, wurden die Binder notunterstützt und eine Überprüfung der Ursachen beauftragt, die wie folgt identifiziert wurden:

- Mangelnde Dachentwässerung (Wassersackbildung, Wassertiefen $t_W \geq 6$ cm)
- Nass eingebautes Kantholz minderer Holzqualität → enorme Trockenrisse bis ca. 10 mm Rissweite
- Verwendung von Kernholz mit unzulässiger Faserneigung (Baumkante)
- Nicht nachgezogene Dübelbolzen → die Dübelwirkung ging durch den Spalt verloren und bewirkte große Stabverschiebungen bis zu 20 mm
- Einige Dübelanschlüsse sind so exzentrisch zur Stabachse ausgeführt, dass die Dübelzähne das zugehörige Kantholz nicht mehr fassen
- Exzentrische Stabanschlüsse (Bild 5)

Alle Einflüsse führten in der Superposition dazu, dass das Hallendach unter Volllast (Eigengewicht + Schnee) nicht mehr tragsicher war.

Durch ein kombiniertes Vorgehen aus Ertüchtigung und Belastungsversuchen in situ sollte die Konstruktion erhalten bleiben und ein Abriss und Neubau vermieden werden. Die Tragsicherheit einer solchen Konstruktion hängt in erster Linie von der einwandfreien Ausführung der Dübelverbindungen ab. Eine Sichtung der geprüften statischen Berechnung zeigte, dass die Einzelstäbe des Fachwerks gering ausgelastet sind. Diese geringe Auslastung gewährt nach visueller Überprüfung jedes Stabes trotz Schwächung durch Äste und Trockenrisse eine ausreichende Sicherheit, die durch folgendes Vorgehen der betroffenen Konstruktionselemente wiederhergestellt werden sollte.

1. Austausch eines geschädigten Vertikalstabs einschließlich Dübel und Bolzen
2. Nachziehen aller Dübelverbindungen (Leimzugabe am Untergurt)
3. Belastungsversuche an zwei Bindern, um Restmängel und -orte zu erkunden
4. Ertüchtigung der Binder durch Kleben und Verdübeln von Stäben, Setzen von zusätzlichen Bolzen
5. Belastungsversuche zur Evaluierung des Sanierungserfolges

Bild 5: Obergurt-Schubriss infolge Lastexzentrizität

Trockenrisse wurden saniert, indem in die betroffenen Stäbe per Injektionstülle ein styrolfreier 2-Komponenten Spezialkleber eingepresst wurde und durch querliegende enge Verbolzung der Kraftschluss wiederhergestellt wurde.

Binderobergurte, die durch einen exzentrischen Anschluss von Diagonalen unplanmäßig zusätzlich beansprucht wurden (Bild 5), wurden durch Klebung und Verdübelung (Häfele Mehrzweckschrauben Rapid 2000) ebenfalls verstärkt.

Für die begleitenden Belastungsversuche wurde folgender Versuchsaufbau gewählt (Bild 4):
- Totlasten (Betonmassen)
- Belastungshydraulik und elektrische Kraftmessung
- Lastgabeln zur Einleitung der Versuchslasten in die Vertikalstäbe
- Lastturm als Absturzsicherung
- Messung der Durchbiegungen sowie örtliche Rissweitenänderungen

Für alle Binder, die ohne Ertüchtigung weder tragsicher noch gebrauchstauglich waren, konnte durch die experimentell gestützte Sanierung die Tragsicherheit nachgewiesen werden. Die gemessenen Verformungen unter Belastung betrugen lediglich 1/3 der zulässigen Werte. Als Voraussetzung für die dauerhafte Einstufung im Restnutzungszeitraum wurden zusätzliche Maßnahmen vorgeschlagen:
- Beseitigung der Wassersackbildung durch Wiederherstellung der Dachentwässerung (ein Zusatzgewicht dieser Maßnahme bis zu einer Last von auf $g_2 \leq 0{,}16$ kN/m² war im Nachweis ebenfalls enthalten)
- Einhaltung der Lastansätze (z.B. keine zusätzlichen Installationen)
- Wiederkehrende visuelle Begutachtung der Binder sowie deren Durchbiegung

5. Literatur

[1] DAfStb (Hrsg.): Richtlinie für Belastungsversuche an Betonbauwerken. Beuth Verlag, Berlin 2000

[2] Röbert, S.: Über die Bedeutung der Probebelastungen für die Stahlbetontheorie. In: Die Technik, 13. Jahrgang, Heft 12, Dezember 1958, S. 23

[3] Steffens, K. (Hrsg.): Experimentelle Tragsicherheitsbewertung von Bauwerken: Grundlagen und Anwendungsbeispiele. Bauingenieurpraxis, Ernst & Sohn Verlag, Berlin Januar 2002, ISBN 3-433-01748-4

Anwendung von Geokunststoffen bei der Deichertüchtigung

Prof. Dr.-Ing. **Georg Heerten** & Dipl.-Ing. **Katja Werth**

Kurzfassung

Geokunststoffe werden im Deichbau als flächige Dichtungs-, Filter- und Dränschichten, zum Erosionsschutz sowie zur Bewehrung eingesetzt. In den vergangenen Jahren wurden bei der Sanierung der Hochwasserschäden an den Deichen der Oder, Elbe, Donau und deren Nebenflüssen geosynthetische Tondichtungsbahnen (GTD, Bentonitmatten) zur Ausbildung der wasserseitigen Oberflächendichtungen, Geogitter zur Erhöhung der Tragfähigkeit der Deichunterhaltungswege sowie zur Setzungsvergleichmäßigung bei unbelasteten Untergründen (Neudeiche) und Filtervliesstoffe zur erosionsfesten Ausbildung der luftseitigen Drän- und Auflastkörper erfolgreich eingesetzt. Im vorliegenden Beitrag werden Anwendungsmöglichkeiten vorgestellt und insbesondere die erfolgreiche Bauweise mit geosynthetischen Tondichtungsbahnen vorgestellt.

1. Einleitung

In den letzten 10 Jahren ist Deutschland von extremen Hochwassern an Oder (1997), Donau (1999), Isar (2005) und Elbe (2002 und 2006) sowie an deren Nebenflüssen mit katastrophalen Schäden heimgesucht worden. Die Notwendigkeit eines effektiven Hochwasserschutzes wurde zuletzt im Frühjahr 2006 an der Elbe in Niedersachen deutlich, wo insbesondere die in der Unterhaltung vernachlässigten Deiche der Nebenflüsse zur Zitterpartie für die Helfer wurden. Etwa 7500 km Flussdeiche bilden das Rückgrat des Hochwasserschutzes in Deutschland. Deichbrüche von vergleichsweise "greisenhaft" alten Deichen prägten bei der Elbe-Flut 2002 die Schadensszenarien (Abb. 1 allein über 100 Deichbrüche an der Mulde!), begleitet von Sandsackschlachten mit Einsatz unzähliger Helfer, die gegen das vollständige Versagen der wassergesättigten Deiche kämpften. Die erforderliche Gebrauchstauglichkeit war und ist bei diesen Deichen nicht gegeben, kann aber durch technische Maßnahmen auch für lang einstauende Hochwasser mit Hochwasserscheitelwasserständen im Rahmen des Bemessungshochwassers wieder hergestellt werden.

Abb. 1: Deichbrüche an Mulde (2002, links) und Donau (Neustadt, 1999, rechts)

2. Entwurfsgrundlagen

Die Entwurfsgrundsätze zur konstruktiven Ausbildung eines Flussdeiches mit hoher Schutzwirksamkeit im Lastfall Hochwasser werden im Merkblatt 210/1986 "Flussdeiche" des ehemaligen Deutschen Verbandes für Wasserwirtschaft und Kulturbau e.V. (DVWK) oder in der DIN 19712 in Form des Drei-Zonen-Deiches vorgeschlagen. Neben der aktuellen Aufarbeitung des Hochwassers in vielen Veröffentlichungen, Tagungen, Kongressen sowie direkt geförderten Forschungs-vorhaben wurde im April 2005 vom Fachausschuss WW-7 / Arbeitskreis 5.4 "Dichtungssysteme im Wasserbau" gemeinsam von DWA[1], DGGT[2] und HTG[3] ein DWA-Themenheft "Dichtungssysteme in Deichen" veröffentlicht. Vor dem Hintergrund einer kurzfristigen Deichertüchtigung wurde der Fachausschuss WW-7 / AK 5.4 beauftragt, das Spezialthema "Dichtungssysteme in Deichen" vorrangig zu bearbeiten, um zügig aktuelle geotechnische und hydraulische Kenntnisse aus jüngsten Erfahrungen hinsichtlich Erkundung, Entwurf und Bauausführung für die Praxis zur Verfügung zu stellen.

Zur sicheren Ausbildung eines modernen Drei-Zonen-Deiches stehen innovative und verlässliche Bauverfahren zur Verfügung. Geokunststoffe übernehmen heute die Funktionen Dichten, Filtern, Dränen, Erosionsschutz, Verpacken und Bewehren. In Deichen werden GTDs als wasserseitige Dichtungen und Filtervliesstoffe für erosionsfeste Entwässerungszonen unterhalb des notwendigen Deichverteidigungsweges auf der Luftseite eingesetzt (Tabelle 1). Bei erweiterten Anforderungen werden Geogitter und Geogitter-Vliesstoffkombinationen sowie Erosionsschutzsysteme eingesetzt. Für alle Funktionen stehen heute

---

[1] Deutsche Vereinigung für Wasserwirtschaft, Abwasser und Abfall e.V.
[2] Deutsche Gesellschaft für Geotechnik e.V.
[3] Hafenbautechnische Gesellschaft e.V.

verlässliche Bemessungsgrundsätze, Regeln, technische Empfehlungen und jahrzehntelange Anwendungserfahrung zur Planung und Ausführung von Geokunststoffbauweisen zur Verfügung.

Tab. 1: Geokunststoffe in Dämmen und Deichen

Ort	Moderner Drei-Zonen-Deich mit Geokunststoffen	
	Wasserseite	Binnenseite
Deichzone		
Funktion	Dichtung mit geosynthetischer Tondichtungsbahn (Bentonitmatte) als "Mineralische Dichtung von der Rolle"	Mechanisch verfestigte Filtervliesstoffe für Filterstabilität zwischen Deichkern, Untergrund und Drän- und Auflastkörper
Beispiel	Kinzigdeichsanierung 2001	Oderdeich bei Zehltendorf, 1997
	Weitere Geokunststoffanwendungen innerhalb des Drei-Zonen-Deiches	

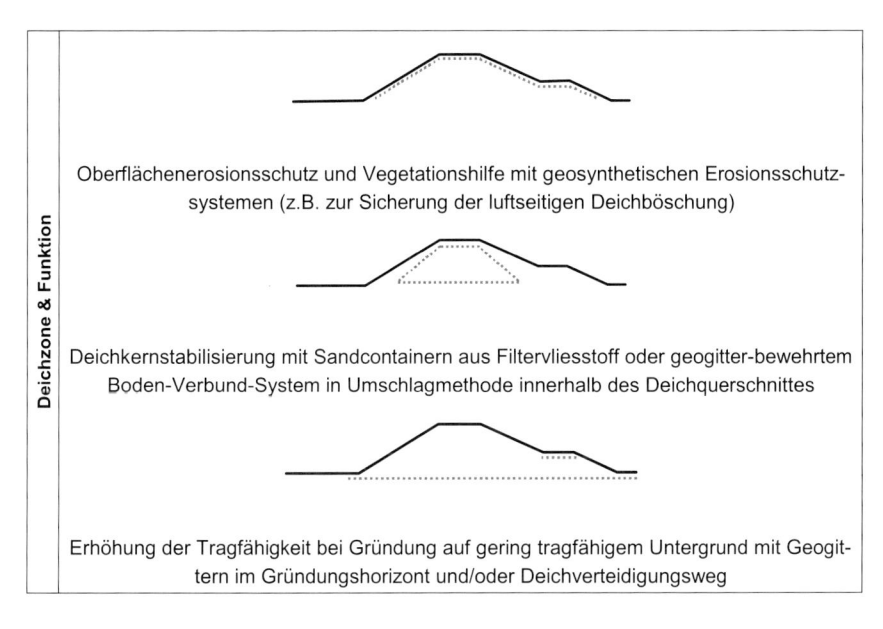

Deichzone & Funktion	Oberflächenerosionsschutz und Vegetationshilfe mit geosynthetischen Erosionsschutzsystemen (z.B. zur Sicherung der luftseitigen Deichböschung)
	Deichkernstabilisierung mit Sandcontainern aus Filtervliesstoff oder geogitter-bewehrtem Boden-Verbund-System in Umschlagmethode innerhalb des Deichquerschnittes
	Erhöhung der Tragfähigkeit bei Gründung auf gering tragfähigem Untergrund mit Geogittern im Gründungshorizont und/oder Deichverteidigungsweg

3. **Wasserseitige Deichdichtungen**

Die Hochwasserereignisse haben gezeigt, dass gerade bei älteren Deichbauwerken der kritische Grenzzustand eines wasserübersättigten Deichquerschnittes zum Versagen führen kann. Durch Witterung, Erosion, Durchwurzelung und Wühltierbefall geschwächte Deichdichtungen führen zu einem Deich als Sanierungsfall.

Der hydraulische Belastungsfall für die betroffenen Flussdeiche tritt nach Erfahrung aus den vergangenen Extrem-Hochwasser-Ereignissen nach monate- bis jahrelangen Trockenperioden über einen maximalen Zeitraum von drei bis vier Wochen ein. Der Anstieg der Wasserdurchlässigkeit von erdbautechnisch hergestellten mineralischen Dichtungen wurde besonders in den Oberflächendichtungen von Deponien beobachtet und untersucht. Der Einbauwassergehalt einer mineralischen Dichtung ist nur eine Momentaufnahme. Demzufolge sollten bindige Dichtungsschichten unter Berücksichtigung der nachfolgend genannten Schutzmaßnahmen verwendet werden.

- Alle Arten bindiger mineralischer Abdichtungsschichten sind mehr oder weniger austrocknungsgefährdet mit der Gefahr der Gefüge- bzw. Rissbildung. Ein mindestens 1,50 m mächtiger Einbau wurde in Normen und Merkblättern empfohlen.

- Bei der Verwendung bindiger Böden im Dichtungsbau sollte mit erhöhter Verdichtungsarbeit und Wassergehalten unterhalb des Proctorwassergehaltes gearbeitet werden, um die Austrocknungsgefahr zu reduzieren. Gleichzeitig sollten zusätzliche Maßnahmen, z.B. eine Überdeckung der Dichtungsschicht mit ca. 1,50 m Oberboden getroffen werden.
- Die genannten Maßnahmen sind dringend zu empfehlen, da die üblicherweise verwendeten bindigen Bodenschichten für erdbautechnisch hergestellte Dichtungen unter den in-situ vorhandenen Bodenschichten / Auflasten nach Rissbildung nicht wieder regenerieren/heilen und erhöhte Wasserwegigkeiten aufweisen können.
- Ausgetrocknete mineralische Dichtungsschichten mit Gefügebildung (Rissstruktur) können daher zu einer schnellen Aufsättigung und Durchströmen des Deichkörpers mit ggf. erheblicher Erosions- und Pipinggefahr führen. Die Anordnung von adäquat dimensionierten und ausgewählten geotextilen Filtern würde die Systemsicherheit im Hinblick auf mögliche, die Standsicherheit des Deiches gefährdende Erosionsvorgänge ausreichend erhöhen.

Als Ersatz oder zur Verbesserung herkömmlicher mineralischer Ton- oder Lehmdichtungen an wasserseitigen Böschungen werden geosynthetische Tondichtungsbahnen (Bentonitmatten) eingesetzt. Die Dichtfunktion übernimmt das zwischen zwei Geotextilien (Deck- und Trägergeotextil) im Idealfall durch Vernadelung eingeschlossene hochquellfähige Bentonit. Mit geosynthetischen Tondichtungsbahnen kann im Vergleich zu mineralischen Dichtungsstoffen eine gleichwertige Dichtungswirkung bei wesentlich geringerer Schichtdicke (ca. 1 cm) durch den vergleichsweise sehr geringen Durchlässigkeitsbeiwert des gequollenen Bentonits erzielt werden.

Der Vorteil des Austrocknungs- und Wiedervernässungsverhaltens von Bentonitmatten gegenüber erdbautechnisch hergestellten mineralischen Dichtungen kann über die erforderliche Wassermenge dargestellt werden. Der hochquellfähige Bentonit saugt Wasser aus den umgebenden Bodenschichten an und es wird nur ca. 1 Liter/m2 Wasser benötigt, um die Bentonitschicht bei entsprechender Auflast immer wieder aufquellen und dichtwirksam sein zu lassen. Eine erdbautechnisch hergestellte Tondichtung nimmt vergleichsweise wesentlich verzögert wieder Wasser auf. In Abhängigkeit von der Schichtdicke der Tondichtung werden hierfür ca. 20 bis 40 Liter/m2 Wasser benötigt. Diese Menge muss überhaupt erst einmal zur Verfügung stehen, um den Vorgang der Wiedervernässung reversibel zu gestalten. Nach Untersuchungen aus dem Deponiebau ist dennoch nicht davon auszugehen, dass ausgetrocknete, erdbautechnisch hergestellte mineralische Dichtungen nach Trockenstress je ihre

Dichtwirksamkeit wieder erlangen, weil Wasserdargebot, Quellvermögen und Auflastspannung nicht ausreichen. Bei Bentonitmatten ist entsprechend positives Abdichtungsverhalten dagegen sichergestellt und nachgewiesen, da Wasseraufnahme und Wasserabgabe entsprechend den einwirkenden Randbedingungen nachhaltig reversibel erhalten bleiben.

Durch die Minimierung des maschinentechnischen Aufwands (Abb. 2) während des Bauablaufs ergeben sich beim Einsatz von geosynthetischen Tondichtungsbahnen Vorteile gegenüber einer mineralischen Ton- und Lehmdichtung. Die ansonsten gestellten Anforderungen hinsichtlich Wassergehalt, Verdichtung und ausreichende Mächtigkeit bei Verwendung einer mineralischen Dichtung treten in den Hintergrund und Bentonitmatten können vergleichsweise witterungsunabhängig eingebaut werden.

Abb. 2: Kinzigdeichsanierung (2001): Einbau der GTD Bentofix® mit Aufbringen des örtlich vorhandenen Kiessandes als "wühltierunfreundliche" Deckschicht (unten)

Mögliche Auswirkungen von Durchwurzelung und/oder Nagetierbefall müssen jedoch ebenso wie bei klassischen mineralischen Dichtungen beachtet werden. Diese Auswirkungen sind aber durch Gestaltung der projektbezogenen Querschnittsgeometrie des Deiches, Einsatz nichtbindiger, wühltierunfreundlicher Deckschichten oder durch technische Zusatzmaßnahmen (z.B. Bibergitter) beherrschbar. Die geringe Setzungsempfindlichkeit ohne Beeinträchtigung der Dichtigkeitseigenschaften, konstante Qualität auch nach dem Einbau sowie gutes Reibungsverhalten an steileren Böschungen bieten zudem Vorteile.

Im DWA-Themenheft werden als Oberflächendichtungen sowohl die erdbautechnisch hergestellten mineralische Dichtung als auch die GTD behandelt. Die Anforderungen hinsichtlich einem Regelaufbau sind in Abb. 3 aufgezeigt.

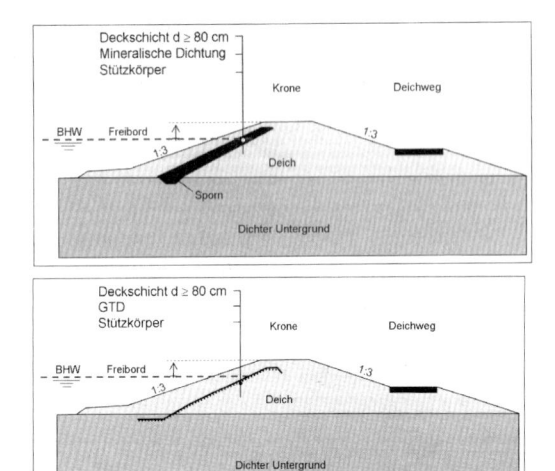

Abb. 3: Aufbau der wasserseitigen Oberflächendichtungen eines Flussdeiches mit mineralischer Dichtung (oben) und mit GTD (unten) gemäß DWA-Themenheft "Dichtungssysteme in Deichen" (2005)

4. Deichertüchtigung mit Geokunststoffen – Beispiele

Besonders im Elbstromgebiet, aber z.b. auch in Bayern, sind nach 2002 zahlreiche Baumaßnahmen durchgeführt worden, um verursachte Hochwasserschäden zu beseitigen und den Hochwasserschutz zusätzlich zu verbessern. Besonders hervorzuheben ist der vermehrte Einsatz von Geokunststoffen zur Erhöhung der Deichsicherheit und zur Realisierung eines Drei-Zonen-Deiches gemäß DVWK-Merkblatt "Flußdeiche" 210/1986 oder DIN 19712. Nach dem Elbe-Hochwasser 2002 umfasst die eigene Referenzliste knapp 150 Bauprojekte des Hochwasserschutzes mit dem Einsatz von ca. 2,2 Mio. m² vernadelter Vliesstoffe, ca. 300.000 m² Geogitter und ca. 700.000 m² geosynthetischer Tondichtungsbahnen, z.B.:

- Deichsanierung Bösewig (Elbe) => Dichtung, Auflastfilter, Tragfähigkeit
- Deichsanierung Weier (Kinzig) => Dichtung
- Deichsanierung Bad Freienwalde (Oder)   => Dichtung, Auflastfilter
- Hochwasserschutzdamm Garmisch-Partenkirchen   => Tragfähigkeit

Elbedeiche in Sachsen-Anhalt (2003)

Zwischen April 2003 und Ende 2004 wurden vom Landesamt für Hochwasserschutz und Wasserwirtschaft Sachsen-Anhalt, vertreten durch die Niederlassungen in Halle und Wittenberg, ca. 14 Deichbaulose, vorwiegend im Elbebereich bei Dessau, im Rahmen des Sanierungsprogrammes nach dem Augusthochwasser 2002 ausgeschrieben. Ein typischer sanierter Deichquerschnitt mit geosynthetischer Tondichtungsbahn an der Elbe bei Dessau ist in Abb. 4 dargestellt.

Kinzigdeiche (2000/2001)

Schon im Jahre 1987 hatte die Gewässerdirektion Südlicher Oberrhein / Hochrhein begonnen, die teilweise über 100 Jahre alten und 160 km langen Deiche an der Kinzig auf den heutigen Stand der Technik zu bringen. Hochwasserereignisse in den Jahren 1990 und 1991 zeigten bereits kritische Deichdurchsickerungen. Es wurde ein umfangreiches Kinzigdeichsanierungsprogramm konzipiert, dessen Durchführung und Zielsetzung in den Jahren 2000 und 2001 einen sicheren Ausbau auf den Stand der Technik gewährleistet. Dabei wurden die Deiche an der Kinzig in definierten Abschnitten im Mittel zwischen 60 cm und 80 cm erhöht, verstärkt und bei ungenügender Dichtigkeit mit einer wasserseitigen Deichdichtung aus einer vollflächig vernadelten, schubkraftübertragenden geosynthetischen Tondichtungsbahn versehen (Santo, 2003).

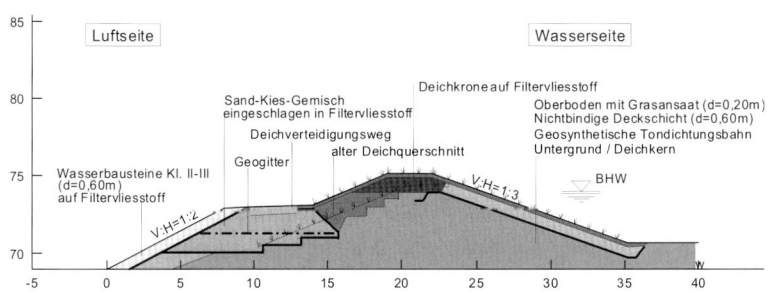

Abb. 4: Sanierungslösung für einen Elbedeichquerschnitt Bösewig in Sachsen-Anhalt

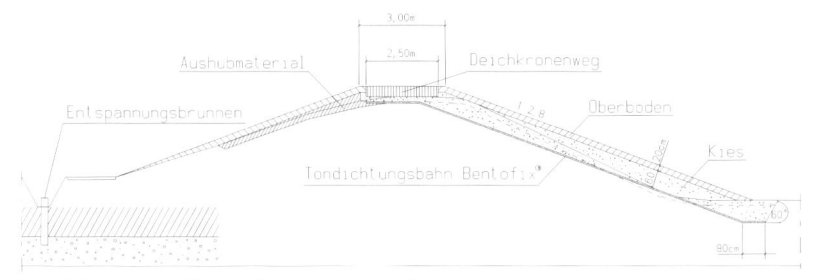

Abb. 5: Regelprofil Kinzigdeich / Weier (linke Seite)

Für die linke Seite bei Weier (Fluß-km 14+750 bis 17+000) wurden 36.000 m2 geosynthetische Tondichtungsbahn eingebaut. Aufgrund der anfallenden Kosten für den Antransport von mineralischem Dichtungsmaterial wäre eine Lehmdichtung aus Sicht der Gewässerdirektion unwirtschaftlich gewesen. Die Umsetzung erfolgte im Einvernehmen mit dem Bodengutachter und der Bundesanstalt für Wasserbau in Karlsruhe (BAW). Während der gesamten Baumaßnahme erfolgte eine Fremd- und Eigenüberwachung der angelieferten Bentonitmatten. Nach den Verlegearbeiten, die in Abschnitten von jeweils 100 m erfolgten, wurde in einer Böschungsneigung von 1 : 2.8 eine 60 cm starke verdichtete Kiessandschicht aufgebracht. Der Kies wurde dabei direkt vor Ort aus der angelandeten Kinzigsohle entnommen, dadurch wurde gleichzeitig eine wichtige Funktion der Unterhaltungsmaßnahme an der Kinzig mit übernommen. Für einen raschen Oberflächenerosionsschutz mit Ausbildung einer Grasnarbe wurden die einzelnen Verlege- und Sanierungsabschnitte anschließend gleich mit Oberboden angedeckt und eingesät.

Oderdeichsanierung Bad Freienwalde (2001)

Das Sommerhochwasser 1997 stellte mit einem 14-tägigen Scheitel ein außergewöhnliches Ereignis an der Oder dar, bei dem die Höchstwasserstände aller Pegel überschritten wurden. Es traten erhebliche Schäden an den Deichen auf, die das Landesumweltamt Brandenburg (LUA) in der Vergangenheit in einem Sofortprogramm zur Deichsanierung und des anschließenden Generalplans Hochwasserschutz Oder beheben ließ. Im Bereich Bad Freienwalde (nördlicher Bereich des Oderbruchs) traten 1997 Sickerwasserstellen am landseitigen Deichfuß und Böschungsrutschungen auf. Die Maßnahmen umfassten u.a. Erhöhung und Verbreiterung der Deichkronen, Abflachen der wasser- und landseitigen Deichböschungen sowie Anordnung von landseitigen Auflastfiltern. Das gesamte Sanierungsprogramm wird in Tönnis, Girod & Papke (2002) vorgestellt. Der vorhandene Deich wurde ausgehend vom Deichverteidigungsweg bis zum Böschungsfuß an der wasserseitigen Berme abgetragen und wasserseitig verschoben neu errichtet. Die Böschungen wurden mit Neigungen von 1 : 3 neu aufgeschüttet und wasserseitig mit einer geosynthetischen Tondichtungsbahn als Deichdichtung versehen.

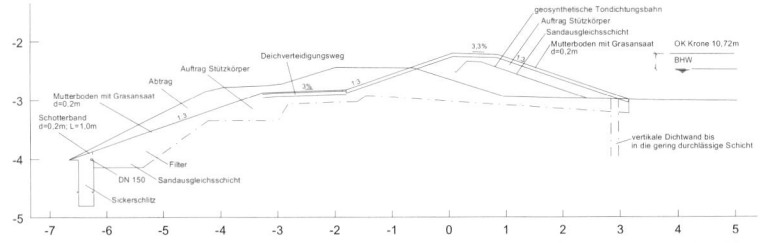

Abb. 6: Sanierungslösung für das Querprofil 60+762 (Tönnis, Girod & Papke, 2002)

Diese Bentonitmatte wurde mit Kiessand und Mutterboden bedeckt. Zusätzlich wurde aufgrund der besonderen geologischen Situation im Deichuntergrund eine vertikale Dichtwand mit dem FMI-Verfahren im wasserseitigen Deichfußbereich hergestellt, an der die Bentonitmatte angeschlossen wurde (Abb. 6).

5. Zusammenfassung und Ausblick

Der Einsatz von Geokunststoffen zur Erhöhung der Deichsicherheit und zur Realisierung eines Drei-Zonen-Deiches gemäß DVWK-Merkblatt "Flussdeiche" 210/1986 oder DIN 19712 wurde bereits seit Mitte der 90er Jahre erfolgreich realisiert, gewann aber insbesondere nach den Hochwasserkatastrophen von 1997, 1999 und 2002 stark zunehmend an Bedeutung. Im modernen Drei-Zonen-Deich ist der Einsatz geosynthetischer Tondichtungsbahnen (GTD, Bentonitmatten) als wasserseitige Dichtung sowie geotextiler Filtervliesstoffe zum Aufbau von sicheren, erosionsfesten Filterzonen unter dem notwendigen Deichverteidigungsweg auf der Binnenseite des Deichs zu empfehlen. Über den 3-Zonen-Deich hinaus hat sich der Einsatz von Geogittern zur Erhöhung der Tragfähigkeit bei Gründungen auf wenig tragfähigem Untergrund sowie zur Stabilisierung des Deichverteidigungsweges etabliert.

Nach dem Elbe-Hochwasser 2002 umfasst die eigene Referenzliste knapp 150 Bauprojekte des Hochwasserschutzes mit dem Einsatz von ca. 2,2 Mio. m² vernadelter Vliesstoffe, ca. 300.000 m² Geogitter und ca. 700.000 m² geosynthetischer Tondichtungsbahnen.

6. Forschungsaktivitäten zur Erhöhung der Widerstandsfähigkeit von Deichbinnenböschungen bei Überströmung

In der Versuchsanstalt für Wasserbau und Wasserwirtschaft der TU München in Obernach werden derzeit Modellversuche zur Erhöhung der Widerstandsfähigkeit der Deichbinnenböschung bei unplanmäßiger Überströmung unter Einsatz von Geokunststoffen durchgeführt. Diese Modellversuche werden im Rahmen des Forschungsentwicklungsvorhabens "Deichsanierung" bearbeitet, das im Auftrag des Bayerischen Landesamtes für Wasserwirtschaft durchgeführt wird. Ziel der Modellversuche ist die Entwicklung einer bautechnisch einfachen und kostengünstigen Geokunststoff-Lösung (z.b. mit Geogitter-Vliesstoff-Kombinationen) zur Hemmung der Erosion der Deichbinnenböschung bei Überströmung und sichere Beherrschung des Lastfalls "Überströmen des Deiches". Ein einfacher Einbau der Erosionsschutzlage unter, in oder auf die grasbewachsene Deichböschung ist anzustreben. Die Widerstandsfähigkeit der Deiche bei Wasserständen, die über das Bemessungshochwasser hinausgehen, kann durch solche, in die Deichertüchtigung integrierte Sicherungsmaßnahmen erheblich verbessert werden. Im Katastrophenfall bei Überströmung des Deiches wird den Einsatzkräften und Anliegern mehr Zeit zur Reaktion und Schadensminderung gegeben, und der Deich wird nicht durchbrochen und durch die durchströmenden hohen Wassermengen weggerissen, sondern bleibt im Querschnitt erhalten. Erste Ergebnisse werden für Mitte 2006 erwartet.

7. Literatur

EAG-GTD (2002): Empfehlungen zur Anwendung geosynthetischer Tondichtungsbahnen EAG-GTD, DGGT e.V., Ernst & Sohn, Berlin

DVWK (1992): Merkblatt 221, Anwendung von Geotextilien im Wasserbau, Verlag Paul Parey, Hamburg

DVWK (1986): Merkblatt 210, Flussdeiche, Verlag Paul Parey, Hamburg

HEERTEN, G. (1999): Erhöhung der Deichsicherheit mit Geokunststoffen.
6. Informations- und Vortragstagung über Kunststoffe in der Geotechnik, Fachsektion "Kunststoffe in der Geotechnik" der Deutschen Gesellschaft für Geotechnik e. V. (DGGT), München, März 1999

HEERTEN, G. & HORLACHER, H.-B. (2002): Konsequenzen aus den Katastrophen-hochwässern an Oder, Donau und Elbe, Geotechnik 25, Nr. 4, 231ff, Verlag Glückauf

NUSSBAUMER, M. & HEERTEN, G. (2003): Ohne Bauen kein Hochwasserschutz, Aqua Alta 03, Fachmesse mit Kongress für Hochwasserschutz und Katastrophenmanagement, Klima und Flussbau, München, 2003

HEERTEN, G. (2003): Flussdeiche für lang einstauende Hochwasser.
10. Darmstädter Geotechnik-Kolloquium, 13. März 2003, TU Darmstadt

HEERTEN, G. (2003): Der sichere Deich, ATV-DVWK-Landesverbandstagung, Fürth, Oktober 2003

SAATHOFF, F. & WERTH (2003): Geokunststoffe in Dämmen und Deichen. Symposium Notsicherung von Dämmen und Deichen, Siegen, Februar 2003

SAATHOFF, F. & HEERTEN G. (1996): Mineralische Dichtungen von der Rolle. Festschrift anläßlich des 70. Geburtstages von Prof. Dr.-Ing. Dr.phys. H.-W. Partenscky, April 1996

SANTO, J. (2003): Deichsanierung an der Kinzig. Vortrag im Rahmen des
3. Geokunststoff-Kolloquiums der Naue Fasertechnik GmbH & Co. KG am 30./31. Januar 2003 in Adorf/Vogtland

TÖNNIS, B. & GIROD, K. & PAPKE, R. (2002): Sanierung der Oderdeiche im Bereich Bad Freienwalde. Wasserwirtschaft, Nr. 10/2002

Erweiterung der U3/U6 im Zentrum Münchens

Verformungsarmer Tunnelvortrieb durch Baugrundvereisung

Dipl.-Ing. **Lothar Eicher,** Baureferat U-Bahn-Bau der LH München;
Dipl.- Ing. **Franz Bayer,** Max Bögl GmbH & Co. KG, Zentralbereich Tunnelbau, München;
Prof. Dr.-Ing. **Norbert Vogt** & Dipl.-Ing. **Christian Kellner;**
Zentrum Geotechnik, Technische Universität München

Zusammenfassung

Im Rahmen der Infrastrukturmaßnahmen für den Bau des neuen Fußballstadions in Fröttmaning wurde es erforderlich, die Bahnsteige der U-Bahnlinie U3/U6 unter dem Rathaus in München für die erwarteten Fahrgastzahlen zu erweitern. Nach dem Entwurf des Baureferats der Landeshauptstadt München wurde hierzu parallel und im direkten Anschluss an die zwei bestehenden Tunnelröhren je ein Tunnel in Spritzbetonbauweise unter atmosphärischen Bedingungen ausgeführt. Zur Sicherung der Firste und zur Reduzierung der Verformungen wurden im Rahmen eines Sondervorschlags Vereisungsschirme vorgesehen, die von einem über der Firste befindlichen Pilotstollen aus hergestellt wurden. Die infolge der Baumaßnahme zu erwartenden Setzungen wurden im Rahmen eines wissenschaftlichen Begleitprogramms vor der Ausführung rechnerisch abgeschätzt. Die während der Herstellung tatsächlich eintretenden Setzungen wurden vor Ort messtechnisch erfasst.

1. Vorstellung der Baumaßnahme

Der U-Bahnhof "Marienplatz" im Zentrum Münchens ist der zentrale Knotenpunkt zwischen der in Nord-Süd-Richtung verlaufenden Linie U3/U6 und der in Ost-West-Richtung verlaufenden Stammstrecke der S-Bahn. Nicht nur bei großen Sportereignissen im Olympia-Zentrum war dieser Bahnhof an der Grenze seiner Leistungsfähigkeit angelangt. Da die Fußballanhänger seit der Eröffnung des neuen Fußballstadions "Allianz-Arena" im Norden von München allein diesen Umsteigebahnhof haben, um mit der U-Bahn zum Stadion in Fröttmanning zu kommen, wurden Infrastrukturmittel zur WM 2006 in München genutzt, um die Kapazität dieses Bahnhofes erweitern zu können.

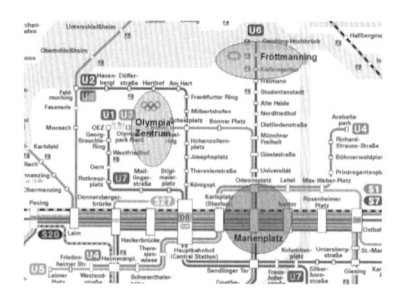

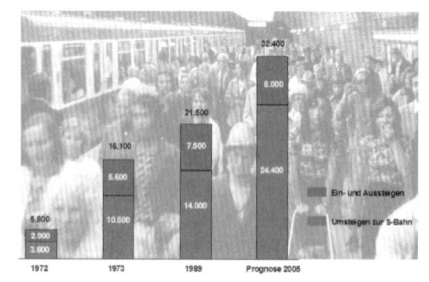

Bild 1: Lageplan   Bild 2: Entwicklung der Fahrgastzahlen

Dies wäre ohnehin erforderlich gewesen, wie die Entwicklung der Fahrgastzahlen mit einem stetigen Anstieg seit der Eröffnung der U-Bahn zeigt. Während 1972 noch 5.800 Fahrgäste in der Spitzenstunde für beide Fahrtrichtungen gezählt wurden, so stieg diese Zahl im Jahr 1989 auf 21.500 Fahrgäste, was bereits drangvolle Enge bedeutet. Etwa zwei Drittel der Fahrgäste nutzen die U-Bahnstation "Marienplatz" zum Umsteigen zwischen U-Bahn und S-Bahn. Die Prognose für 2005 ging von 32.400 Fahrgästen in der Spitzenstunde aus.

Da die Bahnsteige nur an beiden Enden angedient werden konnten und die Umsteigeverbindung darüber hinaus nur ein Ende des Bahnhofs betrifft, hatte man beschlossen und konnte es jetzt finanzieren, zu jedem Bahnsteig einen parallel verlaufenden Fußgängertunnel herzustellen. Dies verstärkt die Kapazität für Wartende sowie zu- und abfließende Fußgängerströme erheblich und steigert darüber hinaus neben dem Komfort vor allem auch die Sicherheit.

So wurden zwei Begleittunnel für Fußgänger gebaut, die parallel zu den bestehenden U–Bahnröhren verlaufen und im Grundriss unter den Gebäudeflügeln des historischen "Neuen Rathauses" liegen. Die Verbindung zwischen den alten und neuen Tunnelröhren wurde mit je 11 kurzen Durchbrüchen geschaffen.

2. Bestand und Baugrund

Das "Neue Rathaus" wurde durch Georg Hauberrisser in drei Bauphasen errichtet. In den Jahren 1867-74 wurde der symmetrische Ostteil in Backsteinmauerwerk mit Sandsteingliederung erbaut und 1889-93 durch einen rückwärtig gelegenen Gebäudetrakt erweitert. Die Komplettierung durch den Westteil mit dem Turm aus Kalk- und Tuffsteinquadern erfolgte in den Jahren 1899-1909.

Die bestehenden Tunnelbauwerke der U3/U6 unter dem Rathaus wurden in den Jahren 1966 bis 1970 im Schutz einer Grundwasserhaltung gebaut. Dabei wurden zunächst die Ulmenstollen aufgefahren und rückschreitend wieder vollflächig gegen einen eingestellten

Wellblechverzug ausbetoniert, so dass die Wandstärken der Außenschale an dieser Stelle ca. 2,0 m betragen. Die Tunnelfirste wurde anschließend im Messervortrieb aufgefahren, wobei die bereits hergestellten Ulmen als Auflager für die Außenschale dienten. Abschließend erfolgten der Sohlvortrieb, der Einbau der Abdichtung aus Bitumenbahnen und das Betonieren der Innenschale. Infolge dieses Tunnelvortriebes entstanden 2 bis 3 cm Gesamtsetzung an der Geländeoberfläche bzw. in der Gründungsebene des Rathauses.

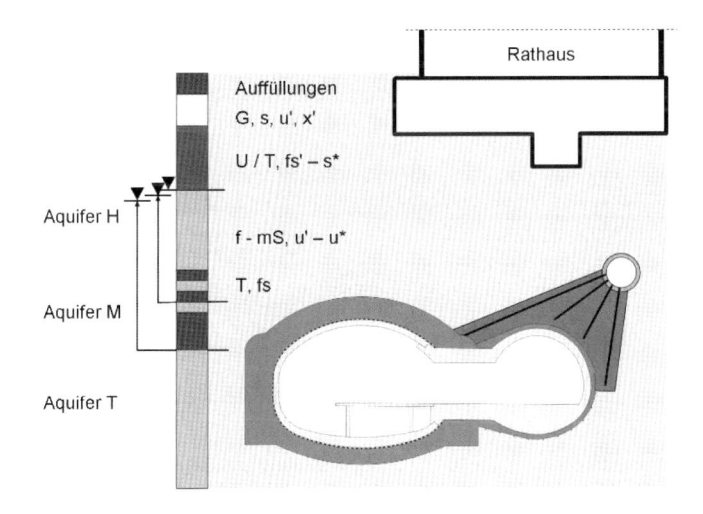

Bild 5: Schematische Darstellung des Baugrunds

Der Baugrund ist durch projektspezifische Erkundungen und aufgrund der Ortsbrustaufnahme im bestehenden Tunnel gut bekannt. Die Tunnelfirsten liegen ca. 17 m unter GOK in den für München typischen Wechsellagerungen aus bindigen tertiären Tonen und Schluffen einerseits und nichtbindigen tertiären schluffigen Fein- bis Mittelsanden andererseits. Die Schichtmächtigkeiten zeigen örtlich starke Schwankungen im Meterbereich. Die einzelnen Sandschichten führen gespanntes Grundwasser mit teilweise unterschiedlicher Druckhöhe. Über der Tunnelfirste stehen auf der überwiegenden Vortriebslänge die tertiären Tone und Schluffe an, wobei vereinzelt aber auch die Tertiärsandschicht vom Tunnel angeschnitten wird.

3. Aufgabe und Lösung

Um Schäden am denkmalgeschützten historischen Rathaus, welches aus dem Bau des bestehenden Tunnels eventuell bereits vorgeschädigt war, sicher zu vermeiden, mussten die zusätzlichen Verformungen infolge der aktuellen Baumaßnahme streng begrenzt werden. Als zugehöriges Kriterium bei der Planung waren Setzungsmulden mit maximalen Neigungen von 1:500 gewählt worden. Im Ausschreibungsentwurf war zu diesem Zweck eine Hebungsinjektion vorgesehen. Es war geplant, aus zwei Startschächten heraus Manschettenrohre mit Hilfe eines gesteuerten Bohrverfahrens fächerförmig unter das Rathaus zu führen. Aus diesen heraus sollte der Baugrund vorgespannt und das Rathaus geringfügig angehoben werden, damit bei den weiteren Arbeiten geringe Setzungen hätten schadlos aufgenommen werden können.

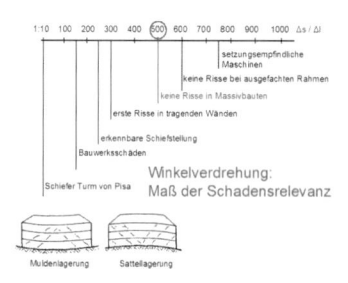

Bild 6: Winkelverdrehung als Maß der Schadensrelevanz

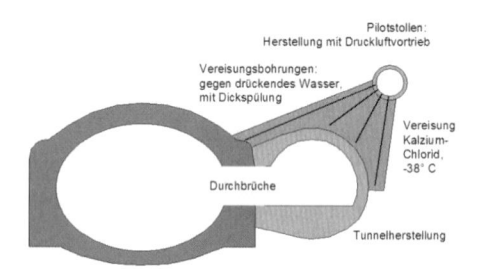

Bild 7: Tunnelherstellung und Bauhilfsmaßnahmen

Der zur Ausführung gelangte Sondervorschlag der Firma Max Bögl, hinter dem eine langjährige Praxis und Erfahrung in der Vereisungstechnik steht, enthielt aus technischer Sicht zwei wesentliche Ideen. Zum einen sollten anstelle der vielen langen Horizontalbohrungen zwei Pilotstollen den Zugang zum Bereich über der Tunnelfirste ermöglichen und zum anderen sollte anstelle der Injektionen eine Vereisung vorgenommen werden, bei denen die hierfür notwendigen Vereisungslanzen von den Pilotstollen aus gebohrt werden. Über die Ausführung dieser Lösung, die inzwischen erfolgreich abgeschlossen ist, wird nachfolgend berichtet.

Vereister Boden besitzt in etwa die Festigkeit von Magerbeton, mit der Einschränkung, dass er ein ausgeprägtes Kriechverhalten aufweist. Es konnte bei der Bewertung des Sondervorschlags davon ausgegangen werden, dass aufgrund der erhöhten Steifigkeit und Festigkeit des gefrorenen Bodens die lastumlagerungsbedingten Setzungen während des Tunnelvortriebs minimiert werden konnten. Die erwarteten Setzungen waren so gering, dass auf Hebungsinjektionen verzichtet und dennoch eine Gleichwertigkeit festgestellt werden konnte, zumal auch bei Hebungsinjektionen zunächst – für die Manschettenrohrbohrungen – mit gewissen Setzungen zu rechnen war. Weiterhin konnte der vereiste Bodenblock die Funktion einer Firstsicherung übernehmen, so dass weitergehende geplante Maßnahmen, wie z.b. ein Rohrschirm, entfallen konnten. Ein weiterer Vorteil des Sondervorschlags war, dass auch die Entwässerung des Untergrundes vom Pilotstollen aus möglich war und durch die Vereisung der Umfang der Wasserhaltung reduziert werden konnte.

Den genannten positiven Effekten steht das bekannte – jedoch nur schwer quantifizierbare – Phänomen der Frosthebungen gegenüber. Frosthebungen können im Wesentlichen auf zwei Ursachen zurückgeführt werden: Zunächst kommt es durch die 9%ige Volumenzunahme bei der Entstehung von Eis aus Wasser zu homogenen Frosthebungen, deren Maß proportional zur Dicke der gefrorenen Schicht ist. Weiterhin bilden sich insbesondere bei feinkörnigen Böden an der Grenze vom gefrorenen zum ungefrorenen Boden aus reinen Eiskristallen wachsende Körper, die so genannten Eislinsen.

Bei unkontrollierten Frosthebungen waren Schäden am Gebäude des Rathauses nicht auszuschließen. Die infolge der Vereisung und des Vortriebs zu erwartenden Verformungen mussten daher vorab prognostiziert werden. Dazu wurden bereits während der Phase der Prüfung des Sondervorschlags Verformungsberechnungen durchgeführt und mit plausiblen Abschätzungen des Frosthebungsverhaltens die Vereisung als voraussichtlich unschädlich bewertet. Mit der Annahme des Sondervorschlages verknüpft war ein wissenschaftliches und messtechnisches Untersuchungsprogramm, um das prognostizierte Verhalten zu überprüfen.

4. Bauablauf

Die Baumaßnahme begann mit der Herstellung der überschnittenen Bohrpfahlwand für die beiden Startschächte. Die im Grundriss ovale Form (ebenfalls Sondervorschlag) ermöglicht die Lastabtragung in Form einer Stützlinie, so dass auf Rückverankerungen, bzw. Gurte und Steifen verzichtet werden konnte.

Bild 8: Blick auf einen Startschacht

Bild 9: Pilotstollen: Einheben des Haubenschildes

Bild 10: Pilotstollen: Rohrvorpressung

Bild 11: Pilotstollen: Vereisungsbohrungen

Von einem Zwischenaushubniveau der Startschächte erfolgte anschließend der jeweils ca. 100 m lange Rohrvortrieb der Pilotstollen unter Druckluft mit einem Haubenschild. Der Außendurchmesser der Pilotstollen beträgt 2,40 m.

Bild 12: Montagearbeiten für die Vereisung

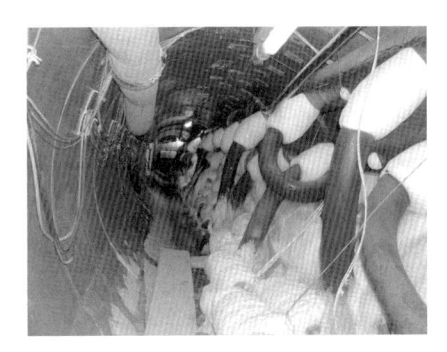

Bild 13: Vereisung in Betrieb

Aus dem Pilotstollen heraus wurden die Vereisungsbohrungen mit einem Durchmesser von 88,9 mm und Dickspülung gegen das drückende Wasser ausgeführt. Insgesamt waren ca. 4000 m zu bohren. Als Kältemittel der Solevereisung kam Kalziumchlorid mit einer Vorlauftemperatur von ca. -38 °C zum Einsatz. Die Kälteanlage besaß hierbei eine Leistung von 2 x 275 kW. Um die Vorhalte- und Betriebsdauer des Vereisungsschirmes zu minimieren, wurden die Vereisungskörper bei beiden Tunneln in je drei Abschnitten aufgefroren und kurzfristig nach Erreichen der Tragfähigkeit der Spritzbetonschale wieder außer Betrieb genommen.

Bild 14: Tunnelvortrieb: Abfräsen der Außenseite des Bestandstunnels

Bild 15: Montage eines Ausbaubogens (mit den weißen Kreisen sind die DMS-Messstellen markiert, die weiter unten beschrieben werden)

Der Vortrieb selbst erfolgte in Spritzbetonbauweise, wobei die Vortriebsdauer pro Tunnel jeweils ca. 10 Wochen betrug. Dabei wurde der Abbau des gefrorenen Bodensaums in der

Tunnelfirste mit einem Schrämmkopf vorgenommen. Der Betrieb mehrstöckig ausgebauter Vertikalfilterbrunnen führte bei der Wasserhaltung mit der Zeit bis zur Absenkung des Grundwassers unter die Tunnelsohle bei zunehmend geringer anfallenden Wassermengen. Abschließend erfolgte die Herstellung der Durchbrüche und der Innenschale sowie der Innenausbau. Die Tunnel wurden rechtzeitig vor der Fußballweltmeisterschaft 2006 fertiggestellt und eröffnet.

5. Wissenschaftliche Begleitung und Messungen

5.1 Laborversuche zur Vereisung

Im bodenmechanischen Labor des Zentrum Geotechnik wurden sowohl die Festigkeitseigenschaften als auch das Hebungsverhalten der anstehenden Böden unter Frosteinwirkung untersucht. Die Werte der einaxialen Druckfestigkeit lagen bei den hier untersuchten Temperaturen und Verformungsgeschwindigkeiten in der Größenordnung von Magerbeton. Zur Untersuchung des Kriechverhaltens wurde ein Oedometerstand in eine Klimakammer eingebaut. Die durchgeführten Kriechversuche bestätigten die Prognose, dass bei den vor Ort herrschenden Spannungsverhältnissen im Boden kein überproportionales Anwachsen der Kriechverformungen zu erwarten war.

Den Schwerpunkt der Laboruntersuchungen bildeten Frost-Hebungsversuche, mit denen die vor Ort zu erwartenden Frosthebungen abgeschätzt werden sollten. Hierfür wurde eine Zwei-Kammer-Technik verwendet, bei der die Probe eindimensional von oben gefroren wurde und während des Gefriervorgangs gleichzeitig von unten Wasser aufnehmen bzw. abgeben konnte. Im Laborversuch mussten außerdem die vor Ort herrschenden maßgebenden Randbedingungen simuliert werden. Hierzu zählten insbesondere drainierte Verhältnisse und die Aufbringung der vor Ort vorhandenen Auflasten. Die in den Versuchen gemessenen Hebungsbeträge stellten die Basis für die Prognose der vor Ort zu erwartenden Frosthebungen dar. Auf den Bildern ist zu erkennen:

- eine Prinzipskizze und ein Foto des Zweikammerklimaschrankes
- eine Prinzipskizze und ein Foto der Belastungseinheit, bei der mit Hilfe einer Balgkonstruktion Druckspannungen in die Probe eingeleitet werden
- einen gefrorenen tertiären Sand, in dem das Eis kaum zu erkennen ist und
- einen gefrorenen Ton, in dem sich viele Eislinsen gebildet haben.

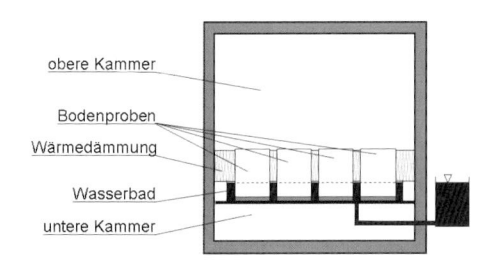

Bild 16: Prinzipskizze des Klimaschrankes

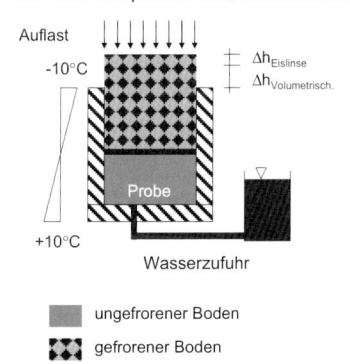

Bild 17: Blick in den Klimaschrank

Bild 18: Prinzipskizze des Frosthebungsversuchs

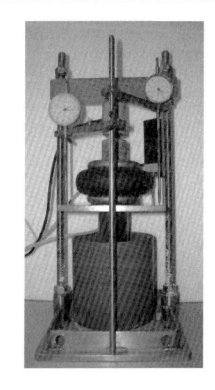

Bild 19: Belastungseinheit

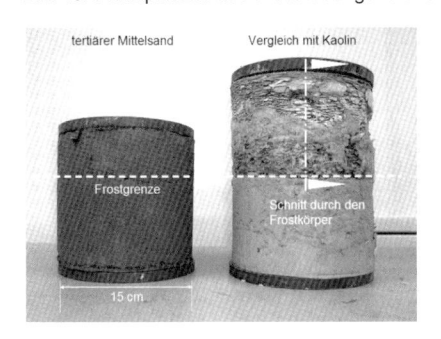

Bild 20: Bodenproben nach dem Ausbau

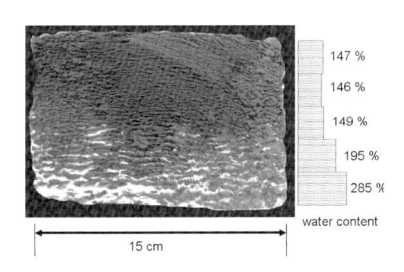

Bild 21: Schnitt durch den gefrorenen Teil einer Ton-Bodenprobe

143

5.2 Temperaturmessung im Vereisungskörper

Zur Steuerung und Überwachung der Frostkörperentwicklung wurden die Temperaturen auf der Baustelle in mehreren Messquerschnitten erfasst, die so angeordnet waren, dass mindestens ein Messquerschnitt in jedem der 2 x 3 Gefrierabschnitte zu liegen kam. Die Temperaturmessbohrungen führten dabei in schleifenden Schnitten aus dem Frostkörper, um die Frostgrenze exakt bestimmen zu können. Insgesamt wurden über 180 Temperaturmessfühler eingesetzt. Sie zeigten den räumlichen und zeitlichen Verlauf der Temperaturen und mit ihrer Hilfe wurde sichergestellt, dass der Frostkörper geschlossen war.

Der Inbetriebnahme der Vereisungslanzen im Kern des Vereisungskörpers folgte hierbei nach ca. 20 Tagen die Beschickung der Lanzen im Randbereich des Eiskörpers. Nach Erreichen einer Temperatur von ca. – 22 °C im Kernbereich, sowie 0 °C im Randbereich wurden die Vereisungslanzen nur noch intermittierend betrieben, im Kernbereich im Mittel 8 von 24 Stunden, im Randbereich im Mittel 12 von 24 Stunden. Die Frosthebungen reduzierten sich dadurch deutlich. Nach etwa 90 Tagen konnte der Betrieb eines Abschnittes eingestellt werden. Der anschließende Auftauvorgang beanspruchte ca. drei Monate.

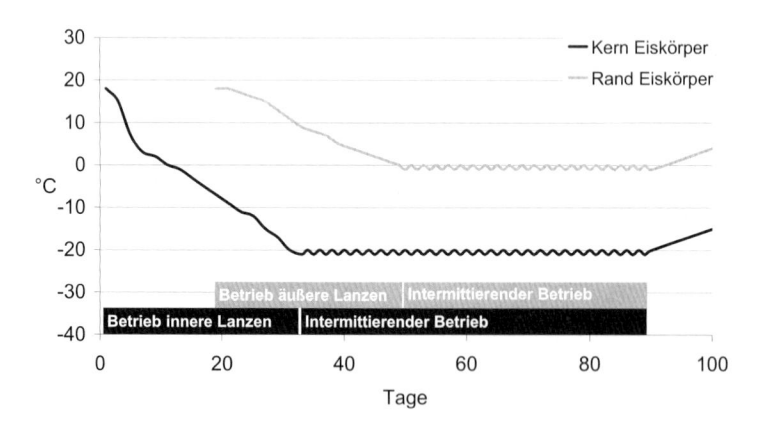

Bild 22: Intermittierende Steuerung der Vereisungsanlage

5.3 Schlauchwaagen-Nivellement

Die während der Baumaßnahme eintretenden Verformungen wurden unter anderem durch ein Schlauchwaagenmesssystem im 2. KG des Rathauses erfasst. Die Messkette lag damit ca. 11 m über der Firste des Fußgängertunnels. Die Anlage bestand aus insgesamt 10 Messstationen, besaß eine Auflösung von 1/10 mm und konnte über einen Messaufnehmer mit Invarstab, der sich in einem Lichtschacht im Innenhof des Rathauses befand, an die geodätische Vermessung angebunden werden. Die Hauptachse der Messung verlief in Nord–Süd-Richtung parallel zu Pilotstollen und Fußgängertunnel. Das vorrangige Ziel der Schlauchwaagenmessungen lag insbesondere in der hochauflösenden Erfassung von Setzungsdifferenzen zwischen den einzelnen Messstationen. Die aktuellen Messergebnisse konnten jederzeit über einen im Erdgeschoss des Baustellenbüros installierten PC abgefragt werden. Das Rathaus musste hierzu nicht betreten werden.

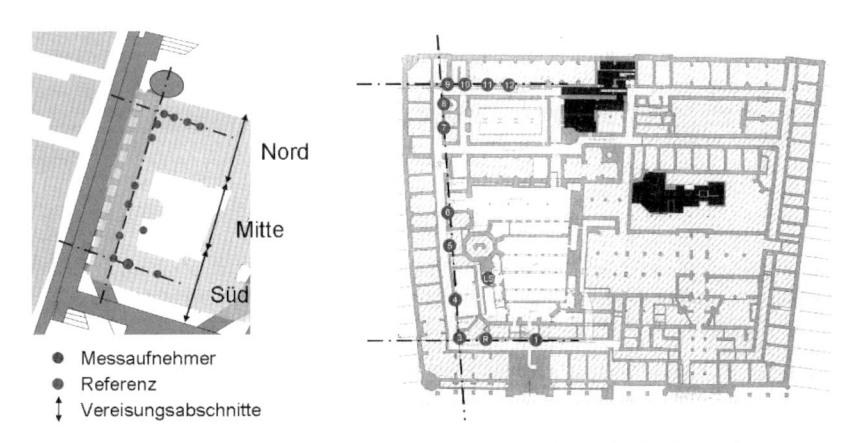

Bild 23: Lage der Messpunkte relativ zu den Tunneln und im Grundriss Kellergeschoss

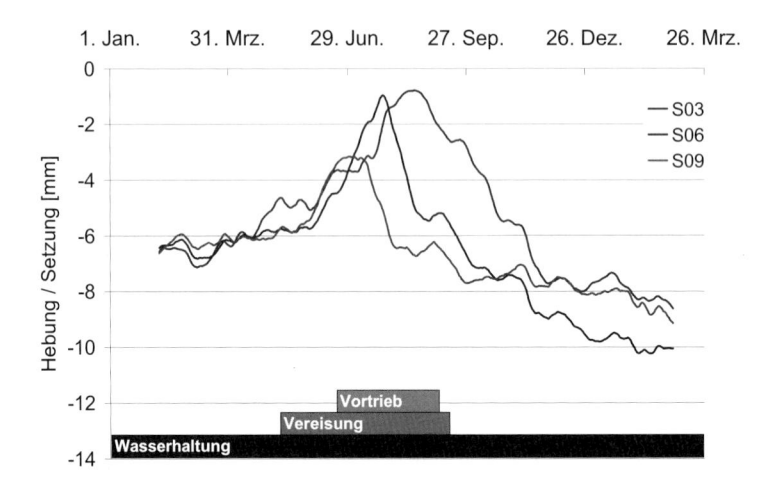

Bild 24: gemessene Hebungsverläufe

5.4 Geodätisches Nivellement

Die Baugrundverformungen auf der Geländeoberfläche wurden durch ein geodätisches Präzisionsnivellement erfasst. Das Messprogramm umfasste dabei insgesamt ca. 130 Höhenbolzen, die am Rathaus und in der Nachbarbebauung in an den Bauablauf angepassten Zyklen gemessen wurden. Die Messungen haben die folgenden mittleren Werte ergeben:

- Gesamtsetzung auf der Geländeoberfläche ca. 12 mm
- davon entfallen auf die Wasserhaltung ca. 4 bis 5 mm
- Betrag der Frosthebungen ca. 3 bis 4 mm

Ein Vergleich von räumlich nahe beieinander liegenden Messpunkten der Schlauchwaage und des geodätischen Nivellements zeigte hierbei für den Zeitraum der Vereisung und des Vortriebes eine gute Übereinstimmung.

Bild 25: Vergleich des geodätischen Nivellements mit der Schlauchwaagenmessung

5.5 FE-Berechnungen

Die in der Gründungsebene des Rathauses, bzw. auf der Geländeoberfläche zu erwartenden Frosthebungen wurden mit Hilfe von Finite-Element-Berechnungen abgeschätzt. Die Ergebnisse der weiter oben geschilderten Laborversuche dienten hierbei als Eingangsgrößen für die Berechnung. Aufgrund der im System enthaltenen Nichtlinearitäten wurden alle Bauabschnitte, beginnend mit dem Bau der bestehenden Tunnelröhren modelliert. Auch hier zeigte der Vergleich der prognostizierten Verformungen mit den vor Ort gemessenen Verformungen eine gute Übereinstimmung.

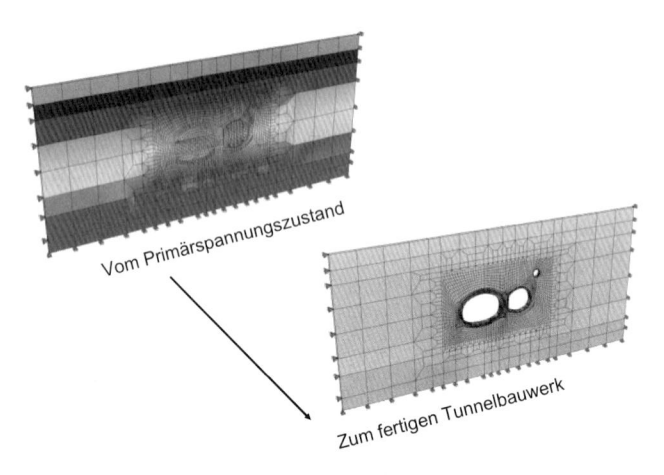

Bild 26: FE-System

5.6 DMS-Messung an Ausbaubögen

Zur Ermittlung der zeitlichen Entwicklung der Normalkräfte in den Ausbaubögen wurden zwei Ausbaubögen mit DMS bestückt. Die Ausbaubögen sind im Querschnitt trapzezförmige Gitterträger mit jeweils 2 Bewehrungsstäben $\varnothing$ 25 mm als Ober- und Untergurt und einem Kopfplattenstoß in der Tunnelfirste. Beide Ausbaubögen wurden jeweils an 8 Stellen mit DMS bestückt. Die Messstellen wurden über dem Kalottenfuß, beidseits des Kopfplattenstoßes in der Tunnelfirste und neben dem Auflager auf dem Bestandsbauwerk der U6 jeweils auf einem Ober- und Untergurt des Ausbogens angeordnet. Die Messgitter wurden zu einer Vollbrücke mit Biegekompensation verschaltet. Nach dem Einbau zeigten die einzelnen Messstellen einen raschen Anstieg der Druckkräfte in den Bewehrungsstäben, welcher sich nach ca. 10 Tagen bis auf ein annähernd konstantes Niveau verlangsamte, woraus sich die Normalkräfte in der Tunnelschale mit ca. 1400 kN/lfdm abschätzen ließen, was in der Größenordnung gut zu den in den FE-Berechnungen ermittelten Kräften passt. Weiterhin ist erwähnenswert, dass nach dem Abschalten der Vereisung keine großen Kraftzuwächse in den Bewehrungsstäben festgestellt wurden. Dies ist ein Indiz dafür, das der Vereisungskörper einen Großteil seiner Spannungen frühzeitig durch Kriechverformungen an die Tunnelschale abgegeben hat.

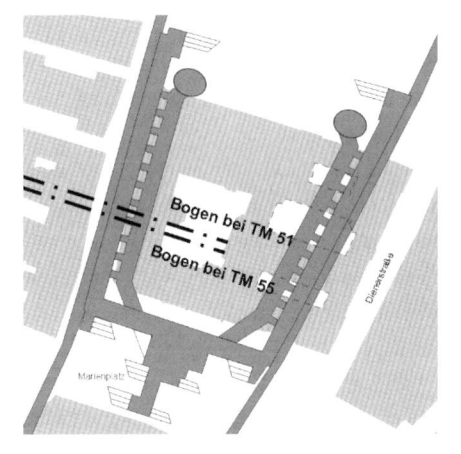

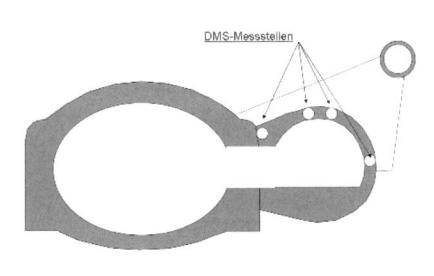

Bild 27: Lage der instrumentierten Ausbaubögen

Bild 28: Lage der DMS-Messstellen

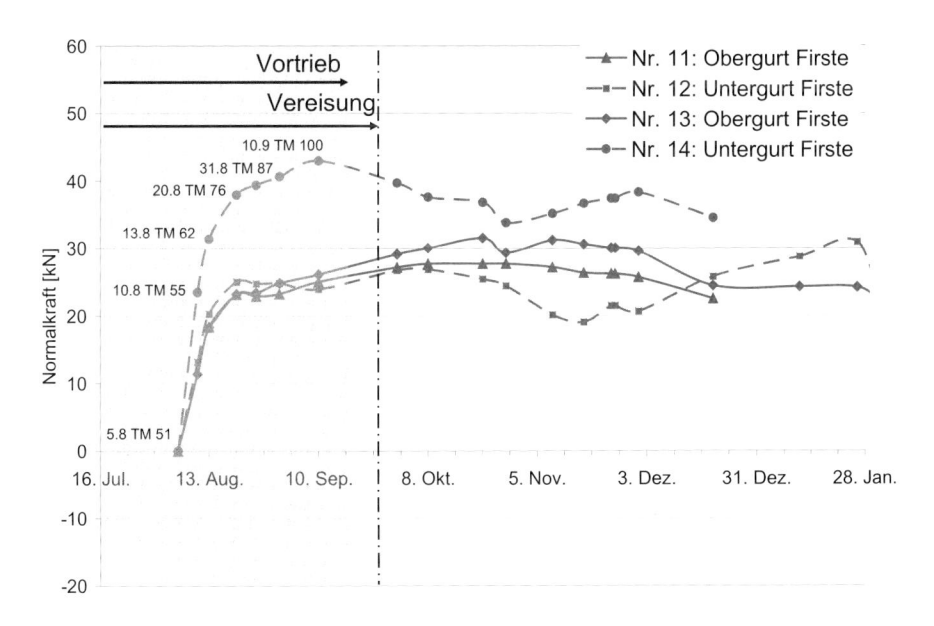

Bild 29: Zeitliche Entwicklung der Normalkräfte in der Tunnelfirste bei TM 51

6. Zusammenfassung

Insgesamt kann festgestellt werden, dass sich der Einsatz der Baugrundvereisung zur Verfestigung und Firstsicherung bei der vorliegenden Baumaßnahme aus baubetrieblicher, wirtschaftlicher und terminlicher Hinsicht als vorteilhaft erwiesen hat.

Die Baugrundverformungen konnten erfolgreich minimiert werden. Die mit den Frosthebungen verbundenen Unwägbarkeiten wurden durch das wissenschaftliche Begleitprogramm soweit eingegrenzt, wie es der Stand von Wissenschaft und Forschung zuließ. Das zu erwartende Maß der Frosthebungen konnte dadurch vor Beginn der Vereisung abgeschätzt werden, eine vollkommen wissenschaftlich abgesicherte Prognose war jedoch nicht möglich und erforderte Begleituntersuchungen.

Die tatsächlich auftretenden Verformungen wurden vor Ort durch ein redundantes Messprogramm erfasst, wovon ein Teil durch die Firma Bögl und der verbleibende Teil im unmittelbaren Auftrag der Stadt München durch das Zentrum Geotechnik durchgeführt wurden. Die hinsichtlich der Baugrundverformungen getroffenen Prognosen konnten bestätigt werden.

Die Baumaßnahme ist ein gelungenes Beispiel für den Einsatz der kontrollierten Baugrundvereisung zur Bodenverfestigung mit dem Ziel der Verformungsreduzierung in dicht besiedelten innerstädtischen Gebieten. Sie ist außerdem ein Referenzbeispiel für die Zusammenarbeit zwischen einer Kommune, die hier als Grundstückseigner, Vorhabensträger und planende Behörde auftrat, einer innovativen mittelständischen Baufirma und einer Universität, welche mit leistungsfähigen Einrichtungen die wesentlichen Herausforderungen der Baumaßnahme auf der Grundlage wissenschaftlicher Untersuchungen beurteilend begleiten konnte. Die erfolgreiche Erstellung des Bauwerks ist dabei das Werk einer Gruppe von Menschen, insbesondere Bauingenieuren, die in gemeinsamer Anstrengung von Bauherrn, Ausführenden, Planern, Prüfern und Sonderfachleuten Ideen einbrachten, verantworteten und umsetzten.

Off-shore Baugrunderkundung für eine Hängebrücke in Südamerika

Dipl.-Ing. **Ludger Oligmüller**, Essen;
Prof. Dr.-Ing. **Martin Empelmann**, Braunschweig

Zusammenfassung

Im Süden Chiles soll zum Ausbau der „Panamericana" die Landverbindung zwischen der vorgelagerten Insel Chiloé und dem Festland mittels einer etwa 2,6 km langen zweifeldrigen Hängebrücke hergestellt werden. Von den insgesamt drei 180 m hohen Pylonen sollen zwei im „Canal de Chacao" off-shore gegründet werden. Im Canal de Chacao herrscht eine starke Tideströmung mit Strömungsgeschwindigkeiten von über 5 m/s, und es treten teilweise extreme Wasserverwirbelungen auf. Der Beitrag berichtet von der off-shore Baugrunderkundung für diese Pylongründungen, die nur unter schwierigen Verhältnissen durchgeführt wurden konnte. Durch die exponierte Lage der geplanten Pylone, die geologischen Verhältnisse und die außergewöhnlichen maritimen Bedingungen wurde der Einsatz von zwei Bohrplattformen erforderlich.

1. Einleitung

Im März 2005 wurde das CPC Joint Venture, bestehend aus den Firmen HOCHTIEF Construction AG als Federführer, VINCI Construction Grands Projets (Frankreich), American Bridge (USA), Besalco S.A. (Chile) und Tecsa S.A. (Chile), mit dem PPP-Projekt „Puente Bicentenario de Chiloé" beauftragt.

Derzeit läuft die Pre-Construction Phase, die wiederum in drei Subphasen unterteilt ist, und der eigentlichen Bauausführung zeitlich vorgeschaltet ist. In Sub-Phase I wird der Entwurf des Bauherrn (Ministerio de Obras Públicas de Chile) um weitere notwendige Baufelduntersuchungen – insbesondere geotechnische – ergänzt. Darauf aufbauend erfolgt dann in den Sub-Phasen II und III die eigentliche Tragwerksplanung. Die off-shore Baugrunderkundung der zwischenzeitlich abgeschlossenen Sub-Phase I wurde unter schwierigen

Verhältnissen durchgeführt, die sich aus der exponierten Lage des Projektes und den vorherrschenden maritimen Umweltbedingungen ergaben.

2. Lage

Das geplante Projekt befindet sich in der X. Region „Los Lagos" im Süden Chiles, etwa 1000 km südlich der Hauptstadt Santiago und 60 km südwestlich von Puerto Montt (Bild 1). Die der Küste vorgelagerte Insel Chiloé, die größte Insel Chiles, hat etwa die Fläche Korsikas und rd. 150.000 Einwohner. Der „Canal de Chacao" bildet die Meerenge zwischen der Insel und dem Festland.

Bild 1: Lage des Projekts

Die den Kontinent von Nord nach Süd durchziehende „Panamericana" stellt in Chile als Ruta 5 die Hauptverkehrsader des Landes dar und endet im Süden der Insel Chiloé. Die Verkehrsverbindung zwischen der Insel und dem Festland wird derzeit durch einen Fährbetrieb zwischen den Orten Chacao und Pargua gewährleistet. Um diese Lücke der Panamericana zu schließen, soll die Insel Chiloé durch eine Landverbindung an das Festland angebunden werden. Hierzu soll der an seiner schmalsten Stelle etwa 2,3 km breite Canal de Chacao durch eine Hängebrücke überspannt und etwa 14 km Straßen gebaut werden.

3. Brückenbauwerk

Die geplante zweifeldrige Hängebrücke mit 3 Pylonen und einer Gesamtlänge von 2635 m wird mit einer Spannweite von 1100 m und 1055 m als längste Hängebrücke Südamerikas gelten (Bild 2/3). Die Stahlbetonpylone haben eine Höhe von 180 m, wobei der mittlere Hauptpylon als A-Bock geplant ist. Der 21,6 m breite Stahlüberbau liegt 50 m (Durchfahrtshöhe) über dem mittleren Meeresspiegel.

Bild 2/3: Geplante Hängebrücke (Animation) und Längsschnitt durch Brückenachse; Insel Chiloé (links) und Festland (rechts)

Haupt- und Nordpylon sollen im Canal de Chacao off-shore tief gegründet werden. Der Südpylon und die Ankerblöcke werden an Land flach gegründet. Der geplante Gründung des Hauptpylons befindet sich auf einer submarinen Erhebung „Roca Remolinos" etwa in Kanalmitte, deren Höhe knapp unter dem Meeresspiegel liegt. Der Nordpylon soll etwa 300 m vor der Festlandküstenlinie in rd. 25 m Wassertiefe gegründet werden. Die Planung sieht für diese Pylone eine Tiefgründung auf Bohrpfählen mit einem Durchmesser von 3 m vor, die etwa 40 m in den Meeresuntergrund einbinden sollen.

4. Geologischer Überblick

Das großräumige Projektgebiet liegt in einem eiszeitlich geprägten, flachen Tal, das zum Süden hin in den Chiloé Archipel übergeht. Im Westen wird dieses von einem relativ niedrigen Küstengebirge und im Osten von den Ausläufern der Andengebirgskette mit ihren Vulkanen begrenzt. Der Untergrund besteht bis in große Tiefen aus pleistozänen Ablagerungen, in denen Schichten mit vulkanischen Auswurfprodukten eingelagert sind.

5. Besonderheiten

An der geplanten Brückenquerung hat der Canal de Chacao eine Wassertiefe von bis zu 100 m. Die etwa in Kanalmitte liegende Erhebung Roca Remolinos stellt den Standort für die Gründung des Hauptpylons dar und ist zwingend notwendig für die wirtschaftliche Machbarkeit des gesamten Projekts.

Ein Tidenhub von 3 bis 6 m führt an der Engstelle des Kanals bzw. des geplanten Brückenstandorts zu einem sogenannten Venturieffekt. Hierdurch kommt es am Roca Remolinos zu Strömungsgeschwindigkeiten von 6 m/s (Bild 4). Am geplanten Nordpylon sind die Strömungsgeschwindigkeiten niedriger. Zusätzlich führt der in der Kanalmitte liegende Roca Remolinos als Strömungswiderstand zu extremen Wasserverwirbelungen und Strudelbildung, die jede Erkundungs- und Bautätigkeit erheblich erschweren.

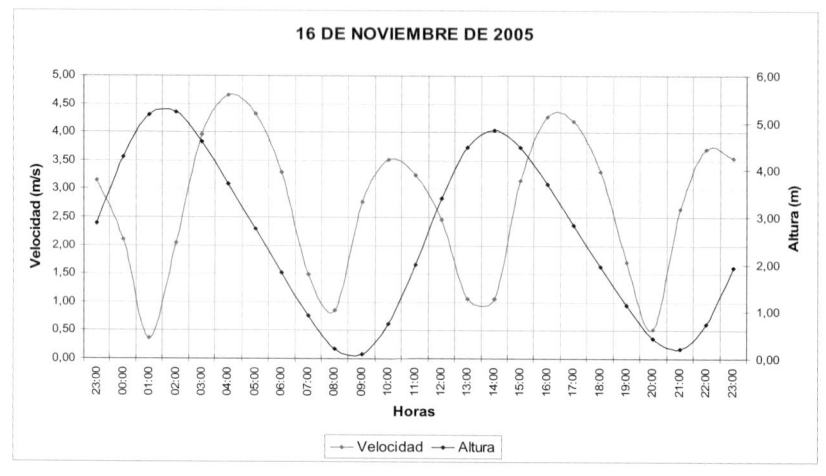

Bild 4: Strömung in Abhängigkeit der Tide im Canal de Chacao

Die Brücke liegt im Einflußbereich der Subduktionszone, in der sich die Nazcaplatte von Westen her unter die Südamerikaplatte schiebt. Das Epizentrum des großen Erdbebens von Mai 1960 lag in Valdivia etwa 220 km nördlich der geplanten Brücke. Mit einer Magnitude von $M_W = 9{,}5$ war es das stärkste jemals gemessene Erdbeben weltweit und löste einen

Tsunami aus, der mit Wellenhöhen von 15 m auf die Insel Chiloé traf. Außerdem sank bei diesem Erdbeben die Geländeoberfläche dieser Region großräumig um rd. 2 bis 2,5 m ab. Deutlich sichtbar wird dies am Roca Remolinos, der früher eine kleine Insel war und seit dem Erdbeben von 1960 nur noch bei extremer Ebbe geringfügig aus dem Wasser ragt (Bild 5/6).

Bild 5/6: Roca Remolinos, vor 1960 (links) und aktuelle Situation bei Niedrigwasser (rechts)

6 Ergänzende off-shore Baugrunderkundung

6.1 Kriterien

Nach den Ausschreibungsunterlagen wurden im Rahmen der Projektstudie im Jahr 2001 zur Baugrunderkundung u.a. vier off-shore Bohrungen ausgeführt. Diese Bohrungen mit einem Kerndurchmesser von 61 mm wurden von einem Ponton aus abgeteuft, wobei die Bohransatzpunkte z.T. außerhalb der Pylonstandorte lagen. Festzustellen ist, dass in den oberen 50 m nur ein extrem geringer Kerngewinn von i.M. 5 % (Nordpylon) bzw. i.M. 25 % (Hauptpylon) erzielt wurde. Dementsprechend ist die Baugrundbeschreibung und die Ableitung der Bemessungskennwerte wenig differenziert, was im Hinblick auf das Baugrund-risiko als unzureichend erachtet werden muss.

Aus der o.g. Situation ergaben sich folgende qualitative Kriterien für die ergänzende off-shore Baugrunderkundung:

- Bohrungen mit mindestens 100 mm Kerndurchmesser und Inliner zur Erzielung eines möglichst hohen Kerngewinns
- Bohransatzpunkte möglichst innerhalb der Pylonstandorte
- Bohrungen von einer lagestabilen Bohrplattform (jack-up) aus
- intensive Überwachung der Erkundung durch geotechnischen Berater

6.2 Durchführung

Die Bohrungen wurden von zwei lagestabilen Bohrplattformen (jack-up) aus abgeteuft. Auf den Plattformen waren zwei 2 Bohrgeräte mit allen zugehörigen Aggregaten, Ausrüstungen und Einrichtungen installiert. Am Roca Remolinos kam die Plattform HUMBER mit den Abmessungen 24 x 18 m zum Einsatz (Bild 7), wobei diese einmal umgesetzt wurde. Am Nordpylon wurde wegen der größeren Wassertiefe die Plattform ANSHA 1 mit den Abmessungen 39 x 27 m eingesetzt (Bild 8).

Bild 7: Bohrplattform HUMBER am Roca Remolinos (Hauptpylon)

Die Plattformen wurden mit einem Hochseeschlepper an die entsprechenden Bohrstellen manövriert und so positioniert, dass zwei Bohrungen gleichzeitig abgeteuft werden konnten. Da der Meeresboden z.T. stark reliefartig ausgebildet (Böschungen, Felsblöcke etc.) ist, wurden die vorgesehenen Standorte der vier Plattformstützen zuvor von Tauchern untersucht, um eine standsichere Lage der Plattform zu gewährleisten. Nach erfolgreicher Positionierung wurden die vier Beine der Plattform zum Meeresgrund abgelassen und die Plattform hydraulisch in die Arbeitsebene (einige m über Meeresspiegel) angehoben. Anschließend wurden an den Bohransatzpunkten Casingrohre von 600 mm Durchmesser in den Meeresgrund gerammt und die Bohreinrichtungen aufgebaut.

Bild 8: Bohrplattform ANSHA 1 am Nordpylon

Aufgrund der starken Strömung war die Plattform vor allem am Rocca Remolinos nur kurzzeitig während der Tidekenterpunkte zugänglich (Bild 9/10). Der Transport von Personal und die Versorgung der Plattform erfolgten mit Zodiaks und Fischerbooten.

Bild 9/10: Starke Strömung am Roca Remolinos, Plattform HUMBER (Zugangsleiter und Casingrohr)

Am Roca Remolinos wurden 6 Kernbohrungen zwischen 16 und 100 m Tiefe (Bild 11) und am Nordpylon 2 Kernbohrungen mit 65 und 66 m Tiefe ausgeführt. Die Kernbohrungen wur-

157

den im Seilkernrohrverfahren (Bohrdurchmesser 146 mm) mit durchgehender Gewinnung gekernter Proben abgeteuft. Dabei kam das System GEOBOR-S mit Inliner zum Einsatz. Der Kerndurchmesser betrug 101 mm. Der durchschnittliche Kerngewinn lag bei 85 % (Roca Remolinos) bzw. 60 % (Nordpylon).

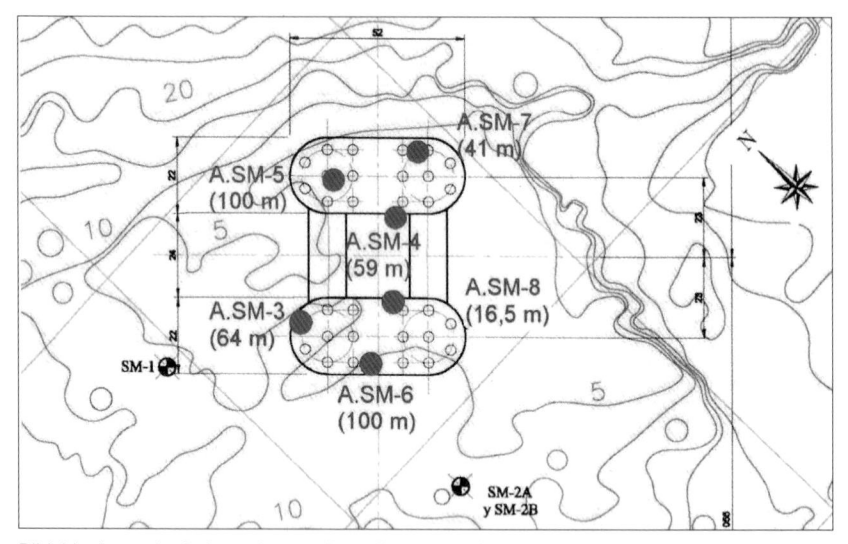

Bild 11: Lage der Bohrpunkte am Roca Remolinos (Hauptpylon)

In insgesamt 3 Bohrungen wurden bis in 60 m Tiefe in einem vertikalen Abstand von 3 bis 5 m Pressiometerversuche ausgeführt. Als Pressiometer kam eine Menard-Sonde mit 74 mm Aussendurchmesser zur Anwendung. Zuvor wurde ein 1,5 m langer Bohrabschnitt mit einem kleineren Durchmesser gekernt vorgebohrt (Bohrdurchmesser 75 mm, Kerndurchmesser 45 mm). Anschließend wurden der Versuchsabschnitt mit dem GEOBOR-S System wieder überbohrt.

Die 60 und 100 m tiefen Bohrlöcher wurden zur Durchführung von geophysikalischen Bohrlochmessungen mit PVC-Rohren (DN 75 mm) ausgebaut und der Ringraum mit einer Zement-Bentonit-Suspension verfüllt. Neben Dichtemessungen (gamma-gamma log) und Messungen der Porosität (neutron log) wurden die Scherwellen- und Kompressionswellengeschwindigkeiten (OYO suspension logging) durchgeführt. Dabei wurden die Wellengeschwindigkeiten in 1 m Schritten entlang der Bohrlochachse gemessen.

6.3 Ergebnisse

Nach der ergänzenden off-shore Baugrunderkundung stellt sich für den Hauptpylon am **Roca Remolinos** folgender genereller Baugrundaufbau (in m unter Meeresgrund) dar (Bild 12):

- ca.   0 -   30 m: Tuffit
- ca. 30 -   60 m: Pleistozäne kiesige Sande (vulkanisch und fluvioglazial)
- ca. 60 -   90 m: Präglaziale Schluffe
- ca. 90 - 100 m: Präglaziale Sande

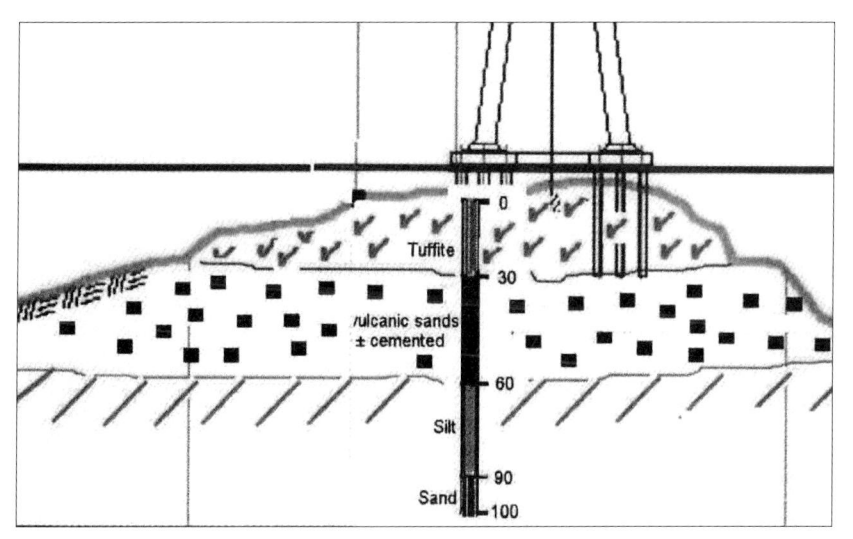

Bild 12   Genereller Baugrundaufbau am Roca Remolinos [1]

Der **Tuffit** besteht aus gut bis sehr gut verfestigten Fein- bis Mittelsanden mit einzelnen eingelagerten Kiesen und Geröllen (Bild 13). In den tieferen Bereichen nimmt die Verfestigung teilweise ab und der Kiesanteilanteil zu. Insgesamt besitzt der Tuffit aufgrund seiner starken Verfestigung felsartige Eigenschaften (Pressiometermodul: 500 - 2500 MPa; Scherwellengeschwindigkeit: 950 - 1200 m/s; Einxiale Druckfestigkeit: 4 - 12 MPa).

Die Zusammensetzung und der hohe Verfestigungsgrad dieser Formation deuten auf einen ehemaligen pyroklastischen Fluss hin, bei dem sich abfließende vulkanische Asche mit quartären Kiesen vermengt hat.

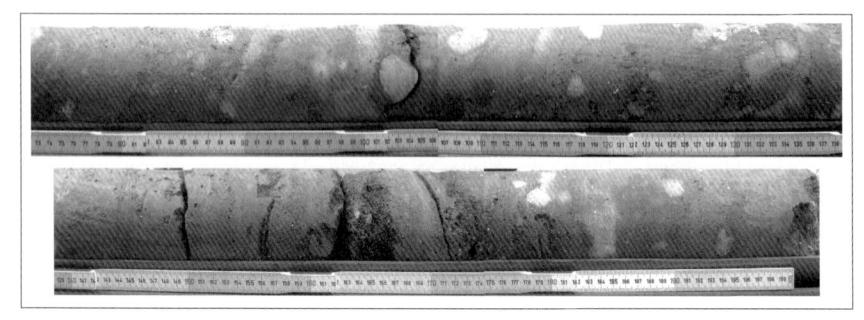

Bild 13: Tuffit, Roca Remolinos (Hauptpylon), Bohrkern aus Bohrung A-SM4 (Tiefe: 22,6 - 23,9 m)

Bei den **pleistozänen kiesigen Sanden** handelt es sich überwiegend um Mittelsande mit unterschiedlichen Kiesanteilen, die lagenweise in wechselnder Verfestigung (gut bis wenig verfestigt) und Zusammensetzung (einige Kieslagen mit niedrigem Sandanteil, einzelne dünne Schlufflagen) vorliegen. Auch die gering verfestigten Sande besitzen eine sehr dichte Lagerung. Die wechselnde Zusammensetzung dieser Schicht lässt auf vulkanoklastische Sedimente oder Lahar schließen mit zwischengelagerten fluvioglazialen Sedimenten (Kieslagen) und vulkanische Aschen (dünne Schlufflagen).

Die **präglazialen pleistozänen Schluffe** und **Sande** zeigen einen wesentlich homogeneren Schichtaufbau, als die überlagernden Formationen. Die z.T. sandigen Schluffe sind fest bzw. verfestigt und zeigen einen felsartigen Charakter (ähnlich einem wenig festen Schluffstein). Die darunter liegenden überwiegend reinen Sande sind sehr dicht gelagert und teilweise verfestigt.

In Bild 14 sind die Ergebnisse der Pressiometertests, seismischen Bohrlochmessungen und einaxialen Druckversuche über die Tiefe der Bohrungen am Roca Remolinos dargestellt. Wie die Ergebnisse zeigen, nehmen die Festigkeiten und Verformungseigenschaften nicht mit der Tiefe zu, sondern werden maßgeblich durch den Verfestigungsgrad der Schichten bestimmt.

Insgesamt, handelt es sich bei dem Untergrund am Roca Remolinos um einen gut verfestigten oder sehr dicht gelagerten Baugrund, der eine gute Tragfähigkeit aufweist. Dies gilt insbesondere für die oberen 30 m, die sehr gut verfestigt sind und einen felsartigen Charakter aufweisen, was sich günstig auf die horizontale Bettung der Pfähle der Hauptpylongründung auswirkt.

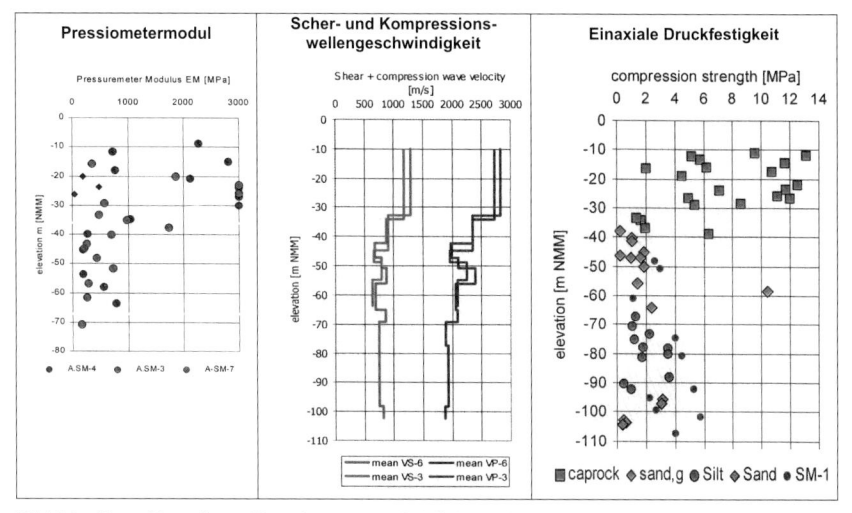

Bild 14: Roca Remolinos: Pressiometermodul, Scherwellen- und Kompressionswellengeschwindigkeit und Einaxiale Druckfestigkeit versus Tiefe [1]

Am **Nordpylon** stellt sich folgender genereller Baugrundaufbau dar (in m unter Meeresgrund):

- ca. 0 - 60 m: Pleistozäne Sande (fluvioglazial und vulkanisch)
- ca. 60 - >66 m: Präglaziale Schluffe

Tuffit, wie am Roca Remolinos wurde hier nicht angetroffen. Die pleistozänen Sande sind am Nordpylon überwiegend nicht verfestigt (es kommen nur einzelne gering verfestigte Lagen vor), jedoch sehr dicht gelagert und besitzen einen geringen Kiesanteil. Die präglazialen Schluffe sind hauptsächlich halbfest oder gering verfestigt.

7. Fazit

Durch Wahl eines großen Bohrdurchmessers (Kerndurchmesser: 101 mm) in Verbindung mit einer geeigneten Bohreinrichtung konnte auch bei den schwierig zu bohrenden Untergrundverhältnissen (Sand in wechselnder Verfestigung mit Grobkieslagen) und unter den außergewöhnlichen maritimen Bedingungen ein befriedigender Kerngewinn über die gesamte Bohrtiefe erzielt werden.

Gegenüber den vorhandenen Ausschreibungsunterlagen führte die ergänzende off-shore Baugrunderkundung zu folgenden wesentlichen Erkenntnissen:

- Festigkeit und Verformungseigenschaften werden nicht vom derzeitigen Überlagerungsdruck, sondern maßgeblich durch den Verfestigungsgrad und die eiszeitliche Vorbelastung bestimmt.
- Für den Standort des Hauptpylons am Roca Remolinos sind die Baugrundverhältnisse im oberen Bereich deutlich günstiger als im Entwurf des Bauherrn beschrieben, so dass der Roca Remolinos als Standort für den Hauptpylon uneingeschränkt verwendet werden kann.
- Am Standort des Nordpylons sind die Baugrundverhältnisse durch die fehlende Verfestigung ungünstiger als am Roca Remolinos. Zudem zeigen neueste bathymetrische Messungen, dass der geplante Nordpylon nahe an die südwestlich gelegene rd. 60 m tief abfallende Böschung grenzt. Aufgrund der Gefahr von Böschungsinstabilitäten unter dynamischer Belastung (Erdbebenfall) und der durch die hohe Strömungsgeschwindigkeit bedingten potentiellen Kolkgefahr, ist nun vorgesehen den Nordpylon um rd. 75 m in Richtung Festlandküste zu verschieben.

Die ergänzenden off-shore Baugrunduntersuchungen sind unter schwierigen äußeren Bedingungen – auch durch den großen Einsatz aller Beteiligten – erfolgreich abgeschlossen worden. Die Baugrundverhältnisse an den off-shore Pylonstandorten liegen nun wesentlich klarer und differenzierter vor und können der weiteren Planung für eine der längsten Hängebrücken der Welt entsprechend berücksichtigt werden.

Literatur
[1]   Romberg, W.
      Chiloé Bridge: Interpretative Geotechnical Report, Central Pylon, 2005, unveröffentlicht

Innovative Verfahren für die grabenlose Verlegung und den grabenlosen Austausch von Rohren und Kabeln

Dr. **Hans-Joachim Bayer**, Lennestadt,
Leiter Neue Anwendungen, Tracto-Technik GmbH, Spezialmaschinen

35 Jahre Spezialmaschinenbau für den grabenlosen Leitungsbau
Das mittelständische Familienunternehmen Tracto-Technik wurde im Jahre 1962 von Paul Schmidt in Lennestadt (Süd-Westfalen) gegründet und fertigte zunächst Ziehvorrichtung zum Lockern und Entfernen festsitzender Gesteinsbohrstangen, bald darauf folgten zusätzlich Ziehvorrichtungen zum Entfernen von Spundbohlen. Vor 35 Jahren begann Tracto-Technik mit der Herstellung von sogenannten „Erdraketen" (Bodenverdrängungshammer), pneumatisch betriebenen Verdrängungshämmern zur Erzeugung länglicher unterirdischer Hohlräume für die Aufnahme von Kurz- oder Langrohren. Der sehr frühe Einstieg in die Anwendungswelt der grabenlosen Leitungsverlegung wurde ein wegweisender Bereich der Firma, zumal die richtungsstabilen und sehr zuverlässigen Erdraketen eine Erfolgsgeschichte wurden. Später kamen weitere Maschinen für eigens entwickelte Verfahren des grabenlosen Leitungsverlegens hinzu, so zunächst die Rohrvortriebsverfahren (Rammtechnik), das dynamische und statische Berstverfahren, Leitungsaustauschverfahren und vor 15 Jahren das besonders vielfältige einsetzbare Horizontalbohrverfahren (HDD). Tracto-Technik verstand sich und versteht weiterhin ausschließlich als Spezialmaschinenbauunternehmen, welches Anwenderkunden (Baufirmen, Versorgungs- und Entsorgungsunternehmen, Rohrverlegefirmen, Netzbaufirmen, Generalunternehmen, etc.) in aller Welt beliefert. Fast 450 Mitarbeiter sorgen heutzutage für die Herstellung von Erddurchdringungsmaschinen, aber auch für die Erzeugung von Rohrbiegemaschinen.

Funktion und Einsatzfelder der Erdraketen
Nahezu jedes Gebäude benötigt Hausanschlüsse, für Trinkwasser, für Strom, für Telekommunikation, für Abwasser, evt. für Erdgas, evt. für Breitbandkabel und anderes.
Die meisten Hausanschlüsse, die nachträglich zwischen den bestehenden Versorgungsnetzleitungen im Straßenraum und einem Gebäude verlegt werden, erhalten die Verbindungsleitung ins Haus hinein, mit Erdraketentechnik installiert – und die meisten im Einsatz befindlichen Erdraketen wiederum stammen von Tracto-Technik aus Lennestadt.

Für Hausanschlüsse bis 30 m, bei leichteren Böden bis 40 m Länge wird das seit 35 Jahren etablierte Verfahren eingesetzt. Mit einem druckluftbetriebene Verdrängungshammer in der Formgebung einer kleinen, langgestreckten liegenden Rakete (daher „Erdrakete") wird ein röhrenförmiger unterirdischer Hohlraum aufgefahren, in dem vorzugsweise muffenlose Kurz- oder Langrohre bis 200 mm Durchmesser aus Kunststoff (Polyethylen, PVC oder Polypropylen), aus Metall (z.B. Stahl), aber auch Kabel jeglicher Art sofort oder nachträglich eingezogen werden. Einsatzvoraussetzung ist ein verdrängungsfähiger Baugrund.

Die Erdrakete wird mit einer Peiloptik auf das Ziel ausgerichtet und erreicht ungesteuert bei Längen von 10 bis 15 m genau den anvisierten Zielpunkt. Gestartet wird aus einer Grube, in der Erdrakete auf einer einjustierbaren Lafette. Bei den Bodenverdrängungshämmern erfolgt der Vortrieb durch einen druckluftbeaufschlagten innenliegenden Kolben. Für den Vortrieb ist die Mantelreibung des Bodens erforderlich. Durch Verdrängung des Bodens arbeitet sich die druckluftbeaufschlagte Erdrakete selbsttätig durch das Erdreich, wobei sogar steinhaltige Böden durchörtert werden können. Das zu verlegende Neurohr oder Kabel wird beim Vortrieb gleichzeitig miteingezogen oder nachträglich durch den erzeugten röhrenförmigen Erdhohlraum eingezogen.

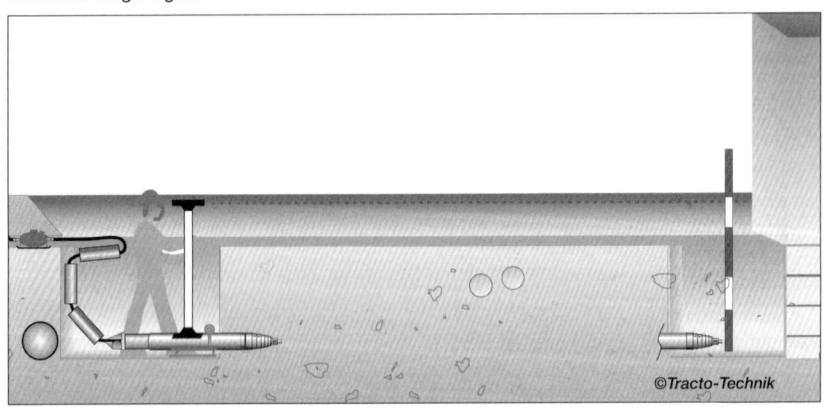

Bild 1 Verfahrensskizze ungesteuerte Erdraketen

Für Längen bis zu 70 Meter hat Tracto-Technik eine steuerbare Erdrakete (Grundosteer) entwickelt, die mit Hilfe eines Ortungs- und Steuersystems Hindernissen im Boden ausweichen und je nach Bodenverhältnissen auch Radien von minimal 27 Metern kontrolliert und verlaufsgesteuert auffahren kann. Es handelt sich hierbei um eines der wenigen gesteuerten Bodenverdrängungsverfahren, das hauptsächlich bei langen, kurvenförmigen oder unübersichtlichen Hausanschlüssen eingesetzt wird.

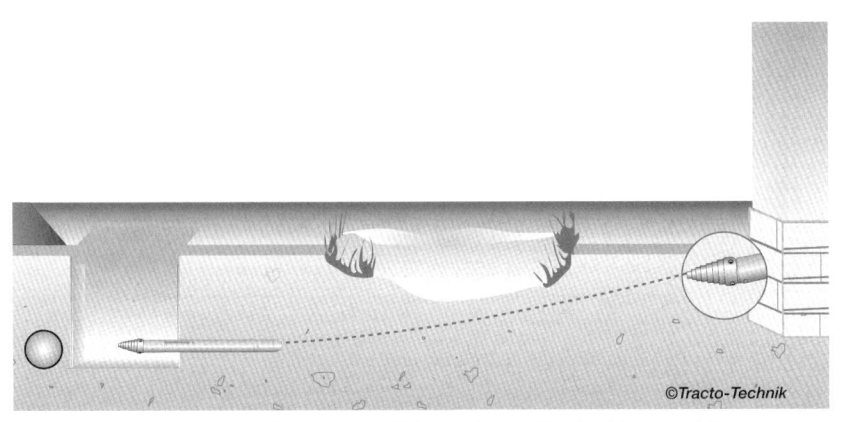

Bild 2   Gesteuerte Erdrakete Grundosteer für lange, kurvenförmige Hausanschlüsse.

Methodik und Einsatzfelder der Rammen

Mit Drucklufttrammen lassen sich Stahlrohre ohne aufwendiges Widerlager unter Strassen, Dämmen, Gleisanlagen u.a. verlegen. Mit dynamisch wirkender Schlagenergie (bis max. 40000 kN) lassen sich in fast allen Lockergesteins-Bodenklassen Stahlrohre bis maximal 300 mm Durchmesser bis max. 80 m Länge vortreiben. Für diesen dynamischen Rohrvortrieb im Rammverfahren werden pneumatisch arbeitende Rohrvortriebsmaschinen (Rammen) eingesetzt. Die druckluftbetriebene Ramme hat eine zylindrische Form mit einem Konus für den Anschluss der Aufsteckkegel, der Schlagsegmente und einem Entleerungskegel bzw. für die kraftschlüssige Verbindung zwischen dem Rohr und der Maschine. Der Einsatz von Schlagsegmenten verhindert ein Aufwirbeln der Rohre und ermöglicht ein stumpfes Anschweißen der einzelnen Rohrlängen. Um die Mantelreibung innen und außen am Rohr zu reduzieren bewirken Schneidschuhe einen Freischnitt. Über Schmierschneidschuhe kann auch eine Schmierung des Rohres den Vortrieb erleichtern. Die Ramme wird mittels eines Lufthebekissens exakt axial hinter dem vorzutreibenden Rohr ausgerichtet und durch spezielle Gurte mit dem Rohr verspannt. Der Antrieb erfolgt mit einem normalen Baustellenkompressor. Durch die robuste und einteilige Bauweise kann mit der größten Ramme von Tracto-Technik bei voller Leistung eine Schlagenergie von 40.000 kN erzielt werden, die sich optimal über den gesamten Rohrstrang überträgt. Der Vortrieb liegt bei durchschnittlich 15 m pro Stunde. Bei Beendigung der Rammarbeiten erfolgt die vollständige Leerung des Rohres durch Wasserdruck in Kombination mit Druckluft oder nur mit Wasserdruck. Nach dem Beräumen des Erdkernes wird das gewünschte Produktrohr unter Verdämmung des Ringspaltes höhen- und lagegenau in das Stahlvortriebsrohr eingebaut. Das Verfahren wird auch im Tunnelbau für Rohrschirme eingesetzt.

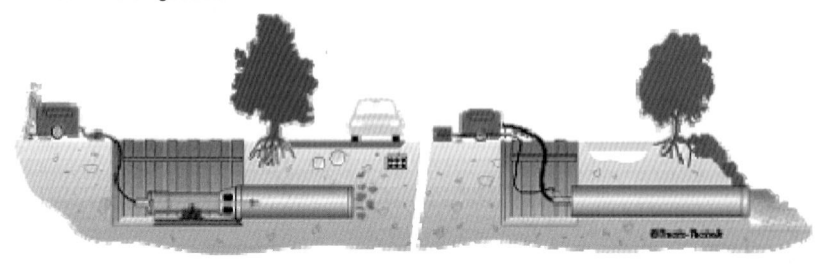

Bild 3 Stahlrohr-Rammverfahren zum Vortrieb großer Stahlrohre

Leitungserneuerung mit dem Berstverfahren

Berstlining ist eine umweltschonende, grabenlose Neuverlegung von Rohrleitungen in der Trasse bestehender Altleitungen. Man unterscheidet das dynamische und das statische Berstliningverfahren.

Dynamisches Berstlining: Mit der dynamisch arbeitenden Bersteinrichtung, bestehend aus Zugseil, pneumatisch betriebener Rammeinrichtung und Aufweitungsberstkopf, wird die vorhandene (alte, meist schadhafte oder vom Querschnitt zu kleine) Abwasser-, Gas- oder Wasserleitung zerstört und in das umgebende Erdreich verdrängt. Damit wird der vorhandene Rohrkanal vergrößert und im selben Arbeitsgang das Neurohr als Produkt oder Schutzrohr mit gleichem oder größerem Durchmesser als Kunststoff-Kurz- oder Langrohr eingezogen. Beim dynamischen Berstlining wird der Berstkörper unterstützt von einer Winde durch das Altrohr gezogen, welches dabei mittels dynamischer Rammenergie zerstört wird. Vorteilhaft ist dieses Verfahren in stark verdichteten Böden.

Bild 4 Verfahrensskizze zum dynamischen Berstverfahren

Statisches Berstlining: Beim statischen Berstliningverfahren (Grundoburst) werden die erforderlichen Kräfte für Bersten, Verdrängen und Rohreinzug hydraulisch über ein leiterartiges, schub- und zugfestes Gestänge eingebracht. Zunächst wird dabei die hydraulisch angetriebene Berstlafette in die Maschinenbaugrube eingebracht und verspannt. Anschließend wird das Berstgestänge mit vorauslaufendem Führungskaliber durch die Altrohrleitung aus Stahl, duktilem Gusseisen, Grauguss, Faserzement, Beton, Steinzeug, PVC oder PE eingeschoben. Die Verbindung der leiterartigen Berstgestänge erfolgt dabei zeitsparend über eine Schnellklinkenverbindung. Die leiterförmige Ausbildung ermöglicht ein einfaches Einhängen der Gestänge und eine sichere Übertragung der Schub- und Zugkräfte. In der Rohrbaugrube wird dann der Führungskaliber gegen ein Berstwerkzeug (zum Beispiel Berstkopf mit Brechrippen oder ein Rollenschneidmesser) ausgetauscht. Das neu einzuziehende Kunststoffrohr wird mittels eines Zugnippels am Berstwerkzeug befestigt. Beim Zurückziehen des Berstgestänges in Richtung Maschinenbaugrube wird die Altrohrleitung geborsten und die Scherben durch die hinter dem Berstwerkzeug angeordnete Aufweitvorrichtung in das umgebende Erdreich verdrängt. Dabei wird das Profil für das neue Rohr gleicher oder größerer Nennweite aufgeweitet. Auf diese Weise lassen sich viele Altrohrleitungen in exakt gleicher Trassenlage durch neue Rohrmaterialien nahezu aufgrabungsfrei ersetzen. Das Berstverfahren findet nicht nur in Deutschland, sondern auch besonders in Großbritannien und Nordamerika intensive Verbreitung.

Bild 5 Verfahrensskizze zum statischen Berstverfahren

Leitungsaustauschverfahren

Zu den zahlreichen Leitungsaustauschverfahren, welche von Tracto-Technik allein oder im Verbund mit führenden Versorgungsunternehmen entwickelt wurden, sei hier nur stellvertretend das Press-Zieh-Verfahren beschrieben.

Das Verfahren eignet sich für Rohrleitungen aus Grauguss, Stahl, duktilem Gusseisen, Kunststoff, Faserzement und wird nicht nur im Straßenraum und bei Hausanschlüssen, sondern auch bei Rohrbruchbeseitigungen, Dammübergängen, Gleisunterführungen u.ä. eingesetzt.

In einem ersten Arbeitsschritt wird ein Zuggestänge mittels der aus dem Berstlining bekannten, hydraulisch betriebenen Berstlafette, durch die Altleitung geschoben. In der Rohreinziehgrube angekommen, erfolgt die Montage eines Presskopfes für das Altrohr mit einem Aufweitkonus für das Neurohr, so dass gleichzeitig mit dem Auswechselvorgang der alten Rohrleitung, die neue Rohrleitung durch das Erdreich gezogen wird. Die Altleitung wird aber nicht im Erdreich zerstört, sondern herausgezogen und erst in der Maschinenbaugrube oder in einer Zwischengrube mittels Messerköpfen zerstört. Neben dem Press-Zieh-Verfahren gibt es ein Schneid-Zieh-Verfahren (Grundopull), mit dem vor allem im Hausanschlussbereich alte Bleirohre gegen neue Kunststoffrohre ausgewechselt werden.

Leitungsneuverlegung durch gesteuerte Bohrverfahren (HDD-Technologie)

Etwa 15% aller Neuverlegungen in der Versorgungstechnik (Gas, Wasser, Strom. usw.) geschehen mittlerweile in der HDD-Technologie (=horizontal directional drilling) und die Tendenz ist weiter zunehmend. Im Abwasserbereich werden vor allem Hausanschlüsse im HDD-Verfahren hergestellt, sowie ganze Druckabwassernetze mittels HDD-Bohrtechnik installiert. Beim Verlegen von Kommunikationsleitungen (Glasfaser, Kupferleitungen, Steuer- und Meldeleitungen, Monitoring, usw.) beträgt der HDD-Verlegeanteil in vielen Regionen Europas schon über 50% der gesamten Neuverlegemaßnahmen.

Methodik der Horizontalbohrtechnik

Die Besonderheit der Horizontalbohrtechnik liegt im exakt georteten und gesteuerten Vorbohren der gesamten Verlegestrecke mit einem dünnen, sehr flexiblen, auch um Kurven herum gut führbarem Pilotbohrgestänge. Geortet werden kann durch einen Sender im Bohrkopf, der von der Geländeoberfläche durch elektromagnetische Signale gut verfolgt werden kann. Gesteuert wird er über eine asymmetrische Schrägfläche am Bohrkopf, mit der exakte Richtungssteuerungen, je nach Bohrkopfstellung, durch Schrägabstützung gegen den passiven Erddruck vorgenommen werden können. Steht die Schrägfläche nach oben, wird der Bohrkopf (die Bohrlanze) durch reinen Vorschub nach unten gesteuert, bei Schrägflächenstellung nach unten geschieht das Gegenteil in der Richtungssteuerung und bei Seitenstellungen sind entsprechend Steuerungen nach links oder nach rechts möglich. Bei permanen-

Grabenlose Rohrverlegung

Living Innovation...

mit patentierten Ideen die Nase vorn:
- **Grundomat** Erdraketen
- **Grundoram** Rohrvortriebsmaschinen
- **Grundodrill** HDD-Bohrtechnologie
- **Grundoburst** Rohrerneuerungstechnik

Nur von TT

TT-GROUP

ERSTE WAHL FÜR PERFEKTE ROHRVERLEGUNG

TRACTO-TECHNIK GmbH Postfach 4020 · D-57356 Lennestadt
Fon: +49 (0) 2723 8080 · Fax: 808180 · Email: marketing@tracto-technik.de

ter Rotation erfolgt Geradeausfahrt. Mit dem dünnen Pilotbohrgestänge können sogar unterirdisch Kreisbahnen ins Erdreiche gebohrt werden, letztlich ist jegliche dreidimensionale Raumrichtung und jegliche Kurvenstruktur erbohrbar. Mit dem Pilotbohrgestänge können in der Regel engere Kurvenstrecken gefahren werden, als es das zu verlegende Produktrohr erlaubt. Maßstab für das bohrtechnische Handeln beim HDD-Verfahren (=Horizontal Directional Drilling) sind der gewünschte Leitungsverlauf und die realisierbaren Biegeradien des Produktrohres. Der ausgewählte Leitungsdurchmesser bedingt in der Regel auch ein Aufweiten des Bohrloches, welches einmal oder bei größeren Durchmessern mehrmals durchgeführt werden muss. Dies geschieht jedes Mal im „Rückwärtsgang", d. h. im umgekehrter Abfolge wie beim Pilotbohren. Dies hat mehrere Vorteile, u. a. eine physikalische bessere Umsetzung der Bohrlochvergrößerung. Bei mehreren Aufweitgängen (Reamingprozess) wird jedes Mal hinter dem Aufweitkopf Bohrgestänge für die nächste Aufweitstufe mitgeführt. Beim letzten Aufweitvorgang oder einem speziellen Bohrlochglättungsdurchgang wird das Produktrohr, ebenfalls im Rückwärtsgang, eingezogen und dabei in eine einbettende Suspension ins Erdreich ringschlüssig und dennoch sanft eingebunden. Im HDD-Verfahren verlegte Rohre, Leitungen, Drainagen etc., zeichnen sich durch eine besonders lange Lebensdauer aus, was der sanften und nahezu lastfreien Einbettung zu verdanken ist.

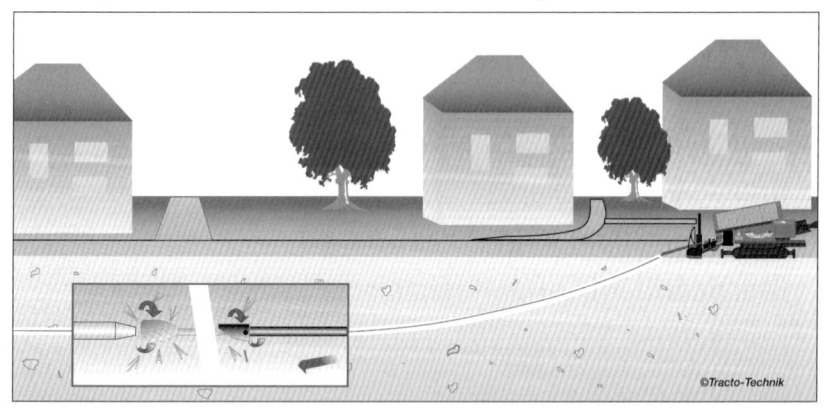

Bild 6 Verfahrensskizze zur steuerbaren Horizontalbohrtechnik (HDD)

Anwendungsvielfalt mit der Horizontalbohrtechnik

In großer Zahl sind mittlerweile in Stadträumen vollkommen verlaufssteuerbare Bohrgeräte im Einsatz, die es vom Typ her erst seit etwa 20 Jahren gibt. Sie sind in vielen Merkmalen anders als die klassische, vertikale Bohrtechnik, arbeiten überwiegend im Straßenraum und immer mehr im Hausanschlussbereich, wobei besonders mit kleinen Horizontal-

bohranlagen, sogenannten Pit-Geräten, immer mehr Gas- und Wasserhausanschlüsse erneuert bzw. neu gebaut werden.
Die nachfolgend genannten Anwendungsmöglichkeiten der Horizontalbohrtechnik stellen den derzeitigen Stand dar. Mit der Erschließung weiterer interessanter Anwendungen, wird sich die Bandbreite jedoch erheblich vergrößern.

Reichweite von HDD-Bohrungen

Hausanschluss mit GRUNDOPIT, 35 m

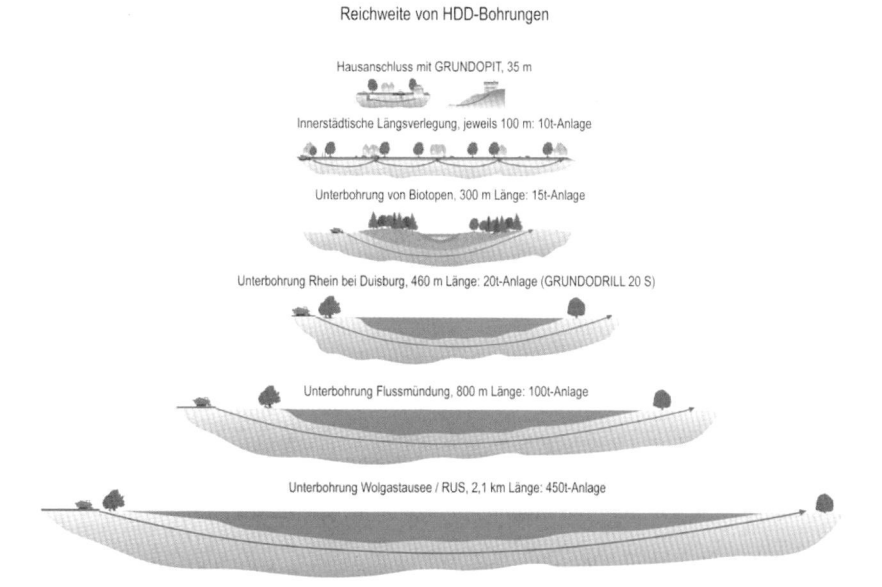

Innerstädtische Längsverlegung, jeweils 100 m: 10t-Anlage

Unterbohrung von Biotopen, 300 m Länge: 15t-Anlage

Unterbohrung Rhein bei Duisburg, 460 m Länge: 20t-Anlage (GRUNDODRILL 20 S)

Unterbohrung Flussmündung, 800 m Länge: 100t-Anlage

Unterbohrung Wolgastausee / RUS, 2,1 km Länge: 450t-Anlage

Bild 7 Reichweite von Horizontalbohrungen in Relation zur Bohranlagengröße

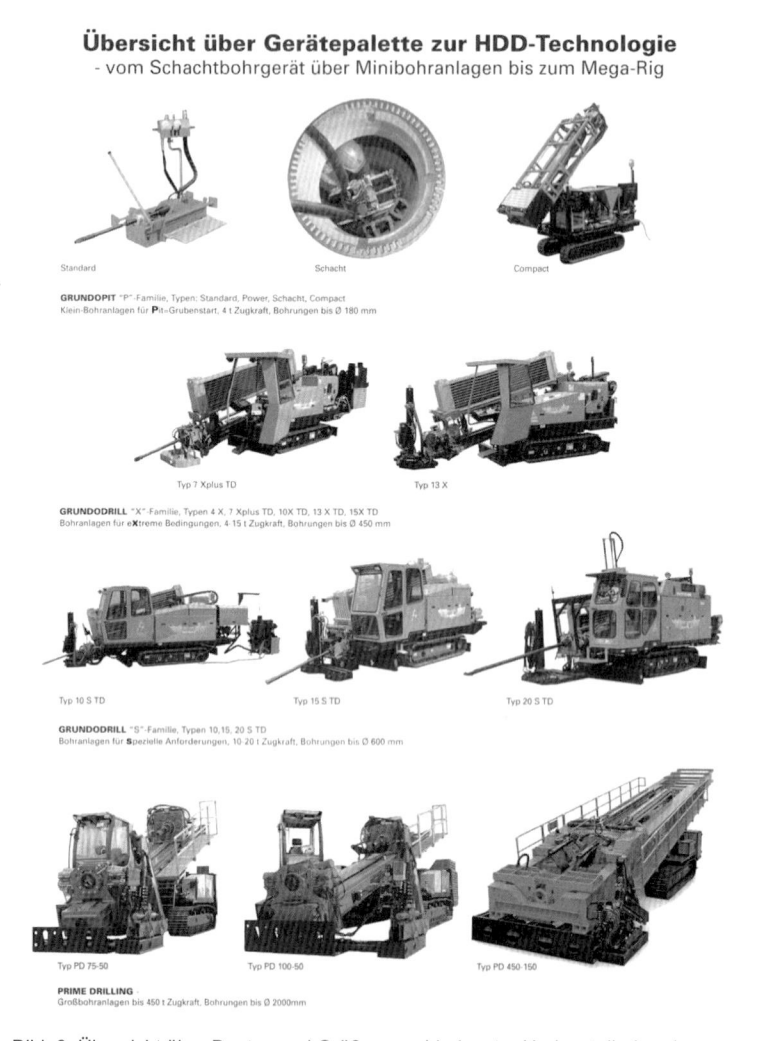

Übersicht über Gerätepalette zur HDD-Technologie
- vom Schachtbohrgerät über Minibohranlagen bis zum Mega-Rig

Standard / Schacht / Compact

GRUNDOPIT "P"-Familie, Typen: Standard, Power, Schacht, Compact
Klein-Bohranlagen für **P**it-Grubenstart, 4 t Zugkraft, Bohrungen bis Ø 180 mm

Typ 7 Xplus TD / Typ 13 X

GRUNDODRILL "X"-Familie, Typen 4 X, 7 Xplus TD, 10X TD, 13 X TD, 15X TD
Bohranlagen für e**X**treme Bedingungen, 4-15 t Zugkraft, Bohrungen bis Ø 450 mm

Typ 10 S TD / Typ 15 S TD / Typ 20 S TD

GRUNDODRILL "S"-Familie, Typen 10, 15, 20 S TD
Bohranlagen für **S**pezielle Anforderungen, 10-20 t Zugkraft, Bohrungen bis Ø 600 mm

Typ PD 75-50 / Typ PD 100-50 / Typ PD 450-150

PRIME DRILLING
Großbohranlagen bis 450 t Zugkraft, Bohrungen bis Ø 2000mm

Bild 8 Übersicht über Bautyp und Größe verschiedenster Horizontalbohranlagen

Längsverlegungen für Leitungsnetze

Der häufigste Anwendungsfall der HDD-Technologie liegt in der sogenannten Längsverlegung vor, d.h. im Ortsnetzbau von Ver- und Entsorgungsleitungen.

Ursprünglich wurde das HDD-Verfahren zur Verlegung von dünnen Stromkabeln und zur Verlegung dünner kurzer Erdgasanschlüsse und kurzer Leitungsabschnitte entwickelt. Der Bedarf in den USA und in Europa lenkte das Anwendungsinteresse primär dann auf Gas- und Wasserleitungen, wobei sehr schnell der Bedarf nach Netzleitungsdimensionen und damit nach stärkeren HDD-Anlagen aufkam. HDD-Anlagen in der 10t- und 12t-Klasse wurden Standardgeräte zur grabenlosen Netzleitungsverlegung, wobei zeitversetzt zu Gas- und Wassernetzbetreibern, private Telekomversorger ebenfalls zu sehr großen Auftraggebern für die grabenlose Bauweise wurden. Das Auflösen der staatlichen Telekom-Monopole mit ihren veralterten Verlegevorschriften und der starke Wettbewerb unter den privaten Telekom-Firmen brachte einen regelrechten Boom für HDD, der bis zu 2/3 aller HDD-Aufträge bestimmte. Dies ist erst wenige Jahre her. Das Nachlassen des Telekombedarfs sorgte wieder für eine gleichmäßigere Verteilung in im Bedarfsbereich, wobei in den letzten Jahren der Anteil an Entsorgungsleitungen ständig gestiegen ist. Gas- und Wasserleitungsverlegungen durch HDD sind mittlerweile Routineanwendungen geworden, die nach Schätzungen inzwischen 15% aller Gas- und Wasserneuverlegungen darstellen. In einigen Regionen Deutschlands, besonders im Süden und Südosten, werden mehr als die Hälfte aller Gas- und Wasserneuverlegungen mit HDD-Bohrungen durchgeführt, mit sehr erheblichen Vorteilen in Sachen Bauzeitverkürzung, Umweltschonung, Straßenschonung und vor allem Langlebigkeit der verlegten Leitungen. Aufgrund der Bedeutung des HDD-Verfahrens für diese Versorgungsleitungen gibt inzwischen vom DVGW technische Regelungen über den Ablauf, Gütesicherung und Qualitätsdokumentation der Leitungsverlegungen im HDD-Verfahren. (vgl.Anhang).

In der grabenlosen Längsverlegung werden für den Einzug von Gas-, Wasser-, Strom- oder Telekomleitungen mittlerweile Verlegeabschnitte von 100 bis 200 m pro Bohrung in Einzelfällen sogar bis 400 m, am Stück realisiert. Nur am Anfang der Bohrtrasse und am Ende der Bohrtrasse ist eine Gerätestellfläche notwendig. Die einzuziehende Leitung wird im Fall von Stangenware vor dem Einzug verschweißt und benötigt einen gewissen Auslegeplatz. Wird das Leitungsmaterial als Rollenware auf einem entsprechenden Abrollhänger herantransportiert, so ist lediglich für sehr kurze Zeit eine Stellfläche für einen Anhänger erforderlich. Der Rohrleitungseinzug pro Abschnittslänge benötigt in der Regel nur wenige Stunden, die Montagearbeiten für spätere Leitungsabzweige (Hausanschlüsse) benötigt häufig mehr Zeit als der grabenlose Leitungseinbau im Netzbereich. Mittlerweile werden Versorgungsleitungen nicht nur in einzelnen Straßen neu verlegt, sondern manchmal in ganzen Stadtteilen und in ganzen Ortsnetzen. Bei der Ortsnetzerneuerung von Trinkwassernetzen werden die neuen Leitungen mittels HDD verlegt, das alte schadhafte Netz bleibt dabei noch so lange in Betrieb bis Hausanschlüsse, Schieber und Verteiler umgebunden werden. Bei solchen Maßnahmen können mehrere HDD-Geräte parallele Bauaufgaben erledigen, ganze Stadtviertel lassen sich auf diese Weise in enorm kurzer Zeit mit neuen Leitungen nahezu unsichtbar versehen.

Druckentwässerungen
Im Gegensatz zu jenen Bereichen der Entsorgungstechnik, in denen Freigefälle und Freispiegelleitungen vorherrschend sind, hat es zumindest für den ländlichen Raum ein partielles Umdenken in Richtung Druckentwässerungsleitungen für dünner besiedelte Bereiche gegeben. Mittlerweile werden für Streusiedlungen, weitflächige Dörfer in Mittelgebirgsregionen, Landschaften mit Aussiedlerhöfen, für sehr langgezogene Einstraßen-Dorfsysteme häufig Druckentwässerungen eingesetzt (vgl. beiliegende Abbildung). Druckentwässerungen haben den besonderen Vorteil, dass nur geringe Leitungsquerschnitte erforderlich sind, welche unabhängig von Gefällesituationen, auch in Regionen mit hohen Reliefunterschieden sehr schnell und kostengünstig gebaut werden können und betriebswirtschaftlich damit einen deutlichen Vorteil gegenüber konventionellen Abwassersystemen vorweisen, insbesondere können nun auch viele Aussiedlerhöfe an das öffentliche Entsorgungsnetz angeschlossen werden, welche vorher nur Sickergruben-Entsorgungen kannten. Auch hiermit wird der Umwelt ein erheblicher Vorteil verschafft, da eine viel höhere Entsorgungsdichte erreicht werden kann.

Datenleitungen und Telekomverbindungen
Genauso wie Ver- und Entsorgungsleitungen in öffentlichen Netzen benötigt werden, besteht ein recht hoher Bedarf an privaten Daten- und Telekomleitungen innerhalb von Betriebsarealen, Industrieparks, Hafengebieten, Bürostädten, Einkaufszonen und anderen, oft privat bewirtschafteten Flächen und Nutzungsstrukturen. Nachträgliche Ergänzungen in den bestehenden unterirdischen Infrastrukturen sollen schnell, wenig aufwendig und betriebswirtschaftlich äußerst kostengünstig von statten gehen. Die grabenlose Bauweise, zum Beispiel für private Glasfasernetze (vgl. beistehende Abbildung), hat hier mittlerweile einen sehr hohen Nutzungsgrad erreicht, wie er für öffentliche Netze wünschenswert wäre und sicherlich unter betriebswirtschaftlicher Betrachtung noch kommen wird.
Alle Anwendungsaspekte für Datenleitungen sind mit der Bandbreite der HDD-Möglichkeiten abdeckbar, von der Unterquerung ganzer Areale bis hin zu allen Formen von Hausanschlüssen (sogar aus Schachtbauwerken heraus, vgl. Abschn. Hausanschlüsse).

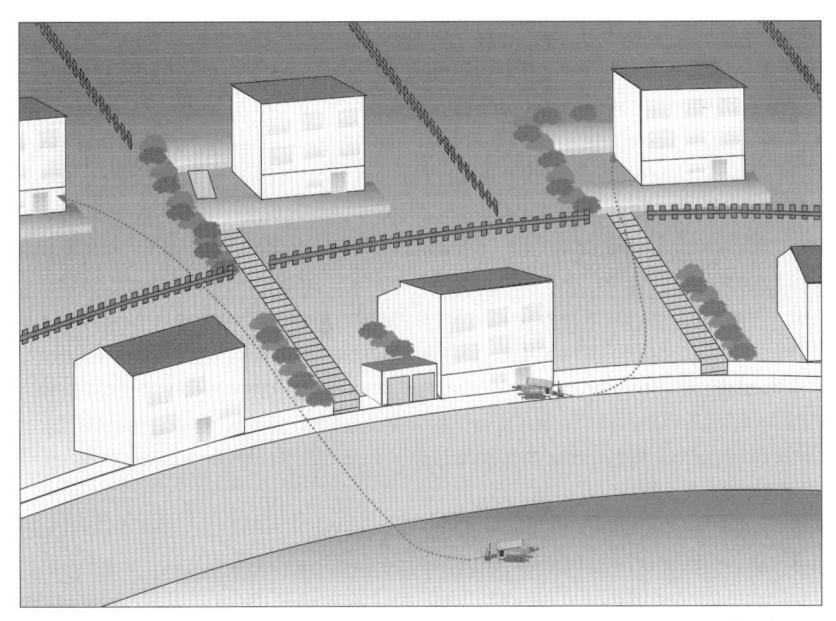

Bild 9 Erstellung von Hausanschlüssen am Hang aus dem Gehweg oder dem Straßenraum heraus

Querungen, Kreuzungen und Dükerungen

Querungen von anderen Verkehrswegen, z.B. Bahnlinien, Autobahnen, Flugfeldern sowie bei der Dükerung von Gewässern (Flüssen, Kanälen, Seen), die sonst einen besonderen Bauaufwand erforderlich machen, können durch die grabenlose Bauweise mittels Horizontalbohrtechnik genauso bewältigt werden, wie Abschnitte im normalen Straßenverlauf. Besonders vorteilhaft ist die Dükerung von Gewässern, da keinerlei besondere Grundwasserhaltung notwendig ist, noch sonstige bauliche Sondermaßnahmen erforderlich werden, lediglich der Verlauf der Bohrung wird bogenförmig unter dem Hindernis hindurchgelenkt. Querungen und Dükerungen sind Standardanwendungen des HDD. Sie werden täglich in sehr hoher Anzahl durchgeführt.

Eine besonders erfreuliche Entwicklung der letzten Jahre ist, dass dank dem HDD-Verfahren die überwiegende Mehrheit aller Dükerungen, Querungen und Kreuzungen grabenlose vorgenommen wird und die Tendenz des grabenlosen Verlegeanteils auf über 90% zuläuft. Sehr viele Unternehmen haben sich inzwischen darauf spezialisiert, nur solche Anwendungen vorzunehmen. Dank der Felsbohrtechnik mit Low-Flow-Mudmotoren (siehe Abschnitt Felsbohrtechnik) gibt es keine Untergrundsituationen mehr, die nicht bohrtechnisch zu bewältigen wären. Lediglich die Auswahl zwischen der optimalen HDD-Anlagengröße, der bodenbedingt optimalen Bohrspülung und der optimalen Bohrwerkzeuge muss getroffen werden.

Kleinste Hindernisse können mit den Grundopit-Kleinbohranlagen unterbohrt werden, Gewässer bis 200 m und gar 300 m Breite sind mit 20 t – Bohrgeräten unterquerbar und für große Flüsse und Strome gibt es die Großbohrtechnik (Maxi- und Megageräte). Mit 400 t– Anlagen wurden schon bis über 2000 m breite Gewässer gequert, die Dimension der verlegten Rohre erreicht begehbare Durchmesser. Gerade die Großbohrsysteme wurden für die Belange von großen Dükerungen, Querungen, Unterfahrungen von Industrieanlagen oder Berghängen, Felsbohrungen und Infrastrukturprojekten gebaut. Während mit kleinen HDD-Anlagen meist Kunststoffrohre verlegt werden, sind Großbohranlagen meist für Stahlrohrverlegungen in Pipeline-Projekten, sowie ab und zu für den Einzug von Gussrohren im Einsatz.

Einsätze unter Natur- und Landschaftsschutzgebieten
Besonders Ortsverbindungsleitungen und siedlungsnahe Natur- und Landschaftsschutzgebiete bedürfen oft der Durchfahrung mit Ver- und Entsorgungsleitungen. In offener Bauweise ist dies aus Gründen des Biotop- und Naturschutzes dank besserer Möglichkeiten heute nahezu nicht mehr möglich. Selbst lange Strecken unter Natur- und Landschaftsschutzgebieten werden daher oft im besonderen Tiefgang, weit unterhalb der Wurzelspitzen der Vegetation, unterbohrt. Auch Gewässer- und Feuchtgebiete sind für das HDD-Verfahren keinerlei Hindernisgrund, im Gegenteil völlig ohne Zusatzaufwand lassen sich Gewässer und Feuchträume samt ihren sehr wertvollen Uferzonen bequem unterfahren, wie es nebenstehende Abbildung zeigt. Besonders Fließgewässer hatten nach offenen Eingriffen früher häufig das Problem, dass es nach starken Niederschlagsereignissen zum Abschwemmen und Ausbrechen von Uferzonen oder Schutzdämmen gekommen ist. Auch Küstenzonen mit ihrem wertvollen Wattenmeersaum werden für Versorgungsaufgaben heutzutage im HDD-Verfahren tiefgründig unterbohrt, so dass weder Deichwerk noch Biotopräume von den Verlegearbeiten berührt werden. Unter sehr großen Natur- und Landschaftsschutzgebieten werden maximal einige wenige Zwischengruben zum Wiederansatz langer Bohrungen notwendig, die von den Naturschutzbehörden wegen der insgesamt naturschonenden Verfahrensweise der HDD-Technologie oft gern akzeptiert werden. So wurden oft kilometerbreite Naturschutzgebiete, Schutzwälder oder z.B. Moorgebiete mit Bohrungen unterfahren, um Trinkwasserleitungen, aber auch Fördergasleitungen zu verlegen. Im Bereich der Fluss- und

Seenunterquerung wird in sehr vielen Fällen heute schon in den Ausschreibungen das HDD-Verfahren gefordert, um die sensiblen Uferbereiche und Biotopsäume von vorneherein zu schützen. Da es mittlerweile mit großen HDD-Anlagen möglich ist, Bohrungen von ca. 2,5 km Länge zu realisieren, wurden mittlerweile z. B. der Elbunterlauf bei St. Margareten oder der Albsee bei Immenstadt in einem einzigen Bohrvorgang unterfahren.

Verlegung im geschützten Untergrund
Neben Gebieten mit Oberflächenschutz (Biotope, Naturschutzgebiete, usw.) gibt es auch Areale mit Untergrundschutz, z.b. Bodendenkmale, archäologische Stätten, ober- und unterirdische Bestandschutzareale, Kulturstätten, Geotope, Fossilschutzzonen, usw., die einen offenen Eingriff nur in Ausnahmesituationen erlauben. Behörden, die für solche Stätten zuständig sind, sind ehr geneigt, die grabenlose Bauweise zuzulassen, weil die relevanten Bodenhorizonte bohrtechnisch und damit „minimal invasiv" unterfahren werden können.

Bohrungen unter Gärten und Grünanlagen
Erste Unterbohrungen von Gärten und Grünanlagen gab es schon 1987 bei Häusern in Hanglagen, die zum Teil sehr lange und aufwändige Gartengrundstücke oder Terrassengärten aufwiesen. Für die Erneuerung von Gas- und Wasser-Hausanschlüssen wurden sowohl sämtliche Grünbereiche als auch die Gartenmauern verlaufsgesteuert unterbohrt. Im Rückwärtsgang wurden dann die dünnen Hausanschlussleitungen von der Hausseite Richtung Straße ins Pilot-Bohrloch eingezogen und damit verlegt. Viele Hausbesitzer mit langen Hanggärten erkannten die Möglichkeit für die eigene Gartenpflege und ließen zusätzlich und auf ihre Kosten Bewässerungsleitungen zu den einzelnen Hangabschnitten bzw. Terrassenebenen verlegen. Aber auch die Besitzer öffentlicher Grünanlagen (Kommunen, Landkreis oder Bundesländer) erkannten sehr schnell die Vorteile der grabenlosen Verlegung von Zuleitungen für versenkbare Sprinkler oder Wasserverteilungsstellen. Ganze Schlossparkanlagen, Stadtparks, botanische Gärten, Tierparks und öffentliche Grünräume bekamen unterirdische Wasserversorgungsleitungen für Bewässerungsmaßnahmen. Heute ist die grabenlose Verlegung von Wasserzufuhrleitungen in Gärten und Grünanlagen nicht nur in Deutschland selbstverständlich, sondern in den meisten Ländern Mittel- und Südeuropas sowie im Süden der USA und in Mexiko Standard geworden.

Bewässerung von Golfplätzen

Die ersten Anfragen zur Bewässerung von Golfplätzen kamen 1990 von Spanien. Wenn das berühmte Grün bei bestehenden Golfplätzen in trockenen Sommermonaten nicht mehr so grün ist, besteht erheblicher Wasserzufuhrbedarf, so dass umfangreiche Bewässerungsmaßnahmen, vor allem in den Nachtstunden, vorgenommen werden müssen. Der abendliche „Schlauchverlegeaufwand" hat viele Golfplatz-Betreiber animiert, bessere und einfachere Wege zu wählen und zu bevorzugen. Da die Grünflächen sehr aufwändig angelegt und intensiv gepflegt werden müssen, sollten sie durch bauliche Maßnahmen weder aufgetrennt noch beeinträchtigt werden. Aufgrund von ausgewogenen Sprinklerverteilungsplänen werden Bewässerungsleitungen zu einzelnen versenkbaren Sprinklerpunkten geführt, so dass heutzutage Golfplätze gezielt zeit- und bedarfsgesteuert bewässert werden können. Gerade für vorhandene Golfplätze ist die grabenlose Methode der nachträglichen Leitungsinstallation ein immenser Vorteil. Besonders im Süden Europas und im Süden der USA gibt es fast keinen vorhandenen und verbesserten Golfplatz, der nicht mit dem HDD-Verfahren seine Bewässerungsleitungen erhalten hätte. Golfplätze, die je in offener Weise Bewässerungsleitungen verlegt haben, mussten im Gegensatz hierzu oft das gesamte Grün komplett neu aufbauen.

Wasserleitungen für Plantagen

Gemüseanbauflächen-Betreiber im Raum Heidelberg/Mannheim/Weinheim haben schon 1988 erste unterirdische Bewässerungsleitungen im HDD-Verfahren beauftragt. Seitdem werden zahlreiche Anbauflächen, sei es für Gemüsepflanzen, Erdbeerplantagen und Gärtnerei-Freilandflächen nicht mehr vorwiegend mit oberirdischen, sondern zunehmend mit unterirdischen Bewässerungsleitungen versorgt. Sogar vereinzelte Weinbaubetriebe in Südeuropa nutzen unterirdische Bewässerungssysteme. Die unterirdischen Zuleitungen haben den besonderen Vorteil, dass sie frostsicher sind und unterhalb der Bewirtschaftungstiefe auch von Bodenbearbeitungsgeräten nicht berührt werden können. In manchen Regionen Europas wurden daher vielfach schon oberirdische Bewässerungssysteme auf unterirdische umgestellt. Die Verlegung von langen Leitungsstrecken geschieht meist in Kombination zwischen Kabelpfluggeräten und Horizontalbohranlagen, während kürzere Bewässerungsstrecken ausschließlich mit dem Horizontalbohrverfahren grabenlos verlegt werden.

Bewässerungen in Wüstengebieten

Mittlerweile ist es der Stolz vieler reicher Öl- und Wüstenstaaten Palmen und andere Bäume an Straßenrändern, in Grünzonen, in Parks zu pflanzen, um den benachbarten Anwohnern das Gefühl von immergrünen Oasen zu verleihen. Die Wohnqualität wird durch solche Baumpflanzungen erheblich gesteigert, der Wasserbedarf zur Versorgung dieser Großpflanzen im Wüstengebiet ist allerdings enorm. Bei Verdunstungsraten von bis zu 45 % ist der Wasserverlust bei Oberflächenbewässerungen jedoch immens. Wasser ist in diesen Ländern oft ein kostbareres Gut als Erdöl. Nur die Hälfte des Wassers kommt bei Oberflächenleitungen letztendlich den Baum- und Pflanzenwurzeln zugute, so dass in diesen Ländern gerne auf unterirdische Bewässerungssysteme umgestellt wird, die möglichst mittig in Wurzelhöhe verlaufen sollen. Die für die Bäume nutzbare Wassermenge beträgt damit nahezu 100 % und das kostbare Wasser wird erheblich effektiver eingesetzt. Wie die nebenstehende Abbildung zeigt, werden die Bewässerungsleitungen entlang der Baumreihen so verlegt, dass die Wasseraustritte gezielt das Hauptwurzelwerk erreichen. Diese unterirdische Bewässerung bietet zudem den großen Vorteil, dass sie an Verteil- und Reguliersysteme angeschlossen werden kann, so dass fast kein manueller Arbeitsaufwand mehr anfällt. Auch deshalb geht der Trend von den bestehenden Oberflächenbewässerungssystemen zu den unterirdischen Zuleitungen.

Verlegung von Fremdstromanoden

Metallische Leitungen benötigen einen aktiven Korrosionsschutz, was i.d.R. durch Fremdstromanoden geschieht. In innerstädtischen Räumen wurden bislang solche Fremdstromanoden durch Vertikalbohrungen bis 30 – 40 Meter Tiefe installiert. Da die Belegungsdichte an unterirdischer Infrastruktur in den Städten sehr hoch geworden ist und man Interferenzen mit anderen elektrischen Anlagen vermeiden möchte, bieten sich für neue Anodenverlegungen installationsfreie Räume wie Parkanlagen, Sportflächen oder Waldstücke an. Hier können in wenigen Metern Tiefe beeinträchtigungsfrei optimal durch Horizontalbohrungen Fremdstromanoden verlegt und in feinkörnigen Graphit gebettet werden. Bislang mittels HDD – verlegte Anoden übertrafen durchweg die konventionelle vertikale Technik.

Hausanschlussleitungen

Auch hier bietet die grabenlose Bauweise immense Vorteile, da weder die bepflanzten Vorgärten beeinträchtigt werden, noch besondere Stütz- und Haltemaßnahmen vorgenommen werden und keinerlei Gartenanlagen verändert werden müssen, sondern lediglich eine Grube an der Fundamentmauer des Hauses zur Abnahme der Leitung erforderlich wird. Gegenüber der offenen Bauweise reduzieren sich hierbei die Bau- und Folgekosten um 50 bis 80 % gegenüber der offenen Bauweise.

Inzwischen können mit den Horizontalbohrgeräten nahezu alle Gesteinsarten durchbohrt werden, auch für Festgesteine sind mittlerweile Werkzeuge und Vorrichtungen vorhanden, so dass hier sowohl Netzleitungsverlegungen als auch Hausanschlüsse (z.B. mit Grundopit-Bohrgeräten mit Felsbohrköpfen) vorgenommen werden können.

Bild 10 Grundopit-Bohrgerät beim Erstellen eines Hausanschlusses

Im Vergleich zu den offenen Baumaßnahmen können mittels Horizontalbohrtechnik durch Einsatz der Grundopit-Kleinbohranlagen demgegenüber viele Vorteile bei der Baudurchführung erreicht werden. Erdaushub wird nur im Bereich der Anbindegrube von den Netzleitungen zu den künftigen Hausanschlüssen erforderlich, die übrige Strecke bis hin vor den Fundamentmauern des Hauses kann bohrtechnisch verlaufsgesteuert, d.h. auch der Hangkontur angepasst, bewältigt werden. Aushub und aufwendige Stütz- und Verstrebemaßnahmen gegen den Hang entfallen. Der übrige Baubetrieb am Haus wird durch die Erstellung der Hausanschlüsse nahezu nicht beeinträchtigt und kann unabhängig davon weitergeführt werden. Eventuell ist schon die Anlage eines Gartens am Hanggrundstück möglich, Stützmauern und Treppen können ohne den geringsten Aufwand unterquert werden. Die Bauzeit ist sehr kurz und die Maßnahme von der Kostenseite nicht teurer als eine grabenlose Leitungsverlegung im ebenen Terrain, d.h. die Hangsituation selbst erzeugt für den Einsatz der grabenlosen Technik keinerlei Mehrkosten.

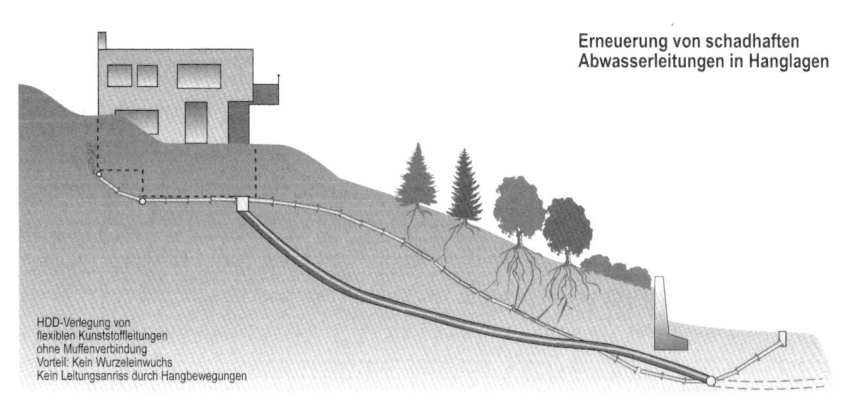

Bild 11 Ersetzen eines defekten Hausanschlusses durch eine grabenlose Neuverlegung im HDD-Verfahren

Hausanschlüsse im felsigen Untergrund

Im genauen Gegensatz zu den weichen, kriechenden Lockergesteinssituationen am Hang, findet man in Mittelgebirgsbereichen häufig Situationen, bei denen im Haus- und Gartenuntergrund Felsbänke in weichen Gesteinslagen eingelagert sind oder in denen durchgehend felsiger Untergrund vorhanden ist. Solche Hausanschlüsse konnten vor wenigen Jahren nur in offenen Eingriffen gebaut werden, da die Felsbohrtechnik mittels Mudmotoren nur für lange Bohrungen mit großen Anlagen entwickelt war. Felsbänke wurden mittels Aufbruchhammer durchörtert, oder „klassisch" durchbrochen, geschürft, gesprengt, gerissen, u.a., um dann aufwendig ausgehoben und abgefahren zu werden. Neues Wiedereinfüllmaterial musste antransportiert werden und mit Querverbau eingebaut werden.

Seit zwei Jahren können Felsbohrungen mit sehr kleinen Horizontalbohranlagen (ab der 10t-Klasse) und mit kleinen Mudmotoren durchgeführt werden, auch kurze Bohrstrecken ab etwa 40 m Länge sind inzwischen wirtschaftlich realistisch. Sind nur einzelne dünne Felsbänke bohrtechnisch zu durchfahren, so waren und sind die „schlagenden" Bohrgeräte (d.h. Bohranlagen mit Schlagwerk von Tracto-Technik) immer eine Möglichkeit, solche Untergrundsituationen zu bewältigen. Da Hausanschlüsse, auch am Hang, manchmal nur kurze Wege haben können, hat man bei Tracto-Technik eine Kleinbohranlage entwickelt, die in trockener Bohrtechnik Durchmesser bis 80 mm auf bis zu 20 m Länge im reinen Fels mit Druckfestigkeiten bis maximal 240 MPas (=MegaPascal) bewältigen kann (Grundo-Pit mit Felsbohrlanze), und dies mit recht hoher Arbeitsgeschwindigkeit. Notwendig ist nur eine Startgrube von 1,2 m Länge auf 0,55 m Breite, in der das Grundopit-Bohrgerät abgesenkt werden kann. Von dort aus kann geradlinig das zu versorgende Haus angesteuert werden. Mit seiner speziellen Felsbohrlanze kann dieses Gerät auch durch Fundamentmauern bis in den Hauskeller hineinbohren. In wechselndem Untergrund (Felslagen in Wechselfolge mit weichen Gesteinen, z.B. Mergeln) können Grundopit-Bohrgeräte ausgerüstet mit einer Felsbohrlanze auch bis zu 30 m lange Hausanschlüsse bewältigen.

Außerhalb der Ver- und Entsorgungstechnik hat sich die grabenlose Leitungsverlegung mittlerweile für viele andere Anwendungen etabliert, von denen nachfolgend einige exemplarisch dargestellt sind:

Horizontale Trinkwasserbrunnen

In tiefreichenden Grundwasserhorizonten sind vertikale Brunnenbohrungen mit entsprechendem Filterstreckenausbau in der Förderzone sinnvoll und bewährt. In vielen Regionen sind jedoch flache, aber recht ergiebige Grundwasserhorizonte vorhanden, die bislang oft von einem Vertikalschacht ausgehend, durch horizontalen Vortrieb, meist sternförmig, als waagerechte Filterstrecken ins Lockergestein hineingebaut werden. Diese Methode ist aufwendig und damit teuer und nicht jeder horizontale Vortrieb für die Filterkörper liegt in der ursprünglich projektierten Lage. Das für das HDD-Verfahren entwickelte Horizontalbrunnenbauverfahren ermöglicht rein bohrtechnisch und aufgrabungsfrei eine optimale Verlegung von horizontalen Filterstrecken im Grundwasserleiter. Dabei können die Filterstrecken bei Bedarf sogar einen gekrümmten Verlauf haben, sie können in beliebiger Länge, in beliebiger Tiefe und in beliebigem Durchmesser verlegt werden. Durch die Verwendung eines Hüllrohres (casing pipe) beim Einzug der Filterkörper werden diese reibungs- und verschmutzungsgeschützt ins Erdreich, bis in ihre gewünschte Verlegeposition eingebracht Erst danach wird das Hüllrohr entkoppelt und durch vorsichtiges Ziehen wieder an die Erdoberfläche befördert. Dieser Verfahrensweg beinhaltet noch weitere Vorteile: der zuvor vom Hüllrohr benötigte, frei werdende Ringraum dient der Entspannung, Lockerung und deutlichen Erhöhung der Wegsamkeit und damit der optimalen Zuflusserhöhung im unmittelbaren Umgebungsbereich der Filterkörper. Eine natürliche Filterwirkung baut sich hier in der Regel auf. Das Bohrverfahren hat noch den weiteren Vorteil, dass flexible, z.T. aus inerten Kunststoffen bestehende Filterkörper mit extrem hoher Einlassoberfläche bei definierter Durchtritts-Porengröße verwendet werden können. Sehr wirkungsvoll sind z.B. aus PE-Granulat bestehende Filterrohre, wobei die Granulatkörnung idealerweise auf die Körnungslinie des umgebenden Lockergesteines abgestimmt werden kann. Sie kann so definiert werden, dass selbst Feinkornanteile nicht in den Filterkörper treten können, oder sie kann so in der Granulatgröße gefertigt werden, daß gezielt nur der Feinstkornanteil durch den Filterkörper tritt und durch Spülungen weitestgehend ausgetragen wird, so dass im Brunnenbetrieb der Zulauf über größere Poren geschehen kann. Filterrohre aus Kunststoffgranulat oder anderen Kornelementen oder Gerüstgitterrohren mit und ohne Geotextilfiltern mit ihren porendefinierten Durchlassgrößen können eine Gesamteinlassfläche von bis 60% der Filteroberfläche aufweisen. Dies ist das 4- bis 5fache gegenüber Schlitzbrückenfiltern. Die Zugangsmöglichkeit des HDD-Horizontalbrunnens bringt weitere erhebliche Vorteile für den Brunnenbetrieb und für die Wartung und Pflege des Brunnens. Die Förderung kann von einer oder zwei Seiten erfolgen. Bei Förderung von einer Eintrittsseite kann die andere Eintrittsseite in den Brunnen vorteilhafterweise z.B. für eine Daueranalysestation, für zeitweilige Beprobung, für eine Videoinspektion u.a. genutzt werden. Für Brunnenpflegemaßnahmen sind gerichtete und gesteuerte Spülungen in einfacher Weise durchführbar.

HDD-Horizontalbrunnenbau

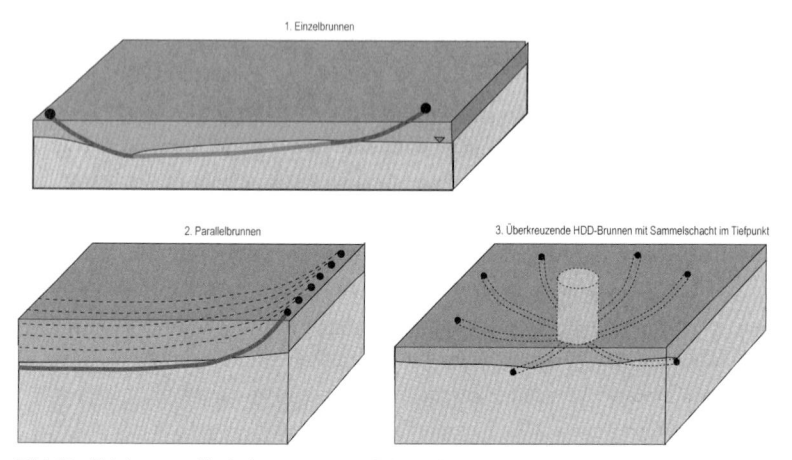

Anordnung von HDD-Brunnen

1. Einzelbrunnen

2. Parallelbrunnen

3. Überkreuzende HDD-Brunnen mit Sammelschacht im Tiefpunkt

Bild 12   Trinkwasserförderbrunnen, im HDD-Verfahren gebohrt

Horizontalbrunnen für die Grundwasserabsenkung

Grundwasserabsenkungen permanenter Art, z.B. in Bergschadensgebieten mit flächigen Geländeabsenkungen und dadurch zu hoch anstehendem Grundwasser, oder Grundwasserabsenkungen vorübergehender Art, z.b. für die Errichtung tiefer Baugruben oder großer Abwasser-Leitungsgräben, offener Tunnelstrecken oder für Tagebaumaßnahmen, werden derzeit noch überwiegend durch eine Vielzahl von kürzeren, vertikalen Förderbrunnen vorgenommen. Diese sehr aufwendige Bauweise kann in vielen Fällen durch horizontalbohrtechnisch verlegte Filterbrunnen ersetzt werden. Horizontale Filterbrunnen sind technisch eleganter, weniger zeitaufwendig und in der Regel kostensparender herzustellen. Die Anzahl der an der Oberfläche herausschauenden Brunnenköpfe wird erheblich reduziert, freie Baufläche wird dadurch gewonnen. Die Förderleistung der Brunnen ist mehrheitlich ergiebiger und dank der größeren, ellipsoidförmigen Absenkungstrichter sind Oberflächeneffekte jeglicher Art in Brunnennähe geringer. Auch für den Dauerbetrieb sind Horizontalbrunnen schonender für die Zustromumgebung, ausgeglichener in der Förderbewirtschaftung und kostensparender für den Pumpbetrieb zu betreiben.

Grundwasserregulierung – Grundwasserhebung

Durch die Folgen des Bergbaues bzw. auch durch die Stillegungen in den Kohlerevieren kam es oftmals zu einen Anstieg des Grundwasserspiegels, so dass speziell in bebauten Gebieten, Friedhöfen, Schutzgebieten jeglicher Art, im Umfeld von Tagebauen und Restseen grundwasserregulierende Maßnahmen erforderlich sind. Solche Maßnahmen der Grundwasserabsenkung bzw. in anderen Bereichen der Grundwasserhebung wurden bislang fast nur mit einer hohen Anzahl an Vertikalbohrungen durchgeführt. Um die Bohrungsanzahl zu verringern und um mehr hydraulische Effizienz zu haben, gibt es hier mittlerweile einen ganz starken Trend zu Horizontalbohrungen, in die Filterstränge eingebaut werden. Die Auswahl und der Einzug solcher Filterstränge erfordert, auch um bestehende Patente nicht zu verletzen, ein erhebliches hydrogeologisches und bohrtechnisches Know how. Solche bohrtechnischen Wasserbaumaßnahmen finden Anwendung auch bei Deichentwässerungen, Rutschhang-Entwässerungen, Hausdrainagen, Trinkwassergewinnungsanlagen sowie z.B. für hydraulische Altlastensanierungen.

Altlastensanierungsbohrungen

Alte Industrie- und Anlagenstandorte sowie alte Deponien weisen in ihrem Untergrund oftmals grundwassergefährdende Verschmutzungen auf, die bei Nichtbehebung über das Grundwasser bis hin zu Trinkwasseranlagen geführt werden können. Umweltbehörden haben sich daher intensiv um diese Alt-Standorte gekümmert, ihr Schadenspotential erkunden und Vorschläge für Sanierungsmaßnahmen ausarbeiten lassen. Wenn die Schadstoffe in das Grundwasser hineingreifen, sind hydraulische Sanierungen erforderlich, d.h. mittels Bohrungen werden die gasförmigen und flüssigen Schadstoffe im Grundwasser zur Oberfläche gefördert, um sie dort in Reinigungsanlagen (In Situ-Strip-Anlagen) zu extrahieren bzw. zu neutralisieren. Vielfach ist die Oberfläche solcher Alt-Standorte von Gebäuden, z.B. neuen Produktionsstätten oder anderen Nutzungen überlagert, so dass ein vertikaler Brunnenzugang zur Abförderung der Schadstoffe gar nicht möglich ist. Seit 1989 wurden erstmals Horizontalbohrungen, in die Brunnenfilter eingebaut wurden, zur Schadstoffabförderung installiert, wobei sich die Vorteile dieser HDD-Bohrungen für Umweltanwendungen deutlich herausgestellt haben. In vielen großen Industriekomplexen, aber auch alten Deponien, wurden und werden mittlerweile standardmäßig HDD-Bohrungen für hydraulische Sanierungen eingesetzt.

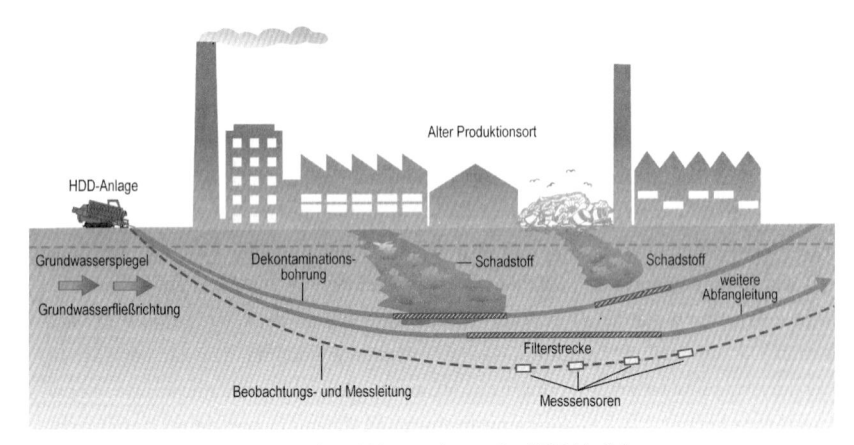

Bild 13 Schema einer hydraulischen Altlastsanierung im HDD-Verfahren

Geothermie

Erdwärmesonden, die in grundwassergesättigten Zonen liegen, haben in der Regel eine höhere Wärmeentzugsleistung des Bodens, als „trockene Gesteinshorizonte". Erdwärmegewinnung kann auch über Förderbrunnen geschehen, wobei das geförderte Grundwasser nach seinem Wärmeentzug in gleicher Menge wieder dem gleichen Grundwasserhorizont zugeführt werden muss. Anstatt aufwendiger vertikaler Bohrungen kann dies auch, technisch viel eleganter, mit schrägen, gesteuerten und teilweise horizontal geführten HDD-Bohrungen geschehen. Die wirksamen Längen im Grundwasserbereich können hierdurch länger und effektiver gestaltet werden, wobei die technische Durchführung einfacher und die Gestehungskosten der Bohrungen geringer ausfallen können.

Rutschungsentwässerungen

Auch Rutschungen, die durch eine überkritische Menge an Wassergehalt immer wieder aktiv werden können, lassen sich durch eingebrachte Drainagebohrungen von der Bergfußseite entwässern, damit beruhigen und manchmal sogar innerlich stabilisieren. Dieses Verfahren wird in feinkörnigen bis gemischtkörnigen Böden mit Lockergesteinsbohrköpfen gebohrt, lediglich in Hangsturzmassen mit Geröll und Blockmaterial müssen Mudmotoren verwendet werden. Die horizontal-bohrtechnische Rutschungsentwässerung hat den Vorteil, dass keine Maschinenberührung (vibrierende Auflast) auf der Rutschmasse erfolgt, sondern von unterhalb des Rutschungskörpers unter aufwärts geführter Durchschneidung der Gleitbahn diese und die darüber liegende, stark durchwässerte Zone entfeuchtet wird. Durch

Entzug des Wasseranfalls aus der Gleitbahn wird schon eine erhebliche Beruhigung der Rutschungsmasse erreicht. Die Entwässerungsleitung kann bohrtechnisch so angelegt werden, dass der Filterstrang in die Rutschmasse hineingreift, der Haupteinlass der Filter jedoch im Bereich der Gleitbahn erfolgt. Durch den Wasserentzug wird die Gleitbahn und die Rutschmasse trockener und rauher, die Rutschung beruhigt sich, da die kritische Wassermenge entzogen wurde und durch die gravitative Entwässerung weiterhin permanent entzogen wird. Durch entsprechende Filterauswahl können bis zu 70 bis 80 % der Wassermenge aus dem Rutschungskörper geholt werden. Die Rutschung wird in sich stabiler. Zum Teil sind keine weiteren Maßnahmen erforderlich. Sollte die Rutschung in sich mehrere Gleitbahnen aufweisen und von ihrem wechselhaften Bodengefügebestand immer noch kritische Zonen in sich bergen, so sind mittels der Horizontalbohrtechnik durch die schon vorgenommenen Rutschungsentwässerungen Bohrungen darüber hinausgehende Maßnahmen möglich (vgl. Abschnitt Geotechnik).

Drainagen

Genauso wie Rutschungen entwässert werden können, lassen sich aufgrabungsfrei Drainagen für Gebäude in Hanglagen, die unter andrückendem Bergwasser leiden, verlegen. Oftmals waren ursprünglich Drainagen vorhanden, die sich jedoch im Laufe der Zeit, mangels Spülung, zugesetzt haben. Hier lässt sich unterhalb oder neben der alten Drainage ein neues System verlegen, welches zudem eine spätere leichte Wartung erlaubt. Die Drainageverlegung mittels HDD findet Anwendung zur Erneuerung häuslicher Drainagen, für flächenhafte Boden- und Felddrainagen, für äußere Trockenlegungen von Fundamentmauern, zur Vermeidung von Grundwasserschäden, zur Entwässerung von Baufeldern, Baugruben und Tunnelstrecken.

Bohrungen für Vereisungsrohre

Für Tunnelauffahrungen im Lockergestein wurde gefragt, ob man mittels der vollkommen verlaufsgesteuerten Bohrtechnik nicht auch Stichbohrungen zum Einschub von Vereisungsrohren herstellen könne. Dass hierzu lediglich verlaufsgesteuerte Pilotbohrungen notwendig sind, konnte sehr bald bewiesen werden, wobei als Novität die Auffahrung gekrümmter Bohrlöcher möglich wurde. Probleme machte das Vereisungsrohrmaterial selbst, welches nun so flexibel gestaltet werden musste, dass es auch gekrümmten Bohrlöchern nachfahren konnte. Als besonderer Vorteil ergab sich die lagerungsgenaue Auffahrung von dünnen und langen Bohrlöchern, welche einen wirtschaftlicheren Einsatz der Vereisungstechnik für Baugruben- und zur Tunnelfirstsicherung erlaubte.

Tunnelverbesserungen

Viele ältere Tunnel sind direkt aus dem Fels gehauen worden, sie haben keine Innenschale und manchmal nur unzureichende Ver- und Entsorgungsleitungen. Aufgrund der neuen Brandschutzverordnungen im Tunnelbau lassen sich mittels HDD-Felsbohrungen zum Beispiel nachträgliche Feuerlöschleitungen und in der Tunnelsohle Löschwasserableitungen installieren.

Auch Bohrungen für zusätzliche Be- und Entlüftungen sowie Vorbohrungen für Fluchtstollen und Querverbindungen ermöglicht die HDD-Technik:

Weiterhin sind z.b. durch Injektionen mittels HDD Nachverfestigungen in gebrächen alten Tunnelabschnitten möglich.

Geotechnische Instrumentierungen

Um mögliche Veränderungen an Bauwerken in setzungsempfindlichen Untergrund messen zu können, oder Kriechbewegungen in Hanglagen im Erdreich erfassen zu können, um Druckbelastungen von Erddämmen zu beobachten, Erdbebeneffekte zu messen u.a., können in HDD-Bohrlöcher geotechnische Instrumente installiert werden. Dies sind z.b. Spannungsmessgeber, Klinometer, Zugkraftmessdrähte, und viel andere Dehnungs-, Zug-, Druck- und Lastmeßsysteme. HDD-Bohrlöcher haben den enormen Vorteil, dass sie die überlagernden Erdschichten unverletzt lassen, da sie zur Messstelle seitliche oder schräge Zugänge schaffen, die eine relativ gefüge-störungsfreie Messung erlauben.

Injektionen

Für den Bau unterirdischer Barrieren oder Fundamente oder Nachverfestigungen sind sehr häufig Injektionen erforderlich. Mittels HDD-Anlagen können unter Verwendung von Doppelbohrgestängen direkte Injektagen über den HDD-Bohrkopf und eventueller zusätzlicher seitlicher Öffnungen in den Untergrund erfolgen. Vom Niederdruckbereich bis in den Hochdruckbereich (HDI) sind die HDD-Anlagen gegebenenfalls unter Einsatz einer stärkeren Pumpe nutzbar. Besonders vorteilhaft ist der Einzug von Manschettenrohren aus denen durch definierte Öffnungen Injektionen erfolgen können. Hierdurch lassen sich Solhebungen, Nachverfestigungen und durch eine parallele Anordnung ganze Barrieren realisieren. Die HDD-Technologie bietet zum Beispiel vorteilhafte Einsatzmöglichkeiten bei vorauseilenden Firstsicherungen, bei Baugrubensolabdichtungen (Unterwassersolen), bei Dammkerninjektionen und zum Beispiel bei Blockschuttverfestigungen.

Lastsetzungsbohrungen

Eine weitere geotechnische Anwendungsmöglichkeit der Horizontalbohrtechnik liegt in der geometrisch beliebigen Durchführbarkeit von sogenannten Lastsetzungsbohrungen, welche besonders bei schiefstehenden Gebäuden im Untergrund Anwendung finden können. Lastsetzungsbohrungen werden als unverrohrte Horizontalbohrungen mit oft größeren Aufweitquerschnitten unter der höherstehenden Seite von Gebäuden zum Teil mehrfach in paralleler Anordnung in den Untergrund eingebracht. Diese parallelen Bohrungen haben idealerweise unterschiedliche Aufweitquerschnitte. Die größten Aufweitquerschnitte werden nahe der Außenkante der hochstehenden Gebäudeseite angebracht, während die vom Querschnitt kleinsten Lastsetzungsbohrungen mehr zur Gebäudemitte hin angeordnet werden. Ziel der Bohrungen ist ein einseitiges Absenken des Gebäudes zur Seite des herausgenommenen Bohrlochvolumens, so dass das Gebäude in seiner Summenwirkung wieder in eine gerade Position rückt. Entscheidend für die Geradestellung an Gebäuden durch solche Lastsetzungsbohrungen ist die genaue Dimensionierung des herauszunehmenden Bodenanteils. Die Horizontalbohrtechnik bietet hier den besonderen Vorteil einer anfahrgrubenfreien, technisch problemlos gestaltbaren Gebäudeunterfahrung.

Nachträgliche Flugplatzbefeuerungen

Viele Flugplätze wurden in den letzten Jahren von militärischen Anlagen in privatbetriebene Flugplätze umgewandelt. Dazu mussten sie den Passagierflugbedingungen angepasst werden, was in der Regel eine deutlich bessere Flugplatzbefeuerung notwendig machte. Zivilflugplätze müssen auch morgens und abends benutzbar sein. Zur Flugplatzbefeuerung sind Tausende von Unterflurlampen notwendig. In den Flugruhezeiten werden nachts Profilbohrungen in die Landebahn vorgenommen, zu denen mittels HDD ebenfalls zu nächtlicher Stunde Stromleitungen verlegt werden. Nach Anschluss der Unterflurlampen an die grabenlos unter der Start- und Landebahn verlegten Stromkabel werden die Lampen in die Profillöcher hineingeklebt. Viele Kilometer an Stromleitungen sind für solche nachträglichen Flugplatzbefeuerungen ohne Beeinträchtigung des Flugverkehrs notwendig. Auch große Flughäfen wie Frankfurt/Main oder Köln-Bonn haben auf diese Weise zusätzliche Befeuerungsanlagen erhalten.

HDD-Felsbohren im Netzbau für Längsverlegungen, Kreuzungen, Querungen und Dükerungen

Bohrungen im Fels in Längen, die über den Hausanschlussbereich hinaus gehen und der Längsverlegung, der Dükerbau, längeren Querungen und Kreuzungen dienen, benötigen aus technischen Gründen aber auch Gründen einer optimalen Steuerbarkeit, eine andere Antriebs- und damit Vortriebsform als Kurzstrecken im Fels. Auch das klassische Vertikalbohren mit schräg gestelltem Bohrmast und abgelenktem Vortrieb würde für die Belange des Leitungsbaus im Fels nicht sinnvoll umsetzbar sein. Es würde weder von der Handhabungs- noch von der Steuerungstechnik sinnvoll funktionieren. Das moderne HDD-Felsbohren für den Netzbau und die Längsverlegung musste in einem speziellem Zweig der Erdöl- und Erdgasbohrtechnik Anlehnung nehmen, dem Ablenkungsbohren für tiefe horizontale Erschließungen von Lagerstätten auf Basis von sogenannten Bohrlochsohlen-Motoren (amer. Mudmotoren, dt. auch Schraubenmotoren genannt, franz. Moineau-Motoren). Da der Einsatz für den HDD-Bereich sehr oberflächennah ist und nicht in mehreren Kilometern Tiefe liegt, wie bei Erdöl- und Erdgasbohren, mussten diese Mudmotoren zum wirtschaftlichen Einsatz für den HDD-Bereich erst technischen dem oberflächennahen Einsatz angepasst werden.

Die Anwendungswelt im HDD-Bohren, die speziellen Bedürfnisse des oberflächen- nahen horizontalen Bohrens, quasi im tieferen Straßenraum unter Gewässern oder anderen Verkehrswegen oder unter Gebäuden und Anlagen, machte Änderungen und Umkonstruktionen von bewährten Mud-Motoren erforderlich, damit sie überhaupt wirtschaftlich auf mittleren und kleineren HDD-Anlagen eingesetzt werden können. Hier hat es im Zeitraum 2000 – 2003 erhebliche Entwicklungserfolge gegeben, die die Einsatzmöglichkeiten von Mud-Motoren im HDD-Bereich sprunghaft steigen liessen. Die Grundzüge von Mud-Motoren werden nachfolgend erläutert. Die Unterschiede zu den Tiefbohr-Mud-Motoren herausgestellt, die Schritte zu den Konstruktionseigenheiten bei HDD-Mud-Motoren werden begründet und Einsatzmöglichkeiten für HDD-Baustellen aufgezeigt.

Mud-Motoren sind Bohrlochmotoren, die vor etwa 35 Jahren in der Erdöl- und Erdgas-Erkundungsbohrtechnik eingeführt wurden, seit 20 Jahren hier standardmäßig zum Einsatz kommen, heute in dieser Branche sehr bestimmend sind (fast keine Bohrung in der Nordsee ohne Mud-Motortechnik) und seit einigen Jahren für Felsbohrungen im HDD-Bereich Einzug gehalten haben. Vom Grundprinzip sind Mud-Motoren Schraubenmotoren, die durch die Bohrspülung angetrieben werden. Diese hydrostatischen Motoren, deren Mechanismus Ende der 1930er Jahre durch den französischen Ingenieur R.J.L. Moineau beschrieben wurde (daher auch MOINEAU-Motoren genannt), arbeiten nach dem Prinzip einer Schraubenpumpe.

Eine schraubenförmige Stange (Rotor genannt) fördert die Spülflüssigkeit durch ein mit Elastomer ausgekleidetes längliches Gehäuse (Stator genannt), das eine gegenförmige

Schraubenkontur ausweist, jedoch um einen Gang höhere Gangzahl als der Rotor. Im Gegensatz zur üblichen Bohrtechnik, in der die Bohrleistung von einer Antriebseinheit über Tage erzeugt und mechanisch durch die Rotation der Gestänge auf den Bohrmeißel übertragen wird (große Leistungsverluste durch Reibung), wird vom Mudmotor die übertage erzeugte hydraulische Leistung in Form von Spülungsdurchfluss und Spülungsdruck in mechanische Leistung umgewandelt. Dies geschieht bei quasi ruhendem Bohrgestänge, wodurch Leistungsverluste in Form von Bohrlochreibung entfallen und der Gestängeverschleiß minimiert werden kann.

Bild 14 Grundorock-Mudmotor zum HDD-Bohren im Fels

Ziel langjähriger Entwicklungen war es, bei Bohrlochmotoren ein höheres Drehmoment mit weniger Spülungsdurchflussrate zu liefern. Damit wollte man erreichen, dass Mud-Motoren auch auf kleineren Bohranlagen eingesetzt werden können, Felsbohren ab der 10 – Tonnen – Bohrgeräteklasse war das Ziel. Diese technische Möglichkeit schaffen bis heute nur die Grundorock-Mud-Motoren, sie kommen mit weniger als Hälfte an Spülungsrate aus als vergleichbare Mud-Motoren der gleichen Leistungsklasse.

Solche „low flow" – Motoren mit geringer Durchflussrate und hoher Belastungskapazität konnten nur durch die Konstruktion einer speziell auf den HDD-Markt abgestimmten Antriebseinheit (Rotor/Stator – power section), der flexiblen Antriebswelle und dem schon beschriebenen, sehr aufwendig und vorteilhaft gebauten Lagerstuhl (bearing section) erreicht werden.

Auch Felsbohrungen müssen sehr häufig in Aufweitstufen vergrößert werden, nur selten reicht die Pilotbohrung mit dem Mudmotor auch zur Aufnahme der Produktrohres. Aufweitungen im Fels bedingen ebenfalls andere Werkzeuge als im Lockergestein. Felsaufweitköpfe, international als „Hole Opener" bezeichnet, haben einen Führungsschaft, der in die

Dimension des zuvor erzeugten Felsbohrloches passt. Daran schließt ein Ringkranz mit Schneidrollen an, die an einem breiteren, runden Tragkörper (body) ansitzen. Darauf folgt ein integraler Drehwirbel. Für sehr große HDD-Anlagen können die Hole Opener, gestaffelt hintereinander und jeweils im Durchmesser größer werdend, mehrere Schneidkränze aufweisen.

Die Entwicklung spezieller HDD-Mud-Motoren brachte als entscheidenden Vorteil die erstmalige Möglichkeit, mit kleinen HDD-Anlagen ab der 10 –Tonnen-Klasse überhaupt Felsbohrungen ausführen zu können. Dies war vor drei Jahren noch nur mit Anlagen ab der 20 – Tonnen-Klasse denkbar.

Weitere entscheidende Vorteile dieser speziellen HDD-Felsbohrmotoren sind die lange Lebensdauer, die hohe Zuverlässigkeit, die geringen Betriebskosten und die Möglichkeit vielfältiger innerstädtischer Einsätze für den Netzbau in schwierigstem Baugrund.

Mit Mudmotoren sind alle Gesteinsformationen bohrbar, selbst härteste Gesteine können durchbohrt werden, allerdings müssen die eingesetzten Bohrkronen sehr dezidiert auf die Gesteinseigenheiten abgestimmt werden. Die Bohrkrone muss jeweils zum Gestein passen, wobei mit zunehmender Gesteinshärte und –abrasivität die Bohrkronen entsprechend aufwendiger und teurer werden.

Felsbohren mit HDD-Mudmotoren

HDD-Bohrung durch Weißjura-Massenkalk zur Abkürzung einer Leitungstrasse

Bild 15 HDD-Bohrung durch eine Felsrücken in der Schwäbischen Alb

Extreme Hart-Weich-Wechsel im Gebirge oder im Blockmaterial sind für das HDD-Bohren sehr anspruchvoll und erfordern hohe Erfahrungen, gleichmäßige Felsverhältnisse, egal ob weich oder hart, sind technisch deutlich einfacher zu handhaben. In der HDD-Felsbohrtechnik liegen, wie in anderen Baubereichen auch, die interessanten Aufgabenbewältigungen in komplexen Untergrundverhältnissen.

Felsbohren mit HDD-Mudmotoren

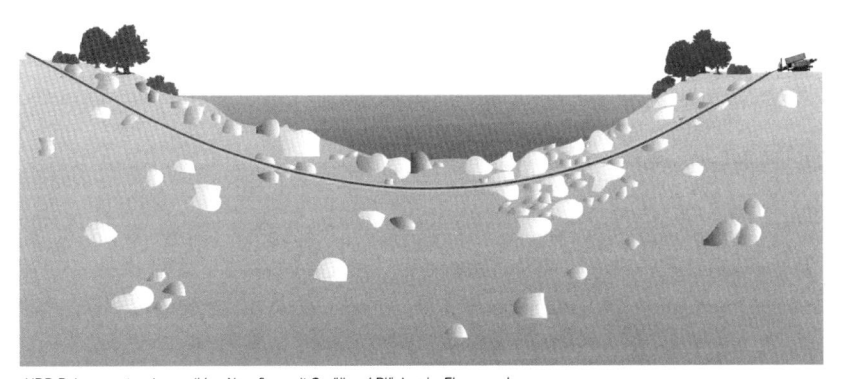

HDD-Bohrung unter einem wilden Alpenfluss mit Geröll und Blöcken im Flussgrund
Bild 16 HDD Bohrung durch Blockmaterial eines „wilden" Alpenflusses

Bohrtechnisch gibt es für die Könner der HDD-Felsbohrtechnologie mit Mudmotoren keine gesteinsbedingten Grenzen mehr.

Kabelaustausch durch Überbohrtechnik

Im Bereich Erdkabelverlegung besteht seit langem der Wunsch nach grabenlosen Stromkabelaustauschverfahren, zumal aus den 1960er und 1970er Jahren sehr viele Kabel mit defekten Ummantelungen im Erdreich auf den notwendigen Austausch warten. Kabel mit Isolierschäden neigen zu Kurzschlüssen, ihr Austausch ist unvermeidlich.

Die Tracto-Technik hat in den letzten Jahren insgesamt 4 Überbohrverfahren entwickelt und diese samt Vorrichtungen patentrechtlich schützen lassen. Mit dem letzt erprobten TT-Überbohrverfahren wurden auf Versuchsbaustelle sehr gute Ergebnisse erzielt. Auf weiteren Baustellen kam das TT-Überbohrverfahren dann zu Routineanwendungen. Das Know How sitzt, wie so oft, im Detail der Konstruktion und in einem gekonnten Handling des Überbohrwerkzeuges und des Überbohrvorganges.

Heutige Überbohrköpfe sind extrem schlank gebaut, verfügen über andere Schneid- und Düsenvorrichtungen, haben einen erheblich anderen geometrischen Innen- und Außenaufbau, zeigen offene oder geschlossene Führungsstruktur, sind aus hochflexiblen Speziallegierungen gefertigt und haben innen Abweisevorrichtungen, die eine Kabelmantelberührung am Altkabel grundsätzlich verhindern. Zudem werden in sehr hoher Arbeitsgeschwindigkeit Wurzelausläufer vom Altkabel bzw. von Altleitungen anderer Art getrennt.

Je nach Art der Altkabelbettung und der Altkabeldimension stehen mittlerweile verschiedene Arten von Überbohrköpfen zur Verfügung. Derzeit geschieht das Altkabelüberbohren mit leichten Pendelbewegungen des Überbohrkopfes.
Deshalb bedarf das Bohrgestänge eines besonders festen Verbundes. Die derzeit realisierten Überbohrlängen liegen bei ca. 180 m, zum Austausch kamen bislang
10 kV- und 20 kV-Kabel.

Der Einsatz des Überbohrverfahrens dient nicht nur dem Austausch von Erdkabeln. In gleicher Verfahrensweise und Ausführungstechnik können auch überalterte Stahlleitungen (z. B. für Gas und Wasser), weitgehend geradlinige Leitungen aus Blei, alte Telefonleitungen in Strangform, lineare Metallelemente (Seilanker), aber auch festsitzende Bohrgestänge für Bergungszwecke überbohrt und damit vom Erdreichverbund gelöst werden.

Defekte, freigeschaltete Altkabel werden an zwei Stellen in Baugruben getrennt und jeweils ein Stück herausgeschnitten. Auf der HDD-Maschinenseite wird der am Bohrgestänge angeschraubte Überbohrkopf sehr flach und auf Überfahrhöhe zum Altkabel lageparallel über das Altkabel gefahren. Danach wird das ca. 30 cm überfahrene Altkabel mittels Kabelschuh oder Ziehstrumpf und Seilverbindung zugfest mit der Halterung verbunden. Der Überbohrkopf wird danach unter links-rechts schwenkenden Bewegungen über das Altkabel gefahren. Aufgrund dieser Schwenkbewegungen wird das besonders fest verbundene Bohrgestänge in einer Geschwindigkeit von ein bis zwei Meter pro Minute über das Altkabel gefahren. Der TT-Überbohrkopf ist so konstruiert, dass er einen schlängelnden Lageverlauf des Altkabels nachfahren kann. Das Altkabel bildet die Zwangsführung für den Überbohrkopf, der in gleichmäßigem Abstand um das Altkabel die anhaftende Sandbettung bzw. das anhaftende Erdreich in einem sehr schmalen Ringkranz freischneidet. Nach Überfahrung der abgetrennten Altkabelstrecke wird der Überbohrkopf vom Bohrgestänge abgeschraubt und ein Ziehstrumpf oder Kabelschuh für den Einzug des Neukabels vorbereitet. In der Zwischenzeit kann das freigebohrte Altkabel von der Startseite her mit einer Seilwinde oder einer Baumaschine (z. B. Bagger) gezogen werden. Exakt in den freigewordenen Altkabelverlauf kann mit dem im Bohrloch befindlichen Bohrgestänge nun das neue Kabel lagegleich eingezogen werden. Keinerlei Bestandspläne müssen neu eingemessen werden, lediglich das neue Kabel wird im Kartenwerk vermerkt. Sowohl die hohe Austauschgeschwindigkeit (ca. 120 m Kabelüberbohrung in 1 bis 2 Stunden) als auch die Einsparung von Vermessungskosten machen das Verfahren besonders wirtschaftlich.

Verfahrensablauf der Überbohrtechnik zum Kabelaustausch

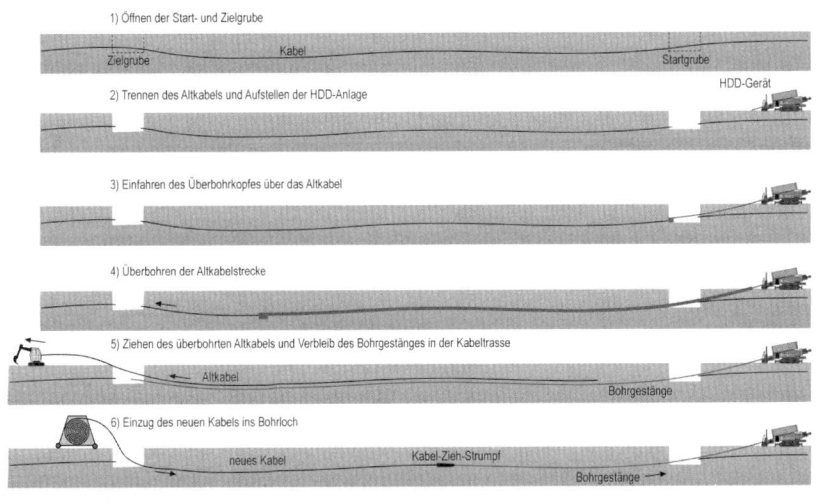

1) Öffnen der Start- und Zielgrube
2) Trennen des Altkabels und Aufstellen der HDD-Anlage
3) Einfahren des Überbohrkopfes über das Altkabel
4) Überbohren der Altkabelstrecke
5) Ziehen des überbohrten Altkabels und Verbleib des Bohrgestänges in der Kabeltrasse
6) Einzug des neuen Kabels ins Bohrloch
7) Überbohren des nächsten Altkabelabschnitts
8) Ziehen des überbohrten Altkabels
9) Einzug des neuen Kabels im Bohrlochabschnitt, usw.

Bild 17 Ablaufschema zum grabenlosen Austausch von Erdkabeln

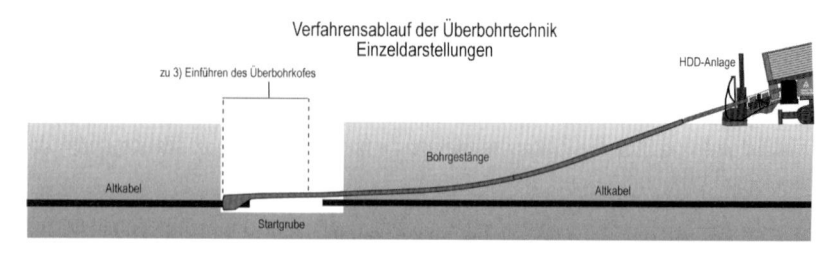

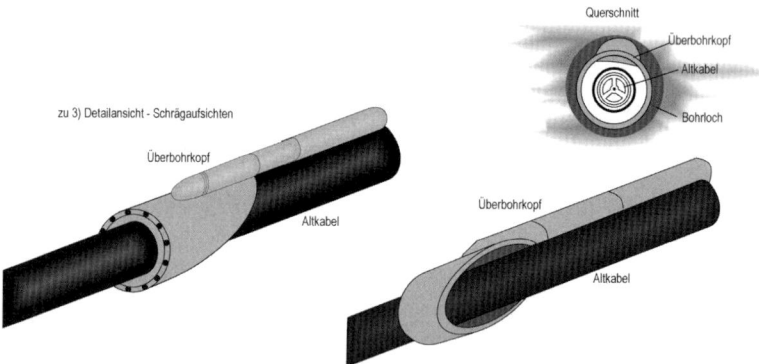

Bild 18 Der HDD-Überbohrkopf benutzt das Altkabel als Führung und löst das Altkabel verletzungsfrei von anhaftendem Erdreich

Ausblick zur künftigen Grabenlos-Technologie

Erdraketen werden heute schon mehrheitlich für den Bau nachträglicher oder ersetzender Hausanschlüsse eingesetzt, ihr Anteil wird weiter zunehmen. Auch Stahlrohrvortriebe mittels Rammtechnik zeigen besonders in Übersee stark wachsenden Einsatz.

Die Verfahren der grabenlosen Rohrerneuerung, wie das Berstlining, und die Rohraustauschverfahren haben im anglo-amerikanischen Raum eine sehr große Bedeutung und Marktrelevanz, allein dem gegenüber hat der mitteleuropäische und osteuropäische Raum noch ein deutliches Zuwachspotential.

Die Horizontalbohrtechnik ist offen für viele weitere Anwendungsmöglichkeiten, die z.T. erst am Anfang ihrer Entwicklung stehen. Es gibt wenige bautechnische Anwendungsfelder, in der so viele breite Zukunftsmöglichkeiten bestehen, wie in der HDD-Technologie. Altlasten lassen sich z.B. mittels HDD-Bohrungen im Boden inertisieren, d.h. einkapseln, unterirdische Barrieren lassen sich bauen, Grundwasserströmungen sind hierdurch lenkbar, in weichen Schüttkörpern (z.B. Dämmen) lassen sich harte Kerne grabenlos einbauen, tiefe unterirdische Fundamente sind errichtbar, flüssige oder gelöste Rohstoffe lassen sich horizontal aus dem Boden extrahieren, andere flüssige Stoffe verbessernder Art sind einbringbar, alte Rohrleitungen lassen sich unterirdisch, aufgrabungsfrei innen und außen sanieren, Tunnelanlagen sind quasi störungsfrei nachrüstbar, Gebäude und Oberflächen lassen sich eingriffsfrei unterfangen, unterirdische Messnetze sind installierbar, Schadstoffherde im Erdreich, selbst unter Flusssohlen oder Seeböden, Kabel und Rohre lassen grabenlos vollständig austauschen, der Anwendungsbreite sind keine Grenzen gesetzt.

Bild 19 und 20: Unterbohrung der Start- und Landebahn des Flugplatzes Friedrichshafen zur Verlegung einer Lösch- und Wasserversorgungsleitung

Literatur

ARNOLD, W. (1993): Flachbohrtechnik; 968 S., Dt. Verlag für Grundstoffindustrie, Leipzig / Stuttgart.

BAYER, H.-J. (2005): HDD-Praxis-Handbuch, 196 S., Vulkan-Verlag, Essen.

BAYER, H.-J. (2005): HDD Practice Handbook; 191 S., Vulkan-Verlag, Essen.

BAYER, H.-J. (2006): Brunnenbau im HDD-Verfahren: bbr 5/2006, S. 42-49, Bonn.

BAYER, H.-J. (2005): HDD-Drainageleitungen zur Rutschungsstabilisierung.- bi Umweltbau 1/05: S. 20-22, Kiel.

BAYER, H.-J: (1990): Neuartige Bohrtechnik zur Erleichterung der Sanierung kontaminierter Standorte. Schriften Angewandte Geologie, Bd. 9, S. 113-122, Karlsruhe.

BENZ, Th. (2006): Hangsicherung durch Hangentwässerung mittels verlaufsgesteuerter Horizontalbohrtechnik. - 5. Kolloquium „Bauen in Boden und Fels", S. 107-135, Techn. Akademie Esslingen.

DCA (Verband Güteschutz Horizontalbohrungen e.V., 2000): 65 S., Technische Richtlinien des DCA, Aachen.

DVGW Regelwerke (Arbeitsblätter und Merkblätter) zu diesem Thema: GW 321, GW 323, GW 325 und GW 329.

NAUJOKS, G. (2002): Breite Leistungspalette in der gesteuerten Horizontalbohrtechnik, 3R Int. Heft 1, S. 32-34, Essen.

RAMEIL, M. (2006): Berstlining-Praxis-Handbuch, in Druckvorbereitung, Vulkan-Verlag, Essen.

STEIN, D. (2003): Grabenloser Leitungsbau, 1144 S., Ernst & Sohn, Berlin.

NoDig – Bau Internetportal, www.nodig-bau.de sowie

Tracto-Technik GmbH, Lennestadt, www.tracto-technik.de.

Innovative Schaumglasprodukte eröffnen neue Perspektiven im energiesparenden Bauen ohne Wärmebrücken

Dipl.-Ing. Architekt **Andreas Schreier**, Leiter Marketing + Technik, Deutsche FOAMGLAS GmbH Haan

Zusammenfassung

Wärmebrücken sind konstruktive oder geometrische Problemzonen von Gebäuden; sie beeinflussen die thermische Qualität der gesamten Gebäudehülle gravierend und werden folgerichtig im Nachweisverfahren der Energiesparverordnung (EnEV) 2004 berücksichtigt. Neben den energetischen Einbußen führen Wärmebrücken zu bedenklichen hygienischen und bauphysikalischen Mängeln. Um Tauwasserbildung zu vermeiden, darf die raumseitige Oberflächentemperatur einen definierten Wert, der von der relativen Luftfeuchtigkeit abhängt, nicht unterschreiten. Denn ein langfristig erhöhter Feuchtegehalt an Innenoberflächen oder im Bauteil selbst, kann zur gefürchteten Schimmelbildung in Wohnräumen führen.

Neben den geometrisch bedingten Schwachstellen treten Wärmebrücken insbesondere im Mauerfußpunkt sowie im Bereich von Attika und Fundament auf. Bei diesen hoch beanspruchten Bauteilen ist es maßgeblich, dass geeignete Baustoffe ausgewählt und mit handwerklicher Sorgfalt verarbeitet werden.

1. Nachhaltiger Wärme- und Feuchteschutz unter aufgehenden Wänden

Die Problematik von Wärme- und Feuchtetransport von aufgehenden Wänden ist altbekannt, doch viele auf dem Baustoffmarkt angebotenen Lösungen und Produkte sind in ihrer Leistungsfähigkeit zumeist nicht zufrieden stellend und dauerhaft. Im energiesparenden Bauen unter Vermeidung von Wärmebrücken eröffnet ein Produkt aus geschäumten Glas neue Perspektiven. Der Dämmstein besteht ausschließlich aus einer geschlossenen Glaszellenstruktur und nimmt deshalb keine Feuchte auf. Darüber hinaus ist das Material kapillarbrechend und verhindert aufsteigende Nässe. Gerade weil die unterste Mauersteinlage im Bauablauf hoher Feuchtebelastung ausgesetzt ist, berücksichtigen Planer und ausführende Unternehmen den das Wärmedämmelement FOAMGLAS® Perinsul® SL als „Feuchtesperrah-

men". Auf diese Weise wird der Rohbau wetterunabhängiger und weitere Gewerke übernehmen eine einwandfreie und von Grund auf trockene Wand.
Nur für das Dämmelement aus geschäumtem Glas sind sämtliche Eigenschaften zugesichert, die für eine Komplettlösung an Bauteilübergängen und Anschlüssen erforderlich sind. Die Druckfestigkeit für das Anwendungsgebiet „Fußpunkt unter aufgehenden Wänden" wird in der allgemeinen bauaufsichtlichen Zulassung des Deutschen Institutes für Bautechnik (DiBt) mit 6=0,60 N/mm² bestätigt. In Anlehnung an die Steinfestigkeitsklasse „4" ist es damit der einzige Dämmstein zur Vermeidung von Wärmebrücken ohne zusätzliche Trag- und Stützelemente.

2. Die Berechnungsgrundlage

Im Rechengang nach EnEV kommt zum Ausdruck, dass die Wärmebrückenwirkung die Transmissionswärmeverluste um bis zu 30 % beeinflusst. Eine derartige Energieverschwendung muss an anderen Flächen mit entsprechendem Aufwand kompensiert werden. Details und Konstruktionsaufbauten dokumentieren: Perinsul® SL schließt die Wärmebrücke zu 100 %!
Energieverluste werden zuverlässig und langfristig vermindert. Es wird sicher gestellt, dass das Wärmedämmniveau der flächigen gedämmten Bauteile, z.B. ungestörter Wand- und Dachflächen, auch an Details und Bauteilanschlüssen eingehalten wird.
Der Katalog von Thermografien, Ψ- und F-Werten beweist die einzigartige Leistungsstärke. Beispiellösungen können bei FOAMGLAS® angefordert werden.

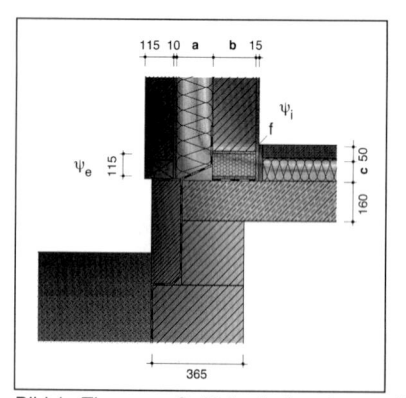

a / c	Ψe [W/m·K]	Ψi [W/m·K]	f [-]
b = 175			
100 / 60	−0,055	0,118	0,834
120 / 80	−0,038	0,113	0,847
140 / 100	−0,026	0,110	0,855
b = 240			
100 / 60	−0,067	0,127	0,835
120 / 80	−0,043	0,124	0,847
140 / 100	−0,028	0,122	0,854

Wärmebrückenfreie Konstruktion. Die angrenzende Dämmschicht wird lückenlos angeschlossen.

Bild 1 Thermografie Kellerdecke – kerngedämmtes Mauerwerk

Perinsul® SL
Die Schaumglas-Innovation für wohltemperierte Ecken und Kanten.

Perinsul® SL ist der Dämmstein, der Wärmebrücken ein für allemal verhindert. Ein Champion für die Dämmung, ein Kraftprotz in der Statik. Für Behaglichkeit im Haus und Bestnoten in der Energiebilanz.

FOAMGLAS®
DER SICHERHEITS-DÄMMSTOFF

Deutsche FOAMGLAS® GmbH · Landstraße 27 – 29 · 42781 Haan
Telefon 0 21 29 / 93 06 21 · Telefax 0 21 29 / 16 71 · www.foamglas.de · info@foamglas.de

2.1 Die Einflussfaktoren

Ψ-Werte

Das detaillierte Nachweisverfahren basiert auf der Zusammenfassung einzelner Wärmebrücken an verschiedenen Details. Die Rechengröße, der Ψ-Wert (längenbezogener Wärmebrückenverlustkoeffizient [W/mK]) wird mit der jeweiligen Bauteillänge multipliziert. Mit Schaumglas lassen sich Ψ-Werte "nahe Null" - oder sogar negativ - realisieren. Im Rechenverfahren nach EnEV (Außenmaßbezug) wird der Wärmebrückeneinfluss minimiert.

f-Werte

Der Tremperaturdifferenzquotient (f-Wert) ist die Verhältniszahl der Oberflächentemperatur innen (θoi), der Außenlufttemperatur (θe) und der Innentemperatur (θi). Je nach gewählten Randbedingungen ergeben sich mit Schaumglas f-Werte in einem Intervall von 0,83 - 0,90. Dieser f-Wert macht deutlich: praktisch keine Gefahr von hygienisch und bauphysikalischen Problemen - bei jeder Art der Innenraumnutzung. Liegt die Verhältniszahl oberhalb von 0,7, so ist der Nachweis erbracht. Mit FOAMGLAS® kein Problem. Der Dämmstoff aus geschäumtem Glas stellt die uneingeschränkte Gebäudenutzung sicher.

3. Welche Vorteile ergeben sich für Planer und Bauherren?

Ist der detaillierte EnEV-Einzelnachweis von Wärmebrücken sinnvoll? Die Antwort ist ein klares Ja! Nach EnEV gibt es 3 Möglichkeiten, um die Wärmebrückenwirkung in den Nachweis einzubeziehen.

3.1. Kein Nachweis

Ohne weiteren Nachweis kommt ein pauschaler "Strafzuschlag" von ΔU_{WB} = 0,1 W/m²K in Anrechnung. Dieser Wärmebrückenzuschlag wiegt schwer, weil die gesamte wärmetauschende Hüllfläche mit diesem Zahlenwert multipliziert wird.

3.2. Regelkonstruktion nach DIN 4108, Beiblatt 2

Zur Vermeidung von Wärmebrücken können die Planungsbeispiele der DIN 4108, Beiblatt 2 genutzt werden. Der Wärmebrückenzuschlag vermindert sich auf ΔUWB = 0,05 W/m²K. Immer noch ein sehr großer Zuschlag, zumal durch einfache und praktikable Konstruktionslösungen die Schwachstellen vermieden werden können.
Die Varianten 3.1. + 3.2. sind wegen der hohen Zuschläge nicht zu empfehlen!

3.3. Der genaue Nachweis

Beim detaillierten Nachweis der Wärmebrücken fällt der Zuschlag auf die Transmissionswärmeverluste durch Wärmebrücken auf eine Größenordnung von ΔU_{WB} = 0,02 W/m²K zusammen. Verwirklichen Planer und Bauherren die Detailplanung mit optimierten Lösungen - speziell für Mauerfuß / Attika mit FOAMGLAS® - entsteht an anderen Bauteilen mehr planerische Freiheit oder die Möglichkeit, auf aufwendige Anlagentechnik zu verzichten. Der Einzelnachweis der Wärmebrücken ist also eine Rechnung, die sich lohnt. Zur Veranschaulichung der gesamtheitlichen Bilanzierung und der Bedeutung insbesondere der Wärmebrückeneinflüsse, wurde auf ein "Mustergebäude" des Bundesministeriums für Verkehr, Bau und Wohnungswesen zurückgegriffen. Die auszugsweise gewählten Varianten des betrachteten Mehrfamilienhauses berücksichtigen die Wärmebrücken pauschal gemäß Weg 3.1, indem der "Strafzuschlag" von ΔU_{WB} = 0,10 W/m²K angerechnet wird, oder 3.3. indem eine detaillierte Berechnung der Wärmebrückeneinflüsse mittels Wärmebrückenverlustkoeffizienten geführt wurde.

In der Ergebnisdarstellung kommt zum Ausdruck, dass bei gleichem vorausgesetztem spezifischem Transmissionswärmeverlust deutliche Verschiebungen der einzelnen Bilanzteile möglich sind. Im Besonderen ist eine Entlastung der ansonsten überdimensionierungspflichtigen Bauteile Dach und Wand die positive Folge der detaillierten Nachweisführung einzelner Wärmebrücken und Details.

4. Fazit

Sämtliche bautechnischen und bauphysikalischen Anforderungen werden mit FOAMGLAS®-Perinsul SL® nachdrücklich erfüllt.

Die Ψ-Werte im Bereich von "0" und die f-Werte > 0,9 belegen an verschiedenen ausgewiesenen Details im Mauerfußpunkt die außergewöhnliche Charakteristik.

Die Kombination von abgesichertem Tragfähigkeitsverhalten, nachgewiesenem Wärmeschutz und hervorragender Eignung für den vorbeugenden Brandschutz (Feuerwiderstand F60) bietet nur FOAMGLAS®-Perinsul SL, der Dämmstein aus Schaumglas, der die Wärmebrücke zu 100 % schließt.

Zudem ein weiterer Vorteil:

FOAMGLAS® ist absolut feuchteunempfindlich und besitzt keine Kapillarität. Damit sind die bautechnischen Probleme für Folgegewerke ausgeschlossen.

Bild 2   FOAMGLAS®-Perinsul SL® - Dämmsteine werden stumpf gestoßen, aneinander gereiht und im Mörtelbett versetzt.

Bild 3   FOAMGLAS® ist kapillarbrechend und kann kein Wasser aufnehmen. So werden Wärmebrücken sicher und dauerhaft vermieden.

Bögen im Freivorbau. Neubau der Seidewitztalbrücke im Zuge der A17 Dresden – Prag

Dipl.-Ing. **Dirk Pötzsch**, Dipl.-Ing. (FH) **Martin Jahn**,
Dipl.-Ing. **Tobias Schmidt**, Ed. Züblin AG, Direktion Ost,
Bereich Dresden

1.1 Vorwort

Nachdem bereits im VDI-Jahrbuch 2004 unter dem Titel „Fünf Brücken, fünf Technologien" von Dipl.-Ing. Hermann Theil, Ed. Züblin AG, Direktion Zentrale Technik, Stuttgart, ein Ausblick auf den bevorstehenden Freivorbau der Bögen der Seidewitztalbrücke gegeben wurde, soll heute an dieser Stelle ausführlicher über den Bau der Brücke und der Bögen berichtet werden.

1.2 Einleitung

Im Zuge des Neubaus der Bundesautobahn A17 von Dresden bis zur Bundesgrenze Richtung Prag entsteht derzeit im 3. Bauabschnitt zwischen den Baukilometern 27+703 und 28+271 als eines der Großprojekte der A 17 die Seidewitztalbrücke. Mit einer Gesamtlänge zwischen den Endauflagern von 568 Metern ist sie die größte Brücke im 3. Bauabschnitt und nach der Lockwitztalbrücke die größte Brücke der A17 auf deutscher Seite.

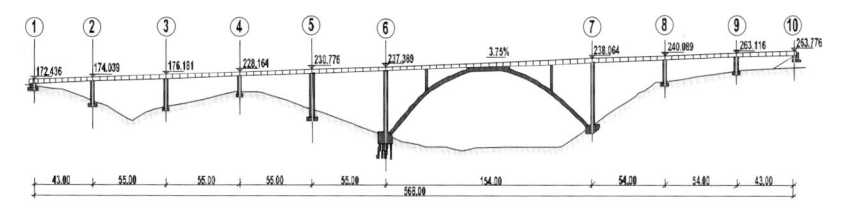

Bild 1: Gesamtansicht der Brücke

Die Seidewitztalbrücke gliedert sich gemäß Bild 1 in Längsrichtung in 9 Felder mit Stützweiten von 43,0 / 4 x 55,0 / 154,0 / 2 x 54,0 / 43,0 Meter. Die Richtungsfahrbahnen verlaufen auf 2 getrennten Verbundüberbauten mit entsprechend getrennten Unterbauten. Für die Autobahn ist der Regelquerschnitt RQ 29,5 maßgebend. Die Trasse verläuft im Brückenbereich im Grundriss überwiegend auf einer Geraden in Nord-Süd-Richtung. Lediglich im Bereich des nördlichen Widerlagers Dresden folgt die Trasse einer Klothoiden mit A = 800 Meter. Die Gradiente der Trasse steigt im Bauwerksbereich von Nord nach Süd konstant mit 3,75 % an.

Gestalterisches Hauptmerkmal der Seidewitztalbrücke und ingenieurtechnische Herausforderung zugleich ist der 154 Meter weit gespannte Bogen, der als massiver Vollquerschnitt im abgespannten Freivorbau ausgeführt wird. Die größte lichte Höhe zwischen Oberkante Gelände und Unterkante Bogen beträgt ca. 55,0 Meter. Durch die Bögen wird eine größtmögliche Schonung des sensiblen Naturraumes erreicht; das Seidewitztal einschließlich des Auwaldes im Baufeld ist Bestandteil eines FFH-Gebietes (Flora-Fauna-Habitat).

Darüber hinaus ist die Seidewitztalbrücke auch ein Pilotprojekt für die Anwendung der ZTV-Ing und der DIN-Fachberichte im Brückenbau.

In den nun folgenden Darstellungen soll der Hauptaugenmerk auf der Schilderung der Planung und der Bauausführung der beiden Bögen im abgespannten Freivorbau liegen.

1.3 Planung und Arbeitsvorbereitung für die Bogenherstellung

1.3.1 Entwurf und Ausführungsplanung des Behördenvorschlages

Eine weitere Besonderheit der Seidewitztalbrücke, neben dem Pilotprojekt zur Anwendung der neuen Normen und DIN-Fachberichte im Brückenbau, besteht darin, dass zusätzlich zur Entwurfs- und Genehmigungsplanung auch die Ausführungsplanung für die Brücke vom Bauherr beigestellt wird. Die Ausführungsplanung sieht die folgenden Parameter vor:

Mit Ausnahme der Achse 6 gründen alle Pfeiler- und Kämpferachsen flach auf dem bereits wenige Meter unterhalb der Geländeoberfläche anstehenden, gut tragfähigen Fels. Für die Achse 6 ist infolge einer Verwerfung des Felshorizontes eine Bohrpfahlgründung erforderlich. 20 überwiegend im Verhältnis 10:1 geneigte Großbohrpfähle mit Durchmessern von 1,5 Meter und Pfahllängen zwischen 9,0 und 12,0 Meter werden zur Abtragung der Vertikallasten und des Bogenschubes für jeden Kämpfer herangezogen und in eine Pfahlkopfplatte integriert.

Die Abmessungen der nahezu kubischen Kämpfer in der Achse 6 belaufen sich auf 10,13 Meter Länge, 10,0 Meter Breite und 5,52 Meter Höhe.

Im Gegensatz zur Bohrpfahlgründung in der Achse 6 gründen die Kämpfer der Achse 7 mittels einer rückseitigen Verzahnung flach auf bzw. gegen den anstehenden Fels. Die Kämpferabmessungen betragen ca. 9,5 Meter in der Länge, 10,0 Meter in der Breite und 5,75 Meter in der Höhe.

Im Anschlussbereich an den Bogen sind die Kämpfer der Achsen 6 und 7 aus gestalterischen Gesichtspunkten abgeschrägt, so dass der Bogenfuß bzw. die Bogenachse senkrecht auf dieser schrägen Fläche ruht.

Neben dem Bogen steht auf jedem Kämpfer noch ein massiver, im Grundriss knochenförmiger Ortbetonpfeiler mit einer Höhe von ca. 44,0 Meter. Infolge der Pfeilerhöhen und der Beanspruchungen aus dem abgespannten Freivorbau sind die Pfeiler der Kämpferachsen in der Querschnittsdicke gegenüber den übrigen Achsen um 0,4 Meter verstärkt. Die Stegstärke zwischen den beiden „Knochenköpfen" beträgt 1,6 Meter, die Stärke der beiden „Knochenköpfe" 2,8 Meter. In allen Achsen ist die Pfeilerbreite mit 8,2 Meter konstant. Gestalterisch sind zudem Schusslängen von 5,0 Meter für die Pfeilerschäfte und 4,0 Meter für die Pfeilerköpfe zu Grunde gelegt.

Mit einem Achsabstand von 154,0 Meter überspannen schließlich die Bögen den Auwald des Seidewitztales. Die größte lichte Höhe zwischen Oberkante Gelände und Unterkante Bogen beträgt – wie bereits erwähnt – etwa 55,0 Meter. Das Bogenstichmaß beläuft sich jedoch nur auf 43,0 Meter, weil zum einen die Bauteilhöhe der Kämpfer selbst über 5,0 Meter beträgt und zum anderen noch ein Höhenversprung der Gründungshorizonte von 5,3 Meter zwischen den Achsen 6 und 7 vorliegt.

Geometrisch folgt die Bogenform einer Parabel 2,2-ter Ordnung. An den Lasteinleitungspunkten der Bogenständer und des Verbundbereiches – dem Verbindungsbauteil zwischen Bogen und Überbau – weist der Bogen Knickstellen in der Bogenachse auf. Dadurch werden in den Lasteinleitungsbereichen die Lastausmitten und damit die Biegemomente im Bogen reduziert.

Der als Vollquerschnitt auszuführende Bogen verjüngt sich von 2,3 Meter Höhe am Kämpfer auf 1,6 Meter im Scheitel; im Grundriss beträgt die Bogenbreite über die Spannweite konstant 6,5 Meter. Aus gestalterischen Überlegungen heraus werden die oberen Ecken des Bogenquerschnittes mit Vouten von 25 Zentimetern Seitenlänge gebrochen.

Für den Bogenfreivorbau ist jeder Halbbogen in 18 Einzeltakte mit wechselnden Abschnittslängen von 3,1 bis 5,4 Meter unterteilt. Der Bogenschlusstakt weist ein Länge von 4,4 Meter auf.

Die für die Baubehelfe des Freivorbaus erforderliche Ausführungsplanung sowie die Erstellung der eigentlichen Bauzustandsstatik des Bogens verbleiben jedoch vollständig im Aufgabenbereich des Auftragnehmers.

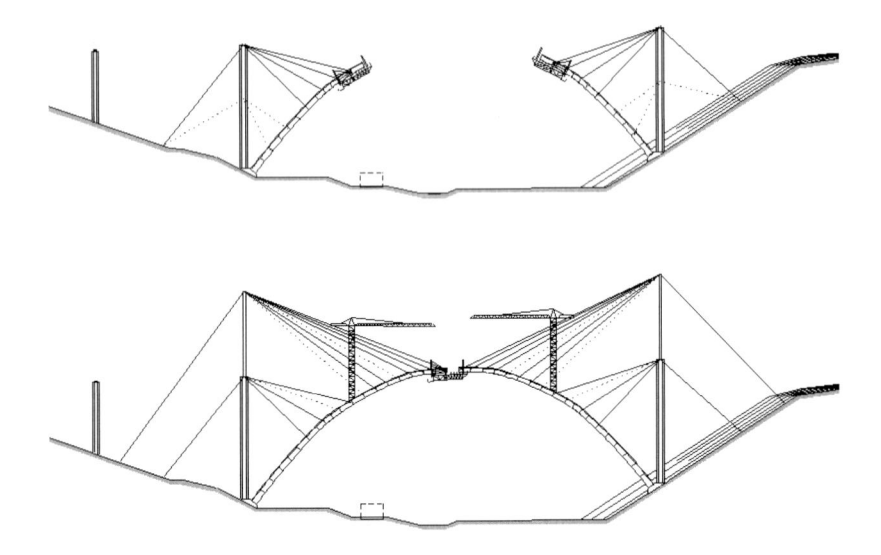

Bild 2: Vorschlag Behördenentwurf zum Abspannsystem

1.3.2 Sondervorschlag zum Bogenfreivorbau

Das Grundprinzip des beauftragten Sondervorschlages beruht darauf, die Taktlängen der einzelnen Bogenabschnitte zu vereinheitlichen. Statt der vorgesehenen 18 Takte je Halbbogen zuzüglich des Schlusstaktes sind 15 Takte plus Schlusstakt vorgesehen. Für die Bauausführung ergibt sich somit ein Zeitvorteil von 3 Kalenderwochen je Bogen. Unter Berücksichtigung, dass die Bogenherstellung im Bauablauf stets auf dem zeitkritischen Weg liegt, können durch diesen Sondervorschlag 6 Wochen Bauzeit eingespart werden.

Die einzelnen Längen der Bogentakte sind wie folgt gegliedert:

- 7,00 Meter für die Bogenanfänger (Bauabschnitte 1),
- 6,00 Meter für die Regeltakte (Bauabschnitte 2 bis 14),
- 3,00 Meter für den letzten Takt eines Halbbogens (Bauabschnitte 15) und
- 2,60 Meter für den Schlusstakt (Bauabschnitte 16).

Mit der Verkürzung der Schlusstakte von 4,40 Meter auf 2,60 Meter ergibt sich neben der vereinfachten Herstellung auch eine vereinfachte Bemessung und leichtere Ausführung der erforderlichen Mittelschlusskonstruktion der Bögen aus Profilstahl. Die Mittelschlusskonstruktion wird benötigt, um die beiden Bogenhälften vor der Herstellung des Schlusstaktes miteinander festzulegen, so dass keine ungleichmäßigen bzw. gegenläufigen Verformungen der Bogenhälften infolge Temperatur mehr stattfinden können, die die Festigkeitsentwicklung des jungen Betons im Schlusstakt negativ beeinflussen.

1.3.3 Statik im Bauzustand und Ausführungsplanung Bogenfreivorbau

Zum Leistungsspektrum der Freivorbauplanung zählen u.a.:

- die Erstellung der statischen Berechnung des Bogens im Bauzustand unter Berücksichtigung der taktweisen Herstellung,

- die Festlegung der Seilführung, der Seilquerschnitte und der Seilverankerung in Abhängigkeit der bauaufsichtlichen Zulassung der Spannverfahren,

- die Erstellung der Ausführungsplanung für die Freivorbautakte unter Berücksichtigung der Überhöhungen bzw. Untertiefungen aus dem Bau-, dem Bauend- und dem Endzustand der Bögen, einschließlich der Festlegung der Spannfolge und Spannkräfte der Seile eines jeden Bauabschnittes sowie der Vorgabe zum Entspannen der Seile,

- die Erstellung der Ausführungsplanung für die Hilfspylone als temporäre Baubehelfe und

- die Planung der Verankerung der Rückspannung in den Fundamenten sowie der Rückverankerung der Fundamente über Felsanker in den Baugrund.

Die Besonderheit des zum Einsatz kommenden Konzeptes zu Berechnung, Ausführung und Überwachung des Bogenfreivorbaus besteht darin, dass – einen planmäßigen Baufortschritt vorausgesetzt – auf das Nachspannen bzw. Ablassen der Ab- und Rückspannseile verzichtet werden kann. Verformungen aus den wechselnden Bauzuständen des Bogens, den Temperatureinflüssen aus Bogenbeton und Seilen sowie aus den Freivorbauwagen werden bei der Einrichtung der Bogentakte und der Ermittlung der erforderlichen Vorspannkräfte vorweggenommen. Die Einrichtung der jeweils neuen Freivorbautakte orientiert sich zudem an den jeweiligen Sollhöhen des Bogens, jedoch nicht an den erzielten Koordinaten der vorherigen Abschnitte. Die Seile werden demzufolge auf Kraft, jedoch nicht auf Bogenverformungen gespannt.

Rückschlüsse über ggf. notwendige Korrekturen der Vorgaben für Überhöhungen, Untertiefungen und Vorspannkräfte in den noch folgenden Bauabschnitten können aus den von der

Baustelle zu erbringenden Soll-Ist-Vergleichen zur Lage der Freivorbautakte und der Seilkräfte gezogen werden.

Für die Baustelle bedeutet dies die Installation einer Messsystematik, die in der Lage ist, die Seilkräfte und die geodätische Lage des Bogens unter Berücksichtigung der Temperatureinflüsse zu erfassen. Auf die von der Baustelle eingesetzten Messsysteme wird gesondert eingegangen.

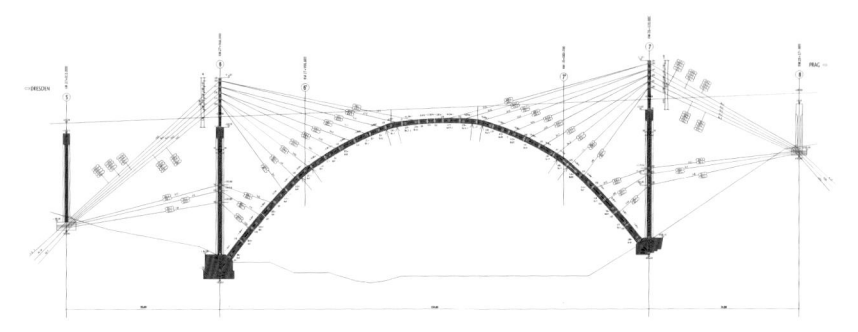

Bild 3: Gesamtsystem Bogenabspannung

Anhand des Bildes 3 kann das Gesamtsystem der Bogenabspannung nachvollzogen werden. Dabei ist, wie in den Bildern 4 und 5 verdeutlicht, zu beachten, dass nicht alle Seile, sondern immer nur einzelne Seilgruppen für die Lastabtragung bis zum Bogenschluss herangezogen werden.

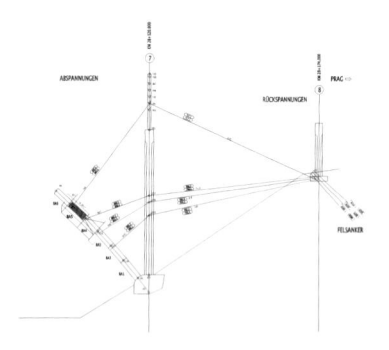

Bild 4: Abspannung Bogentakt 5

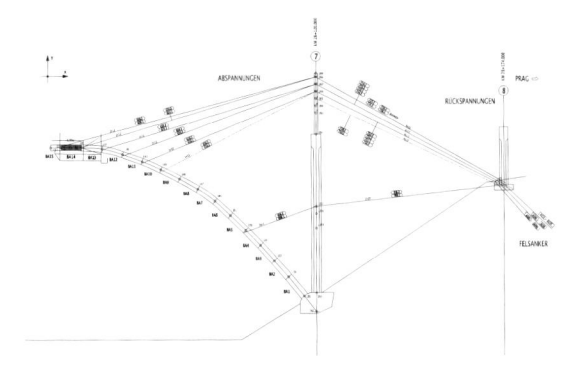

Bild 5: Abspannung Bogentakt 14

Von den 15 Takten eines jeden Halbbogens werden die Takte 2 bis 14 mit je 4 Seilen abgespannt. 2 Seile dienen dabei als Abspannung des Bogentaktes zum Kämpferpfeiler bzw. Hilfspylon, die anderen beiden Seile werden als Rückspannung der Kämpferpfeiler bzw. Hilfspylone in die Fundamente der Achse 5 oder Achse 8 benötigt.

Alle Seile – Rückspannungen sowie Abspannungen – werden an den Kämpferpfeilern bzw. den Hilfspylonen gespannt. Die Festanker der Rückspannseile hängen in den Fundamenten der Achse 5 bzw. 8. Die Festanker der Abspannseile werden in die Bewehrung der Bogentakte eingebaut.

Für die Ab- bzw. Rückspannseile kommen 6- bzw. 12-Litzenseile der Güte St1570/1770 mit einem Einzellitzenquerschnitt von 150 mm² zur Ausführung. Die maximalen, planmäßigen Seilkräfte belaufen sich auf 750 kN für 6-Litzer und 1.550 kN für 12-Litzer. Die zulässigen Gebrauchslasten in den Seilen liegen mit 900 kN für 6-Litzer und 1.800 kN für 12-Litzer zwar wesentlicher höher, jedoch werden diese Differenzbeträge als Sicherheitsreserven für unplanmäßige Lastfälle belassen.

Die Rückverankerung der Abspannfundamente der Achsen 5 und 8 in den Baugrund muss durch Felsanker sichergestellt werden, da die Kräfte aus dem Bogenfreivorbau nicht allein durch die Auflast der aufgehenden Pfeiler in den Achsen 5 und 8 abgefangen werden können. Für jedes Abspannfundament werden insgesamt 15 Felsanker mit einer Einzellänge von 20,0 bis 25,0 Meter benötigt. Die Felsanker sind wiederum 12-Litzer der Güte St1570/1770 mit einer Litzenquerschnittsfläche von 150 mm². Für die Lastabtragung aus dem Bogenfreivorbau werden je Abspannfundament 14 Anker in 2 Gruppen entsprechend dem Baufortschritt gespannt. Der 15. Anker verbleibt als Reserveanker.

Die Lasteinleitung der Rückspannung in die Fundamente, die statisch günstigste Weiterleitung der Kräfte in die Felsanker sowie das Spannen der Felsanker erfolgt mit Hilfe von Aufbetonkeilen, die auf die Abspannfundamente gesetzt werden.

1.3.4 Arbeitsvorbereitung und Schalungsplanung

Neben der mit einem Projekt in dieser Größenordnung einhergehenden intensiven Arbeitsvorbereitung bedingt der Bogenfreivorbau eine umfangreiche Schalungsplanung mit den folgenden Schwerpunkten:

- projektbezogene Planung der Freivorbauwagen mit der Festlegung der Verankerungspunkte der Wagen am Bogen und der von Abspannseilen und sonstigen Einbauten freizuhaltenden Verfahrbereiche auf und unter dem Bogen,

- Ermittlung von Ausgleichsradien entlang des Bogens auf Grundlage der Parabel 2,2-ter-Ordnung unter Berücksichtigung der gestalterisch vorgegebenen Bogenknicke, um ein wirtschaftliches Schalen der Bogentakte zu ermöglichen,

- Planung des Lückenschlusses unter Einbezug der Freivorbaugeräte und

- Planung des Rückfahrens, Ablassens, Querverschiebens und Anhängens der Bogenschalwagen infolge der Tabuzonen unterhalb der Bögen, die ein sonst übliches direktes Absenken der Schalwagen vom Scheitel auf den Boden nicht gestatten.

1.4 Ausführung des Bogenfreivorbaus – Herstellung der Bögen

An dieser Stelle soll der Ablauf des Bogenfreivorbaus rückblickend geschildert werden, nachdem der Bogen West im Juni 2005 und der Bogen Ost im Oktober 2005 erfolgreich geschlossen werden konnte.

1.4.1 Baugruben, Bohrpfähle und Felsanker

Nach Abschluss der umfangreichen Rodungsarbeiten, dem Anlegen der Bau- und Erschließungsstraßen und der Errichtung der Behelfsbrücke über die Seidewitz sowie der durch die ARGE Seidewitztalbrücke zu erstellenden Ausführungsplanung konnte mit der Herstellung der Baugruben im Zeitraum April / Mai 2004 begonnen werden.

Die Böschungen der Baugruben für die Achsen 5 und 7 sind mit einer Spritzbetonvernagelung gesichert worden. Entsprechend erfolgte der Aushub in Lagen von ca. 1,5 Meter. Mit Erreichen der angewitterten Felshorizonte mussten zur Aufrechterhaltung des Baufortschrittes lagenweise Lockerungssprengungen durchgeführt werden.

Bild 6: Baugrube und Herstellung der Bohrpfähle Achse 6

Für die Baugrubensicherung der Achse 6 kam ein Trägerverbau mit Spritzbeton- bzw. Holzausfachung zum Einsatz. In den sensiblen Bereichen hinter den späteren Kämpfern des Bogens war zur Minimierung der Baugrundverformungen die Spritzbetonausfachung auszuführen. Die übrigen Bereiche der Baugrube erhielten eine Holzausfachung. Die Tiefe der Baugrube von ca. 13,0 Meter und die hinter den Kämpfern nur begrenzt zugelassene Verformung des Verbaus erforderten zudem eine 2-lagige Verankerung des Trägerverbaus. Dahingegen konnte für die Achse 8 eine frei geböschte Baugrube ausgeführt werden.

Die Bohrpfahlarbeiten in der Achse 6 erfolgten im direkten Anschluss an die Herstellung der Baugrube (Bild 6). Für die 2 Pfahlkopfplatten der beiden Überbauten wurden insgesamt 40 Bohrpfähle auf mittlere Längen von ca. 8 bis 9 Meter abgeteuft, nachdem sich der erbohrte Fels gegenüber der Erkundung bereits in geringerer Tiefe als gut tragfähig darstellte.

Um die Lasten aus dem Bogenfreivorbau sicher in den Baugrund abtragen zu können, waren, wie zuvor bereits geschildert, in den Achsen 5 und 8 für jeden Bogen jeweils 15 Felsanker erforderlich. Auf Grundlage der an 3 Ankern je Fundamentachse durchgeführten Eignungsprüfung wurde die erforderliche Länge der Felsanker endgültig festgelegt. Das Bohren und Setzen der 20,0 bis 25,0 Meter langen Anker erfolgte direkt im Anschluss an die Herstellung der Baugrubensohle in den Achsen 5 und 8.

1.4.2 Fundamente und Kämpfer

Auch wenn Fundamente von 2,8 Meter Höhe, 10,0 Meter Breite, 7,0 Meter Länge für die Achse 5 oder 1,5 Meter Höhe, 10,0 Meter Breite und 5,5 Meter Länge für die Achse 8 keine unüblichen Abmessungen im Brückenbau darstellen, so bestand jedoch die Herausforderung darin, in diesen Bauteilen jeweils 15 Felsanker und je 26 Festanker der Rückspannseile mit den erforderlichen Zusatzbewehrungen einzubauen.

Als eine der Schlüsselstellen für den Bogen wurden an den Kämpfer erhöhte Anforderungen an die Maßhaltigkeit und Lagegenauigkeit der Anschlussbewehrung für den Bogen gestellt. Aber auch die Bauteilhöhe selbst mit über 5,0 Meter stellte besondere Ansprüche an die Ausbildung der Unterstützung der oberen Bewehrungslage. Durch Ausbildung einer im Kämpfer integrierten Profilstahlkonstruktion – den sogenannten Kämpfergerüsten – konnte diesen Anforderungen in vollem Umfang Rechnung getragen werden.

1.4.3 Pfeiler und Hilfspylone

Die Herstellung der im Grundriss knochenförmigen Pfeiler mit Höhen bis zu 44 Metern in der Achse 7 erfolgte, wie im Bild 7 ersichtlich, mit Kletterschalung in Regelschüssen von 5,0 Meter Höhe. Im Pfeilerkopf mit einer in allen Achsen einheitlichen Höhe von 4,0 Meter wurde der Knochenquerschnitt auf einen an den Außenecken gevouteten Rechteckquerschnitt verzogen.

Da die Kämpferpfeiler für die Abspannung des Bogenfreivorbaus herangezogen wurden, durchdrangen etwa auf halber Pfeilerhöhe in 3 Ebenen die Ab- und Rückspannseile von 3 Bogentakten die Kämpferpfeiler. Damit konnte die Stabilität des Gesamtsystems der Abspannung eines kompletten Halbbogens erhöht werden. Nach Bogenschluss und dem vollständigen Rückbau der Seile wurden diese Pfeilerdurchdringungen ausbetoniert.

Ebenfalls mit Kletterschalung wurden die mit den Kämpferpfeilern biegesteif verbundenen massiven Hilfspylone errichtet. Über die Hilfspylone liefen in 5 Ebenen die Ab- und Rückspannseile von 10 der insgesamt 13 Abspanntakte eines Halbbogens.

Der Abbruch der Hilfspylone nach Bogenschluss erfolgte mit Seilsägen. Der Pylon wurde förmlich in Einzelteile zerlegt, mit Kranhilfe abgetragen und entsorgt.

Bild 7: Herstellung der Pfeiler Achse 5 und 6

1.4.4 Bogenfreivorbau

Auf der Baustelle wurden bei der Herstellung der Bögen drei Abschnitte – Anfänger, Regeltakte und Schlussstücke – unterschieden, die sowohl technisch als auch bezogen auf die Herstellzeit eindeutig zu trennen sind.

Die Anfängertakte wurden mit Längen von 7,0 Meter auf stationärer Schalung und Rüstung hergestellt. Die Besonderheit hierbei bestand darin, dass es sich nicht um ein bodengestütztes, sondern um ein in die Kämpferpfeiler zurückgehängtes Traggerüst in Form einer Zugbrücke handelte (siehe Bild 8). Der maßgebende Grund für diese Art der Ausführung waren die äußerst begrenzten Platzverhältnisse im Bereich der Kämpferachse 7 infolge der Bautabuzonen und des Geländeverlaufs.

Mit Erreichen der erforderlichen Ausschalfestigkeit des Betons von 25,0 N/mm² - als Bogenbeton kam ein Beton C40/50 auf Basis eines CEM-III-Zementes zur Ausführung - konnte mit der Demontage der Anfängerrüstung und der Montage des Bogenschalwagens am Anfänger begonnen werden.

Bild 8: Schalung Bogenanfänger Achse 6 West

Erschwerend für die Montage der mit Schalung ca. 75 Tonnen schweren Bogenschalwagen waren wiederum die Platzverhältnisse an den beiden Kämpferachsen, so dass die beiden Schalwagen nur mit Hilfe der beiden Turmdrehkräne und kleineren Autokränen als Unterstützung in Einzelelementen am Anfänger montiert werden konnten.

Nach beendeter Montage der Bogenschalwagen und Umbau der Schalung vom Anfänger auf den Schalwagen konnte mit der Herstellung der Regeltakte mit Abschnittslängen von 6,0 Meter begonnen werden. Das Arbeitsprogramm zur Herstellung eines Bogentaktes belief sich dabei auf die folgenden, wesentlichen Tätigkeiten:

- Spannen der Ab- und Rückspannseile des zuvor betonierten Taktes,
- Vorbereiten des Bogenschalwagens zum Verfahren,
- Verfahren des Bogenschalwagens in den neuen Takt,
- Verankern des Bogenschalwagens am zuvor betonierten Takt,
- Einrichten des Bogenschalwagens unter Berücksichtigung der Überhöhungen bzw. Untertiefungen in Abhängigkeit der einzelnen Bauzustände, der Temperaturver-

hältnisse des Bogenbetons und der Abspannseile sowie der Verformungen des Bogenschalwagens,

- Bewehren des neuen Taktes einschließlich des Einbaus der Festanker der Abspannseile,
- Betonage des Bogentaktes,
- Einhängen der Ab- und Rückspannseile in den Kämpferpfeiler bzw. Hilfspylon und
- Vorbereitung zum Spannen.

Das gesteckte Ziel der Baustelle, von Beginn an mit beiden Bogenschalwagen zugleich jeweils im Wochentakt zu arbeiten, konnte bereits mit „Inbetriebnahme" des zweiten Bogenschalwagens voll realisiert werden.

Neben der Handhabung der beiden Bogenschalwagen im Wochentakt lag ein Schwerpunkt der Aktivitäten der Baustelle in der Durchführung der eigentlichen Spannarbeiten. Gemäß der Freivorbauplanung waren 6- bzw. 12-Litzenseile für die Bogenab- und -rückspannung vorgegeben. Unter Abwägung aller Baustellengegebenheiten, wie verfügbare Krankapazitäten, Lager- und Montageflächen, Handhabung, Kopplung und Einbau der Seile, Zugänglichkeit und Lage der Spannanker in den Bauteilen sowie der Sicherheit der gleichmäßigen Lasteinleitung in die Litzen und der damit verbundenen Sicherheiten im Freivorbau, hat sich die Baustelle für den Einsatz von Monolitzenseilen und für das Spannen mit Monolitzenpressen entschieden. Zum Schutz vor Korrosion, vor allem jedoch zur Minimierung der Temperatureinflüsse durch Sonneneinstrahlung, wurden die Monolitzen mit einem weißen PE-Mantel umhüllt.

Die Bogengeometrie auf Grundlage einer Parabel 2,2-ter Ordnung mit planmäßigen Knickstellen an den Lasteinleitungspunkten der Bogenständer und des Verbundbereiches stellten hohe Anforderungen die Planung der auf den Freivorbauwagen montierten Schalung. Zunächst wurde ein grundlegender Ausgleichsradius ermittelt, der über Formhölzer und Bogenstichleisten auf dem Schalwagen abgebildet wurde. Damit der Schalwagen die Knickstellen des Bogens ausbilden und durchfahren konnte, wurden in den „Knickbereichen" zusätzliche Schalböden eingelegt.

Bild 9: Vorbereitung Bogenschluss Bogen West

In Vorbereitung auf die Herstellung des Bogenschlusses mit einer Taktlänge von 2,6 Meter wurde zum einen der jeweils letzte Takt eines Halbbogens (Bauabschnitt 15) auf eine Taktlänge von 3,0 Meter reduziert. Zum anderen wurden in diese Takte Stahlprofile zur Ausbildung der Mittelschlusskonstruktion für die Verschlosserung der beiden Bogenhälften im Zuge der Herstellung des Bogenschlusses eingebaut. Der Bogenschluss erfolgte aus statischen Aspekten heraus mit dem Bogenschalwagen der Seite Prag. Zuvor musste jedoch der Schalwagen der Seite Dresden in eine Parkposition zurückgezogen und verankert werden, die aus statischen Gründen in unmittelbarer Nähe zum Bogenscheitel lag. Nachdem der Bogenschalwagen der Seite Prag den visuellen Bogenschluss vorgenommen hatte, der Takt 15 Seite Prag betoniert worden war, konnten die beiden Halbbögen über die Stahlprofile „miteinander verschweißt" und schließlich der eigentliche Bogenschluß vollzogen werden. Abschließend wurden nach Vorgabe der Freivorbauplanung die noch verbliebenen Abspannseile in 2 zeitlich getrennten Etappen entspannt und der Bogen „auf seine eigenen Füße gestellt".

Im Zuge des Entspannens und Ausbauens der noch verbliebenen Seile bestand eine weitere Aufgabenstellung darin, beide Bogenschalwagen jeweils bis zu den Startpunkten, d.h. bis zu den Kämpfern Achse 6 und 7 zurückzufahren und vom Bogen West auf den Bogen Ost umzubauen. Entgegen der üblichen Vorgehensweise, die Bogenschalwagen im Scheitelbereich ins Tal abzulassen, bedingte der komplett zu schützende Auwald das Zurückfahren. Mit Hilfe von Litzenhebern und eigens für das Rückfahren konstruierten Fahrwerken konnten die Schalwagen nacheinander in ihre ursprüngliche Startposition zurückgefahren, abgesenkt, auf

Verschubbahnen querverschoben und anschließend – diesmal im Ganzen – über die Bogenanfänger Bogen Ost hochgezogen und an diesen angeschlagen werden.

Bild 10: Vorbereitung zum Lückenschluss Bogen Ost

Der Freivorbau für den 2.Bogen – den Bogen Ost – konnte dann nach dem gleichen Prinzip begonnen und vollendet werden (Bild 10).

1.4.5 Messsystematik und Messtechnik

Wie bereits angekündigt, soll an dieser Stelle kurz auf die auf der Baustelle eingesetzte Messtechnik eingegangen werden, da im Freivorbau verschiedene Messverfahren eine entscheidende Rolle für einen sicheren und schließlich erfolgreichen Bauverlauf spielen.

Die Messungen der Seilkräfte zur Überwachung des abgespannten Freivorbaus erfolgten mit Hilfe von BRIMOS (Bridge-Monitoring-System). Das System beruht auf der Aufzeichnung von Seilschwingungen und der Ermittlung der entsprechenden Eigenfrequenzen. Mit Hilfe der bekannten Größen Seillänge, E-Modul und Eigengewicht lassen sich die Seilkräfte in Abhängigkeit der Bauzustände hinreichend genau ermitteln.

Zur Überprüfung der Festigkeit des Bogenbetons vor Ort wurden sogenannte Reifecomputer eingesetzt, um den Beginn von Ausschal- oder aber auch Vorspannarbeiten verlässlich festsetzen zu können. Entgegen der Bestimmung der Festigkeiten über Probewürfel mit den bekannten und nie ganz auszuschließenden Fehlerquellen macht sich die Bestimmung der Festigkeit direkt am Bauteil das wesentlich günstigere Temperatur-Oberflächen-Verhältnis im Vergleich zu den Probewürfeln zu Nutzen. Der Reifecomputer misst in definierten Zeitintervallen die Temperaturen im Bauteil und ermittelt über die Zeitschiene mit Hilfe des c-Wertes des Zementes die Reife des Betons. Über eine sortenbezogene Reifefunktion, die an Probekörpern ermittelt wurde, konnte die Baustelle „rund um die Uhr" zuverlässig auf die Festigkeit des Bogenbetons schließen.

Das Einrichten der neuen Betoniertakte der Bögen erfolgte mit Tachymetermessungen. Im direkten Anschluss wurden die Höhen der zurückliegenden Abschnitte für die stetig zu führenden Soll-Ist-Vergleiche der Bögen im Bauzustand erfasst. Mit Tachymetermessungen wurden auch die Lage der Abspannfundamente und die Auslenkung der Kämpferpfeiler bzw. Hilfspylone überprüft, so dass der Freivorbau in allen wesentlichen Abschnitten kontrolliert ablaufen konnte.

Darüber hinaus wurden durch die Baustelle die 56-Tage-Druckfestigkeitsprüfungen an Probewürfeln des Bogenbetons durchgeführt und die E-Modulwerte der einzelnen Bogentakte bestimmt.

1.5 Herstellung der Überbauten

Jeweils im Anschluss an die Herstellung der Bögen wurden die Bogenständer betoniert und die Stahlhohlkästen für den 2-stegigen-Verbundplattenbalken – einem weiteren beauftragten Sondervorschlag – im Taktschiebeverfahren durch unseren ARGE-Partner Plauen Stahl Technologie (PST) analog Bild 11 eingeschoben. Nach der Verschlosserung der Stahlhohlkästen mit dem Bogen und der Betonage des Verbundbereiches konnte mit der bogensymmetrischen Herstellung der Fahrbahnplatte begonnen werden.

Die Betonage der insgesamt 31 Fahrbahntakte eines Überbaus (18 Takte auf der Seite Dresden / Achse 1, 12 Takte Seite Prag / Achse 10, 1 Schlußtakt) erfolgte mit einem – im Vergleich zum Bogenfreivorbau – in der Praxis weit verbreiteten und vielfach bewährten Verfahren, das auf den Einsatz von so genannten „obenfahrenden (auf den Stahlhohlkästen) Überbauschalwagen beruht.

Mit der Betonage des 1. Taktes wurde mit der Herstellung der Fahrbahnplatte West (Richtungsfahrbahn Dresden – Prag) Ende September 2005 begonnen. Die Arbeiten im Wochentakt wurden auch über den Winter 2005 / 2006 fortgesetzt und schließlich im Februar 2006 abgeschlossen.

Bild 11: Einschub der Stahlhohlkästen Überbau Ost

In Anlehnung an den Bogenfreivorbau wurde anschließend der Überbauschalwagen Seite Prag zum Startpunkt (Achse 10) zurückgefahren und auf die Stahlhohlkästen der Fahrbahnplatte Ost (Richtungsfahrbahn Prag – Dresden) umgesetzt.

Um die Gesamtbauzeit der Brücke durch Einsparung der Umbau- und statisch erforderlichen Vorlaufzeit des Schalwagens Seite Dresden weiter zu verkürzen, wurde noch während der Herstellung der Fahrbahn West für die Fahrbahn Ost ein dritter Überbauschalwagen aufgebaut und in Betrieb genommen.

Im Juni 2006 wurde mit der Betonage des Schlusstaktes Überbaus Ost die Herstellung der insgesamt 62 Fahrbahnplattentakte abgeschlossen.

Seit dem Frühjahr 2006 laufen die Ausstattungsarbeiten (Abdichtung, Kappen, Geländer, Straßenbau) im vollen Umfang.

Der Auftraggeber plant die Verkehrsfreigabe des 3 Abschnittes der A17 von der Anschlußstelle Pirna bis zur Bundesgrenze nach Tschechien für Ende 2006.

Bild 12: Herstellung Fahrbahnplatte Überbau Ost

1.6 Projektbeteiligte

Bauherr: DEGES Deutsche Einheit Fernstraßenplanung– und – bau GmbH im Auftrag der Bundesrepublik und des Freistaates Sachsen

Auftragnehmer: ARGE Seidewitztalbrücke

Ed. Züblin AG, Niederlassung Dresden (Technische Geschäftsführung)

Plauen Stahl Technologie, Betriebsstätte Neu-Isenburg (Kaufmännische Geschäftsführung)

Planer des AG: Leonhardt, Andrä und Partner, Büro Dresden

Prüfer des AG: GMG Ingenieurpartnerschaft, Dresden

Bauoberleitung, Bauüberwachung: Hering Hartenberger Wienecke und Partner, Braunschweig

Planer der ARGE: Ingenieurkonsulent Erhard Kargel, Linz (Bogenfreivorbau)

Dipl.-Ing. Konrad Schulze Ingenieurbüro für Bauwesen, Burgwedel (Baugruben, Schal- und Bewehrungspläne Bogen und Überbau)

IWS Beratende Ingenieure, Idstein / Taunus (Überbaustatik)

Die 2. Strelasundquerung mit der Rügenbrücke – interaktive Entwicklungen in der Bauphase

Dr.-Ing. **Karl Kleinhanß**, DEGES,
Deutsche Einheit Fernstraßenplanungs- und –bau GmbH, Berlin;
Dr.-Ing. **Björn Schmidt-Hurtienne**, EHS, NL Schwerin;
Dipl.-Ing. **Martin Steinkühler**, Max Bögl Bauunternehmung, Neumarkt

Zusammenfassung

Die Rügenbrücke im Zuge der 2. Strelasundquerung ist die derzeit längste Brückenbaustelle Deutschlands und soll 2007 fertiggestellt sein. Von ingenieurtechnischer Bedeutung sind die Vielfalt der verwendeten Bauweisen für die Überbauten, die bautechnischen Innovationen und nicht zuletzt die objektspezifischen Gestaltungselemente.
Ihre baubegleitende Entwicklung und Umsetzung innerhalb des beengten Terminrahmens war nur möglich im interaktiven Dialog zwischen Auftraggeber und Auftragnehmer.

1. Ingenieurtechnische Besonderheiten

Die 2. Strelasundquerung verbindet über die B 96 neu die Insel Rügen mit der seit Dezember 2005 durchgängig von Lübeck bis Stettin befahrbaren Ostseeautobahn A 20.
Die insgesamt 4 100 m lange, bautechnisch besonders anspruchsvolle Teilstrecke zwischen der Ortsumgehung Stralsund und der Anschlussstelle Altefähr auf Rügen überquert mit der 2 830 m langen Rügenbrücke den Ostteil Stralsunds, den als Bundeswasserstraße eingestuften Ziegelgraben, die Insel Dänholm und den Strelasund. Je zur Hälfte führt die Brücke über dicht bebautes Stadtgebiet sowie über die unter Offshore-Bedingungen zu überbauende Ostsee (Bild 1). Im Vordergrund der Entwurfsarbeit stand die Aufgabe, eine mit dem Altstadtbild Stralsunds verträgliche Gestaltung der Hochbrücke zu entwickeln. Die zunächst geäußerten Bedenken, eine Hochbrücke könnte den Status Weltkulturerbe der Hansestadt Stralsund gefährden, wurden durch eine sorgfältig optimierte Lösung ausgeräumt.

Bild 1: Visualisierung 2. Strelasundquerung

Besonderes Augenmerk wurde dabei dem „Führungstragwerk", der 42 m hohen und 198 m weiten Überspannung des Ziegelgrabens gewidmet. Die inzwischen realisierte Pylon- bzw. Schrägseilbrücke besticht durch ihre Eleganz und Schlankheit, ihre harmonische Einbindung in das maritim geprägte Umfeld sowie durch die gestalterisch, technisch und wirtschaftlich vorteilhafte Tropfenform für alle druckbeanspruchten Tragglieder.

Der gesamte Brückenzug besteht aus sechs Teilbauwerken, welche durch gleichartige Entwurfselemente zu einer gestalterischen Einheit verknüpft sind. Zur Ausführung gelangen für die Vorlandbrücken ein zweistegiger Spannbetonplattenbalken, ein Stahl-Verbundüberbau, ein Spannbetonhohlkasten sowie für die Schrägseilbrücke ein dreizelliger Stahlhohlkasten. Bemerkenswert sind vor allem die Vielzahl der für den Großbrückenbau in Deutschland richtungsweisenden bautechnischen Neuerungen, insbesondere die Erstanwendung von Litzenbündeln sowie von selbstverdichtendem Beton, jeweils mit Zustimmung im Einzelfall durch das BMVBS mit Beteiligung des DIBt bzw. der BASt.

Sämtliche Innovationen wurden erst im Zuge der Bauausführung im interaktiven Dialog zwischen Auftraggeber und Auftragnehmer in das Projekt eingebracht, ausgelöst durch neue Erkenntnisse bzw. Aufgabenstellungen in der Phase der Bauausführung.

2. Interaktive Umsetzung des Bauvertrages

Im Projektablauf der 2. Strelasundquerung werden, wie bei allen großen Infrastrukturvorhaben, die Kriterien Baurecht, Finanzen, Technik und Funktion über die Phasen Projektentwicklung, Bauvorbereitung, Baudurchführung und Gewährleistung schrittweise in ihren Wechselbeziehungen entwickelt und verdichtet, bevor das nutzungserprobte Produkt in die Hände des Baulastträgers, des Landes Mecklenburg-Vorpommern, übergeben werden kann. Die DEGES als projektverantwortliche Planungs- und Baugesellschaft ist ebenso wie die bauausführende ARGE Max Bögl Bauunternehmung erst dann entlastet (Bild 2).

Kriterien \ Phasen	Baurecht	Finanzen	Technik	Funktion
Projektentwicklung	Planfeststellungsbeschluss	← AKS ← ←	Vorentwurf	Anhörung
Bauvorbereitung	AVB/ZVB	Vergabe Bauauftrag	Entwurf RAB BRÜ	Baubeschreibung
Interaktiver Dialog zwischen Auftraggeber und Auftragnehmer				
Baudurchführung	Bauakten	Kosten Controlling	Abnahme	Dialog mit Nutzern
Gewährleistung		Schlußrechnung	Hauptprüfung	Betrieb

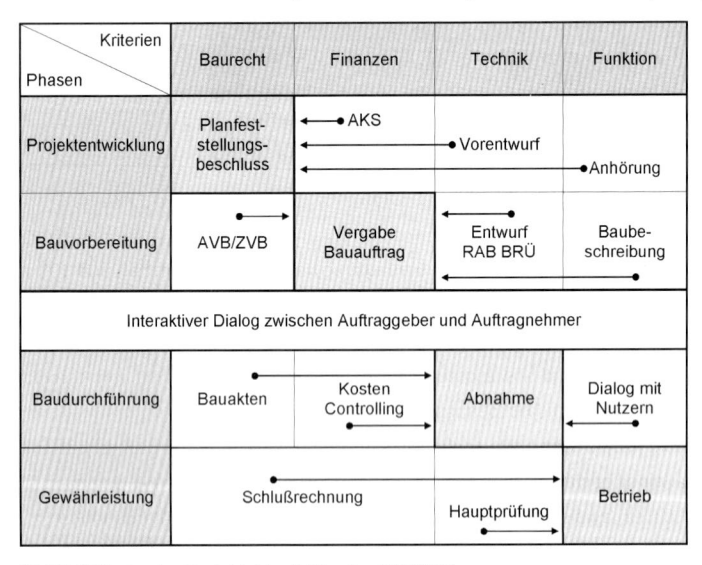

Bild 2: Kriterien im Projektablauf (Quelle: DEGES)

Bis zum Abschluss des Bauvertrages behält der Bauherr bzw. der Auftraggeber mit seinen Dienstleistern alleine die Projektverantwortung und muss dabei insbesondere das Baurecht mit dem Planfeststellungsbeschluss erwirken, ein erster Meilenstein im Projektgeschehen. Mit der Beauftragung des wirtschaftlichsten Bieters bekommt er im Idealfall einen erfahrenen Partner, der sich vor allem um das „Wie" der Baudurchführung kümmert. Der Auftraggeber hat vorher das „Was", also das Ziel der Bauleistung, vorgegeben. Danach hält er sich keinesfalls aus dem Baugeschehen heraus, sondern er begleitet mit seinem gesammelten Erfahrungsschatz aus vergleichbaren Brückenbauvorhaben und seinem projektspezifischen

Know-how intensiv und interaktiv den Bauablauf. Das „Fordern und Fördern" der Vertragsleistungen im Dialog mit dem Auftragnehmer ist seine Aufgabe. Diese Verknüpfung der Erfahrungen auf Seiten des Auftraggebers mit den Ideen des Auftragnehmers führt auch zu Verbesserungen bei der Fertigung und Montage. Der Baufirma hat der „interaktiv" handelnde Auftraggeber dafür Raum zu geben, solange die Qualität der Vertragsleistung gewahrt bleibt. So können technische Innovationen noch baubegleitend in das Projekt eingeführt werden, ohne die engen Terminvorgaben außer Acht zu lassen. Alle beteiligten Stellen auf Auftraggeber- wie auf Auftragnehmerseite verfolgten diese Entwicklungen mit beispielhaftem Engagement, weil sie sich dem primären Projektziel verpflichtet sahen, auf der Basis des Bauvertrages die Qualität des Bauwerkes überall dort zu verbessern, wo es notwendig und möglich ist.

3. Funktional veranlasste Innovationen

Im Zuge der Umsetzung des Bauvertrages ließen sich nicht nur neue Erkenntnisse aus den eventuell örtlich vorgefundenen, von den Entwurfsannahmen abweichenden oder im Detail noch nicht bis zu Ende durchdachten Randbedingungen in das Projekt einführen, sondern auch Anregungen aus dem Umfeld des Bauvorhabens, wie den Anliegern, den Medien und vielen Bürgern, welche dieses innerstädtische Bauvorhaben aufmerksam und - durchaus im positiven Sinne - kritisch verfolgten.

Dabei gaben gerade die in der Vorplanung und im Planfeststellungsverfahren erkannten Probleme und Widerstände gegen das Projekt die notwendigen Impulse, um zu innovativen Lösungen zu kommen (Bild 3).

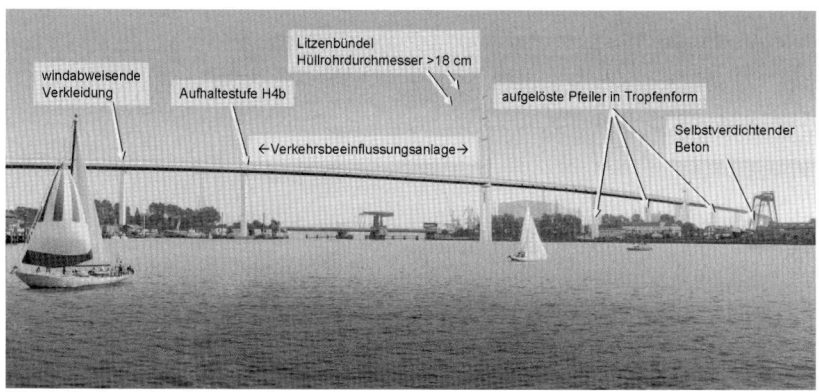

Bild 3: Baubegleitende Innovationen

Das Paradebeispiel ist die charakteristische Tropfenform für sämtliche Stützglieder, welche zunächst als reines Gestaltungselement mit Bezug zur maritimen Umgebung eingeführt wurde. Im Verlauf der Bearbeitung stellte sie sich darüber hinaus als statisch günstiges, da windschlüpfriges Tragglied und somit auch als wirtschaftlich heraus. Noch während der Ausführungsplanung wurden die teilweise als Wandscheiben geplanten Pfeiler konsequent aufgelöst.

Die erstmalige Anwendung von Litzenbündeln im deutschen Großbrückenbau wurde begünstigt durch die Forderung der Vogelschützer, den Schrägseilen der Ziegelgrabenbrücke einen Mindestdurchmesser von 12 cm zu geben, um Vogelschlag zu vermeiden. Dieser Wert wurde im Planfeststellungsbeschluss ausdrücklich festgeschrieben. Dennoch konnten zunächst nur die in Deutschland zugelassenen voll verschlossenen Seile ausgeschrieben werden, obwohl sie nicht voll ausgenutzt waren. Bei den langen Seilen hätte die geringe Ausnutzung zu einem konstruktiv und ästhetisch ungünstigen Durchhang geführt. Heute ist bereits absehbar, dass die Litzenbündel hinsichtlich Korrosionsschutz, Auswechselbarkeit, Montage und Wirtschaftlichkeit dem ausgeschriebenen System zumindest gleichwertig sind (Bild 4).

Die 34 Einzellitzen der Schrägseile werden zwischen Spannankern DYNA Grip DG-P 37 geführt.
Die Litzen werden durch den Ankerblock geführt und nach dem Spannen mit Keilen verankert. Eine Ringmutter überträgt die Seilkraft auf die Verankerungsplatten am Pylon und am Überbau. Ca. 2 m vor dem Ankerblock werden die aufgefächerten Litzen zu einem parallelen Seilstrang gebündelt und ab hier in einem Kunststoffrohr aus HDPE (high density polyethylen) geführt. Die Lagerrohre am Überbau bzw. am Pylon schützen die Spannanker gegen Feuchtigkeit. Der Überstand der Litzen wird durch eine mit Fett ausgepreßte Kappe verschlossen und erlaubt das Nachspannen der Seile.

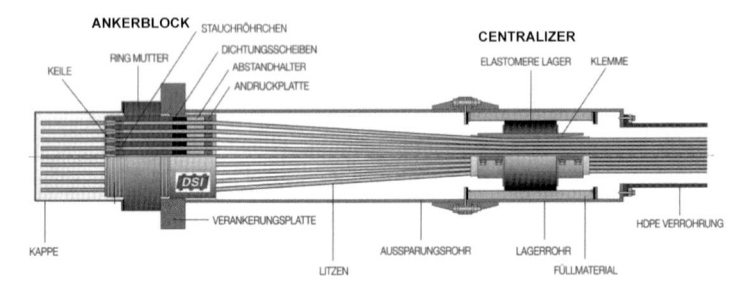

Bild 4: Litzenbündel System DYNA-Grip von SUSPA / DSI

Ebenfalls als Erstanwendung im Großbrückenbau kam selbstverdichtender Beton für die Verbundbereiche der beiden Y-Stützen im Zuge der Verbundbrücke Stralsund zur Anwendung (siehe Abschnitt 7).

Besonderes Augenmerk im Hinblick auf einen leistungsfähigen, störungsfreien und sicheren Betrieb des Brückenbauwerkes wurden der Fahrsicherheit auf der Brücke sowie der Gefahrenabwehr für die sich unterhalb der Brücke aufhaltenden Personen gewidmet. Dabei führen die auf der Hochbrücke deutlich höheren Windgeschwindigkeiten zu Seitenwindeinfluss auf die Fahrzeuge und zu einem erhöhten Risiko der Spurabweichung bis zum Absturzrisiko. Deshalb wurde untersucht, wie sich eine windabweisende Verkleidung auswirkt, zunächst über numerische Simulation, danach durch Windkanalversuche für den Überbau sowie den Pylon. Im Ergebnis wurde festgestellt, dass eine 2 m hohe Verkleidung die Kippgefahr eines LKW auf etwa die Hälfte reduziert, wobei die Abschirmung der Verkleidung gerade bei Starkwind besonders effizient ist.

Darüber hinaus wird in den absturzgefährdeten Bereichen eine auf die Aufhaltestufe H4b ausgelegte Absturzsicherung eingebaut, welche LKW-Abstürze mit großer Wahrscheinlichkeit ausschließen wird. Die Lasteinleitungen im Stahlüberbau wurden dafür bereits bemessen und konstruktiv berücksichtigt.

4. Organisation des Baubetriebes

Dieses Bauvorhaben mit einem Baufeld von 4 km Länge, je hälftig über bebautem Land bzw. Wasser, mit Arbeiten in sensiblen Umweltbereichen sowie mit Verknüpfung unterschiedlicher Bauweisen stellt besondere Anforderungen an die Organisation des Baubetriebes.

Die Arbeitsgemeinschaft 2. Strelasundquerung hat das gewerbliche Personal vor Ort eingestellt. Damit konnten sowohl für die Offshore-Arbeiten Fachleute gewonnen werden, die das Arbeiten auf dem Wasser gewohnt sind, als auch erfahrene Brückenbauer, die bereits beim Neubau der A 20 tätig waren. Auf diese Weise konnte zu dem der Arbeitsmarkt vor Ort entlastet werden.

Für die Andienung der Offshore-Unterbauten wurde in Altefähr auf Rügen eine Anlegestelle mit hydraulischer Auffahrtsrampe eingerichtet. Zum Betonieren der Unterbauten werden Pontons eingesetzt, die mit Betonpumpen und bis zu vier Fahrmischern bestückt werden. Sie werden über Schubboote zu den Einsatzorten verholt (Bild 5).

Bild 5: Betonmischer auf Ponton

Ein Nadelöhr ist die alte Ziegelgrabenbrücke, die als Klappbrücke dreimal am Tag und zweimal in der Nacht für den Schiffsverkehr geöffnet wird. Die Materialandienung ist dann unterbrochen, in der Ferienzeit entstehen lange Staus. Die Betoniertermine müssen daher auf die Öffnungszeiten abgestimmt werden, bis der Baustellenverkehr über die stralsundseitige Vorlandbrücke und die Schrägseilbrücke geführt werden kann.

Um Trübungsfahnen im Strelasund zu vermeiden, wurden alle wasserseitigen Gründungsarbeiten in geschlossenen Baugruben durchgeführt. Das Einbringen des Kolkschutzes sowie alle Erdarbeiten erfolgen dort außerhalb des Heringszuges. Zur Vermeidung von Setzungen an der parallel laufenden B 96 wird auf Bohrpfählen bis 30 m tief gegründet. Um Schäden an der störanfälligen Klappbrücke im Ziegelgraben vorzubeugen, waren die Spundwände der Baugruben in diesem Bereich einzupressen.

Die Schlüsselgewerke Bohrpfahlgründung, alle Beton- und Schalungsarbeiten, Stahlbaufertigung und Montage sowie die Abdichtungsarbeiten konnten innerhalb der Unternehmensgruppe Max Bögl in einem Haus technisch und logistisch abgewickelt werden.

Über ein Planverwaltungsprogramm haben alle Unternehmensteile und die Aufsteller der Ausführungsplanung Zugriff auf die Pläne. Dadurch bleiben die Kommunikationswege kurz, die Nachunternehmer sind eingebunden. Über den Koordinator / Projektleiter erfolgt die Vernetzung zum Auftraggeber, den Prüfingenieuren und der Bauüberwachung.

Zur Verkürzung der Bauzeit und zur Qualitätsverbesserung werden im Bereich der Verbundbrücke Filigranplatten als verlorene Schalung in der Ortbetonplatte eingesetzt. Bei den Kappen kommen Halbfertigteile zum Einsatz.

5. Logistik und Montage

Der gesamte Stahlbau wurde im Fertigungsbetrieb der ausführenden Firma Max Bögl in Neumarkt/Oberpfalz hergestellt.

Für die Verbundbrücke wurden bis zu 25 m lange L-förmige Segmente auf dem Straßenweg zur Baustelle transportiert und auf einem Montageplatz zu U-förmigen Trögen zusammengeschweißt. Der Verbundtrog wurde in 8 Schüssen bis 81 m Länge mit Raupenkran montiert und über Verschlosserungen gesichert.

Die Stahlüberbauten des dreizelligen Hohlkastens für die Schrägseilbrücke wurden in je 6 Querschnittsteilen mit Längen bis zu ca. 30 m über Schwerlasttransporter angeliefert. Im Hafen von Stralsund bzw. Lubmin waren Flächen angemietet, um die Querschnitte zu den Montageeinheiten bis zu 55 m Länge und 470 to Gewicht zusammenzuschweißen. Nur das „Herzstück der Brücke", der Pylonfuß mit der Überbaudurchdringung, wurde mit einem Stückgewicht von 130 to auf dem Schiffsweg nach Stralsund transportiert. Für die 582 m

Wir setzen Maßstäbe

Zu den Besten zu gehören heißt, ständig neue Maßstäbe zu setzen. Wir von Züblin stellen uns dieser Herausforderung – Tag für Tag, weltweit.

Gemeinsam mit unseren Kunden realisieren erfahrene Projektteams technisch und wirtschaftlich optimierte Bauvorhaben jeder Art und Größe. Erstklassig ausgebildete Fachleute auf den Baustellen gewährleisten die einwandfreie und termingerechte Ausführung der Projekte.

Dieses Selbstverständnis, zusammen mit unserem soliden wirtschaftlichen Handeln, macht uns zu einem leistungsfähigen und verlässlichen Partner – und das seit über 100 Jahren.

Ed. Züblin AG

ZÜBLIN

Albstadtweg 3
70567 Stuttgart
Telefon +49 711 7883-0
Telefax +49 711 7883-390
E-Mail info@zueblin.de
www.zueblin.de

lange Ziegelgrabenbrücke mit ca. 6000 to Stahl wurden über 80 Schwerlasttransporte durchgeführt, teilweise über Baustraßen der noch nicht fertig gestellten Ostseeautobahn A 20.

Die Montage erfolgte bei den zwei Landfeldern mit Hilfe eines Raupenkranes unter Einsatz von Schwebeballast. Für die Montage der Wasserfelder kam der Schwimmkran Taklift 7 zum Einsatz. Er besitzt eine max. Hebekraft von 1200 to und hat eine maximale Hubhöhe von 160 m. Wegen des Tiefganges mussten sowohl die Fahrrinne für die sogenannte Nordansteuerung als auch das Hafenbecken in Teilbereichen ausgebaggert werden.

Das größte, ca. 90 m lange und 850 to schwere Segment wurde gleichzeitig mit Schwimmkran und Litzenheber in Schräglage montiert, um es zwischen Pylonpfeiler und Kragarm einpassen zu können.

Die Hauptöffnung mit 198 m Spannweite und einer lichten Höhe über Wasser von 42 m wurde im Freivorbau mit 16,1 m langen und 140 to schweren Segmenten mit Hilfe des Schwimmkranes vorgebaut. Dabei diente ein Derrickgerüst zum Ausrichten und Anhängen, bis der Montagestoß abgeschweißt und über die Seile zurückgehängt war. Parallel zum Freivorbau wurden die Pylonsegmente und jeweils vier Seile montiert. Die Pylonspitze liegt bei 127, 75 m ü. NN. Zum Austarieren der Spannweite von 198 m zu 126 m musste Schwergewichtsbeton eingebracht werden, um ein Abheben des Überbaus zu vermeiden. Dieser Beton wurde mit eisenerzhaltigen Zuschlägen hergestellt, um ein möglichst großes Gewicht zu erreichen. Der Einbau erfolgte im Hohlkasten in drei Betonierabschnitten als Verbund- bzw. Ballastbeton.

Beim Einbau der Seile wurde zuerst das Hüllrohr in Position gehoben, um dann Litze für Litze einzeln einzuziehen und vorzuspannen. Durch den Spannvorgang mit zwei hydraulisch gekoppelten Monopressen wird sichergestellt, dass nach dem Spannvorgang alle Litzen eines Seiles die gleiche Kraft aufweisen. Gemäß Spannprogramm wird eine Überlastung des Pylons sowie des Überbaus vermieden. Begleitet wurde die Montage durch ein umfassendes Messprogramm (siehe Abschnitt 9)

Dabei zeigte sich, dass der Montagezeitraum von November bis April trotz des harten Winters 2006 gut gewählt war. Die Temperaturdifferenzen waren wie der Einfluss der Sonneneinstrahlung klein, was die Vermessungsgenauigkeit steigerte. Der geringe Verkehr in der Schifffahrtsrinne ermöglichte es, den Schwimmkran für Montagen festzumachen und so die Rinne in Absprache mit dem Wasserschifffahrtsamt zu sperren. Bei starkem Eisgang halfen Eisbrecher und Schlepper aus. Die Montage von 18 Überbauschüssen mit 13 Pylonsegmenten und 32 Seilen wurde so in 22 Wochen erfolgreich durchgeführt.

6. Selbstverdichtender Beton (SVB) für die Verbundknoten

Bei der Vorlandbrücke Stralsund sind neben der 72 m weiten Hauptöffnung Y-Stützen angeordnet. Hier werden die Lasten aus dem Verbundüberbau über tropfenförmige Stahlstreben in den Betonpfeiler geleitet. Hier wurde aufgrund des Bewehrungsgehaltes, der Geometrie des kompakten Knotens und der unzugänglichen Verbundbereiche selbstverdichtender Beton (SVB) eingesetzt.

Dieser ist aufgrund seiner Zusammensetzung in der Lage, ohne Rüttelhilfe in alle Hohlräume zu fließen und dabei selbst zu entlüften und zu verdichten. Er sedimentiert oder entmischt sich nicht, sondern verteilt die Zuschläge gleichmäßig. Dadurch wird eine homogene und dichte Struktur gewährleistet. Diese Eigenschaften werden durch Zugabe von Flugasche, Fließmittel und hohem Mehlkorngehalt mit einer speziellen Rezeptur erreicht.

Der Einsatz von selbstverdichtendem Beton im Brückenbau bedarf einer Zustimmung im Einzelfall. Diese wurde unter Mitwirkung der Bundesanstalt für Straßenwesen auf Antrag des Landes Mecklenburg-Vorpommern durch das Bundesministerium für Verkehr, Bau und Stadtentwicklung unter Begleitung der TU Rostock im Auftrag der DEGES erteilt.

Bild 6: Y-Stützen

Für das Betonieren der Knoten waren folgende Zwangspunkte zu berücksichtigen:
- exponierte Lage, Betoneinbringung nur über Betonierstutzen
- geringe Liefermenge 25m³ / Std. wegen längerer Mischdauer
- Gewährleistung einer Festigkeitsklasse C 35/45 und einer dichten Oberfläche
- Einbindung der tropfenförmigen, nicht begehbaren Schrägstreben
- hoher Bewehrungsgehalt

Von Betontechnologen der Max Bögl Bauunternehmung wurde ein Befüll- und Kontrollsystem entwickelt. Dieses ist Bestandteil des vierteiligen Qualitätssicherungsplanes, der als Arbeitsanweisung eingereicht und mit der Zustimmung im Einzelfall freigegeben wurde. Voraussetzung war die Herstellung eines Musterbauteiles im Rahmen eines Verarbeitungsversuches, welches identisch mit den geometrischen Randbedingungen und der vorgesehenen

Betonrezeptur war. Weil nach dem Ausschalen kleinere Poren bzw. Lufteinschlüsse sichtbar wurden, mussten Verbesserungen für das Orginal abgeleitet werden. Bohrkerne an der Seite und an der oberen Rundung belegten eine geschlossene Struktur ohne Entmischung.

Im Herbst 2005 wurden beide Pfeilerköpfe mit jeweils 65 m³ Beton hergestellt. Die Schalung erinnert mit ihren Spanten und gekrümmten Oberflächen an den Schiffsbau. Neben den zur Befüllung und Entlüftung vorgesehenen Stutzen waren weitere Öffnungen zur Steuerung der Fließrichtung und Kontrolle installiert. Das Baustellenpersonal war nur mit dem Umsetzen des Pumpenschlauches und der Schalungskontrolle sowie dem Beobachten des Fließverhaltens befasst. Das Betonieren verlief kontinuierlich und ohne Unterbrechungen.

Der gelieferte Beton wurde bereits im Werk und dann am Einbauort in einem Baustellenlabor intensiv eigen- und fremdüberwacht. Alle Frischbetonuntersuchungen wie Setzfließversuch mit Blockierring, Fließzeit t500, Trichterauslaufzeit, Gefügestabilität, Blockier- und Sedimentierneigung wurden durchgeführt. Darüber hinaus wurden LP- Gehalt, Frischbetonrohdichte, Wasserzementwert und nicht zuletzt die Temperaturen ermittelt.

Das im Vorfeld festgelegte Betonierkonzept bestätigte sich durch die ordnungsgemäße Ausführung. Alle Betonierabschnitte waren vollständig und ohne Fehlstellen gefüllt, der Verbund zwischen Stahlstrebe und Bewehrung gewährleistet. Die Betoneigenschaften bei den Frisch- und Festbetonprüfungen wurden zielsicher erreicht.

Es bleibt festzustellen, daß die Anwendung von SVB in der Praxis des Brückenbaus eine aufwendige Qualitätssicherung erfordert. Bei sorgfältiger Arbeitsvorbereitung ist selbstverdichtender Beton für die Herstellung von hochbelasteten, geometrisch anspruchsvollen Bauteilen eine geeignete Lösung.

7. Instrumente im Qualitätsmanagement

Für die Abwicklung eines Projektes dieser Größenordnung, bei dem vielfältige Bauverfahren, Baustoffe, Systeme und logistische Abläufe zum Einsatz kommen, muss das vertraglich vereinbarte objektspezifische Qualitätssicherungssystem konsequent organisiert sowie in der Ausführungsphase kontinuierlich und kreativ umgesetzt werden.

Bereits im Bauvertrag sind unter anderem folgende Elemente festgelegt:
- Eigenüberwachung der Lieferfirmen
- Zertifizierung nach ISO 9000
- Bauleitungs- und Koordinatorenfunktionen
- Fremdüberwachung durch externe MPAs und Prüflabors.
- Bauüberwachung des AG auf der Baustelle und im Werk.

- Bautechnische Prüfung der Ausführungsunterlagen durch Prüfingenieure
- Prüfung der Ausführungsunterlagen durch die BÜ.
- Abnahme von Teilbauleistungen durch die BÜ.
- Bauwerksprüfung nach DIN 1076

Für eine so komplexe Bauaufgabe müssen insbesondere der Informationsfluss und der Austausch von Erfahrungen und Kompetenzen zwischen den Vertragspartnern reibungslos funktionieren. Ein Datenverlust in der Informationskette zwischen Auftraggeber, Planungsbüros, ausführenden Firmen, Prüfingenieur oder Bauüberwachung wird zu Fehlern und damit zu Qualitätsminderungen führen.

Deshalb wurde für die Bauphase der 2. Strelasundquerung ein mehrstufiger Abstimmungsprozess aus großen und kleinen Baubesprechungen, Klärungs- und Abstimmungsgesprächen, Montagelagebesprechungen und Qualitätsaudits mit Fehleranalysen und Korrekturmaßnahmen installiert (durchschnittlich dreimal je Woche).

Die Zustimmung im Einzelfall für den erstmaligen Einsatz von Litzenseilen im Großbrückenbau in Deutschland sowie für die Anwendung des Selbstverdichtenden Betons wurde zusammen mit den Entwicklungspartnern erwirkt.

Die Expertengruppe „Litzenseile" hat auf der Basis des fib bulletin 30 *Recommendations for the Acceptance of Stay Cable Systems using Prestressing Steels* die Zulassungsversuche festgelegt und die System- und Materialparameter bestimmt, die das Litzenseilsystem erfüllen musste. So wurden u. a. an der TU München Ermüdungsversuche am Litzenbündel mit Biegewinkelabweichungen von 0,6° an den Verankerungen erfolgreich durchgeführt. In weiteren Versuchen wurde u. a. die Dichtigkeit des Verankerungskörpers unter Betriebsbedingungen getestet.

Zur Überwachung der Fertigung und Montage der Litzenseile wurde eine Qualitätsmatrix erstellt, die alle Schritte von der Herstellung der Litzen bis hin zur Konformitätsprüfung im Endzustand bei den überwachenden Stellen mit Zuständigkeiten belegt und deren Aufgaben definiert.

Ein ganz entscheidendes Instrument zur Qualitätssicherung ist die lückenlose Definition und Beschreibung der Arbeitsprozesse in Arbeitsanweisungen, Meß- und Spannprogrammen. Die Erstellung der Arbeitsanweisungen durch den AN und die Prüfung durch die BOL/BÜ und den Prüfingenieur führt zu einem Optimierungsvorgang, bei dem sämtliche am Bau Beteiligten die Abläufe vorausschauend analysieren und in Bezug auf Sicherheit, Praktikabilität und Wirtschaftlichkeit zur Einsatzreife entwickeln. So ist sichergestellt, dass die Erfahrungen und Vorstellungen des Auftraggebers mit denen des Auftragnehmers kompatibel sind und erfolgreich umgesetzt werden.

8. Gestaltende Bauüberwachung

Zwingende Voraussetzung für die baubegleitende Umsetzung des Bauvertrags, einschließlich der Innovationen und funktionalen Verbesserungen ist der Grundkonsens aller Beteiligter, den Bauprozess als eine Partnerschaft auf Zeit zwischen Auftraggeber und Auftragnehmer im Dienste eines optimalen Projektresultats zu verstehen.

Der Bauüberwachung auf Seiten des Auftraggebers wächst darin die Aufgabe zu, neben den reinen Überwachungstätigkeiten vorausschauend und kreativ Vorschläge zur Verbesserung der Qualität, der Funktionalität und des Bauablaufs zu machen. Aus der reinen geometrisch vertraglichen Planprüfung lassen sich so konstruktive Verbesserungen im Dialog mit dem AN entwickeln.

Offenheit für die Verwendung neuer Bauverfahren, gepaart mit Verantwortung und Sorgfalt bei der Umsetzung der technischen Entwicklungen, erfordert das Wissen um den Stand der Technik und der Normen. Nur so kann das technische Regelwerk auf Seiten des Auftraggebers und der Bauoberleitung entsprechend interpretiert und fortgeschrieben sowie durch den Auftragnehmer in neuen Bauverfahren umgesetzt werden.

Als Beispiel sei die fachtechnische Begleitung der Erstanwendung der Litzenseile durch die BOL/BÜ mit Unterstützung von Prof. Jungwirth genannt. In gleicher Form wurden baubegleitend weitere technisch/funktionale Verbesserungen initiiert und umgesetzt, wie die vorsorgliche Anordnung von Schonblechen für Schutzeinrichtungen der Aufhaltestufe H4B an der Ziegelgrabenbrücke.

Eine gestaltende Bauüberwachung reagiert nicht nur bei Problemen und Bedenken, sondern sie löst rechtzeitig Vorgänge und Klärungsprozesse aus, um den reibungslosen Fortgang der Arbeiten zu sichern und, wo angezeigt, dem Bauwerk einen höheren Nutzungswert zu geben. Die Wirksamkeit von Windabweisern auf der Hochbrücke wurde beispielsweise noch parallel zur Ausführungsplanung über Windkanalversuche nachgewiesen.

Verbesserungsvorschläge der Baufirma, wie z.B. die Verwendung von Teilfertigteilplatten für die Ortbetonverbundplatte, können im konstruktiven Dialog baubegleitend aufgenommen und umgesetzt werden.

Die Fortentwicklung der Instrumente zur Qualitätssicherung zählt ebenfalls zu den Aufgaben einer gestaltenden Bauüberwachung. Bei der Ziegelgrabenbrücke werden Teile der Brückenhauptprüfung vorgezogen, um Bauteile, die entweder während der Bauphase verschlossen werden, wie die Verankerungen der Seile, oder später nur mit erhöhtem Aufwand zugänglich sind, wie die korrosionsgeschützten Außenflächen am Pylon sowie der Unterseite des Überbaus, vom Montagegerüst aus zu prüfen.

9. Montage-Controlling der Schrägseilbrücke

Die Entwicklung der Montagezustände beim Freivorbau einer Schrägseilbrücke erfordert eine sehr genaue Planung und Überwachung aller Kraft- und Verformungszustände, da dieses vielfach statisch unbestimmte System nachträglich nur unter großem Aufwand korrigiert werden kann. Über die Vorspannung der Seile lassen sich beliebige Schnittgrößen im Überbau einprägen. Im Umkehrschluss führen Montageungenauigkeiten und Abweichungen in den Seilkräften aber zu unplanmäßigen Zwangskräften. Umso wichtiger ist neben einer genauen rechnerischen Erfassung aller Bauzustände auch das Controlling der Systementwicklung vom Werk bis zur Endmontage.

Für die spannungslose Werkstattform wurden schon im Werk die Geometrie, die Verschweißung und der Korrosionsschutz sämtlicher Stahlbauteile durch die Eigenüberwachung und die Fertigungsüberwachung der BÜ kontrolliert. Der Winkeltreue an den Seilverankerungspunkten kam eine besondere Bedeutung zu, da gemäß Zustimmung im Einzelfall nur eine Winkelabweichung zwischen Bündelachse und Verankerung von maximal ±0,6° unter Ermüdungslasten zulässig ist.

Für die Freivorbaumontage wurde ein Messprogramm mit Soll-Werten der Lage des Überbaus und des Pylons für jeden Montage- und Seilvorspannungszustand aufgestellt, mit dem auch die maßgebenden Toleranzen fixiert wurden.

Auf dem Vormontageplatz wurde die Maßgenauigkeit des dreizelligen Hohlkastens in den Stoßfugen von der BÜ überprüft, um vor dem Einhub die Passung abzusichern. Bild 7 zeigt den Einhub eines Segmentes unter laufender vermessungstechnischer Überwachung. Nach dem Abgleich der Ist-Lage mit den Soll-Werten aus der statischen Berechnung wurde der Stoß verschlossert, das Segment am Schwimmkran ausgehängt und anschließend die Fuge verschweißt.

Bild 7: Montage im Freivorbau

Parallel zu den Schweißarbeiten wurde das nächste landseitige Seilpaar eingezogen und auf ca. 50% vorgespannt. Anschließend wurde das Seilpaar auf der Seeseite montiert und ebenfalls auf ca. 50% vorgespannt.

Die 2. Spannstufe wurde erst nach Abgleich der rechnerischen Soll- mit der gemessenen Ist-Lage des Überbaus einschließlich Korrekturmaßnahmen in den Seilvorspannkräften wiederum zuerst auf der Landseite und dann auf der Seeseite aufgebracht. Nach der endgültigen Vorspannung der Seile wurden die Seilkräfte über Lift-Off-Tests an mindestens 3 Litzen pro Seil kontrolliert und der Überbau und Pylon vermessen. Diese Auswertung bildete die Grundlage für Anpassungen in den Vorspannkräften der nächsten Seilpaare.

In Ergänzung zu den Vermessungen der ausführenden Firma wurden Kontrollvermessungen von der BÜ veranlasst. Sämtliche Soll-Ist-Vergleiche wurden im laufenden Dialog zwischen AG, AN, Prüfingenieur und BÜ durchgeführt und diskutiert. In den Montagelagebesprechungen wurden Anpassungsmaßnahmen bei Abweichungen oder unerwarteten Einflüssen beschlossen.

Dabei zeigte sich, dass zum Erzielen der Sollgradiente die Seile um ca. 10% bis 20% höher vorgespannt werden mussten. Ein Grund dafür waren die um 7% höheren Schussgewichte.

Dieses Montagekonzept führt schrittweise zu einem zielgerichteten Einpendeln des Überbaus und des Pylons in die Endlage. Exemplarisch zeigt Bild 8 die Abweichung der Ist-Lage vom Endzustand in den Referenzpunkten an den Querträgern 200.12 und 200.28 (Mitte des großen Hauptfeldes). Mit fortschreitender Montage wird der planmäßige Endzustand asymptotisch eingestellt.

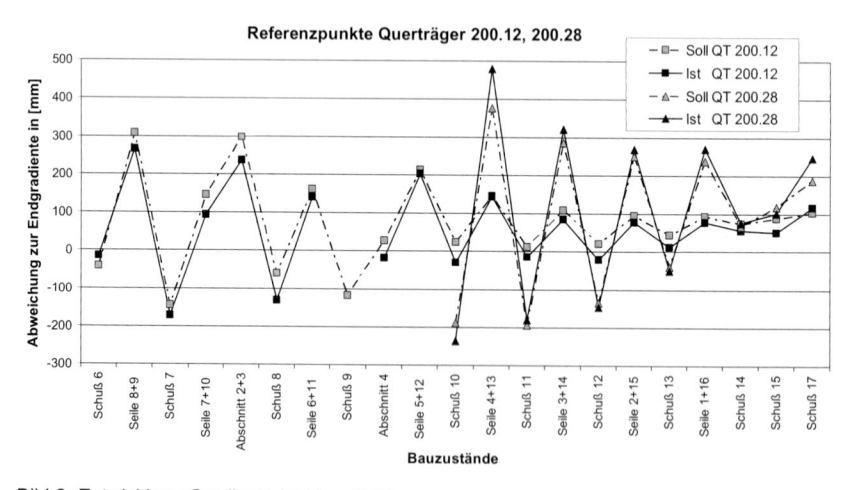

Bild 8: Entwicklung Gradiente im Hauptfeld

Der Kragarm des Freivorbaus gewinnt durch den Einbau der Seile zunehmend an Steifigkeit, so dass über die Wahl der Seilkräfte bei bekannter Steifigkeit der Einzelbauteile eine genaue Prognose der Verformungen möglich ist. Durch eine Feinjustierung der Seilkräfte und der Ballastbetonmenge während der Bauphase konnte eine sehr gute Approximation der Endgradiente erreicht werden, ohne die Seile nachspannen zu müssen.

Nach dem Abschluss der Stahlbau- und Seilmontage wurden der Überbau und der Pylon unter gleichmäßigen Temperaturbedingungen und im verkehrslastfreien Zustand in den frühen Morgenstunden vermessen. Außerdem wurden die Seilkräfte in allen Seilen mit Lift-off-Tests an 4 Litzen bestimmt. Verglichen mit dem Plansoll liegen die Vermessungsergebnisse durchwegs im Rahmen der zulässigen Toleranzen. Die Messung der Seilkräfte über Lift-off-Tests an Einzellitzen hat sich als zuverlässiges Mittel zur Hochrechnung auf die Gesamtseilkraft bewährt. Zur Dokumentation werden aus den Messergebnissen Schnittgrößenverläufe für den Eigengewichts- und Seilvorspannungslastfall erstellt und den Bauwerksakten zur späteren Überwachung gemäß Wartungsbuch beigefügt.

Die Biegewinkel an der Seilverankerung sind nach Feinjustierung der „Centralizer" im zulässigen Rahmen, so dass noch vor Aufbringen der endgültigen Ausbaulasten das Verschließen der Seilverankerungspunkte nach Bestätigung durch die vorgezogene Bauwerksprüfung erfolgen konnte.

Über ein vorbeugendes Controlling wird bis zur Verkehrsübergabe das Schwingungsverhalten der Seile mit einem Messprogramm überwacht und ausgewertet. Zusätzlich zur Schwingungsamplitude der Seile werden Windstärke, -richtung und Niederschlag gemessen, um die Gefährdung bezüglich Regen- Wind- induzierter Schwingungen zu erfassen. Die Messungen dienen als Entscheidungsbasis für einen eventuellen Einbau von Dämpfern, auf den nach den bisher beobachteten, wegen der Systemdämpfung der Litzenbündel erfreulicherweise geringen Amplituden voraussichtlich verzichtet werden kann.

10. Perspektiven für den Großbrückenbau

Mit dem Einhub der letzten beiden Überbauteile wurde am 06. April 2006, gerade 18 Monate nach Baubeginn, die Montage der technisch anspruchsvollen und innovativen Schrägseilbrücke über den Ziegelgraben erfolgreich abgeschlossen (Bild 9). Damit sollten auch die restlichen Rohbauleistungen bis zum Lückenschluss der Strelasundbrücke auf Rügen im 1. Halbjahr 2007 planmäßig ablaufen, damit die 2. Strelasundquerung im 2. Halbjahr 2007 unter Verkehr gehen kann.

Bild 9: Bautenstand der Schrägseilbrücke im Juli 2006

Dass bei diesem, angesichts der Komplexität der Bauleistungen erstaunlich zügigem Baufortschritt eine Vielzahl funktionaler und technischer Innovationen baubegleitend umgesetzt werden konnte, ist nicht zuletzt dem außerordentlich konstruktiven „interaktiven Dialog" zwischen allen auf Auftraggeber- und Auftragnehmerseite Beteiligten zu verdanken. Sie alle fühlten sich dem obersten Grundsatz des von der DEGES installierten QM-Systems verpflichtet: „Diese Brücke muss wachsen und gedeihen" - und sie handelten danach.

Die bei der Rügenbrücke gewonnenen Erfahrungen und Erkenntnisse sind nach ihrer erfolgreichen Erstanwendung auch für andere Projekte nutzbar und dürften somit dem deutschen Großbrückenbau neue Anstöße geben, was bereits bei den in der Planung bzw. im Bau befindlichen Schrägseilbrücken in Wesel und Meißen erfolgt zu sein scheint.

Tragwerk und Montage der Bügelgebäude des Berliner Hauptbahnhofes

Dr.-Ing. **Bernd Naujoks**, Donges Stahlbau GmbH, Darmstadt

Zusammenfassung

Der Rohbau der Bügelbauten des Berliner Hauptbahnhofes, vormals Lehrter Bahnhof, wurde im Januar 2006 fertiggestellt. Nachfolgend wird das Tragwerk des zwölfgeschossigen Gebäudes in Stahlverbundbauweise erläutert und die außergewöhnliche Montage der 87 m langen Brücken beschrieben.

1 Einleitung

Nach elfjähriger Bauzeit ist der neu erbaute Berliner Hauptbahnhof der zentrale Bahnhof der Bundeshauptstadt und der größte Kreuzungsbahnhof Europas. Die „Kathedrale der Mobilität", wie die Architekten von Gerkan, Mark und Partner den neuen Hauptbahnhof der Deutschen Bahn nennen, ist pünktlich zur Fußballweltmeisterschaft in Betrieb gegangen.
Im Rahmen dieser Baumaßnahme hat die Donges Stahlbau GmbH über dem bereits bestehenden Ost-West-Glasdach die Rohbauten der sogenannten Bügelbauten errichtet. Sowohl die Stahlkonstruktion mit einem Gesamtvolumen von ca. 9.500 Tonnen als auch der Massivbau für Decken, Treppenhäuser und Aufzugsschächte mit ca. 16.500 Kubikmetern Beton und Leichtbeton und 3.500 Tonnen Bewehrungsstahl sind im Auftragsvolumen enthalten. Zwischen vier 12-geschossigen Türmen mit 46 Meter Höhe überspannen zwei Brücken mit vier Geschossen die Bahngleise mit einer Spannweite von 87 Meter. Allein die Stahltonnage der Brücken beträgt 4380 Tonnen. Zusätzlich tragen diese Brücken das dazwischen liegende 210 Meter lange Nord-Süd-Glasdach, das durch den ARGE-Partner MERO TSK errichtet wird. Insgesamt umfassen die beiden Bügelbauten rund 50.000 Quadratmeter Geschossfläche, die für eine Büronutzung konzipiert sind.

Jeder Bügelbau besitzt nördlich und südlich liegende sogenannte Bügelfüße sowie die verbindende Fachwerkbrücke oberhalb der bereits fertiggestellten Ost-West verlaufenden Bahnsteigüberdachung. Das Nord-Süd-Glasdach lagert auf den Türmen und hängt an den innenliegenden Fachwerkscheiben der Brücken. Es schließt als Dach der Bahnhofshalle die Lücke im Ost-West-Dach (Bild 1).

Bild 1: Perspektive der Bügelgebäude (Quelle Deutsche Bahn AG / Archimation

Das Brückentragwerk besteht im Wesentlichen aus zwei seitlichen Fachwerkscheiben in Stahlverbundbauweise, die die dazwischen liegenden vier Geschosse der Brücke tragen. Um die Brückenkonstruktion der Bügelbauten ohne Beeinträchtigung des Bahnverkehrs errichten zu können, wurde ein außergewöhnliches Montagekonzept gewählt: hierbei werden je zwei Brückenhälften senkrecht auf den Bügelfüßen errichtet, um bei gesperrtem Bahnverkehr über zwei auf den Innenseiten der Bügelfüße liegende Gelenke - ähnlich dem Schließen einer Zugbrücke – gegeneinander in die waagerechte Endlage geklappt und endgültig miteinander verschweißt zu werden.

Nach zweieinhalbjähriger Planung – es waren immerhin 2.500 Zugverbindungen vom innerstädtischen S-Bahn bis europäischen Fernverkehr betroffen –, fand die erste von zwei „Sperrpausen" für den vielbeachteten ersten Klappvorgang für die Westbrücke von Freitag, 29. Juli 2005, 22.00 Uhr bis Montag, 01. August 2005, 04.00 Uhr statt. Nach 20 Stunden hatten die beiden Brückenteile die waagerechte Endlage erreicht. Zwei Wochen später, vom 12. bis 15. August 2005, wurde die Ostbrücke nach gleichem Verfahren in ihre Endlage gebracht.

2 Tragwerksbeschreibung

Allgemein

Der westliche und der östliche Bügel sind identische Gebäude, den Grundriss des östlichen Bügels erhält man dabei über eine Punktspiegelung des westlichen Grundrisses (Bild 2).

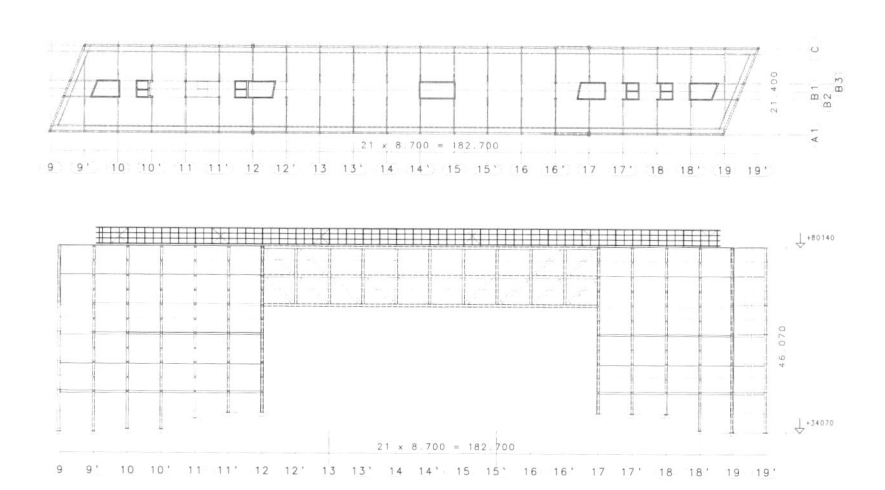

Bild 2: Ansicht und Grundriss des westlichen Bügelgebäudes

Eine markante Gliederung erhalten die Gebäude über das außenliegende Stahltragwerk vor der Glasfassade. Die Stahlverbundstützen stehen in einem gleichmäßigen Raster von 21 x 8,70 [m], daraus ergibt sich eine Gesamtlänge der Bügel von 182,70 m. Der Abstand der horizontalen Riegel beträgt 7.20 m, dies entspricht der doppelten Geschosshöhe von 3,60m. Bei einem Achsabstand der Außenstützen von 21,40 m hat die Rohbetondecke eine Breite von 18,90 m. Die Ebenen 7 bis 11 werden oberhalb des Ost-West-Glasdaches von zwei Fachwerkscheiben mit einer Spannweite von 87,00 m getragen. Mit den großzügiger und offen gestalteten unteren Ebenen 0 und ½ erhält man eine Gebäudehöhe von h = 4,43 + 5,24 + 10 x 3,60 = 45,67 m.

Die Aussteifung jedes Bügelgebäudes erfolgt über insgesamt sieben Stahlbetonkerne, die die horizontalen Windlasten und die Abtriebskräfte aus den Stahlverbundstützen aufnehmen. Sowohl die Außenstützen der Bügelfüße als auch die Fachwerkscheiben der Bügelbrücken tragen lediglich Vertikallasten ab. Die in Bild 1 erkennbaren horizontalen Riegel im Bereich der Bügelfüße, die eine Rahmenwirkung des Stahltragwerkes suggerieren, haben keine tragende Funktion. Sie sind auf Knaggen an den Stützen schwimmend gelagert. Die Außenstützen der Bügelfüße sind deshalb reine Pendelstützen, die im Deckenabstand von 3,60 m durch die unverschieblich angeschlossenen Deckenträger stabilisiert werden.

Im Inneren des Gebäudes sind die Deckenträger, die ebenfalls als Verbundträger ausgeführt werden, entweder an Stahlverbund-Innenstützen oder auf Knaggen am Stahlbetonkern gelagert.

Bügelfüße

Die Außenstützen der Bügelfüße sind ausbetonierte Quadrathohlprofile von 500 x 500 [mm} mit Blechdicken von 12 und 15 mm. Nach dem vereinfachten Brandschutznachweis gemäß DIN 4102 Teil 4 haben die Stützen im unteren Bereich einen Längsbewehrungsgrad von 6%, dies entspricht 22 x $\varnothing$ 28 mm, BSt 500, im oberen Bereich 12 x $\varnothing$ 28 mm = 3 %. Die nichttragenden horizontalen Riegel haben die gleichen Außenabmessungen, wurden jedoch mit 8mm Blechdicke ausgeführt.

Die Deckenträger sind Schweißprofile mit 280 mm Höhe. Mit der Annahme der gelenkigen Auflagerung an den Knaggen haben diese Einfeldträger eine Spannweite von zirka 8300 mm. Der Deckenrandträger ist generell ein HEB280, der mit einem angeschweißten Randwinkel als verlorene Schalung eingebaut wurde (Bild 3).

Bild 3: Deckenträger und Stahlbetonkern

Die Betonierlast wurde durch die Schalung aufgenommen, deshalb konnte für fast alle Deckenträger Eigengewichtsverbund angesetzt werden. Eine Ausnahme bildet die Ebene 5 im Norden. Wegen des späten Baubeginns war absehbar, dass die reguläre Betonage zum geplanten Beginn der Brückenmontage auf dieser Ebene nicht fertiggestellt werden kann. Es wurde deshalb entschieden, diese Decken mit einer Trapezblechschalung auszuführen. So konnte die Ebene 5, unabhängig von der Betonage der unteren Ebenen, vorzeitig betoniert werden, damit die Fachwerkmontage der Brücken rechtzeitig beginnen konnte. Da hier die

Deckenträger die volle Betonierlast ohne Verbundwirkung abtragen, wurden die Profile entsprechend stärker überhöht.

Brücke

Das Tragwerk der Brücken der Bügelbauten besteht im wesentlichen aus zwei seitlichen Fachwerkscheiben in Stahlverbundbauweise, die die dazwischenliegenden vier Geschosse der Brücke tragen. Das Fachwerk besteht aus Unter-, Mittel- und Obergurt, Pfosten und Diagonalen sowie den sogenannten Pylonen, die über elf Geschosse alle Vertikallasten aus der Brücke abtragen. Die Bezeichnung Pylone stammt aus einer früheren Entwurfsphase, in der eine Hängebrücke geplant war. Bild 2 zeigt eine Systemskizze des außenliegenden Stahlverbundtragwerkes. Die Brücke ist als eigenständiges Tragwerk nahezu entkoppelt von den Bügelfüßen und lediglich in Brückenmitte durch ein Festlager mit einer Deckenscheibe verbunden. Alle übrigen Deckenträger sind längs verschieblich am Fachwerk angeschlossen. Der Pylon wird in Ebene 3 durch ein längsfestes Lager gehalten, um die Knicklänge dieses Druckstabes mit $N_{s,d}$ = 49 MN Druckkräften zu verkürzen.

In Bild 4 sind die Stabquerschnitte des Stahlverbundfachwerkes dargestellt. Der Untergurt ist auf eine Zugkraft von $N_{s,d}$ = 64 MN, der Obergurt auf eine Druckkraft von $N_{s,d}$ = 53 MN bemessen worden.

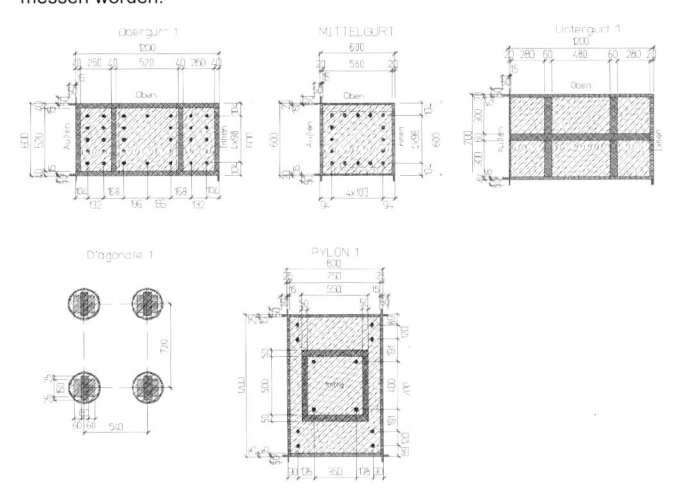

Bild 4: Stabquerschnitte des Fachwerkes

Während die druckbeanspruchten Stäbe des Brückenfachwerkes den Stahlbeton im Hohlprofil auch im kalten Zustand nutzen, wird der Beton beim Untergurt und den Diagonalen nur als Brandschutz eingesetzt. Nach einem Brandschutzgutachten konnten die Blechdicken der reinen Stahlbaulösung des Entwurfes durch die Verbundbauversion deutlich reduziert werden. Der Beton bietet im Brandfall ausreichenden Schutz für den innenliegenden H-Querschnitt des Untergurtes und die Lamellenpakete in den Rohren der Diagonalen (Bild 5).

Bild 5: Fachwerkdiagonale

An den Knoten werden alle Fachwerkkräfte durch je zwei 60mm dicke Knotenbleche übertragen. An diese werden die Außenstege der Pfosten und Mittelgurte, h x b = 600 x 600 [mm] und die Innenstege von Obergurt, h x b = 600 x 1200 [mm] sowie Untergurt, h x b = 700 x 1200 [mm] stumpf angeschlossen. Die Profilgurte sind mit Kehlnähten an die Knotenbleche angeschweißt. Die anteiligen Betonnormalkräfte der Diagonalkräfte werden vom Knotenblech in Mittelgurt und Obergurt mit Kopfbolzen eingeleitet (Bild 6). Den gleichen Zweck erfüllten an den Pfosten bis zu 80 mm dicke Schottbleche.

Die Decken und Innenstützen der Brücke haben in den Ebenen 8 bis 11 einen ähnlichen Aufbau wie die Bügelfüße. Zur Reduzierung der ständigen Lasten werden die Brückenebenen 8 bis 10, sowie der Treppenhauskern in Brückenmitte in Leichtbeton ausgeführt. Die Vertikallasten aus den Innenstützen und des Treppenhauskernes werden in der untersten Brückenebene 7 von Abfangträgern aufgenommen, die die Last nach außen in die Fachwerkscheiben transportieren. Diese Abfangträger haben eine Spannweite von 20,50 m und wurden als Stahlverbundhohlkästen ausgeführt.

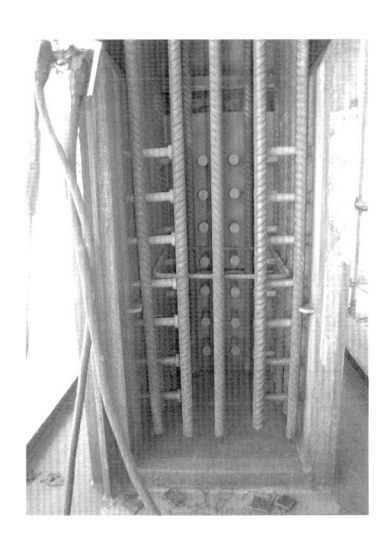

Bild 6: Knoten Mittelgurt – Pylonoberteil

Lagerungssystem der Brücke

Um Zwängungen zwischen Massivbau und dem außenliegenden Fachwerk (beispielsweise durch einen Temperaturunterschied zwischen Stahltragwerk im Freien und dem klimatisierten Gebäudeinneren) zu minimieren, wurden fast alle Deckenträgeranschlüsse verschieblich ausgebildet. Dabei kamen folgende Lager zum Einsatz:

- Allseits verschiebliche Lager
In den Ebenen 1 bis 6 müssen die Auflager der Deckenträger an den Pylonen nur Vertikallasten aufnehmen. Eingebaut wurden Verformungsgleitlager von Calenberg. Die bewehrten Elastomerplatten haben an der Unterseite eine 0,5mm dicke aufvulkanisierte PTFE-Folie, auf die Konsolen an den Pylonen wurden Edelstahlplatten als Gleitpartner aufgeschweißt. Da die Lager in jedem Lastfall ausreichend überdrückt sind, ist keine zusätzliche Lagesicherung erforderlich – die Deckenträger werden einfach auf die Elastomerplatten aufgelegt.
Vorteilhaft an dieser Art Lager ist die einfache robuste Ausführung und die niedrige Bauhöhe. Einschließlich Edelstahlplatte beträgt sie lediglich 30mm.
Sämtliche Deckenträger erhalten im Außenbereich eine Brandschutzverkleidung, Wärmedämmung sowie eine Aluminium-Blechverkleidung. Dennoch sollten die Außenabmessungen der Verkleidung denen der Stützen und Riegel entsprechen (500 x 500 [mm] im Bügelfuß;

600 x 600 [mm] in der Brücke). Dank der niedrigen Lagerhöhe verschwinden sowohl der Deckenträger als auch die Konsole zur Freunde des Architekten vollständig in der Verkleidung – entsprechend niedriger sind auch die Wärmeverluste an der Wärmebrücke „Deckenträger durchdringt die Außenfassade".

- Querverschiebliche, längsfeste Lager

In der Ebende 3 muß der Pylon in Brückenlängsrichtung gehalten werden, um die Knicklänge dieses Druckstabes in der Fachwerkebene zu reduzieren. Direkt oberhalb des Deckenträgers wurde eine Stahlknagge mit Blockdübeln in die Decke einbetoniert, um die Horizontallasten infolge Abtriebskräften nach Theorie II.O. und Temperaturschwankung in die Deckenscheibe einzuleiten. Auf diese sogenannten Zahnleisten soll nachfolgend noch näher eingegangen werden.

- Querfeste, längsverschiebliche Lager

Diese Lager wurden zur Stabilisierung der Brücken senkrecht zur Fachwerkebene eingebaut. Zum Einsatz kamen Radialgelenklager von INA-Elges, die in die Deckenträgerstege eingelassen wurden (Bild 7). Diese ermöglichen eine gelenkige Auflagerung senkrecht zur Deckenträgerachse, in Brückenlängsrichtung gleiten die Lager mit einem eingeklebten PTFE-Gewebe über die Edelstahlwellen. Der Reibbeiwert beträgt nach der Einlaufphase zwischen 2% und 6%. Bei sehr geringem Platzbedarf können erhebliche Vertikal- und Horizontallasten von diesen Radialgelenklagern aufgenommen werden, die die Wellen wie einen Ring umfassen, $V_{R,d}$ = 2685 kN bei einem Wellendurchmesser von 119 mm.

Das spezielle PTFE-Gewebe darf dabei unter Gebrauchslasten mit Pressungen bis zu 300 N/mm^2 beansprucht werden.

Maßbebend für die Bemessung war einerseits die Augenstabbeanspruchung der Deckenträgerstege. Bei einer festgelegten Deckenträgerhöhe von konstant 280 mm waren die möglichen Außendurchmesser der Radialgelenklager begrenzt. Andererseits war ein Mindestdurchmesser der Edelstabwellen erforderlich, da diese bei Gleitwegen 55 mm in beide Richtungen, im Gegensatz zu einer klassischen Bolzenverbindung, erheblich auf Biegung beansprucht werden.

Bei der Wahl eines geeigneten Werkstoffes für die Wellen – nichtrostend - gehärtete Oberfläche - ausreichende Zähigkeit im Inneren - hohe Streckgrenze, da Durchmesser begrenzt - ist aus Sicht der Verfasser, die Beratung durch eine qualifizierte Materialprüfungsanstalt absolut empfehlenswert. Durch einfache kostengünstige Vorversuche kann bereits in der Entwurfsphase festgestellt werden, welcher nichtrostender Stahl die oben genannten Anforderungen erfüllt.

Die Abfangträger der untersten Brückenebene erhielten wegen der deutliche höheren Lasten, vertikal $F_{z,d}$ = 6,74 MN, horizontal $F_{y,d}$ = 1,34 MN, keine Radialgelenklager sondern Linienkippgleitlager, siehe Bild 7. Nach Vorgabe des Architekten sollten diese Lager in Auflagertaschen im Fachwerkuntergurt eingebaut werden, damit Abfangträgerachse und Fachwerkuntergurtachse auf gleicher Höhe liegen. Zur Übertragung der oben genannten Lagerlasten stand deshalb nur ein Platz von a_x x b_y x h_z = 1250 x 300 x 1000 [mm] bei Gleitwegen von +/- 55mm in Brückenlängsrichtung zur Verfügung.

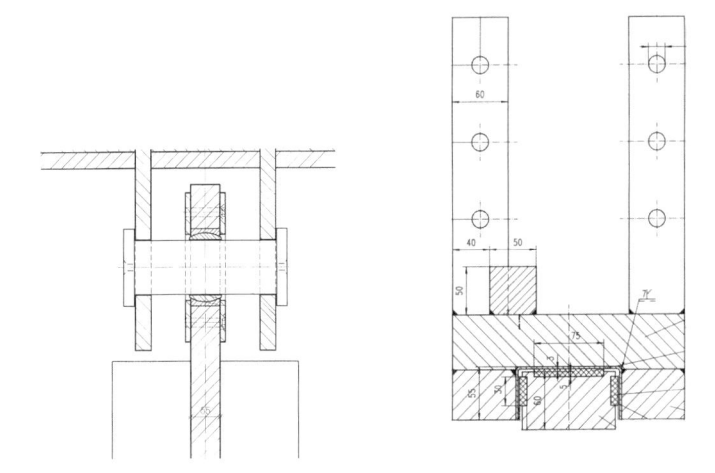

Bild 7: Draufsicht Radialgelenklager, Querschnitt Linienkippgleitlager

Dieser Platz reichte für herkömmliche Verformungsgleitlager oder Kalottengleitlager nicht aus. Zum Einsatz kamen deshalb neu entwickelte Linienkippgleitlager von Maurer Soehne. Das Lager besteht aus einem unteren Block, 800 x 100 x 60 [mm] in dessen Nuten die Gleitleisten eingeklebt werden und einem U-förmigen Oberteil, mit einer Edelstahlplatte auf der Innenseite, 800 x 250 x 60 [mm], das über das Lagerunterteil gestülpt wird. Während das Unterteil bereits im Werk in der Auflagertasche des Fachwerkuntergurtes aufgeschweißt wurde, überträgt das Lageroberteil die Vertikallasten über Kontakt und die Horizontallasten über eine zusätzliche Knagge. Eine Schraubverbindung war wegen der beengten Platzverhältnisse nicht möglich, gleichzeitig durfte am eingebauten Lager nicht mehr geschweißt werden, da ansonsten das Gleitmaterial geschädigt würde.

Das Besondere an diesem Lager ist die Mehrfachfunktion der oberen Gleitleiste, die gegenüber herkömmlichem PTFE die doppelte Flächenpressung aufnehmen kann. Sie ermöglicht die Übertragung der Vertikallasten während das Lageroberteil in Brückenlängsrichtung verschieblich ist. Gleichzeitig nimmt sie die Verdrehung des aufgelagerten Abfangträgers auf, die aus der Krümmung des Trägers resultiert. Diese Aufgabe übernehmen bei herkömmlichen Lagern entweder ein gesondertes Elastomer oder eine Kalotte. Im Gegensatz zu Straßen- oder Eisenbahnbrücken ändert sich jedoch der vom Lager aufzunehmende Drehwinkel im Hochbau über einen wesentlich längeren Zeitraum. Nach Abschluss des Gebäudeausbaus können die weiteren Drehwinkel nahezu vernachlässigt werden, da auch die Verkehrslasten in einem Bürogebäude quasistatisch sind. Die Gleitleiste kann deshalb mit dem weiteren Brückenausbau den Drehwinkel über plastische Verformung aufnehmen und sich mit dem materialspezifischen Kaltfluss „der neuen Situation anpassen". Versuche an der MPA Stuttgart haben ergeben, dass diese Verformungen keinen Einfluss auf die Gleiteigenschaften des Materials haben.

Da Radialgelenklager nicht bauaufsichtlich zugelassen sind, ein Edelstahl mit besonderen Anforderungen für die Wellen erforderlich war und wegen des neuartigen Einsatzgebietes von Gleitmaterial, das bewusst plastisch verformt wird, um Lagerverdrehungen aufzunehmen war für diese Lager eine Zustimmung im Einzelfall erforderlich.

- Zahnleisten

An mehreren Punkten des Gebäudes müssen Horizontallasten vom Stahltragwerk in die Deckenscheiben eingeleitet werden. Hierzu waren in der Entwurfsstatik einbetonierte Knaggen geplant, die die Horizontallast über ein sägezahnförmiges Gussteil = Zahnleiste in die Stahlbetonscheibe einleiten.

Diese wurden in der Ausführungsplanung durch an eine Stahlplatte geschweißte Blockdübel ersetzt, deren Tragfähigkeit nach EC 4 ermittelt werden kann. In beiden Versionen werden die Zugkräfte an der Zahnleiste infolge Versatzmoment (Versatz = Abstand zwischen Achse Stahltragwerk und Außenkante Deckenscheibe) und Druckstrebenneigung (Schräge Druckstrebe am Blockdübel) über angeschweißte Bewehrung vom Stahlbeton aufgenommen. Mit diesen Zahnleisten werden Horizontallasten zwischen $H_{x,d}$ = 640 kN am Bügelfuß und $H_{x,d}$ = 2630 kN am Festpunkt in Brückenmitte abgetragen. Die aufnehmbare Grenzkraft

$H_{x,d}$ = 106 kN beträgt je Blockdübel, da der Außenrand der Decke wegen eines Lüftungskanals lediglich 15 cm dick ist. Entsprechend schwierig gestaltete sich die Konstruktion der möglichen Bewehrungsführung in diesem Bereich, da senkrecht zur Zahnleistenbewehrung erhebliche Bewehrung erforderlich ist, um die Scheibenkräfte und den Schulterschub des Verbundträgers im Deckenrandstreifen aufzunehmen.

Flachdecken und Treppenhauskerne

Die 20 cm dicken Stahlbetondecken wurden als Flachdecken berechnet, die an den Deckenrandträgern und senkrecht dazu im Abstand von 8,70 m auf den Deckenträgern liniengelagert ist. Im Bereich der Treppenhauskerne wurde eine Einspannung in die Kernwände berücksichtigt. Da die Kerne mit einer Kletterschalung betoniert wurden, mussten für den Anschluss dieser Einspannbewehrung zahlreiche Muffenstöße in den Wänden eingebaut werden.

Die 4 m breiten Deckenstreifen zwischen den Kernen wurden im räumlichen Gesamtmodell von Schlaich Bergermann und Partner als biegesteife Riegel angesetzt. Daraus resultierte zusätzliche Rahmenbewehrung von den Kernwänden in die Deckenstreifen mit entsprechend vielen Muffenstößen. Diese Maßnahme, die Kerne mit dazwischen liegenden Deckenstreifen als Rahmen auszuführen, soll nachfolgend erläutert werden.

Wie bereits erwähnt, sollten die Bügelbrücken in einer frühen Planungsphase als Hängebrücken ausgeführt werden. Bei der räumlichen Berechnung stellte sich heraus, dass durch die Steifigkeit der Stahlbetontreppenhauskerne und dem relativ weichen Brückentragwerk große Zwangbeanspruchungen zwischen Massivbau und außenliegendem Stahltragwerk auftraten. Die Kerne wurden deshalb über die gesamte Höhe senkrecht zur Gebäudeachse geschlitzt. Dadurch sank die Steifigkeit in Gebäudelängsrichtung deutlich (je nach Kern zwischen Faktor 8 bis 12) und die Einspannmomente an den Kernfüßen infolge Zwang wurden entsprechend reduziert. Eine weitere Verkleinerung der Einspannmomente an den Kernfüßen erzielte man mit dem biegesteifen Anschluss der Deckenstreifen zwischen den Kernen. Anschließend wurde die Hängebrückenversion aus Kostengründen durch die nun verwirklichten Fachwerkbrücken ersetzt. Ein Schlitzen der Kerne war nun nicht mehr notwendig. Dabei muss erwähnt werden, dass die Treppenhauskerne der Bügelbauten nicht auf gewachsenem Untergrund sondern auf dem früher fertiggestellten Stahlbetonträgerrost des darunter liegenden Bahnhofes stehen. Dieser Trägerrost wurde mit den reduzierten Einspannmomenten aus den Bügelfußkernen bemessen und die Anschlussbewehrung für die Kerne entsprechend eingebaut. Zu Baubeginn der Bügelbauten war es deshalb leider nicht mehr möglich, diese Maßnahmen aus einer vergangenen Planungsphase rückgängig zu machen.

Montage der Brücken

Die Fachwerkscheiben 1 bis 8, vier Brückenhälften mit jeweils zwei Fachwerken, wurden im Werk komplett ausgelegt, mit Passschrauben verlascht und mit Messpunkten an allen Schüssen versehen. Die beim Auslegen angefertigten Messprotokolle wurden bei der Montage als Sollwert zugrunde gelegt.

Maßgebend für die Schussteilung der Fachwerke waren die möglichen Kranstandorte auf dem Trägerrost des darunter liegenden Bahnhofes. Dadurch waren Schussgewichte bis 53 Tonnen möglich, dies entspricht dem Gewicht des Untergurtschusses in Brückenmitte.

Die Montage der Brückenfachwerke begann mit dem Auflegen des Pylonoberteils in Ebene 5. Das Oberteil wurde zuerst eingehoben, auf Zulageträgern aufgelegt und mit Pressen exakt nach Vorgabe des Vermessers ausgerichtet. Die Seitenflächen der Gelenklaschen 6 x 40mm sowie der Augenstäbe am Pylonoberteil, 3 x 80 mm, wurden im Werk auf Ebenheit und Parallelität geprüft. Die Achse der beiden Gelenklager wurde an jeder Brückenhälfte eingemessen und durch eine Spezialfirma, die diese Arbeiten überwiegend im Schiffsbau und schweren Maschinenbau ausführt, ausgespindelt. Hierzu wurde die mit Untermaß D = 190 mm hergestellte Bohrung auf D = 200,5 mm fluchtend aufgebohrt (Bild 8).

Bild 8: Pylongelenk

Anschließend konnte mit dem Zusammenbau der Fachwerkhälften begonnen werden. Die Laschenverbindungen an den Montagestößen waren so dimensioniert, dass sie nahezu das komplette Eigengewicht einschließlich der bei der Montage auftretenden Windlasten aufnehmen konnten. Parallel mit den Fachwerken wurde die unterste Brückenebene 7 mit den Abfangträgern und den dazwischen liegenden Deckenträgern IPE 360 montiert. Zur Stabilisierung des Trogquerschnittes aus zwei Fachwerkscheiben und unterster Deckenebene wurde die Ebene 7 durch einen Verband ausgesteift. Zusätzlich wurden in mehreren Achsen der Brücken Verbände zwischen den Deckenträgern und Innenstützen der Ebenen 7 und 9 eingebaut, um die erheblichen Windlasten auf die, während der Montage vollständig eingerüsteten Brückenhälften aufzunehmen (Bild 9).

Bild 9: Südliche Brückenhälften während der Montage, dazwischen Takt 1 des Nord-Süd-Glasdaches

Für den Zusammenbau und das Verschweißen der 3000 Tonnen Fachwerk standen einschließlich der Wochenenden beispielsweise für die nordwestliche Brückenhälfte lediglich 50 Arbeitstage zur Verfügung. Zusätzlich mussten die stehenden Profile, Unter-, Mittel- und Obergurt bis zum Kipptermin ausbetoniert werden. Wegen der kleinen Schussteilung bei Blechdicken von 20mm bis 60mm war auf der Baustelle für die vier Brückenhälften ein erhebliches Schweißnahtvolumen zu bewältigen, insgesamt 4 x 210000 = 840000 cm^3! Sieben Arbeitstage vor dem Kippen mussten diese Arbeiten beendet werden, da die Fassadengerüste (Insgesamt 12600 m^2) demontiert, das verfahrbare Schutzgerüst an der Brückenunterseite sowie die Hub- und Absenkpressen für den Kippvorgang montiert werden sollten.

So konnte am 29. Juli 2005 das Kippen der Westbrücke beginnen. Einschließlich Beton in den Fachwerkuntergurten hatte jede der vier Brückenhälften ein Gesamtgewicht von jeweils 1250 Tonnen (Stahl = 896 t, Beton = 309 t, Fahrgerüst = 45 t). Die einzelnen Sperrpausen begannen jeweils Freitags um 22.00 Uhr und endeten Montags um 04.00 Uhr, es standen somit für sämtliche Arbeiten 54 Stunden zur Verfügung. Die Schweizer Spezialfirma VSL, die für die Hebetechnik verantwortlich waren, kalkulierte für den reinen Kippvorgang unter ungünstigsten Annahmen 24 Stunden. Anschließend mussten jedoch noch zahlreiche Montagearbeiten während der Sperrpause durchgeführt werden, da für alle weiteren Arbeiten an der Brücke oberhalb der Gleise von DB und Berliner S-Bahn noch innerhalb der Sperrpausen eine geschlossene Schutzebene notwendig ist. Neben 1644 m^2 Trapezblech für die Verbunddecke der Ebene 7, wurden in der verbleibenden Zeit nach dem Kippen noch seitlich auskragende Schutzgerüste an den Fachwerkuntergurten montiert und die Beläge des verfahrbaren Arbeits- und Schutzbühne an der Brückenunterseite ausgelegt.

Der Kippvorgang der Brückenhälften kann in drei Phasen unterteilt werden (Bild 10):

Phase 1: Anheben der Brückenhälfte von 0 bis 9 Grad
Phase 2: Durchfahren des labilen Gleichgewichtes von 9 Grad bis 37 Grad
Phase 3: Absenken der Brücke von 37 bis 90 Grad
(Vereinfacht wurde der Winkel am Pylonoberteil gemessen, das heißt bei 90 Grad liegt die Brücke horizontal)

Am Freitagmorgen wurde mit Phase 1 begonnen. Die Hubvorrichtung auf Ebene 11 hob die Brückenhälften an. Dies war die maßgebende Laststellung für die Hubvorrichtung, die Litzenkräfte betrugen je Fachwerkscheibe S_{Hub} = 3967 kN.
Für eine ausreichende Lagesicherheit (auch bei Wind von hinten auf die Ebene 7) war keine Abspannung nach unten erforderlich. Bei 9 Grad Neigung war ausreichend Platz vorhanden, um die Festanker der Absenkvorrichtung an die Traverse am Brückenobergurt anzuschlagen (Bild 11).

Anheben 0° - 9°

Einbau der
Absenkvorrichtung

Kippen mit Hub- und
Absenkvorrichtung zwischen
15° und 39°

Absenken zwischen 39° und
90°

Verbinden der Brückenteile
bei 90°

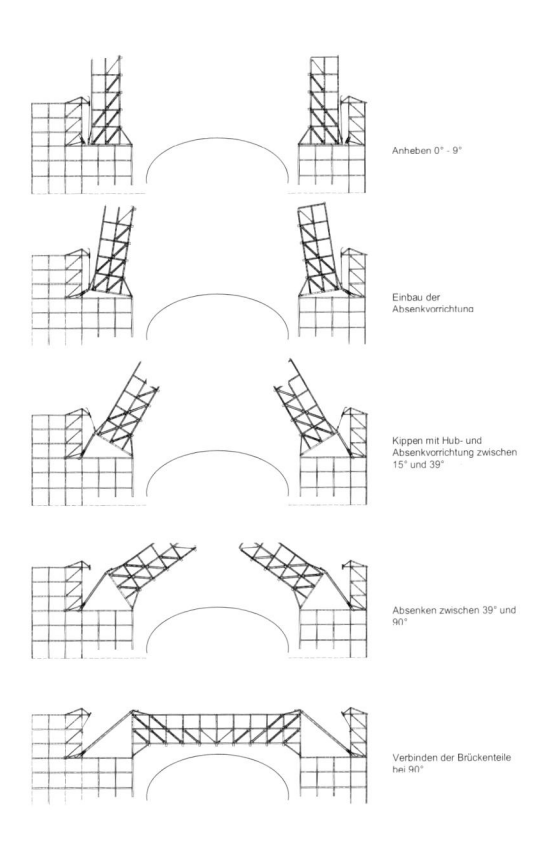

Bild 10: Phasen des Kippvorganges

Bild 11: Einfädeln der Absenklitzen

Zum Anheben der Brücken wurden je Fachwerkscheibe zwei 330 t-Pressen eingesetzt, an der Absenkanlage waren vier 330 t-Pressen montiert worden. Je Presse wurden 20 Litzen eingebaut. Die Litzen sind identisch mit denen im Spannbeton überwiegend eingesetzten Spanngliedern. Bestehend aus sieben kaltgezogene Drähte der Güte St1570/1770, 0,6", 143 mm^2, kann unter Gebrauchslasten jede Litze mit 104 kN beansprucht werden.

In Phase 2 durchfährt die Brückenhälfte die labile Gleichgewichtslage. Da in dieser Phase bereits geringe horizontale Windlasten reichen, um die Brückenhälfte nach vorne oder hinten kippen zu lassen, wurden die Hubvorrichtung und die Absenkvorrichtung zusätzlich vorgespannt. In der Absenkvorrichtung wurden in der Phase 2 40 von 80 Litzen vorgespannt, die übrigen 40 Litzen wurden beim Ausbau der Hubanlage bei 40 Grad angezogen. So wurde auch bei zusätzlichem Wind auf die Ebene 7 ein Durchhang der Litzen ausgeschlossen, die indifferente Lage wurde kontrolliert und ohne Ruck durchfahren. Dies ist bemerkenswert, da beim Kippen der Westbrücke durch ein heftiges Gewitter erhebliche Windböen von über 20 m/s auftraten. Gemäß der Vorgaben von VSL wurde die Vorspannung so hoch gewählt, dass auch in diesem Fall jede Litze mehr als 5 kN Zugkraft hatte.

Entsprechend den Empfehlungen des Fachberichtes 101 Abs. IV Anhang N.2 (4) wurde beim Kippvorgang die Vorspannung von Hub- und Absenklitzen auf eine Windlast von w = 0,50 x 1,1 kN/m2 bemessen. Dies entspricht einer Windgeschwindigkeit von v = 30 m/s beim Kippvorgang. Demnach ist beispielsweise bei einem Neigungswinkel der Brückenhälfte von 30 Grad die Absenkvorrichtung mit 664 kN je Fachwerkscheibe vorgespannt. Die Litzenkraftänderung infolge einer Windbeanspruchung auf die geschlossene Unterseite der Ebene 7 beträgt 375 kN. Die Litzenkraft sinkt bei dieser Böe von N = 664/40 = 16,6 kN auf N = (664-375)/40 = 7,2 kN und liegt über dem Mindestwert von 5 kN. Ein Durchhang der Litzen war damit ausgeschlossen (Bild 12).

Bild 12: Gegenseitige Vorspannung der Hub- und Absenklitzen

Basierend auf diesen Berechnungen wurde in Zusammenarbeit mit VSL eine detaillierte Spannanweisung erstellt, dabei wurden die Schussgewichte der Brückenhälften am Kranhaken relativ genau gemessen und protokolliert.

Die Hubvorrichtung wurde auf einem zusätzlichen Kragträger, dem sogenannten Galgen befestigt, um den Winkel zwischen Hublitzen und Pylonoberteil in dieser Phase zu vergrößern und die nötige Vorspannung gegen die Absenklitzen zu optimieren.

In Phase 3, zirka ab 37 Grad war die Hubvorrichtung nicht mehr erforderlich und konnte demontiert werden (Bild 13).
Die Absenkanlage senkte die Brückenhälften bis 90 Grad ab. In dieser Endlage erfuhr das Gelenk die maximale vertikale und horizontale Beanspruchung. Durch den Versatz von einem Meter zwischen Gelenk und Druckriegel der Ebene 5 konnte die horizontale Komponente der Seilkraft nicht exakt in Ebene 5 mit der Horizontalkraft aus dem Gelenk kurzgeschlossen werden. Aus dieser Biegebeanspruchung resultierten zusätzliche horizontale Verformungen, der Spalt zwischen den Brückenhälften wurde größer. Die berechneten horizontalen Verschiebungen am Pylongelenk wurden durch die beim Kippvorgang gemessenen Wer-

te relativ genau bestätigt. Geringe Abweichungen resultierten aus den zusätzlichen Verformungen durch Setzungen an den Kontaktstößen der Druckriegel

Bild 13: Klappbrücke in Phase 3

in Ebene 5 und den Verformungen des angrenzenden Stahlbetontragwerkes aus Deckenscheiben und Treppenhauskernen, dessen zeitlich veränderliche Steifigkeit mit einem räumlichen Stabwerkmodell nur schwer zu erfassen ist.

Zusätzlich mussten Längenänderungen infolge Temperatur und Toleranzen der Drehachse ausgeglichen werden. Auf der sicheren Seite wurde angenommen, dass die Temperaturänderung zwischen Aufmaß vor Kippvorgang und Ende des Kippvorganges 20 K beträgt. Daraus resultiert ein zusätzlicher Spalt von 21 mm am Stoß in Brückenmitte.
Um diesen Spalt zu schließen, wurden am Laschenstoß der Untergurte Hohlkolbenpressen mit Zugstangen eingesetzt. Das Zusammenziehen der Brückenhälften bei 90 Grad war der maßgebende Zustand für die Absenkvorrichtung. Einschließlich der erforderlichen Zugkräfte zum Schließen des Spaltes betrugen die Litzenkräfte je Fachwerkscheibe:

$S_{Senk} = 8053$ kN

Vorangehend musste jedoch noch der Pfosten in Brückenmitte zwischen dem Untergurtknotenblech an der anderen Brückenhälfte eingefädelt werden (Bild 14). Gut zu erkennen ist auch die bereits montierte Verschubbahn kurz oberhalb des nördlichen Untergurtes für den Verschub des Nord-Süd-Glasdaches, s. auch Bild 9.

Bild 14: Schlußphase des Kippvorganges

Anschließend konnte der Untergurt mit seitlich auskragenden Schraublaschen kraftschlüssig verbunden werden. Diese Laschenverbindung ist auf die vollen Zugkräfte, die während des Verschweißen dieses Vollstoßes auftreten, bemessen worden. Seitliche Verschiebungen der Profile am Stoß wurden durch zusätzliche Knaggen und Pressen korrigiert.

Zum Korrigieren waren folgende Kräfte erforderlich:
Brückenlängsrichtung: 125 kN Pressenkraft pro cm je Untergurt
Brückenquerrichtung: 6 kN Pressenkraft pro cm je Untergurt

Daraus ist ersichtlich, dass Abweichungen der Brückenhälften von der Sollage im Grundriss mit sehr niedrigen Pressenkräften korrigiert werden konnten. In Brückenlängsrichtung konnte mit den 2 x 100 t-Hohlkolbenpressen je Untergurt ein Spalt von 110 mm geschlossen, das heißt zusammengezogen werden.

Nach dem Verbinden der Fachwerkuntergurte wurde der Pressendruck in der Absenkanlage reduziert, bis die Passdruckstücke von Mittel- und Obergurt festsaßen.

Bereits während der Untergurtstoß zusammengezogen wurde, hob ein Kran ein U-förmiges Rollgerüst auf den Fachwerkobergurt, das als Einhausung am Stoß genutzt werden sollte. So begannen noch während der Sperrpause die Schweißarbeiten. Während der Zugstoß am Untergurt und der Anschluss der Diagonale voll verschweißt werden mussten, wurden die

Kontaktstöße von Mittel- und Obergurt lediglich lagegesichert, da sie zu jedem Zeitpunkt überdrückt sind.

Anschließend mussten bis zum Erreichen des endgültigen statischen Systems folgende, übrige Arbeitsschritte durchgeführt werden:

- Lösen der temporären Festhaltungen der Abfangträger

Die Deckenlängsträger sind über den Verband in Ebene 7 Teil des Brückenuntergurtes. Um ein ungewolltes Mitwirken der Deckenlängsträger auszuschließen, mussten vor dem Freisetzen der Absenklitzen die Laschenverbindungen, die die Abfangträger in der vertikalen Lage halten, gelöst werden. Der Verband nutzt anschließend die Deckenrandträger als Gurt, über die Abfangträger können jedoch keine Querkräfte V_x in den Verband übertragen werden.

- Freisetzen der Absenklitzen

Nach einer abschließenden Vermessung der Höhenkoten des Fachwerkes und Korrektur der Futterblechdicken an Ober- und Mittelgurtstoß konnte die Absenkanlage nachgelassen werden, bis die Litzen lastfrei durchhingen.

- Montage der Trapezbleche in der Ebene 7

- Ausbau der Montagestrebe

Anschließend konnte die Montagestrebe von Gelenk zum Fachwerkuntergurt ausgebaut werden. Da auch nach dem Ablassen der Absenklitzen Druckkräfte in der Montagestrebe wirkten (N = 300 kN) wurden die Streben mit einer dazwischen geschalteten Presse kontrolliert freigesetzt.

- Gelenk festsetzen

Die äußeren Laschen t = 40 mm wurden mit den außenliegenden Augenstäben t = 80 mm verschweißt, zwischen den Augenstäben wurden Laschen t = 50 mm als Fortsetzung des inneren Hohlkastens eingebaut. Die Längsbewehrung der Pylone wurde mit Positionsmuffen gestoßen, anschließend konnten die Fenster des äußeren Hohlkastens verschlossen werden. Mit diesem Arbeitsschritt war das endgültige statische System von Brückenfachwerk mit Pylon erreicht (Bild 15).

Bild 15: Westbrücke nach dem Klappen

Folgende Baustoffe kamen zum Einsatz:

Baustahl:	S355 J2G3	(Alle Stahlbauteile außer nachfolgend genannte)
	S460 M	(Zugstäbe und Knotenbleche der Brückenfachwerke)
	S460 N	(Abfangträger der untersten Brückenebene)
Betonstahl:	BSt 500	
Beton:	C40/50	(Decken der Bügelfüße, Verbundstützen)
	C45/55	(Verbundfachwerk und Ebene 7 der Brücke)
	LC35/38 D1.8	(Ebenen 8 bis 10 der Brücke)
	LC40/44 D1.8	(Treppenhauskern in Brückenmitte)

Auftragnehmer	Arge Lehrter Bahnhof Berlin
Ausführende Los 1	Donges Stahlbau GmbH
	64293 Darmstadt
	Los 1 Rohbau Bügelgebäude
Ausführende Los 2	MERO TSK
	97084 Würzburg
	Los 2 Glasüberdachungen und Fassaden Nord/Süd

Die Skisprungschanze in Klingenthal, Vogtland, Sachsen

Entwurf, Planung und Ausführung

Dr.- Ing. **Joachim Güsgen**, Dipl.- Ing. **Torsten Wilde-Schröter**, Dipl.- Ing. **Eva Hinkers**, Arup

1. Allgemeines

Die Stadt Klingenthal im Vogtland, nahe der tschechischen Grenze, ist seit langem als ein schneesicherer Wintersportort, insbesondere für die nordischen Disziplinen, bekannt. Als ein Stützpunkt für den Leistungssport und die Nachwuchsförderung beheimatet Klingenthal einen Sportstützpunkt der vom DSB zu einer „Eliteschule des Sports" ernannt worden ist.Mit dem VSC ist Klingenthal darüber hinaus Heimat des größten Wintersportvereins in Sachsen.Durch den Vogtlandkreis wurde in Klingenthal die Errichtung einer modernen Skisprunganlage geplant, die den Ansprüchen des internationalen Ski Verbandes (FIS) genügt. Das Architekturbüro m2r hatte hierfür ein Anlaufbauwerk entworfen, das in tragwerksplanerischer Hinsicht vom Büro Arup begleitet wurde.Die Herausforderung für die Architekten bestand darin, die von den Bauherren gestellten Kriterien „sprungtechnisch modernste, sicherste und architektonisch anspruchsvollste Schanze" mit einem gleichzeitig geringen Budget zu realisieren. Diese Aufgabe konnte nur mit einer sehr filigranen, leichten Stahlkonstruktion gelöst werden.

2. Konstruktionsbeschreibung (Entwurf und Tragwerk)

Konzeptionell besteht das Anlaufbauwerk aus einzelnen Komponenten, die jede für sich bestimmte Aufgaben wahrzunehmen haben. Die Komponenten sind im Einzelnen: Anlaufturm, Kapsel (Aufwärmraum), Verbindungsbrücke und Anlaufspur. Eine Übersicht des Anlaufbauwerks ist in nachfolgendem Bild 1 gegeben.

Anlaufturm

Der ca. 35m hohe Anlaufturm dient zur vertikalen Erschließung des Anlaufbauwerkes. Hierzu befinden seitlich am Anlaufturm ein Aufzug sowie eine freitragende, auskragende Treppe (Bild 2).

Das Tragwerk des Anlaufturms ist als räumliche Viergurt-Fachwerk-Stütze konzipiert. Die vier vertikalen Stränge, die sich in den Ecken des Turmes befinden, sind durch Horizontalriegel und diagonalen Zugstäben miteinander verbunden. Für die vertikalen Stränge und die Horizontalriegel werden Rundhohlprofile (Vertikale Stränge: Rundrohr Ø 406,4mm, t = 12,5mm bzw. 16 mm; Horizontalriegel: Ø 273,0 mm, t = 16 mm) gewählt, die miteinander verschweißt werden.

Bild 1. Übersicht Anlaufbauwerk (© SCHUNK Bauprojekt)

Bild 2. Anlaufturm mit seitlich auskragender Treppe (© SCHUNK Bauprojekt)

Zur leichteren Montage wird die Konstruktion in drei Schüsse unterteilt, die erst auf der Baustelle miteinander verbunden werden.

Die Treppenwangen der freitragenden, auskragenden Treppe bestehen aus geschweißten Rechteckhohlprofilen 369/100/16/16 mm. An den kreisförmigen Podesten werden diese Profile dem Verlauf entsprechend herumgeführt. Die Stufen werden durch Gitterroste gebildet, die auf gekanteten Blechen aufliegen. Diese sind mit den Treppenwangen verschweißt.

Kapsel (Aufwärmraum)

Die Kapsel an der Turmspitze wird während der Wettkampf- und Trainingszeiten als Aufwärm- und Ruheraum genutzt (Bild 3). In den dazwischen liegenden Zeiträumen ist die Kapsel für die Öffentlichkeit als Aussichtsplattform zugänglich.

Bild 3. Auskragende Kapsel (Aufwärmraum) an der Turmspitze (© m2r-architecture)

Die Konstruktion der Kapsel ist eine ellipsenförmige Tonne, die an der Turmspitze ca. 10m zur Talseite hin auskragt. Um die Ellipsenform zu erzeugen, werden Doppel-T-Träger (HEB 160) in die entsprechende Form gebogen. Vier dieser Ellipsen liegen in Längsrichtung hintereinander und bilden das Gerüst für die Tonne. Die Auskragung erfolgt über zwei gevoutete, geschweißte Kastenträger, die über die Turmspitze hinweggeführt werden und auf der gegenüberliegenden Seite über einem gemeinsamen gekröpften und gevouteten Kastenträger und einem Zugstab nach unten abgehängt werden.

Verbindungsbrücke

Die Brücke, die an einer Seite der Turmspitze angreift, verbindet den Anlaufturm mit der Anlaufspur. An einer Seite der Brücke befindet sich ausserdem noch die Box zur Unterbringung der Spurfräse (Bild 4).

Bild 4. Verbindungsbrücke zwischen Anlaufturm und Anlaufspur (© SCHUNK Bauprojekt)

Die Brücke wird im Wesentlichen durch zwei geschweißte Kastenträger gebildet, die durch kastenförmige Querträger verbunden sind. Die Brücke wird in der Ebene durch Diagonalen aus Rundhohlprofilen ausgesteift.

Anlaufspur

Die Anlaufspur ist in zwei große Bereiche unterteilt. Der obere Bereich besteht aus einem unterspannten, ca. 55m langen Träger (Bild 5). Der untere Bereich stellt ein System von ca. 10m langen Einfeldträgern dar, die direkt im Erdhang verlegt sind (Bild 6).

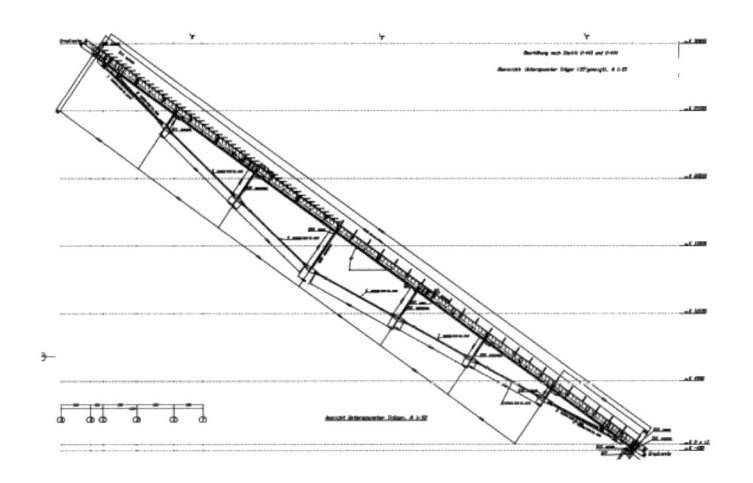

Bild 5. Unterspannter Anlaufträger (© Stahl- und Glasbau Schädlich GmbH)

Der unterspannte Anlaufträger ist am oberen Ende über einen gelenkigen Anschluss mit der Brücke verbunden. Brücke und unterspannter Anlaufträger werden in ihrem Kreuzungspunkt durch zwei Stützen, die einen v-förmigen Bock bilden, gestützt. Am unteren Ende liegt der unterspannte Träger auf einem Betonwiderlager auf. Der Querschnitt des unterspannten Trägers stellt einen Dreigurtbinder mit zwei Obergurten aus geschweißten Kastenprofilen und den Zugstäben als unteren Zuggurt. Der maximale Stich der Unterspannung beträgt ca. 3,50m.

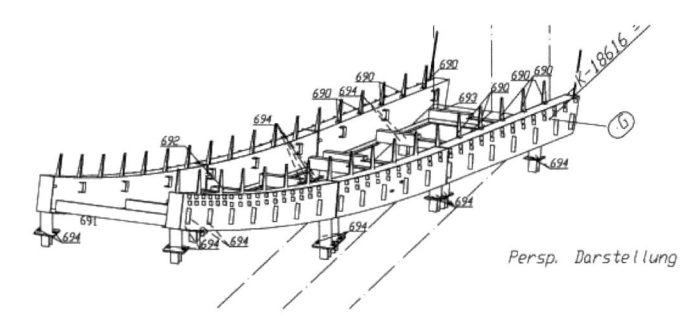

Bild 6. Unterer Teil der Anlaufspur im Erdhang (© Stahl- und Glasbau Schädlich GmbH)

Seitlich an dem oberen Anlaufträger befindet sich die Starttreppe, auf der sich die Skispringer auf ihren Sprung vorbereiten. Sie kragt ca. 4,45m von der Mittelachse des unterspannten Trägers aus. Die Starttreppe besteht im wesentlichen aus drei Längsträgern, die von den Kragträgern gestützt werden. Zwischen den Längsträgern spannen die Gitterroste, die als Stufen für die Springer dienen.

Die Einfeldträger der unteren Anlaufspur im Erdhang bestehen ebenfalls aus geschweißten Kastenträgern, die durch Querträger aus Qaudrathohlprofilen mit einander verbunden sind.

Gründung

Die geologischen Verhältnisse weisen in der Regel eine Schichtung aus Auffüllungen, Hanglehmen- und Hangschutt sowie darunter liegendem verwitterten bzw. frischem Phyllit auf. Aufgrund der Eigenschaften der oberen Schichten ist es erforderlich die Lasten aus den Gründungskörper des Anlaufbauwerks direkt in den Phyllit einzuleiten. Insgesamt erfolgt dies über sieben einzelne Gründungköper.

Sämtliche Gründungsbauwerke sind Stahlbetonbauwerke, die bis auf den Schanzentisch über Bohrpfähle gegründet werden. Aufgrund der Lage der Bodenplatte des Schanzentisches zum tragfähigen Baugrund ist ein lokal eingeschränkter Bodenaustausch für dieses Bauteil die wirtschaftlichste Lösung. Die Vorderwand des Schanzentisches wird über eine direkt unterhalb des Tisches verlaufenden Tunnel gegründet.

Neben ihrer Gründungsfunktion erfüllen die Gründungskörper unter der Hauptstütze des Turms sowie der Schanzentisch weitere Funktionen, wie zum Beispiel die Nutzung als Schanzengarage bzw. als Technikräume.

3. Statische Berechnung und Bemessung

3.1 Konzepte

Die Skisprungschanze in Klingenthal stellt eine leichte, filigrane und räumliche Stahlkonstruktion dar. Aufgrund der räumlichen Komplexität der Konstruktion und der zu erwartenden größeren Verformungen wird das Anlaufbauwerk als 3D-Stabwerksmodell berechnet (Bild 7). Biegebeanspruchte Bauteile werden als Biegestäbe und Auskreuzungen im Turm, in der Anlaufspur und in der Kapsel als Zugstäbe abgebildet. Hierzu wird das Finite-Elemente- / Stabwerksprogramm „GSA" (General Structural Analysis), eine Eigenentwicklung des Büros Arup, verwendet. Mit diesem Programm werden die Knickeigenformen und die dazugehörigen Knickeigenwerte am Gesamtsystem, die Schnittgrössen nach Theorie 2. Ordnung sowie die

Biegespannungen, Schubspannungen und die Vergleichsspannungen für die verschiedenen Bauteile ermittelt.

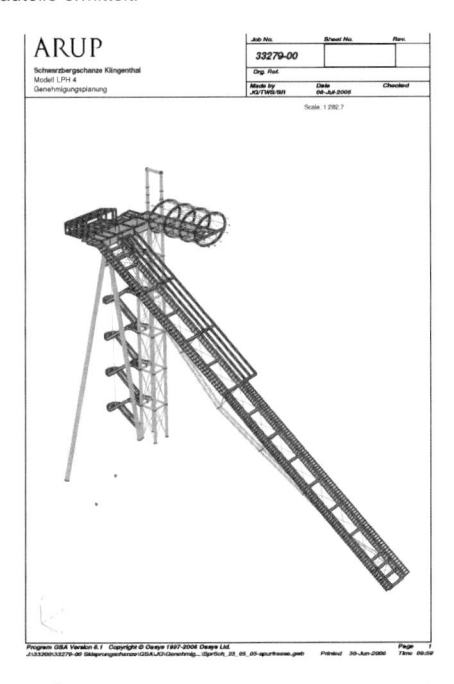

Bild 7. Übersicht über das numerische Modell der Skisprungschanze

Neben der statischen Untersuchung sind bei dieser filigranen Stahlkonstruktion dynamische Untersuchungen erforderlich. Es muss gewährleistet werden, dass es im Sprungbetrieb nicht zu unangenehmen Störungen für die auf der Schanze befindlichen Personen kommt.

3.2 Lastannahmen

Die Regellasten werden nach DIN 1055 [1] angesetzt.

Aufgrund der örtlichen Gegebenheiten in Klingenthal sind für das Bauwerk relativ hohe Schneelasten anzusetzen. Zusätzlich sind über den üblichen Normenansatz hinaus Eislasten mit einer Dicke von 5cm allseitig um die Profile herum zu berücksichtigen.

Als Horizontallast wird der Lastfall Wind nach DIN 1055 Teil 4 berücksichtigt. Zur Berücksichtigung der Böigkeit des Windes wird die Windlast mit einem dynamischen Vergrößerungsfaktor gemäß DIN 4131 [2] (Antennentragwerke aus Stahl) in Abstimmung mit dem Prüfingenieur vervielfacht. In Abhängigkeit der Eigenfrequenz des Bauwerks ergibt sich der Faktor zu φB = 1,2.

Bei gleichzeitiger Wirkung von Wind- und Verkehrslast wird in Absprache mit dem Prüfingenieur die maximale Windlast nur mit einem 50% Anteil der Verkehrslast kombiniert, da nicht davon auszugehen ist, dass sich Personen bei voller Windbelastung auf der Schanze aufhalten werden.

Da Klingenthal sich nach DIN 4149 [3] in der Erdbebenzone I befindet, sind ebenfalls Erdbebenlasten anzusetzen. Die Skisprungschanze ist ein Bauwerk, das sich nicht ohne weiteres einer der drei Bauwerksklassen nach DIN 4149 zuordnen lässt. Da es jedoch für den Nachweis der Standsicherheit für den Lastfall Erdbeben erforderlich ist, eine Zuordnung vorzunehmen, wird das Schanzenbauwerk in Abstimmung mit dem Prüfingenieur der Bauwerksklasse 2 zugeordnet. Hierbei handelt es sich um Bauwerke, in denen mit größeren Menschenansammlungen zu rechnen ist und die ihrer Konstruktion nach bei Erdbeben in höherem Maß gefährdet sind. Der Rechenwert der Horizontalbeschleunigung beträgt cal a = 0,21 m/s².

Der Lastfall Temperatur wird durch eine gleichmäßige Änderung der Schwerpunkttemperatur aller Bauteile nach DIN 1072 berücksichtigt. Gegenüber einer Aufstelltemperatur von +10°C werden Temperaturschwankungen von ±35°C angesetzt.

Die Kombination der Lasten erfolgt nicht nach DIN 18800-1 [5] mit einem einheitlichen Sicherheitsbeiwert (γF = 1,35) bei mehreren veränderlichen Lasten, sondern nach DIN 1055-100 [6] mit gewichteten Sicherheitsbeiwerten unter Berücksichtigung der Kombinationsbeiwerte ψi.

3.3 Imperfektionen

Gemäß DIN 18800-2 sind geometrische und strukturelle Imperfektionen zu berücksichtigen, wenn sie zu einer Vergrößerung der Beanspruchung führen. Zur Erfassung beider Imperfektionen dürfen geometrische Ersatzimperfektionen angenommen werden. Die geometrischen Ersatzimperfektionen werden nach DIN 18800-2 so angesetzt, dass sie sich der zum niedrigsten Knickeigenwert gehörenden Verformungsfigur möglichst gut anpassen.

3.4 Stabilitätsuntersuchungen

Maßgebend für die Untersuchung auf Knickgefährdung sind die druckbeanspruchten Randträger des unterspannten Randträgers und die druckbeanspruchten Hohlprofilstützen des Fachwerkturms.

Für die Hohlprofilstützen des Fachwerkturms wird zunächst überprüft, ob eine Untersuchung nach Theorie 2. Ordnung erforderlich ist. Gemäß DIN 18800-1 genügt es, die Spannungsnachweise für diese Stützen nach Theorie 1. Ordnung durchzuführen, wenn folgende Bedingung zutrifft:

$N_d / (0,1 \cdot N_{Ki,d}) \leq 1$

Im Fall der Hohlprofilstützen hat sich gezeigt, dass diese in Verbindung mit den zu einem umgedrehten V angeordneten Stützen unterhalb des oberen Auflagers des unterspannten Anlaufträgers eine steife, in horizontaler Richtung verformungsarme Konstruktion bilden und die zuvor genannte Bedingung von diesen erfüllt wird. Eine Berechnung nach Theorie 1. Ordnung ist hier demnach ausreichend.

Für die Randträger des unterspannten Anlaufträgers werden mit dem Programm GSA mehrere Knickeigenformen mit der für die Stabilität ungünstigsten Lastfallkombination berechnet (modale Eigenwertanalyse, s. Bild 8). Maßgebend für diese Analyse ist eine Kombination der Lastfälle ständige Last, Verkehrslast, Schnee- und Eislast, Wind in Längsrichtung des Anlaufs und Temperatur. Die Verformungen der zum niedrigsten Knickeigenwert gehörenden Verformungsfigur werden so skaliert, dass der Wert w0 der Vorkrümmung gemäß DIN 18800-2 die maximale Verformung im unterspannten Anlaufträger darstellt. Diese zum niedrigsten Knickeigenwert gehörende, skalierte Verformungsfigur wird als imperfekte Geometrie im numerischen Modell für eine nachfolgende Berechnung nach Theorie 2. Ordnung übernommen, indem die Knotenkoordinaten entsprechend der Verformungsfigur angepasst werden. Anschließend wird eine Berechnung nach Theorie 2. Ordnung durchgeführt und hieraus als Ergebnis die Schnittgrössen, Spannungen und Verformungen ermittelt.

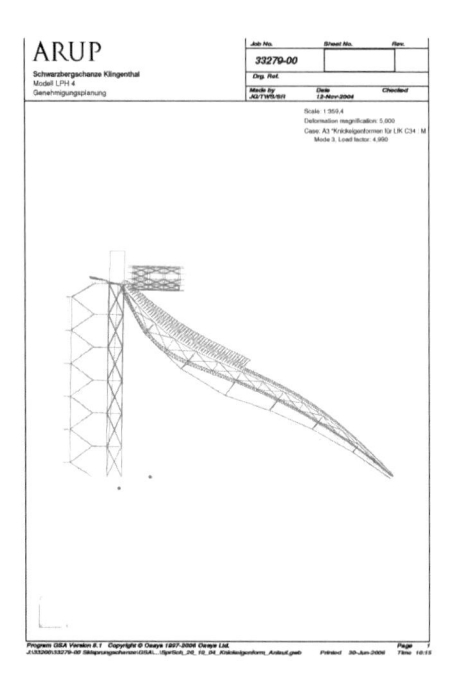

Bild 8. Knickeigenform zum niedrigsten Knickeigenwert als Grundlage für den Ansatz der Imperfektion.

3.5 Erdbebenberechnungen

Neben den üblichen Lastarten sind im Fall der Skisprungschanze in Klingenthal auch Erdbebenlasten zu berücksichtigen. Zunächst werden die dynamischen Eigenformen des Bauwerks (hier die ersten 10 Modi) mit dem Computerprogramm GSA ermittelt. Nachfolgend werden unter Berücksichtigung der ersten 10 Eigenformen die Schnittgrössen und Verschiebungen aus Erdbebenlasten mit Hilfe des Antwortspektrumverfahrens nach DIN 4149 Teil 1 numerisch berechnet. Es wird dabei angenommen, dass der Beiwert β des normierten Antwortspektrum aufgrund der geringeren Dämpfung einer teilwesen geschweißten Stahlkonstruktion gegenüber einem Betonbauwerk nach DIN 4149 Teil 1 um 30% zu erhöhen ist. Für den Nachweis der Sicherheit werden die Schnittgrössen nach Theorie 1. Ordnung infolge regelmäßig auftretender Lasten (ohne Windlasten) mit dem Lastfall Erdbeben überlagert. Für die so ermittelten Schnittgrössen wird überprüft, ob die zulässigen Spannungen nach DIN

4149 Teil 1 eingehalten werden. Nach DIN 18800-1 werden die Teilsicherheitsfaktoren γF = 1,0 für außergewöhnliche Kombinationen gesetzt. Für das Bauwerk der Skisprungschanze hat sich gezeigt, dass die Schnittgrössen und Spannungen aus Erdbebenbeanspruchung für die Bemessung der Schanze nicht maßgebend sind.

3.6 Bemessungen

Die Schnittgrössen und Spannungen in den Bauteilen werden mit den unter 3.4 beschriebenen Maßnahmen für die maßgebende Lastfallkombination nach Theorie 2. Ordnung numerisch berechnet. Für alle weiteren Lastfallkombinationen, die keine Knickgefährdung des Bauwerks hervorrufen, werden numerische Berechnungen nach Theorie 1. Ordnung durchgeführt. Die Schnittgrössen und Spannungen werden als Umhüllende der verschiedenen Lastfallkombinationen ermittelt. Mit den maßgebenden Schnittgrössen und Spannungen werden die Einzelbauteile im Anlaufturm mit Nottreppe, in der Kapsel, in der Verbindungsbrücke, im unterspannten Anaufträger und in der Anlaufspur im Erdhang nachgewiesen (Bild 9).

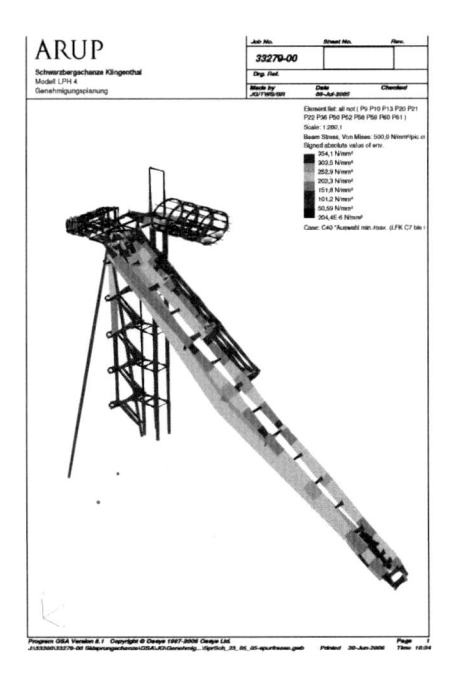

Bild 9. Spannungsausnutzung der Skisprungschanze als Übersicht am numerischen Modell

Neben den Bauteilnachweisen werden Detailnachweise für die maßgebenden Anschlüsse und Verbindungen geführt. Hierzu zählen die geschweißten Hohlprofilverbindungen, die nach „Dutta: Hohlprofilkonstruktionen" [6] und nach „CIDECT-Empfehlungen" [7] bemessen werden. Das untere und das obere Auflager des unterspannten Anaufträgers werden als Bolzenverbindungen ausgeführt und nach DIN 18800-1 nachgewiesen. Alle weiteren Anschlüsse und Verbindungen werden ebenfalls nach DIN 18800-1 nachgewiesen.

3.7 Gebrauchstauglichkeit

Die Gebrauchstauglichkeit des Tragwerks wird nachgewiesen durch
Einhaltung von zulässigen Verformungen
Einhaltung von dynamischen Anforderungskriterien

Der Nachweis für die Einhaltung dynamischer Anforderungskriterien wird im nachfolgenden Kapitel erläutert.

Da es sich bei diesem Bauwerk um eine leichte und filigrane Stahlkonstruktion mit höchsten Anforderungen an die Nutzung während der Wettkämpfe handelt, werden die zulässigen Verformungen zwischen den Planungsbeteiligten (Bauherr, Prüfingenieur, Tragwerksplaner) gesondert vereinbart. In Abstimmung mit dem Prüfingenieur wird die zulässige Verformung für den unterspannten Anlaufträger unter ständigen Lasten (Eigengewicht und Ausbau) zu $l/500$ (l = Spannweite des Anlaufträgers) festgelegt.
Nachfolgend werden die Verformungsplots für die Kragträger der Kapsel und für die Randträger des unterspannten Anlaufträgers dargestellt (Bild 10 und 11).

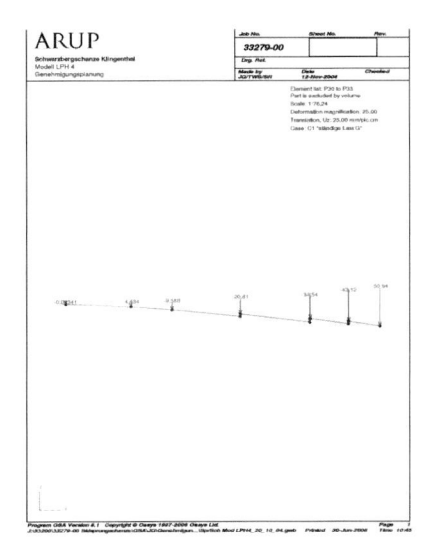

Bild 10. Durchbiegungen der Kragträger im Aufwärmraum an der Turmspitze infolge ständiger Last

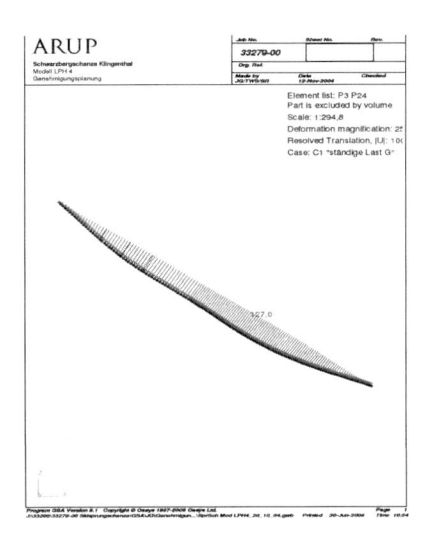

Bild 11. Durchbiegungen eines der beiden Randträger des unterspannten Anlaufträgers infolge der ständigen Last

Die Kragträger der Kapsel werden aufgrund der berechneten Durchbiegungen um 100% der Durchbiegungen aus ständigen Lasten überhöht. Die Randträger des Anaufträgers sind aufgrund der exzentrischen Belastung durch die Starttreppe unterschiedlich zu überhöhen. Die Überhöhung dieser Randträger wird für 90% der Verformungswerte aus ständiger Last vorgenommen.

4. Dynamik

4.1 Aufgabenstellung

Neben der statischen Untersuchung sind bei dieser filigranen Stahlkonstruktion dynamische Untersuchungen erforderlich. Es muss gewährleistet werden, dass es im Sprungbetrieb nicht zu unangenehmen Störungen für die auf der Schanze befindlichen Personen kommt. In Deutschland gibt es zurzeit keine in Baunormen niedergeschriebenen Festlegungen zu Schwingungskriterien. Hier muss in der Regel auf aktuelle Literatur aus dem In- und Ausland und auf Erfahrungen zurückgegriffen werden.

Vom Bauherrn und Betreiber der Skisprungschanze wurden Anforderungen bzgl. der vorhandenen Verkehrslast und der zulässigen Windlast bei Sprungbetrieb definiert, die den dynamischen Untersuchungen zugrunde gelegt wurden.
Hiernach wurde zur Untersuchung des dynamischen Verhaltens des Anlaufbauwerks folgende Verkehrslast angenommen:

- Anlaufspur (Startbalken)   1 Person sitzend
- Starttreppe   1 Person hüpfend
- Podest beim Treppenansatz zur Starttreppe   2 Personen hüpfend
- Aufwärmraum (Kapsel)   10 Personen im gesamten, davon 4 in Bewegung

Die dynamischen Effekte aus der Windlast waren gemäß Angaben des Bauherrn für eine maximale Windgeschwindigkeit v =2,3m/s bei Sprungbetrieb zu untersuchen.
Anforderungen an die Gebrauchstauglichkeit der Skisprungschanze bei Belastungen aus Verkehr und Wind außerhalb des Sprungbetriebs wurden vom Bauherrn und Betreiber nicht gestellt.

Zusammengefasst waren folgende Untersuchungen unter Berücksichtigung der dynamischen Effekte aus Verkehrslast und Wind erforderlich:

- Nachweis der Tragsicherheit für maximale Windgeschwindigkeit

- Nachweis der Tragsicherheit bei Anfachung des gesamten Tragwerks durch wirbelerregte und durch selbsterregte Schwingungen
- Nachweis der Tragsicherheit bei Wirbelablösung an Tragwerksteilen
- Beurteilung der Tragsicherheit für Bewegungen durch Personen
- Nachweis der Gebrauchstauglichkeit bei Windlast während des Sprungbetriebes
- Nachweis der Gebrauchstauglichkeit bei durch Personen verursachten vertikalen Schwingungen während des Sprungbetriebes
- Nachweis der Gebrauchstauglichkeit bei durch Personen verursachten horizontalen Schwingungen während des Sprungbetriebes

Für das Anlaufbauwerk, das ein stählernes Turmbauwerk mit Einbauten und Fundamenten auf Kiessand darstellt, wird nach Petersen [8] ein Dämpfungsgrad von D = 0,007 berechnet.

4.2 Modalanalyse

Zur Beurteilung der Effekte vertikaler und horizontaler Schwingungen auf die Skisprungschanze werden zunächst die Eigenformen, die Eigenfrequenzen und die modalen Massen nach der modalen dynamischen Analyse mit dem Programm GSA ermittelt. Für diese Analyse werden das Eigengewicht der Stahlkonstruktion und die Ausbaulasten berücksichtigt.

Zur Beurteilung des Schwingungsverhaltens werden verschiedene numerische Modelle für das Anlaufbauwerk erstellt:

Modell 1: 3D-Modell des gesamten Anlaufbauwerks
Modell 2: 3D-Modell des unterspannten Anlaufträgers
Modell 3: 3D-Modell der Treppe am Schanzenturm
Modell 4: 3D-Modell des auskragenden Aufwärmraumes am Kopf des Schanzenturms

Die Ergebnisse der Modalanalyse sind nachfolgend tabellarisch zusammengefasst und grafisch dargestellt.

Vertikale Schwingungen

Modell	Beschreibung	Eigenfrequenz (Hz)	Modale Masse (kg)
2	3D-Modell des unterspannten Anlaufträgers	1,484	30430
3	3D-Modell der Treppe am Schanzenturm	7,910	14880
4	3D-Modell des auskragenden Aufwärmraumes am Kopf des Schanzenturms	2,805	10110

Horizontale Schwingungen

Modell	Beschreibung	Eigenfrequenz (Hz)	Modale Masse (kg)
1	3D-Modell des gesamten Anlaufbauwerks, seitliches Ausweichen des Anlaufträgers und Verdrehen des Schanzenturms	1,366	40420
3	3D-Modell der Treppe am Schanzenturm	4,626	4623

Die niedrigsten Eigenfrequenzen der vertikalen Schwingungen für den unterspannten Anlaufträger und für den auskragenden Aufwärmraum liegen unter 3,5 Hz. Für diese Bauteile ist eine Berechnung der zu erwartenden Beschleunigungen durchzuführen um die Auswirkungen auf Personen, die sich auf der Schanze befinden, abschätzen zu können. Ebenso liegt die niedrigste Eigenfrequenz der horizontalen Schwingungen für das gesamte Anlaufbauwerk bei ca. 1,4 Hz, so dass hierfür auch eine Berechnung der zu erwartenden Beschleunigungen notwendig wird.

4.3 Dynamische Lasten

Bei der Anregung eines Systems durch den Menschen, kann im Falle von Decken, Fußgängerbrücken und Treppen zwischen unterschiedlichen Bewegungsabläufen differenziert werden. Die Bewegungen unterscheiden sich nicht nur im Frequenzbereich sondern auch sehr stark in der dynamisch wirksamen Kraft. Prinzipiell wird zwischen Gehen, Laufen und Hüpfen unterschieden.

In der Fachliteratur gibt es verschiedene Angaben zur Schrittfrequenz und zum dynamischen Lastfaktor, der das Verhältnis von dynamisch wirkender zur statischen Last beschreibt. Die am weitesten zurückreichenden Untersuchungen zur Erfassung dieser Werte sind in Kanada gemacht worden. Sie haben in den National Building Code of Canada [9] Eingang gefunden. Sie sind das Ergebnis von 30 Jahren Laborexperimenten zur Messung dynamischer Lasten und von Vor-Ort-Messungen zur Feststellung der Größen unter realen Bedingungen. Im nachfolgenden Bild 12 sind die dynamischen Lastfaktoren (Dynamic Load Factor (DLF)) in Abhängigkeit der Anregungsfrequenz (Excitation Frequency) gemäß National Building Code of Canada (NBCC) im Vergleich mit anderen Referenzquellen dargestellt.

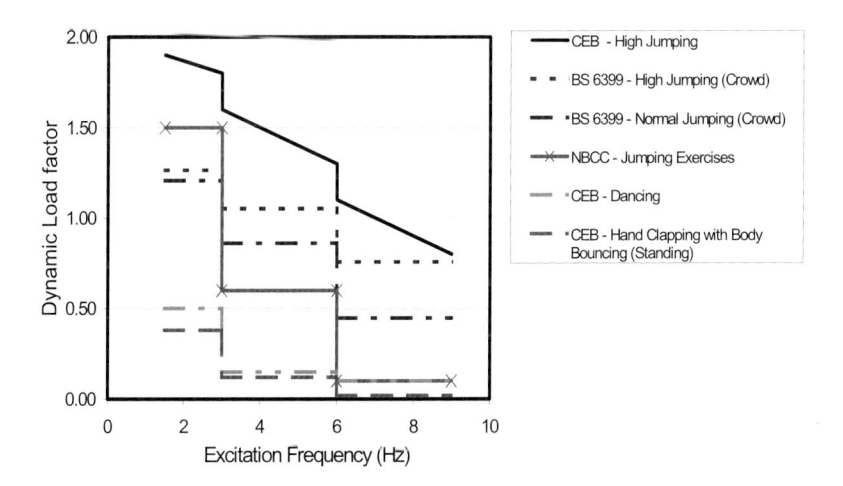

Bild 12. Bandbreite vorliegender Referenzmaterialien: Dynamische Lastfaktoren aufgrund von Springen und Tanzen

Für die dynamischen Untersuchungen im Fall der Skisprungschanze wird für die durch Personen angeregten vertikalen Schwingungen ein dynamischer Lastfaktor von 1,5 gemäß dem National Building Code of Canada angenommen.

Menschliche Schaukelbewegungen können ebenso erhebliche horizontale Kräfte, besonders im Frequenzbereich 0,5 bis 1,5 Hz hervorrufen. Aus der Literatur können hierfür folgende Werte für den dynamischen Lastfaktor abgeleitet werden:

Schaukel-richtung	Grundlegender Frequenzbereich	Dynamischer Lastfaktor für die ersten drei Harmonischen		
	Hz	α_1	α_2	α_3
links-rechts	0,5 – 1,5	0,25	0,05	0,04
vor-zurück	0,5 – 1,5	0,05	0,04	0,02

Dynamische Effekte aus Wind werden im Fall böenerregter Schwingungen in Windrichtung durch den Böenreaktionsfaktor $\varphi B = 1{,}2$ gemäß DIN 4131 berücksichtigt.

4.4 Schwingungsakzeptanzkriterien

Überlegungen zur Gebrauchstauglichkeit schließen für gewöhnlich die Akzeptierbarkeit von durch Menschenlasten hervorgerufenen Schwingungen mit ein.

Die Schwingungen eines Bauwerks wirken sich durch die Beschleunigungen des Körpers auf das Wohlbefinden des Menschen aus. Sind kleinere Beschleunigungen noch über einen Zeitraum von mehren Stunden tolerabel, wirken sich größere Beschleunigungen bereits bei sehr kurzer Einwirkungsdauer störend oder sogar gesundheitsschädigend auf das menschliche Empfinden aus.

In der nachfolgenden Tabelle sind einige empfohlene Werte der Beschleunigungen für die Aufnahme von Schwingungen in vertikaler Richtung aufgelistet. Hierbei ist zu bedenken, dass auch niedrigste Werte eine klar wahrnehmbare Vibration darstellen. Eine typische Wahrnehmungsgröße für Menschen in ruhigen Situationen liegt bei 0,1% bis 0,2%g.

Schwingungstilger

Schwingungsmessungen, Auslegung, Bau und Montage von Schwingungstilgern

Brücken und Tribünen
Hochbauten (Gebäude, Antennen)
Maste und Türme
weitgespannte Decken
Schutz vor Windlasten

GERB
Schwingungsisolierungen

GERB Schwingungsisolierungen
GmbH & Co. KG
Frank Dalmer
Tel. +49-(0)201-266 04-19
Fax +49-(0)201-266 04-40
iso-essen@gerb.de

www.gerb.com

Beschleunigungsakzeptanzkriterien		
Quelle	Kategorie	Beschleunigungsgrenzwert
NBCC	„Essen und Tanzen"	2%g
CEB [10]	„Popkonzert oder Sportveranstaltung"	4% bis 7%g
	„Sporthallen"	5% bis 10%g
	„Tanzhallen"	5% bis 30%g
Kasperski [11]	Irritation (passives Publikum)	5%g
	Toleranz/Unwohlsein (passives Publikum)	18%g
	Angst/Panik	35% bis 70%g
Willford [12]	Einkaufspassagen	1% bis 2%g
	Fußgängerbrücken innerhalb eines Gebäudes und Treppen	2% bis 5%g
	Fußgängerbrücken	5% bis 10%g

Im Fall der Schwarzbergschanze in Klingenthal wurden folgende Grenzwerte der Beschleunigung empfohlen:

Aufwärmraum (Aufenthalt von Personen während des Springens):   3%g
Anlaufträger (ruhender, konzentrierter Skispringer):   0,9% bis 1,2%g
Freitragende Treppe am Anlaufturm: 5%g

Horizontal auftretende Schwingungen werden von Menschen eher wahrgenommen als vertikale. Ausgehend von in ISO 2631 [13] enthaltenen Daten wird die relative Empfindlichkeit im bedenklichen Frequenzbereich (1Hz to 2Hz) durch einen Faktor von circa zwei bis drei ausgedrückt. Auf dieser Grundlage wurden folgende horizontale Beschleunigungsgrenzwerte für die Skisprungschanze infolge horizontaler Anregung durch Personen vorgeschlagen:

Aufwärmraum (Aufenthalt von Personen während des Springens):   2%g
Anlaufträger (ruhender, konzentrierter Skispringer):   0,5%g
Freitragende Treppe am Anlaufturm: 3%g

4.5 Ergebnis der dynamischen Berechnung

Im Fall der Skisprungschanze haben die Berechnungen der auftretenden Beschleunigungen für durch Personen erregte Schwingungen während des Sprungbetriebs und ein Vergleich dieser Beschleunigungen mit akzeptablen Beschleunigungswerten gezeigt, dass für den unterspannten Anaufträger und den auskragenden Aufwärmraum an der Turmspitze gegebenenfalls Schwingungsdämpfer erforderlich werden. Eine Entscheidung, ob Schwingungsdämpfer eingebaut werden müssen oder nicht, wird vom Bauherrn erst dann getroffen, wenn entsprechende Erfahrungen aus dem Sprungbetrieb vorliegen.

Die berechneten Beschleunigungen infolge der durch Wind erregten Schwingungen während und außerhalb des Sprungbetriebs wirken sich nicht tragfähigkeitsmindernd oder gebrauchstauglichkeitsmindernd auf das Bauwerk aus.

5. Ausführung und Montage (baubegleitende Planung)

Ein großer Vorteil der gewählten Stahlkonstruktion ist der hohe Grad der Vorfertigung, so dass eine relativ einfache Montage auf der schwer zugänglichen Baustelle und eine kurze Bauzeit von lediglich 4 Monaten für die komplette Montage einschließlich Fassaden, Ausbau und technischer Installationen möglich war.

Der Anaufturm wurde in drei Schüssen von je ca. 10,5m auf die Baustelle transportiert und dort mit Mobilkränen aufeinander gestellt und kraftschlüssig verbunden (Bild 13). Im Anschluss daran erfolgte die Montage der Nottreppe, die sich seitlich am Turm befindet. Hierzu wurde um Turm und Nottreppe zusätzlich ein Baugerüst aufgestellt. Parallel wurde mit dem Bau der freitragenden Anlaufspur (unterspannter Anaufträger) und der Montage der Kragträger für den Aufwärmraum an der Turmspitze begonnen. Der Obergurt der freitragenden Anlaufspur, der aus den beiden Randträgern und den dazwischen liegenden Querträgern und Auskreuzungen besteht, wurde ebenfalls in drei Schüssen angeliefert und vor Ort mit Hilfe von Hilfsstützen aufgebaut. Bevor das letzte Stück der Anlaufspur oben eingesetzt werden konnte, musste zuvor die Brücke oben am Anaufturm mit den darunter befindlichen Stützen errichtet werden. Nachdem das Tragwerk stand, konnte mit dem Ausbau, den Installationen und der Montage der Fassade an dem auskragenden Aufwärmraum begonnen werden.

Zwischen dem Tragwerksplaner und der ausführenden Firma fand eine intensive Zusammenarbeit statt. Für die Werkplanung wurden der ausführenden Firma die maßgebenden Schnittgrössen zur Dimensionierung der Montagestöße zur Verfügung gestellt. Anschließend wurden die Werkstattpläne durch den Tragwerksplaner geprüft.

Bild 13. Montage des 2. Abschnittes des Anlaufturms mit Hilfe eines Mobilkranes (© SCHUNK Bauprojekt)

6. Zusammenfassung

Die Schwarzbergschanze in Klingenthal stellt in ihrer Konzeption als reiner Stahlbau eine neue Entwicklungsstufe des Schanzenbaus dar. Aufgrund der filigranen Ausbilding der Konstruktion reduzieren sich die gestalterischen Eingriffe in die Landschaft auf ein Minimum. Außerdem konnte durch die Materialwahl ein erheblicher Anteil an Vorfertigung und somit eine Reduktion des örtlichen Arbeitsaufwands erreicht werden.

Die Realisierung der Schanze in ihrer letztendlich erreichten Qualität ist das Ergebnis der engagierten Zusammenarbeit aller Planungsbeteiligten.

Am Bau Beteiligte

Architekt: m2r-architecture

Tragwerksplaner: Arup GmbH

Generalplaner: Greiner Ingenieure GmbH / Schunk Bauprojekt

Prüfingenieur: Dr.-Ing. Beierlein

Ausführende Firma Stahlbau: Stahl- und Glasbau Schädlich GmbH

Ausführende Firma Stahlbetonbau: VOBA

Bauherr: Vogtlandkreis, Amt für Kreisbauten

Literatur und Normen

[1] DIN 1055 Teil 1 bis 5: Lastannahmen für Bauten
[2] DIN 4131: Antennentragwerke aus Stahl, Ausgabe Nov. 1991
[3] DIN 4149 Teil 1: Bauten in deutschen Erdbebengebieten, Ausgabe April 1981
[4] DIN 18800 Teil 1 bis 4: Stahlbauten, Ausgabe Nov. 1990
[5] DIN 1055-100: Einwirkungen auf Tragwerke. Teil 100: Grundlagen der Tragwerksplanung, Sicherheitskonzept und Bemessungsregeln, Ausgabe März 2001
[6] Dutta D.: Hohlprofil-Konstruktionen, Ernst & Sohn, 1999
[7] CIDECT-Handbücher: Konstruieren mit Stahlhohlprofilen, Verlag TÜV Rheinland
[8] Petersen Ch.: Dynamik der Baukonstruktionen, Vieweg Verlag, 2000
[9] National Building Code of Canada (NBCC), Commentary A: Serviceability Criteria for Deflections and Vibrations, 1995
[10] CEB Comité Euro-International du Béton : Vibration Problems in Structures, Practical Guidelines. Bulletin d'Information No. 209, 1991
[11] Kasperski M.: Menschenerregte Schwingungen in Sportstadien, Bauingenieur 76, 2001
[12] Willford M.: Requirements for the commercial sector. Vibration Seminar, London, 2001
[13] ISO 2631-1: Mechanical vibration and shock – Evaluation of human exposure to whole-body vibration – Part 1: General requirements. Edition: 2nd. International Organization for Standardization, May 1997

ANZEIGE

Sie suchen nach erfahrenen Beratern, Gutachtern oder Projektmitarbeitern mit speziellem technischen Background? Diese finden Sie problemlos im:

VDI Experten-Netz
meet the experts

Treffpunkt online: www.vdi.de/expertennetz

Der Einfluss von Schwingungstilgern auf die Standsicherheit und Gebrauchstauglichkeit von Bauwerken

Dr.-Ing. Peter Nawrotzki, Dipl.-Ing. Frank Dalmer,
GERB Schwingungsisolierungen GmbH & Co. KG Berlin/Essen

Zusammenfassung

Zur Gewährleistung der Gebrauchstauglichkeit und Standsicherheit schwingungsanfälliger Bauwerke werden vermehrt Schwingungstilger eingesetzt. Diese Maßnahme trägt nicht zuletzt auch zur Erhöhung der Lebensdauer der Konstruktion bei. Der folgende Beitrag soll über Einsatzgebiete von Schwingungstilgern anhand einiger Projektbeispiele informieren. Desweiteren wird der Einsatz derartiger Systeme zur Erdbebensicherung diskutiert.

1. Einleitung

Die Errichtung von Bauwerken unterliegt immer verschiedenen Randbedingungen. Dabei stehen wirtschaftliche Aspekte und architektonische Ansprüche nicht immer im Einklang mit Anforderungen bezüglich der Gebrauchstauglichkeit und Standsicherheit. Schlanke Tragwerke und der zunehmende Leichtbau erhöhen die Schwingungsanfälligkeit. Daher ist hier die dynamische Überprüfung der Struktur gegenüber Belastungen wie

- Wind,
- Personen,
- Verkehr und
- Maschinenbetrieb

ein immer wichtiger werdender Aspekt bei der Auslegung eines Bauwerkes.

Bei dynamischen Strukturuntersuchungen sind die maßgeblichen Anregungs- und Eigenfrequenzen der Struktur wichtige Beurteilungsmaßstäbe. Fällt die Anregungsfrequenz in die Nähe einer wichtigen Eigenfrequenz, treten Resonanzerscheinungen auf. In manchen Fällen spielt das Auftreten von Resonanz eine untergeordnete Rolle; sie wird nicht bemerkt oder kann in Kauf genommen werden. Häufig kann es jedoch dazu führen, dass die Gebrauchstauglichkeit eines Bauwerkes eingeschränkt wird. Beispiele dazu sind die gestiegenen Komfortansprüche der Benutzer von Gebäuden im Hinblick auf gefühlte Schwingungen oder die Einhaltung bestimmter Betriebsbewegungen von Maschinen im Zusammenhang mit deren Lebensdauer. Es ist in jedem Fall zu prüfen, ob Resonanzerscheinungen bei dem Nachweis der Standsicherheit des Tragwerks berücksichtigt werden müssen. Dazu sind z.B. Spannungsschwingbreiten zu ermitteln und Ermüdungsnachweise nach einschlägigen Normen zu führen. Die Prüfung der Resonanzgefahr und die ggf. daraus resultierenden Maßnahmen sind von dem bearbeitenden Ingenieur durchzuführen bzw. festzulegen. Dieser muss natürlich eine entsprechende Ausbildung besitzen und über genügend Erfahrung auf diesem Gebiet verfügen.

Ist es nicht möglich, die Erregerkräfte zu verkleinern oder die Anregungsfrequenzen zu verändern, bestehen zur Verminderung störender oder gefährlicher Resonanzbewegungen beispielsweise folgende Möglichkeiten:

- Versteifung der Konstruktion,
- Schwingungsdämpfung oder -tilgung sowie
- Schwingungsisolierung.

Welche dieser Maßnahmen aus schwingungstechnischer Sicht möglich oder sinnvoll ist, muss im Einzelfall geklärt werden. An Hand des Verhältnisses von Erregerfrequenz zu Eigenfrequenz der Struktur (Abstimmungsverhältnis η) können die Auswirkungen möglicher Systemveränderungen im Hinblick auf die Strukturbewegungen veranschaulicht werden (Bild 1). Die Auswirkungen von Schwingungstilgern beim Einsatz zur Reduzierung von Strukturbewegungen sind einer Erhöhung der Strukturdämpfung ähnlich.

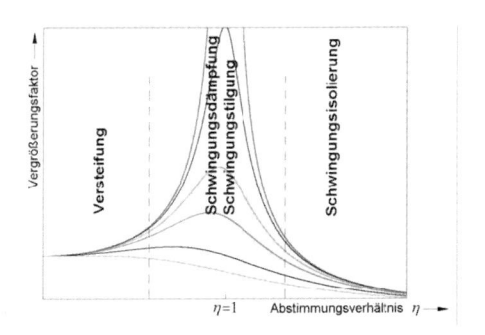

Bild 1 Beispiele für Massnahmen zur Verringerung von Resonanzeffekten

Schwingungstilger im Sinne des vorliegenden Beitrags sind auf eine vorgegebene Frequenz abgestimmte gedämpfte Feder-Masse-Systeme. Die Tilgerfrequenz kann dabei mit Hilfe einschlägiger Verfahren (z.B. nach Den Hartog, 1965) optimiert werden.

Die Wirkungsrichtung eines Tilgers sowie seine Positionierung in der Struktur sollte an Hand der zu betilgenden Schwingform festgelegt werden. Die Schwingmasse eines Tilgers ist im Verhältnis zur Strukturmasse generell klein. Sie ist abhängig von der "mitschwingenden" Strukturmasse, der geforderten Reduzierungswirkung sowie von der Größe der zulässigen Tilgerbewegungen. Über den Parameter *Dämpfung* lässt sich die Tilgeramplitude, aber auch die Breitbandigkeit der Wirkung des Tilgers im Frequenzbereich einstellen.

Bauwerke wie

- Brücken,
- Schornsteine, Türme,
- Hochhäuser,
- Treppen, Tribünen und
- weitgespannte Decken

besitzen häufig niedrige, schwach gedämpfte Eigenfrequenzen und können daher leicht zu Schwingungen angeregt werden. Vielfach sind Maßnahmen zur Erhöhung der Eigenfrequenz bzw. eine Vergrößerung der Eigendämpfung nicht oder nur mit großem Aufwand möglich. In diesen Fällen empfiehlt sich der Einsatz von geeigneten Schwingungstilgern zur Bewegungs- und Spannungsreduktion. Schwingungstilger bieten bei richtiger Auslegung eine effektive Lösung bei Schwingungsproblemen und können zur Erhöhung der Gebrauchstauglichkeit und Standsicherheit verwendet werden. Häufig ist der Einbau im Bauwerk sogar nachträglich möglich.

Der Einsatz von Schwingungstilgern in dem o.a. Gebieten ist heutzutage nahezu Stand der Technik. Im Vergleich dazu werden Tilger zum Schutz von Bauwerken gegen Erdbeben in der Fachliteratur kontrovers beurteilt. Im Ausblick des vorliegenden Beitrags werden Grundsatzuntersuchungen, numerische Simulationen des Tragwerksverhaltens sowie Ergebnisse von entsprechenden Shaking-Table Tests zu diesem Thema vorgestellt und diskutiert.

2. Tilgerbauformen

In Abhängigkeit von der Wirkungsrichtung der zu betilgenden Schwingungen können grundsätzlich

- Vertikaltilger und
- Horizontaltilger

unterschieden werden. Bei Vertikaltilgern ruht die Masse i.d.R. auf Federn (Bild 2 - links), oder die Masse ist mit Hilfe von Zug- oder Druckfedern aufgehängt. Neben vielen Sonderbauformen arbeiten Horizontaltilger häufig nach dem Pendelprinzip. Je nach Steifigkeitsverteilung arbeiten sie in eine Richtungen (Bild 2) oder in der Ebene (Bild 3).

Bild 2 Typischer Vertikaltilger (*links*) und Horizontaltilger (*rechts*)

Bild 3 Typische Tilger für Horizontalbewegungen in einer Ebene (Hochhaustilger – links ; Pylontilger - rechts)

Die Tilgerauswahl richtet sich im wesentlichen nach

- der erforderlichen Tilgermasse (Material, Bauform),
- dem vorhandenen Installationsraum,
- der Befestigung an der Hauptstruktur,
- der Tilgerfrequenz und –dämpfung sowie
- ggf. architektonischen Anforderungen.

Bei Bauwerken mit horizontaler Ausrichtung (z.B. Brücken) werden im wesentlichen Vertikaltilger eingesetzt. Diese können entsprechende Biege- oder Torsionseigenformen betilgen. Bei vertikalen Bauten kommen naturgemäß Horizontaltilger zum Einsatz, z.b. als Massependel mit einer oder mehreren Aufhängungen oder als Ringtilger.

3. Standsicherheit und Gebrauchstauglichkeit

Aus der Vergangenheit sind zahlreiche Bauwerke bekannt, bei denen die Standsicherheit durch die eingangs erwähnten Lastfälle stark eingeschränkt oder die Bauwerke sogar zerstört wurden. Bei Beschränkung auf den Lastfall *Windanregung* wäre als spektakuläres Beispiel der Einsturz der Tacoma-Bridge zu nennen. Der Einsatz von Schwingungstilgern bewirkt stets eine deutliche Reduzierung angeregter Eigenschwingungen und damit auch eine Verringerung der Spannungsschwingbreite. Dadurch wird die Lebensdauer der Konstruktion deutlich erhöht.

Schwingungstilger zur Sicherung der Gebrauchstauglichkeit sind zumindest in Deutschland bei Fußgängerbrücken mittlerweile Stand der Technik. Häufig werden sie bereits in der Ausschreibungsphase als Eventualposition vorgesehen. Nach Fertigstellung werden die Brücken auf Schwingungsanfälligkeit getestet und, falls erforderlich, mit Tilgern nachgerüstet.

Gemessene Beschleunigung	Wahrnehmung
< 0,5 % g	nicht spürbar
0,5 bis 1,5 % g	spürbar
1,5 % bis 5 % g	lästig
5 % bis 15 % g	unzulässig

Tabelle 1   Einfluss der Gebäudebewegung auf Bewohner nach Ruscheweyh (1982)

In Abhängigkeit vom betrachteten Bauwerk und der Nutzungsart existieren unterschiedliche Anhaltswerte, die die Gebrauchstauglichkeit von Gebäuden kennzeichnen. Tabelle 1 gibt Anhaltswerte für die Einstufung niederfrequenter Schwingbewegungen in Abhängigkeit von der gemessenen Schwingbeschleunigung für Wohngebäude. Neuere Untersuchungen geben empfohlene

Spitzenbeschleunigungen in Abhängigkeit von der Frequenz, der Wiederkehrperiode und der genauen Nutzung des Gebäudes an (z.B. ISO 10137).

4. Projektbeispiele

Millennium Bridge, London

Kurz nach Eröffnung der Millennium Bridge in London (Abb. 3a) im Jahr 2000 wurde sie wegen zu großer Schwingbewegungen wieder geschlossen. Bei normaler Fußgängernutzung wurden Amplituden von bis zu 10 cm gemessen. Durch nachträglichen Einbau von acht horizontal wirkenden Schwingungstilgern und 50 Vertikaltilgern konnten die Schwingbewegungen der Brücke derart reduziert werden, dass heute eine komfortgerechte Nutzung der Brücke möglich ist. Hierbei wurde – nach Wissen der Autoren – erstmals ein Doppelpendelsystem in der Mitte der größten Spannweite eingesetzt (siehe Bild 4).

Bild 4   Millennium Bridge - Schwingungstilger der Millennium Bridge, London

Chao Phya Brücke, Bangkok

Bei dieser Schrägseilbrücke (siehe Bild 5) wurden bereits in der Planungsphase Tilger zur Verminderung einer möglichen Schwingungsanfälligkeit vorgesehen. Sie wurden als hängende Vertikaltilger während der Bauphase installiert. Insgesamt wurden bei diesem Projekt 16 vertikal wirkende Tilger in dem Brückenquerschnitt sowie zwei horizontal wirkende Tilger am Kopf der Pylone eingesetzt (Bild 5 - rechts). Hier bestand die Gefahr, dass die Pylone durch die Schrägseile zu großen Schwingungen angeregt werden. Die Tilger besitzen eine Schwingmasse von jeweils ca. 5 t, die Abstimmfrequenz variiert im Bereich von 0,3 bis 0,7 Hz.

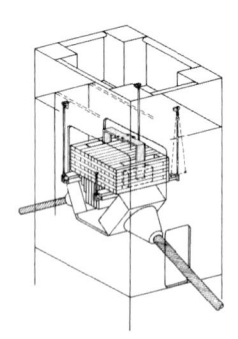

Bild 5   Chao Phya Schrägseilbrücke, Bangkok - Pylontilger

Raffinerieturm, Budapest
Der Raffinerieturm in Budapest (Bild 6) wird seit einiger Zeit nicht mehr mit Erdöl befüllt. Im leeren Zustand wurden Schwingbewegungen am Kopf mit Amplituden von bis zu 70 cm gemessen. Zusätzlich wurden bereits Schäden an der Verankerung des Turmes zum Fundament festgestellt. Numerische Analysen ergaben, dass die auftretenden Schwingbewegungen mindestens auf 50% reduziert werden müssen, um wieder von einer ausreichenden Standsicherheit und Dauerhaftigkeit ausgehen zu können.

Bild 6   Raffinerieturm in Budapest -Ringtilger (Bild Siegle Stahlschornstein und Behälter GmbH)

Für dieses Projekt wurde ein Ringtilger (ähnlich dem in Bild 6 - rechts) mit einer Einzelmasse von 16 t entwickelt und eingesetzt. Aufgrund der Tatsache, dass am Einbauort viele Rohrleitungen vorhanden sind, musste bei der Auslegung darauf geachtet werden, dass die maximal auftretenden Tilgerbewegungen kleiner als ± 15 cm sind. Bei neuesten, vom ungarischen TÜV durchgeführten Messungen mit aktiviertem Tilger wurden bei einer (kritischen) Windgeschwindigkeit von 11 m/s maximale Bewegungen am Kopf des Turmes von ± 22 mm festgestellt. Mit dieser Maßnahme wurde der sehr kostenintensive Abriss des Raffinerieturms vermieden.

Burj Al Arab, Dubai
Berechnungen in der Planungsphase dieses Gebäudes (Bild 7) ergaben, dass der Mast und die seitlich angebrachten Stahlkonstruktionen durch Windlasten leicht zu Schwingungen angeregt werden können. Man hat dadurch Beeinträchtigungen der Bewohner des Hotels befürchtet. Aus diesem Grund wurde entschieden, bereits in der Bauphase des Gebäudes zur Abhilfe insgesamt elf Schwingungstilger einzusetzen. Die Masse je Tilger beträgt ca. 5 t und die Abstimmfrequenz je nach Einbauort zwischen 0,8 und 2 Hz. Pendeltilger kamen zum Einsatz; sie wurden komplett in einem Containment voreingestellt angeliefert, montiert und mit Hilfe von Messgeräten fein abgestimmt. Eine Einbausituation in der Mitte der äußeren Stahlkonstruktion ist in Abb. 6b dargestellt.

Bild 7   Burj al Arab, Dubai

Air Traffic Control Tower, Edinburgh

Gebäude zur Luftverkehrsüberwachung müssen besondere Anforderungen bezüglich der Gebrauchstauglichkeit erfüllen. Das Funktionieren vieler Geräte ist hier vom Einhalten kleiner Schwingbewegungen abhängig. Im Vorfeld durchgeführte Berechnungen ergaben eine Schwingungsanfälligkeit des ca. 50 m hohen Turms (Abb. 7a) gegenüber Windanregung aufgrund zu geringer Dämpfung. Entsprechend den Vorgaben des projektierenden Ingenieurbüros wurde ein in allen Horizontalrichtungen wirkender Tilger konzipiert. Die Bauform entspricht einem aufgestellten Vertikaltilger (Abb. 7b), wobei die horizontale Steifigkeit der eingesetzten Stahlfedern für die gewünschte Frequenz sorgt. Die Abstimmung dieses Tilgers kann nachträglich im Frequenzbereich von 1,5 bis 2 Hz variiert werden.

Bild 8   Air Traffic Control Tower, Edinburgh

Teatro Diana, Mexiko

Beim Umbau eines vorhandenen Kinos in ein Theater in Guadalajara, Mexiko, wurde die Schwingungsanfälligkeit von zwei 36 m langen freitragenden Tribünen festgestellt. Die Eigenfrequenz dieser Tribünen beträgt ca. 3,2 Hz, und der Dämpfungsgrad wurde zu ca. 1,5 % bestimmt. Zur Abhilfe des Schwingungsproblems wurden pro Tribüne vier Schwingungstilger mit einer Gesamtmasse von ca. 10 t eingebaut. Die Tilger sind nicht sichtbar in den Tribünen integriert (Bild 9). Nachträglich durchgeführte Messungen ergaben, dass die störenden Schwingbewegungen auf ca. 30 % der ursprünglichen Werte reduziert werden konnten.

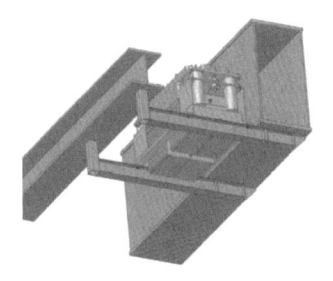

Bild 9   Tilger beim Teatro Diana, Projektskizze

Kongresszentrum Neue Terrassen, Dresden
Bei den Neuen Terrassen in Dresden ist elbseitig ein weit gespanntes Dach über dem Kongressbereich angeordnet. Hier finden auch Musikveranstaltungen statt, so dass die Schwingungsanfälligkeit der Konstruktion untersucht werden musste. Messungen und ergänzende Berechnungen ergaben, dass die Eigenfrequenz dieser Decke ca. 2,5 Hz beträgt und somit im gefährdeten Bereich liegt. Während der Bauphase wurden acht Vertikaltilger mit Massen von je 5 t eingebaut. Diese Tilger sind in den Deckenaufbauten integriert (Bild 10).

Bild 10 Kongresszentrum Neue Terrassen, integrierter Schwingungstilger

5. Tilger zum Erdbebenschutz

Schwingungstilger wurden bisher nicht oder nur vereinzelt zum Erdbebenschutz eingesetzt. Die Effektivität ist hier wegen der breitbandigen Erdbebenanregung nicht so hoch wie bei den bisher diskutierten Anwendungen, allerdings lassen sich dennoch numerisch und experimentell Schutzeffekte nachweisen (Jurukovski et al., 2005). Je nach Massenverhältnis lassen sich Strukturantworten auf bis zu 50% der Werte reduzieren, die ohne Tilger ermittelt werden. Abb. 10 gibt einen Eindruck von den entsprechenden Prüfstandsversuchen, die im Jahr 2004 in Skopje, Mazedonien, durchgeführt wurden. Ziel dabei war die Entwicklung entsprechender Auslegungskriterien von Tilgern für Erdbebenanwendungen.

Bild 11 Stockwerksrahmen mit Tilger auf dem Erdbebenprüfstand

Dem Einwand, dass die Gebäudefrequenz bei starken Erdbeben drastisch abfällt und daher Tilger ihre Wirkung verlieren, stehen folgende Punkte entgegen:
- Der Tilger selbst verringert die Schädigung und damit den Frequenzabfall.
- Der Tilger wird unterkritisch ausgelegt.
- Der Tilger wirkt wegen höherer Dämpfung breitbandig im Frequenzbereich.
- Bei bestehenden Gebäuden können Eigenfrequenzen gemessen werden und geben weitere Anhaltspunkte bei der Tilgerauslegung.

Literatur

[1] J. P. Den Hartog (1965), Mechanical Vibrations, Mc Graw-Hill
[2] H. Ruscheweyh (1982), Dynamische Windwirkung an Bauwerken, Band 2.
[3] ISO 10137, Bases for design of structures – Serviceability of buildings against vibration.
[4] D. Jurukovski, P. Nawrotzki, Z. Rakicevic (2005), Shaking Table Tests of a Steel Frame Structure with and without Tuned Mass Control System, EURODYN 2005, Paris

Behutsame Betoninstandsetzung

Technisch-wissenschaftliche Grundlagen, Instandsetzungsmethoden und ihre praktische Umsetzung

Univ.-Prof. Dr.-Ing. **Harald S. Müller** [1,2]
Dr.-Ing. **Martin Günter** [2]
Dipl.-Ing. **Edgar Bohner**, MSc [1]
Dipl.-Ing. **Michael Vogel** [1]

[1] Institut für Massivbau und Baustofftechnologie, Universität Karlsruhe (TH)
[2] Prof. Müller + Dr. Günter, Ingenieurgesellschaft Bauwerke GmbH, Karlsruhe

Zusammenfassung

Die Erhaltung und Instandsetzung historisch bedeutsamer Betonbauwerke erfordert denkmalgerechte bauliche Maßnahmen. Dies bedeutet, dass ein größtmöglicher Erhalt der ursprünglichen Konstruktion bzw. ihres Erscheinungsbildes zu gewährleisten ist. Dennoch muss auch den heutigen Nutzerwünschen Rechnung getragen werden. Soweit technisch vertretbar, ist eine örtliche, auf lokale Schäden konzentrierte Instandsetzung zu bevorzugen. Voraussetzung hierfür sind detaillierte Bauwerksuntersuchungen, die eine sichere Abschätzung der Tragfähigkeit und eine Prognose der Dauerhaftigkeit noch ungeschädigter Bauteile auf der Grundlage moderner statistischer und numerischer Methoden erlauben. Meist sind auf das Bauwerk abgestimmte Instandsetzungsmörtel oder Betone zu entwickeln, die neben einer optischen Angleichung an den Altbeton auch spezifische Anforderungen an die mechanischen Eigenschaften zu erfüllen haben. Die Grundlagen der genannten Methoden und die Vorgehensweise bei der denkmalgerechten Instandsetzung werden in diesem Beitrag behandelt. Zudem wird über Erfahrungen mit dieser Instandsetzungsart berichtet und am Beispiel einer Sichtbetonfassade die Abschätzung der Restnutzungsdauer aufgezeigt.

1. Einführung

Im vergangenen Jahrhundert ist Sichtbeton zu einem bedeutenden Gestaltungselement in der Architektur geworden. Das Aussehen zahlreicher Bauwerke, insbesondere auch solchen, die eine historische Bedeutung erlangt haben, wird hierdurch geprägt. Das dabei vom Architekten gewollte Erscheinungsbild geht jedoch verloren, wenn bei Maßnahmen zur Verbesserung der Dauerhaftigkeit oder bei der Instandsetzung von Beton- und Stahlbetonbauwerken die in Richtlinien und Vorschriften festgelegten Grundsatzlösungen unmittelbar umgesetzt werden. Ziel war es daher, „behutsamere" Wege der Betoninstandsetzung zu erschließen und, soweit technisch vertretbar, bei der Instandsetzung von bedeutsamen Betonbauten umzusetzen.

Vor diesem Hintergrund werden seit ca. 15 Jahren am Institut für Massivbau und Baustofftechnologie der Universität Karlsruhe gemeinsam mit Architekten und Ingenieuren modifizierte Wege der Betoninstandsetzung bei historischen Betonkonstruktionen entwickelt und in der Praxis umgesetzt. Der dabei geprägte Begriff der „behutsamen" Betoninstandsetzung verdeutlicht die Ziele dieser durch einen weitgehenden Substanzerhalt gekennzeichneten Art der Instandsetzung. Sie steht heute, ohne zu konkurrieren, neben der „allgemein üblichen", durch großflächige und irreversible Beschichtungsmaßnahmen geprägten Art der Betoninstandsetzung, die bei hoch beanspruchten Ingenieurbauwerken in vielen Fällen unverzichtbar ist. Die behutsame Betoninstandsetzung findet zudem nicht nur bei historischen Bauwerken, sondern generell bei der Instandsetzung von Sichtbeton Anwendung, da sie allein den Erhalt des architektonisch gewünschten Erscheinungsbildes sichert und sich durch eine hohe Wirtschaftlichkeit und Nachhaltigkeit auszeichnet. Der vorliegende Beitrag gibt einen Überblick über die Grundlagen und den Kenntnisstand bei der behutsamen bzw. denkmalgerechten Betoninstandsetzung.

2. Betonschäden und ihre Ursachen

Betrachtet man Mängel und Schäden, die an Außenfassaden bzw. Sichtbetonoberflächen historisch bedeutender Beton- und Stahlbetonbauwerke überwiegend vorzufinden sind, so lassen sich im Wesentlichen fünf charakteristische Schadensbilder voneinander unterscheiden (siehe auch Bild 1):

- verwitterte und abgesandete Betonoberflächen,
- flächige Beläge mineralischer oder organischer Natur,
- hohlraumreiche Randzonen mit fehlender Feinmörtelmatrix,

- Oberflächenrisse von unterschiedlicher Ausprägung,
- abgeplatzte Betondeckung über korrodierter Bewehrung.

Hinzu kommen teilweise Risse in der Zugzone biegebeanspruchter Bauteile sowie durchgehende Risse als Folge von Zwängungen bzw. Verformungsunverträglichkeiten.

Die Verwitterung von Betonoberflächen hat ihre Ursache im Wesentlichen in der Beanspruchung durch klimatische Einflüsse und Luftschadstoffe. Zu den maßgeblichen Mechanismen gehören wechselnde Eigenspannungszustände durch Temperatur- und Feuchtigkeitswechsel, Frost-Tau-Wechselbeanspruchungen sowie Lösungs- und Auslaugungsprozesse. Beläge auf Betonoberflächen treten in Form von Ausblühungen, Verschmutzungen oder Bewuchs auf. Im Einzelnen können diese Erscheinungsformen auf komplexen Mechanismen, die teils physiochemischer und biochemischer Natur sind, beruhen, bei denen stets das Vorhandensein bzw. der Transport von Feuchtigkeit eine ursächliche Rolle spielt.

Hohlraumreiche Randzonen, so genannte Kiesnester, beruhen auf einem Herstellungs- oder Verarbeitungsmangel des Betons und sind nur dann als Schaden einzustufen, wenn sie tiefreichend sind und durch die fehlende Dichtheit dieser Bereiche die Dauerhaftigkeit der Konstruktion bzw. der Korrosionsschutz der Bewehrung beeinträchtigt wird.

Die Oberflächenrissbildung ist meist die Folge von Eigenspannungen, die aus behinderter Schwind- oder Temperaturverformung der oberflächennahen Bereiche resultieren. In selteneren Fällen reichen die an der Oberfläche sichtbaren Risse tief in den Bauteilquerschnitt hinein, weil sie durch Zwang oder äußere Lasten hervorgerufen worden sind.

Das Abplatzen der Betondeckung über oberflächennaher, korrodierender Bewehrung infolge des Sprengdruckes, den die entstehenden Korrosionsprodukte bewirken, gehört zu den häufigsten, insbesondere aber zu den gravierendsten Oberflächenschäden an historischen Stahlbetonbauwerken, weil hierdurch immer die Dauerhaftigkeit und nicht selten auch unmittelbar die Tragfähigkeit und Standsicherheit der Konstruktion beeinträchtigt werden.

An der Betonoberfläche sichtbare Schäden, insbesondere die Ausbildung von Rissen, können ihre Ursache auch in konstruktiven Mängeln oder aber einer erhöhten, nicht vorhergesehenen Beanspruchung haben. Für die Instandsetzung einer Betonoberfläche bzw. eines Betonbauwerks ist es in jedem Falle wichtig, die genaue Ursache eines Schadensbildes zu kennen, um künftigen Schädigungen nach der Instandsetzung wirksam begegnen zu können. Weitere Angaben zu typischen Schadensbildern an Betonoberflächen und deren Ursachen finden sich z. B. in [1].

Die aufgeführten Veränderungen bzw. Schäden an Betonoberflächen sind an historischen Konstruktionen und an gewöhnlichen Betonkonstruktionen oft gleichermaßen zu beobachten. Entscheidend für die Bewertung solcher veränderter oder nicht typischer Betonoberflächen ist die Einstufung des Bauwerks. Bei historischen Betonkonstruktionen wird man beispielsweise einen Bewuchs oder eine verwitterte Oberfläche vielfach als Teil des gewachsenen und damit zu bewahrenden Erscheinungsbildes ansehen. Instandsetzungsmaßnahmen sind in solchen Fällen nur dann vorzusehen, wenn die Veränderung der Betonoberfläche mit einer Beeinträchtigung der Dauerhaftigkeit, Gebrauchsfähigkeit oder Standsicherheit des Bauwerks einhergeht. Dies ist im Zuge einer gründlichen Bauwerksuntersuchung und Schadensanalyse zu klären.

Bild 1   Wasserturm ‚Kavalier Dallwigk' in Ingolstadt, erbaut 1916-17, vor der Instandsetzung. Der Sichtbeton zeigt eine Vielzahl von Betonschäden, wie z. B. Rissbildungen und Abplatzungen über korrodierender Bewehrung

3. Behutsame Betoninstandsetzung

3.1 Strategie

Bei einer behutsamen Betoninstandsetzung müssen technische Erfordernisse mit den zusätzlichen Anforderungen der Denkmalpflege in Einklang gebracht werden (Bild 2). Die Beseitigung von Schäden und Mängeln sowie die Wiederherstellung der Dauerhaftigkeit muss dabei folgenden maßgeblichen Randbedingungen genügen:

- Minimierung der Eingriffe in die Bausubstanz,
- Erhaltung des architektonischen und optischen Erscheinungsbildes des Bauwerks bzw. seiner Oberflächen in der ursprünglichen Art.

Somit kann lediglich das Instandsetzungsprinzip der örtlichen Ausbesserung (Prinzip R2), gegebenenfalls in Verbindung mit der Beschichtung der Bewehrung (Prinzip C), nach [2] zur Anwendung kommen. Dabei wird man Imperfektionen der Betonoberfläche wie Kiesnester oder Lunker, aber auch einen Bewuchs, soweit technisch vertretbar, unverändert belassen.

Sinnvoll ist diese Vorgehensweise jedoch nur dann, wenn der vorgefundene Schadensumfang begrenzt ist und wenn eine Prognose der künftigen Schadensentwicklung eine hinreichende Dauerhaftigkeit sowohl der lokal instand gesetzten als auch insbesondere der nicht instand gesetzten Oberflächenbereiche erwarten lässt. Diese Abschätzung erfordert eine detaillierte Bauwerksuntersuchung, die im Umfang deutlich über das übliche Maß an Voruntersuchungen bei konventionellen Betoninstandsetzungen hinausgeht. Da auf der Grundlage des zu wählenden Sicherheitskonzepts davon auszugehen ist, dass im Laufe der prognostizierten Lebensdauer vereinzelt noch weitere Schäden auftreten, ist eine planmäßige Bauwerksüberwachung wichtiger Bestandteil des Instandsetzungskonzeptes.

Verschiedene spezifische Merkmale weist insbesondere auch die Ausführung einer behutsamen Instandsetzung auf. Hierzu gehören beispielsweise die Entwicklung speziell auf die Bauwerksoberfläche abgestimmter Instandsetzungsmörtel sowie deren Verarbeitung bzw. die Oberflächenbearbeitung der reprofilierten Bereiche.

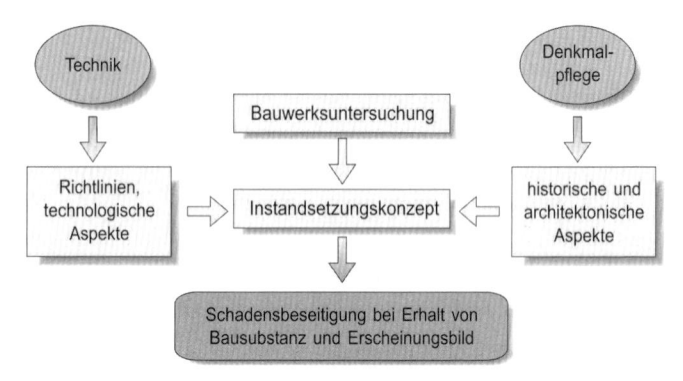

```
        ┌─────────┐                           ┌─────────┐
        │ Technik │                           │Denkmal- │
        │         │                           │ pflege  │
        └────┬────┘                           └────┬────┘
             │     ┌──────────────────────┐        │
             │     │ Bauwerksuntersuchung │        │
             │     └──────────┬───────────┘        │
             ▼                ▼                    ▼
    ┌──────────────┐  ┌──────────────────┐  ┌──────────────┐
    │ Richtlinien, │  │                  │  │historische und│
    │technologische│=>│Instandsetzungs-  │<=│architektonische│
    │   Aspekte    │  │    konzept       │  │   Aspekte    │
    └──────────────┘  └────────┬─────────┘  └──────────────┘
                               ▼
                  ┌──────────────────────────────┐
                  │Schadensbeseitigung bei Erhalt│
                  │ Bausubstanz und Erscheinungs-│
                  │            bild              │
                  └──────────────────────────────┘
```

Bild 2   Anforderungen an eine denkmalgerechte Betoninstandsetzung und wesentliche Merkmale ihrer Umsetzung an Baudenkmälern

3.2 Bauwerksuntersuchung

Die Bauwerksuntersuchung lässt sich in einen baugeschichtlichen, einen statisch-konstruktiven und einen materialtechnologischen Abschnitt gliedern. Die materialtechnologischen Untersuchungen müssen Ergebnisse in Bezug auf die in Tabelle 1 genannten Punkte liefern, denen bei üblichen Betoninstandsetzungen meist nur sehr begrenzt nachgegangen wird. Hierdurch wird ein repräsentatives Eigenschaftsprofil des instand zu setzenden Bauwerksbetons gewonnen, was auch für die sachgerechte Wahl bzw. die Entwicklung eines geeigneten Instandsetzungsmörtels von wesentlicher Bedeutung ist.

Die Bauwerksuntersuchung muss sich auf alle für das Bauwerk repräsentativen Bereiche erstrecken. Weiterhin sind die in Tabelle 2 angegebenen Versuche bzw. Untersuchungen am Bauwerk oder an aus dem Bauwerk entnommenen Proben erforderlich.

Die in Tabelle 2 aufgeführten Untersuchungen, deren Methodik weitgehend in [3] beschrieben wird, sind die Grundlage der Beurteilung der Dauerhaftigkeit bisher noch wenig geschädigter Bereiche sowie der Festlegung der Instandsetzungsmaßnahmen. Ein Teil der in den Tabellen 1 und 2 genannten Untersuchungen ist zudem für die statisch-konstruktive Beurteilung des Bauwerks unverzichtbar. Diese Beurteilung erfordert auch das Studium alter Konstruktionspläne, soweit diese noch vorhanden sind, sowie weitergehende Untersuchungen, die Aufschluss über Lasten, angenommene Tragsysteme bzw. lastbedingte Änderungen der Tragwirkungen und ggf. über die Möglichkeiten einer Verstärkung geben.

Tabelle 1   Wichtige Voruntersuchungen bei behutsamen Betoninstandsetzungen

- Art, Umfang und Lage der Schäden (siehe Kapitel 2)
- Lage und Umfang oberflächlich schadensfreier Bauwerksbereiche
- Korrosion und Korrosionsschutz der Bewehrung in den oberflächlich nicht oder nur wenig geschädigten Bauwerksbereichen
- Korrosionsfortschritt in den derzeit nicht oder nur wenig geschädigten Bauwerksbereichen
- Textur und Abwitterungszustand der Betonoberfläche
- Eigenschaften des Betons, u. a.:
  - Druck- und Zugfestigkeit
  - E-Modul
  - Bindemittel und Mischungsverhältnis
  - Farbe der Mörtelmatrix
  - Art, Farbe und Sieblinie der Zuschlagstoffe

Tabelle 2   Experimentelle Untersuchungen am Bauwerk und an Bauwerksproben

- Messung der Karbonatisierungstiefe
- Ermittlung der Schadstoffbelastung, z. B. Chloride
- Messung der Betondeckung der Bewehrung
- Ermittlung der Stabdurchmesser der Bewehrung
- Ermittlung der Bewehrungsführung und des Bewehrungsgrades
- Erkundung der Ursache statisch-konstruktiv bedingter Schäden
- Überprüfung von Art und Umfang der Bewehrungskorrosion
- Beurteilung des Gefüges der Betondeckungsschicht
- Beurteilung des Mikroklimas im Bauteilbereich
- Chemische / physikalische / mineralogische Analysen
- Prüfung der Festigkeits- und Verformungseigenschaften
- Erfassung des Erscheinungsbildes der Betonoberfläche

Gerade in Bezug auf die Beurteilung des Tragverhaltens historischer Konstruktionen oder im Hinblick auf die Erfassung vorliegender klimatischer Beanspruchungen und deren Auswirkung ist der Einsatz moderner numerischer Analysemethoden oftmals von großem Nutzen. So lassen sich beispielsweise mit Hilfe der Finite-Elemente-Methode die Kraftflüsse in Konstruktionen, aber auch temperatur- und feuchtebedingte Verformungen und Spannungen, wirklichkeitsnahe erfassen.

Die im Weiteren erforderliche qualitative und quantitative Erfassung des Erscheinungsbildes der Betonoberflächen (siehe Tabelle 2) erlaubt deren Reproduktion in den nicht original zu erhaltenden Bereichen. Die dazu notwendigen Untersuchungen gliedern sich in drei Abschnitte:

- Aufmaß der Oberflächentextur, die z. B. durch strukturierte Schalungen oder durch eine steinmetzmäßige Bearbeitung architektonisch wirkend hergestellt wurde,
- Aufmaß der Abwitterungen, die im Verlauf der Alterung der Oberflächen eingetreten sind und nun ebenfalls zum Erscheinungsbild der Gesamtfläche beitragen,
- Analyse der Farbigkeit und Helligkeit der Betonoberfläche.

Die Analyse und Beschreibung der Farbigkeit und Helligkeit der Betonoberfläche ist mit Hilfe der bekannten Methoden und Gesetze der Farbmetrik durchzuführen. Untersuchungen am Institut für Massivbau und Baustofftechnologie der Universität Karlsruhe haben gezeigt, dass durch die Anwendung der Gesetze der Farbmetrik in Kombination mit den Möglichkeiten der modernen digitalen Bilderfassung Farbanalysen an Betonen schnell und mit der erforderlichen Genauigkeit möglich sind. Die entwickelte Messtechnik eignet sich insbesondere auch zur Reproduktion von Färbungen bei Instandsetzungsbetonen (siehe [4]).

3.3 Beurteilung der Standsicherheit

Die Beurteilung der Standsicherheit erfolgt auf der Grundlage der Ergebnisse der Bauwerksuntersuchungen und der Konzepte in einschlägigen Richtlinien (insbesondere DIN 1045). Die dort gegebenen Nachweisformate können oftmals aber nicht zielführend angewandt werden. In diesen Fällen sind weitergehende statische Überlegungen, bis hin zu numerischen Untersuchungen und ggf. auch Belastungsversuche durchzuführen, um entweder die Tragfähigkeit bzw. Standsicherheit nachweisen oder Verstärkungsmaßnahmen planen zu können.

Je nach Bauwerk und örtlichen Gegebenheiten, z. B. bei historischen Betonbrücken, sind auch sicherheitstheoretische bzw. entsprechende probabilistische Analysen vorzunehmen. Bezogen auf historische Gebäude aus Beton bzw. Stahlbeton zeigen die gewonnenen Erfahrungen, dass in der Mehrzahl der Fälle eine ausreichende Tragfähigkeit vorhanden ist und auch langfristig sichergestellt werden kann, sofern der meist vorzufindende Korrosionsfortschritt an der Bewehrung unterbunden wird. Nähere Angaben zur Beurteilung der Standsicherheit, sind der einschlägigen Literatur zu entnehmen; siehe hierzu auch [5].

3.4 Beurteilung der Dauerhaftigkeit und Lebensdauerprognose

Beruht die allmähliche Zerstörung einer Betonoberfläche allein auf Verwitterungsprozessen, so kann eine hinreichend genaue Abschätzung des künftig zu erwartenden Oberflächenabtrags bzw. Schadenszuwachses meist recht einfach unter Verwendung von Potenzgesetzen gewonnen werden [4]. Diese sind unter Berücksichtigung der am Bauwerk gegebenen Randbedingungen aufzustellen.

Schwieriger ist die Prognose der Dauerhaftigkeit bezüglich der Korrosion der oberflächennahen Bewehrung. Dies gilt sowohl für Oberflächenbereiche, die im ursprünglichen Zustand belassen werden, als auch für jene, in denen eine örtliche Instandsetzung erfolgt, weil unter ungünstigen Umständen hierdurch korrosionsfördernde Bedingungen in den angrenzenden Bereichen geschaffen werden können (Makroelementkorrosion).

Für die Korrosion von Bewehrungsstahl müssen mehrere Voraussetzungen gleichzeitig gegeben sein. Bei diesen handelt es sich zum einen um den Verlust der schützenden Passivschicht des Bewehrungsstahls. Zum anderen muss ein ausreichend hohes Feuchtigkeits- und Sauerstoffangebot am Stahl vorhanden sein. Letzteres liegt bei der oberflächennahen Bewehrung historischer Betonkonstruktionen praktisch immer vor. Die Zerstörung der Passivschicht ist bei diesen Bauwerken nur selten auf lokal vorhandene oder eingetretene Chloride zurückzuführen, sondern wird i. d. R. durch die Karbonatisierung der Randzone infolge ungenügender Betondeckung und/oder geringer Betonqualität verursacht. Daher beruht eine Prognose der künftig zu erwartenden Korrosion auf der Erfassung der Betondeckung und des Karbonatisierungszustandes, der Prognose des Karbonatisierungsfortschritts und der Abschätzung des thermisch-hygrischen Verhaltens der Betonrandzone.

Entsprechend der schematischen Darstellung in Bild 3 kann aus Untersuchungen zur Karbonatisierung des Betons und zur Qualität der Betonrandzone der zeitliche Verlauf der Karbonatisierungstiefe anhand einfacher Beziehungen abgeschätzt und extrapoliert werden [4]. Unter Verwendung der ebenfalls erfassten Werte der Betondeckung, lässt sich aus dem vorhandenen Überschneidungsbereich der beiden Häufigkeitsverteilungen ein Maß für die Wahrscheinlichkeit verloren gegangener Passivierung der oberflächennahen Bewehrung ermitteln. Das gewonnene Ergebnis ist mit dem in den Voruntersuchungen erfassten Umfang der Bewehrungskorrosion zu korrelieren bzw. gemeinsam zu beurteilen und für die Dauerhaftigkeitsprognose zu bewerten.

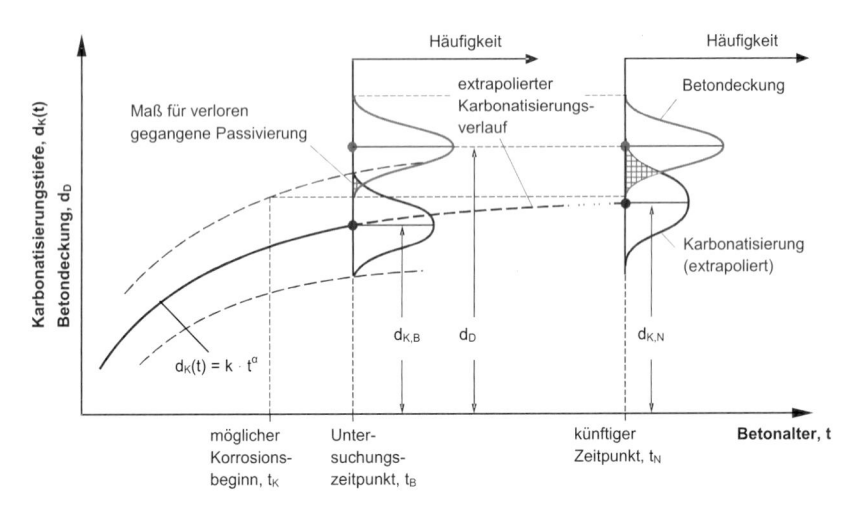

Bild 3   Schematische Darstellung der zeitlichen Entwicklung der Karbonatisierung des Betons – Mittelwerte und Streubereiche der zeitabhängigen Karbonatisierungstiefe $d_K(t)$ und der Betondeckung d_D. Parameter: t = Zeit; α = Konstante; k = Karbonatisierungskoeffizient

Die Abschätzung des thermisch-hygrischen Verhaltens der Betonrandzone bzw. der Bauteilquerschnitte in den zu untersuchenden Bereichen kann entweder über In-situ-Messungen oder mit Hilfe numerischer Simulationen erfolgen. Messungen der am Bauwerk vorliegenden Feuchtegehalte sind möglich, müssen jedoch, um die Bandbreite der innerhalb eines Jahres möglichen klimatischen Beanspruchungen zu erfassen, über lange Zeiträume erfolgen. Zudem müssen sie in mehreren repräsentativen Bereichen der zu untersuchenden Bauteile vorgenommen werden. Wesentlich schneller, weniger aufwändig und dennoch relativ genau kann das hygrische Verhalten der Bauteile mit Hilfe einer numerischen Analyse abgeschätzt und dargestellt werden.

Zur Durchführung einer aussagekräftigen und den Anforderungen gerecht werdenden numerischen Simulation müssen das zu untersuchende Bauteil geometrisch modelliert, die klimatische Beanspruchung des Bauteils möglichst realitätsnah erfasst und die Eigenschaften des Betons mit Hilfe von Materialkennwerten hinreichend genau beschrieben werden.

Für eine realitätsnahe Simulation der klimatischen Beanspruchung des Bauteils bietet sich die Verwendung von sog. Referenzklimadatensätzen an, die für zahlreiche Orte und Regionen in Deutschland verfügbar sind. Die Eigenschaften des Betons lassen sich mit Hilfe der Ergebnisse beschreiben, die bei Laboruntersuchungen an Bauwerksproben ermittelt wurden. Den eigentlichen Berechnungen vorausgehen muss eine Kalibrierung des numerischen Modells. Diese kann anhand der Simulation einfacher, stationärer und unter genau definierten Randbedingungen ablaufender Versuche an Probekörpern (z. B. kapillarer Wasseraufnahmeversuch) oder am Bauwerk erfolgen. Zur Erfassung der geometrischen Verhältnisse des betrachteten Bauteils sind i. d. R. 1- bis 2-dimensionale Diskretisierungen ausreichend.

In Bild 4, links ist der Feuchtegehalt des Betons in Abhängigkeit von der Tiefe unter der Betonoberfläche für ein frei bewittertes Betonbauteil schematisch dargestellt. Veränderliche Feuchtegehalte infolge der Bewitterung treten in Abhängigkeit von der Betonqualität und dem Feuchteangebot oftmals nur relativ nahe der Oberfläche auf. In tieferen Bereichen liegt der Feuchtegehalt meist unter dem für die Stahlkorrosion erforderlichen Mindestwert.

Untersuchungen zeigen, dass zur Korrosion von Bewehrungsstahl eine relative Feuchtigkeit im Beton von mindestens 85 %, aber weniger als 100 % vorherrschen muss [6]. Andererseits kann rechnerisch oder experimentell nachgewiesen werden, dass in der Praxis ein für Korrosion ausreichendes Feuchteniveau am Stahl oftmals nur über relativ kurze Zeiträume in Verbindung mit starken Niederschlagsereignissen gegeben ist.

Für eine Prognose der Dauerhaftigkeit der Betonrandzone bzw. des Bauteils müssen die einzelnen Einflussparameter der Bewehrungskorrosion korreliert werden. Bild 4 zeigt das Schema zur Korrelation der Einflussparameter Betondeckung, Karbonatisierungstiefe und relative Feuchtigkeit in Abhängigkeit von der Tiefe unter der bewitterten Betonoberfläche.

Im unteren Bereich von Bild 4 ist die Verteilung der bei Bauwerksuntersuchungen gemessenen Betondeckungen und Karbonatisierungstiefen dargestellt. Der Schnittbereich beider Häufigkeitsverteilungen ist das Maß für das Vorliegen depassivierter Bewehrung. Die beiden Kurvenverläufe oberhalb der Abszisse kennzeichnen die unter Verwendung der numerischen Analyse ermittelten Maximal- und Minimalwerte der relativen Feuchtigkeit im Beton in Abhängigkeit von der Tiefe unter der bewitterten Betonoberfläche. Im rechten Bereich von Bild 4 gibt die obere der beiden Häufigkeitsverteilungen die Korrosionswahrscheinlichkeit von Bewehrungsstahl in Abhängigkeit der relativen Feuchtigkeit im Beton an. Wird nun der Bereich des Vorliegens depassivierter Bewehrung mit dem Bereich der für die Korrosion erforderlichen relativen Feuchte überschnitten, so erhält man als Schnittmenge jenen Bereich, in dem eine Bewehrungskorrosion überhaupt nur möglich ist (in Bild 4 schraffiert dargestellt).

Betrachtet man nun einen depassivierten Bewehrungsstab in der Tiefe c unter der bewitterten Betonoberfläche, so kann für diesen die mögliche Spannweite der in der Querschnittstiefe c des Bauteils während eines Jahres zu erwartenden relativen Feuchtigkeit im Beton angegeben werden. Aus dem Ergebnis der numerischen Simulation lässt sich neben der Höhe der relativen Feuchtigkeit auch deren Auftretenshäufigkeit im Schnitt c ermitteln (untere Kurve im rechten Bereich von Bild 4). Durch Überlagerung der Häufigkeitsverteilung der relativen Feuchtigkeit im Schnitt c mit der Kurve der Korrosionswahrscheinlichkeit, lässt sich das Maß für das Vorliegen optimaler Feuchtebedingungen für Bewehrungskorrosion in der Tiefe c unter der bewitterten Oberfläche ableiten.

Zusammenfassend gilt, dass eine Korrosionswahrscheinlichkeit für den Bewehrungsstahl erst dann gegeben ist, wenn am Stahl die Depassivierungswahrscheinlichkeit und die Wahrscheinlichkeit für einen korrosionsauslösenden Feuchtegehalt gemeinsam vorliegen.

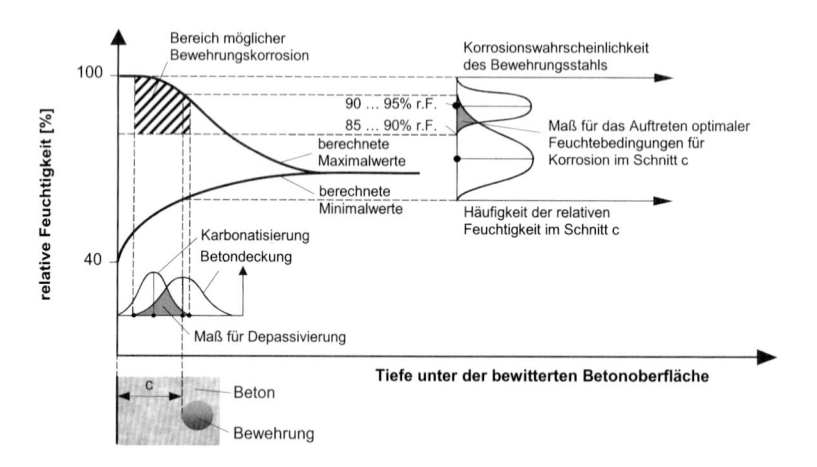

Bild 4   Schema der Korrelation der Einflussparameter Karbonatisierungstiefe, Betondeckung und relative Feuchtigkeit zur Abschätzung der Korrosionswahrscheinlichkeit der Bewehrung

Im Zuge der Abschätzung der Korrosionswahrscheinlichkeit und möglicherweise zukünftig auftretender Schäden sind noch einige weitere Aspekte zu berücksichtigen. So besteht zwischen dem Karbonatisierungsfortschritt und dem Feuchtegehalt des Betons eine Wechselbeziehung, die auch von der Zusammensetzung des Betons abhängt. Im Weiteren führen die Korrosion der Bewehrung und die mit den Korrosionsprodukten entstehenden Sprengdrücke nur dann zu Schäden an der Betonoberfläche, wenn u. a. entsprechende geometrische Randbedingungen (z. B. das Verhältnis zwischen Betondeckung zu Stabdurchmesser) gegeben sind, siehe hierzu auch [7].

Aus den obigen Ausführungen wird deutlich, dass die karbonatisierungsinduzierte Bewehrungskorrosion – sie ist die häufigste und oft maßgebliche Schädigung bei historischen Betonkonstruktionen – je nach Lage eines Bauteils und der örtlichen Gegebenheiten am selben Bauwerk sehr unterschiedlich ausgeprägt sein kann. Gleichermaßen unterschiedlich ist dann das Ausmaß bzw. Risiko eines künftigen Korrosionsfortschritts. Zudem können an verschiedenen Bauteilen unterschiedliche Schädigungsprozesse, z. B. Bewehrungskorrosion, Frost- und Verwitterungsschäden, einzeln oder auch in Kombination auftreten. Eine realistische Lebensdauerprognose für ein Bauwerk muss diese „heterogene" Ausgangssituation sowie das Zusammenwirken der einzelnen Bauteile berücksichtigen und kann somit nur unter Einbeziehung statistischer Betrachtungen und der Anwendung entsprechender rechnerischer Werkzeuge erfolgreich durchgeführt werden.

Dank der erheblichen wissenschaftlichen Fortschritte auf dem Gebiet der Modellierung von Schädigungsprozessen in jüngster Vergangenheit sowie der Verfügbarkeit der erforderlichen statistischen Softwarepakete können heute Lebensdauerprognosen zielsicher durchgeführt werden. Detaillierte Angaben zur Methodik von Lebensdauerprognosen sowie weitere Literaturangaben sind in [8] enthalten. In Kapitel 4 wird eine Lebensdauerprognose exemplarisch für ein denkmalgeschütztes Bauwerk näher vorgestellt.

3.5 Entwicklung von Instandsetzungsmörteln und -betonen
Da der Instandsetzungsmörtel bzw. -beton nach seiner Applikation mit keiner Beschichtung o. ä. überzogen wird, müssen seine Eigenschaften neben technologischen auch optische, das Erscheinungsbild der Reprofilierungsstelle betreffende Anforderungen erfüllen.

In Bild 5, links sind wichtige Anforderungen an den Instandsetzungsmörtel zusammengefasst. Sie betreffen sowohl die Frischmörtel- (Verarbeitbarkeit, Modellierbarkeit) als auch die Festmörteleigenschaften (mechanische Eigenschaften, Dauerhaftigkeit und optisches Erscheinungsbild). Die Eigenschaften des Instandsetzungsmörtels bzw. -betons müssen auf die Eigenschaften des Bauwerksbetons abgestimmt sein. Grundsätzlich sollte die Zusammensetzung eines Instandsetzungsmörtels bzw. -betons weitestgehend jener des Bauwerksbetons entsprechen. Die Festlegung des spezifischen Anforderungsprofils für den zu verwendenden Instandsetzungsmörtel oder -beton bzw. die darauf aufbauende Entwicklung eines Mörtels bzw. Betons mit spezifischen Eigenschaften ist mit einer Bemessungsaufgabe vergleichbar. Nähere Angaben hierzu sind in [9] enthalten.

Eigenschaften des Mörtels:	Beanspruchung des Mörtels:

• gute Verarbeitbarkeit, Modellierbarkeit
• angepasste Festigkeits-, Verbund- und Verformungseigenschaften
• angepasste Dauerhaftigkeit
• angepasstes optisches Erscheinungsbild; Parameter:
    - Farbe und Helligkeit
    - mechanische Bearbeitbarkeit
    - Bewitterungsverhalten
    - Alterungsverhalten
	Draufsicht — Mörtel / Bauwerksbeton; Schnitt: σ_{xx}, σ_{zz}, β_{zz}; geschwächte Zone

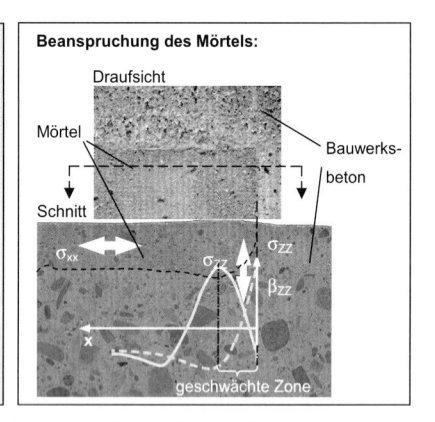

Bild 5   Anforderungsprofil an den Instandsetzungsmörtel und seine Beanspruchung in einer lokalen Reparaturstelle; links: Zusammenfassung geforderter Eigenschaften des Instandsetzungsmörtels; rechts, oben: Draufsicht auf eine mit Mörtel verschlossene Ausbruchstelle des Bauwerksbeton; rechts, unten: Schnitt durch Mörtelschicht und Bauwerksbeton; Darstellung des Verlaufs der senkrecht zur Oberfläche wirkenden Ablösespannungen σ_{zz} unmittelbar vor dem Ablösen (gestrichelte Kurve) sowie nach der Ablösung im Randbereich (durchgezogene Linie)

Zur Erzielung einer hohen Dauerhaftigkeit lokaler Instandsetzungsmaßnahmen ist u. a. der sog. Plombenbildung wirksam zu begegnen. Unter dieser versteht man das an freien Rändern oder am Rand von Reprofilierungsstellen beginnende, reißverschlussartige Ablösen des Reprofilierungsmörtels vom Bauwerksbeton. Die hierfür verantwortlichen Spannungszustände sind in Bild 5, rechts skizziert. Im oberen Bildteil ist eine Draufsicht auf eine Mörtelstelle, im unteren Bildteil der Schnitt durch diesen Bereich dargestellt. Das Schwinden des Reparaturmörtels bewirkt nicht nur oberflächenparallele Zugspannungen σ_{xx} im Mörtel und am Übergang Mörtel/Bauwerksbeton, sondern auch Ablösespannungen σ_{zz} senkrecht zur Oberfläche. Diese Ablösespannungen besitzen ein Maximum am Übergang zwischen Mörtel und Bauwerksbeton und fallen umso größer aus, je stärker der Mörtel schwindet bzw. je höher seine Zugfestigkeit ist. Um also Hohllagen des Mörtels zu vermeiden, muss die Verbundfestigkeit zwischen Reparaturmörtel und Bauwerksbeton umso höher sein, je höher die Zugfestigkeit des Mörtels ist. Eine feine Schwindrissbildung im Mörtel würde die Zugspannungen reduzieren, ohne die Dauerhaftigkeit zu beeinträchtigen. Wenn man nun den Zusammenhang zwischen der maximalen Zugspannung σ_{xx} und der maximalen Ablösespannung σ_{zz} kennt (siehe auch [10]), lässt sich für den Reparaturmörtel eine Obergrenze der zulässigen Zugfestigkeit angeben, so dass Hohllagen des Mörtels vermieden werden können. Hierbei kann vereinfachend angenommen werden, dass die maximal aufnehmbare Ablösespannung σ_{zz} (= Verbundfestigkeit) der Oberflächenzugfestigkeit des Bauwerksbeton entspricht. Bild 6, links zeigt den vereinfachten Zusammenhang zwischen maximal möglicher Zugspannung σ_{xx} im Mörtel und Verbundfestigkeit β_{zv}, wenn eine Plombenbildung ausgeschlossen werden soll.

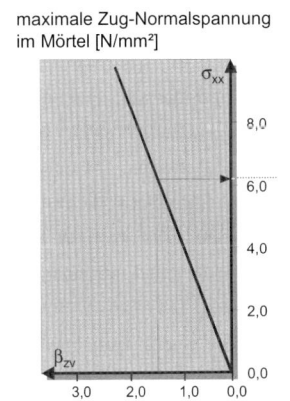

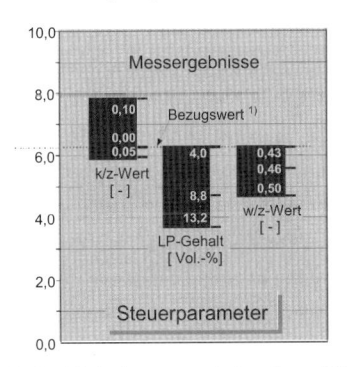

Bild 6 Ansatz zur „Bemessung" von Instandsetzungsmörteln hinsichtlich der Zugfestigkeit; links: bei gegebener Zugfestigkeit der Verbundzone β_{zv} maximal mögliche Zug-Normalspannung σ_{xx} im Reprofilierungsmörtel, wenn Hohllagen des Mörtels vermieden werden sollen, nach [10]; rechts: Ergebnisse experimenteller Untersuchungen am Institut für Massivbau und Baustofftechnologie zur Steuerung der Zugfestigkeit β_{xx} von Instandsetzungsmörteln

311

Aus diesen Ausführungen wird deutlich, dass die Zugfestigkeit, aber auch andere Mörteleigenschaften, gezielt eingestellt werden müssen. Die Einstellung der technologischen Eigenschaften der Reparaturmörtel und Reparaturbetone erfolgt insbesondere über den Wasserzementwert, das Bindemittel/Zuschlag-Verhältnis, die gezielte Einführung von Luftporen oder sog. Mikrohohlkugeln, die Zugabe wasserabweisender Stoffe und die Zugabe von Kunststoffdispersionen (siehe [9] bzw. unten).

Eine Bemessung des Mörtels bzw. eine Steuerung seiner Zugfestigkeit, wie sie nach den obigen Ausführungen notwendig ist, kann somit auf vielfältige Weise geschehen. Bild 6, rechts zeigt einaxiale Zugfestigkeiten β_{xx} verschiedener untersuchter Mörtel. Bei diesen Untersuchungen wurde, ausgehend von einem Referenzmörtel mit einem Kunststoff/Zement-Verhältnis k/z = 0, einem Luftporengehalt von LP = 4,0 Vol.-% und einem Wasserzementwert w/z = 0,43 (gestrichelte Linie), jeweils einer dieser Parameter variiert und die danach erzielte Biegezugfestigkeit des Mörtels ermittelt und anschließend in eine einaxiale Zugfestigkeit umgerechnet. Ähnliche Zusammenhänge können auch für weitere wichtige technologische Eigenschaften der Mörtel, z. B. den E-Modul, die kapillare Wasseraufnahme und den Diffusionswiderstand gegenüber Wasserdampf und Kohlendioxid aufgezeigt werden.

Die Steuerung der Farbe und des Aussehens des Mörtels bzw. der sein Erscheinungsbild prägenden Eigenschaften erfolgt vorrangig mittels der Farbe des Zementes und eventueller Zusatzstoffe sowie der Farbe der Feinstbestandteile des Zuschlages. Mit zunehmender Intensität der zur Angleichung der Oberflächentextur der Reprofilierungsstelle an die Umgebung notwendig werdenden Bearbeitung der Oberfläche erlangen aber auch Art, Farbe und Kornanteil gröberer Zuschlagstoffe immer mehr an Bedeutung für das Erscheinungsbild der Oberfläche. Die Erzielung der gewünschten Farbe und Helligkeit des Mörtels erfolgt – wenn die originalen Betonausgangsstoffe nicht mehr zu beschaffen sind – zweckmäßigerweise durch Verwendung eines Weißzementes, geeigneter Zusatzstoffe, einer abgestimmten Mischung von Eisenoxidpigmenten und eines farblich und mineralogisch passenden Zuschlags. Weitergehende Informationen zur Vorgehensweise bei der farblichen Anpassung des Instandsetzungsmörtels bzw. -betons können [4] und [9] entnommen werden.

Für den Instandsetzungsmörtel ist ferner eine speziell auf ihn abgestimmte, zementgebundene Haftbrücke zu entwickeln, deren Eignung anhand entsprechender Prüfungen in Anlehnung an einschlägige Vorschriften vor dem Einsatz am Bauwerk nachzuweisen ist.

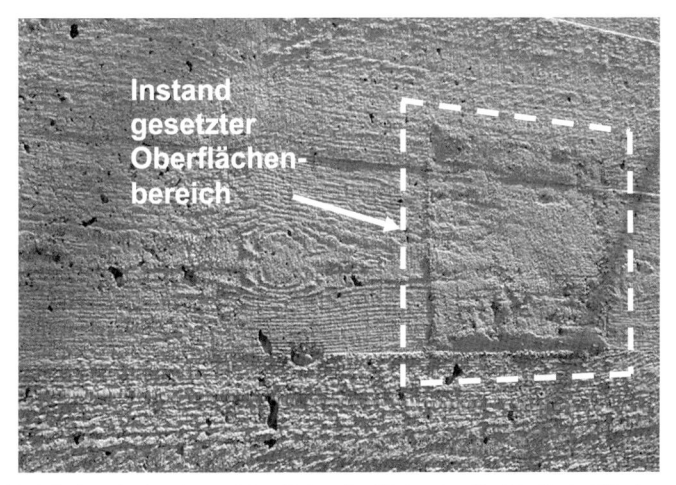

Bild 7   Detail einer instand gesetzten Betonoberfläche der Norishalle in Nürnberg (erbaut 1966-69). Durch Farbgebung des Mörtels, Modellierung der Oberfläche und steinmetzmäßiger Bearbeitung ist die Reprofilierungsstelle der originalen Betonoberfläche angeglichen

Bild 7 zeigt exemplarisch das Detail einer instand gesetzten Betonoberfläche. Farbe und Struktur des reprofilierten Bereiches sind der originalen Oberfläche gut angeglichen.

3.6 Instandsetzungsarbeiten

Art und Umfang der Instandsetzungsarbeiten sowie ihre Ausführung hängen von spezifischen Gegebenheiten ab und sind auf der Grundlage der Ergebnisse der Bauwerksuntersuchungen bzw. der Prognose des Korrosionsfortschritts festzulegen. Wesentliche Arbeitsschritte bei der Instandsetzung von Betonoberflächen sind (siehe auch [9]):

- Reinigen der Bauwerksoberflächen ohne nennenswerten Oberflächenabtrag in den nicht geschädigten Bereichen;
- Festlegen der Grenzen der zu bearbeitenden Schadensbereiche. Aus architektonischen, aber auch aus technologischen Gründen erfolgt die Begrenzung i. d. R. durch gerade, sich an der Oberflächentextur orientierende Linien, z. B. Schalbrettfugen;
- Einschneiden des Betons entlang der Grenzlinien, z. B. mit einem Trennschleifer bis maximal 5 mm Tiefe;

- Ausstemmen des Betons zwischen den Einschnitten und Freilegen der Bewehrung bis in den nicht mehr korrosionsgefährdeten Bereich. Der durch die Einschnitte begrenzte Bereich ist erforderlichenfalls zu vergrößern;
- Entfernen der zur Lastabtragung nicht mehr erforderlichen Bewehrung; z. B. ist meist das Schwinden abgeschlossen, so dass die hierfür vorgesehene konstruktive Bewehrung nicht mehr benötigt wird;
- Säubern und Entrosten der verbleibenden Bewehrung sowie Entfernen von losen und niederfesten Teilen aus der Ausbruchstelle;
- Aufbringen eines Korrosionsschutzsystems auf den Bewehrungsstahl, sofern erforderlich;
- Vornässen der Betonausbruchstelle und der unmittelbaren Umgebung der Ausbruchstelle;
- Auftragen und Einbürsten einer zementgebundenen Haftbrücke auf die Oberflächen der Ausbruchstelle;
- Einbringen eines geeigneten Instandsetzungsmörtels bzw. -betons in die Ausbruchstelle (frisch in frisch mit der Haftbrücke). Falls erforderlich, Modellieren des noch frischen Mörtels, z. B. zur Herstellung einer Schalbrettstruktur;
- Nachbehandlung (mehrtägig) der Reprofilierungsstelle;
- Nachbearbeitung der Reprofilierungsstelle zur Angleichung der Oberflächentextur an die Umgebung, z. B. durch Scharrieren.

Es wird deutlich, dass die aufgeführten Arbeitsschritte keine nennenswerten Unterschiede, wohl aber einige wichtige Erweiterungen zur üblichen Vorgehensweise bei einer Betoninstandsetzung beinhalten.

Hinsichtlich der Wahl und Durchführung von Verstärkungsmaßnahmen zur Wiederherstellung der Standsicherheit bzw. Tragfähigkeit wird auf das umfangreiche einschlägige Schrifttum verwiesen; siehe hierzu z. B. [11].

3.7 Qualitätssicherung

Ein Qualitätssicherungsplan (QS-Plan) sollte grundsätzlich Teil des Instandsetzungsplanes sein. Bei der behutsamen Betoninstandsetzung ist er eine unabdingbare Voraussetzung für den Erfolg der Maßnahme. Der QS-Plan erstreckt sich auf die eingesetzten Materialien und die Ausführung. Dabei muss er auch vorbereitende Probearbeiten und das Anlegen von Instandsetzungsmustern präzise vorschreiben. Da die behutsame Instandsetzung einer Betonoberfläche im Prinzip der Ausführung einer besonders schwierigen Art von „Sichtbeton" ähnlich ist, muss der QS-Plan erfahrungsgemäß einen hohen Detaillierungsgrad aufweisen, um unangenehme Überraschungen möglichst auszuschließen. Wichtig ist insbesondere auch, dass alle maßgeblich an der Instandsetzung beteiligten Parteien – insbesondere Architekt, Ingenieur, Denkmalpfleger und Ausführender – in enger Abstimmung zusammenarbeiten.

4. Behutsame Betoninstandsetzungen in der Praxis

4.1 Bauwerke

Es gibt sicherlich zahlreiche Betonbauwerke, die in der Vergangenheit in gewisser Weise behutsam, d. h. unter Berücksichtigung denkmalpflegerischer Auflagen, instand gesetzt wurden. Nach dem in diesem Aufsatz vorgestellten Konzept sind erstmalig – wenn auch mit sehr unterschiedlicher Vorgehensweise – die Liederhalle in Stuttgart (erbaut 1954-56) und die Schluchseesperre im Südschwarzwald (erbaut 1929-32) in den Jahren 1992 bzw. 1995 instand gesetzt worden. Danach wurde die beschriebene Vorgehensweise viele Male realisiert, u. a. bei so bekannten Bauwerken wie dem Speisehaus der Nationen in Berlin (erbaut 1935-36), dem Kestner-Museum in Hannover (erbaut 1958-61), dem Verkehrszentrum des Deutschen Museums in München (erbaut 1907-08) oder dem Wasserturm ‚Kavalier Dallwigk' in Ingolstadt (erbaut 1916-17). Gegenwärtig wird die behutsame Instandsetzung der Norishalle in Nürnberg vorbereitet. Auf die zugehörigen Dauerhaftigkeitsanalysen soll im Folgenden näher eingegangen werden.

Bild 8   Ansicht der Südwestfassade der Norishalle in Nürnberg

4.2 Beispiel für eine Dauerhaftigkeitsprognose

Die aus mehreren Gebäudeteilen bestehende Norishalle (Bild 8) wurde in den Jahren 1966 bis 1969 errichtet. Sowohl die Innen- als auch die Außenflächen sind in Sichtbeton ausgeführt. Im Jahre 1997 wurde der Gebäudekomplex in die Denkmalliste aufgenommen. Im Folgenden werden die im Vorfeld der Instandsetzung durchgeführten Dauerhaftigkeitsprognosen für den Schädigungsfall der karbonatisierungsinduzierten Bewehrungskorrosion exemplarisch für die Südwestfassade der Norishalle aufgezeigt.

4.2.1 Quantifizierung und statistische Modellierung der Basisvariablen

Die bei Bauwerksuntersuchungen im Alter von 35 Jahren nach Errichtung der Norishalle gewonnenen Messwerte der Betondeckung d_D sowie der Karbonatisierungstiefe $d_K(t = 35$ Jahre$)$ können im Grundsatz mit der Normalverteilung N, der Lognormalverteilung LN und der Betaverteilung B beschrieben werden. Im vorliegenden Fall wurde im Rahmen der Zuverlässigkeitsanalyse die Betondeckung d_D mit einer Betaverteilung und die Karbonatisierungstiefe $d_K(t = 35)$ mit den oben genannten drei Verteilungstypen modelliert.

Die Auswertung der an der Südwestfassade ermittelten Messwerte der Betondeckung d_D und der Karbonatisierungstiefe $d_K(t = 35)$ erfolgte mit dem Statistikprogramm STATREL [12]. Die Bilder 9 und 10 zeigen Dichtefunktionen der verschiedenen Verteilungstypen für den Messwert Betondeckung d_D und den Messwert Karbonatisierungstiefe $d_K(t = 35)$ zum Untersuchungszeitpunkt t = 35 Jahre.

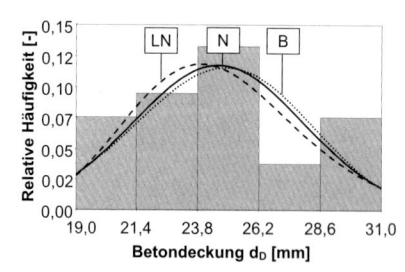

Bild 9 Darstellung der an die Messwerte der Betondeckung d_D angepassten Dichtefunktionen mit LN = Lognormalverteilung, N = Normalverteilung, B = Betaverteilung

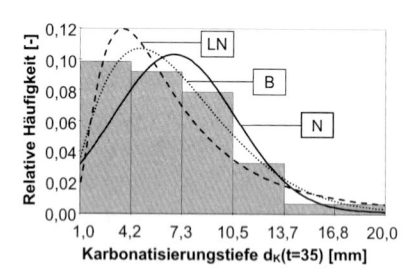

Bild 10 Darstellung der an die Messwerte der Karbonatisierungstiefe $d_K(t = 35)$ angepassten Dichtefunktionen mit LN = Lognormalverteilung, N = Normalverteilung, B = Betaverteilung

4.2.2 Prognose der Depassivierung

Die Norishalle besitzt den Status eines Denkmals. Diese Tatsache bildete die Grundlage für die Entscheidung, die Dauerhaftigkeitsprognose für den langen Bezugszeitraum von 100 Jahren durchzuführen. Zur Durchführung der Prognose muss eine sog. Zielversagenswahrscheinlichkeit P_{Ziel} definiert werden. Diese wird über den Zuverlässigkeitsindex β festgelegt. Die Zuverlässigkeit ist die Wahrscheinlichkeit, mit der ein definierter Grenzzustand für einen vorgegebenen Bezugszeitraum nicht überschritten wird. Das Maß für die Zuverlässigkeit ist die Überlebenswahrscheinlichkeit $P_Ü = (1 - P_f)$, wobei P_f die Versagenswahrscheinlichkeit für eine bestimmte Versagensart und einen definierten Bezugszeitraum (z. B. Nutzungsdauer) darstellt; für weitere Informationen hierzu siehe [13]. Im vorliegenden Fall wurde als „Versagen" der Zustand definiert, der dadurch gekennzeichnet ist, dass die Karbonatisierungsfront die Bewehrung erreicht.

Als Zielwert des Zuverlässigkeitsindexes wurde β = 2,0 angenommen. Dies entspricht einer Versagenswahrscheinlichkeit P_{Ziel} von ungefähr 2,3 %. Dies bedeutet, dass sich beim Erreichen des Zielwertes von β = 2,0 nach 100 Jahren nicht mehr als ca. 2,3 % der Bewehrung im depassivierten Bereich befinden sollte. Die Durchführung der Zuverlässigkeitsanalyse unter Verwendung der Software STRUREL [12] ergab für die Südwestfassade der Norishalle zu einem Zeitpunkt t = 100 Jahren im ungünstigsten Fall jedoch eine Versagenswahrscheinlichkeit P_f von ca. 9 % (β = 1,4), siehe Bild 11, Kurve B/LN.

Die Darstellung der Berechnungsergebnisse in Bild 11 zeigt, dass die statistische Modellierung der Modellvariablen einen erheblichen Einfluss auf die zu ermittelnde Restlebensdauer der Südwestfassade ausübt. Für die vorliegenden Betrachtungsfälle zeigt sich, dass der geforderte Zuverlässigkeitsindex β von 2,0 zum Zeitpunkt t = 100 Jahren stets unterschritten wird. Somit wird vor dem Erreichen der vorgesehenen Nutzungsdauer des Bauteils der Grenzzustand „Karbonatisierungsfront erreicht die Bewehrung" (kurz mit „K" bezeichnet) eintreten. Dieser allein führt allerdings noch nicht zu einer Bewehrungskorrosion. Erst wenn innerhalb der depassivierten Bereiche der Stahloberfläche auch ein ausreichend hohes Feuchtigkeits- und Sauerstoffangebot vorliegt, kommt es zur Korrosion des Bewehrungsstahls (vgl. Kapitel 3.4).

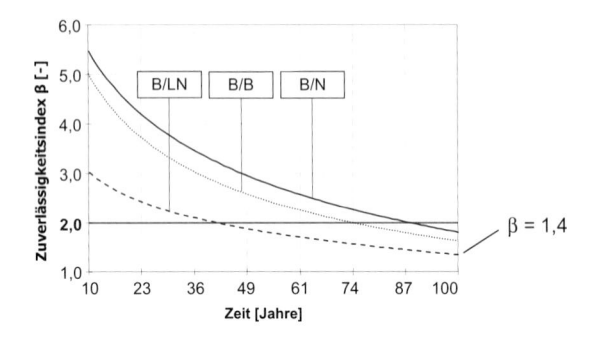

Bild 11 Zeitabhängiger Verlauf der grenzzustandsbezogenen Bauteilzuverlässigkeit für den Versagensfall „K" (LN = Lognormalverteilung, N = Normalverteilung, B = Betaverteilung)

4.2.3 Prognose der Bewehrungskorrosion

Die Bewehrungskorrosion wird mit einer bestimmten Wahrscheinlichkeit eintreten, wenn am Stahl die Karbonatisierungswahrscheinlichkeit und die Wahrscheinlichkeit für einen korrosionsauslösenden Feuchtegehalt gemeinsam vorliegen. Dieser Zustand wird als Versagensfall „K+F" definiert.

Neben den oben getroffenen Annahmen für die Karbonatisierung muss also zusätzlich die Wahrscheinlichkeit des Auftretens eines für Korrosion optimalen Feuchtegehaltes von 85 % bis 98 % innerhalb der Bauteiltiefe von c = 25 mm (entspricht etwa dem Mittelwert der Betondeckung) ermittelt werden. Für diese Annahmen betrugt die Wahrscheinlichkeit im vorliegenden Fall der Fassade der Norishalle $P_{Feuchte}$ = 27 %.

Unter Verwendung der Terminologie der Wahrscheinlichkeitstheorie lässt sich die Gesamtwahrscheinlichkeit für das Auftreten von Bewehrungskorrosion P_{Korr} unter Verwendung der Wahrscheinlichkeiten für die Karbonatisierung P_{Karbo} und der Wahrscheinlichkeit für das Auftreten korrosionsauslösender Feuchtigkeitsgehalte $P_{Feuchte}$ wie folgt ausdrücken:

$$P_{Korr} (P_{Karbo} \cap P_{Feuchte})$$

Die Berechnung der Korrosionswahrscheinlichkeit P_{Korr} für die Bewehrung innerhalb der Fassade erfolgte mit dem Programm SYSREL [12]. Aus dem in Bild 12 dargestellten Berechnungsergebnis geht hervor, dass der geforderte Zuverlässigkeitsindex β von 2,0 zum Zeitpunkt t = 100 Jahren für den Versagensfall „K+F" bei keinem der drei Berechnungsfälle unterschritten wird. Für das Beispiel der Südwestfassade der Norishalle ist demnach zu folgern, dass bis zum Ende der geplanten Nutzungsdauer von 100 Jahren im ungünstigsten Fall mit einer Korrosionswahrscheinlichkeit von ca. 2 % zu rechnen ist.

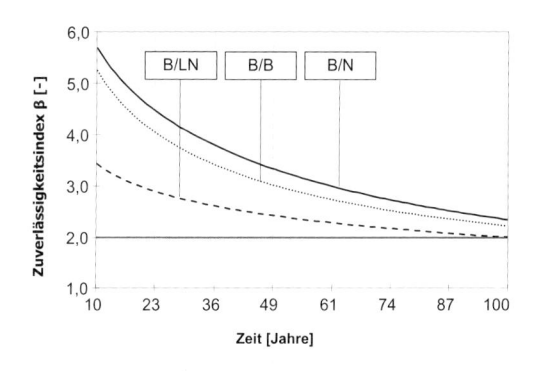

Bild 12 Zeitabhängiger Verlauf der grenzzustandsbezogenen Bauteilzuverlässigkeit für den Versagensfall „K+F", (LN = Lognormalverteilung, N = Normalverteilung, B = Betaverteilung)

Diese Betrachtungen verdeutlichen, dass ein nur kleiner Anteil der depassivierten Bewehrung während relevanter Zeiträume überhaupt korrodieren kann. Die übliche und pauschalisierende Annahme, wonach depassivierte Bewehrung in bewitterten Betonrandzonen zwangsläufig korrodiert, ist also nicht zutreffend. Vielmehr zeigt sich – unter Einbeziehung aller o. g. Bedingungen –, dass die überwiegende Mehrzahl aller Bewehrungsstäbe, d. h. der größte Teil der Bauteiloberflächen, während der gesamten Nutzungsdauer des Bauwerks keinem Risiko durch Bewehrungskorrosion unterliegt.

Ähnliche Ergebnisse konnten für die übrigen instand zu setzenden Fassadenbereiche der Norishalle ermittelt werden. Folglich kann vor dem Hintergrund der vorgegebenen Bedingungen – Korrosionswahrscheinlichkeit nach 100 Jahren kleiner 2,3 % – eine behutsame Instandsetzung der Norishalle durchgeführt werden.

Zusammenfassend zeigen die durchgeführten Zuverlässigkeitsanalysen, dass eine Abschätzung der Restnutzungsdauer von Stahlbetonbauteilen bzw. -bereichen für dauerhaftigkeitsrelevante Schädigungsarten mittels probabilistischer Methoden statistisch fundiert möglich ist. Eingehende Bauwerksuntersuchungen, die Verwendung geeigneter Schädigungs-Zeit-Gesetze und die statistische Quantifizierung und Modellierung der zugehörigen Modellparameter sowie die Anwendung experimenteller und numerischer Methoden sind die wesentlichen Elemente einer realistischen und präzisen Lebensdauerprognose.

5. Schlussbemerkungen

Die Methodik der beschriebenen behutsamen Instandsetzung kann nicht nur bei historischen Betonbauwerken, sondern generell bei Bauwerken aus Sichtbeton Anwendung finden. Die gewonnenen Erfahrungen zeigen, dass auf der Grundlage des heutigen Kenntnisstandes denkmalgerechte und dauerhafte Wiederherstellungsmaßnahmen realisiert werden können, ohne dass ein für Betoninstandsetzungen üblicher Kostenrahmen gesprengt wird. Meist ist eine behutsame Instandsetzung sogar kostengünstiger – auch langfristig – als eine konventionelle großflächige Maßnahme, da auf den Einsatz ganzflächiger Beschichtungen, die einer regelmäßigen Wartung und Erneuerung unterliegen, verzichtet werden kann.

Die behutsame Instandsetzung kann jedoch nicht zur Anwendung gelangen, wenn das Ausmaß der Schäden und der künftigen Schadensentwicklung so groß ist, dass dieses Konzept aus technischen oder wirtschaftlichen Gründen nicht mehr vertretbar ist. Weiterhin ist stets die Gewährleistung der Standsicherheit des Bauwerkes das übergeordnete Kriterium. Daher sind örtliche Instandsetzungsmaßnahmen im Allgemeinen eher ungeeignet, wenn große Schäden in statisch hoch beanspruchten Bereichen auftreten. Nach heutigem Kenntnisstand sind örtliche Instandsetzungsmaßnahmen ebenfalls besonders problematisch, wenn in den Beton eingedrungene Chloride zu einer Stahlkorrosion führten, wie dies z. B. bei Brückenbauwerken der Fall sein kann.

6. Literatur

[1] Luley, H. u. a.: *Instandsetzen von Stahlbetonoberflächen.* Bundesverband der Deutschen Zementindustrie (Hrsg.), Beton-Verlag GmbH, Düsseldorf, 7. Auflage, 1997

[2] Deutscher Ausschuss für Stahlbeton: *DAfStb-Richtlinie - Schutz und Instandsetzung von Betonbauteilen (Instandsetzungs-Richtlinie).* Beuth Verlag GmbH, Berlin und Köln, 2001

[3] Hillemeier, B. u. a.: *Instandsetzung und Erhaltung von Betonbauwerken.* In: Betonkalender 1999, Teil II, Verlag Ernst & Sohn, 1999

[4] Müller, H. S., Günter, M. und Hilsdorf, H. K.: *Instandsetzung historisch bedeutender Beton- und Stahlbetonbauwerke.* Beton- und Stahlbetonbau, Bd. 95, Heft 3, S. 143 - 157, 2000, bzw. Heft 6, S. 360 - 364, 2000

[5] Pörtner, R.: *Statische Bewertung alter Betonbauten.* Forum Denkmalschutz – Kulturdenkmale aus Beton – erkennen und erhalten, Referat in Germersheim 27./28.10.1999, Veranstalter: Südwest-Zement Leonberg

[6] Tuutti, K.: *Corrosion of Steel in Concrete.* Swedish Cement and Concrete Research Institute, Stockholm 1982

[7] Bohner, E., Müller, H. S.: *Modellierung von Bewehrungskorrosion – Untersuchungen zu Rissbildungen und Abplatzungen.* In: Tagungsband der 16. ibausil 2006, Weimar, 2006

[8] Vogel, M., Bohner, E. und Müller, H. S.: *Lebensdauerprognose und Dauerhaftigkeit von Betonrandzonen.* In: Instandsetzung bedeutsamer Betonbauten der Moderne in Deutschland, Tagungsband zum Symposium am 30.03.2004 an der Universität Karlsruhe; Müller, H. S. und Nolting U. (Hrsg.), Institut für Massivbau und Baustofftechnologie, Universität Karlsruhe, 2004

[9] Günter, M.: *Instandsetzungswerkstoffe – Entwicklung, Eigenschaften, Verarbeitung.* In: Instandsetzung bedeutsamer Betonbauten der Moderne in Deutschland, Tagungsband zum Symposium am 30.03.2004 an der Universität Karlsruhe; Müller, H. S. und Nolting U. (Hrsg.), Institut für Massivbau und Baustofftechnologie, Universität Karlsruhe, 2004

[10] Haardt, P.: *Zementgebundene und kunststoffvergütete Beschichtungen auf Beton.* Schriftenreihe des Instituts für Massivbau und Baustofftechnologie, Universität Karlsruhe, Heft 13, 1991

[11] Deutscher Beton- und Bautechnik-Verein e.V.: *Schützen, Instandsetzen, Verbinden und Verstärken von Betonbauteilen (SIVV-Handbuch).* Fraunhofer IRB Verlag, 4. Auflage, Stuttgart, 2000

[12] RCP GmbH: *STRUREL, A Structural Reliability Analysis Program System.* STATREL Manual 1999; COMREL & SYSREL Manual, 2003, RCP Consulting GmbH München

[13] Vogel, M., Bohner, E., Günter, M. und Müller, H. S.: *Beurteilung der Dauerhaftigkeit und Restnutzungsdauer von Betonbauteilen mittels probabilistischer Methoden.* In: Innovationen in der Betonbautechnik, Tagungsband zum 3. Symposium Baustoffe und Bauwerkserhaltung, Universität Karlsruhe (TH), 15.03.2006, Müller, H. S. et al. (Hrsg.), Universitätsverlag Karlsruhe, S. 65 - 78, 2006

Grenzen der Rechtsberatung durch Ingenieure

Rechtsanwältin **Sabine Freifrau von Berchem**, Berlin

Immer öfter wird der Planer aufgrund seiner Vertrauensstellung zum Auftraggeber und seiner Nähe zu der Sachproblematik um Rat gefragt, der in zunehmendem Maße in den juristischen Bereich hineinragt. Darüber hinaus gibt es zahlreiche gerichtliche Entscheidungen, die sogar vom Planer verlangen, dass dieser seinen Auftraggeber auch in rechtlicher Hinsicht berät. Andererseits gibt es die Vorschriften des Rechtsberatungsgesetzes, die die Zulässigkeit der rechtsberatenden Tätigkeit der Planer einschränken.

Nachfolgend wird dargestellt, wo die Rechtsprechung an den Planer die Forderung stellt rechtsberatend tätig zu werden und welche Grenzen das Rechtsberatungsgesetz der Rechtsberatung setzt. Dieser Text soll und kann nicht Lösungen für den Einzelfall bieten. Ziel ist es den Planer für die Problematik zu sensibilisieren, damit dieser den Umfang, der zu erbringenden Leistungen kritisch hinterfragt.

Grundlagen und Grenzen der Rechtsberatung durch den Planer

Der Inhalt und Umfang der von den Planern geschuldeten rechtsberatenden Tätigkeit ergibt sich aus dem Planervertrag und daneben auch aus dem gesetzlichen Leitbild des Werkvertragsrechts. Mit Blick auf den vom Planer herbeizuführenden Werkerfolg und der ausgeübten Sachwalterstellung werden zahlreiche Tätigkeiten verlangt, die auch die Beratung in rechtlichen Angelegenheiten betreffen und umfassen. Diese Tätigkeiten beinhalten hauptsächlich Beratungs-, Hinweis- und Aufklärungspflichten und begleiten das gesamte Bauvorhaben. Unterlassen oder vergessen sie diese, haften sie wegen schuldhafter Nichterfüllung ihrer vertraglichen Pflichten auf Ersatz des dem Auftraggeber hieraus entstehenden Schadens.

Soweit dies ausdrücklich vertraglich vereinbart ist, sind sie darüber hinaus nicht nur berechtigt, sondern auch verpflichtet, den Bauherrn, zu vertreten. Gleichzeitig ist ihnen jedoch eine weitergehende Beratung, die die Erledigung fremder Rechtsangelegenheiten beinhaltet, durch das Rechtsberatungsgesetz untersagt. Erledigung fremder Rechtsangelegenheiten bedeutet, die unmittelbare Förderung konkreter fremder Rechtsfragen.

Beispiel: Der Bauherr Friedrich Sorgenlos hat ein Haus gebaut, an dem es noch zahlreiche Mängel gibt. Er beauftragt Dipl.-Ing. Max Mütze, der ihm als versierter Bauleiter empfohlen wurde, die bauausführenden Firmen zur Mängelbeseitigung aufzufordern und gegebenenfalls weitere Maßnahmen zu ergreifen. Dipl.-Ing. Max Mütze schreibt die Firmen an und fordert sie unter Fristsetzung auf, die bestehenden Mängel zu beseitigen. Hierbei handelt es sich eindeutig um Rechtsberatung, da der Planer allein die Interessen des Auftraggebers gegenüber Dritten wahrnimmt.

Die rechtsberatende Tätigkeit der Planer bewegt sich zwischen dem vertraglichen Müssen (Beratungspflicht) und dem rechtlichen Dürfen (Beratungsrecht). Die Abgrenzung ist schwierig und letztlich ist in jedem Einzelfall zu prüfen, was der Planer hätte machen müssen; abschließende Rechtssicherheit führt auch die Rechtssprechung nicht herbei.

Teilweise werden von der Rechtsprechung Pflichten aus dem Werkvertragscharakter des Planungsvertrages hergeleitet, die die Planer geradezu zwingen, den Bauherrn auch rechtlich zu beraten, um ihrer Aufgabenstellung gegenüber gerecht zu werden. So hat das OLG Brandenburg mit Urteil vom 26. September 2002 – 12 U 63/02 – entschieden, dass der Planer im Rahmen der Grundleistungen der Leistungsphase 7 des § 15 HOAI verpflichtet ist, die erforderlichen Bauverträge einschließlich der einzelnen Vertragsbedingungen vorzubereiten und dem Bauherrn zur Verfügung zu stellen. Für unwirksame Vertragsklauseln, soll der Planer dem Bauherrn auf Schadensersatz haften. Hieran ließe sich auch nichts dadurch ändern, dass er den Vertragsentwurf mit dem Hinweis übermittelt, der Vertragsentwurf solle durch einen Rechtsanwalt geprüft werden. Diese Entscheidung ist in der Literatur auf heftige Kritik gestoßen. Hierdurch werde der Planer einem Rechtsberater des Bauherrn gleichgestellt. Als Ausweg aus diesem Dilemma besteht lediglich die Möglichkeit, einzelvertraglich zu vereinbaren, dass durch den Planer Rechtsberatung einschließlich der Ausformulierung von Bauverträgen nicht geschuldet wird.

Die Beratungspflichten gerade der Planer sind durch die Rechtsprechung immer weiter ausgedehnt worden. Dies führt dazu, dass der Planer sich umfassende Rechtskenntnisse verschaffen muss, um den entsprechenden Pflichten sachgerecht nachkommen zu können.

Beratungspflichten bei der Vorplanung
Der Planer schuldet dem Bauherrn im Rahmen der Vorplanung Beratung über bauplanungs- und bauordnungsrechtliche Fragen. Der Planer hat alle öffentlich-rechtlichen und nachbarrechtlichen Vorschriften, die für die Planung und Herstellung des Bauwerks von Bedeutung sind, zu ermitteln und zu berücksichtigen, sowie den Auftraggeber darüber zu beraten.

Hat der Planer Bedenken gegen die Genehmigungsfähigkeit des Bauvorhabens oder drängen sich solche Bedenken geradezu auf, muss er seinen Auftraggeber darauf vor Beginn der Planung hinweisen. Hat er Anlass, an der Durchführbarkeit des von seinem Auftraggeber gewünschten Projektes zu zweifeln, muss er in der Regel eine Bauvoranfrage in die Wege leiten. Verletzt der Planer diese Beratungspflicht und erbringt Leistungen, die eigentlich nicht notwendig gewesen wären, so ist der Auftraggeber lediglich verpflichtet, die objektiv erforderlichen Leistungen zu vergüten. Die Beratungspflicht des Planers ist nur dann nicht verletzt, wenn er sich mit seinem Bauherrn dahingehend geeinigt hat, die Grenzen der Genehmigungsfähigkeit sofort mit einem Bauantrag zu erproben.

Beratungspflichten aus steuerlicher Sicht
Der Planer ist nicht verpflichtet, steuerliche Erkundigungen einzuholen. Eine allgemeine Verpflichtung des Planers, in jeder Hinsicht die Vermögensinteressen des Bauherrn wahrzunehmen und unter Berücksichtigung aller Möglichkeiten so kostengünstig wie möglich zu bauen, besteht nicht. Er braucht deshalb grundsätzlich nicht von sich aus mit dem Bauherrn zu erörtern, ob dieser steuerliche Vergünstigungen in Anspruch nehmen will.

Er hat steuerliche Aspekte jedoch dann zu berücksichtigen, wenn sie ihm im Rahmen seiner Tätigkeit bekannt sind. Wenn sich dem Planer nach den gesamten Umständen des Falles die Erkenntnis aufdrängt, dass der Bauherr steuerliche Vergünstigungen anstrebt, so muss er von sich aus klären, was der Bauherr will und sich danach richten. Soweit vom Planer tiefergehende steuerliche Kenntnisse nicht verlangt werden können, hat er den Bauherrn auf die Zweckmäßigkeit der Einschaltung eines Steuerberaters hinzuweisen. Es besteht also in jedem Fall eine Hinweispflicht, die auch für solche Fragestellungen besteht, die nicht zum originären Aufgabenbereich des Planers gehören.

Beratungspflichten bei der Genehmigungsplanung

Im Hinblick darauf, dass der Planer seinem Auftraggeber eine dauerhaft genehmigungsfähige Planung schuldet, hat der Planer im Rahmen der Genehmigungsplanung alle öffentlich-rechtlichen und nachbarrechtlichen Vorschriften, die für die entsprechende Planung und Herstellung des Bauwerks von Bedeutung sind, zu ermitteln und zu berücksichtigen sowie den Auftraggeber zu beraten.

Die Rechtsprechung verlangt von ihm, dass Fehler von Behörden bei der Erteilung von Auskünften entdeckt werden und er sich nicht auf falsche Auskünfte von Sachbearbeitern der Baugenehmigungsbehörde verlässt. Die Grenze verläuft dort, wo schwierige Rechtsfragen zu klären sind, die nur von fachkundigen Rechtsanwälten beantwortet werden können. Die Klärung solcher Probleme wird vom Planer nicht erwartet. Der Planer muss jedoch mit den Grundprinzipien des Planungsrechts und des landesrechtlichen Bauordnungsrechts vertraut sein. Er muss in der Lage sein, einen Bebauungsplan zu lesen und die unterschiedlichen Genehmigungserfordernisse beurteilen können.

Die Vertretung des Bauherrn im Widerspruchsverfahren bzw. im verwaltungsgerichtlichen Verfahren gegen eine verweigerte Baugenehmigung gehört nicht zu den Aufgaben des Planeren. Eine dahingehende Tätigkeit ist dem Planer durch das Rechtsberatungsgesetz untersagt.

Beratungspflichten bei der Vergabe

Bei der Vergabe ist der Planer verpflichtet, den Bauherrn in vertragsrechtlichen Angelegenheiten zu unterstützen und zu beraten. Bei der Vorbereitung der Verträge und Ausarbeitung der Leistungsverzeichnisse hat der Planer sämtliche ihm bekannten und von ihm aufzuklärenden Interessen des Bauherrn zu wahren und dessen Vorgaben, Wünsche und Anregungen zu berücksichtigen. Er hat bei der Formulierung der Vertragsbedingungen auch die Bestimmungen der §§ 305 ff. BGB (früher AGB-Gesetz) zu beachten und immer wieder auftauchende Klauseln zu kennen. Ist er sich dabei unsicher, ob eine bestimmte Klausel noch der AGB-rechtlichen Inhaltskontrolle standhält, so hat er den Bauherrn deutlich darauf hinzuweisen, dass rechtlicher Beratungsbedarf und Beratungsnotwendigkeit besteht.

Die Vorbereitung der Vertragsbedingungen teilweise auch in rechtlicher Sicht dient der Wahrung der wirtschaftlichen Belange des Auftraggebers und ist damit eine Tätigkeit, die vom

Berufsbild des Planers umfasst ist. Bei jeder vom Planer entfalteten Tätigkeit ist auf das herkömmliche Berufsbild des Planers abzustellen, und zu prüfen, ob die rechtliche Beratung unmittelbar dazu gehört, insbesondere damit untrennbar verbunden ist. In dem vom BGH mit Urteil vom 10. November 1977 – VII ZR 321/75 entschiedenen Fall hatte der Planer die Verträge für den Verkauf von ihm geplanter Eigentumswohnungen erstellt. Der BGH hatte hierzu festgestellt, dass es sich hierbei nicht um Tätigkeiten handelt, die vom Berufsbild des Planers erfasst werden, da das herkömmliche Berufsbild des Planers nicht den Verkauf von Wohnungen umfasse. In der Erstellung der Verträge läge daher ein Verstoß gegen das Rechtsberatungsgesetz.

Bei der Zusammenstellung der Vergabeunterlagen ist der Hinweis auf Möglichkeiten der Vertragsgestaltung geboten (§ 10 Nr. 4 VOB/A). Der Planer muss dabei die Verträge und die Zusätzlichen und Besonderen Vertragsbedingungen aber nicht selbstständig und eigenverantwortlich ausformulieren.

Für die Ergänzung der Leistungsbeschreibung durch Vertragsbedingungen schuldet der Planer dem Bauherrn eine umfassende Beratung über die in der VOB/A vorgesehenen Möglichkeiten, z.B. über die Art der Vergabe, den Umfang der Ausschreibung und die Art der vorgesehenen Vergütung.

Im Zusammenhang mit der Erarbeitung eines Vergabevorschlags ist der beauftragte Planer dem Bauherrn jedoch nicht zum Schadensersatz verpflichtet, wenn er auf Grund des Ausschreibungsergebnisses einen fachlich begründeten Vergabevorschlag macht, dem der Auftraggeber folgt, der aber wegen eines Vergabefehlers und eines darin liegenden Verstoßes gegen die Zuwendungsbestimmungen des Landes zu einer Zuschusskürzung für den Auftraggeber führt. Auch ist der Planer nicht verpflichtet, in Zusammenhang mit der Vergabe stehende Rechtsfragen zu prüfen.

Die vom Planer zusammengestellten Vergabeunterlagen müssen so vollständig sein, dass aufgrund der Unterlagen der vom Auftraggeber gewollte Leistungsinhalt und -umfang hergeleitet werden kann. Ein solches lückenloses Vertragswerk, wird sicherlich nur im Zusammenspiel mit einem Rechtsanwalt erarbeitet werden können. Er sollte daher frühzeitig darauf hinweisen, dass ein Rechtsanwalt eingeschaltet wird. Andernfalls übernimmt er später Verantwortung für die Vollständigkeit und Wirksamkeit des Vertragswerks in rechtlicher Hinsicht.

Verlangt der Bauherr im Rahmen eines VOB/B-Bauvertrages die Vereinbarung einer fünfjährigen Gewährleistungsfrist, muss der Planer darauf achten, dass diese, um die vierjährige Verjährungsfrist des § 13 Nr. 4 VOB/B zu verdrängen, ausdrücklich in den Vertrag aufgenommen wird.

Der Planer hat den Bauherrn auf die Möglichkeit hinzuweisen, eine Vertragsstrafe zu vereinbaren. Der Planer muss die Vertragsstrafenregelung jedoch nicht inhaltlich ausarbeiten.

Beratungspflichten nach der Vergabe
Die Prüfung von Nachtragsforderungen in technischer Hinsicht dem Grunde und der Höhe nach verlangt erhebliche Kenntnisse des Vergütungssystems der VOB/B. Der Planer hat zwar nur unter fachtechnischen Gesichtspunkten zu prüfen, ob zusätzlich angebotene Leistungen bereits im Vertrag enthalten sind. Bei im Leistungsverzeichnis nicht enthaltenen Leistungen bedarf es jedoch der Beurteilung, ob Änderungen i.S.v. § 2 Nr.5 VOB/B oder zusätzliche Leistungen i.S.v. § 2 Nr. 6 VOB/B vorliegen. Ob eine Leistung eine Änderung darstellt, hängt auch von Plänen und sonstigen technischen Unterlagen ab, deren Beurteilung Aufgabe des Planers ist. Gerade auch die Abgrenzung von Änderungs- und Zusatzleistungen spielt im rechtlichen Bereich eine Rolle. Bei zusätzlichen Leistungen besteht vielfach keine Vergütungspflicht, wenn der zusätzliche Vergütungsanspruch nicht vor Ausführung der Leistung vom Unternehmer angekündigt wurde.

Planer haben auch darauf zu achten, dass etwaige Zusatzforderungen der Unternehmer abgewehrt oder bereits vor oder während der Vergabe in das ausgeschriebene Bausoll aufgenommen werden. Fehler bei der Bewertung solcher Unternehmerforderungen in fachlicher Hinsicht gehen zu Lasten des Planers.

Die Überprüfung der Forderung in rechtlicher Hinsicht einschließlich der Auslegung der Vertragsgrundlagen obliegt allein dem Rechtsberater, der zu überprüfen hat, ob ein Anspruch dem Grunde nach gegeben ist. Der Planer hat dazu den Sachverhalt aufzubereiten und eine eigene Vorabprüfung durchzuführen, anhand derer der Rechtsberater entscheiden kann, ob ein zusätzlicher Vergütungsanspruch zurückzuweisen ist. Erst wenn ein Anspruch dem Grunde nach durch den Rechtsberater als gegeben angesehen worden ist, ist eine Anspruchbeurteilung der Höhe nach erforderlich. Die Ermittlung und Berechtigung der geltend gemachten Nachtragsforderungen der Höhe nach obliegt wiederum dem Planer in Zusammenarbeit mit dem Rechtsberater.

Aufgrund der geschuldeten Auflistung der Gewährleistungsfristen hat der Planer darauf zu achten, dass in den Vertragsunterlagen eine förmliche Abnahme vorgesehen wird, um im eigenen Interesse Schwierigkeiten bei der Bestimmung des Beginns der Gewährleistungsfristen zu vermeiden

Der Planer muss den Auftraggeber vor übereilter Nachbesserung warnen, so dass dieser nicht Gefahr läuft, den Kostenerstattungsanspruch gegen den Unternehmer zu verlieren, weil diesem keine oder keine angemessene Frist zur Nachbesserung nach § 13 Nr. 5 Abs. 2 VOB/B gesetzt worden ist.

Beratungspflichten im Zusammenhang mit der Abnahme

Die Beratungspflichten vor, bei und nach der Abnahme umfassen insbesondere, dass der Planer dem Bauherrn zu empfehlen hat, ob die rechtsgeschäftliche Abnahme vorgenommen werden soll mit der Belehrung über deren rechtliche Folgen, d.h. der Fälligkeit der Vergütung, Gefahrübergang, Beginn der Gewährleistungsverjährung, Umkehr der Beweislast hinsichtlich von Mängeln sowie Untergang nicht vorbehaltener Vertragsstrafenansprüche. Zur rechtsgeschäftlichen Abnahme der Bauleistung selbst ist er nur befugt, wenn er eine ausdrückliche Vollmacht hat.

In der Zeit nach Fertigstellung eines Bauvorhabens ist zu beachten, dass das förmliche Abnahmeverlangen in den Vertragsbedingungen nicht seine Wirkung verliert und damit Raum für eine konkludente Abnahme ist, in dem der Auftraggeber nach Fertigstellung auf sein Abnahmeverlangen nicht mehr zurückkommt und aus den Umständen zu entnehmen ist, dass die Parteien von der förmlichen Abnahme keinen Gebrauch machen wollen.

Der Planer ist verpflichtet, den Bauherrn über die Notwendigkeit des Vorbehalts der Vertragsstrafe bei der Abnahme hinzuweisen. Hier wird der Planer verpflichtet, durch nachdrückliche Hinweise an den Bauherrn sicher zu stellen, dass der Vertragsstrafenvorbehalt nicht unterbleibt. Der Planer muss also in jedem Fall darauf hinweisen, er muss jedoch nicht den Vorbehalt der Vertragsstrafe bei der Abnahme selbst erklären oder dafür bei fehlender Erklärung des Auftraggebers einstehen. Dies gilt im übrigen auch wegen des Mängelvorbehalts bei der Abnahme. Der Planer muss darauf achten, dass der Bauherr sich wegen der bekannten Mängel alle Rechte vorbehält.

Der Planer hat seinen Auftraggeber auf Mängel der Bauleistung hinzuweisen und ihm Hilfestellung bei der Formulierung von Mängelrügen zu geben. Dabei hat der Planer diese Mängel so substantiiert darzustellen, dass der Bauunternehmer weiß, um welche Mängel es sich genau handelt. Zu den Pflichten des objektüberwachenden Planers gehört es, den Bauunternehmer bei mangelhafter Leistung namens des Bauherrn zur Nacherfüllung innerhalb bestimmter Fristen aufzufordern. Dagegen ist der Planer nicht verpflichtet, dem Unternehmer eine Frist zur Mängelbeseitigung unter Ablehnungsandrohung zu setzen, diesem gegenüber den Vertrag zu kündigen oder ersatzweise andere Unternehmer mit der Mängelbeseitigung zu beauftragen.

Der Planer der Leistungen bei Ingenieurbauwerken und Verkehrsanlagen erbringt, hat nach § 55 Abs. 2 Nr. 8 HOAI als Grundleistung die ausführenden Firmen in Verzug zu setzen. Der Auftragnehmer hat den Auftraggeber davon zu unterrichten, dass die Differenzen zwischen Soll und Ist im Bauzeitenplan ein Maß erreichen, das eine termingerechte Fertigstellung nicht mehr gewährleistet. Das rechtsförmliche Inverzugsetzen ist dagegen vom Auftraggeber auszusprechen, während die Daten hierfür vom Auftragnehmer aufzulisten sind. Mit dem Bereitstellen der Daten sowie dem Auflisten und Treffen der Vorbereitungen zum Inverzugsetzen hat der Auftragnehmer diese Grundleistung erfüllt.

Der Planer hat sämtliche anfallenden Rechnungen – Abschlags-, Zwischen- und Schlussrechnungen – in sachlicher und rechnerischer Hinsicht zu prüfen. Dies gilt vor allem für die Übereinstimmung der berechneten mit den vertraglich vereinbarten Preisen sowie der tatsächlichen Bauausführung mit den in Betracht kommenden Vereinbarungen. Die Rechnungsprüfung ist besonders wichtig bei Abschlagszahlungen im Rahmen von Pauschalpreisverträgen.

Beratungspflichten bei der Objektbetreuung

Im Rahmen der Objektbetreuung muss der Planer bei der Untersuchung und Behebung von Mängeln beratend tätig werden. Er muss auf eine Anspruchssicherung für seinen Bauherrn hinwirken. Auf eine drohende Verjährung der Gewährleistungsansprüche gegen Bauunternehmer und Sonderfachleute muss er hinweisen, gegebenenfalls auch die Einschaltung eines Rechtsberaters anraten.

Nach Artikel 1 § 1 Rechtsberatungsgesetz darf die geschäftsmäßige Beratung in Rechtsangelegenheiten nur durch Personen ausgeübt werden, die über die erforderliche Erlaubnis verfügen. Den Planern ist rechtsbesorgende Tätigkeit nur insoweit erlaubt, als ohne die Einbeziehung der Rechtsbesorgung eine ordnungsgemäße Erledigung der eigentlichen Aufgaben des Planers nicht möglich ist. Es muss sich also um eine Hilfs- oder Nebentätigkeit handeln, die sich im Rahmen der eigentlichen Berufsausübung bewegt und deren Zweck dient. Die Rechtsbesorgung darf jedoch nicht selbstständig neben die anderweitigen Berufsaufgaben treten oder gar im Vordergrund stehen.

Folgen bei Verstoß gegen das Rechtsberatungsgesetz
Verstöße gegen das Rechtsberatungsgesetz können als Ordnungswidrigkeit geahndet werden und stellen wettbewerbswidriges Verhalten im Sinne von § 1 UWG dar. Darüber hinaus ist der Vertrag, der eine nach dem Rechtsberatungsgesetz unzulässige Rechtsberatung zum Gegenstand hat nichtig oder zumindest teilweise nichtig. Eine Teilnichtigkeit des Vertrages setzt jedoch voraus, dass die Leistung teilbar ist und dass sich das Honorar für beide Leistungsteile nach objektiven Kriterien ermitteln lässt.

Diese wird dann zu bejahen sein, wenn ein Planer neben der rechtsberatenden Tätigkeit auch noch Planungsleistungen erbringt, z.B.: Dipl.-Ing. Max Mütze wird von seinem Auftraggeber mit der Aushandlung eines neuen Konzessionsvertrages für die Lieferung von Energie sowie mit der Neuplanung der Energieversorgung eines Gewerbebetriebes beauftragt. Für die Verhandlungen mit dem Energielieferanten wird ein Pauschalhonorar vereinbart, die an deren Leistungen werden nach HOAI abgerechnet.
Bei dem vorgenannten Beispiel ist der Teil „Konzessionsvertrag" nichtig, da es sich hierbei um originäre Rechtsberatung handelt. Dies hat zur Folge, dass der Planer keinen vertraglichen Honoraranspruch gegen seinen Auftraggeber hat. Ein Vergütungsanspruch besteht allenfalls aus ungerechtfertigter Bereicherung § 812 BGB. Dies setzt voraus, dass der Auftraggeber durch die rechtsbesorgende Tätigkeit des Planers bereichert wurde, d.h. der Planer hat tatsächlich eine mangelfreie und brauchbar Rechtsberatung geliefert und der Auftraggeber hat sie verwertet.

Die Nichtigkeit des Vertrages führt aber auch dazu, dass der Auftraggeber keine vertraglichen Gewährleistungsansprüche, wie beispielsweise Schadensersatz geltend machen kann. Allerdings kann dem Planer pflichtwidriges Verhalten im vorvertraglichen Bereich vorgeworfen werden. Wenn der Planer die Grenzen der erlaubten Rechtsberatung überschreitet, ohne den Auftraggeber darüber in Kenntnis zu setzen und entsteht dem Auftraggeber hieraus ein Schaden, so ist der Planer schadensersatzpflichtig.

In diesem Zusammenhang sei noch erwähnt, dass ein solcher Schadensersatzanspruch nicht durch die Berufshaftpflichtversicherung des Planers gedeckt ist. Die Berufshaftpflicht des Planers greift ausschließlich bei Schäden, die sich aus der Berufstätigkeit als Planer ergeben. Schäden aus unberechtigter Rechtsberatung werden im allgemeinen nicht durch die Berufshaftpflichtversicherung abgedeckt.

Fallstricke in der Berufshaftpflichtversicherung

Rechtsanwalt **Ulrich Kleefisch,** Gerling-Konzern, Köln

Jedes Ingenieurbüro sollte über eine ausreichende Haftpflichtversicherung verfügen. Über den Deckungsumfang und die notwendigen Rahmenbedingungen sowie den Schutz, den eine Haftpflichtversicherung bieten kann und bieten muss, ist an dieser Stelle schon ausführlich und grundlegend geschrieben worden.

Anhand von zwei Beispielsfällen wird versucht, Grenzsituationen und Risiken im Umgang mit der eigenen Haftpflichtversicherung aufzuzeigen. Dieser Umgang ist nämlich nicht immer risikolos und eröffnet vor allem dem allzu sorglosen Kunden des Versicherers existenzbedrohende, aber oft vermeidbare Fallgruben.

1. Das überlastete Ingenieurbüro

Dipl.-Ing. Heinz M. betreibt in Siegen ein Ingenieurbüro für Baustatik. Herr M. freut sich, dass er Anfang des Jahres 2003 den Auftrag für die Tragwerkplanung für ein größeres Industriegebäude bekommt. Seine beiden angestellten Ingenieure hatten schon angefangen, sich auf dem Arbeitsmarkt umzusehen. Der Auftrag sichert die Beschäftigung der beiden für mindestens ein halbes Jahr. Noch bevor der schriftliche Vertrag unterzeichnet ist, beginnt Herr M. mit den ersten Berechnungen für die Tragwerkplanung. Nach Eingang der schriftlichen Auftragsbestätigung wird unter Einsatz aller Kräfte und Ableistung von Überstunden die Planung fertig gestellt und nach und nach dem Auftrageber übergeben. Im Juli 2003 sind die Arbeiten von Herrn M. beendet und er stellt seine Schlussrechnung, die auch bezahlt wird.

Im Februar 2004 kommt der Auftraggeber auf Herrn M. zu und teilt ihm mit, dass das Bauwerk Risse aufweist. Der Bauherr führt diese auf Fehler in der Berechnung der Tragwerksplanung zurück. Herr M. prüft die Vorwürfe des Bauherrn und meint, er habe richtig gerechnet. Es liege zwar ein Fehler vor, dieser sei aber auf eine fehlerhafte und für ihn, Herrn M., nicht erkennbare falsche Annahme im Bodengutachten zurückzuführen.

Man schreibt bis Oktober 2004 einige Briefe hin und her. Herr M. bleibt bei seiner Auffassung. Auch ein befreundeter Statiker, dem Herr M. die Unterlagen zur Durchsicht übergeben hatte, bestätigt, dass die Tragwerksplanung fachgerecht erstellt ist und der Fehler im Bodengutachten liegt.

Im November 2004 bekommt Herr M. Post vom Amtsgericht. Ihm wird ein Mahnbescheid zugestellt. Sein Auftrageber verlangt Schadenersatz in Höhe von 333.064,-- €. Herr M., der wieder einen umfangreichen Auftrag akquiriert hat, kreuzt in dem entsprechenden Feld des Mahnbescheidvordruckes an: „Ich widerspreche dem Anspruch insgesamt" und schickt den Mahnbescheid mit dieser Aussage an das Amtsgericht Euskirchen zurück.

Nach einigen Wochen bekommt er schon wieder Gerichtspost. Diesmal jedoch vom Landgericht Siegen. Jetzt lässt sein Auftraggeber, vertreten durch eine Anwaltskanzlei, wortreich darlegen, welchen Fehler Herr M. in seiner Statik gemacht hat und weshalb er deshalb dem Auftraggeber Schadenersatz schulde. Herr M. versteht die Welt nicht mehr und schreibt dem Gericht, dass alles, was in dem Schreiben des Anwaltes steht, völlig falsch ist und erklärt genau, wo der Fehler im Bodengutachten liegt und dass dieser Fehler für ihn nicht erkennbar gewesen sei.

Wiederum einige Wochen später, Anfang Februar 2005 bekommt er ein Versäumnisurteil zugestellt. Dies nimmt er zum Anlass, demnächst die Sache mit einem Anwalt einmal zu besprechen, verschiebt dies wegen Arbeitsüberlastung aber noch ein wenig. Erst als ihm Anfang Mai 2005 im Rahmen der Vollstreckung aus dem Urteil die Konten gesperrt werden, wird ihm doch ein wenig mulmig zumute und er faxt die ganzen Unterlagen seinem Haftpflichtversicherer. Dieser möge doch die drohende Vollstreckung einstellen lassen. Die Sperrung der Konten bedrohe seine Liquidität und das ganze beruhe auf einem Irrtum und seine Statik sei richtig gerechnet.

Die Post, die er dann umgehend von seiner Versicherung erhält, lässt Herrn M. erblassen: Die teilt ihm nämlich mit wenigen dürren Worten mit, dass er wegen einer „Verletzung der vertraglichen Obliegenheiten" keinen Versicherungsschutz aus seiner Berufshaftpflichtversicherung bekommen könne und dass die Versicherung auch die Zwangsvollstreckung aus dem Versäumnisurteil leider nicht verhindern könne und dass sie um Verständnis für diese Entscheidung bitte. Das hat Herr M. natürlich überhaupt nicht erwartet und ruft beim im

Brief genannten Sachbearbeiter an und stellt ihn zur Rede. Dieser erklärt Herrn M. ausgiebig die vertraglichen Verpflichtungen, die er nach einem Schadenfall zu erfüllen hat, sieht sich aber außerstande, an der Sache noch etwas zu ändern. Auf die Frage von Herrn M., ob er, Herr M., die 333.064,-- € denn jetzt aus eigener Tasche zahlen müsse, antwortet der Sachbearbeiter nur mit einem knappen aber klaren: „Ja". Auch der Vorgesetzte des Sachbearbeiters, an den sich Herr M. noch durchstellen lässt, ändert die Entscheidung nicht ab. Er teilt ihm vielmehr mit, dass die Versicherung noch versucht habe, durch eine renommierte Baurechtskanzlei bei Gericht zu ermitteln, ob die Zustellungen an Herrn M. alle ordnungemäß erfolgt seien und in der Gerichtsakte abgeheftet wurden. Das sei aber alles unanfechtbar dokumentiert, so dass da nichts mehr zu machen war.

Es handelt sich bei dieser Geschichte nicht um eine Erfindung. Namen und Daten sind natürlich abgeändert. Das ganze hat sich aber nahezu genauso ereignet. Das vollstreckbare Versäumnisurteil war unanfechtbar. Der Bauherr hatte einen rechtskräftigen Zahlungsanspruch gegenüber dem Statiker erworben, der dafür, da er als Einzelunternehmer auftrat, mit seinem ganzen (Privat-)vermögen haften musste.

Auch die Entscheidung der Versicherung war nicht angreifbar. In der Haftpflichtversicherung sind nämlich bestimmte Verhaltenspflichten vereinbart, die den Versicherer in die Lage versetzen sollen, die gegenüber dem Ingenieur erhobenen Vorwürfe prüfen zu können. Dies sind im Wesentlichen die Pflicht

- jeden Schaden sofort schriftlich zu melden (innerhalb einer Woche),
- an der Aufklärung des Schadens mitzuwirken,
- jegliche prozessuale Handlung (Klage, Beweisverfahren) ebenfalls sofort dem Versicherer zu melden.

Die entsprechenden vertraglichen Vereinbarungen, sie werden „Obliegenheiten" genannt, finden sich in jedem Haftpflichtversicherungsvertrag und sind in den Paragraphen 5 und 6 der „Allgemeinen Versicherungsbedingungen für die Haftpflichtversicherung" (abgekürzt wird dieses Wortungetüm durch „AHB"). Es empfiehlt sich, diese beiden Paragraphen einmal in einer stillen Stunde zu lesen.

Herr M. hat natürlich hier alles falsch gemacht, was nur falsch zu machen war. Er hätte zunächst schon nach dem ersten Brief, den sein Auftraggeber ihm schickte, sofort die Versicherung informieren müssen. Diese hätte dann vermutlich mit seiner Hilfe versucht, den Sachverhalt aufzuklären. Wahrscheinlich hätte die Versicherung den angeblichen Fehler von einem Sachverständigen begutachten lassen. Jedenfalls hätte Herr M. seinen Bekannten nicht bitten müssen, seine Statik nachzurechnen. Das hätte der Sachverständige der Versicherung auf deren Kosten gemacht. Möglicherweise hätte sich der Auftraggeber von Herrn M. schon durch das Gutachten des Sachverständigen der Versicherung davon abhalten lassen, die Sache weiter zu verfolgen.

Das einzige, was Herr M. richtig gemacht hat, war, Widerspruch gegen den Mahnbescheid einzulegen. Danach hat er aber die Katastrophe nur noch vergrößert. Nach Einlegen des Widerspruches hätte er sofort die Versicherung einschalten müssen, ebenfalls nachdem er die ausführliche Begründung des Anspruches erhalten hatte. Diese Anspruchsbegründung enthielt (wie üblich) deutliche und unmissverständliche Hinweise des Gerichtes, wie man sich im Falle einer gerichtlichen Auseinandersetzung zu verhalten hat. Zum Verhängnis wurde ihm auch, dass er ohne Anwalt an das Landgericht geschrieben hat. Vor dem Landgericht kann man sich nicht selbst gegen eine Klage „verteidigen", sondern man benötigt einen Rechtsanwalt. Alles was der Laie in einem Prozess vor dem Landgericht (oder höheren Instanzen) ohne Anwalt vorträgt, gilt als nicht gesagt, solange es nicht von einem zugelassenen Rechtsanwalt in den Prozess eingeführt wird.

Allerhöchste Eisenbahn war es aber, als ihm das Versäumnisurteil zugestellt wurde. Gegen ein Versäumnisurteil kann man innerhalb einer Frist von zwei Wochen noch Einspruch einlegen. Da wäre also noch etwas zu retten gewesen.

Es zeigt sich also, dass eine Obliegenheitsverletzung einschneidende Folgen haben kann. Diese werden etwas abgemildert durch zwei Einschränkungen: Zum einen tritt ein Verlust des Versicherungsschutzes nur ein, wenn der Verstoß gegen Obliegenheiten vorsätzlich erfolgt und den Versicherungsnehmer ein erhebliches Verschulden trifft oder der Versicherungsnehmer grob fahrlässig handelt. Weiter ist erforderlich, dass dieser Verstoß auch geeignet war, die Interessen des Versicherers zu beeinträchtigen - die Verletzung der Obliegenheit also eine Relevanz erreicht hat. Bei grob fahrlässiger Obliegenheitsverletzung muss diese konkret geeignet sein, die Interessen des Versicherers zu beeinträchtigen, bei vorsätzlicher Nichtbeachtung von Obliegenheiten muss dieser Verstoß generell geeignet sein, die Interessen des Versicherers zu beeinträchtigen. Hierbei gilt, dass Vorsatz grundsätzlich vermutet wird und darüber hinaus der Versicherte beweisen muss, dass seine Verletzung der vertraglichen Obliegenheiten die Interessen des Versicherers nicht beeinträchtigt hat.

2. Der sorgfältige Versicherungsnehmer und sein Anwalt

Auch im zweiten Beispiel beschäftigen wir uns mit einem Ingenieurbüro, in dem der Auftraggeber meint, der Auftragnehmer schulde ihm Schadenersatz. Auch hier beruht der Sachverhalt auf einem realen Schadenfall, Namen und Daten sind geändert und frei erfunden. Das Baugrundbüro S. soll das Bodengutachten für einen Windenergiepark mit 14 Windrädern erstellen. Nach Erstellung des Gutachtens beginnt man im Juli 2001 mit der Errichtung der Windräder. Beim Einbringen der Pfähle wird festgestellt, dass die ermittelte Tragfähigkeit des Bodens nicht mit den Vorgaben des Bodengutachtens übereinstimmt. Die Pfähle lassen sich wesentlich leichter in den Boden eindrücken, als vorgesehen und der Ingenieur, der auf der Grundlage des Bodengutachten die Tragwerksplanung erstellt hat, bekommt kalte Füße und meint, die Standsicherheit der Windräder sei auf dem vorhandenen Boden nicht gewährleistet. Herr S. wird wieder zur Baustelle gerufen und nimmt erneute Bodenproben. Er kommt nunmehr zu dem Ergebnis, dass die Tragfähigkeit des Bodens tatsächlich geringer ist, als von ihm zunächst angenommen. Die Rammpfähle müssen tiefer in den Boden eingetrieben werden, als er zunächst vorgegeben hatte. Das führt zu einem Baustellenstillstand und zu Mehrkosten. Mit etwas Glück lassen sich innerhalb von kurzer Zeit längere Pfähle beschaffen und im September 2001 kann die Anlage fertiggestellt werden. Gleichwohl macht der Auftraggeber einen Mehraufwand von rund 100.000,-- € geltend, der sich überwiegend aus Stillstandszeiten errechnet.

Herr S. verteidigt sein Gutachten mit dem Einwand, dass er stichprobenartig und unter Einhaltung der DIN 1054 die Bodenproben gewonnen und untersucht habe. Dass der Boden sich jetzt anders darstelle, sei Zufall und Baugrundrisiko, für das er nichts könne. Der Windparkbetreiber lässt darüber nicht mit sich reden und leitet gleich im November 2001 ein selbständiges Beweisverfahren ein. Herr S. beauftragt umgehend seinen Anwalt, der sich sofort bei Gericht bestellt und ergänzende Fragen stellt. Das Gericht erlässt unter Berücksichtigung der Fragen des Windparkbetreibers und der von Herrn S. Anwalt gestellten weiteren Fragen einen umfangreichen Beweisbeschluss und beauftragt einen Sachverständigen mit der Erstellung eines Gutachtens. Dieser Sachverständige soll feststellen, ob das Gutachten von Herrn S. fehlerhaft war und ob Herr S. erkennen konnte, dass der Boden weicher war als in seinem Gutachten ermittelt.

Nun sind die Gerichtssachverständigen oft chronisch überlastet und es kommt deshalb erst im August des Jahre 2002 zu einem ersten Ortstermin. Da der Sachverständige zur Erstellung seines Gutachtens noch einen weiteren Termin im Oktober 2002 für notwendig hält, verzögert sich die Sache weiter. Das Gutachten liegt dann endlich im März des Jahres 2003 dem Gericht vor. Das Ergebnis: Der Gutachter weiß es auch nicht so genau, ob Herr S. die größere Plastizität des Bodens hätte erkennen können. Der Boden liege im Grenzbereich zwischen zwei Steifigkeitsklassen und Herr S. hätte die genaue Einordnung nur mittels aufwändiger Laboruntersuchungen feststellen können. Diese seien aber in der DIN nicht gefordert. Das Gutachten wird dann den beiden Parteien zur Stellungnahme übermittelt. Naturgemäß sind beide Parteien mit dem Gutachten nicht einverstanden, Herr S. und sein Anwalt ein wenig, der Windparkbetreiber ein wenig mehr. Vor allem letzterer stellt jetzt weitere ergänzende Fragen und fordert den Sachverständigen durch das Gericht auf, diese zu beantworten. Als dessen ergänzende Stellungnahme dann im Juli 2003 vorliegt, gefällt auch das dem Windparkbetreiber noch nicht, sondern er beantragt eine mündliche Anhörung des Sachverständigen. In dieser Anhörung lässt sich der Gutachter zu der Äußerung bewegen, dass man möglicherweise, auch wenn es die DIN nicht vorsieht, bei der Beurteilung des Bodens hätte misstrauisch werden müssen und ergänzende Laboruntersuchungen vornehmen können. Mit dieser Anhörung, die im November 2003 stattfindet, ist das Beweisverfahren beendet.

Das reicht dem Windparkbetreiber natürlich noch nicht. Denn aus einem Beweisverfahren erlangt der Antragsteller keinen Titel auf Zahlung von Schadenersatz, sondern es werden lediglich Tatsachen festgestellt und Beweismittel gesichert. Einen Zahlungsanspruch erreicht man nur durch eine Klage. Diese reicht der Windanlagenbetreiber dann nach einer Überlegungszeit von einigen Wochen noch im Dezember 2003 bei Gericht ein. Herrn S. wird die Klage Anfang Januar 2004 zugestellt. Er informiert gleich wieder seinen Anwalt und dieser schreibt postwendend eine eloquente Klageerwiderung, die bei Gericht fristgerecht eingereicht wird und gibt Herrn S. den Tipp, die ganze Sache doch auch einmal seiner Versicherung zu melden. Die Gegenseite meine es jetzt doch offenbar ernst und wozu ist man denn schließlich versichert. Herr S. reicht die ganzen Unterlagen, die sich in den vergangenen Jahren bei ihm angesammelt haben, bei seiner Versicherung ein und bittet um Kostendeckung für das Klageverfahren.

Auch Herr S. muss nun erfahren, dass Versicherungen manchmal eben doch nicht immer so reagieren, wie man das gerne hätte. In diesem Falle liegt es aber nicht an den vertraglichen

Versicherungsbedingungen, sondern schon an der gesetzlichen Verjährungsfrist. Denn die Versicherung teilt Herrn S. mit, dass sein Anspruch auf Versicherungsschutz mit Ablauf des 31.12.2003 verjährt ist und er deswegen leider keinerlei Leistungen aus dem Versicherungsvertrag erhalten könne.

Das ist auf den ersten Blick kaum zu verstehen, wo doch jeder weiß, dass die Verjährung bei Leistungen, die mit einem Bauwerk zusammenhängen, nach BGB fünf Jahre beträgt und die sind doch seit Erstellung des Gutachten im Jahre 2001 keineswegs abgelaufen. Und die VOB ist ja auch nicht einschlägig. Das meint jedenfalls Herr S. Der freundliche Sachbearbeiter der Versicherung, bei dem Herr S. um ein persönliches Gespräch gebeten hat, erklärt das Problem folgendermaßen:

Leider ist diese Verjährungsvorschrift, die auch nach der Schuldrechtsreform Bestand hat, hier nicht anzuwenden. Es geht nämlich nicht um die Frage, wann die Schadenersatzansprüche des Auftraggebers gegenüber dem Ingenieur verjähren, sondern hier steht die Verjährung des Anspruches aus dem Versicherungsvertrag im Raume. Das bedarf einer kurzen Erläuterung: im Haftpflichtschadenfall agieren in der Regel mindestens drei Parteien:

- Der/die Schädiger/in, das ist der Kunde der Versicherung, der Versicherungsnehmer,
- Der/die Verletzte/Geschädigte
- Der Versicherer

Diese drei Parteien sind auf unterschiedliche Weise rechtlich verbunden:

- Zwischen dem Schädiger und dem Geschädigten besteht das sog. Haftungsverhältnis. In diesem Rechtsverhältnis wird geprüft, ob dem Geschädigten auf gesetzlicher Grundlage ein Anspruch auf Schadenersatz gegenüber dem Schädiger zusteht. In diesem Verhältnis ist völlig ohne Bedeutung, ob der Schädiger versichert ist, in welchem Umfang die Versicherung besteht, oder ob er nicht versichert ist.

- Zwischen dem Schädiger und seiner Versicherung besteht das sog. Deckungsverhältnis. Das bedeutet soviel wie: ist der gegenüber dem Schädiger erhobene Schadenersatzanspruch vom Versicherungsvertrag umfasst (gedeckt) oder nicht?

- Zwischen dem Geschädigten und der Versicherung bestehen in der Regel keine unmittelbaren Rechtsbeziehungen.

Diese Beziehungen lassen sich als Dreieckverhältnis darstellen:

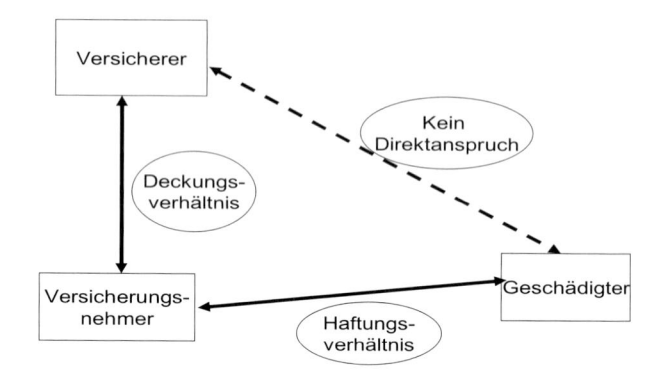

```
        Versicherer ◄─ ─ ─ ─ ─ ─
            ▲              ─ ─ ─   Kein
            │                   ─ ─ Direktanspruch
      Deckungs-                      ─ ─
      verhältnis                        ─ ─
            │                              ─ ─
            ▼                                 ─ ─▶
      Versicherungs- ◄──────────────      Geschädigter
         nehmer           Haftungs-
                          verhältnis
```

Der Verjährungseinwand, den die Versicherung von Herrn S. erhoben hat, betrifft demnach das Deckungsverhältnis, nämlich die Frage, ob der Anspruch aus dem Versicherungsvertrag auf Deckungsschutz ebenfalls verjährt. Wie alle anderen Rechtsansprüche, unterliegen auch die Rechte aus einem Versicherungsvertrag der Verjährung, die der Rechtssicherheit dient. Die einschlägige Regelung findet sich im Gesetz über den Versicherungsvertrag (VVG), dort § 12. Danach verjähren Ansprüche aus dem Versicherungsvertrag innerhalb von zwei Jahren, beginnend am Ende des Jahres, in welchem die Leistung aus dem Versicherungsvertrag verlangt werden kann.

Herrn S. ist von dieser Erklärung ganz schwindlig geworden. Was heißt denn das: „... in welchem die Leistung verlangt werden kann?" Es steht doch noch gar nicht fest, dass Herr S. etwas falsch gemacht hat und deshalb Schadenersatz schuldet und die Versicherung etwas bezahlen muss. Das sieht ganz danach aus, als ob die Versicherung sich hier aus der Verantwortung stehlen will.

Auch hier muss noch einmal etwas ausgeholt werden. Eine Haftpflichtversicherung hat zwei Aufgaben zu leisten:

- Sie hat berechtigte Ansprüche auszuzahlen,
- Sie hat unberechtigte Ansprüche abzuwehren.

In der zweiten Aufgabe zeigt sich die Rechtsschutzfunktion der Haftpflichtversicherung. Und genau diese Aufgabe ist auch eine der Leistungen, die aus dem Versicherungsvertrag verlangt werden kann. Der Versicherte kann nämlich von seiner Haftpflichtversicherung verlangen, dass diese ihn vor unberechtigten Ansprüchen schützt und diese abwehrt. Das macht die Versicherung außergerichtlich durch die Schadenbearbeitung und die Schadensachbearbeiter; kommt es zum Prozess, bezahlt die Versicherung die Kosten des Prozesses. Auf Herrn S. übertragen bedeutet dies, dass Herr S. bereits im Jahre 2001, nämlich als ihm der Antrag auf Einleitung eines selbständigen Beweisverfahrens zugestellt wurde, von seiner Versicherung hätte verlangen können, dass sie ihn vor der Geltendmachung von unberechtigten Ansprüchen schützt. Ob die Versicherung dann einen Anwalt im Beweisverfahren bezahlt hätte (im Beweisverfahren kann man auch ohne Anwalt korrespondieren, es ist aber für den Laien nicht ratsam), wäre zunächst deren Entscheidung gewesen; allerdings hätte die Versicherung dann auch mit den Folgen eines etwa unsachgerecht geführten Beweisverfahrens leben müssen. Jedenfalls war das Beweisverfahren aus dem Jahre 2001 ein Sachverhalt, der für Herrn S. Rechte aus dem Versicherungsvertrag auslöste, nämlich die Abwehr von Ansprüchen. Die Verjährung dieses Anspruches begann am 31.12.2001 und war folglich am 31.12.2003 vollendet. Deshalb kann auch Herr S. keine Rechte mehr aus dem Versicherungsvertrag beanspruchen und das, obwohl er genau wie Herr M. immer pünktlich seine Prämien bezahlt hat und der Anspruch des Windanlagenbetreibers grundsätzlich vom Versicherungsvertrag gedeckt wäre. Der einzige Trost, den der Sachbearbeiter der Versicherung bereit hat, ist, dass der Anwalt von Herrn S. wohl hätte wissen müssen, dass die Versicherung informiert werden musste. Deshalb kann Herr S., sollte er zum Schadenersatz verurteilt werden, gegenüber seinem Anwalt einen Anspruch auf Schadenersatz wegen Verletzung von dessen anwaltlicher Beratungspflicht geltend machen.

Der fachkundige Leser wird jetzt einwenden, dass der Bundesgerichtshof doch erst kürzlich entschieden hat, dass die Einleitung eines selbständigen Beweisverfahrens gerade nicht dazu führt, dass die Verjährungsfrist nach § 12 VVG zu laufen beginnt (Urteil des BGH vom 9.6.2004, Az.: IV ZR 115/03). In dieser Entscheidung hatte der Architekt das seit dem Jahre 1995 laufende Beweisverfahren erst im Jahre 2000 der Versicherung gemeldet. Gleichwohl war der Anspruch aus dem Versicherungsvertrag noch nicht verjährt. Das lag aber allein daran, dass dieses Beweisverfahren sich gegen mehrere potenzielle Verantwortliche richtete und bei Einleitung des Verfahrens noch völlig unklar war, welche Ursache den Schaden überhaupt herbeigeführt hatte und wer für diese Ursache verantwortlich war. Das war Anlass dafür, dass der Bundesgerichtshof hier noch keine Erhebung von Ansprüchen gesehen hat und deshalb auch die Verjährung noch nicht hat durchgreifen lassen. Für den Regelfall und auch für Herrn S. bleibt es dabei, dass immer dann, wenn jemand Schadenersatz vom Versicherungsnehmer verlangt und dies im Beweisverfahren zum Ausdruck kommt, die Verjährung zu laufen beginnt und man dann sofort den Versicherer informieren sollte. Das hat der Bundesgerichtshof auch noch einmal ausdrücklich klargestellt und formuliert: „Besteht nach Lage der Dinge kein Zweifel daran, dass der Geschädigte allein den Versicherungsnehmer für einen eingetretenen Schaden verantwortlich machen will, und dient das selbständige Beweisverfahren lediglich dem Zweck, die Schadenshöhe festzustellen, so kann und muss der Versicherungsnehmer die Einleitung des Verfahrens als ernstliche Geltendmachung der Schadensersatzansprüche gegen ihn verstehen."

Im Unterschied zu den im ersten Beispiel geschilderten Obliegenheitsverletzungen kommt es für die Frage der Verjährung nicht darauf an, ob den Versicherten ein Verschulden an der Versäumung der Frist trifft. Die Verjährung ist vielmehr eine objektive Rechtsfolge, auf die sich der Schuldner (das ist hier die Versicherung) berufen darf. Sie muss als Einrede erhoben werden und es ist nicht rechtsmissbräuchlich, wenn man sich darauf beruft. Erfahrungsgemäß machen die Versicherer von diesem Recht auch Gebrauch.

3. Lehren

Beide Beispiele stellen außergewöhnlich einschneidende Situationen dar. Gleichwohl spielen die Obliegenheiten und die Verjährung des Deckungsanspruches gerade in der Haftpflichtversicherung für Ingenieure und Architekten eine gewichtige Rolle, die ungleich größer ist, als in anderen Bereichen der Haftpflichtversicherung. Das Ingenieurbüro ist daher gut beraten, schon bei den ersten Anzeichen dafür, dass ein Planungs- oder Bauüberwachungsfehler ihm gegenüber geltend gemacht wird, sofort seinen Haftpflichtversicherer (schriftlich) zu informieren. Auch die Sorge vor dem Verlust des etwaigen Schadenfreiheitsrabattes sollte das nicht verhindern. Keinesfalls sollte man ohne Rechtsrat in eine Auseinandersetzung über eine geltend gemachte Schadenersatzforderung gehen, sondern sich vom Haftpflichtversicherer beraten lassen.

Public Private Partnership im Aufwind

Rechtsanwalt **Johann Friedrich Rumetsch** und
Rechtsanwalt **Olaf Strehl**,
Partner bei BEITEN BURKHARDT

1. PPP als neue Beschaffungsvariante

Angesichts der Finanzierungskrise der öffentlichen Haushalte und des erheblichen Investitionsbedarfs im Bereich der öffentlichen Infrastruktur wird die traditionelle Art der Realisierung öffentlicher Bauvorhaben in Deutschland zunehmend hinterfragt und über alternative Beschaffungsvarianten nachgedacht. Erfahrungen im europäischen Ausland, insbesondere in Großbritannien, haben gezeigt, dass bei der Realisierung öffentlicher Bauvorhaben im Rahmen von Public Private Partnerships (PPP) erhebliche Einsparungen realisiert und notwendige Investitionen schneller getätigt werden können.

Angesichts dieser positiven Erfahrungen im europäischen Ausland gewinnt PPP – zu Deutsch „ÖPP", Öffentlich Private Partnerschaft – als Beschaffungsvariante auch in Deutschland zunehmend an Bedeutung. Nachdem PPP in Deutschland zunächst im Bereich der Entsorgungswirtschaft zur Anwendung kam, ist seit einiger Zeit eine Zunahme von PPP-Projekten im Hochbau, insbesondere bei Schulen, Verwaltungsgebäuden und Sportstätten zu verzeichnen.[1] Daneben gewinnt PPP inzwischen auch im Bereich des Straßenbaus zunehmend an Bedeutung: Nach der verzögerten Einführung der LKW-Maut für Autobahnen befinden sich inzwischen erste über die LKW-Maut finanzierte PPP-Projekte im Bereich der

---

[1] Vgl. Studie des Deutschen Instituts für Urbanistik (DIfU) vom September 2005 im Auftrag der PPP Task Force des Bundes.

Bundesautobahnen (sog. „A-Modelle") in der Vorbereitung bzw. Ausschreibung. Auch auf kommunaler Ebene werden vereinzelt Straßenbau-PPP-Projekte geplant.

Die Entwicklung von PPP als alternative Beschaffungsvariante stößt nicht nur auf ein reges Interesse in der Privatwirtschaft, sie wird auch von staatlicher Seite unterstützt: Auf Ebene des Bundes und in einigen Bundesländern wurden so genannte PPP-Kompetenzzentren eingerichtet, die die Realisierung von PPP-Projekten unterstützen und fördern sollen.[2] Darüber hinaus hat der Bundesgesetzgeber mit dem ÖPP-Beschleunigungsgesetz vom 1. September 2005 ein Gesetz erlassen, durch welches die Umsetzung von PPP-Projekten beschleunigt und der rechtliche Rahmen für die Realisierung von PPP-Projekten verbessert werden soll.[3]

Mit der Zunahme von PPP-Projekten bei der Realisierung öffentlicher Bauvorhaben müssen sich auch die an öffentlichen Bauvorhaben beteiligten Architekten und Ingenieure auf diese neue Beschaffungsvariante einstellen, da auch Planungsaufträge künftig zunehmend im Rahmen von PPP-Projekten vergeben werden. Im Hinblick auf diese Entwicklung soll der nachfolgende Beitrag einen kurzen Überblick über die Besonderheiten von PPP-Projekten aus Bietersicht geben. Dabei wird in erster Linie auf PPP-Projekte im Bereich des Hochbaus Bezug genommen.

2. Synergien durch Lebenszyklus-Ansatz

Die Bezeichnung PPP findet für die vielfältigsten Arten der Zusammenarbeit zwischen der öffentlichen Hand und der Privatwirtschaft Verwendung. Daher ist eine Bestimmung des PPP-Begriffs notwendig, welcher den nachfolgenden Ausführungen zugrunde liegt. In Abgrenzung zur herkömmlichen Beschaffung einzelner Sachmittel oder Leistungen durch die öffentliche Hand ist der heute weitgehend verwandte PPP-Begriff durch eine langfristige und ganzheitliche Zusammenarbeit zwischen der öffentlichen Hand und einem privaten Partner geprägt, welcher der sog. „Lebenszyklus-Ansatz" zugrunde liegt: Im Rahmen einer einheitlichen Beschaffung überträgt die öffentliche Hand einem privaten Partner sämtliche Leistungen aus dem Lebenszyklus einer Immobilie, d. h. Planung, Bau – ggf. nach Abriss vorhandener Bebauung – oder Sanierung, Finanzierung, Betrieb und Verwertung. Durch die gebün-

---

[2] PPP-Task-Force des Bundes, eingerichtet beim Bundesministerium für Verkehr, Bau und Wohnungswirtschaft, Kompetenzzentren in den Ländern Baden-Württemberg, Bayern, Hessen, Sachsen-Anhalt, Schleswig-Holstein, Niedersachsen und Nordrhein-Westfalen.

[3] Gesetz zur Beschleunigung der Umsetzung von Öffentlich Privaten Partnerschaften und zur Verbesserung der gesetzlichen Rahmenbedingungen für Öffentlich Private Partnerschaften, BGBl. I 2005, S. 2676.

delte Übertragung dieser Leistungen an einen Partner soll dieser in die Lage versetzt werden, die erhofften Effizienzgewinne zu realisieren. Er kann bereits in der Planungs- und Bauphase die Anforderungen eines wirtschaftlichen Betriebes und Aspekte der Verwertung berücksichtigen und sich um eine maßgeschneiderte Finanzierung des Vorhabens bemühen.

3. Komplexe Vertragsstrukturen

Die langfristige und sehr umfassende Zusammenarbeit im Rahmen von PPP-Projekten bringt komplexe Vertragsstrukturen mit sich. Im Rahmen eines umfassenden und in sich zusammenhängenden Vertragswerks aus mehreren Einzelverträgen regeln die Partner alle Eventualitäten, die während der langen Projektlaufzeit auftreten können.

Entsprechend den unterschiedlichen Anforderungen der einzelnen Projekte kommt eine Vielzahl unterschiedlicher Vertragsmodelle zur Anwendung. Diese unterscheiden sich insbesondere im Umfang der Leistungen, die dem privaten Partner übertragen werden, in der Vergütung dieser Leistungen (Entgelt oder Konzession), darin, wer während der Projektlaufzeit Eigentümer des Objektes ist und wer bei Vertragsende das Risiko der (Weiter-)Verwertung des Objektes trägt. Darüber hinaus kann die Zusammenarbeit auf schuldrechtlicher oder auf gesellschaftsrechtlicher Basis erfolgen.

Auch wenn gewisse Vertragsmodelle immer wiederkehren, ist eine allgemeine Standardisierung von Vertragsstrukturen und Vertragsmustern bislang nicht erfolgt. Demzufolge kommen bei den Projekten maßgeschneiderte Vertragswerke zum Einsatz, die jeweils zwischen der öffentlichen Hand und dem privaten Partner neu ausgehandelt werden. Dabei kommt der Risikoverteilung zwischen den Vertragsparteien zentrale Bedeutung zu. PPP bedeutet nicht, dass die öffentliche Hand alle mit dem Projekt verbundenen Risiken auf den privaten Partner überträgt, sondern vielmehr, dass die Risiken von demjenigen übernommen werden, welcher sie am besten beherrschen kann.

Als Beispiel einer typischen Vertragsstruktur zeigt die nachfolgende Grafik die Struktur eines PPP-Hochbau-Projektes, bei welchem die Immobilie (z. B. ein Verwaltungsgebäude oder eine Schule) während der Vertragslaufzeit im Eigentum des öffentlichen Auftraggebers verbleibt und einer Projektgesellschaft als Auftragnehmer für den Betrieb zur Nutzung überlassen wird. Dieses Vertragsmodell wird auch als PPP-Inhabermodell bezeichnet.[4]

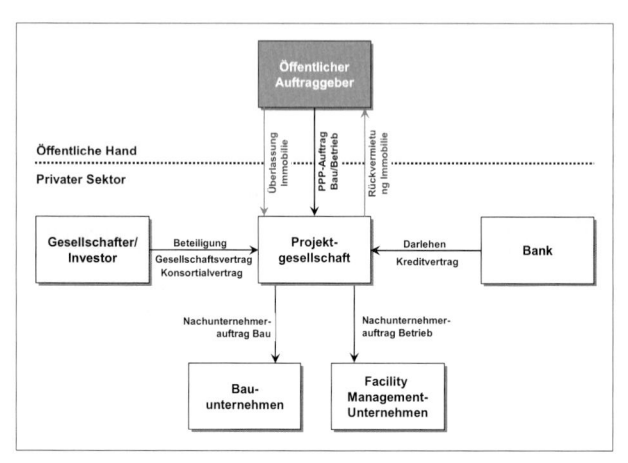

Abbildung: Vertragsstruktur

Die wesentlichen für PPP-Projekte typischen Vertragsverhältnisse sind im folgenden Überblick kurz beschrieben:

3.1 Bildung einer Bietergemeinschaft und Errichtung einer Projektgesellschaft

Für die Bieter zeigt sich die Komplexität des Projektes bereits in der Projektvorbereitung. Da die ausgeschriebenen Leistungen regelmäßig nicht von einem Unternehmen allein erbracht werden können, ist für die Teilnahme am Vergabeverfahren die Bildung einer Bietergemeinschaft erforderlich. Es empfiehlt sich, die zwischen den Mitgliedern der Bietergemeinschaft sowie der Bietergemeinschaft und Dritten geltenden Regelungen in einem Bietergemeinschaftsvertrag festzuhalten. Meist haben Bietergemeinschaften die Rechtsform einer Gesellschaft bürgerlichen Rechts, bei welcher die Mitglieder gegenüber Dritten gesamtschuldnerisch haften. Eine solche gesamtschuldnerische Haftung wird im Regelfall auch vom Auftraggeber als Voraussetzung für die Verfahrensteilnahme von Bietergemeinschaften gefordert.

---

[4] Vgl. die Modellbezeichnungen im Gutachten „PPP im öffentlichen Hochbau", erstellt im August 2003 im Auftrage des Lenkungsausschusses beim BMVBW: Erwerbermodell, FMLeasingmodell, Vermietungsmodell, Inhabermodell, Contractingmodell, Konzessionsmodell und Gesellschaftsmodell.

Die Errichtung einer Kapitalgesellschaft zur Teilnahme am PPP-Vergabeverfahren ist nicht zwingend erforderlich und darf vom Auftraggeber auch nicht gefordert werden. In den meisten Fällen werden jedoch Bietergemeinschaften nach Zuschlagserteilung für die Projektdurchführung eine Projektgesellschaft errichten, an welcher die Investoren als Gesellschafter beteiligt sind. In der Regel wird als Rechtsform die GmbH gewählt, seltener die Aktiengesellschaft oder die GmbH & Co. KG. Für die Gesellschaft ist ein Gesellschaftsvertrag zu erstellen, darüber hinaus schließen die Gesellschafter üblicherweise in Ergänzung des Gesellschaftsvertrages einen Konsortialvertrag, welcher ergänzende Regelungen über ihre Zusammenarbeit enthält.

Bisweilen sehen PPP-Modelle eine Leistungserbringung durch eine gemischt-wirtschaftliche Projektgesellschaft vor, an welcher sowohl der private Partner als auch der öffentliche Auftraggeber beteiligt sind (sog. „Gesellschaftsmodell"). Diese Gestaltung wird insbesondere dann gewählt, wenn der Auftraggeber sich durch seine Gesellschafterstellung einen stärkeren Einfluss auf die Leistungserbringung sichern möchte. Auch hier dient als Gesellschaftsstatut ein Gesellschaftsvertrag, welcher regelmäßig durch einen Konsortialvertrag ergänzt wird. Diese Verträge sind das Kernstück der Zusammenarbeit zwischen der öffentlichen Hand und dem privaten Partner. Sie müssen daher, anders als bei einer „rein privaten" Projektgesellschaft, im Einzelnen mit dem öffentlichen Auftraggeber ausgehandelt werden.

3.2 Beauftragung der Projektgesellschaft

Der eigentliche PPP-Auftrag, welcher je nach Art des PPP-Modells die Planung, die Sanierung bzw. den Bau – ggf. nach vorheriger Baureifmachung -, den Betrieb und die Verwertung der Immobilie zum Gegenstand haben kann, wird in einem Vertrag zwischen dem Auftraggeber und dem Bieter bzw. der Projektgesellschaft geregelt. Zwar können die Leistungen alle in einem einheitlichen Vertragsdokument zusammengefasst werden, in der Regel wird es sich jedoch um unterschiedliche Vertragsdokumente für die einzelnen Leistungsbereiche handeln, welche durch einen PPP-Rahmenvertrag miteinander verknüpft sind (z. B. ein Bau-/Sanierungsvertrag und ein Vertrag über den Gebäudebetrieb).

Da die Projektgesellschaft den Auftrag mangels eigener Mitarbeiter und Sachmittel in der Regel nicht selbst erbringen kann, wird zudem zwischen der Projektgesellschaft und dem jeweiligen Projektpartner ein Nachunternehmervertrag geschlossen, durch welchen die Verpflichtungen der Projektgesellschaft an den Nachunternehmer weitergegeben werden. Regelmäßig wird von öffentlichen Auftraggebern gefordert, dass diese Nachunternehmerverträge als so genannte Verträge zugunsten Dritter ausgestaltet werden, aus welchen der Auftraggeber gegen die Nachunternehmer einen direkten Anspruch auf Leistungserbringung erhält.

Im Rahmen des PPP-Auftrages kommt der Vergütungsregelung zentrale Bedeutung zu. Durch die Vereinbarung von fixen und variablen Entgeltbestandteilen, von Bonus/Malus-Regelungen und von Vertragsstrafen werden Vergütungsmechanismen geschaffen, die Anreize für eine möglichst wirtschaftliche Leistungserbringung enthalten. Entsprechend der unterschiedlichen Leistungsteile ist zwischen der Vergütung für Bau- und Sanierungsleistungen und der Vergütung für den Betrieb zu unterscheiden. Im Regelfall tritt der private Partner jedoch während der Errichtungsphase in Vorleistung und erhält die erbrachten Bau- und Sanierungsleistungen erst während der Betriebsphase vergütet. Aufgrund der langen Vertragslaufzeit enthalten die Vergütungsregelungen zudem eine Preisanpassungsklausel.

Im Falle des sog. „Konzessionsmodells" vereinbaren die Parteien nicht die Zahlung eines festen Entgelts durch den öffentlichen Auftraggeber, vielmehr erhält der Auftragnehmer (auch „Konzessionär") zur Finanzierung seiner Leistungen vom öffentlichen Auftraggeber eine Konzession, d. h. das Recht, für eine bestimmte Zeit für die Nutzung der Einrichtung Nutzungsentgelte zu erheben. Je nach Ausgestaltung im konkreten Einzelfall können die Nutzungsentgelte in Form privatrechtlicher Entgelte oder öffentlich-rechtlicher Gebühren erhoben werden.

In Deutschland kommt das Konzessionsmodell im Bereich des Straßenbaus als so genanntes „F-Modell" zur Anwendung. Als „F-Modell" werden PPP-Projekte auf Grundlage des Fernstraßenbauprivatfinanzierungsgesetzes[5] bezeichnet, welche Neubau, Erhaltung, Betrieb und Finanzierung von Brücken, Tunneln, Gebirgspässen und mehrstufigen Bundesstraßen zum Gegenstand haben und über eine vom privaten Konzessionär speziell für die Nutzung des Bauwerks erhobene Maut refinanziert werden. Im Unterschied hierzu hat das so genannte „A-Modell" den Ausbau von Bundesautobahnen zum Gegenstand und wird über die vom Bund erhobene LKW-Maut refinanziert. Bislang wurden als „F-Modell" lediglich zwei PPP-Projekte realisiert, die Warnowquerung bei Rostock und die Travequerung bei Lübeck. Erste Projekte in Form des „A-Modells" befinden sich derzeit in der Ausschreibung oder Vorbereitung.

---

[5] Gesetz über den Bau und die Finanzierung von Bundesfernstraßen durch Private (FStrPrivFinG) vom 30. August 1994, BGBl. I 1994, S. 2243.

3.3 Überlassung und Nutzung der Immobilie

Teilweise sehen PPP-Projekte die Nutzung einer vorhandenen Immobilie des Auftraggebers wie beispielsweise eines Grundstücks, eines bestehenden Schul- oder Verwaltungsgebäudes etc. vor. In solchen Fällen sind für die Realisierung des Vorhabens zusätzlich immobilienrechtliche Verträge erforderlich.

In manchen Fällen wird dem privaten Partner (bzw. der Projektgesellschaft) zu Beginn des Projektes das Eigentum an der Immobilie durch Abschluss eines Grundstückskauf- und Übertragungsvertrages übertragen, so dass er während der Vertragslaufzeit Eigentümer ist. In diesem Fall gehen die erbrachten Bauleistungen kraft Gesetzes in sein Eigentum über. Für das Ende der Vertragslaufzeit kann je nach Vertragsmodell ein zwingender Rückerwerb der (bebauten) Immobilie durch die öffentliche Hand oder lediglich ein Optionsrecht zum Erwerb vorgesehen werden. Macht die öffentliche Hand von einem solchen Optionsrecht keinen Gebrauch oder wird keine derartige Vereinbarung getroffen, so bleibt der private Partner Eigentümer der Immobilie und trägt das Risiko der (Weiter-)Verwertung.

Teilweise wird die öffentliche Aufgabe, der die Immobilie dient, eine Übertragung des Eigentums an den privaten Partner nicht zulassen. Dies ist beispielsweise bei Einrichtungen, die der Erfüllung von hoheitlichen Aufgaben dienen, wie z.B. bei Abfall- und Abwasserentsorgungsanlagen oder Justizvollzugsanstalten, der Fall. Zudem kann eine Eigentümerstellung der öffentlichen Hand zum Erhalt öffentlicher Fördermittel erforderlich sein. In diesen Fällen verbleibt die Immobilie im Eigentum der öffentlichen Hand. Die vom Auftragnehmer erbrachten Bauleistungen gehen kraft Gesetzes in das Eigentum des öffentlichen Auftraggebers über. Um dem Auftragnehmer die Leistungserbringung während der Betriebsphase zu ermöglichen wird die Immobilie dem Auftragnehmer (Objektgesellschaft) durch Vertrag (Nießbrauch, Pachtvertrag oder Erbbaurechtsvertrag) zur Nutzung überlassen. Für die eigentliche Nutzung durch den öffentlichen Auftraggeber wird es vom Auftragnehmer an den Auftraggeber zurückvermietet.

3.4 Finanzierungsverträge

Schließlich wird das Vertragswerk durch die Verträge für die Finanzierung des Vorhabens ergänzt. Die Finanzierung des Vorhabens erfolgt einerseits durch die Bereitstellung von Eigenkapital durch die Gesellschafter der Projektgesellschaft, andererseits durch die Bereitstellung von Fremdkapital durch eine Bank. Ersteres wird im Gesellschaftsvertrag der Projektgesellschaft geregelt, Letzteres in einem Darlehens- bzw. Kreditvertrag zwischen der Projektgesellschaft und der finanzierenden Bank. Je nach Art der Finanzierung kann ein

Verkauf der künftigen Entgeltforderungen des Privaten gegen den öffentlichen Auftraggeber bzw. im Falle eines Konzessionsmodells ein Verkauf der künftigen Einnahmen aus der Konzession hinzukommen. Die Finanzierung des Vorhabens wird ggf. durch Sicherheiten (Patronatserklärungen, Bürgschaften, dingliche Sicherheiten) ergänzt, die bei Einsatz einer Projektgesellschaft von deren Gesellschaftern gegenüber der finanzierenden Bank für die Bereitstellung von Fremdkapital erforderlich sind. Im Falle einer einredefreien Forfaitierung wird die Finanzierung zudem durch den öffentlichen Auftraggeber abgesichert. Die einzelnen Finanzierungsmodelle werden nachfolgend erläutert.

4. Finanzierungsmodelle

Wird dem privaten Partner im Rahmen eines PPP-Vergabeverfahrens auch die Finanzierung der Maßnahme übertragen, so bedeutet dies, dass er mit der Erbringung von Planungs-, Bau- und Sanierungsleistungen in Vorleistung geht und diese privat vorfinanziert. Die Refinanzierung dieser Vorleistungen erfolgt anschließend in der Betriebsphase, sei es über die vereinbarten Entgeltzahlungen des öffentlichen Auftraggebers, sei es – im Falle des Konzessionsmodells – über die Einnahmen des Auftragnehmers aus der Konzession. Bei der privaten Finanzierung von PPP-Projekten kann zwischen der einredefreien Forfaitierung und der Projektfinanzierung unterschieden werden. Die nachfolgende Grafik dient der Veranschaulichung der Finanzierungsstruktur:

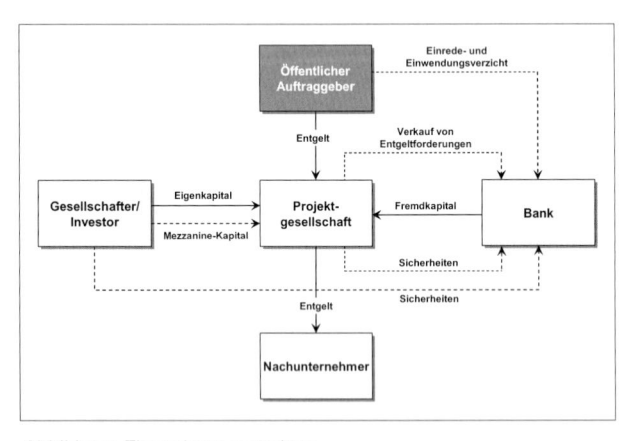

Abbildung: Finanzierungsstruktur

4.1 Einredefreie Forfaitierung

Im Falle der einredefreien Forfaitierung, auch „Entgeltforfaitierung" oder „Kommunalforfaitierung" genannt, verkauft der Auftragnehmer (der private Partner bzw. die Projektgesellschaft) im voraus seine künftigen Entgeltforderungen gegen den öffentlichen Auftraggeber an die finanzierende Bank, die hierfür das für die Finanzierung des Projektes erforderliche Fremdkapital zur Verfügung stellt. Der öffentliche Auftraggeber gibt gegenüber der Bank einen Einrede- und Einwendungsverzicht ab, d. h. er verzichtet auf alle Einreden und Einwendungen, die ihm gegen die verkauften Forderungen aus dem Leistungsverhältnis mit dem Auftragnehmer zustehen könnten. Der öffentliche Auftraggeber verpflichtet sich hierdurch an die Bank zu zahlen, auch wenn die Leistung seitens des Auftragnehmers nicht oder schlecht erbracht wird. Die finanzierende Bank wird so in die Lage versetzt, Fremdkapital zu günstigen Kommunalkreditkonditionen zur Verfügung zu stellen. In der Regel erfolgt der Einredeverzicht nur für einen Teil der Forderungen; meistens nur für den Teil, durch den die Bauleistungen abgegolten werden. Auch verzichtet der öffentliche Auftraggeber auf seine Einreden oder Einwendungen aus dem Leistungsverhältnis nur gegenüber der finanzierenden Bank, während ihm diese Rechte gegen den Auftragnehmer selbst erhalten bleiben.

Eine Variante der einredefreien Forfaitierung stellt das erstmals zur Finanzierung der Ortsumgehungsstraße in der Gemeinde Mogendorf (Rheinland-Pfalz) entwickelte „Mogendorfer Modell" dar. Bei diesem Modell erhält der Auftragnehmer vom Auftraggeber für die während der Planungs- und Bauphase erbrachten und vom Auftraggeber abgenommenen Leistungen statt eines Entgelts für bestimmte Bauabschnitte lediglich so genannte „Bautestate". In diesen Testaten bestätigt der Auftraggeber die vertragsgemäße Leistungserbringung für den betreffenden Bauabschnitt, verzichtet auf etwaige Einwendungen und Einreden und vereinbart die Stundung der entsprechenden Zahlung für einen bestimmten Zeitraum. Der Auftragnehmer verkauft seine in den Bautestaten verbrieften Forderungen an die finanzierende Bank und erhält hierfür ebenfalls eine Vergütung zu Kommunalkreditkonditionen.

Bei der Vereinbarung derartiger Finanzierungsmodelle, bei welchen der öffentliche Auftraggeber letztlich die Finanzierung durch die Übernahme des Insolvenzrisikos der Projektgesellschaft absichert, ist zu beachten, dass diese als kreditähnliche Rechtsgeschäfte in der Regel der Zustimmung der Kommunalaufsicht bedürfen oder dieser zumindest angezeigt werden müssen.[6]

---

[6]   Vgl. z. B. § 86 Abs. 4 GO NW; § 103 Abs. 7 Hess. GO.

4.2 Projektfinanzierung

Eine andere Finanzierungsvariante ist die Projektfinanzierung. Bei dieser Finanzierungsform stellt die finanzierende Bank der für das Projekt eigens gegründeten Projektgesellschaft das erforderliche Fremdkapital für die von ihr zu erbringenden (Vor-)Leistungen auf Grundlage eines Darlehensvertrages zur Verfügung. Hinsichtlich des Schuldendienstes wird in erster Linie auf die zu erwartenden Zahlungsströme (cash flows) aus dem Projekt als sich selbst tragende abgrenzbare Wirtschaftseinheit abgestellt. In der Regel besteht keine („non recourse"-Finanzierung) oder nur eine geringe Rückgriffsmöglichkeit („limited recourse"-Finanzierung) auf die Eigenkapitalgeber (Gesellschafter/Investoren). Die finanzierende Bank lässt sich daher zur Besicherung des ausgereichten Darlehens und der vereinbarten Zinsen die Ansprüche aus den wesentlichen Projektverträgen abtreten. Ferner wird die Bank, da sie anders als bei der einredefreien Forfaitierung viel weitgehendere Risiken übernimmt, ihrerseits eine Due Diligence-Untersuchung des Projektes durchführen, in welcher die wirtschaftliche, technische und rechtliche Machbarkeit des Vorhabens überprüft wird. Zudem lässt sich die Bank in der Regel sicherheitshalber die Geschäftsanteile an der Projektgesellschaft verpfänden. Infolge der höheren Risikoübernahme und des hieraus resultierenden erhöhten Prüfungsbedarfs der Bank sind die Kosten einer Projektfinanzierung höher als im Falle einer einredefreien Forfaitierung. Sie dürfte daher eher als Finanzierungsform für größere PPP-Vorhaben gewählt werden.

5. Das PPP-Vergabeverfahren

5.1 Förmliches Vergabeverfahren

Die Realisierung von PPP-Projekten ist immer mit der Vergabe eines öffentlichen Auftrages durch einen öffentlichen Auftraggeber verbunden. Durch die Zusammenfassung zahlreicher Leistungen aus dem Lebenszyklus der Immobilie übersteigt das Auftragsvolumen selbst bei kleinen Projekten in der Regel die für EU-weite Vergaben maßgeblichen Schwellenwerte.[7] PPP-Vergabeverfahren sind daher als förmliche Vergabeverfahren im Sinne des Kartellvergaberechts durchzuführen. Die Bestimmungen des Gesetz gegen Wettbewerbsbeschränkungen (GWB), der Vergabeverordnung (VgV) und der Verdingungsordnungen (VOL/A, VOB/A und VOF) sind anzuwenden. Da der Auftragsschwerpunkt regelmäßig im Bereich der Bauleistung liegen dürfte, werden bei den meisten PPP-Projekten die Bestimmungen des 2. Abschnitts der VOB/A Anwendung finden.[8]

Die meisten PPP-Vergabeverfahren werden als Verhandlungsverfahren mit vorgeschaltetem Teilnahmewettbewerb durchgeführt. Nachfolgend ist ein typischer Ablauf des Vergabeverfahrens graphisch dargestellt:

Vergabebekanntmachung	Aufforderung zur Angebotsabgabe	Aufforderung zur Angebotsabgabe	Vorinformation über Zuschlag
Projektvorbereitung/ Teilnahmewettbewerb	Indikative Angebote	Verbindliche Angebote	Verhandlung und Zuschlag

Reduzierung des Bieterkreises — Zunahme der Information

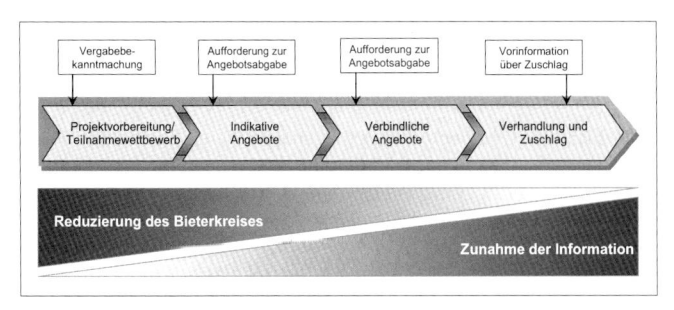

Abbildung: Ablauf PPP-Vergabeverfahren

5.2 Teilnahmewettbewerb

Im Rahmen des Teilnahmewettbewerbs werden die geeigneten Bieter ermittelt, die zum weiteren Verfahren zugelassen werden sollen. Der Teilnahmewettbewerb beginnt mit der Veröf-

---

[7] Der Schwellenwert beträgt bei Bauaufträgen EUR 5 Mio., bei Liefer- und Dienstleistungsaufträgen EUR 200.000, s. § 2 VgV

[8] Vgl. zur Einordnung gemischter Aufträge § 99 Abs. 6 GWB

fentlichung einer Vergabebekanntmachung durch den Auftraggeber im Supplement zum Amtsblatt der EU.[9] Sofern nicht ein Fall besonderer Eilbedürftigkeit vorliegt, beträgt die Zeit für die Einreichung der Teilnahmeanträge 37 Tage ab Versendung der Bekanntmachung durch den Auftraggeber. Nach Eingang der Teilnahmeanträge werden unter Zugrundelegung der in der Vergabebekanntmachung bekannt gemachten Eignungs- und Auswahlkriterien diejenigen Bewerber ausgewählt, die als Bieter zum weiteren Verfahren zugelassen werden.

5.3 Indikative Angebote

Die ausgewählten Bieter werden i. d. R. zunächst zur Abgabe eines ersten indikativen Angebotes aufgefordert. Zur Erstellung dieses Angebotes erhalten die Bieter vom Auftraggeber eine Leistungsbeschreibung, welche als Kernstück der Vergabe die Anforderungen an die vom Auftragnehmer zu erbringenden Leistungen definiert. Charakteristisch für PPP-Vergabeverfahren ist eine funktionale Leistungsbeschreibung, in welcher lediglich die Ziele und Outputspezifikationen definiert werden, während die Art und Weise, wie diese Ziele und Outputspezifikationen erreicht werden, möglichst weitgehend den Bietern überlassen werden. Dies soll dem Auftragnehmer die Realisierung von Effizienzgewinnen ermöglichen.

Weiter wird den Bietern die Möglichkeit gegeben, vor Abgabe der indikativen Angebote vorhandene Immobilien, die Gegenstand des Projektes sind, zu besichtigen und an den Auftraggeber Fragen in Bezug auf das Projekt zu richten. Der Auftraggeber sammelt die Fragen aller Bieter und stellt sie zusammen mit den Antworten in anonymisierter Form allen Bietern zur Verfügung. Auf diese Weise wird die Gleichbehandlung aller Bieter gewährleistet.

5.4 Verbindliche Angebote, Verhandlung und Zuschlag

Nach Abgabe der indikativen Angebote nimmt der Auftraggeber regelmäßig eine weitere Reduzierung des Bieterkreises aufgrund zuvor bekannt gegebener Auswahlkriterien vor. Den verbleibenden Bietern, in der Regel sind dies nur drei, lässt der Auftraggeber weitere detaillierte Informationen in Bezug auf das Vorhaben zukommen und übergibt ihnen die Vertragsentwürfe, die Grundlage des PPP-Auftrages sein sollen. Er fordert die Bieter zur Abgabe eines verbindlichen Angebotes auf Grundlage der Vertragsentwürfe auf und führt mit den Bietern Verhandlungen über etwa gewünschte Vertragsänderungen. Am Ende des Verhandlungsverfahrens steht die Zuschlagserteilung auf das wirtschaftlichste Angebot unter Zugrundelegung der vom Auftraggeber zuvor bekannt gegebenen Zuschlagskriterien und

---

[9] Die aktuellen Vergabebekanntmachungen können auf der Website der EU unter http://ted.europa.eu abgerufen werden.

Bewertungsmatrix. Dabei ist zu beachten, dass das Angebot, auf welches der Zuschlag erteilt werden soll, nicht nur wirtschaftlicher als die Angebote der anderen Bieter sein muss, sondern auch wirtschaftlicher als die Variante der Eigenrealisierung. Um dies zu ermitteln erstellt der Auftraggeber vor Beginn des Vergabeverfahrens eine Wirtschaftlichkeitsvergleichsrechnung (sog. „Public Sector Comparator" – PSC), welche ggf. bei Änderungen der Leistungsanforderungen während des Vergabeverfahrens angepasst wird.

5.5 Vorabinformation

Zwei Wochen vor der Zuschlagsentscheidung muss der Auftraggeber diejenigen Bieter, deren Angebote nicht berücksichtigt werden sollen, über den Namen des ausgewählten Bieters und die Gründe der Nichtberücksichtigung informieren (vgl. § 13 VgV). Durch diese Vorinformation soll den unterlegenen Bietern die Gelegenheit gegeben werden, sich durch vergaberechtliche Rechtsbehelfe gegen die Zuschlagserteilung zur Wehr zu setzen. Dies ist notwendig, da ein bereits erteilter Zuschlag durch ein Rechtsmittel eines unterlegenen Bieters nicht aufgehoben werden kann.

5.6 Wettbewerblicher Dialog

Als weitere Verfahrensart für PPP-Projekte bietet sich neuerdings das Verfahren des „wettbewerblichen Dialogs" an. Diese Verfahrensart wurde in Umsetzung europäischer Richtlinien mit dem ÖPP-Beschleunigungsgesetz vom 1. September 2005 eingeführt. Sie ist für die Vergabe besonders komplexer Aufträge zu wählen, bei denen der Auftraggeber objektiv nicht in der Lage ist, die technischen Mittel, mit denen seine Bedürfnisse und Ziele erreicht werden können, oder die rechtlichen oder finanziellen Bedingungen des Vorhabens anzugeben (vgl. § 101 Abs. 5 GWB, § 6 a VgV). Der wettbewerbliche Dialog ist einem mehrstufigen Verhandlungsverfahren vergleichbar, wie es bereits vor der Einführung dieser neuen Verfahrensart vielfach für die Vergabe von PPP-Aufträgen durchgeführt wurde. Nach einem Teilnahmewettbewerb ermittelt der Auftraggeber im Dialog mit den ausgewählten Bietern, wie sein Beschaffungsbedarf am Besten erfüllt werden kann. Dabei kann der Bieterkreis in mehreren Phasen reduziert werden. Das Verfahren endet nach entsprechender Vorabinformation der unterlegenen Bieter mit der Zuschlagserteilung.

Das Gesetz lässt offen, ob der wettbewerbliche Dialog oder das Verhandlungsverfahren als Verfahrensart den Vorrang genießt. Im Zweifel dürften die öffentlichen Auftraggeber eher geneigt sein, das Verhandlungsverfahren anzuwenden, da sie beim wettbewerblichen Dialog verpflichtet sind, Bietern für eingereichte Unterlagen eine angemessene Kostenerstattung zu gewähren (vgl. § 6 a Abs. 7 VgV). Auch in der Privatwirtschaft besteht eine gewisse Skepsis gegenüber dem wettbewerblichen Dialog, da befürchtet wird, im Rahmen des Dialogs könnte eigenes Know-How an Wettbewerber preisgegeben werden. Allerdings hat der Gesetzgeber ausdrücklich geregelt, dass für die Weitergabe solcher Informationen die Zustimmung des Bieters erforderlich ist (vgl. § 6 a Abs. 3 VgV). Es bleibt abzuwarten, welchen Gebrauch die öffentlichen Auftraggeber von dieser neuen Verfahrensart machen und wie sie von den Vergabenachprüfungsinstanzen ausgelegt wird.

6. Rechtsschutz bei der Verletzung von Bieterrechten

Bei der Vergabe von PPP-Aufträgen haben öffentliche Auftraggeber die Regeln des Vergaberechts zu beachten. Auch wenn die Auftraggeber im Rahmen des Verhandlungsverfahrens und des wettbewerblichen Dialogs, die üblicherweise bei PPP-Projekten zur Anwendung kommen, infolge der Möglichkeit der Verhandlung und der stufenweisen Reduzierung des Bieterkreises größere Freiheiten genießen, haben sie auch bei diesen Verfahren die Regeln des Vergaberechts, insbesondere die Grundsätze der Gleichbehandlung, der Nichtdiskriminierung und der Transparenz zu beachten. Fühlt sich ein Bieter in seinen Rechten verletzt, so räumt ihm das Vergaberecht die Möglichkeit des Rechtsschutzes ein.

Er kann einen Vergaberechtsverstoß durch einen Nachprüfungsantrag von der Vergabekammer überprüfen lassen. Ein Nachprüfungsantrag ist allerdings nur zulässig, wenn der Bieter das beanstandete Verhalten des Auftraggebers zuvor unverzüglich gegenüber dem Auftraggeber gerügt hat. Unverzüglich bedeutet, dass die Rüge nach Kenntniserlangung ohne schuldhaftes Zögern erfolgt. Dies wird regelmäßig nur der Fall sein, wenn die Rüge innerhalb von 2 bis 3 Tagen nach Kenntniserlangung erfolgt. Lediglich in Ausnahmefällen wird man die Unverzüglichkeit der Rüge auch bei einem längeren Zeitraum bejahen können.

Der Nachprüfungsantrag ist schriftlich bei der zuständigen Vergabekammer einzureichen und zu begründen. Die zuständige Vergabekammer ist in der Vergabebekanntmachung genannt. Die Vergabekammer, besetzt mit einem Vorsitzenden, einem hauptamtlichen und einem ehrenamtlichen Beisitzer, ermittelt von Amts wegen. Die Beteiligten können bei der Vergabekammer Akteneinsicht nehmen, sofern die Einsichtnahme nicht wegen geheimhaltungsbedürftiger Inhalte versagt wird. Die Vergabekammer trifft ihre Entscheidung im Regelfall innerhalb von fünf Wochen nach Eingang des Nachprüfungsantrags.

Gegen die Entscheidung der Vergabekammer ist innerhalb von zwei Wochen eine sofortige Beschwerde zum Oberlandesgericht zulässig. Beim Oberlandesgericht wird die Sache von einem speziell für Vergabesachen eingerichteten Vergabesenat entschieden.

7. Die Rolle der Architekten und Ingenieure

Nach einer Befragung der Mitglieder der Architektenkammer Nordrhein-Westfalen im Frühjahr 2006 hat die überwiegende Mehrheit der befragten Architekten und Ingenieure (97%) bislang noch nicht an einer Public-Private-Partnership-Maßnahme mitgewirkt. Aufgrund der zunehmenden Bedeutung von PPP dürfte es auch für Architekten und Ingenieure geboten sein, sich auf diesem Gebiet stärker zu beteiligen. Im Folgenden wird gezeigt, welche Funktion Architekten und Ingenieuren im Rahmen von PPP-Projekten zukommt.

Die ganzheitliche Betrachtung bei einem PPP-Vorhaben verlangt umfassende und effiziente Lösungen. Bei PPP-Projekten haben die Planungsleistungen und die anschließende Ausführungsplanung einen besonders hohen Stellenwert. Hierfür werden sowohl auf Seiten der öffentlichen Auftraggeber als auch auf Seiten der Privatwirtschaft erfahrene Architekten und Ingenieure gebraucht.

Aufgabe des Architekten ist es, sowohl auf einen architektonischen als auch auf einen wirtschaftlichen Mehrwert des PPP-Projektes hinzuwirken. Ein solcher Mehrwert kann nur entstehen, wenn alle Beteiligten gemeinsam, d. h. Wettbewerbsjury, Architekten, Investoren und die öffentliche Hand als Nutzer die Herausforderung annehmen, architektonisch wertvolle und zugleich wirtschaftlich vertretbare Bauvorhaben zu realisieren.

Für den öffentlichen Auftraggeber hat der Architekt/Ingenieur sicherzustellen, dass eine Konzeption und Planung mit klar definierten Aufgabenstellungen an den Beginn des PPP-Projekts gestellt wird. Denn nur so lassen sich die entscheidenden Weichen in Richtung eines wirtschaftlichen, funktionsgerechten und gestalterisch anspruchsvollen Gebäudes stellen. Bereits im frühen Entwurfsstadium muss daher anhand objektiver Kriterien, wie z.B. wirtschaftliche Gebäudegeometrien, Flächeneffizienz, Flexibilität der Nutzung, Auswahlkosten und terminbewusster Konstruktionen die Wirtschaftlichkeit des Vorhabens nachweisbar sein. Dem Architekt/Ingenieur kommt gerade im Hinblick auf die Leistungsbeschreibung eine wichtige Rolle zu.

Begleitet ein Architekt/Ingenieur für den öffentlichen Auftraggeber das PPP-Vergabeverfahren, so sollte der spezifische Sachverstand auch bei der Formulierung politischer Ziele eingebracht werden. So können Architekten und Ingenieure in ihrem Bereich dazu beitragen, dass es zu einem effektiven Zusammenspiel zwischen Politik und Verwaltung einerseits und der Privatwirtschaft andererseits kommt. Diese Mitwirkung an der Willensbildung des öffentlichen Auftraggebers geht weit über die üblichen Vorleistungen bei einem öffentlichen Bauvorhaben hinaus.

Im PPP-Vergabeverfahren muss darauf geachtet werden, dass die Zielsetzung des kostengünstigen Bauens nicht zu Lasten der Architekturqualität geht. Um dies zu gewährleisten kann der Auftraggeber vor Beginn des eigentlichen PPP-Vergabeverfahrens einen Architektenwettbewerb durchführen, durch welchen der Entwurf, welcher dann Grundlage der Bieter im nachfolgenden Vergabeverfahren werden soll, ermittelt wird. Ein solcher Architektenwettbewerb stellt ein ideales Instrument zur Förderung der Baukultur dar. In diesem Entwurfsstadium lassen sich wirtschaftliche Aspekte der Errichtung und des Betriebes einer Immobilie auf wenige aussagekräftige Kennwerte reduzieren. Das Ziel eines PPP-Vergabeverfahrens liegt in der immobilienwirtschaftlichen Optimierung der der Erstellung, Bewirtschaftung und Finanzierung über den gesamten Lebenszyklus der Immobilie. Diese Ziele stehen nicht im Widerspruch zu den Zielen des Architektenwettbewerbs, sondern können vielmehr eine ideale Ergänzung für ein ganzheitliches optimiertes Immobilienprojekt sein.

Auf Seiten der privaten Bieter werden Architekten und Ingenieure regelmäßig als Nachunternehmer des privaten Partners, einer Bietergemeinschaft mehrerer privater Partner oder einer eigens für das Projekt errichteten Projektgesellschaft tätig. Dabei sollte ein besonderes Augenmerk auf die Ausgestaltung des Planervertrages gelegt werden. Die vertraglichen Verhältnisse zwischen den Partnern müssen so geregelt werden, dass die Risikoverteilung für alle Beteiligten überschaubar bleibt. Ferner müssen die Schnittstellen zwischen den Aufgaben-/Leistungsbereichen der Partner genau definiert werden. Angesichts der Langfristigkeit der Zusammenarbeit kommt der Risikoverteilung und einer klaren Schnittstellendefinition besondere Bedeutung zu. Dies gilt auch für die Sicherung der Urheberrechte des Planers. Der Planervertrag sollte klare Regelungen zum Schutz des geistigen Eigentums des Planers enthalten.

Bei PPP-Projekten ist der Einsatz fachlich kompetenter Architekten und Ingenieuren gefragt, die der hohen Komplexität solcher Vorhaben gerecht werden. Der wirtschaftliche Erfolg eines PPP-Projektes hängt ganz wesentlich von der Qualität der Planungs- und Ausführungsleistungen der beteiligten Architekten und der Ingenieure ab. Angesichts der zentralen Bedeutung der Architekten und Ingenieure bei PPP-Projekten birgt PPP für Architekten und Ingenieure ein beträchtliches Potential. Diese Marktchance sollte von den Architekten und Ingenieuren durch eine möglichst aktive Beteiligung an PPP-Vorhaben wahrgenommen werden.

8. Ausblick

Wie aus den vorstehenden Ausführungen hervorgeht, gewinnt der PPP-Markt auch für Architekten und Ingenieure zunehmend an Bedeutung. Es ist davon auszugehen, dass die Zahl der als PPP realisierten öffentlichen Bauvorhaben weiter steigt. Mit zunehmender Zahl von Projekten, die ihre Wirtschaftlichkeit auch in der Betriebsphase unter Beweis gestellt haben, wird auch die anfängliche Skepsis der öffentlichen Hand gegenüber dieser neuen Beschaffungsvariante schwinden. Hierzu dürfte auch die Arbeit der auf Bundes- und Länderebene geschaffenen PPP-Kompetenzzentren beitragen. Einen weiteren Schub könnte der deutsche PPP-Markt durch das von der Bundesregierung geplante zweite ÖPP-Beschleunigungsgesetz erfahren, welches nach ersten Informationen u. a. eine Öffnung des PPP-Marktes für den Kapitalmarkt mit sich bringen soll. Es liegt auf der Hand, dass in dem immer bedeutender werdenden PPP-Markt diejenigen Akteure im Vorteil sein werden, welche mit den Besonderheiten von PPP-Projekten vertraut sind und entsprechende Referenzen vorweisen können. Gerade in Zeiten schwieriger Auftragslage ist der PPP-Markt eine interessante Herausforderung für Architekten und Ingenieure.

Master of Science in Urban Management – Aufbaustudiengang an der Universität Leipzig

Prof. Dipl.-Ing. Architekt **Johannes Ringel**, Universität Leipzig und RKW Düsseldorf

Mit der Gründung des in Deutschland einzigartigen Studiengangs des Master of Science in Urban Management reagierte die Universität Leipzig vor zwei Jahren auf den Paradigmenwechsel in Gesellschaft, Wirtschaft und Stadtentwicklung.

Zu Beginn des 21. Jahrhunderts stehen zahlreiche Städte und Gemeinden in Europa vor einem neuartigen, tief greifenden Wandel ihrer Entwicklungslinien. Dabei geht es nicht mehr bzw. nur noch in begrenztem Maße um Stadtentwicklung durch Wachstum, sondern in großem Umfang um die Bewältigung vielfältiger demografischer, ökonomischer und struktureller Schrumpfungsprozesse.

Der zweijährige postgraduale Studiengang Master of Science in Urban Management nimmt sich dieser Problematik seit 2003 an. Den inhaltlichen Schwerpunkt bildet die interdisziplinäre Auseinandersetzung mit den aktuellen Anforderungen der Stadtentwicklung. Besondere Beachtung findet dabei das Themenfeld des Stadtumbaus unter gesellschaftlichen, wirtschaftlichen, sozialen, ökologischen und im weitesten Sinne planerischen Rahmenbedingungen.

Der Masterstudiengang ist ein international anerkannter Universitätsabschluss und berechtigt zur Promotion. Die Grundlagen werden durch Dozenten verschiedener Fakultäten der Universität Leipzig vermittelt. Die Inhalte bauen auf einem vorangegangenen Studium auf, das für die Studenten einen wichtigen Akzent setzt. Bereits erworbenen Fähigkeiten werden im Masterkurs durch Fach-, Methoden- und Sozialkompetenz vertieft und erweitert. Die Einsatzmöglichkeiten der Absolventen sind sehr vielseitig: zum Beispiel bei Stadtverwaltungen, Banken, Behörden, nichtstaatlichen Organisationen, Wohnungsgesellschaften, Unternehmensberatungen, Immobilienbestandshaltern, Investoren, Planungsbüros oder Forschungsinstituten.

Seit dem erfolgreichen Start des Aufbaustudiengangs als Präsenzstudium arbeitete die Professur Stadtentwicklung mit ihren Partnern intensiv an der Weiterentwicklung des Studiengangs. Das Resultat ist der Aufbaustudiengang Urban Management in erziehungszeit- und berufsbegleitender Form, der seit Oktober 2005 angeboten wird. Das didaktische Konzept besteht aus einer Kombination aus Präsenz-Blockveranstaltungen und eLearning.

Exkursionen der Masterstudenten

Zielstellung
Ziel des Studienganges ist die systematische Auseinandersetzung mit den Teildisziplinen zeitgemäßer Stadtentwicklung und die fächerübergreifende Beschäftigung mit deren aktuellen Anforderungen.

Vor diesem Hintergrund ergeben sich die Kernintentionen des Master of Science in Urban Management: Interdisziplinarität, Netzwerkbildung und Praxisbezug. Durch den Aufbau von Expertennetzwerken wird der Know-how Transfer zwischen Lehre und Praxis (praxisorientierte Fallstudien etc.) gewährleistet.

Eine Besonderheit stellt die Akkreditierung durch die Royal Institution of Chartered Surveyors (RICS) Deutschland dar, einer der größten Berufsverbände der Welt im Immobilienbereich. Sowohl die Möglichkeit, angloamerikanische Abschlüsse zu erlangen, als auch die international anerkannten Qualifizierungsmöglichkeiten, sollen den Studierenden den Weg in einen sich zunehmend internationalisierenden Arbeitsmarkt öffnen.

Akkreditierung durch die Royal Institution of Chartered Surveyors

Aufbau

Der Masterkurs ist modular aufgebaut und setzt sich aus sieben Modulen zusammen, welche die übergeordneten Themengebiete Urbanistik & Baukultur, Gesellschaft & Staat, Wirtschaft, Planen & Bauen, Infrastruktur & Umwelt, Verfahren & Instrumente sowie Recht beleuchten. Durch den engen Bezug zur Wirtschaft weist der Master außerdem einen besonderen Praxisbezug auf. Der Aufbau des Studiengangs entspricht ferner den Kriterien des European Credit Transfer Systems. Jedes Modul wird durch den erfolgreichen Abschluss aller zugehörigen Teilleistungen abgeschlossen. Weiterhin bestehen fakultative Angebote, wie z.B. die semesterbegleitende Werksberichtsreihe – HOT SPOTs :: Stadt.

Das Studium wird in didaktischer Hinsicht von einer Kombination aus systematischer Wissensvermittlung (Vorlesungen) und Projektbearbeitung (Seminare, Workshops, Übungen) bestimmt. Die als Fallstudien konzipierten integrierten Projekte haben dabei einen hohen Stellenwert. Einzelne Fachthemen und fächerübergreifend praxisorientierte Projektelemente decken anerkannte externe Experten ab.

Im Dezember 2004 gründete sich eigens für den Studiengang ein wissenschaftlicher Beirat mit führenden Vertretern aus Wirtschaft und Verwaltung. Die derzeit 14 Beiratsmitglieder spiegeln in ihrer Profession und ihrem jeweils noch aktiven Tätigkeitsfeld auch die Vielfalt, Komplexität und Interdisziplinarität des Aufbaustudiums wider. Damit verfügt der Studiengang über ein Beratergremium, welches den Lehrenden und auch den Studierenden immer wieder Denkanstöße geben wird und Zukunftsfragen einbringen kann.

Gründung des wissenschaftlicher Beirates des Master of Science in Urban Management

Zielgruppe

Das postgraduale Studienangebot Urban Management richtet sich an Absolventen zahlreicher Fachrichtungen, die im Stadtumbauprozess integriert sind. Bewerben können sich zum anderen in- und ausländische Hochschulabsolventen der Studienrichtungen Raumplanung, Stadtplanung, Architektur, Geographie, Ingenieurwissenschaften, Landschaftsplanung, Betriebswirtschaftslehre, Volkswirtschaftslehre, Kommunikationswissenschaften sowie verwandter Gebiete. Des Weiteren richtet sich das Studienangebot auch an erfahrene Mitarbeiter und Verantwortungsträger auf Verwaltungsebene bzw. aus der Wirtschaft, die mit der Umsetzung und der Finanzierung des Stadtumbaus befasst sind. Diese Akteure der Stadtentwicklung können ihr Wissen und ihren Erfahrungsschatz erweitern und den anstehenden Handlungsbedarf anpassen.

eLearning

Die Weiterentwicklung des postgradualen Studiengangs zu einer erziehungszeit- und berufsbegleitenden Form ist vor allem eine Reaktion auf den steigenden Bedarf an qualifizierter Weiterbildung im Sinne des lebenslangen Lernens und dessen individueller Gestaltung. Vorzugsweise Eltern im Erziehungsurlaub sowie im Berufsleben stehende Interessenten sollen mit dem Lernangebot in Teilpräsenz angesprochen werden. Die Initiatoren des Masterstudiengangs legen ausdrücklich Wert auf ein familienfreundliches Studium. Akademische Kreise tendieren dazu, sich eher für Karriere, als für Familie zu entscheiden. Erziehungsurlaub allerdings muss für Frauen oder Männer hinsichtlich ihres Arbeits- und Karrierelebens keinen Rückschritt bedeuten. Durch gezielte erziehungsbegleitende Weiterbildungsmaßnahmen, wie die des Master of Science in Urban Management, wird der Wiedereintritt ins Berufsleben erleichtert, wenn nicht gar gefördert. Mit der Vereinigung von Privatleben und einer hochwertigen universitären Weiterbildung wird auf die veränderten gesellschaftlichen Anforderungen reagiert. Karriere- und Familienwünsche werden vereint.

Die heutigen Lebensumstände erfordern orts- und zeitunabhängige Studienmöglichkeiten für die Weiterbildung. Darüber hinaus können Lernende größere, zusammenhängende Zeiteinheiten - welche für ein Präsenzstudium üblicherweise unabdingbar sind - zumeist nicht aufbringen. Nachgefragt werden eher kleinere, portionierbare Einheiten des Lernens von circa 30 Minuten Bearbeitungsdauer, die im Alltag handhabbar sind und trotzdem in einen didaktischen Kontext eingebunden bleiben. Diese Anforderung wiederum verlangt modularisierte sowie inhaltlich und didaktisch eingebundene kleinere Lerneinheiten, die voneinander abgrenzbar sind, selbst ein Ganzes bilden und deren Gesamtheit mehr als die Summe der Einzelteile abbildet. Dies bietet eine Chance für hybride Lernangebote aus Präsenz- und eLearning-Phasen. Je nach Motivation oder freiem Zeitbudget können sich Lernende dann die für sie relevanten Lernblöcke des Lerninhalts auswählen und in ihrem individuellen Tempo erarbeiten.

Aus den genannten Gründen wird das Weiterbildungsangebot des Master of Science in Urban Management in einer Kombination aus Präsenz- und Fernunterricht durchgeführt, in denen die Selbstlernphasen des Fernunterrichts durch eLearning unterstützt werden. Das so genannte Lehr-Lernkonzept des Blended Learnings bzw. des hybriden Lernens, verknüpft auf didaktisch sinnvolle Art und Weise die Präsenzphasen und das virtuelle bzw. vernetzte Lernen auf der Basis moderner Informations- und Kommunikationstechnologien. Losgelöst von Ort und Zeit wird Lernen, Kommunizieren, Informieren sowie der Wissensaustausch per elektronischer Lernumgebung in Kombination mit einem Erfahrungsaustausch und persönlichen Begegnungen in klassischen Lehrveranstaltungen ermöglicht.

Praxisprojekte der Masterstudenten

Finanzierung

Als postgraduale Weiterbildung ist der Master of Science in Urban Management gebührenpflichtig. Für die 2-jährige Ausbildung zum Master of Science in der Präsenzform werden andere Gebühren erhoben, als in der erziehungszeit- und berufsbegleitenden Form.

Kontakt

Weitere Informationen erhalten Sie unter www.uni-leipzig.de/mum oder können per E-Mail info.stadtentwicklun@wifa.uni-leipzig.de bei der koordinierenden Stelle des Master of Science in Urban Management erfragt werden.
Die Koordinatoren, Dr. Silke Weidner (0341-97 33 745) und Jan Schaaf (0341-97 33 743) informieren und beraten Sie auch gern telefonisch bzw. vor Ort.

Baustellenexkursion für Studierende – Erfahrungen und Erkenntnisse aus Sicht der Teilnehmer

Prof. Dr.-Ing. **Wolfgang Brameshuber** VDI,
Dipl.-Ing. **Stephan Uebachs** VDI, Dipl.-Ing. **Thomas Eck** VDI, Aachen

Zusammenfassung

Vom 17.05. - 20.05.2005 fand die Pfingstexkursion des Instituts für Bauforschung der RWTH Aachen statt. Insgesamt 38 Studierende des Fachbereiches Bauingenieurwesen nahmen an der Exkursion teil, davon mehr als die Hälfte Vertieferstudenten der Fachrichtung Konstruktiver Ingenieurbau. Die Exkursion war so aufgebaut, dass die Studierenden Baustoffe von der Produktion über die Anwendung bis hin zum fertiggestellten Bauwerk betrachten konnten. Der Höhepunkt der Exkursion war die Besichtigung des gerade im Bau befindlichen Gotthard-Basistunnels. Es wurden insgesamt folgende Stationen angesteuert:

- Ziegelwerk JUWÖ – Jungk, Wöllstein,
- Großkraftwerk Mannheim (GKM),
- Holcim Zementwerk Siggenthal,
- Versuchsstollen Hagerbach AG,
- Gotthard-Basistunnel,
- Schattenbergschanze in Oberstdorf,
- Betonfertigteilwerke Pfleiderer und EURO Poles.

Im Rahmen dieses Berichtes sind die Erfahrungen und Erkenntnisse aus Sicht der Studierenden zusammengestellt.

1. Besichtigung des Ziegelwerkes JUWÖ – Jungk, Wöllstein

Im Rahmen der Pfingstexkursion 2005 mit dem Institut für Bauforschung der RWTH Aachen (ibac) wurde als erster Besichtigungspunkt das Ziegelwerk der Firma Jungk in Wöllstein besucht. Nach einer kurzen Vorstellung des Betriebes und dem Produkt Porotonziegel durch den Geschäftsführer S. Jungk, der den Betrieb in der fünften Generation führt, hatten wir die Möglichkeit, die zwei unterschiedlichen Werke in Wöllstein zu besichtigen.

Bild 1: Halle mit Rollenofen   Bild 2: Mundstücke der Strangpresse

Die Firma JUWÖ wurde im Jahr 1862 gegründet und befindet sich seitdem in Familienbesitz. Die Firma zeichnet sich durch umfangreiche Innovationen um den Ziegelbau, wie z. B. Ziegel-Fertigdecke, Ziegel-Montagebau und hochwärmedämmende Ziegel aus.

Der Hauptrohstoff für die Ziegelproduktion – Tonerde – wird in dem firmeneigenen Steinbruch abgebaut, der sich in direkter Nachbarschaft zu dem Werk befindet. Nach der Homogenisierung des Rohmaterials und der mechanischen Aufbereitung, dem Mischen und Zerkleinern im Kollergang, wird für die Herstellung von Porotonziegeln nicht mehr recycelbares Altpapier, welches für die Porenbildung verantwortlich ist, zugegeben. Die fertiggestellte Rohmasse wird mittels Strangpresse mit den entsprechenden Mundstücken zu einem Endlosstrang gepresst. Vor dem Zerschneiden mit einem Drahtschneider wird noch die Beschriftung aufgedruckt.

Der Brennprozess unterscheidet sich in den beiden Werken der Firma im Wesentlichen durch die Art der Öfen. Der Ältere von beiden brennt die Ziegel in einem konventionellen Tunnelofen nach vorhergehender Trocknung. Das neuere Werk setzt einen aus der Keramikproduktion bekannten Rollenofen nach der Trocknung ein. Der Vorteil dieses Ofentyps ist die höhere Effektivität. Bei dem Brennprozess werden die zuvor zugegebenen Papierfasern rückstandsfrei verbrannt, was die gleichmäßige Porenstruktur zur Folge hat.

Im Anschluss an das Brennen werden die fertigen Ziegel zu Planziegeln geschliffen, um die geforderte Maßtoleranz einzuhalten. Das Schleifen geschieht mit Bandschleifmaschinen. Nach dem Schleifen werden die Ziegel nach einer Qualitätskontrolle palettiert und für den Versand verpackt.

2. Das Großkraftwerk Mannheim (GKM)

Die Großkraftwerk Mannheim Aktiengesellschaft wurde am 8. November 1921 als Gemeinschaftswerk gegründet. Heute betreibt GKM eines der größten und modernsten Steinkohlekraftwerke Deutschlands. Die Aufgabenstellung umfasst neben der Strom- und Fernwärmeerzeugung auch das Geschäftsfeld Dienstleistungen. Für die Bauindustrie fallen Gips bei der Rauchgasentschwefelung sowie Flugasche als Abfallprodukt an.

Bild 3: Großkraftwerk Mannheim

Das GKM setzt zur Stromerzeugung fast ausschließlich Steinkohle ein, welche zu über 50% importiert wird. Aus dem Primärenergieträger Kohle wird die Sekundärenergie Strom. Zur Realisierung dieses mehrstufigen Prozesses arbeiten verschiedene Anlagen in einem komplexen technischen System zusammen.

Der Dampferzeuger besteht aus einem Rohrsystem, das von speziell aufbereitetem Wasser, dem sogenannten Kesselspeisewasser, durchströmt wird. Im Feuerraum des Dampferzeugers verbrennt der gemeinsam mit der Verbrennungsluft eingeblasene Kohlenstaub. Die chemische Energie des Brennstoffes wandelt sich in die Wärmeenergie des Rauchgases um. Die Wärme wird auf das Rohrsystem übertragen und beheizt das Speisewasser soweit, bis es bei einer Temperatur von 530°C und einem Druck von 256 bar zu einem überhitzten „Frischdampf" geworden ist. Dieser strömt in die Turbine, wo die Wärmeenergie des Dampfes zu mechanischer Rotationsenergie der Turbinenwelle wird. Dort nehmen Druck und Temperatur ab, wohingegen sich das Volumen vergrößert. Der entspannte Dampf verlässt die Turbine und gelangt in den Kondensator. Er besteht aus einer großen Kammer, in der sich ein Rohrleitungssystem befindet, das von Kühlwasser durchströmt wird. Der Dampf kondensiert an den Außenflächen der Rohre und gibt dabei seine Restwärme durch die Rohrwände an das Kühlwasser ab. Das Kondensat wird abgepumpt und gelangt nach einer Vorwärmung auf 220°C in einen Sammel- und Speisebehälter. Von hier aus fördern Speisewasserpumpen das Kondensat wieder in das Rohrleitungssystem des Dampferzeugers. Der Wasser-Dampf-Kreislauf ist somit geschlossen.

Die Bewegungsenergie der Turbinenwelle steht als An-triebsenergie für den Generator zur Verfügung. Nach dem Induktionsprinzip wird in den Statorspulen elek-trische Energie mit einer Frequenz von 50 Hz erzeugt.

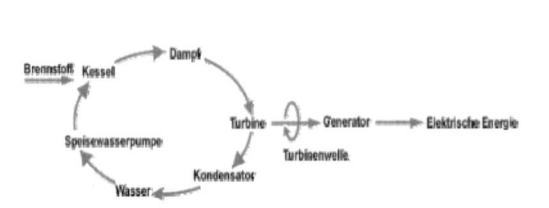

Bild 4: Funktionsprinzip Kraftwerks

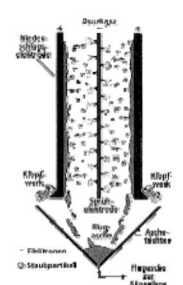

Bild 5: Prinzipskizze Elektrofilter

Wie schon anfangs erwähnt, fällt Steinkohleflugasche (SFA) als Abfallprodukt an, welches jedoch ein wichtiger Wertstoff für die Bauindustrie ist, da Steinkohleflugasche ein puzzolanisch wirkender Betonzusatzstoff ist, der kleinste Zwickelräume ausfüllt und u. a. zur Dauerhaftigkeit der mit ihm gebauten Betonbauwerke beiträgt. Des Weiteren führt die Benutzung von SFA zu einer besseren Verarbeitbarkeit aufgrund einer weicheren Konsistenz bzw. zu einer Verringerung des Wasseranspruchs. Die Gewinnung findet folgendermaßen statt: Die in dem Dampferzeuger anfallenden, nicht brennbaren Bestandteile der Kohle (Asche) werden teilweise im Nassentascher am Boden des Feuerraumes abgezogen bzw. in speziellen Rauchgasreinigungsanlagen aus dem Rauchgas gefiltert. Die im Rauchgas enthaltenen Flugstaubpartikel werden im Elektrofilter negativ aufgeladen und an positiv geladenen Metallplatten abgeschieden.

Abschließend bleibt noch anzumerken, dass es sich bei diesem Kraftwerk um eine sehr imposante, komplexe baubetriebliche Anlage handelt, welches nicht zuletzt durch die Dimensionen der Rohrleitungssysteme, die sich über mehrere Stockwerke ausdehnen, zum Ausdruck kam.

3. Besuch im Zementwerk Siggenthal

Am zweiten Tag der Exkursion besuchten wir ein Zementwerk der Firma Holcim in Siggenthal (bei Zürich). Holcim Ltd. ist ein international agierender Baustoffkonzern und der drittgrößte Zementproduzent der Welt, sein Tochterunternehmen Holcim (Schweiz) AG ist jedoch, wie der Name schon vermuten lässt, verstärkt in der Schweiz vertreten. Unser Besuch begann mit einer kleinen Einführungsveranstaltung, in der man uns nicht nur über die Firma Holcim selbst unterrichtete, sondern auch über den später erwähnten Herstellungsprozess des Zementes. Besonders interessant während der Einführung war die Präsentation der verschiedenen Zementsorten. Wir erfuhren unter anderem, dass es in der Schweiz keine Kohlekraftwerke gibt und somit keine Flugasche, einem Nebenprodukt dieser Kraftwerke. Dies ist auch der Grund, weswegen Holcim keinen Zement mit Flugasche produziert, da diese sonst teuer importiert werden müsste. Weiterhin kam ein spezielles, von der Firma Holcim entwickeltes Marketing-Konzept im wahrsten Sinne des Wortes zur Sprache. Da alleine schon in der Schweiz drei Sprachen gesprochen werden und Dialekte an der Tagesordnung sind, sollte die Kommunikation mit dem Kunden erleichtert werden, um unnötige Fehler zu vermeiden. Die einzelnen Zementsorten wurden mit Namen bezeichnet, die an die lateinische Sprache angelehnt waren und die wichtigsten Eigenschaften der einzelnen Sorten darstellen. Der Normo ist ein Beispiel für eine derartige Namensgebung, bei ihm handelt es sich um einen ganz normalen Portlandzement. Weitere Beispiele sind der Protego, der einen hohen Sulfatwiderstand besitzt oder der Fortico, der auf Grund von Zugabe hochwertigen Silicastaubs besonders fest und widerstandsfähig gegen den Angriff von aggressiven Stoffen ist. Diese Idee ist derartig erfolgreich, dass Kunden sogar bei Konkurrenz-Unternehmen Zemente unter Verwendung dieser Bezeichnungen bestellen.

Während unseres Aufenthalts wurde es uns außerdem ermöglicht, neben dem Werk auch den gigantischen Steinbruch und dessen nicht weniger imposanten Arbeitsmaschinen zu besichtigen.

Bild 6: Teilgruppe der Exkursion im Holcim-Kalksteinbruch Siggenthal

Im Werk selbst beobachteten wir nicht nur, wie der Kalkstein und die anderen Rohstoffe über ein mehrere Kilometer langes Fließband ins Lager transportiert und dort gemischt werden, sondern wir warfen ebenfalls einen Blick auf die Rohmehl-Mühle, in der diese Materialien gemahlen und getrocknet werden. Anschließend wird das Rohmehl vorgeheizt und in den Drehofen eingeführt, in dem es bei bis zu 1450°C in Klinkermineralien umgewandelt wird, einem kugelförmigen Material, welches an schwarze Murmeln erinnert. Sehr interessant war an dieser Stelle der Blick in den Ofen selbst, der uns durch ein Schutzfenster gewährt wurde. Erwähnenswert ist an dieser Stelle der hochmoderne Ofen, der auf alternative Brennstoffe, wie z. B. Altreifen, Tiermehl oder Lösungsmittel zurückgreifen kann und somit den Einsatz von Kohle und Öl reduziert. Siggenthal verfügt zusätzlich über eine äußerst weit entwickelte Filteranlage, die einzigartig für die Zementindustrie weltweit ist, und welche die Verwendung derartiger Brennstoffe ermöglicht, ohne die Umwelt stark zu belasten.

Bild 7: Teilnehmer der Exkursion im Holcim-Zementwerk Siggenthal

Weiterhin erklärte man uns, dass der abgekühlte Klinker in der Zement-Mühle mit ca. 5 % Gips zum eigentlichen Zement gemahlen wird, danach wird der Zement lose in Silofahrzeuge umgeladen oder in Säcke verpackt. Insgesamt lässt sich sagen, dass unser Besuch in Siggenthal sehr informativ war und durch die nette Betreuung äußerst angenehm.

4. Versuchsstollen Hagerbach AG

Am 18.05.2005 besuchten wir im Rahmen der Pfingstexkursion den Versuchsstollen Hagerbach in der deutschsprachigen Schweiz.

Der Bau des Versuchsstollens begann vor ca. 30 Jahren. Mittlerweile umfasst das „Tunnelnetz" 4,5 km. In der Anlage befindet sich eine Vielzahl von Einrichtungen, unter anderem ein Labor, in dem normgerechte Baustoffprüfungen durchgeführt werden können. Außerdem befinden sich dort noch Einrichtungen für Brandversuche, Tunnelbauversuche und Seminarräume. Neben dem normalen Forschungs- und Ausbildungsbetrieb (z. B. für Tunnelfeuerwehren und Spritzbetonarbeiter) finden dort noch Messen zum Tunnelbau und Veranstaltungen statt, die von Privatpersonen oder von Firmen abgehalten werden und die die Räumlichkeiten zu diesen Zwecken mieten.

Unmittelbar nach unserer Ankunft hörten wir einen kurzen Vortrag über die Geschichte der Einrichtung und den heutigen Betrieb. Im Anschluss erhielten wir eine Führung durch das Tunnelsystem, welche im Labor startete. Weiter ging es zu einem Versuchsofen, in dem

Brandtests verschiedener Materialien unter sehr hohen Temperaturen durchgeführt werden. Man zeigte uns einige Probekörper, welche Brandtests unterzogen wurden.

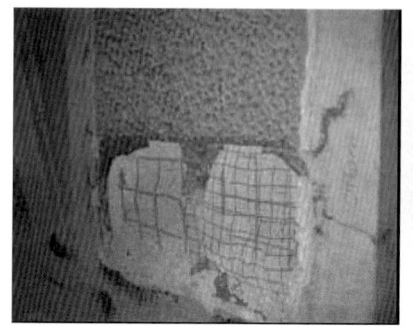

Bild 8: Brandversuche an Stahlbeton-Probekörpern

Bild 9: Simulation eines Autobrandes

Der imposanteste Teil war sicher die Brand- und die Sprengknalldemonstration, da man so etwas nur sehr selten erleben kann. Außerdem wurden uns einige Forschungsprojekte gezeigt. Da gab es z. B. das Brandmeldesystem Fibrolaser von Siemens, das Brände in Tunneln auf mehrere Meter genau detektieren kann und so den gezielten Eingriff am Brandherd und die automatische Brandbekämpfung ermöglichen soll.

In einem anderen Bereich wurde eine erhöhte Temperatur in der Umgebung der Tunnelwandung simuliert, um zu erforschen, wie sich das Abdichtungssystem in größeren Tiefen (z. B. Alptransit Gotthard Basistunnel) und damit bei höheren Temperaturen verhält.
Die neueste Erweiterung, der Brandtunnel, bietet einige Möglichkeiten, die in anderen Versuchsanlagen nur mit großem Aufwand hinzubekommen wären. Es besteht die Möglichkeit, einen Tunnelquerschnitt nachzubilden und realitätsnah eine in Brand geratende Unfallstelle zu untersuchen. Dabei stehen vielfältige Aufzeichnungsmöglichkeiten zur Verfügung. Hier wurde zuletzt ein neuartiger Pariser Autobahntunnel getestet, bei dem die Fahrspuren übereinander liegen, dafür aber die einzelne Spur nur eine Höhe von etwa 2,50 m hat. Es wurde überprüft, welche Auswirkungen dies auf die Rauch- und Hitzeentwicklung und die Möglichkeiten der Brandbekämpfung hat.

5. Sprengvortrieb im Gotthard-Basistunnel

Im Rahmen der Pfingstexkursion wurde auch die Baustelle im Teilabschnitt Sedrun des neuen Gotthard-Basistunnels besichtigt. Der zweiröhrige Tunnel soll nach Fertigstellung eine Länge von 57 km haben und wird damit der längste Tunnel der Welt. Zukünftig können auf dem Gleisweg Personen und Güter mit enormer Zeitersparnis und mit bis zu 250 km/h durch den rund 30 Mrd. Franken teuren Tunnel befördert werden.

Damit dies eines Tages möglich sein wird, müssen zunächst gigantische Massen an Gestein und Erdreich bewegt werden. Zum größten Teil, d. h. auf etwa 50 km der Gesamtlänge des Tunnels, kommt hier eine der insgesamt fünf Tunnelbohrmaschinen (TBM) zum Einsatz. Doch auch dieser etwa 9 m hohen und insgesamt 410 m langen Maschine sind Grenzen gesetzt. So kann z. B. in Kakiritschichten nicht mit einer TBM gearbeitet werden. Kakirit ist ein durch tektonische Beanspruchung zermahlenes Gestein, das keinen festen Gesteinsverband mehr zeigt. Würde man in diesen Kakirit bohren, verformt er sich und es besteht die Gefahr, dass sich der Tunnel wieder schließt. Die Tunnelbauer nutzen hier den konventionellen Vortrieb, oder auch Sprengvortrieb genannt, um den Tunnel weiter voran zu treiben. Etwa 15 Studierende hatten nun die Möglichkeit, sich diese Methode vor Ort anzusehen und erklären zu lassen.

Begleitet von einem Bauleiter und einer Praktikantin gelangte die Gruppe mit dem Kleinbus über 800 Höhenmeter durch den 1km langen Zugangsstollen in den eigentlichen Bereich der Baustelle. Nach etwa 10 min Fahrzeit war auch schon die Ortsbrust erreicht, in die ein sog. Bohrjumbo gerade mittels zweier wassergekühlter Bohrer aus gehärtetem Stahl Löcher für den Sprengstoff hineintrieb. Die Anzahl und Menge der Löcher, genauso wie die Tiefe, richtet sich nach der Gesteinshärte und natürlich der Größe der auszubrechenden Fläche. Der Vortrieb beträgt ungefähr 1 m pro Sprengung; je nach Tiefe des Bohrlochs sind bis zu 3 m möglich.

Hat der Bohrjumbo seine Arbeit beendet, werden die Löcher mit einem Flüssigsprengstoff befüllt, der aus Sicherheitsgründen aus zwei Komponenten besteht und nur in vermischter Form explosiv ist. Gezündet wird der Sprengstoff mit Elektrozündern und einer Spannung von 10.000 V. Beim Sprengvorgang wird zudem eine bestimmte Zündreihenfolge eingehalten. Die ersten Zündungen erfolgen im Sprengkern, danach Bruchteile von Sekunden später, in Kreisbahnen um den Kern erfolgt die Sprengung. Die Arbeiter haben sich hierfür in einen Sicherheitsraum zu begeben, der im Falle eines Einsturzes den Menschen Schutz bietet.

Nach ca. 30 Minuten hat sich der Staub gelegt und es kann mit dem Schuttern, dem Abtransport des Ausbruchs begonnen werden. Im gleichen Zuge werden die Bruchstellen mit Spritzbeton gesichert. Wo es nötig ist, werden nachträglich mit dem Bagger und einem darauf befestigtem Hydraulikhammer Gesteinsbrocken, die nicht von der Sprengung gelöst wurden, ausgebrochen bis der Tunnelquerschnitt die geplante Form hat. Anschließend wird nochmals die Tunnelwand mit Baustahlmatten, Ankern, Stahlprofilringen und abschließend Spritzbeton gesichert.

(Quelle: ZIP Archiv Alptransit Galerie)
Bild 10: Bohrjumbo im Einsatz   Bild 11: Spritzroboter im Einsatz

Zur Sicherung der Ortsbrust genügt allein das Auftragen von Spritzbeton. Leider war es nicht möglich, die zuletzt beschriebenen Arbeiten, Sprengung und anschließende Sicherung der Ausbruchstelle, insbesondere das Auftragen von Spritzbeton, vor Ort zu beobachten. Dennoch waren die Studierenden sehr beeindruckt von dem gesamten Bauprojekt.

Besonders großen Respekt zollten sie den Arbeitern, die unter diesen Bdingungen in drei Schichten rund um die Uhr und 7 Tage die Woche, bei künstlichem Licht und ca. 30°C Lufttemperatur unaufhörlich den Tunnel durch den Berg treiben. Und das voraussichtlich noch bis ins Jahr 2011.

6. Bohrvortrieb im Gotthard-Basistunnel

An diesem Tag spiegelte das herrliche Wetter die Vorfreude auf das Highlight der Exkursion, die Baustellenbesichtigung des Gotthard-Basistunnels, wieder. Nach einer informativen und belebenden Einführungsveranstaltung wurde uns nach bester schweizer Manier eine Sicherheitsausrüstung und saubere Schutzkleidung bereitgestellt.

Mit dem „Stollenbähnli" ging es laut und ruckelnd rund 9 km tief ins Gotthard-Bergmassiv, bis wir nach 30 Minuten und einem kurzen Fußmarsch durch die Innereien der TBM die Tunnelbrust erreichten.

Bild 12: Teilnehmer am Gotthard-Basistunnel   Bild 13: Gripper-TBM

Zahlen, Daten, Fakten

Bezeichnung:	Gripper-TBM
Hersteller TBM:	Herrenknecht AG
Hersteller Nachläufer:	Rowa Tunneling Logistics AG
Länge TBM:	440 m
Länge Nachläufer:	800 m
Durchmesser:	9,50 m
Leistung:	5000 PS
Rollenmeißel:	62
Max. Vortrieb:	24 m pro Tag
Stromverbrauch:	63000 KWh

Dort erwartete uns eine unwirkliche Baustellenatmosphäre: laut, stickig und unerträglich warm (36°C / 95% rel. Luftfeuchtigkeit). Am imposanten Bohrkopf der TBM starteten wir unseren beeindruckenden Rückweg über ein Gewirr aus Baustellenleitern und Eisenstegen, vorbei an Spritzbetonkartuschen und Belüftungsschläuchen.

Da Revisionsarbeiten durchgeführt wurden, konnten wir die Maschine nicht in Aktion erleben. Der „Gripper", eine riesige Presse, welche die Bohrmaschine beidseitig hydraulisch an den Tunnelwänden verspannt, ermöglicht dem Bohrkopf ein effizientes Arbeiten. Während des Bohrbetriebes wird das ausgebrochene Gestein über Förderbänder zum Ende der TBM transportiert und dort auf Abraumzüge verladen. Zur Tunnelwandsicherung wird unmittelbar hinter dem Bohrkopf Spritzbeton und Armierung aufgebracht. Der Steuerstand, das Gehirn der TBM, sitzt etwa dreißig Meter hinter dem Bohrkopf in einem vibrations- und schallgedämmten Container.

Den Nachläufer erreichten wir nach einer kurzen Bahnfahrt von ca. 2 km. Dort wird zuerst auf der oberen Arbeitsbühne der benötigte Tunnelquerschnitt überprüft und gegebenenfalls durch Auftrag bzw. Abtrag von Spritzbeton korrigiert. Anschließend werden vollautomatisch eine Drainage-, eine Vliesschicht und eine Wassersperrfolie verschweißt. Zum Abschluss erfolgt die Herstellung der letztendlichen Tunnelwand. Die Bewehrung wird aufgebracht und die Schalungsschlitten angefahren. Der Ortbeton wird von unten nach oben eingepumpt, bis aus Kontrollventilen an der Decke Beton mit der geforderten Qualität austritt.

Nach mehreren Stunden erblickten wir, von den vielen faszinierenden Eindrücken bewegt, das gleißende Sonnenlicht wieder. Dieses Highlight wird uns immer als ein wunderbares Erlebnis in Erinnerung bleiben.

7. Die neue Schattenbergschanze in Oberstdorf

Am letzten Tag unserer Exkursion besuchten wir die Schattenbergschanze in Oberstdorf. Nahe dem heutigen Standort des Erdinger Stadions wurde bereits um 1920 Skispringen betrieben, was allerdings, gemessen an heutigen Standards, eher Skihüpfen war.

Das Erdinger Stadion umfasst heute fünf Schanzen verschiedener Größe. Wir besichtigten die mit 45 m Schanzentischhöhe größte, die von der Firma Geiger im Jahr 2003 entsprechend umgebaut wurde.

Der alte Schanzenanlauf wurde mit zwei schweren Autokränen abgetragen. Der obere Schanzenteil (Gewicht ca. 60 t, Länge ca. 52 m) wurde am Boden umgebaut und wieder verwendet, die untere Hälfte (Gewicht 36 t, Länge 31 m) wurde mit einem größeren Radius neu gezimmert. Die Gesamtlänge der neuen Holzstahlkonstruktion des Anlaufturms beträgt jetzt rund 89 m. An den neuen Schanzentisch schließt sich ein Gebäude mit Funktionsräumen an. Hier sind Technikräume und eine Garage untergebracht. Anschließend wurden – leicht am Hang versetzt – zwei neue Stahlbetonstützen (Höhe 14 m und 31 m) betoniert, auf die der neue Anlaufturm gehoben wurde. Der bisherige Aufzugturm wurde um zwölf Meter auf eine Gesamthöhe von circa 45 m aufgestockt und erhielt einen Wärmeraum für die Springer sowie eine Aussichtsplattform. Bei der Herstellung der Stützen und des Aufzugturmes hat die Firma Geiger höchste Anforderungen an die Sichtbetonqualität gestellt. Um diese zu erreichen, wurde ein Vlies auf die Schalhaut aufgebracht, welches den Zementleim an der Oberfläche sammelt, um Lunkerbildung zu verhindern. Außerdem trugen ein eingespieltes Team und eine besonders abgestimmte Betonzusammensetzung dazu bei, eine hervorragende Betonqualität zu erreichen.

Schattenberg K 120 Schanze

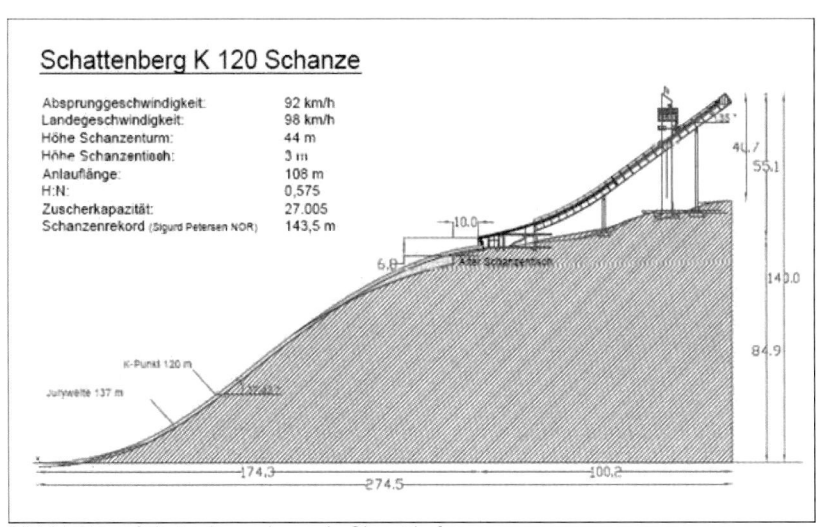

Absprunggeschwindigkeit:	92 km/h
Landegeschwindigkeit:	98 km/h
Höhe Schanzenturm:	44 m
Höhe Schanzentisch:	3 m
Anlauflänge:	108 m
H:N:	0,575
Zuscherkapazität:	27.005
Schanzenrekord (Sigurd Petersen NOR)	143,5 m

Bild 14: Neue Schattenbergschanze in Oberstdorf

8. Besuch der Betonfertigteilwerke Pfleiderer und EURO Poles

Die letzte Station auf unserer Exkursion war die Firma Pfleiderer in Neumarkt. Nach einem sehr guten Mittagessen in der Firmenkantine wurde uns das Unternehmen vorgestellt. Die

Firma Pfleiderer ist sowohl im Betonfertigteilbau als auch in der Spanplattenherstellung tätig. Für uns war besonders der Beton von Interesse, daher haben wir die Bereiche EURO Poles und Pfleiderer Track Systems besichtigt.

Zuerst haben wir EURO Poles besucht. Es ist ein eigener Geschäftszweig, der gerade ausgegliedert wird, in dem ca. 565 Mitarbeiter tätig sind und einen Umsatz von ca. 80 Mio. €/Jahr erwirtschaften. An vielen Standorten in Europa stellen sie Pfahlmasten verschiedener Durchmesser und Funktionen im Schleuder- oder Rüttelverfahren her. Zum Programm gehören zum Beispiel Laternenmasten, Oberleitungsmasten für die neuen ICE-Strecken und Masten für Funkantennen der Handynetzbetreiber. Hergestellt werden die Masten mit einem Durchmesser von ca. 0,10 m bis 2,00 m im Schleuderverfahren, dies geht bis zu einer Länge von 36 m. Die Rohrschalung besteht aus ca. zwei Meter langen Elementen, so dass verschiedenen Längen produziert werden können. In die Schalung wird die Bewehrung mit einer Vorspannung von 280 bar konventionell eingebracht.

Bild 15: Schleuderbetonstützenproduktion bei EURO Poles

Bild 16: Schleuderbetonstützenproduktion
bei EURO Poles

Danach wird ein hochfester Beton C 105/115 in genau berechneter Menge eingefüllt und die Schalung geschlossen. Nun wird die gesamte Schalung mit 680-700 Umdrehungen pro Minute für eine halbe Stunde gedreht, so dass der Beton gleichmäßig an die Schalungswand geschleudert und verdichtet wird. So entsteht ein Hohlprofil. Nach 16 Stunden erreicht der

Beton seine Transportfestigkeit. Mit diesem Verfahren sind sogar eckige Querschnitte herzustellen. Größere Querschnitte mit Durchmessern von 1,5 m bis 3,5 m werden konventionell mit dem Rüttelverfahren produziert.

Der Bereich Track Systems hat ca. 860 Angestellte und einen Umsatz von 138 Mio. €/Jahr. An zwei Standorten in Deutschland werden Betonschwellen für Bahngleise gefertigt. In Dresden wird die Schwelle Rheda 2000 nach dem Spätausschalverfahren unter Vorspannung hergestellt.

Am Standort Neumarkt konnten wird die Produktion von konventionellen Betonschwellen verfolgen. Diese werden nach dem Sofortausschalverfahren hergestellt, wozu eine hohe Grünstandsfestigkeit des Betons benötigt wird. Es wird ein Beton der Festigkeit C 50/55 und ein Zement CEM 52,5 R verwendet. Die millimetergenau geformten Frischbetonschwellen werden ca. drei Stunden im Ofen getrocknet, danach werden sie vorgespannt und die Vorspannkanäle mit Mörtel „fingerfest" verpresst. Pro Schicht werden nach diesem Verfahren ca. 450 Schwellen hergestellt. Die Produktion wird kontinuierlich im Prüflabor überwacht.

9. Danksagung

Wir danken folgenden Unternehmen und Verbänden für die tatkräftige Unterstützung der Exkursion:
- Betonmarketing Süd,
- Großkraftwerk Mannheim AG,
- Hochtief AG,
- Holcim (Schweiz) AG,
- JUWÖ Porotonwerke Ernst Jungk und Sohn GmbH, Wöllstein,
- Pfleiderer AG,
- Saarfilterasche Vertriebs GmbH,
- Sika Deutschland GmbH,
- Wilhelm Geiger GmbH & Co. KG, Oberstdorf.

Teilnehmer der Exkursion / Autoren

Prof. Dr.-Ing. Wolfgang Brameshuber VDI, Dipl.-Ing. Stephan Uebachs VDI, Dipl.-Ing. Thomas Eck VDI, Till Büttner, Carsten Bohnemann, Ann-Katrin Brügge, Gilberto Fernandez, Mirko Friehe, Philipp Hartmann, Inga Heyne, Fohko Imhorst, Robert Kahmann, Pierrette Karges, Michael Knoop, Philipp Küper, Fine Küsgen, Oliver Lorenz, Zoran Mitic, Paul Nathan, Christian Neunzig, Sara Pliego, Nadira Pohl, Daniel Buth, Hjalmar Riedel, Daniel Scheufens, Ludger Schleenstein, Daniel Schmidt, Simon Schneider, Fabian Schneppe, Janna Schoening, Steffen Schossow, Melanie Schumacher, Eduard Schwab, Stefan Sedlazeck, Ahmad Soltan, Irene V. Byern, Severin Vollmert, Sarah-Alena Walter, Nicole Weppler, Hauke Zachert, Markus Zobel

Studium im Bauingenieurwesen

Der StAuB (Ständiger Ausschuss der Bauingenieur-Fachschaften-Konferenz) informiert

Mirko Landmann, Weimar; **Michael Richter**, Leipzig; **Anne Kawohl**, Darmstadt; **Kian Giahi**, Aachen; **Walter Biffl**, Wien

Die Bauingenieur-Fachschaften-Konferenz

Etwa einhundert ehrenamtliche Fachschaftsvertreter der deutschsprachigen Studiengänge im Bereich Bauingenieurwesen treffen sich einmal pro Semester für jeweils fünf Tage zur Bauingenieur-Fachschaften-Konferenz (BauFaK). Dort tauschen sie ihre Erfahrungen aus und beschäftigen sich in Arbeitskreisen ausführlich mit aktuellen hochschulpolitischen und studienbezogenen Themen. Daraus resultierend werden Positionspapiere verfasst, Leitfäden erarbeitet und Delegierte in bundesweite Gremien entsendet. Diese Gremien setzen sich aus hochrangigen Vertretern aus Wirtschaft, Wissenschaft und Forschung zusammen.

Der Ständige Ausschuss der Bauingenieur-Fachschaften-Konferenz (kurz: StAuB) repräsentiert die BauFaK, speziell zwischen den Konferenzen, in der Öffentlichkeit. Er ist kontinuierlicher Ansprechpartner für Wirtschaft, Professoren und Presse und stellt Kontakt zwischen den Fachschaften der verschiedenen Hochschulen her.

Vom 17. bis 21. Mai 2006 tagte die 67. Bauingenieur-Fachschaften-Konferenz an der HTWK Leipzig mit 95 Vertretern von über zwanzig verschiedenen Hochschulen aus Deutschland, Tschechien und Österreich. Es wurden unter anderem Arbeitskreise zu den Themen

Bachelor und Master im Bauingenieurwesen, Berufseinstieg und zum Projekt „Wegweiser Bau" gebildet.

Bachelor / Master im Studiengang Bauingenieurwesen

Die BauFaK sieht die Struktur des neuen Bachelor-/Master-Systems grundsätzlich positiv. Die im Bologna-Papier von 1996 formulierten Ziele der Mobilität und Vergleichbarkeit von Studiengängen innerhalb der EU sind zu begrüßen. Bei der Konzeption der Bachelor- und Master-Studiengänge nach Vorstellung der KMK (Kultusministerkonferenz) wurden diese Ziele jedoch weitgehend verfehlt. Zudem besteht die Sorge, dass die neuen Studiengänge nicht der hohen Qualität des Diplomabschlusses entsprechen.

Weiterhin ist für uns das bestehende System mit paralleler Ausbildung von wissenschafts- und anwendungsbezogener Bauingenieuren schützenswert. Deshalb sind wir für das weitere Bestehen der Differenzierung in Fachhochschulen und Universitäten.

Der deutsche Diplomabschluss Bauingenieurwesen, gleich, ob an einer Universität oder Fachhochschule erlangt, stellt ein weltweit anerkanntes Gütesiegel dar. Die BauFaK plädiert daher dafür, dass die Bezeichnung Diplomingenieur bzw. Diplomingenieur (FH) auch für die neuen gestuften, modularisierten und dem Bolognaprozess entsprechenden Studiengänge beibehalten wird. Es handelt sich um ein weit verbreitetes Missverständnis, welches auch durch die KMK propagiert wird, dass im Bolognapapier eine Umbenennung der Studienabschlüsse in Bachelor und Master verlangt ist. Wir halten dies für unnötig und kontraproduktiv.

Das folgende Organigramm stellt die Struktur der neuen Studiengänge nach Auffassung der BauFaK dar.

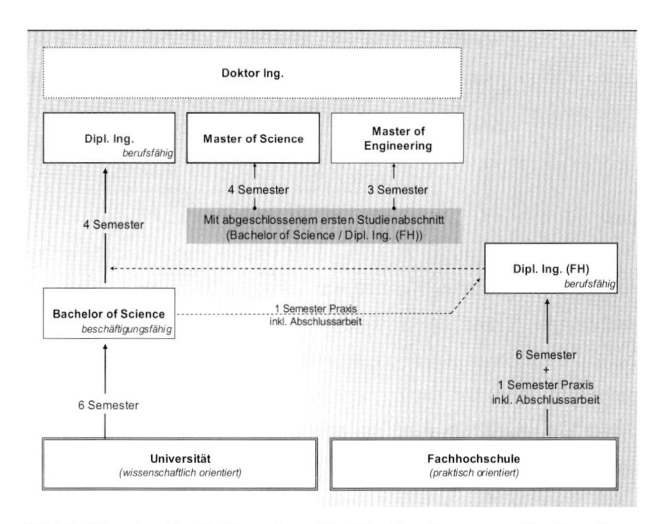

```
                        ┌─────────────────┐
                        │   Doktor Ing.   │
                        └─────────────────┘
                                 ▲
    ┌──────────┐  ┌──────────────────┐  ┌──────────────────┐
    │Dipl. Ing.│  │ Master of Science│  │    Master of     │
    │berufsfähig│ │                  │  │    Engineering   │
    └──────────┘  └──────────────────┘  └──────────────────┘
                           ▲                    ▲
                      4 Semester            3 Semester
    ┌──────────┐  ┌──────────────────────────────────────┐
    │4 Semester│  │ Mit abgeschlossenem ersten Studien-  │
    │          │  │ abschnitt (Bachelor of Science /     │
    │          │  │ Dipl. Ing. (FH))                     │
    └──────────┘  └──────────────────────────────────────┘
                                                ┌──────────────┐
                                                │Dipl. Ing.(FH)│
                                                │ berufsfähig  │
                                                └──────────────┘
    ┌───────────────────┐   1 Semester Praxis         ▲
    │Bachelor of Science│···inkl. Abschlussarbeit·····┤
    │beschäftigungsfähig│                             │
    └───────────────────┘                    ┌──────────────┐
             ▲                               │  6 Semester  │
             │                               │      +       │
        6 Semester                           │1 Semester    │
                                             │   Praxis     │
                                             │inkl. Ab-     │
                                             │schlussarbeit │
                                             └──────────────┘
    ┌──────────────────────────┐  ┌──────────────────────────┐
    │       Universität        │  │     Fachhochschule       │
    │(wissenschaftlich orient.)│  │   (praktisch orientiert) │
    └──────────────────────────┘  └──────────────────────────┘
```

Bild 1: Von der BauFaK gewünschte Struktur der neuen Studiengänge

Der Arbeitskreis hat zu diesem Thema ein Positionspapier ausgearbeitet, welches zusätzlich zu den oben genannten Punkten weitere Empfehlungen und Forderungen an den Aufbau der neuen Studiengänge enthält. Unter anderem richten sich diese an Anrechnung von Studienleistungen im ECTS-System, die Einführung von Lehrveranstaltungen in einer Fremdsprache sowie die Vermittlung von Präsentationstechniken wie auch wirtschaftlichen und rechtlichen Grundlagen.

Berufseinstieg / Berufschancen

Die Anforderungen an einen Bauingenieur haben sich in den letzten Jahren auf Grund verschiedenster Einflüsse wesentlich verändert. Auch stellt der Einstieg in das Berufsleben einen großen Schritt im Leben eines jungen Menschen dar. Aus diesen Gründen wurde ein Arbeitskreis zum Thema Berufseinstieg und Berufschancen gebildet.

Es wurden zwei wesentliche Dinge erarbeitet. Zum einen wurde ein Leitfaden für Studienabsolventen erstellt, um ihnen die Umstellung vom Studienalltag in das Berufsleben zu erleichtern. Weiterhin wurde ein Umfragebogen erarbeitet, welcher an mittelständische Bauunternehmen verteilt werden soll. Ziel der Umfrage ist es zu ermitteln, mit welchen Karrierechancen und unter welchen Vorraussetzungen Absolventen mit einem Bachelorabschluss in der Bauwirtschaft gefragt sind. Hintergrund der Umfrage ist, dass in der Vergangenheit nur große Unternehmen zu der Bachelorthematik befragt wurden. Für die Bauwirtschaft ist dies jedoch wenig repräsentativ, da der Mittelstand in Deutschland noch die meisten Bauingenieure beschäftigt.

Projekt „Wegweiser Bau"

Seit Jahren haben die Hochschulen mit der rückläufigen Zahl von Studienanfängern in der Fachrichtung Bauingenieurwesen zu kämpfen. Nicht zu letzt leidet die Qualität der Lehre und Forschung an den Hochschulen unter der sinkenden Anfängerzahl, da an einigen Hochschulen bereits jetzt und an anderen in Zukunft, die Höhe der Geldmittel an der Anzahl der Absolventen gekoppelt wird. Dies war unter anderem ein Grund für die BauFaK ein Medium zu finden, mit dem Studieninteressenten ein breit gefächerter Überblick über die Studienmöglichkeiten im Bereich Bauingenieurwesen gegeben wird. Es wurde eine Homepage erstellt, die seit Sommer dieses Jahres online ist. Auf dieser Homepage kann man sich über die verschieden Hochschulen und deren Fach- und Vertiefungsrichtungen informieren. Zusätzlich gibt es auch einige Informationen über den jeweiligen Standort. Die Datenbank ist unter der Adresse http://wegweiserbau.baufak.de zu finden.

Alle Ergebnisse der Bauingenieur-Fachschaften-Konferenz sind im Internet auf der Seite www.baufak.de zu finden.

Vom Abitur zum Bauingenieur-Diplom

Ein Erfahrungsbericht zweier Jungingenieure

Dipl.-Ing. **Karoline Ossowski**, Ruhr-Universität Bochum
Dipl.-Ing. **Kai Osterminski**, CBM der TU München

Zusammenfassung

Wie wird man heute Bauingenieur? Welche Voraussetzungen muss man erfüllen? Der nachfolgende Text stellt einen kleinen Exkurs in den Werdegängen zweier Universitätsabsolventen dar. Vom Abitur bis zur ersten Anstellung wird von Eckpunkten des Bauingenieurstudiums an der Ruhr-Universität Bochum berichtet.

Der Weg zum Studenten - Abitur und was nun?

Der Grundstein für das Studium des Bauingenieurwesens wurde oft zu hause gelegt - beim Erstellen mehr oder minder aufregender Konstruktionen unter Zuhilfenahme jenes berühmten dänischen Spielzeugs oder durch einschlägig vorbelastete Eltern, die ihren Weg selbst einst zum Bauingenieurwesen fanden. Wir waren keins von beiden – keiner unserer Eltern war branchennah und das Spielzeug aus Kunststoff besaßen wir beide. Die Entscheidung für das Bauingenieurstudium wurde dennoch nicht davon beeinflusst.

Ob alle unsere Kommilitonen mit dem berühmten Spielzeug spielten, war uns nicht bekannt. Bekannt war allerdings, dass überwiegend Kinder branchenfremder Eltern, den Weg zum Bauingenieurwesen fanden. In unserem Anfängerjahrgang (WS 1999) war kaum jemand „vorgeprägt". Tatsächlich stammten unsere Kommilitonen aus den unterschiedlichsten Haushalten. Darunter fanden sich Kinder von Arbeitern, Selbstständigen, Beamten oder auch Vorstandsmitgliedern. Zudem kamen unsere Kommilitonen aus allen Regionen von NRW. Insgesamt waren wir jedoch nur knapp 150 Studienanfänger.

Da wir an verschiedenen Gymnasien in NRW das Abitur gemacht haben, ist es uns nun möglich, ein annähernd objektives Bild davon zu geben, für welchen Werdegang sich unsere Mitschüler entschieden. Die Mitschüler an unseren Gymnasien, die sich dazu entschlossen, ein Studium zu beginnen, orientierten sich nach dem Abitur überwiegend an nicht-technischen Studienfächern oder an der Informatik. Technische Berufe wurden eher im Rahmen einer handwerklichen Ausbildung angestrebt. Nicht selten wurden auch die Lehre zum/zur Bankkaufmann/frau begonnen. Vereinzelt vertieften die ehemaligen Azubis ihr Wissen nach der bestandenen Ausbildung an der Universität, indem sie ein Studium der Wirtschaftswissenschaften nachlegten.

Interessanterweise waren nur drei Fälle bekannt, in denen ein Architekturstudium angefangen wurde und – außer uns - leider nur eine Abiturientin, die sich für das Bauingenieurstudium entschied.

Bauingenieurwesen? Warum denn das?

An dieser Stelle sei vorab eine kleine Anekdote aus einem der ersten Klassentreffen nach Studienbeginn erzählt. Überall waren Unterhaltungen über den eingeschlagenen Berufsweg zu hören. Studienfächer. Neue Bekanntschaften. Das aufregende Leben. Dann fiel das Wort: „Bauingenieurwesen". Da meldete sich ein ehemaliger Mitschüler mit den Worten: „Bauingenieurwesen? Das hab ich auch mal angefangen zu studieren und dann abgebrochen. Das hat ja mit Mathe zu tun!" Was damals ein Lächeln hervorrief, zeigte deutlich, dass das Tätigkeitsfeld des Bauingenieurs tatsächlich nur wenig bekannt war und, so eigene Erfahrungen, landläufig eher unterschätzt wurde.

Die Frage war daher umso interessanter, wie man sich gerade dann als junge Abiturientin oder als junger Abiturient dazu entschloss, Bauingenieurwesen zu studieren. Unsere Beweggründe waren sehr unterschiedlich – der jahrelange Wunsch Ärztin zu werden, mit einer soliden schulischen Ausbildung in Biologie und Chemie, platzte in der 13. Klasse. Blut zu sehen, war einfach zu viel. Es musste etwas Anderes werden – etwas mit Formeln und klaren Strukturen. Zugleich sollte es etwas Greifbareres und praktisch Orientiertes sein. Die verstaubte aber wenig abgegriffene Broschüre im Arbeitsamt riet an dieser Stelle zum Bauingenieurwesen. Der Beruf lockte weiterhin, neben den fachlichen Interessensschwerpunkten, mit dem ausgeprägten Umgang mit Menschen auf Baustellen und dem starken Organisationstalent, das der Beruf abverlangte.

Im anderen Fall wurde die Begeisterung von einem Bauingenieur geweckt. Die Neugierde auf den Beruf wurde dann auch sogleich in der freien Zeit zwischen Abitur und Beginn des

Studiums dazu genutzt, ein Praktikum in einem großen Bochumer Ingenieurbüro zu absolvieren. Hierbei wurde schnell klar, dass der Beruf wesentlich vielschichtiger und interessanter war, als zuerst gedacht. So galt es zum Beispiel die Funktionsweisen alltäglicher Konstruktionen wie Brücken oder Häuser zu hinterblicken.

Die Entscheidung für das Studium an der Universität war für uns, wie wohl auch für die meisten unserer Kommilitonen, eher aus dem Bauch heraus getroffen worden. Dabei war uns der Unterschied zwischen Universität und Fachhochschule noch gar nicht richtig bewusst. Es hieß damals, dass ein Abschluss von einer Fachhochschule im Ausland seltener anerkannt würde als der einer Universität. Weiterhin hielt sich das Gerücht, der spätere berufliche Weg wäre mit einem Abschluss von der FH „von vornherein verbaut" und „nicht mehr ausbaufähig".

Bei einem Mentorentreffen im zweiten Semester an der Bochumer Ruhr-Universität wurde klar, wie lang sich die falschen Informationen aufrecht hielten. Ein Kommilitone war überzeugt, dass ein FH-Abschluss nicht berechtige in Konzernen oder großen Firmen zu arbeiten. Zum Glück konnten derlei Fehlinformationen aufgeklärt werden. Tatsächlich aber musste sich jeder recht früh klar machen, wo individuelle Schwerpunkte gelegt werden sollten. Wollte man das theoretische Studium an der Universität beginnen oder sollte man doch neu entscheiden und das anwendungsorientierte Studium an der FH vorziehen? Viele Kommilitonen, wie auch wir, blieben an der Universität mit der Entschlossenheit, das Angefangene zu Ende zu bringen.

Die Entscheidung an welcher Universität studiert werden sollte, blieb noch aus. Ursprünglich war für beide klar, dass ein Wegziehen aus der Heimat erstmal nicht in Frage kam. Die starke Einbindung in das Familienleben zum einen und zum anderen die Bequemlichkeit des „Hotel Mama", der man sich einfach nicht entziehen konnte. Diese Form der Bequemlichkeit war als Synonym für ein sorgenfreies Studentenleben zu verstehen. Rechnungen, die nicht bezahlt werden mussten, der Kühlschrank, der immer gut gefüllt war und natürlich die Wäsche, die binnen weniger Tage wieder zum Anziehen bereitlag. Alltagsaufgaben, die insbesondere in Klausurphasen nicht bewältigt werden mussten und so mehr Freiraum zum Lernen ließen. Unter diesen Vorraussetzungen grenzte sich der Kreis der Universitäten bereits ein.

Neben der Universität Dortmund bot sich noch die Ruhr-Universität Bochum an. Die Universität Dortmund bot ein attraktives Studium in Kombination mit dem Architekturstudiengang. Während des Studiums wurde mit Studenten der Architektur zusammen an gemeinsamen Projekten gearbeitet, um Verständnis zu schaffen, Barrieren abzubauen und die Kommunikation zwischen den Berufsgruppen zu fördern. Die Bochumer Ruhr-Universität lockte daneben mit einem sehr ausgeprägten Fachstudium (siehe Tabelle 1) und hohen analytisch-wissenschaftlich orientierten Inhalten. Da es augenscheinlich nicht der optische Reiz der Universität sein konnte, waren es offensichtlich die Inhalte des Studiums mit all ihren Möglichkeiten, die uns dazu bewogen, an der Ruhr-Universität Bochum zu studieren.

Tabelle 1: Fächerauswahl (Vertiefungsstudium) an der Ruhr-Universität Bochum

Konstruktiver Ingenieurbau	Stahlbeton- und Spannbetonbauwerke
	Brücken und Hochbauten in Stahl- und Verbundbauweise
	Computermethoden zur Tragwerksanalyse
	Bauverfahrenstechnik und Baumanagement
	Baustoffe im Hoch- und Ingenieurbau
	Bauphysikalische Gebäudeplanung
Verkehrswesen	Verkehrsplanung
	Verkehrstechnik
	Verkehrswegebau
Wasserwesen	Wasserwirtschaft und Hydrologie
	Siedlungswasserwirtschaft
Umwelttechnik	Umweltplanung und Umweltmonitoring
	Wasser, Abwasser und Abfall
	Boden, Deponien und Altlasten
	Bauen und Umweltschutz
Bauinformatik	Computermethoden im Ingenieurwesen
	Rechnergestütztes Konstruieren
Mechanik	Kontinuumsmechanik
	Numerische Methoden im Ingenieurwesen
Grundbau- und Tunnelbautechnik	Verfahrenstechniken im Grund- und Tunnelbau
	Numerische Methoden in der Geotechnik
	Grundbau und Felsbau
	Umwelttechnik im Grundbau

Es wird ernst: Das Grundstudium!

Das Grundstudium musste von zwei Gesichtspunkten aus betrachtet werden. Zum einen schaffte es mit Fächern wie z.B. Mathematik, Mechanik, Baustoffkunde einen Grundstein für das Vertiefungsstudium. Zum anderen vereinte es die Studentenschaft. Wir beide belegten weder Physik noch Mathematik als Leistungskurse in der Schule. Zugegebenermaßen waren Physikleistungskurse an unseren Gymnasien auch eher Mangelerscheinungen (Lehrermangel, der es nicht erlaubte einen wirklich individuellen Schulabschluss zu gestalten). Dementsprechend wurde das komplette schulische Mathematik– und Physikwissen bereits in den ersten 30 Minuten der jeweiligen ersten Vorlesungen im Studium abgearbeitet. Unseren Kommilitonen, die Mathematik oder auch Physik als Leistungskurs in der Schule belegten, erging es nicht viel anders, nur dass Ihr Wissen vermutlich für die gesamte erste Vorlesung ausreichte. Danach waren wir alle gleich – wir fingen von Null an. Wir mussten uns neu orientieren und neue Fähigkeiten entwickeln. Die wichtigste davon war, die Fähigkeit sich selbst etwas beizubringen. Bücher mussten in die Hand genommen werden, um sich mit Problemen auseinanderzusetzen.

Zu diesem Zeitpunkt schien kaum jemand der ideale Student des Bauingenieurwesens zu sein, was uns recht bald zusammenschweißte. Schnell bildeten sich Lerngruppen und Tauschbörsen, in denen „Mathe-" oder „Physikzettel" ausgetauscht wurden. Wir halfen einander. Es wurde niemand zurückgelassen. Dabei lernten wir aber auch bald, dass nicht jede Vorlesung ausreichend interessant oder relevant erschien, um persönlich gehört zu werden. „Irgendjemand wird schon mitgeschrieben haben!" Es schien, dass eine ordentliche Pflege der Datenflut, das abendliche Nacharbeiten zu hause überflüssig machte. Eine derartige Einstellung stieß schnell auf ihre Grenzen, woraufhin die Lernstrategie neu überdacht werden musste.

Über den Studieninhalten hinaus lernte man auch das Tutorenprogramm, von dem man als Erstsemester des Bauingenieurwesens begleitet wurde, zu schätzen. Grundsätzlich diente es dem Kennen lernen der Kommilitonen, bot einige Möglichkeiten, den Studienstandort Bochum zu erleben und sich im Studium zu Recht zu finden. Hierzu wurden „Erstie-Abende" in einer Studentenkneipe, die obligatorische Brauereibesichtigung und eine „Erstiefahrt" angeboten. Als Ansprechpartner für die Neulinge dienten seitens der Tutoren Studenten aus dem dritten Semester, die gerade erst selbst ihre ersten Klausuren geschrieben hatten.

Zum Grundstudium gehörte neben Klausuren und Vorlesungen auch das geforderte Praktikum. Die Diplomprüfungsordnung schrieb eine 13-wöchige Baustellentätigkeit bis zum Ablegen der ersten Hauptdiplomklausur vor. Vermutlich war jeder Zeitpunkt vor und während des Studiums gleichermaßen falsch wie richtig, ein solches Praktikum zu absolvieren. Vor dem Studium verfügte kaum jemand über brauchbare praktische baustellenverwandte Erfahrungen oder den Weitblick ein Praktikum zu beginnen. Während des Studiums war fast jeder Augenblick falsch und warf einen in seinem Lernplan um mindestens ein Semester zurück. Die meisten von uns waren mit mangelndem Wissen vor dem Studium oder zwischen dem ersten und zweiten Semester auf einer Baustelle tätig. Aus Gesprächen und eigenen Erfahrungen wussten wir, dass es scheinbar einfacher war, für einen männlichen Student einen Praktikumsplatz zu bekommen als für einen weiblichen.

Als Studentin mit geringen Erfahrungen mussten viele Absagen in Kauf genommen werden, bevor in Arbeitsschuhen und Helm eine Baustelle (Wohnhausbau) betreten werden durfte. Dort war man außerdem etwas Außergewöhnliches – die erste Praktikant*in* in diesem Unternehmen. Einige Bauarbeiter hatten Töchter im gleichen Alter und konnten sich nicht vorstellen, diese in Arbeitskleidung über eine Baustelle gehen zu sehen. Daher wurde vermutlich der erste Ausflug auf ein Gerüst mit Sorge beäugelt und die erste eigene gemauerte Trennwand von allen bewundert.

Als männlicher Student hingegen ergab sich trotz mangelnder Zeit die Chance, ein Praktikum im fünften Semester zu absolvieren. So wurde es ermöglicht am Bau der ICE Neubaustrecke Köln-Rhein/Main dabei zu sein. Neben Baustellenbegehungen war es insbesondere der Einblick in den Alltag der Bauüberwachung, der dazu beitrug das Aufgabengebiet des Bauingenieurs zu begreifen und das Verständnis von Tragstrukturen wie Tunneln und Brücken zu erweitern.

Das Hauptstudium: Nur noch „4" Semester!

Das Vordiplom war gemeistert und es herrschte eine ähnliche Stimmung wie nach dem bestandenen Abitur. Wir waren voller Tatendrang, jedoch hatte sich etwas verändert. Verstohlen schaute man in die Reihen des Auditoriums und erinnerte sich an die Begrüßung im Kurs „Statik I" im dritten Semester: „Hallo, ich heiße euch herzlich willkommen zur Übung des Grundlagenfachs Statik. Schaut mal zum Kollegen auf die rechte Seite, dann blickt nach links. Einer von beiden wird nächstes Semester nicht mehr hier sitzen!" Ernüchternd musste man feststellen, dass die Reihen sich gelichtet hatten. Viele gaben vorzeitig auf, weil sie ohnehin etwas anderes studieren wollten und nur eine Überbrückung gesucht hatten. Manche entschieden sich bewusst gegen das Bauwesen, weil die Prognosen für den Arbeitsmarkt zwar immer positiv ausfielen, dies aber anscheinend nur wenig mit der Realität übereinstimmte. Andere hingegen waren noch mit der einen oder anderen Hürde des Vordiploms beschäftigt. Der Kontakt zu den alten Lerngruppen ließ bis auf wenige Ausnahmen, die auf gleichem Lernstand waren, nach. Berührungspunkte gab es hier meist nur noch in der Cafeteria oder in der Mensa. Von den ca. 150 Anfängern des Bauingenieurstudiums aus dem Jahr 1999 waren zu dem Zeitpunkt noch ungefähr 60 übrig.

Mit dem Eintritt ins Hauptstudium änderten sich jedoch auch die Lehrinhalte. Sie wurden immer fachorientierter und die Vielfalt an Fächern größer. Zudem durften wir das erste Mal Fächer wählen. Das Angebot reichte von klassisch konstruktiven Fächern, wie Stahl- und Spannbetonbau, Stahlbau oder Statik bis hin zu planerischen Fächern wie Verkehrstechnik oder Wasserwesen.

Das Voranschreiten im Hauptstudium wandelte sich ebenfalls. Im Gegensatz zum Vordiplom waren nun in jedem Fach Prüfungsvorleistungen notwendig, um an den jeweiligen Klausuren teilnehmen zu dürfen. Die Prüfungsvorleistungen waren in Form von Studienarbeiten abzulegen. Der Umfang solcher Studienarbeiten konnte schon mal 100 bis 150 Seiten umfassen. Zum erfolgreichen Fortkommen im Studium mussten mindestens zwei bis drei solcher Arbeiten pro Semester erbracht werden. Zweifelsohne waren diese Arbeiten mit wenig Schlaf und einem erhöhten Konsum an Schreibmitteln, Schokolade und Kaffee verbunden. Sie brachten aber auch entscheidende Vorteile mit sich: Durch das Bearbeiten einer Studienarbeit wurde man neben der Vorlesung auf die Inhalte der zugehörigen Klausur vorbereitet. Zugegebenermaßen überstieg der Umfang einer Studienarbeit den einer Klausuraufgabe, jedoch war dadurch bereits der Grundstock der Klausur erarbeitet und musste nur noch aufbereitet und umgesetzt werden.

Bild 1: Exkursion in ein Ziegelwerk im Vertiefungsfach Baustoffe im Hoch- und Ingenieurbau

Zum Ende des Hauptstudiums folgte die zwei Semester dauernde Vertiefungsphase. Hierin hatte man die Möglichkeit, sich auf eine Fachrichtung zu spezialisieren und die Fächer- und Kurswahl komplett selbst zu gestalten. Dies ließ Freiraum, um den eigenen fachlichen Interessen nachzugehen.

Hierbei wurde der Umgang der wissenschaftlichen Mitarbeiter mit den Vertieferstudenten wesentlich lockerer und Hemmungen zwischen beiden Gruppen wurden abgebaut. Dies war einerseits sicherlich auf die geringe Anzahl der Studenten zurückzuführen, aber andererseits auch darauf, dass das Interesse der Studenten seitens der Lehrstühle entsprechend gewürdigt wurde. Zusätzlich zum alltäglichen Vorlesungsangebot erhielt man zu dem noch die Möglichkeit an Exkursionen und Tagungen teilzunehmen (Bild 1).

Diese Zeit prägte uns maßgebend. Wir gaben uns selbst „den letzten Schliff". Prägend war zudem der Einfluss der Professoren – insbesondere jener, die aufgrund ihrer Art und Weise und aufgrund ihrer Erfahrungen Lehrinhalte spannend und lebendig vermittelten. Solche Professoren holten aus jedem ihrer Stundenten das letzte heraus, um sie dadurch auf ein höheres Verständisniveau zu bringen.

Das Drumherum: Abseits der Universität

Für die persönliche Entwicklung eines jeden Studenten konnten Auslandsaufenthalte (Auslandspraktika, Studieren im Ausland) wichtig sein. Idealerweise waren diese fachbezogen und unterstrichen damit den roten Faden im Lebenslauf. Wir haben keinen derartigen Auslandsaufenthalt während des Studiums absolviert. Um unsere Softskills zu schärfen, waren auch nicht-fachbezogene Auslandsaufenthalte ebenso von Nutzen, wie eine studienbegleitende Tätigkeit in einem Nebenjob.

Für uns war das Arbeiten neben dem Studium wichtig – schließlich mussten Skripte und Bücher gekauft werden. Die Überlegung lag nahe, das Notwendige mit dem Nützlichen zu verbinden. Ingenieurbüros boten die perfekte Symbiose. Dort durften wir an Teilprozessen einiger Projekte teilhaben, das tatsächliche Einsatzgebiet eines Ingenieurs miterleben und ganz nebenbei auch immer jemanden fragen, wenn im Studium mal fachliche Probleme aufkamen.

Ein weiterer wichtiger Aspekt war das Kontakte knüpfen und pflegen. Dabei halfen Fachorganisationen wie der Verein Deutscher Ingenieure (VDI) oder der Deutsche Ausschuss für Stahlbeton (DAfStb). Als studentisches Mitglied konnten interessante Veranstaltungen (z.B. Forschungskolloquien) besucht werden, die neben dem Studium noch Fachwissen vermittelten. Außerdem wurde bei solchen Veranstaltungen auch immer dafür gesorgt, dass ein Austausch zwischen den Teilnehmern stattfand (zumeist bei einem Snack und einem Umtrunk). Wer als Student also nicht auf den Mund gefallen war, konnte an solchen Stellen bereits Kontakte knüpfen und eventuell den einen oder anderen Nebenjob erspähen. Zusammenfassend wurden Studenten erstklassige Leistungen für einen äußerst geringen Beitrag geboten.

Der letzte Schritt: Das Diplom
Die Diplomarbeit war das erste richtige Projekt im Leben eines Jungingenieurs. Hierfür waren vorab eine Reihe an Entscheidungen notwendig: Die Wahl der angestrebten Fachrichtung, des Lehrstuhls und des Diplomarbeitsthemas. Schließlich wollte man sich mit etwas beschäftigen, das man am liebsten den Rest seines beruflichen Lebens machen wollte.
Wir beide entschieden uns für die Baustoffkunde (im weitesten Sinne Betontechnologie). Hierin sahen wir die Möglichkeit, sehr interessante Forschungsansätze mit dem Sammeln von praktischen Erfahrungen zu kombinieren. Unsere Diplomarbeiten boten in der Tat eine interessante Mischung aus wissenschaftlichem Arbeiten am Schreibtisch und umfangreichen Untersuchungen in den Labors der Universität. Wir erinnerten uns gern an die anfänglichen Schwierigkeiten bei der Literaturrecherche; ebenso an die Muskelschmerzen die mit dem Herstellen von Beton verbunden waren. Äußerst anregend waren auch die Gespräche mit anderen Diplomanden im fortgeschrittenen Stadium der Diplomarbeit. Dabei entstand ein reger Erfahrungsaustausch, bei dem der ein oder andere Ratschlag dankend angenommen wurde. Überdies unterhielt man sich über das obligatorische Problem der Zeitnot, das eine Diplomarbeit mit sich brachte. Wie es sich herausstellte, streikten auch die Drucker anderer schon immer kurz vor der Abgabe. Dateien verschwanden auf mysteriöse Weise, bis sie nicht mehr gebraucht wurden und dann erst wieder auftauchten.
Es waren sehr intensive Monate, die schließendlich bei der Abgabe der Diplomarbeit mit einem dazugehörenden Gespräch endeten. Spätestens zu diesem Zeitpunkt wurde die starke Identifikation mit dem eigenen kleinen Forschungsprojekt bewusst.

Von der Jobsuche zur Anstellung
Idealerweise fing die Bewerbungsphase noch während der Diplomarbeit an. Ein Freund gab uns den Tipp, den Zeitdruck und die Produktivität dieser Phase auszunutzen. Ansonsten bestünde die Gefahr nach der Diplomarbeit in ein „Loch" zu fallen und sich zu viel Zeit mit der ersten Bewerbung zu lassen. Wir hielten uns an den Rat und so war es ein Leichtes, den Lebenslauf anhand diverser Vorlagen („Chancen im Ingenieurberuf – Das VDI Bewerbungshandbuch") wie auch alle notwendigen Unterlagen in ansprechend aussehenden Mappen zusammenzustellen. Es war immer wieder das Anschreiben, welches aufhielt. Die Wortwahl war hierbei genau zu überdenken. Zu diesem Zeitpunkt war es gut, bereits erfahrene Ingenieure Korrektur lesen zu lassen.
Zum Glück gehörten wir zu den wenigen, die nur eine überschaubare Anzahl an Bewerbungen schreiben mussten. Es gab aber durchaus Fälle, bei denen Bewerber sich über lange Zeiträume bewarben und dann resignierten. Um nicht gänzlich unnütz studiert zu haben,

entschieden sie sich dann Lehrer für Mathematik oder technische Fächer zu werden. In weiteren Fällen wurden Praktika unter zwielichtigen Bedingungen durchlaufen, bevor ein Einstieg ins Berufsleben möglich war. Insbesondere von weiblichen Kollegen war immer wieder zu hören, dass die Baubranche noch sehr vom männlichen Denken dominiert würde. Es sei mühevoller eine Anstellung als Frau zu finden und dann „müsse man doppelt so viel leisten für halb so viel Anerkennung, die ein Mann bekommen würde".

Diese Erfahrung konnte bislang nicht selbst gemacht werden, da an der Ruhr-Universität Bochum keine geschlechterspezifischen Unterschiede in Bezug auf Arbeitsumfang, Verantwortung oder Rechte gemacht wurden. Vielmehr wurde lobend hervorgehoben, dass man als Frau das Ingenieurstudium gewagt und absolviert hat. Es war schon etwas Besonderes als Frau seinen Lehrstuhl an Veranstaltungen wie dem „Girl´s Day" zu präsentieren. So konnte die Gelegenheit wahrgenommen werden, das Vorurteil abzubauen, Ingenieurwissenschaften seien Männersache.

Messe BAU 2007 vom 15.-20. Januar 2007 in München

VDI-Stand und exklusive Vergünstigungen für VDI-Mitglieder

Die BAU 2007 ist die europäische Leitmesse zur „Zukunft des Bauens" und widmet sich den Themen Baustoffe, Bausysteme und Bauerneuerung. Erwartet werden in der bayerischen Metropole rund 2000 Aussteller aus etwa 40 Ländern und ca. 200.000 Besucher, darunter 30.000 Architekten, Ingenieure und Planer.

BAU 2007

Die Messe bietet vom 15.-20. Januar 2007 einen einzigartigen Marktüberblick. Sämtliche Baustoffsektoren sind vertreten, und zwar klar und übersichtlich nach Baustoffen, Produkt- und Themenbereichen. Auch werkstoffübergreifende Themen, wie Energie, Fassaden, Design und Funktion, Bauen im Bestand, Gebäudesteuerung, Solarthermie, Bausoftware, kommen nicht zu kurz.

Aufgrund der jahrzehntelangen Kooperation zwischen der Messegesellschaft und der VDI-Gesellschaft Bautechnik werden die VDI-Mitglieder (Bautechnik und Technische Gebäudeausrüstung) zum 2. Mal in den Genuss folgender Vergünstigungen kommen:

- Gutschein für eine Tageseintrittskarte (kostenlos)
- Gutschein für einen kostenlosen Messekatalog

Diese Gutscheine und der der allgemeine Besucherprospekt werden den genannten VDI-Mitgliedern im Oktober/November dieses Jahres mittels eines Direkt-Mailings zugehen. Der VDI-Stand wird wieder in der Halle B0 stehen und die Anlaufstelle für unsere Mitglieder sein.

Zu den Highlights und Neuerungen auf der BAU 2007 zählen folgende Themenbereiche:

Aufzüge und Fahrtreppen (Halle C1)
- Führende Hersteller von Aufzügen und Fahrtreppen stellen auf einer Sonderfläche ihre Innovationen vor.
- ca. 1.000 m² Sonderfläche in Zusammenarbeit mit dem VDMA Aufzüge und Fahrtreppen
- Intelligente Aufzug-Lösungen im Kontext mit innovativen Architekturkonzepten und „Bauen im Bestand"
- Visuelles Highlight: Virtuelle Fahrtreppe, projeziert auf einen 10 Meter hohen Turm

Solarhorizonte (Halle B3)
Eigenes Ausstellungssegment „Solarhorizonte" in der Halle B3:
Im Umfeld der Themen Aluminium, Stahl und Glas, präsentieren Aussteller ihre Produkte und Innovationen aus diesem Bereich, mit den Schwerpunkten
- Solarhorizonte (Photovoltaik und Solarthermie)
- Klima- und Lüftungstechnik
- Fassadenkonzepte
- Exportorientierte Solarkompetenz kompakt und gebündelt auf 2.500 qm
- In Zusammenarbeit mit der Zeitschrift detail wird auf der BAU 2007 der Internationale Architektur-Solarpreis verliehen.

VDI-Stand auf der letzten Messe BAU

Urban Design (Halle A4)
- Die Zukunft der Stadtentwicklung, von der Stadtgestaltung bis zur Parkmöblierung.
- Hersteller- und Dienstleistungsunternehmen präsentieren Produkte zum Thema Landschaftsarchitektur und Stadtmöblierung.
- Kooperation mit dem Callwey-Verlag
- Symposium durch den Callwey-Verlag im Forum in Halle A4
- Firmenportraits der Aussteller in Garten & Landschaft

Visions of Glass (Halle C2)
- Alle Marktführer sind vertreten (z.b. Trösch, Schott, Pilkington, Interpane, Okalux, Glaverbel)
- Aussteller mit aufwendig gestalteten Glaskonstruktionen
- Die Glaspräsentation richtete sich an Fachleute wie Architekten, Bauingenieure, Fassadenberater, Fassadenfirmen, Glashersteller, Glasverarbeiter, Metallbauer, Dichtstoffhersteller oder Designer
- Auf dem Forum in der Halle C2 werden, für alle Besucher zugänglich, Themen im Bereich Glas und Clima Design behandelt.

BAU IT – Soft- und Hardwarelösungen (Halle C3)
- ca. 7.000 qm Ausstellungsfläche in Halle C3
- individuelle Auftritte großer Bausoftware-Häuser
- Sonderschau „Computer am BAU"
- Vorträge und Präsentationen zu IT-Themen im Messeforum der Halle C3
- Preisverleihung „Auf IT gebaut – Bauberufe mit Zukunft"

Keramik/Fliese und MakroArchitektur + Materia (Halle A6)
- zugelassene Ausstellungsbereiche: Keramik/Fliesen, Sanitär, Innenraummaterialien/-produkte
- Zusammen gefasster Sonderschaubereich: 1. Ausstellung „Materia", 2. Forum „MakroArchitektur", 3. Lounge und Café
- Ein breiter Boulevard führt durch die gesamte Messehalle
- Vollflächige Teppichauslage in allen Gängen

Architektonische Oberflächen mit „Sonderschau Material Skills" (Halle A6)
- Absicht: Die Sonderschau „Material Skills", Evolution of Materials erklärt die historische Entwicklung von Materialien und präsentiert eine Vision für die Zukunft. Dies soll den Gestaltern einerseits ein Bewusstsein für die Herkunft der Materialien vermitteln und sie andererseits dazu inspirieren, neue Materialien zu verwenden.
- Inhalt: Die Ausstellung präsentiert ca. 100 einzigartige, neue und inspirierende Materialien sowie verschiedene Projekte, die in einer besonderen Art realisiert wurden. Die ausgestellten Materialien wurden wegen ihrer speziellen technischen oder ästhetischen Eigenschaften ausgewählt. Die Besucher können die Materialien anfassen, die Muster haptisch erleben.
- Zielgruppe: Die Ausstellung richtet sich vor allem an Architekten, Designer und alle am Bau Gestaltenden.

Architects Corner
Beratung und Information speziell für Architekten, Planer und beratende Ingenieure
- In Zusammenarbeit mit dem Deutschen Architektenblatt
- Messe Scout 2007

Marktplatz Bauen im Bestand (Halle B0)
- In Zusammenarbeit mit: Bundesministerium für Verkehr, Bau und Stadtentwicklung, Bundesarbeitskreis Altbauerneuerung, Deutsche Energieagentur
- Thema: Sanierung, Renovierung, Modernisierung (SanReMo)
- Schaffung eines neutralen Informationspools insbesondere zu den Themen Gebäude-Check / Diagnose, Energie, Förderung, Finanzierung, Gebäudetechnik, Barrierefreies Bauen etc.
- Einbindung kompetenter Partner aus Kammern, Handwerk, Hersteller, Institute, Verbände etc.
- Europäischer Kongress „Effizient Bauen" in Zusammenarbeit von BMVBS, MMG, BAKA und DENA
- Preisverleihung „Preis für Produktinnovation BauenimBestand 2007"

- Forum Praxis Altbau mit zahlreichen Vorträgen
- Wettbewerbspräsentation: Ausgezeichnete Produktinnovationen
- Sonderstand Bauforschung

Sonderschau „ClimaDesign" (Halle C2)
- in Kooperation mit der TU München, Lehrstuhl Bauklimatik, Prof. Hausladen
- Energieoptimiertes Planen und Bauen, Fassadenplanung, innovative Lüftungstechnik, Brandschutz, Tageslichtsysteme
- täglich Vorträge und Diskussionen in der Halle Visions of Glass – C2

Im Rahmen der Messe finden zahlreiche Architekturwettbewerbe, Preisverleihungen und Veranstaltungen statt, u.a. der Bayerische Ingenieurtag.

Das Angebot der Messe wird abgerundet durch so genannte Reise-Packages für bestimmte Zielgruppen bzw. für bestimmte Verkehrsmittel. Neben einem Bahn-Package, das eine individuelle An- und Abreise bei freier Zugwahl beinhaltet, wird es Bus-Packages geben, die sich insbesondere an Schüler und Studenten richten.

Interessenten an den Reise-Packages zur BAU 2007 können sich direkt an die Dienstleister der Messegesellschaft wenden: Smart and More GmbH (www.smart-fairs.de) und Servicebroker GmbH. (www.servicebroker.info) Mehr Informationen zum Thema Anreise und Unterkunft findet man auch auf den Internet-Seiten der BAU unter www.bau-muenchen.de, Menüpunkt Unterkunft.

Improving Infrastructure Worldwide

Bringing People Closer

IABSE Symposium Weimar, 19.-21. September 2007

Einladung

Der VDI möchte seine interessierten Mitglieder frühzeitig auf das internationale Symposium „Improving Infrastructure Worldwide" aufmerksam machen. Die deutsche IABSE Gruppe als Veranstalter sowie der VDI als ideeller Mitträger des Symposiums hoffen auf eine hohe Beteiligung an dieser internationalen Konferenz und laden alle VDI Mitglieder nach Weimar ein. Das Symposium richtet sich an Planer, Ingenieure, Wissenschaftler, das heißt an alle, die mit der Planung, dem Bauen und der Unterhaltung von Infrastrukturprojekten, wie Brücken, Tunnel, Straßen, Bahnhöfen, Flughäfen usw. zu tun haben, bzw. in diesen Themenbereichen forschen.

Preliminary Invitation and Call for Papers

Improving Infrastructure
Bringing People Closer **Worldwide**

IABSE Symposium
Weimar, Germany
Sept 19-21, 2007

Bild 1 Flyer des IABSE Symposiums am 19.-21. September 2007 in Weimar

Die "International Association for Bridge and Structural Engineering" (IABSE/ IVBH)

Die IABSE/ IVBH Vereinigung wurde mit dem Ziel gegründet, die Weiterentwicklung des konstruktiven Ingenieur- und Hochbaus zu fördern und zu stärken. Im Jahre 1993 als eine nach Schweizer Recht anerkannte nicht profit-orientierte Vereinigung gegründet, hat sich IABSE/ IVBH zum Ziel gesetzt, den Wissens- und Meinungsaustausch zwischen Theorie und Praxis, Forschung und Lehre, sowie Entscheidungsträgern und Öffentlichkeit zu fördern. Aus diesem Grund unterstützt IABSE/ IVBH Ausbildungsprogramme und viele fachspezifische Aktivitäten, die den Zielen der IABSE entsprechen.

Ein Hauptanliegen der IABSE ist es, den Wissens- und Technologietransfer über Ländergrenzen hinweg zu fördern. Wie kaum einer anderen Vereinigung ist es ihr gelungen, Praxis und Wissenschaft aus aller Welt unter einem gemeinsamen Dach zu versammeln. Neben Ländergrenzen sind der IABSE/ IVBH auch Werkstoffgrenzen fremd, so gelingt der IABSE/ IVBH die so oft geforderte und doch selten erreichte ganzheitliche und werkstoffübergreifende Betrachtung im konstruktiven Ingenieur- und Hochbau mit all seinen Facetten und Themen.

Diesen Aspekten möchte die deutsche Gruppe der IABSE/ IVBH durch das von ihr gewählte Programm und den Themenschwerpunkten während des Symposiums „Improving Infrastructure Worldwide - Bringing People Closer" in Weimar Rechnung tragen.

Themen

Infrastrukturprojekte sind der Schlüssel zu Fortschritt und Entwicklung sowohl im wirtschaftlichen wie auch im politischen Sinne.

Verantwortliches, zukunftsorientiertes Bauen von solchen Projekten bedeutet sicherzustellen, dass ein Gebäude/ Bauteil über seine geplante Nutzungsdauer hinaus die ihm zugedachten Aufgaben erfüllt. Vor allem im Hinblick auf knapper werdende Ressourcen bekommen die Themen Dauerhaftigkeit und Nachhaltigkeit auch für Planung und Konstruktion von Bauwerken eine immer größer werdende Bedeutung.

Im Rahmen der Konferenz sind aus diesem Grund folgende Themenschwerpunkte gesetzt worden:

1. Übergreifende Infrastrukturkonzepte
   Konzepte, Möglichkeiten, Erfahrungen
   Nationale und internationale Infrastrukturprojekte (wie Projekt Deutsche Einheit, Gotthardt Projekt, Femer Belt etc.)
   Finanzierung von Großprojekten (PPP, BOT)

2. Verkehrsbauwerke – Entworfen für eine lange Lebensdauer

   Brücken, Tunnel, Wasserwege, Bahnhöfe, Flughäfen und –hanger

3. Entwerfen, Bemessung und Konstruktion im Sinne von Dauerhaftigkeit und Nachhaltigkeit

   Dauerhafte Baustoffe, Bemessung und Konstruktion für Dauerhaftigkeit, Harmonisierung der Bemessungskonzepte, Ertüchtigung und Instandsetzung, Nutzungs- und Lebensdaueruntersuchungen, Ganzheitliche Lebenskostenbilanzen

4. Bemessung und Konstruktion für die Bewegung von Bauteilen und Bauwerken

   Lagerungssysteme von Brücken, Lager und Fahrbahnübergänge, Systeme zur Erdbebensicherung, Wartung, Austausch, Überwachung, Neue Materialien

5. Prüfung und Überwachung – Ein internationaler Vergleich von Qualitätssicherungssystemen

   Planung, Ausführung, Unterhaltung, Erneuerung

Sie sind herzlich dazu eingeladen, unter **www.iabse.org** ein Abstract zu obigen Themen einzureichen; Annahmeschluss ist am 31. August 2006.

Allgemeines

Weitere Informationen zum Symposium, zu den geplanten Fach- und Rahmenprogrammen sowie ein elektronisches Anmeldeformular finden Sie unter **www.iabse.org**.

Bei Fragen und Anmerkungen wenden Sie sich bitte an:

IABSE 2007

Bauhaus-Universität Weimar

99421 Weimar

Tel.: 03643/ 58 2007

Fax: 03643/ 58 2017

E-Mail: info@iabse2007.de

Web: www.iabse.org

Die deutsche IABSE Gruppe und die in ihr vertretenen VDI-Mitglieder (z.B. Frau Prof. Dr.-Ing. Ulrike Kuhlmann, stellvertretende Vorsitzende der VDI-Gesellschaft Bautechnik) hoffen auf eine rege Beteiligung an dieser internationalen Veranstaltung und würden sich freuen, auch Sie nächstes Jahr in Weimar begrüßen zu können.

Teil II
Fachwissen

Nanotechnologie im Bauwesen – Grundlage für Innovationen

Univ.-Prof. Dr.-Ing. **Wolfgang Brameshuber**, Aachen

Zusammenfassung und Danksagung

Der vorliegende Beitrag versucht die Notwendigkeit aufzuzeigen, dass sich auch das Bauwesen verstärkt mit der Nanotechnologie auseinandersetzen muss. Die Weiterentwick-lung von Baustoffen im Hinblick auf Wirtschaftlichkeit und Leistungsfähigkeit ist nur dann möglich, wenn die Phänomene wissenschaftlich basiert vorhersagbar werden. Es bedarf sicher erheblicher Anstrengungen, diesen Weg weiter zu beschreiben, da man an verschiedene Grenzen der Visualisierung und Berechenbarkeit stößt. Die aufgezeigten Beispiele machen jedoch deutlich, dass der Weg gangbar ist.

Die Beispiele zum Textilbeton und zur Mikrostruktursimulation entstammen Forschungsarbeiten des Instituts für Bauforschung der RWTH Aachen, die durch Förderung der Deutschen Forschungsgemeinschaft möglich geworden sind. Für diese Förderung sei an dieser Stelle ausdrücklich gedankt.

1. Einführung

Nanotechnologie ist ein Trend, dem sich nahezu keine Ingenieurwissenschaft oder Naturwissenschaft in der Vergangenheit entziehen konnte. Biologie, Physik und Chemie sind schon viele Jahre mit dem Thema befasst. Die Verbindung der Naturwissenschaften mit den Ingenieurwissenschaften hat den Sprung in die Anwendung der Nanotechnologie geschaffen. Die Entwicklung immer kleinerer elektronischer Elemente bis hin zum Mikroprozessor ist erst möglich geworden, nachdem sich das Basiswissen grundlegend erweitert hatte. Die Anwendung von Nanoteilchen für die Computerchips der kommenden Generation oder effektivere

Bildschirme wie auch der Einsatz von nanobasierten Minirobotern im medizinischen Bereich sind bereits Wirklichkeit und stehen kurz vor der Anwendung. Bild 1 verdeutlicht die Entwicklung zur Nanotechnologie.

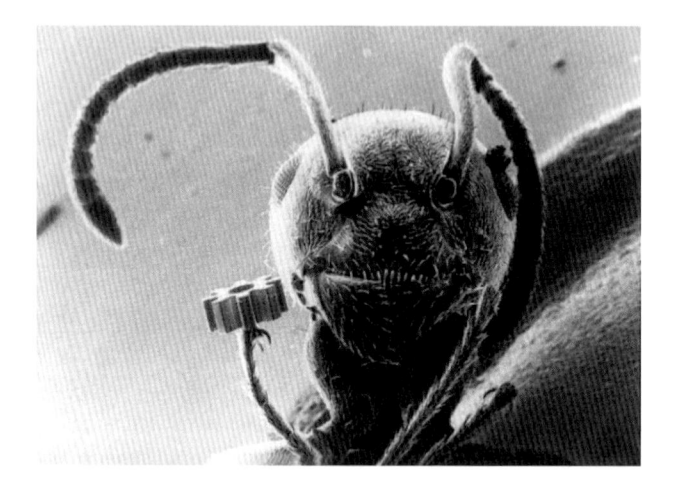

Bild 1   Ameisenkopf mit Zahnrad [1]

Aus dem Bereich der Biologie, Medizintechnik und Elektrotechnik gibt es unzählige Beispiele für die Anwendung der Nanotechnologie zur Verbesserung der Eigenschaften von Werkstoffen/Gebrauchsgütern und elektronischen Bauelementen. Im Vergleich dazu sind die Anwendungsbereiche im Bauwesen eher von untergeordneter Bedeutung. Hinzu kommt die Verwirrung hinsichtlich der Begrifflichkeiten. Nanotechnologie, d. h. die technische Auseinandersetzung im Nanometerbereich (1 nm = 1 Millionstel mm), berührt nur in den seltensten Fällen das Fachgebiet der Bionik. Bionik heißt Lernen von der Natur. Ein klassisches Beispiel für Bionik bei gleichzeitiger Ausnutzung der Nanotechnologie ist der Lotuseffekt. Oberflächen werden dabei so gestaltet, dass sie sich bei Berührung mit Wasser selbst reinigen. Viele andere Beispiele, wie z. B. das Fachwerk als intelligente und sehr tragfähige Konstruktion, wurden letztendlich von der Natur kopiert. Manchmal stellte man erst später fest, dass die gefundene optimale Struktur ein Vorbild in der Natur hat.

Der vorliegende Beitrag enthält zwei Beispiele, die die Kenntnisse aus der Nanotechnologie nutzen und im Bauwesen bereits Anwendungen gefunden haben. Es handelt sich dabei um die Beschreibung des Verformungsverhaltens von Textilien im Beton und die Mikrostruktursimulation zementgebundener Systeme. Das letzte Beispiel stößt beim derzeitigen Stand der Technik an die Grenzen der Wissenschaft und befindet sich derzeit noch am Übergang von der Mikrotechnologie zur Nanotechnologie.

2. Verbundwerkstoffe

Der Textilbeton ist eine Entwicklung im Bauwesen mit erheblichem Potenzial. Durch die Kombination extrem leistungsfähiger technischer Textilien mit Hochleistungsbeton ergeben sich neue Baustoffe, die insbesondere durch ihre Dünnwandigkeit und damit verbundene Wirtschaftlichkeit auffallen. Im Rahmen des Sonderforschungsbereiches der DFG "Textilbewehrter Beton - Grundlagen für die Entwicklung einer neuartigen Technologie" befasst sich die RWTH Aachen seit geraumer Zeit mit diesem Verbundwerkstoff. Bild 2 zeigt eine Animation für eine Hallenkonstruktion und die teilweise Realisierung. Um allerdings den Verbundwerkstoff zu verstehen, ist die Kenntnis der Eigenschaften der einzelnen Komponenten und ihres Verbundes untereinander zwingend erforderlich. Die Textilien werden durch Verknüpfung von Garnen hergestellt. Die Garne wiederum bestehen aus Tausenden von Filamenten, z. B. aus alkaliresistentem Glas oder Carbon. Diese Filamente haben einen Durchmesser von 10 bis 30 μm.

Die Garne werden zum Teil von der zementgebundenen Matrix durchdrungen. Um die Eigenschaften des Verbundwerkstoffes gezielt einzustellen, ist es daher erforderlich, sich mit dem Verbund zwischen den einzelnen Filamenten und der Matrix auseinanderzusetzen und geeigneten Maßnahmen zur Modifikation der Filamentoberfläche zu ergreifen. Weiterhin ist insbesondere bei alkaliresistentem Glas die Dauerhaftigkeit in Verbindung mit zementgebundenen Matrizes sicherzustellen. Bild 3 zeigt ein Filament, das durch eine sehr ungünstige Exposition geschädigt und damit in seiner Tragfähigkeit eingeschränkt wurde. Zur Überprüfung der Eigenschaften des Verbundes zwischen Filament und Matrix werden extrem leistungsfähige Mini-Prüfmaschinen entwickelt, wie z. B. in Bild 4 gezeigt. Durch eine Plasmabehandlung kann die Oberfläche der Filamente gezielt beeinflusst werden, wie die Rasterkraftmikroskopaufnahmen in Bild 5 zeigen. Der Effekt einer solchen Plasmabe-handlung ist aus Bild 4, links, zu entnehmen, wo der Verbund des einzelnen Filaments durch eine solche Behandlung gesteigert werden konnte. In Bild 4, rechts, ist der Vergleich des Verbundes zwischen einem Filament aus AR-Glas und Carbon gezeigt.

Anwendungsbeispiel:
Rautenfachwerktonne

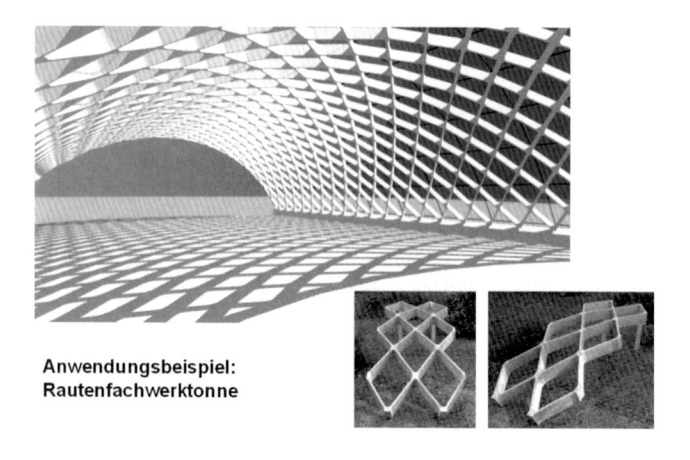

Bild 2 Hallenkonstruktion, bestehend aus einem Rautenfachwerk mit textilbewehrtem Beton [2]

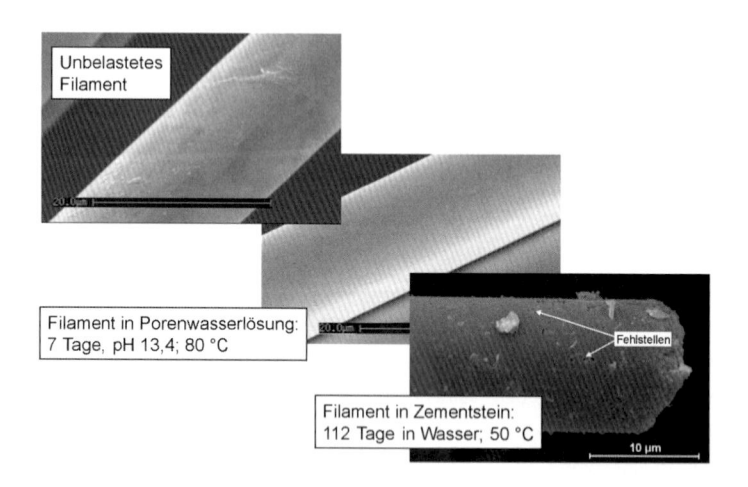

Unbelastetes Filament

Filament in Porenwasserlösung:
7 Tage, pH 13,4; 80 °C

Filament in Zementstein:
112 Tage in Wasser; 50 °C

Fehlstellen

Bild 3 Zur Dauerhaftigkeit von Filamenten aus AR-Glas [3]

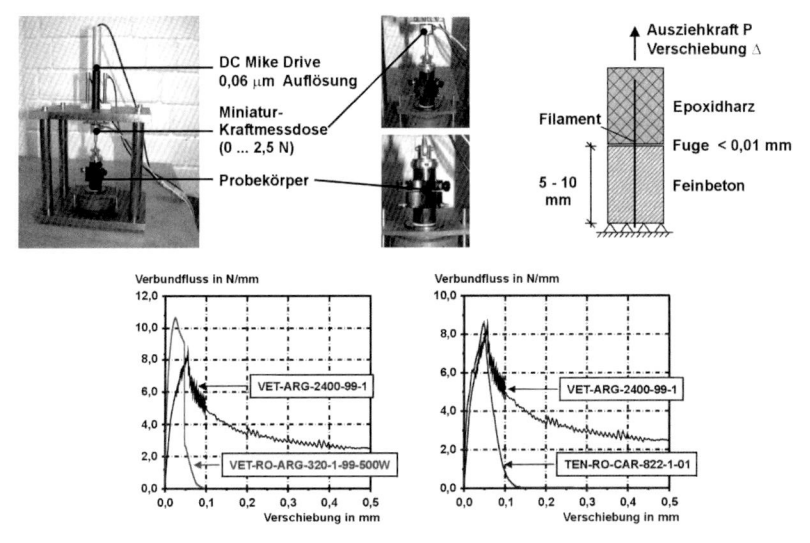

Bild 4   Ausziehversuche an Filamenten [4]

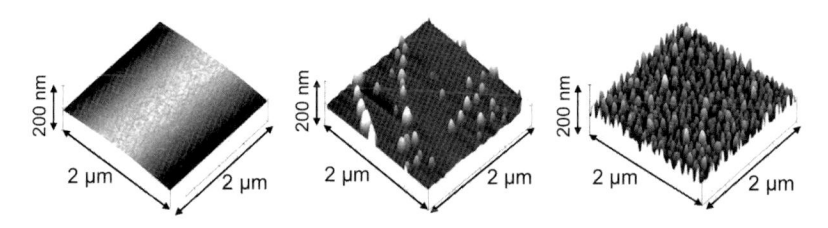

Bild 5   AFM-Aufnahmen von Filamentoberflächen, links unbehandelt, in der Mitte Plasmabehandlung bei ca. 20°C, rechts bei 80°C [5]

3. Zementsteinstruktur

Viele Fragen der Dauerhaftigkeit sind phänomenologisch bekannt und können zur Anwendung von Baustoffen auch beantwortet werden. Zur Weiterentwicklung von Baustoffen ist es jedoch zwingend erforderlich, dass man sich mit der Struktur und den Folgen einer Einwirkung durch physikalische/chemische Prozesse intensiv auseinandersetzt. So wissen wir z. B., dass die Bildung von Ettringit im erhärteten Zustand des Zementsteins aufgrund der Volumenvergrößerung zu erheblichen Schäden führen kann. Gleichzeitig kommt es zu einem Verschluss von Poren, die im Falle einer Frostbeanspruchung nicht mehr in vollem Umfang als Entspannungsraum für das gefrierende Wasser zur Verfügung stehen. Eine solche Situation zeigt Bild 6.

Bild 6   Ettringit in einer großen Kapillarpore

Es ist daher nur konsequent, wenn man die Schädigungsprozesse einschließlich der zunächst erforderlichen Transportvorgänge simuliert, um daraus Rückschlüsse auf die Zusammensetzung der Baustoffe gewinnen zu können. In jüngerer Zeit wird daher versucht, die Zementsteinstruktur möglichst real abzubilden und sowohl Transportvorgänge als auch Schädigungen vorherzusagen. Bild 7, links, zeigt eine solche Zementsteinstruktur. Gleichzeitig ermöglicht die Mikroskopie heutzutage den direkten Vergleich der Zementsteinstruktur mit der simulierten. Bild 7, rechts, zeigt eine computertomographische Aufnahme der Zementsteinstruktur. Erkennbar ist der Unterschied zwischen beiden Strukturen. Die Auflösung beträgt im vorliegenden Fall 1 µm. Damit befindet man sich an der Grenze zum Nanobereich. Noch stößt man mit solchen Simulationen an die Kapazitätsgrenzen der elektronischen Datenverarbeitung.

Die so auf der Basis von chemischen Reaktionen erzeugten Zementsteinstrukturen lassen sich nun in eine Finite-Element-Struktur umwandeln, um damit Transportvorgänge zu simulieren. Schließlich können sich die z. B. mit Wasser gefüllten Porenräume ausdehnen, um damit die in der Struktur erzeugten Spannungen, das heisst, den Widerstand des Zementgels gegen die einwirkenden Kräfte, berechnen zu können.

Portlandzement mit w/z = 0,45 nach 137 h Hydratation

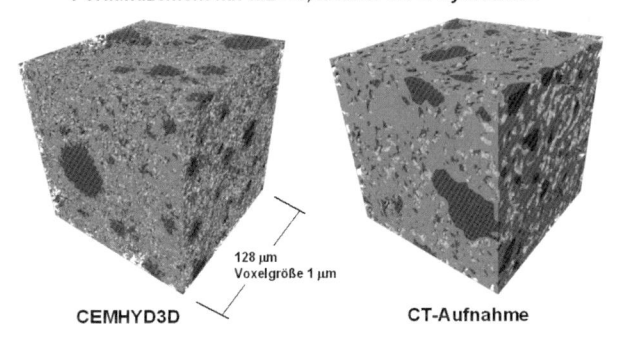

128 µm
Voxelgröße 1 µm

CEMHYD3D   CT-Aufnahme

Bild 7   Validierung der Mikrostruktur von Zementstein [6]

Dank solcher Berechnungen lassen sich Rissbildungen im Zementsteingefüge aufgrund einwirkender Prozesse aus chemischer/physikalischer Reaktion vorhersagen. Derartige Risse sind dann Ausgangspunkt weiterer Schädigungen. Bild 8, links, zeigt die Vorhersage der Hydratationswärme in einer simulierten Zementsteinstruktur und rechts die sich daraus ergebenden lokalen Spannungen. Noch werden die Rissbildungen durch lokale Überbeanspruchung in solchen Berechnungen nicht berücksichtigt, allerdings dürfte dies in näherer Zukunft möglich sein.

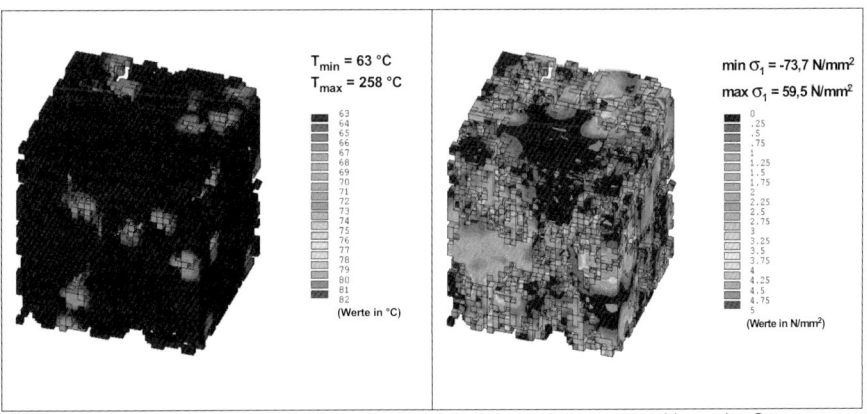

T_{min} = 63 °C
T_{max} = 258 °C

(Werte in °C)

min σ_1 = -73,7 N/mm²
max σ_1 = 59,5 N/mm²

(Werte in N/mm²)

Bild 8   Berechnung der Hydratationswärmeentwicklung und daraus resultierender Spannungen in einer simulierten Zementsteinstruktur [7]

4. Literatur

[1] www.fzk.de/stellent/groups/oea/documents/published_pages/_6_3_2_aktuelle_ia3f2 7b836-7php#TopOfPage

[2] Schätzke, C. ; Schneider, H.: Architektur mit Textilbeton - Anwendungsbeispiele. Dresden: Lehrstuhl für Massivbau, 2003. - In: Textile Reinforced Structures, Proceedings of the 2nd Colloquium, Dresden, 29.9.2003-1.10.2003, (Curbach, M. (Ed.)), S. 525-537

[3] Raupach, M. ; Brockmann, J.: Untersuchungen zur Dauerhaftigkeit von textilbewehrtem Beton : Chemische und mechanische Beanspruchung von Textilien aus Glas. In: Beton 52 (2002), Nr. 2, S. 72-74,76,78-79

[4] Banholzer, B.: Bond Behaviour of a Multi-Filament Yarn Embedded in a Cementious Matrix. In: Schriftenreihe Aachener Beiträge zur Bauforschung, Institut für Bauforschung der RWTH Aachen (2004), Nr. 12, zugl. Dissertation

[5] Arnold, B.J.A. ; Kastanja, A. ; Spiegelberg, S. ; Thomas, H. ; et al.: Dauerhaftigkeitsuntersuchungen an sowie nasschemische und plasmagestützte Modifizierung von Rovings für den Einsatz in textilbewehrtem Beton. Dresden : Lehrstuhl für Massivbau, 2003. - In: Textile Reinforced Structures, Proceedings of the 2nd Colloquium, Dresden, 29.9.2003-1.10.2003, (Curbach, M. (Ed.)), S. 41-61

[6] Koster, M.: Berichtskolloquium DFG SPP 1122, 2. Förderperiode, Vorhersage des zeitlichen Verlaufs von physikalisch-chemischen Schädigungsprozessen an mineralischen Werkstoffen, Vortrag, München, 19.04.2004

[7] Brameshuber, W. ; Koster, M.: Mikrostruktursimulation von zementgebundenen Baustoffen. Aachen : Institut für Bauforschung, 2003. - Forschungsbericht Nr. F 822

Anwendungsmöglichkeiten photokatalytischer Beschichtungen im Bereich von Gebäudefassaden

Selbstreinigende Catalytic-Clean-Effect®-Beschichtungen auf Basis der chemischen Nanotechnologie

Dr.-Ing. **Frank Groß**, NANO-X GmbH, Saarbrücken

Zusammenfassung

Photokatalytische Beschichtungen bieten einen Ansatzpunkt, um die zeitlichen Reinigungs- und Pflegeintervalle zu verlängern bzw. um Oberflächen im Idealfall „selbsttätig" sauber zu halten. Diese neuartigen Beschichtungen spreiten Wasser auf der Oberfläche zu einem dünnen Film auf, vergleichbar mit der Waschwirkung von Tensidreinigern. Oberflächliche Verschmutzungen werden von Wasser unterwandert, angelöst und abgewaschen. Zum Abspülen bzw. Abwaschen der Verschmutzungen reicht ein Regenschauer oder selbst Tauwasser aus. Daher zeigen diese Beschichtungen im Gegensatz zu den superhydrophoben Beschichtungen sogar eine „Selbstreinigungswirkung" auf nicht unmittelbar beregneten Fassadenflächen, z.B. direkt unterhalb des Daches oder auf zurück gebauten Fassadenbereichen. NA-NO-X bietet Beschichtungen mit einem derartigen „Selbstreinigungsverhalten" unter dem Namen Catalytic-Clean-Effect® oder CC-Effect® an.

1. Einleitung

Häuser- und Gebäudefassaden sind ein Gestaltungsmerkmal unseres urbanen Umfeldes, deren Erscheinungsbild unser menschliches Wohlbefinden direkt oder indirekt prägen. Die ansprechende Optik und Ästhetik dieser Architekturelemente wird jedoch durch Verschmutzungen aus Industrie, Haushalt und Verkehr nachteilig verändert, weshalb eine regelmäßige Reinigung und Pflege erforderlich sind.

Ein Ansatzpunkt, um Oberflächen „selbsttätig" sauber zu halten und somit den Reinigungs- und Pflegeaufwand wesentlich zu verringern, sind funktionelle Oberflächenbeschichtungen. Die NANO-X GmbH entwickelt und produziert innovative Beschichtungswerkstoffe auf Basis der chemischen Nanotechnologie, welche multifunktionelle Eigenschaften zeigen. Zu den Geschäftsbereichen zählen unter anderem leicht zu reinigende sowie selbstreinigende Beschichtungen für Kunststoff-, Metall- und Glasoberflächen [1]. Die Materialien werden über einfache und kostengünstige Nassbeschichtungsverfahren, wie z.B. Sprühen, Walzen, Tauchen, aufgebracht und thermisch im Umluftofen oder mittels IR-Strahlung getrocknet. NANO-X entwickelt selbstreinigende Beschichtungen auf Basis von photokatalytisch aktiven TiO_2-Nanopartikeln und bietet diese unter dem Namen **Catalytic-Clean-Effect®** oder **CC-Effect®** an.

2. Grundlagen

Außenflächen neigen zur Verschmutzung durch Emissionen aus Industrie, Haushalt und Verkehr. Beschichtungen, die photokatalytisch aktives Titandioxid enthalten, bieten einen Ansatzpunkt, um Oberflächen „selbsttätig" sauber zu halten und somit den Reinigungs- und Pflegeaufwand wesentlich zu verringern. Im Gegensatz zu extrem Wasser abweisenden Beschichtungen (Super-Hydrophobie, z.B. Lotus-Effect®) zeigen diese den gegensätzlichen Effekt einer starken Wasserspreitung (Super-Hydrophilie). Oberflächliche Verschmutzungen werden hierdurch von Wasser unterwandert und abgelöst. Zum Abwaschen der Verschmutzungen reichen ein Regenschauer oder selbst Tau(-wasser) aus.

Die selbstreinigende Wirkung der NANO-X-Beschichtungen basiert auf dem photokatalytischen Effekt von Titandioxid (TiO_2). Hierunter versteht man das Phänomen, dass an der Oberfläche von Titandioxid Radikale in Verbindung mit Wasser und UV-Strahlung (Sonnenlicht) gebildet werden können. Der Mechanismus der Radikalbildung ist in Bild 1 dargestellt.

Ti^{4+} (3d)
Leitungsband

Rekombination, Wärme | Anregung 380 nm

O^{2-} (2p)
Valenzband

Anatas (TiO_2)
UV-A-Absorption

- **Anregung von Anatas durch Licht**
  ⇒ **Elektron-Elektronenloch-Bildung**
  TiO_2 + UV-Licht → e^- + h^+

- das Elektronenloch (h^+) ist ein starkes "Oxidationsmittel": Bildung von **Hydroxy-Radikalen** mit Wasser
  $h^+ + H_2O → H^+ + •OH$

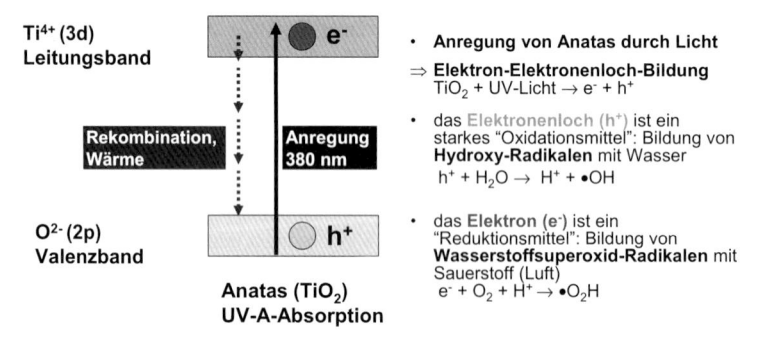

- das Elektron (e^-) ist ein "Reduktionsmittel": Bildung von **Wasserstoffsuperoxid-Radikalen** mit Sauerstoff (Luft)
  $e^- + O_2 + H^+ → •O_2H$

Bild 1 Schematische Darstellung der Anregung von Titandioxid (Kristallmodifikation Anatas) durch UV-Licht in Gegenwart von Wasser

Titandioxid in der Kristallstruktur Anatas bildet mit UV-Licht (ca. 380 nm Wellenlänge) Elektron-Elektronenloch-Paare. Neben einer Rekombination unter Wärmeentwicklung kann hierbei das Elektronenloch (h^+) mit Wasser zu reaktiven Hydroxyradikalen reagieren. Das angeregte Elektron (e⁻) kann mit Luftsauerstoff ebenfalls Sauerstoffradikalverbindungen bilden. Diese Radikale können organische Verbindungen oxidieren, wodurch organische Verschmutzungen im Idealfall in CO_2 und Wasser umgesetzt werden. Dieser Effekt ist bereits seit langem bekannt. Titandioxide werden u.a. zur Formulierung von Wand- und Fassadenfarben verwendet. Wird die Oberfläche der verwendeten TiO_2-Pigmente nicht durch ein spezielles Coating geschützt, so kommt es durch die „Photooxidation" zum Angriff und zur Zerstörung des (organischen) Bindemittels, was auch als Kreidung bezeichnet wird [2]. Titandioxide zeigen als Mikropartikel eine starke Lichtstreuung und werden daher in Farben und Lacken als leistungsfähiges Weißpigment eingesetzt. In den letzten Jahren ist es hingegen möglich geworden, Titandioxid in Form von Nanopartikeln herzustellen. Diese Partikel zeigen eine weitaus geringere Wechselwirkung mit sichtbarem Licht (Streuung). Hierdurch werden Beschichtungen auf Basis von Titandioxid erhalten, die eine hohe Transparenz zeigen. Durch das im Vergleich zu Mikropartikeln vergrößerte Oberflächen-zu-Volumen-Verhältnis dieser „Titandioxidnanos" läuft die „Photooxidation" bevorzugt ab gegenüber der (deaktivierenden) Rekombination (siehe Bild 1).

Selbstreinigende Beschichtungen auf Basis der Photokatalyse für anorganischen Untergründe sind bereits in der Literatur beschrieben [3-6] und werden beispielsweise auf Keramikfliesen [7] oder auf Architekturglas [8, 9] eingesetzt, um die Anschmutzung zu verringern bzw. die Reinigung zu vereinfachen. Anwendungen von photokatalytischen Beschichtungen auf Kunststoffen sind bisher nicht veröffentlicht. Der Grund hierfür ist, dass die geläufigen organischen Polymertypen wie Polycarbonat (PC), Polymethylmethacrylat (PMMA), Polyvinylchlorid (PVC), usw. – ebenfalls durch die reaktiven TiO_2-Partikel angegriffen bzw. zerstört würden und somit die Beschichtung innerhalb kürzester Zeit abgelöst würde. Aus diesem Grunde ist es nötig, die Kunststoffoberfläche vor dem oxidierenden Photo-Effekt der TiO_2-Partikel zu schützen. NANO-X hat hierzu ein 2-Schichtkonzept erarbeitet, welches in Bild 2 dargestellt ist.

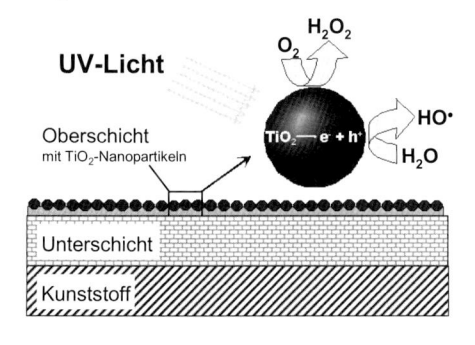

Bild 2 Schematischer Aufbau einer photokatalytischen Beschichtung (2-Schichter) auf einer Kunststoffoberfläche [10]

Nach einem von NANO-X patentierten Verfahren [10] wird hierbei auf das Kunststoffsubstrat zunächst eine Unterschicht bzw. ein Primer aufgebracht. Unmittelbar danach erfolgt eine Nass-in-Nass-Beschichtung der funktionellen Oberschicht. Abschließend wird der Schichtverbund thermisch bei Temperaturen zwischen 60°C und 130°C getrocknet. Die (Trocken-)Schichtdicke der Unterschicht liegt im Bereich von 1 bis 5 µm, die der Oberschicht im Bereich von 50 bis 100 nm.

Die Hauptaufgabe der **Unterschicht** ist der Schutz des organischen Kunststoffsubstrats gegen Angriff und Zerstörung durch den photokatalytischen Effekt. Des Weiteren dient diese Schicht als Haftvermittler zwischen Substrat und Oberschicht. Andererseits wird durch die Sperrwirkung der Unterschicht ausgeschlossen, dass störende Substanzen, z.B. Weichmacher, Wachse oder andere Prozesshilfsmittel aus der Kunststoffherstellung, aus dem Substrat in die Oberschicht wandern. Umgekehrt wird durch diese Unterschicht aber auch verhindert, dass Schmutz oder andere färbende Stoffe in das Kunststoffsubstrat eindringen und dort die Optik der Oberfläche negativ beeinflussen (Migrationsschutz). Ferner ist die Unterschicht derart beschaffen, dass diese bereits gut Wasser benetzende Eigenschaften (Hydrophilie) besitzt, wie von Tensidreinigern her bekannt. Anorganische Verschmutzungen werden prinzipiell nicht von dem Photoeffekt der Titandioxidpartikel abgebaut. Eine Kombination der o.g. guten Wasserbenetzung mit einer feinen Nanostruktur sorgt dafür, dass diese anorganischen Verschmutzungen mit einem Wasser- bzw. Feuchtigkeitsfilm (Regen, Tauwasser) einfach unterwandert und abgewaschen werden (passiver Reinigungseffekt). Die gut Wasser benetzende Unterschicht würde jedoch ohne weiteres Zutun mit organischen Verbindungen aus Schmutzimmissionen belegt, welche fest auf der Oberfläche anhaften (Adsorption) und die Oberfläche hydrophobieren würden. Hierdurch wäre die Oberfläche Wasser abstoßend und der Reinigungseffekt würde somit gestört werden („Vergiftung der Unterschicht").

Die **Oberschicht**, welche auch aktive Wirkstoffschicht genannt wird, zersetzt nun diesen organischen Belag durch die photokatalytische Wirkung der Titandioxid-Nanopartikel bzw. kappt deren „Haftungsbrücken" zur Schicht (aktiver Selbstreinigungseffekt), d.h. die organische Verschmutzung wird „angelöst". Hierdurch erhält man eine dauerhaft hydrophile, d.h. eine mit Wasser gut benetzende Oberfläche, auf der anorganische und organische Verschmutzungen durch Regenwasser oder selbst durch Tauwasser leicht heruntergewaschen werden können.

3. Anwendungen und Vorteile

Das im vorhergehenden Kapitel beschriebene Prinzip der kombiniert passiven-aktiven Selbstreinigung hat NANO-X unter dem Namen Catalytic-Clean-Effect® bzw. CC-Effect® zur

Marke angemeldet. Der Catalytic-Clean-Effect® zeigt gegenüber dem oft in der Literatur beschriebenen Lotus-Effect® [11, 12] den Vorteil einer leichteren technischen Realisierbarkeit (Langzeitstabilität, Dauerhaftigkeit, Funktion auch auf nicht direkt beregneten Oberflächen). Die Wirkungsweise und Eigenschaften stark Wasser spreitender (superhydrophiler) und stark Wasser abstoßender (superhydrophober) Beschichtungen ist in Tabelle 1 gegenübergestellt.

Tabelle 1   Gegenüberstellung der Wirkungsweise und Eigenschaften stark Wasser spreitender (superhydrophiler) und stark Wasser abstoßender (superhydrophober) Beschichtungen

	Superhydrophile Beschichtung z.B. Catalytic-Clean-Effect®	Superhydrophobe Beschichtung z.B. Lotus-Effect®
Wirkungsgrundlage	Extrem **Wasser spreitende** Oberfläche (Super<u>hydrophilie</u>) **Photoaktive TiO₂-Nanopartikel** und dadurch hydrophile Nanostruktur	Extrem **Wasser abstoßende** Oberfläche (Super<u>hydrophobie</u>) **Hydrophobe Mikro-/Nanostruktur**
Wirkungsweise	Unterwanderung und Ablösung von Ruß und Schmutz durch einen Wasserfilm	Aufnahme von Ruß und Schmutz in einen Wassertropfen durch extrem. geringe Oberflächenenergie (minimierte Adhäsion/Haftung)
Optik	Dünne transparente Beschichtung: fast **keine Glanz-/Farbveränderung** des Substrates (gute Optik) ☺	Mattierungseffekt durch Struktur: **Änderung von Glanz und Farbe** des Substrates ☹
Abriebbeständigkeit	**Gute Abriebbeständigkeit** ☺	**Schlechte Abriebbeständigkeit** Strukturschädigung führt zu Verlust der (Super-)hydrophobie ☹
Wahrnehmbarkeit	Effekt nicht sofort für Kunden demonstrierbar (keine Tropfen, kein Perleffekt) ☹	Effekt gut wahrnehmbar (große Tropfen, gut sichtbarer Perleffekt) ☺

Demnach können sowohl durch extrem Wasser spreitende („Wasserfilm") als auch durch extrem Wasser abstoßende Beschichtungen („Wasserperlen") selbstreinigende Oberflächeneigenschaften erzielt werden. Während bei der Catalytic-Clean-Effect®-Beschichtung der Schmutz unterwandert und abgelöst wird, verhält es sich bei der Superhydrophobbeschichtung derart, dass die Wechselwirkung zwischen Schmutz und Oberfläche extrem gering ist und somit der Schmutz einfach nur im Wasser eingeschlossen wird. Die für die Superhydrophobie notwendige Mikrostruktur ist aber sehr empfindlich gegen mechanische Verletzungen. Auch Fingerfett oder harzige Verschmutzungen können sich in die Struktur festsetzen. Dadurch wird der Reinigungseffekt gestört oder sogar komplett außer Kraft gesetzt. Demgegenüber sind die superhydrophilen Oberflächen (Catalytic-Clean-Effect®) weitaus beständiger gegen mechanische Beanspruchung (Abriebfestigkeit, Handling). Während die Mikrostruktur von superhydrophoben Oberflächen die Optik oft matt erscheinen lässt, erhalten die dünnen superhydrophilen Beschichtungen die Farbe und den Glanz des Untergrundes (transparente Schichtoptik).

NANO-X hat bereits einige Beschichtungsmaterialien mit Catalytic-Clean-Effect® für den Einsatz an Gebäudefassaden entwickelt. In Bild 3 sind mögliche Anwendungen aufgeführt sowie Partner bestehender Kooperationen, bei denen sich Catalytic-Clean-Effect®-Beschichtungen in Erprobung oder Anwendung befinden.

Bild 3 Anwendungsmöglichkeiten von Catalytic-Clean-Effect®- bzw. CC-Effect®-Oberflächen (photokatalytische Selbstreinigungsschichten) sowie Partner der NANO-X

Catalytic-Clean-Effect®-Beschichtungen können prinzipiell im gesamten Gebäude- und Fassadenaußenbereich eingesetzt werden. Zur Aktivierung der Oberflächenbeschichtung reichen bereits indirektes Sonnenlicht (gestreute UV-Strahlung) sowie Feuchtigkeit (Regen, Tau) aus. Aus diesem Grunde zeigen CC-Effect®-Beschichtung sogar eine „Selbstreinigungswirkung" auf nicht direkt beregneten Fassadenflächen, beispielsweise unterhalb des Daches oder auf zurück gebauten Fassadenbereichen.

In Bild 4 ist eine photokatalytische CC-Effect®-Beschichtung auf einem PVC-Fensterrahmen im Vergleich zu einem herkömmlichen Kunststofffenster dargestellt.

Bild 4   PVC-Fensterrahmen mit Catalytic-Clean-Effect® (photokatalytische Selbstreinigungsschicht, links) im Vergleich zu einem herkömmlichen Kunststofffenster (rechts)

Auch nach mehreren Jahren Außenbewitterung ist das beschichtete Fensterprofil immer noch deutlich weniger verschmutzt als die unbeschichtete Referenz. Während bei dem unbeschichteten Fenster der Schmutz in den Kunststoff eingedrungen und diesen verfärbt hat, ist die Oberflächen des beschichteten Fensterrahmens immer noch weitgehend weiß und sauber.
Die Vorteile von selbstreinigenden Beschichtungen auf Basis des Catalytic-Clean-Effect® bzw. CC-Effect® können wie folgt zusammengefasst werden:

- **Transparente Beschichtung**, d.h. die Farbgobung erfolgt durch das Substrat. Der Glanz bleibt weitgehend erhalten.
- Titandioxid ist **ungiftig** und findet beispielsweise Verwendung in Sonnenschutz-Cremes, Zahnpasta, Fassadenfarben, usw.
- Die TiO_2-Nanopartikel sind nach Applikation und Härtung fest in Beschichtung eingebunden, lediglich beim industriellen Auftrag der Nassbeschichtung ist auf üblichen Arbeitsschutz zu achten (Absaugung, Atemschutz).
- Die Aktivkomponente TiO_2 ist ein in der Natur vorkommender Stoff:
  => **Gute Recyclingfähigkeit** der beschichten Elemente, da praktisch nur Siliciumdioxid (SiO_2) und Titandioxid (TiO_2) in der Beschichtung enthalten sind.
- **Keine schwer abbaubaren Fluorverbindungen**, wie oft bei superhydrophoben Beschichtungen eingesetzt.

- Neben **weniger Verschmutzung** auch **Hemmung von mikrobiologischem Bewuchs** (Algen, Moos, Flechten, Pilze)
- **Der Catalytic-Clean-Effect®** zeigt eindeutige Vorteile in Bezug auf die **technische Realisierung** (Lebensdauer, Effekt auch auf nicht direkt beregneten Flächen, usw.).

4. Literatur

[1] NANO-X GmbH, www.nano-x.de
[2] H.G. Völz, G. Kämpf, A. Klaeren, „Die photochemische Abbaureaktion bei der Bewitterung TiO_2-pigmentierter Bindemittel", Farbe & Lack 805 (1976), S. 82
[3] St. Gobain, Europäische Patentschrift EP 0850204 B1, „Substrat mit photokatalytischer Beschichtung"
[4] St. Gobain, Europäische Patentschrift EP 01132351 B1, „Substrat mit photokatalytischer Beschichtung"
[5] Pilkington, Europäische Patentanmeldung EP 01608793 A1, „Titandioxid-Beschichtungen"
[6] Pilkington, Europäische Patentschrift EP 0944557 B1, „Verfahren zur Abscheidung von Beschichtungen aus Zinnoxid und Titanoxid auf Flachglas und so Beschichtetes Glas"
[7] Deutsche Steinzeug, KerAion Hydrotec, www.deutsche-steinzeug.de
[8] St. Gobain, SGG Bioclean, www.saint-gobain-glass.com
[9] Pilkington Aktiv, www.pilkington.com
[10] NANO-X GmbH, Patent DE 101 58 433.4-43, „Beschichtung"
[11] W. Barthlott, Europäisches Patent 95927720.3/0772514 (1998): „Selbstreinigende Oberflächen von Gegenständen sowie Verfahren zur Herstellung derselben",
[12] Erlus Baustoffwerke, Deutsches Patent DE 19958321 A1 „Verfahren zur Erzeugung einer Selbstreinigungseigenschaft von keramischen Oberflächen"

Nanotechnologie für funktionelle und dekorative Beschichtungen auf Betondachsteinen und Ziegeln

Dr. rer. nat. **Martin Schichtel**, Homburg/Saar

Zusammenfassung

Die Entwicklung der Nanotechnologie war in den letzten 15 Jahren verhalten und enthusiastisch zugleich. Viele Versprechungen können bis heute nicht eingehalten werden. Nichts desto trotz hält die Nanotechnologie ihren kontinuierlichen Einzug in unser tägliches Leben. Nanoprodukte substituieren oder ergänzen Altbewährtes. Die Viking Advanced Materials GmbH kombiniert bewährte Alltagsprodukte mit neuen nanotechnologischen Möglichkeiten und schafft auf diese Art schon bekannte Produkte neu. In diesem speziellen Fall handelt es sich um das Veredeln von Bautenbeschichtungen, insbesondere im Dachbereich. Im Folgenden wird zwischen temperaturhärtenden und kalthärtenden Systemen unterschieden. Die temperaturhärtenden Systeme werden landläufig als Engoben bezeichnet und sind in der Literatur ausreichend dokumentiert. Durch einen Kniff ist es der Viking gelungen thermisch instabile Effektpigmente vor den Temperatur- und Matrixeinflüssen zu schützen. Dies führt dazu, dass Perglanzeffekte, ähnlich denen der Automobillacke, nun auch bei 1.000°C bis 1.250°C darstellbar sind. In der Erscheinung ähnlich, aber kalthärtend, ist eine Beschichtung auf Basis eines neuen Bindemittels, welche speziell für Beton entwickelt wurde. Diese Beschichtung ist chemisch extrem stabil und schützt den Stein hervorragend gegen schädliche Umwelteinflüsse, wie z.B. gegen sauren Regen.

1. **V-COLOR – Brennbare Beschichtungen für Tondachziegel**

Moderne Tondachziegel finden am Bau seit vielen Jahrzehnten Verwendung. Dennoch ist die Beschichtungstechnologie, nämlich das Glasieren und Engobieren immer noch das Alte, mit der Besonderheit, dass auf den meisten Dächern auch die alten Farben (rot, maron, schwarz und braun zu finden sind). Der Trend geht weniger zu neuen Farben, mehr zu schwermetallfreien Materialien, die sowohl in der Herstellung als auch im „Gebrauch" weniger umweltbelastend sind.

Bild 1: Typischer Blick auf Dächer einer deutschen Stadt.

Diese Normalität erzeugt eine gewisse Tristesse und es mangelt Architekten an neuen farblichen Designmöglichkeiten, um neue Objekte in besonderem Glanz erstrahlen zu lassen. Eben durch diese fehlende Farbgebung stehen die Keramiken bei hochwertigen Verkleidungen oft Kupfer-, Alu-, oder neuerdings auch Stahlverkleidungen hinten an. Mit V-COLOR präsentiert Viking ein neues altes Beschichtungskonzept, welches die Farbpalette auf besondere Weise erweitert.

Wichtigste Komponente zur Darstellung der Effektengoben sind Materialien und Verarbeitungsmöglichkeiten aus dem Bereich der Nanotechnologie. Hervorragende Sintereigenschaften der Partikel werden genau so genutzt wie deren stabilisierende Wirkung auf Effektpigmente.

Die verwendeten Pigmente sind so genannte Perlglanzpigmente, welche in der Regel aus Glimmer- oder Aluminiumoxidplättchen bestehen, die in mehreren, nur wenigen Nanometer dünnen, Schichten verschiedener Metalloxide gecoatet sind. Durch unterschiedliche Brechungsindizes und genau definierte Schichtstärken wird das eingestrahlte Licht so geschickt gebrochen und reflektiert, dass der Eindruck entsteht, als würde kein Glimmer vorliegen, der silbern aussieht, sondern ein Goldpartikel, ein Metallikrot oder Metallikgrün.

Der Schichtaufbau ist dabei von zentraler Bedeutung. Eine Störung der Struktur bedeutet gleichzeitig eine Störung der Farbbildung und somit das Entstehen unkontrollierbarer Effekte. Genau dieser Effekt tritt bei herkömmlichen Engoben und Glasuren auf. Die Flussmittel bzw. Fritten sind ab 900°C chemisch so aggressiv, dass Sie die Oxidschichten der Effektpigmente angreifen und auflösen. Dieses Verhalten ist schematisch in Bild 2 gezeigt.

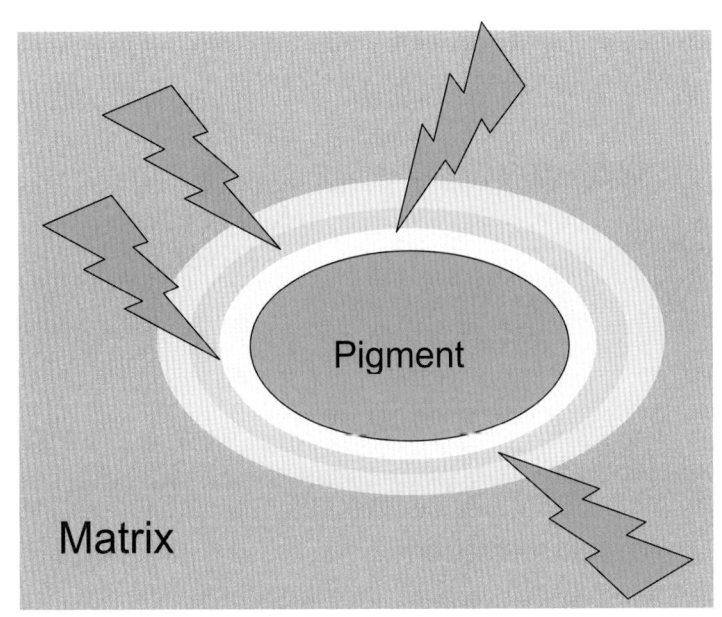

Bild 2: Zerstörung des Schichtaufbaus der Perlglanzpigmente durch Fritten.

Um das Auflösen der Schichten zu verhindern gibt es verschiedene Ansätze, die bisher aber nicht zum Erfolg geführt haben. In der Regel versuchen die Hersteller die Gesamtformulierung anzupassen. Da aber die stark siliziumreichen Fritten notwendig sind, um eine glatte glänzende Oberfläche zu erzeugen, sind die kritischen Stoffe nach wie vor in der Rezeptur vorhanden.

Die Viking hat an dieser Stelle einen anderen Weg gewählt. Aus nanotechnologischer Sicht gibt es zwei Varianten die empfindlichen Pigmente vor Korrosion zu schützen. Variante 1 ist der Ersatz von herkömmlichen Fließmitteln und Fritten gegen spezielle Nanopartikel. Diese n-Partikel haben die Eigenschaft schon ab 800°C dicht zu versintern und können daher blei- oder wolframathaltige silikatische Verbindungen hervorragend ersetzen. Diese Variante wurde durchgetestet und entsprechend dokumentiert. Die Ergebnisse der Frost-Tau Wechseltest und der Abrasion übertreffen sogar die der aktuellen Standardmaterialien. Nachteilig wirkt sich der zurzeit noch hohe Preis der Nanopartikel und damit der überhöhte Preis des fertigen Produktes aus.

Aus rein ökonomischen Gründen wurde daher Variante 2 entwickelt und optimiert. Variante 2 arbeitet auch mit Nanopartikeln, aber in deutlich geringerer Konzentration. Drei bis fünf Prozent speziell oberflächenmodifizierter Partikel werden Standardengoben beigefügt, zu denen in einem weitern Schritt die Effektpigmente zudosiert werden.

chemisch

bifunktionalisiertes Molekül

elektrostatisch

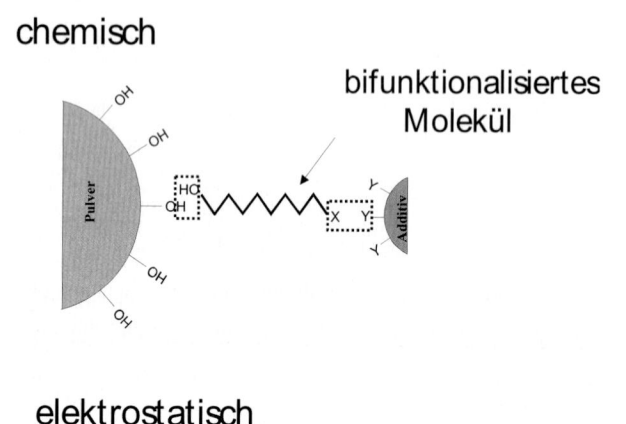

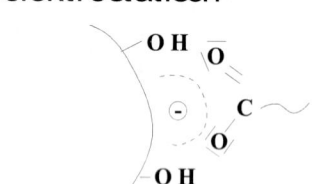

Bild 3: Oberflächenmodifizierung von nano-Partikeln.

Die Modifizierung der Partikel kann dabei nach dem Schema, welches in Bild 3 dargestellt ist, folgen, wobei eine chemische Anbindung des intelligenten Modifikators an die Oberfläche des n-Partikels zu bevorzugen ist. Elektrostatisch angebundene Modifikatoren können sich unter ungünstigen chemischen Bedingungen und zusätzlichen Scherkräften, wie sie in Kugelmühlen auftreten, vom Partikel lösen und den Effekt, den sie bewirkten sollten, verhindern.

Die Aufgabe des Modifikators besteht, neben der Stabilisierung des n-Parikels (elektrostatisch, sterisch oder elektrosterisch) darin, eine gezielte Wanderung des Nanoteilchens zum Effektpigment zu bewirken. Dazu ist allerdings eine 100%ige Kenntnis der Oberfläche des Effektpigments notwendig. Da das Beschreiben der Methodik und die Diskussion der Ergebnisse der Oberflächenanalyse dien Rahmen dieses Artikels sprengen würden, wird an dieser

Stelle auf die Beschreibung verzichtet. Letztendlich zählt, dass die modifizierten Nanoteilchen in der Engobe/Glasur zum Effektpigment migrieren und darauf ankoppeln, s.d. eine Art chemischer und thermischer Schutzschild gebildet wird. Dieses Verhalten ist schematisch in Bild 4 gezeigt.

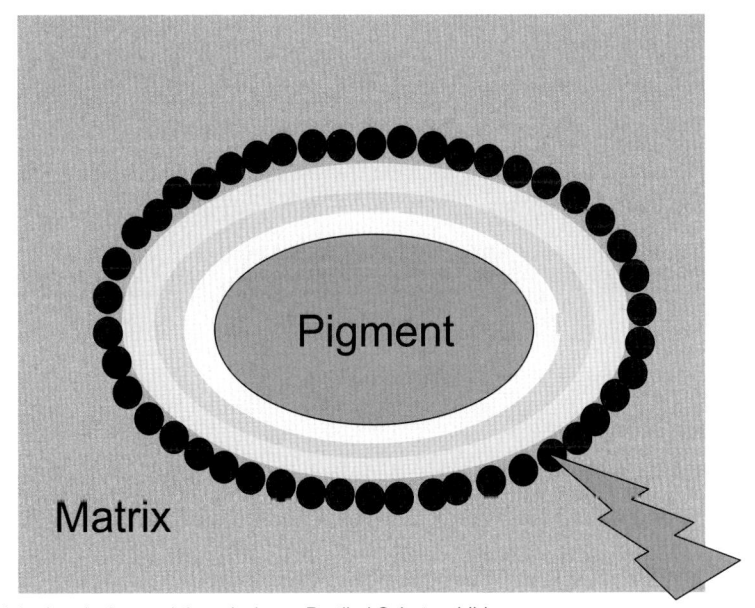

Bild 4: chemischer und thermischer n-Partikel Schutzschild.

Die ab 900°C sehr aggressiven Fritten (in Bild 4 als „Blitz" dargestellt) erreichen die empfindliche Pigmentoberfläche nicht mehr und eine Störung der optischen Schichten bleibt aus. Somit ist das Effektpigment bei hohen Temperaturen optimal geschützt und das Farbspektrum der Engoben und Glasuren kann um viele interessante (Metall-)Effektfarben erweitert werden.

Wie diese Effekte aussehen können, ist in Bild 5 zu sehen.
Dieses Bild zeigt zwei Ziegeloberflächen (Brenntemperatur 1.150°C, Kalt-Kalt Cyclus 24h) in Gold und kupferfarben.

Bild 6: Beispiele von Metalleffektengoben.

Der Vorteil der neuartigen Effektengoben liegt vor allem darin, dass Architekten und Designer neue Möglichkeiten zu Oberflächengestaltung haben. Teure oder schwer zu reinigende Metalloberflächen können gegen Keramiken ersetz werden, deren Verhalten und Stabilität seit mehreren hundert Jahren bekannt ist.

Diese Effekte und in der Tat noch vieles mehr, ist mit V-BUILD, der kalthärtenden Betonbeschichtung, die im Folgenden beschrieben wird, möglich.

2. V-BUILD – kalthärtende Beschichtungen für Betondachsteine

In diesem Teil des Artikels wird V-BUILD, am Beispiel des Einsatzes auf Betondachsteinen, beschrieben. Diese neuartige Beschichtung ist aber auf Beton generell anwendbar.

Die Geschichte, zumindest die industriell relevante Geschichte, des Dachsteins begann 1952/53 mit der Vorstellung der Frankfurter Pfanne durch Braas (Bild 7, www.bauzentrale.com/news2003/0914.php4)

Bild 7: Werbeplakat „Frankfurter Pfanne".

Seit diesem Zeitpunkt versuchen die Industriebetriebe die relativ raue und unschöne Oberfläche des Dachsteins durch Lacke zu veredeln. Normalerweise finden Silikatbeschichtungen, Silikatdispersionen oder, heutzutage zunehmend, Reinacrylate Anwendung. Neben der Optik haben diese Beschichtungen auch eine besondere funktionelle Eigenschaft: Schutz der Betonoberfläche vor „Umweltgiften" wie saurer Regen bzw. Schutz der Oberfläche vor zersetzende Biologie (Flechten, Moose, Algen, Pilze,...). Im „Ab-Werk" Zustand sind beide Kriterien (Optik und Funktion) erfüllt. Im Laufe der Zeit aber erleiden alle Beschichtungen das gleiche Schicksal: die organischen polymeren Anteile werden durch Umwelteinflüsse, insbesondere durch UV-Licht zerstört und öffnen damit aggressiven Chemikalien, aber auch der oben beschriebenen Biologie, den Weg zu Beton. Dies führt innerhalb von 10-15 Jahren zur Rissbildung und Ablösung der Beschichtung. Vorzugweise setzen sich aber Moose und Algen in diese Poren und Ritzen und lassen ihre Naturkräfte auf den Stein wirken. Diese organische Bewitterung des Steines führt oft zu einem Funktionsverlust.

Bild 8: Oberfläche eines 15 Jahre der Bewitterung ausgesetzten Betondachsteins.

Aufgrund der aktuellen Patentsituation für silikatische und Acrylatbeschichtungen hat die Viking ein vollkommen neues Bindemittel entwickelt, welches
- eine extrem niedrige Mikroporosität bzw. reine Nanoporosität aufweisen sollte,
- chemisch auf Beton ankoppeln kann,
- vor eindringendem Wasser schützt, zugleich aber Wasserdampf entweichen lässt,
- alle DIN/EN Parameter erfüllen muss,
- beliebig einfärbbar ist,
- funktionalisierbar ist (ETC, Photokatalyse, Antigraffiti,....)
- preislich wettbewerbsfähig ist.

Ein geeignetes Bindemittel wurde in der Feuerfestindustrie gefunden. Dort bildet dieser Stoff ab 900°C dichte, fest haftende Schichten.

Das erste Problem dieser Variante war der pH-Wert (pH=1-2), der aufgrund seines aziden Charakters den basischen Beton extrem angreift und zerstört.

Das zweite Problem war, dass dieses Bindemittel sich nur bei hohen Temperaturen als Schicht ausformen lässt, nicht jedoch bei Raumtemperatur. Bei niedrigen Temperaturen kommt es zu keinerlei Bindung zum Substrat und auch nicht zur Ausbildung einer homogenen Schicht.

Das dritte Problem war, dass herkömmliche Additive und Hilfsmittel keinerlei Effekt auf die schlechte Performance der Beschichtung hatten.

Das Resultat dieser drei Probleme lässt sich sehr gut in Bild 9 veranschaulichen.

Bild 9: Mikroskopaufnahme der Oberfläche des unfertigen Beschichtungsmaterials.

Die Optimierung, respektive die Aufbauarbeit des Binders, wurde erneut mit nanotechnologischen Mitteln durchgeführt. Zunächst wurde eine Bindungstheorie erarbeitet und der Weg dieses Ziel zu erreichen skizziert. Hierbei waren die in Bild 10 dargestellten Parameterkenntnisse besonders wichtig.

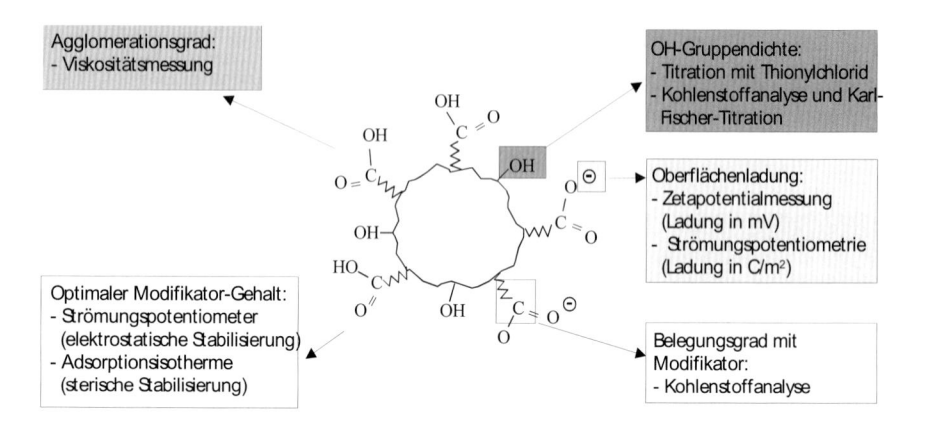

Bild 10: Wichtige Parameter und Verfahren zu deren Feststellung.

Die Kenntnis der n-Oberfläche ist hierbei von besonderer Bedeutung, da der Ansatzpunkt aus dem Feuerfestmaterial ein kalthärtendes Bindemittel darzustellen darauf basiert, dass die Nanoteilchen der Ausgangspunkt von oligomeren Bindereinheiten sind. Beispielhaft sind hier die Parameter der modifizierten Oberfläche des nano-Teilchens aufgeführt (Tabelle 1)

Tabelle 1: Daten der Oberflächenmodifizierung.

Chemiesorbiert	73%
d90 (Anzahl)	9,1 nm
d90 (Volumen)	11,3 nm
BET	189 m²/g
Opt. Mod. Gehalt	3,7 µmol/m²
pHiep	2,3
OH-Grp. Dichte	9,3 µmol/m²

73% des eingesetzten Modifikators sind hierbei chemisch auf dem Partikel angebunden und können nur schwer wieder gelöst werden. Die Verteilung der Nanoteilchen liegt hierbei im optimalen Bereich, da sowohl die Werte der Anzahl- als auch der Volumenverteilungen sehr

gut übereinstimmen. Die große Oberfläche von 189m²/g Pulver ermöglicht eine optimale Kontrolle der Oligomerbildung.
Durch die Bildung der Oligomere wird die Reaktivität dieses phosphatischen Bindemittels herabgesetzt. Gleichzeitig kann der pH-Wert auf pH=6 angehoben werden, ohne dass es zur Ausfällung von Phosphaten und damit verbunden der Nicht-Ausbildung der Schicht kommt. Weiterhin können nun Standard-Additive benutzt werden, um die Schichtbildung ein wenig zu steuern. Durch die Kontrolle der Oberfläche der Nanopartikel erfolgt die Kontrolle der Reaktivität des Bindemittels. Dieses setzt bei Kontakt mit Beton bestimmte Substanzen frei, die wiederum den Binder beim Aushärten beschleunigen. In Produktionsversuchen konnte die Härtezeit bis zur Staubtrockne auf 30 Sekunden bestimmt werden.
Wird das Bindemittel nach diesem Mechanismus kontrolliert, so einstehen glatte nanoporöse Oberflächen (Bild 11).
Die Porosität der restlichen (ca. 1,5% Poren liegen im Bereich von 500-700nm) Poren werden chemisch künstlich verengt. Dies kann durch den Zusatz von hydrophoben, aber chemisch koppelbaren Additiven, erreicht werden. Eine definierte freie Porosität ist auch erwünscht, da auf diese Weise das Mikroklima im Dach verbessert werden kann.

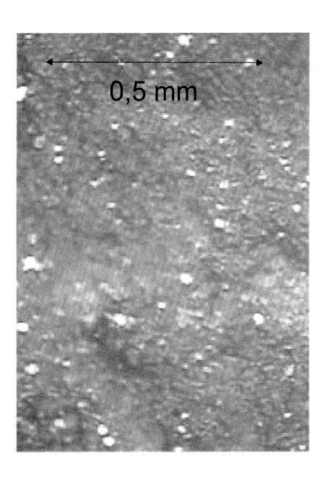

Bild 11: Oberfläche des optimierten Bindemittels.

Die Ergebnisse der Test erster Beschichtungen, die bereits seit knapp zwei Jahren in der Freibewitterung sind, sind in Tabelle 2 aufgeführt.

Die Frost-Tau Wechsel Zahl ist bei dieser neuartigen Beschichtung überwältigend hoch. Selbst bei 350 Cyclen hat sich keinerlei Schädigung der Oberfläche gezeigt. Ein ähnliches Verhalten ist bei der Forstbeständigkeit zu beobachten. Hier liegt die Beschichtung mit mehr als 300 Cylcen weit vor allen Materialien des Standes der Technik. Bei Haft-Zug Versuchen hat sich gezeigt, dass sich nicht die Beschichtung vom Substrat löst, sondern immer Teile des Substrates mit herausbrechen. Dies belegt die These, dass die chemische Anbindung des phosphatischen Binders an Bestandteile des Matrixwerkstoffes, vorwiegend an CSH, erfolgt.

Tabelle 2: Ergebnisse nach Normtests.

Lfd Nr.	Prüfung	Norm	Ergebnis
1	Frost-Tau Wechsel	DIN 52104, Part 1A	>350
2	Frostbeständigkeit	DIN EN ISO 10545 Teil 12	>300
3	Oberflächenabrieb	DIN EN ISO 10545 Part 7	PEI 3-4
4	Chemische Beständigkeit	DIN EN ISO 10545 Part 13/14	<1% Masseverlust
5	Gitterschnitt	DIN EN ISO 2409	ISO: 0-1
6	Wasseraufnahme (w)	Nach Weber	Klasse II (0,12 kg/m²h0,5)
7	Diffusionswiderstand (sd)	Nach Weber	Klasse III (sd=1,8)

Der Oberflächenabrieb von V-BUILD bewegt sich im Bereich von leicht belastbaren Bodenfliesen. Die chemische Beständigkeit ist sehr hoch. Die knapp 1% Masseverlust ergeben sich (nach GC/MS-Analysen) hauptsächlich aus dem Rauslösen von Prozessadditiven wie z.B. Dispergierhilfen. Im Gitterschnitt-Tape Test wurden ausnahmslos hervorragende Werte erreicht.

Die Wasseraufnahme und der Diffusionswiderstand (nach Weber) bescheinigen, dass V-BUILD auf Anhieb die Werte guter Silikatdispersionen erreicht. Durch Einarbeiten von Oberflächenspannung-verändernden Additiven lässt sich auch dieses Verhalten optimieren.

Wahlweise kann diese Standardbeschichtung mit Effekte, wie z.B. Easy-To-Clean, Selbstreinigend oder Antigraffiti ausgestattet werden.

Der Einsatz der ETC-Effekte auf dem Dach wird allerdings kontrovers diskutiert, da einerseits zwar Schmutzpartikel besser abgewaschen werden, allerdings das Wasser beim ablaufen dermaßen an Geschwindigkeit zulegt, dass oft die Regenrinne zu schmal ist, um das ablaufende Wasser aufzufangen. Diese hydrophoben Beschichtungen sollen auch Algen einen besseren Nährboden geben.

Ähnliche Diskussionen gibt es um die selbstreinigende Wirkung durch Photokatalysatoren, wie z.B. Titandioxid. Dieses wirkt nur gegen organischen Schmutz, so auch gegen Algen und Moose, kann aber nur seine Wirkung entfalten, wenn die Organik auf dem Titandioxid angelagert wird. Ist beispielsweise eine dünne Schicht aus Russpartikeln und anorganischen Stäuben anwesend, kann das TiO_2 seine katalytische Wirkung nicht entfalten. Der Einsatz dieser Optionen muss daher von Fall zu Fall geprüft werden.

Zusammenfassen lässt sich also sagen, dass es durch den Einsatz intelligent funktionalisierter Nanopartikel gelungen ist ein neues Bindemittel für die Raumtemperaturhärtung herzustellen, welches optimal mit Beton reagiert und diesen zuverlässig vor Witterungseinflüssen schützen kann.

Bauen mit Glas – Transparente Werkstoffe im Bauwesen

Inhalt

Aus der gleichnamigen Dokumentation zu o. g. VDI-Tagung werden die Beiträge der unterstrichenen Autoren nachfolgend veröffentlicht:

K. Bergmeister, O. Englhardt, F. Dembski	Achtung! Glas! Akzeptanz absturzsichernder und begehbarer Verglasungen
L. Knabben, A. Ötes, Th. Topp	Technologie und Anwendung von holographisch optischen Elementen (HOE)
J. Segner	Zur Systematik von Sonnenschutzverglasungen
F. Lichtblau	Neue Werkstätten der Lebenshilfe Lindenberg – ein „SolarBau"-Projekt
H. Schober, K. Kürschner	Verglaste Stabnetze auf immer freieren Flächenformen
J. Schneider	Tragende Verbindungen im Glasbau Verbindungstechniken am Beispiel ausgeführter Ganzglaskonstruktionen
B. Weller, V. Prautzsch, S. Tasche, I. Vogt	Einsatz höherfester Klebstoffe im Glasbau
F. Schneider, J.-D. Wörner	Inelastische Eigenschaften der Gläser
M. Gerold, R. Steinmetz	Gesteckte Glas-Glas-Verbindung bei einer Ganzglastreppe
M. Feldmann, M. Pilsl, M. Baitinger, H. Gesella	„Centre de Communication – Citroën": Umsetzung einer außergewöhnlichen Stahl-Glas-Fassade auf den Champs-Elysées in Paris
F. Wellershoff	Tragfähigkeit aussteifender Verglasungen unter Scheiben- und Plattenbelastung
Ö. Bucak, G. Albrecht Chr. Schuler, M. Meißner, V. Sackmann	Schubverbund von Verbundsicherheitsglas und Verbundglas
K. Boxheimer, J.-D. Wörner	Ermüdungsverhalten von Glasscheiben unter schwingender Beanspruchung
A. Burmeister, H. Rahm	Explosionsschutz moderner Glasfassaden
R. Unterweger, J. Beyer, J.-D. Wörner R. Hilber, K. Bergmeister	Ein Versuchs- und Bemessungskonzept für das Punkthaltersystem fischer FZP-G

M. Kramer	Glaskonstruktionen im Messebau Drei ausgeführte Beispiele
H. Barf, M. Lutz	Die atmende Haut Muss es wirklich 100% Glas sein
F. Sick	Dynamische Simulationen für die integrale energetische Analyse von Gebäuden
W. Sundermann, Th. Winterstetter	Transparente Gebäudehüllen – neue Projekte und aktuelle Forschung
X. Shen, M. Lanzrath	Glas- und Fassadenbau in China
P. Tückmantel, W. Wies	Praktische Umsetzung anspruchsvoller Glaskonstruktionen aus der Sicht des ausführenden Unternehmens Der Beitrag der Fachunternehmen zum Projekterfolg durch Mitwirkung bereits in der Planungsphase
S. Rexroth	Gestaltungspotenzial von Solarpaneelen als neue Bauelemente – Sonderaufgabe Baudenkmal
L. I. Vákár, K. S. Schoustra	Cold Bendable and Fire Resistant Laminated Glass New Possibilities in Design
O. Englhardt, K. Bergmeister	Flächentragwerke aus Glas – Tragverhalten und Stabilität
J. Neugebauer, A. Schneider	Befestigungen zur Erhöhung der Resttragfähigkeit von Verbundsicherheitsglas Gewebeanbindungen bzw. Gewebeverstärkungen
B. Weller, Th. Schadow	Experimentelle Untersuchungen an Lärmschutzwänden aus Glas
M. Weitkamp	Wärmebrückenanalyse an Alu- und Stahlkonstruktionen Die bauphysikalische Realität eines architektonischen Traumes
P. Hof, J.-D. Wörner	Berührungslose Dehnungsmessung an Flachglas mit der Weißlicht-Korrelations-Methode
T. Holberndt	ZiEs bald überflüssig? Erstes Bemessungskonzept für den Nachweis von Glasträgern
R. Kasper	Berechnungsverfahren für Glasträger aus Verbundglas
R. Kasper, D. Nover	Verbundglasplatten – Einfluss der Fugensteifigkeit bei Ansatz der Nichtlinearität
I. Maniatis	Ermittlung der Spannungsverteilung punktgelagerter Verglasungen für Beanspruchungen in Scheibenebene
R. Vollmar, F. Thiele, M. Bemm	Glas im Grenzzustand der Tragfähigkeit
A. Burmeister, E. Ramm	Innovative Lösungen im konstruktiven Glasbau
M. Pfeifer, S. Worg R. Schantz, M. Töllner	Glaskonstruktion9 Iranisches Generalkonsulat in Frankfurt/Main

Verglaste Stabnetze auf immer freieren Flächenformen

Glazed Steel Grids on more and more Freedom of Form

Dr.-Ing. H. Schober, Schlaich Bergermann and Partner LP, New York;
Dr.-Ing. K. Kürschner, Schlaich Bergermann und Partner GmbH, Stuttgart

Kurzfassung

In den letzten zwei Jahrzehnten wurde im Büro der Verfasser bereits eine Vielzahl von verglasten Stahlstabnetzen auf sehr unterschiedlichen geometrischen Flächenformen entwickelt und umgesetzt. Die Ermittlung der Flächenhaut und deren Facettierung, d. h. Vermaschung erfolgte dabei nach sehr unterschiedlichen Bildungsprinzipien. Es ist zu beobachten, dass sich die Flächenformen immer weiter weg von den einfachen klassischen Geometrieprinzipien hin zu immer freier definierten Flächen entwickelt haben. Als ein Beispiel für eine „befreite" Flächenform werden im besonderen die Dächer der neuen Messe Mailand vorgestellt.

1. Geometrische Flächenformen und deren Vermaschung

Transparente und besonders leicht wirkende Überdachungen sind sowohl für den geübten als auch ungeübten Betrachter sehr attraktiv. Ganz besonders dann, wenn große Spannweiten mit äußerst schlanken und materialsparenden Stahlstabnetzen überbrückt werden. Während zunächst ausschließlich geometrische Basiskörper wie z. B. Kugelkappe und Tonne als mögliche Raumflächen zugrundegelegt wurden, können heutzutage aufgrund immer leistungsfähigerer elektronischer Hilfsmittel sowohl im Büro als auch in der Produktion immer freiere Flächenformen entwickelt werden, was in der Automobil- und Flugzeugindustrie seit vielen Jahren bereits Alltag ist. Diese Art der Flächendefinition zeichnet sich dadurch aus, dass sie sich nicht mehr mit mathematischen Grundgleichungen einfach beschreiben lassen. Diese sog. Freiformflächen können entweder analytisch bzw. experimentell formgefunden werden oder auch am Bildschirm z. B. nach architektonischen Gesichtspunkten „hingezupft" werden. Die Formenvielfalt ist – was den Bauherren und besonders den Architekten freuen wird – deutlich größer geworden!
In den letzten zwei Jahrzehnten wurde im Büro der Verfasser bereits eine Vielzahl von verglasten Stahlstabnetzen auf sehr unterschiedlichen geometrischen Flächenformen entwickelt und umgesetzt. Die Ermittlung der Flächenhaut und deren Facettierung, d. h. Vermaschung erfolgte dabei nach sehr unterschiedlichen geometrischen Bildungsprinzipien.

Neben rein architektonischen Gesichtspunkten wie z. B. eine möglichst große Transparenz durch große Maschenweiten spielen auch besonders wirtschaftliche und fertigungstechnische Gesichtspunkte eine große Rolle. Dabei sollen die verglasten Maschen möglichst eben, d. h. nicht wie z. B. bei der Netzkuppel über das Freizeitbad in Neckarsulm (Bild 1) planmäßig sphärisch gekrümmt sein. Für eine möglichst einfache Detailausbildung sollten z. B. nur vier statt sechs Stäbe in einen Knoten einmünden, also Vierecks- statt Dreiecksmaschen vorgesehen werden. Eine geringe Bandbreite der Maschenwinkel nahe 90° – also möglichst keine spitzen Winkel – wirkt sich ebenso kostengünstig aus, da der Glasverschnitt deutlich geringer ausfällt.

Bild 1: Dach über Freizeitbad in Neckarsulm auf Kugelkappe mit gekrümmter Verglasung

Um möglichst eine effiziente Schalentragwirkung zu aktivieren, können die Vierecksmaschen entweder durch Einführung von Seilen oder Stäben in den Diagonalen in Dreiecksmaschen überführt werden. Mit dieser in einer Maschenebene relativ steifen Dreiecksstruktur auf einer möglichst doppelt gekrümmten Fläche können je nach Lagerungsbedingungen sehr leichte und weit spannende Stabnetze entstehen. Mit der Kombination der geometrischen Basisoperationen Translation (Erzeugende, Leitlinie) und Streckung, dem sog. Schober-Trick [1], lassen sich spielend einfach sehr schöne und wirtschaftliche Dachformen entwickeln wie z. B.:
– Glaskuppel für die Flusspferde im Berliner Zoo (Bild 2),
– Überdachung Schlüterhof im Dt. Historischen Museum in Berlin (Bild 3),
– Bahnsteigüberdachung des Lehrter Bahnhofs in Berlin (Bild 4),
– Glasdächer der DZ-Bank in Berlin (Bild 5).

In den letzten Jahren ist beim Entwurf von Stahl-Glas-Konstruktionen vonseiten der Architekten jedoch ein deutlicher Trend zu immer ausgeprägter dreidimensional wirkenden, d. h. immer freier definierten Flächenformen zu beobachten. Auf diesen oft skulpturalen Flächen mit zunehmend inhomogener Krümmungsverteilung kann die Entwicklung der Stabwerksnetze, d. h. die Annäherung der Fläche durch eine facettierte Fläche nicht mehr nach einfachen geometrischen Verfahren erfolgen. Damit aus der freien Form schlussendlich auch ein effizientes Tragwerk wird, wird der Ingenieur dabei in ganz besonderem Maße gefordert. Am Beispiel der zwei Dächer der neuen Messe Mailand werden im folgenden eine mögliche Vorgehensweise bei der Ermittlung einer Netzstruktur und die Besonderheiten von beliebig gekrümmten Freiformflächen aufgezeigt [3].

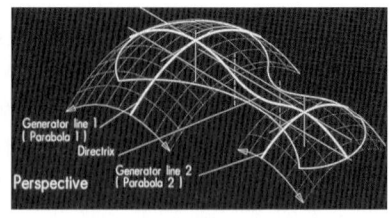

Bild 2: Flusspferdehaus im Berliner Zoo (Erste Translationsfläche im Büro!)

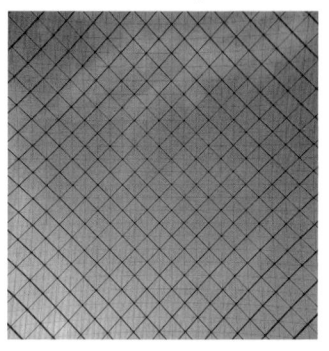

Bild 3: Überdachung Schlüterhof des Dt. Historischen Museums in Berlin (Translationsfläche)

Bild 4: Bahnsteigdach des Hauptbahnhofes Berlin (Streck-Trans-Fläche)

Bild 5: Glasdach der DZ-Bank in Berlin (Freiformfläche) [2]

2. Fließende Freiformflächen für die Dächer der neuen Messe Mailand

Entwurf und Erschließungskonzept von Architekt Fuksas

In Mailand ist ein neues, futuristisch anmutendes Messezentrum nach einem Entwurf des römischen Architekten Massimiliano Fuksas entstanden. Die Ausstellungsfläche beträgt ungefähr 345.000 m². Die acht Messehallen sind in der Hauptachse durch ein 1,3 km langes, frei geschwungenes Stahl-Glas-Dach, das sog. „Vela" (ital. Segel), miteinander verbunden (Bild 6). Dieses Dach legt sich wie ein Tuch über kleinere Gebäudeeinheiten und scheint zu schweben (Bild 7). Das „natürliche" Auf und Ab dieser Konstruktion reflektiert in spielerischer Form die in Sichtweite befindlichen Alpen. Ein weiterer Blickfang ist das ebenfalls in Stahl und Glas ausgeführte sog. „Logo" (ital. Wahrzeichen) am Haupteingang der neuen Messe.

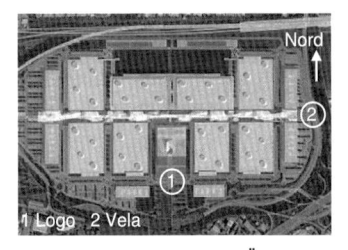

Bild 6: Messe Mailand im Überblick   Bild 7: Vela-Dach (Studio Fuksas)

Vela: The „Open Kilometer"

Das frei geformte und bereichsweise zweiachsig gekrümmte Vela-Dach überdeckt auf einer mittleren Höhe von ca. 16 m mit einer Breite zwischen 32 und 41 m die Hauptachse in West-Ost-Richtung (Bilder 8, 9). Das Dach liegt auf Baumstützen auf, berührt aber teilweise auch über trichterartige Netzbereiche, sog. Vulkane, den Boden und lagert in Sonderfällen auf darunter liegenden Gebäuden auf. Daraus ergibt sich ein Höhenprofil zwischen 0 und 26 m.

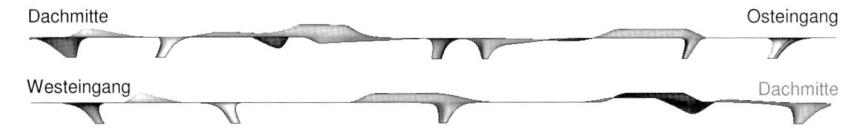

Bild 8: Südansicht der frei geformten Vela-Fläche (ohne Netzstruktur, ohne Stützen)

Zur Beherrschung der Temperaturverformungen wurde das Dach in zwölf ca. 100 m lange Abschnitte unterteilt, mit schwimmenden Festpunkten an den Baumstützen und fixen Festpunkten an den Vulkanen. Die auf die Stahlstruktur über eine Gesamtfläche von 46.300 m² direkt aufgelagerte VSG-Verglasung betont die Leichtigkeit der Konstruktion. Dabei ermöglichen mindestens 60 mm breite Stahlflansche bereits eine linienförmige Auflagerung der Scheibenkanten, die gegenüber Windsog zusätzlich noch punktweise geklemmt sind.

Bild 9: Vela-Dach am Osteingang (links: Außenansicht, rechts: Innenansicht)

Logo: Das Wahrzeichen der Messe
Am Südeingang der Messe schwingt sich das Logo – ähnlich einer Sinuswelle – von 0 auf ca. 37 m wie ein Vulkan in die Höhe empor und ist bereits von Weitem als Wahrzeichen zu erkennen (Bild 10). Dieses filigrane Dach ist zwischen 22 und 37 m breit und 119 m lang. Auf einer Höhe von ca. 10 m erstreckt sich ein flacher Dachbereich, dessen Randlinie auf Stahlträger fast überall vertikal und teilweise auch horizontal gelagert ist. Im flachen Dachbereich sind weitere sechs Stützen angeordnet. Die Abdeckung aus Isolierglas und Aluminium-Sandwich-Panelen, die auf der Stahlstruktur auflagert, umfasst eine Fläche von 4.300 m². Die Wahl der Abdeckung erfolgte sowohl aus architektonischen als auch bauphysikalischen Gesichtspunkten, da das Logo im Gegensatz zum Vela einen Innenraum darstellt.

Bild 10: Logo-Dach am Südeingang (links: Außenansicht, rechts: Innenansicht)

Von der freien Form zur tragenden Netzstruktur

Die von Fuksas entworfenen Freiformflächen weisen keinerlei Wiederholungen auf und sind durch eine inhomogene Krümmungsverteilung geprägt. Eine Konstruktion dieser Art und in diesen Abmessungen ist einzigartig und verlangt geradezu einen individuellen Ansatz zur Entwicklung einer Netzstruktur.

Die Hauptaufgabe für unser Ingenieurbüro in Zusammenarbeit mit der Firma Mero-TSK bestand darin, ein Tragwerk für eine vom Architekten vorgegebene freie Fläche zu entwickeln, das die hohen ökonomischen und ästhetischen Anforderungen erfüllt. Die Flächenform konnte jedoch im Hinblick auf ein effizienteres Tragverhalten nicht bzw. im Falle des Logo-Daches nur moderat verbessert werden.

Grundsätzlich beinhalten beide Dachflächen sowohl ebene und annähernd ebene Bereiche als auch ein- und zweiachsig, gleich- und gegensinnig, d. h. syn- und antiklastisch gekrümmte Bereiche mit unterschiedlichen Krümmungsradien und -verhältnissen. Um den daraus resultierenden geometrischen Herausforderungen bestmöglichst zu begegnen, bildet ein homogenes Vierecksnetz mit Diagonalorientierung den Ausgangspunkt für die Vermaschung. Dieses Netz besteht für das Logo aus quadratischen Maschen mit Diagonal- bzw. Stablängen von 2,7 m bzw. 1,91 m und für das Vela aus rautenförmigen Maschen mit Diagonallängen von 2,7 und 2,25 m und Stablängen von 1,76 m.

Im Übergang von den flachen zu den gekrümmten Bereichen überschreiten die Verwindungen der Vierecksmaschen allmählich die für ebene Gläser noch zulässigen Werte, sodass hier eine Teilung in Dreiecksmaschen erforderlich ist (Bild 11). Durch Einführung von Diagonalstäben konnte nicht nur eine wirtschaftliche Verglasung mit ebenen Scheiben erreicht werden, sondern auch eine Voraussetzung zur Aktivierung der Schalentragwirkung geschaffen werden.

Bild 11: Teilung der Vierecks- in Dreiecksmaschen durch Einführung von Diagonalstäben

Entwicklung einer fließenden Struktur

Das Ziel bei der Generierung des Maschennetzes war, ein viereckiges Netz in den flachen Bereichen zunächst in ein dreieckiges Netz in den zunehmend gekrümmten Bereichen und schließlich in ein spiralförmig um den Vulkanschaft fließendes dreieckiges Netz mit optisch vergleichbarer Dichte zu entwickeln. Die Notwendigkeit, dass dies homogen und kontinuierlich fließend, d. h. ohne allzu starke horizontale Stabknicke geschehen musste (Bild 12), führte auf ein Grundprinzip der Netzfindung hin: Die Netzstruktur sollte dem Kraftfluss folgen und somit dem Charakter der Form entsprechen. Neben rein ästhetischen und statischen Gesichtspunkten mussten für die Netzentwicklung auch konstruktive und fertigungsbedingte Aspekte wie z. B. Mindest- und Maximalwerte von Stablängen und Scheibenwinkel berücksichtigt werden.

Bild 12: Fließende Netzstruktur (links: Vela, rechts: Logo)

In den flachen und annähernd flachen Dachbereichen war es bereits ausreichend, ein konstantes Vierecksnetz aus einer horizontalen Ebene auf die Fläche in vertikaler Richtung zu projizieren (Bild 13). Für Bereiche mit größeren Neigungen und Krümmungen wie z. B. für die „halben" Vulkane war eine vertikale Projektion aufgrund allzu großer Verzerrungen der Maschen jedoch nur noch unzureichend. Um besonders für diese Dachbereiche möglichst alle Anforderungen an das Netz zu erfüllen, wurden im Büro geometrisch iterative Verfahren zur Maschengenerierung entwickelt (Bild 14). Die Entwicklung des Maschennetzes ist für die „ganzen" Vulkane – besonders wenn wie beim Logo-Dach zwei dicht neben einander stehen und direkt ineinander übergehen (Bild 15) – aufgrund fehlender seitlicher Dachränder natürlich wesentlich komplexer als für die „halben" Vulkane.

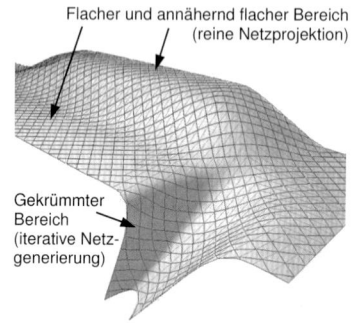

Flacher und annähernd flacher Bereich (reine Netzprojektion)

Gekrümmter Bereich (iterative Netzgenerierung)

Bild 13: Prinzip der Netzentwicklung in einem typischen Vela-Dachabschnitt

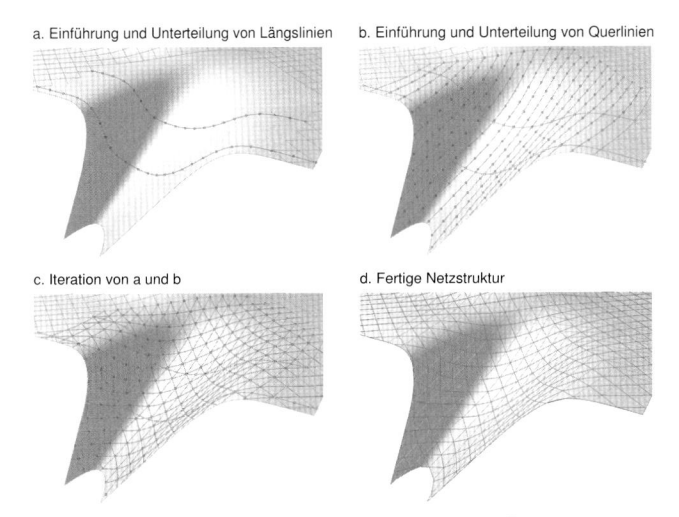

a. Einführung und Unterteilung von Längslinien   b. Einführung und Unterteilung von Querlinien

c. Iteration von a und b   d. Fertige Netzstruktur

Bild 14: Grundprinzip der Netzentwicklung für Halbvulkane

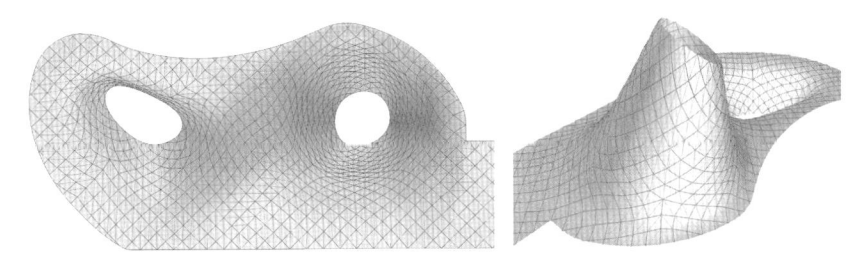

Bild 15: Vernetzte Fläche des Logo-Daches mit Vulkankrater und -kegel

Netze aus 18.000 Knoten und 42.000 Stäben

Die Stabnetze bestehen beim Vela-Dach aus ungefähr 16.500 Knoten und 38.000 Stäben und beim Logo-Dach aus 1.500 Knoten und 3.800 Stäben. Da alle Knoten, Stäbe und Maschen durch unterschiedliche geometrische Datensätze definiert sind, war die Logistik in Fertigung, Transport und Montage besonders aufwändig.

Für beide Dächer sind die Hauptstäbe geschweißte T-Querschnitte mit einer Stegorientierung normal zur Fläche. Die in den gekrümmten Bereichen vorhandenen Diagonalstäbe sind im Vela-Dach als Sekundärstäbe in Form kleiner quadratischer Hohlprofile, im Logo-Dach wie die Hauptstäbe als geschweißte T-Profile ausgebildet. Die Höhen der T-Profile variieren im Vela zwischen 160 und 200 mm und im Logo zwischen 80 und 350 mm.

Die Dachstäbe münden bei Stabhöhen von mindestens 160 mm in zweiteilige Stirnflächenknoten der Firma Mero-TSK (Bild 16), die im Regelfall geschraubt und in Sonderfällen geschweißt sind. Die Zweiteilung der Knoten in jeweils zwei Knotenteller ermöglicht einen Stabanschluss mit hoher Biegetragfähigkeit und -steifigkeit. Beim Logo-Dach sind für Profilhöhen von weniger als 160 mm nur noch einteilige Stirnflächenknoten, sog. Zylinderknoten, möglich. Um dennoch eine ausreichende Knotentragfähigkeit und -steifigkeit zu erreichen, ist die Tellerwand entsprechend verstärkt. Beide Knotentypen werden aus Schmiederohlingen mittels CNC-Fräsen gefertigt [4].

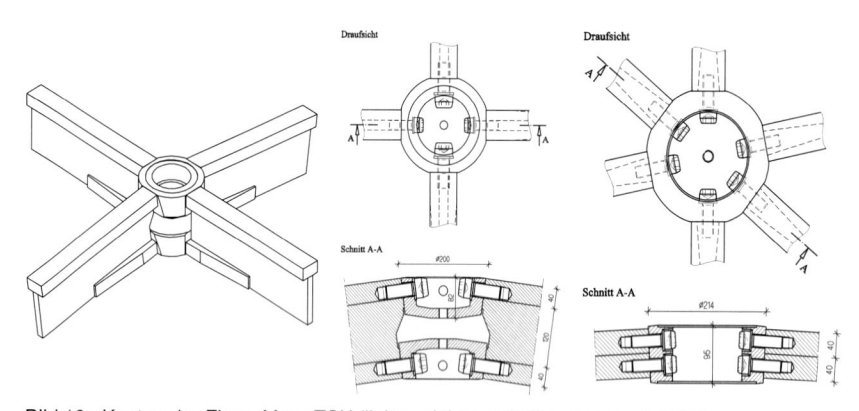

Bild 16: Knoten der Firma Mero-TSK (links, mittig: zweiteilig; rechts: einteilig)

Für die Entwässerung der annähernd flachen Bereiche des Vela-Daches ist im Einflussbereich einer Stütze eine ausreichend große aber kaum wahrnehmbare hyparförmige Überhöhung so gewählt, dass eine Entwässerung „unsichtbar" durch die inneren Äste der Baumstützen erfolgen kann. Die gekrümmten Bereiche des Vela-Daches und das komplette Logo-Dach entwässern zu den Rändern hin.

3. Gefaltete Freiformflächen als Hülle eines Verwaltungsgebäudes

Für ein geometrisch äußerst interessantes Verwaltungsgebäude vom Architekten Frank O. Gehry wird in unserem Büro erstmals das Programm CATIA in den Planungsprozess mit eingebunden. Im Gegensatz zu den Dächern der Messe Mailand wird hier die Verglasung nicht mehr direkt auf der Stahlstruktur aufgelagert, sondern über eine zwischenliegende Aluminiumkonstruktion in variierendem Abstand zum Stahl befestigt. Da die einzelnen Schichten (Stahl, Aluminium, Glas) geometrisch nicht affin zueinander angeordnet sind, stellt deren

„räumliche" Koordination eine Herausforderung dar. Das dazu hilfreiche digitale Modell beinhaltet die Volumina aller Elemente und besteht aus einer Vielzahl von austauschbaren Teilmodellen (Massivbau, Stahlbau, Fassade, Ausbau etc.). Bei ausgeprägt räumlichen Bauwerken mit frei geformten, unregelmäßigen Strukturen und großer Gefahr für Kollisionen bietet das Programm CATIA bei der Volumenmodellierung große Vorteile wie z. B. die parametrisch-assoziative Modellierung, der effiziente Einsatz von Powercopy-Makros, die Suchfunktionen für Kollisionen, die automatische Massenermittlung usw., was übliche CAD-Programme derzeit nicht ohne weiteres leisten können. Darüber hinaus bietet das CATIA-Modell die ideale Plattform für einen papierlosen Austausch von Informationen zwischen allen Beteiligten. Aus unserer Sicht bietet solch eine Software ein hohes Potential für die Zukunft besonders im Hinblick auf eine schnelle Koordination und eine effiziente Lösung von konstruktiven Herausforderungen.

4. Fazit

Moderne Computerhardware und -software eröffnen sowohl den Architekten als auch Ingenieuren neue Möglichkeiten, mit immer freieren geometrischen Formen kreativ zu spielen. Bei dieser Entwicklung ist jedoch besonders der Ingenieur gefordert, aus diesen freien Formen effiziente Netz- und Tragstrukturen zu entwickeln. Dabei entstehen neue Herausforderungen auch im Hinblick auf konstruktive Detailausbildung, Fertigung und Montage, die es bei der Realisierung dieser Bauwerke erfolgreich zu lösen gilt.

[1]   Schober: Geometrie-Prinzipien für wirtschaftliche und effiziente Schalentragwerke, Bautechnik 79 (2002), H. 1, S. 16-24.
[2]   Schlaich, Schober, Helbig: Eine verglaste Netzschale: Dach und Skulptur, DG-Bank am Pariser Platz 3 in Berlin, Bautechnik 78 (2001), H. 7, S. 457-463.
[3]   Schober, Kürschner, Jungjohann: Neue Messe Mailand – Netzstruktur und Tragverhalten einer Freiformfläche, Stahlbau 73 (2004), H. 8, S. 541-551.
[4]   Stephan, Sánchez-Alvarez, Knebel: Stabwerke auf Freiformflächen, Stahlbau 73 (2004), H. 8, S. 562-572.

Einsatz höherfester Klebstoffe im Glasbau

Use of high-tensile Adhesives in Glass Construction

Prof. Dr.-Ing. **B. Weller**, Dipl.-Ing. **V. Prautzsch**, Dipl.-Ing. **S. Tasche**, Dipl.-Ing. **I. Vogt**, TU Dresden, Institut für Baukonstruktion

Kurzfassung

Geklebte Verbindungen im Glasbau sind bisher überwiegend auf die Anwendung von Silikonen beschränkt. In einem laufenden Forschungsverbundprojekt, das durch die AiF im Rahmen des Programms PRO INNO II gefördert wird, werden alternative transparente höherfeste Klebstoffsysteme, deren Verhalten im baupraktischen Bereich nicht bekannt sind, gezielt auf ihre Eignung in Glaskonstruktionen untersucht. Zahlreiche Anwendungen, die transparente, elastische und alterungsbeständige Klebungen erfordern, werden erschlossen. Die betrachteten Klebstoffsysteme werden hinsichtlich ihrer Haftungseigenschaften, ihrer Alterungsbeständigkeit, ihres optimalen Oberflächenauftrages und ihrer verarbeitungstechnischen Aspekte auf unterschiedlichen Glas- und Metalloberflächen untersucht. Außerdem wird untersucht, inwiefern transparente Klebungen eine Alternative zu üblicherweise verwendeten Verbindungsmitteln der Glasbefestigung darstellen. Dazu werden an Bauteilen Tragfähigkeits- und Gebrauchstauglichkeitsuntersuchungen unternommen, welche die Eigenschaften der Klebstoffe aus ingenieurtechnischer Sicht beurteilen helfen. Wichtig für die Berechnung von Klebungen in dünnen Schichten ist der richtige Ansatz des entsprechenden Materialgesetzes und der Materialparameter. Durch die Wechselwirkungen mit dem Fügeteil verändern sich die Materialkennwerte des Klebstoffes. Unter Betrachtung der veränderten Materialeigenschaften in diesem Grenzschichtbereich wird an einem numerischen Ersatzmodell ihr Einfluss auf die Ergebnisse überprüft.

1. Anwendungen

Glas über Klebungen in eine Konstruktion einzufügen ist in verschiedenen Anwendungen im Glasbau vorteilhaft. Punktförmig gebohrte Punkthalter oder geklemmte Scheibenlagerungen werden dabei durch transparente Klebungen mit UV- und lichthärtenden Acrylaten ersetzt. Im Vertikalbereich werden häufig Glaslamellen eingesetzt (Bild 1a). Hier sind punkt- oder linienförmige Klebungen denkbar, um die Glaslamellen an der Unterkonstruktion zu befestigen. Glasbrüstungen werden häufig am Fußpunkt eingespannt. Die Befestigung des Handlaufes erfolgt über gebohrte Punkthalter (Bild 1b). Hier bringt eine geklebte Befestigung des Handlaufes Vorteile. Auch bei absturzsichernden Verglasungen der Kategorie C_1 nach [1] kann die punktförmig gebohrte Scheibenlagerung durch eine punkt- oder linienförmig geklebte Scheibenbefestigung ersetzt werden, sofern bei Scheibendefekt eine separate Scheibenauswechselbarkeit gegeben ist.

Bild 1: a) Einsatz von Glaslamellen an der Fassade. b) Punktförmig gebohrte Befestigung des Handlaufes an eingespannten Glasbrüstungen.

Zur Überdachung von Gebäudeeingängen sind zahlreiche Vordachsysteme auf dem Markt. Neben der linienförmig geklemmten Scheibenlagerung werden die Überkopfverglasungen vor allem über gebohrte Punkthalter befestigt (Bild 2). Eine geklebte Anwendung ist hier in zwei Varianten denkbar. Zum einen können die Glasscheiben über Klebungen auf eine Konstruktion aufgeklebt werden, sodass das Eigengewicht der Glasscheiben sowie Verkehrslasten von der Unterkonstruktion aufgenommen werden. Klebt man die Überkopfverglasungen von unten an eine abgehängte Konstruktion an, müssen alle ständigen Lasten von den Klebungen aufgenommen werden können. Entscheidend sind hier die Resttragfähigkeit und Langzeitbeständigkeit des Systems.

Bild 2: Abgehängtes Vordachsystem zur Eingangsüberdachung. Die Lagerung der Scheiben erfolgt über gebohrte Punkthalter.

2. Stand der Klebtechnik im Glasbau

2.1 Silikone

Geklebte Systeme im Glasbau werden in Anlehnung an [2] beurteilt. Als Structural Sealant Glazing (SSG) bezeichnet man Fassaden, bei denen Gläser über eine lastabtragende Klebung mit der Unterkonstruktion verbunden sind. Verwendet werden hierfür ausschließlich Silikone, da diese Klebstoffe eine sehr gute Langzeitbeständigkeit gegenüber Witterungseinflüssen wie Feuchte, Temperatur, Klimawechsel oder Sonnenbestrahlung aufweisen. SSG-Fassaden werden nach ihrem Aufbau und der Art und Weise der Lastabtragung in vier Kategorien unterschieden. Die Unterscheidung der vier Kategorien erfolgt danach, ob das Eigengewicht des Glaselementes über die Klebung abgetragen wird und ob die Konstruktion über eine mechanische Sicherung verfügt, die ein Herabfallen des Glases bei Versagen der Klebung verhindert. Verwendet werden können Einfachgläser (monolithisch oder Verbundglas) oder Isolierglas. Die zu klebende Oberfläche des Glases kann anorganisch beschichtet oder unbeschichtet sein. Der Tragrahmen der Verklebung kann aus anodisiertem oder pulverbeschichtetem Aluminium oder nichtrostendem Stahl bestehen.

In Deutschland sind nur Systeme zulässig, bei denen das Eigengewicht der Verglasung nicht über die Klebung abgetragen wird und die Klebung selbst in Fabrikfertigung mit Fremdüberwachung der Klebung hergestellt wird. Für geklebte Glasfassaden gibt es keine allgemein anerkannten Regeln der Technik. Auf Grund dessen erfolgt die Genehmigung bedarfsweise über eine Zustimmung im Einzelfall, eine allgemeine bauaufsichtliche Zulassung oder über eine europäische technische Zulassung. [2,3,4,5,6]

Im Folgenden soll dargelegt werden, inwieweit UV- und lichthärtende Acrylatklebstoffe neue Möglichkeiten der Befestigung im Konstruktiven Glasbau eröffnen.

2.2 Höherfeste Klebstoffe

Die Transparenz des Glases legt es nahe, ebenso transparente Klebstoffe zum Fügen der Gläser zu verwenden (Bild 3). Die Strahlungsdurchlässigkeit des Glases macht den Einsatz von UV- und lichthärtenden Acrylaten im Konstruktiven Glasbau möglich (Bild 4). Im Vergleich zu den zugelassenen Silikonen weisen die betrachteten Acrylate außerdem wesentlich höhere Festigkeiten auf. Tabelle 1 zeigt einen Vergleich der Zug- und Scherfestigkeiten an ungealterten Prüfkörpern, die in klebstofftypischen Schichtdicken hergestellt wurden. Die Prüfkörper zur Untersuchung von Klebungen in dünnen Schichten sind in Bild 5 und 6 dargestellt. Das Silikon wird am H-Prüfkörper nach [2] geprüft. Aufgrund der ausgezeichneten Alterungsbeständigkeit der Silikone, weisen die Verbunde nach Alterung noch eine Restfestigkeit von mindestens 75 % auf und erfüllen damit die Forderungen nach [2]. Tabelle 2 zeigt eine Übersicht der zulässigen Festigkeiten in silikongeklebten Konstruktionen, gegen die die Beanspruchungen nachzuweisen sind. Die Alterungsbeständigkeit der betrachteten strahlungshärtenden Acrylate wird derzeit in Labor- und Freibewitterungsversuchen ermittelt. Erste Ergebnisse schließen eine Anwendung im Glasbau nicht aus [7].

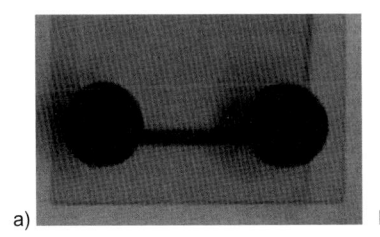

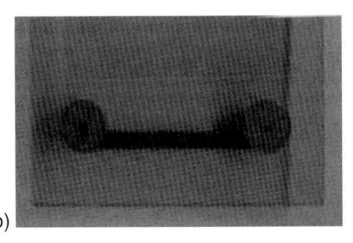

Bild 3: Geklebte Glasbauteile im Vergleich. a) Silikon, b) Acrylat.

Bild 4: Aushärtung von UV- und lichthärtenden Acrylaten mittels UV-Lampe

Tabelle 1: Festigkeiten von Silikon und strahlungshärtendem Acrylat [8,9]

Klebstoff	Schichtdicke in mm	Zugfestigkeit an ungealterten Proben bei 23 °C in N/mm² [1]	Scherfestigkeit an ungealterten Proben bei 23 °C in N/mm² [1]
DELO PB® 4468 [2]	0,1	17,81	31,88
	0,2	20,99	28,71
	0,5	22,68	26,14
	1,0	23,43	24,30
Sikasil® SG-500 [3]	12	1,07	0,79

[1] Geklebt wurde unbehandeltes Floatglas nach DIN EN 572 mit anodisch oxidiertem Aluminium.
[2] Vergleiche hierzu Prüfkörperbilder in Bild 5 und 6.
[3] Festigkeitsermittlung an H-Prüfkörpern nach [2]. Die Festigkeitswerte wurden [10] entnommen.

Tabelle 2: Zulässige Spannungen und Dehnungen von Silikon Sikasil® SG 500 [11]

Dynamische Lasten	σ_{zul} = 0,14 N/mm², τ_{zul} = 0,105 N/mm²
Statische Lasten in ungestützten Systemen	σ_{zul} = 0,014 N/mm², τ_{zul} = 0,0105 N/mm²
Dehnung	ε_{zul} = +/- 12,5 %

Im Unterschied zu den Silikonen sind die untersuchten Klebfugen maximal 2 mm dick und bieten damit medialer Beanspruchung nur geringfügige Angriffsfläche. Die Aushärtung der

betrachteten Acrylate erfolgt über UV- und /oder sichtbares Licht durch spezielle Lampen (Bild 4) in wenigen Minuten bis zur Endfestigkeit des Klebstoffes. Nach der Aushärtung sind die Klebungen sofort belastbar. Die maximal durchhärtbare Schichtdicke beträgt bei Aushärtung mit sichtbarem Licht maximal 6 mm, bei Verwendung von UV-Licht maximal 1mm. Bei Verklebung von VSG-Gläsern werden die UV-Bestandteile des Lichtes durch die PVB-Folie absorbiert. Die Aushärtung des Klebstoffes erfolgt dann allein durch sichtbares Licht.
[7,12,13,14,15]

3. Versuche
3.1 Aufgabenstellung
Üblicherweise verwendete Glas- und Metalloberflächen im Konstruktiven Glasbau sind in Laborversuchen in Anlehnung an [2] künstlichen Alterungsszenarien auszusetzen, um Aussagen zur Dauerhaftigkeit der Klebungen unter medialer Beanspruchung treffen zu können. Des Weiteren werden in Bauteilversuchen Tragfähigkeits- und Gebrauchstauglichkeitsprüfungen geklebter Anwendungen nach den derzeit geltenden Normen und Richtlinien im Glasbau durchgeführt. In konstruktiver Hinsicht muss die Forderung nach einer mechanischen Sicherung ab 8 m Höhe bedacht werden.

3.2 Laborversuche

a)   b)

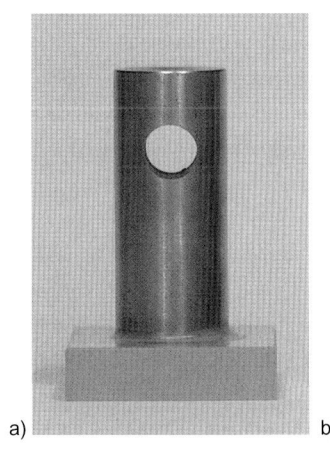

Bild 5: a) Zugprüfkörper. Die Klebfläche ergibt sich im Schnitt zwischen Metallzylinder und Glasscheibe. b) Eingespannter Zugprüfkörper in Prüfmaschine.

a) b)
Bild 6: a) Druckscherprüfkörper. Die Klebfläche ergibt sich in der Überlappungsfläche zwischen Metall und Glas. b) Druckscherprüfkörper in Prüfmaschine. [16]

Im Konstruktiven Glasbau verwendete Metalloberflächen werden mit Glas durch verschiedene UV- und lichthärtende Acrylatklebstoffe verbunden und in Zug- und Druckscherprüfkörpern auf ihre Alterungsbeständigkeit hin untersucht. Einerseits wird die Zugfestigkeit senkrecht zur Klebfläche ermittelt, andererseits die Druckscherbeanspruchbarkeit parallel zur Klebfläche. In die Versuche einbezogen werden folgende Metalloberflächen: glanzverchromtes Messing, mattverchromtes Messing, pulverbeschichtetes Messing, gedrehter Edelstahl, geschliffener Edelstahl, polierter Edelstahl und eloxiertes Aluminium. Berücksichtigung finden hier Materialien für den Einsatz im Innen- und Außenbereich sowie Oberflächen, die sich aus dem Herstellungsprozess heraus für punktförmige und linienförmige Klebflächen aus Edelstahl ergeben. Als Glas wird ausschließlich unbehandeltes Floatglas verwendet.

Zahlreiche Parameter haben Einfluss auf eine optimale Klebfestigkeit. Untersucht werden vor allem die Materialien und Oberflächen der Fügeteile, verschiedene Klebstoffarten, Klebgeometrien und Schichtdicken der Klebung, der Einfluss angrenzender Materialien, die Oberflächenvorbehandlung und -aktivierung sowie atmosphärische Einwirkungen. Aus konstruktiver Sicht gilt es, das geklebte System mit seinen Beanspruchungen zu betrachten, fertigungstechnische Aspekte in Betracht zu ziehen, eine Austauschbarkeit defekter Scheiben zu gewährleisten sowie die Aufnahme von Konstruktionstoleranzen sicherzustellen. [17,18,19]

Auf Grund dessen ist die Untersuchung von Klebungen im Prüfkörperbereich ein iterativer Prozess, in dem anwendungsbezogen alle Einflussfaktoren zu untersuchen sind. Zunächst wurde geprüft, inwiefern die unterschiedlichen Eigenschaften der Floatglasseiten, die durch den Herstellungsprozess bedingt sind, Einfluss auf die Festigkeit der Klebungen nehmen. Es wurden Proben sowohl auf der Badseite des Glases als auch auf der Atmosphärenseite geklebt. Nach einer Wasserlagerung (45 °C, 0,5 % Tensid) über 30 Tage hat sich gezeigt, dass auf Grund des erhöhten Zinnanteils der Badseite die Klebfestigkeiten ungealterter und gealterter Proben der Badseite niedriger ausfallen.

In weiteren Vorversuchen werden alle Materialien mit allen untersuchten Klebstoffen geklebt. Dabei wird hier ausschließlich die Atmosphärenseite des Glases geklebt. Die ermittelte Referenzfestigkeit wird mit der Restfestigkeit nach einer Wasserlagerung (45 °C, 0,5 % Tensid) über 30 Tage verglichen. Auf diese Weise werden anwendungsbezogen Materialkombinationen selektiert, die einerseits gute Ergebnisse lieferten und andererseits in weiteren Hauptversuchen gezielt in Anlehnung an [2] geprüft werden. Wesentlicher Bestandteil der Hauptversuche ist eine Schichtdickenuntersuchung für punkt- und linienförmige Klebungen.

Die Alterungsszenarien werden im Einklang mit den verschiedenen Anwendungen im Innen- und Außenbereich unter den gegebenen medialen Beanspruchungen vorgenommen. In Anlehnung an [2] werden folgende Kennwerte an Zug- und Druckscherprüfkörpern vor und nach Alterung ermittelt: Anfangsfestigkeit bei -20, 23, +80 °C, SUN-Test, UV-Bestrahlung, Wasserlagerung, Salzsprühnebeltest, Belastung mit SO_2, Reinigungsmitteltest sowie der Einfluss von Kontaktmaterialien. Zusätzlich werden der Klimawechseltest sowie eine Freibewitterung der Proben durchgeführt.

3.3 Bauteilversuche

Verschiedene geklebte Anwendungen sind bisher in Tragfähigkeitsprüfungen getestet worden. Vorgestellt werden hier die Ergebnisse geklebter Glaslamellen sowie geklebter Absturzsicherungen.

Als Alternative zu konventionellen Befestigungsmitteln wurden zwei unterschiedliche geklebte Glaslamellensysteme untersucht. Es handelt sich einmal um einen Durchlaufträger mit drei Stützungen der Glasscheibe und einmal um ein Einfeldträgersystem. Beide Systeme wurden sowohl linienförmig als auch punktuell geklebt. Zum Einsatz kam neben weiteren Klebstoffen das strahlungshärtende transparente Acrylat DELO PB 4468. Die punktuellen

Klebungen der Acrylatklebungen des Durchlaufträgersystems hatten einen Durchmesser von 70 mm. Die Acrylatklebungen besaßen eine Klebfugenstärke von 0,2 mm. Für beide Systeme ist ein 2 x 8 mm TVG mit dazwischen liegender PVB-Folie von 1,52 mm Dicke verwendet worden. Bild 7 zeigt eine 6-fach punktuell mit Acrylat geklebte Glaslamelle. Der simulierte Einbauzustand entspricht 0 ° gegen die Vertikale. Die Klebfugen werden auf Abscheren beansprucht. Eigengewicht und Eislast werden im Versuch über seitliche Rollen aufgebracht. Die Windsogbelastung wird durch die Prüfmaschine über das Lastgeschirr auf die Scheibe aufgebracht. Die Prüfung erfolgte über die beaufschlagten Lasten hinaus bis zur Grenze der Tragfähigkeit. Zu sehen ist die Glaslamelle während der Prüfung, die bei konstant gehaltener ständiger Last bis zu 9-facher Windsogbelastung tragfähig war. An einem Punkthalter wurde das Glas bis zur PVB-Ebene herausgerissen. Außerdem ist ein Glashalter unter der Belastung durchgebrochen. Trotz dieses Schadensbildes wurden keine Schädigungen an den Klebungen beobachtet. Die Glaslamellen mit Acrylatklebungen haben sich im Bauteilversuch als geeignet erwiesen. Eine konstruktive Optimierung der Fügepunkte ist, in Abhängigkeit von den spezifischen Eigenschaften des Klebstoffs, möglich. Gestalterisch vorteilhaft bei einer Acrylatklebung ist aufgrund der höheren Festigkeit eine geringere Klebfläche sowie die Transparenz des Klebstoffes.

Bild 7: 6-fach punktuell mit Acrylat geklebte Glaslamelle im Bauteilversuch.

In weiteren Versuchen werden geklebt gefügte Glaslamellen der gleichen Systeme gebaut und einer mehrmonatigen Freibewitterung unterzogen. Im Anschluss daran wird die Tragfähigkeit der Systeme nach Alterung ermittelt.

Bild 8: Geklebte Glaslamellen in Freibewitterung.

Glas wird ebenfalls als Konstruktionselement in Absturzsicherungen verwendet. Auch hier bieten sich transparente Klebungen an, um die Gläser mit weiteren Bauteilen der absturzsichernden Konstruktion zu verbinden. Neben atmosphärischen Beanspruchungen müssen die Klebungen Anpralllasten widerstehen, die durch Pendelschlagprüfungen nach [20] simuliert werden. Eine Pendelschlagprüfung wurde für absturzsichernde geklebte Verglasungen der Kategorie C_1 nach [1] durchgeführt. Geprüft wurde neben weiteren Klebstoffen das Acrylat DELO PB 4468 in einer Schichtdicke von 0,2 mm. Die punktuell geklebten Verbundsicherheitsgläser sind von jeder Seite mittig dreimal aus 450 mm Fallhöhe angestoßen worden. Alle untersuchten Klebstoffe konnten diese Beanspruchung gut aufnehmen.

Bild 9: Unbeschädigte Acrylatklebung nach Pendelschlagprüfung.

4. Einführung in die Berechnung von Klebungen in dünnen Schichten

Ausgangspunkt für Berechnungen von Klebungen in dünnen Fugen ist der Ansatz des entsprechenden Materialgesetzes und der Materialparameter, wie Elastizitätsmodul und Querdehnzahl. Materialkennwerte von Klebstoffen können am Bulkmaterial (reines Klebstoffmaterial) oder an Verbindungen aus Klebstoff und Fügeteil ermittelt werden. Bei der letzteren Methode fließen die gegenseitigen Wechselwirkungen zwischen Fügeteil und Klebstoff mit ein. Der Klebstoff verändert sich in der Grenzschicht, einem Bereich von 15 bis 20 µm. Je näher an der Grenzfläche (das ist der geometrische Ort), desto härter verhält sich der Klebstoff. Je weiter entfernt von der Grenzfläche, desto weicher verhält sich der Klebstoff, bis er in die Eigenschaften des reinen Bulkmaterials erreicht. Zur Beschreibung des Klebstoffes in der Grenzschicht werden zwei Methoden herangezogen.

Mit der Mikrothermischen Analyse (µTA) ist eine Möglichkeit gegeben, Oberflächen zu untersuchen und zu charakterisieren, im Besonderen die Grenzschichten mit den sich ändernden Eigenschaften [21]. Die Charakterisierung erfolgt über die Glasübergangstemperatur des Klebstoffes. Diese korreliert mit der Netzwerkdichte. Eine hohe Glasübergangstemperatur spricht für eine hohe Netzwerkdichte und die wiederum weist auf einen hohen Elastizitätsmodul hin. Untersucht man Punkte in verschiedenen Abständen zur Grenzfläche, stellt man eine höhere Glasübergangstemperatur an der Grenzfläche fest, die abfällt und in einem Abstand von 15 bis 20 µm die Glasübergangstemperatur der Bulkphase erreicht (Bild 10). Aus dem Verhältnis der Glasübergangstemperaturen von Bulkphase und Grenzschicht kann nicht unmittelbar auf ein Verhältnis der Elastizitätsmoduln geschlossen werden. Dennoch kann eine Aussage getroffen werden, ab welchem Abstand von der Grenzfläche das Materialverhalten des Bulkmaterials einsetzt.

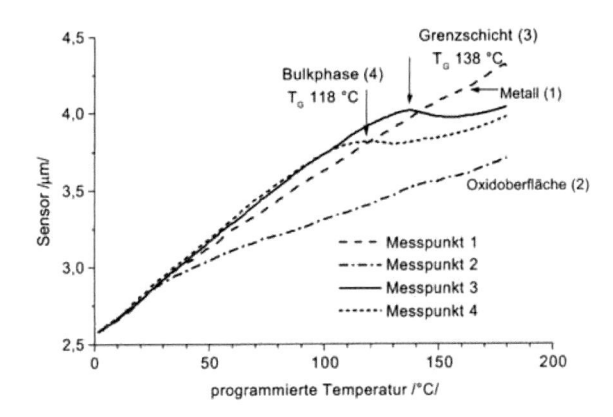

Bild 10: Ermittlung der Glasübergangstemperatur in Bulkphase und Grenzschicht mit der Mikrothermoanalyse [21]

Die zweite Methode, LAwave, wurde am Fraunhofer-Institut für Werkstoff- und Strahltechnik IWS in Dresden entwickelt [22]. Mittels Laserakustik können dünne Schichten analysiert werden. Mit Spincoating, einer Methode, bei der über eine Drehbewegung eine dünne Schicht hergestellt werden kann, wird der Klebstoff in abgestuften Dicken auf das Substrat aufgetragen. Bei exakter Messung der Schichtdicken kann über Zusammenhänge in der Atomstruktur der Elastizitätsmodul als Mittel über die Dicke angegeben werden. Wie in Bild 11 zu erkennen ist, steigt der Elastizitätsmodul in der Nähe der Grenzfläche etwa auf das Doppelte des Wertes des Bulkmaterials an. Nach einem raschen Abfall nähert sich der Mittelwert des Elastizitätsmoduls dem des Bulkmaterials an. Die ermittelten Ergebnisse aus beiden Methoden sollen nur Anhaltswerte für die Größenordnung der veränderten Kennwerte in der Grenzschicht sein, da die dort verwendeten Klebstoffe und Fügeteile sich von den im Projekt verwendeten Materialien unterscheiden.

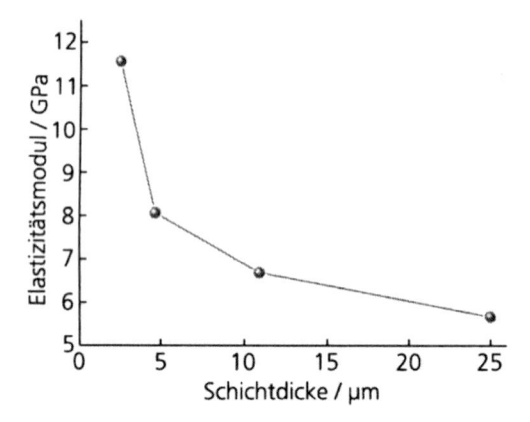

Bild 11: Zusammenhang zwischen Schichtdicke und Elastizitätsmodul [22]

Bei der Berechnung stellt sich die Frage, welchen Einfluss der Ansatz der gradierten Eigenschaften im Bereich der Grenzschicht auf die Ergebnisse hat. Zur Abschätzung wird eine stark vereinfachte Finite Elemente Berechnung des Zylinderzugversuches an einem zweidimensionalen Ersatzsystem durchgeführt. Die Belastung wird als Verschiebung am Angriffspunkt der Last aufgebracht.

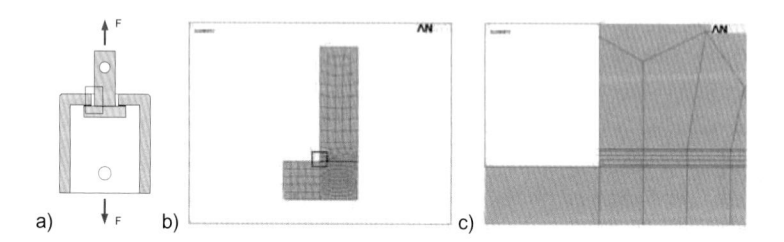

Bild 12: a) Zylinderzugversuch mit Hülse, schematische Darstellung
b) Modellierung des Systems
c) Detailpunkt Fuge mit Modellierung der Grenzschicht

Die Berechnung wird in drei Varianten durchgeführt. In der ersten Variante wird über die gesamte Klebstoffdicke der Elastizitätsmodul des Bulkmaterials angesetzt. Für die zweite Variante werden die gradierten Werte des Elastizitätsmoduls über die Fugendicke gemittelt und als konstanter Wert eingegeben. In der dritten Variante wird in der Grenzschicht der Elastizitätsmodul mit dem doppelten Wert des Bulkmaterials, im restlichen Bereich der Klebung wird der einfache Wert angesetzt. Die maximalen Spannungen in der Klebfuge treten am Rand beim Übergang zum starren Fügeteil auf. Bei Variante 1 mit dem Ansatz der Materialparameter des Bulkmaterials treten die geringsten Spannungen auf. In Variante 2 werden die gradierten Kennwerte über die gesamte Fugendicke gemittelt. Hier übersteigen die maximalen Spannungen die Ergebnisse aus Variante 1 um etwa 10%. In Variante 3 wird in der Grenzschicht ein höherer Elastizitätsmodul angesetzt. Die Ergebnisse liegen etwa in der Größenordnung der Variante 2, somit ebenfalls etwa 10% höher als die in Variante 1. Als Ergebnis kann geschlussfolgert werden, dass bei der Bemessung auf jeden Fall der Einfluss des Fügeteils berücksichtigt werden muss. Die sich durch die Wechselwirkungen zwischen Klebstoff und Fügeteil einstellende Grenzschicht mit den sich gegenüber dem Bulkmaterial veränderten Materialparametern beeinflussen die Ergebnisse der Berechnung. Dabei ist der Ansatz der gemittelten Werte (Variante 2) ausreichend. Bei der Berechnung von Bauteilanwendungen kann auf eine genauere Modellierung der Grenzschicht verzichtet werden, um Rechenzeit zu sparen. Für die Ermittlung der Klebstoffkennwerte bedeutet diese Erkenntnis, dass zur genaueren Berechnung die Kennwerte an In-Situ-Proben, Klebstoff in Verbindung mit dem Fügeteil, ermittelt werden sollten, da hier der Einfluss der Grenzschicht einfließt und als Ergebnis gemittelte Werte zur Verfügung stehen.

Dank

Besonderer Dank gilt der Firma KL Beschläge Karl Loggen GmbH, der Firma Delo Industrieklebstoffe GmbH & Co. KG für die materielle Unterstützung der Versuche sowie dem Kleblabor des Institutes für Werkstoff- und Strahltechnik der Fraunhofer Gesellschaft. Die Bauteilversuche wurden außerdem fachlich und materiell unterstützt durch die Sika Services AG sowie der Firma Colt International GmbH.

Literatur

[1] Technische Regeln für die Verwendung von absturzsichernden Verglasungen. Ausgabe 01/2003.

[2] ETAG 002: Leitlinie für die europäische technische Zulassung für geklebte Glaskonstruktionen (Structural Sealant Glazing Systems - SSGS), Teil 1: Gestützte und ungestützte Systeme. Berlin: Bundesanzeiger 1999.

[3] Doobe, M.; Beyle, H.; Giesecke, A.: Structural Glazing nach allen Regeln der Kunst. In: adhäsion. Heft 06/2003. Seite 16-20.

[4] Müller, U.: Lastabtragende Klebungen. In: Tagungsband; glasbau2004; Dresden 2004. Seite 107-116.

[5] Hagl, A.: Kleben im Glasbau; In: Stahlbau-Kalender 2005, Berlin 2005. Seite 819-861.

[6] Weller, B. (Hrsg.): glasbau2004; Lastabtragendes Kleben im Konstruktiven Glasbau. Institut für Baukonstruktion der Technischen Universität Dresden; Dresden 2004.

[7] Weller, B. et al.: Fügen und Verbinden mit UV- und lichthärtenden Acrylaten. In: Stahlbau. Heft 06/2006 (angenommen).

[8] Delo Industrieklebstoffe: Technische Information DELO-PHOTOBOND® 4468, Landsberg 2005.

[9] Sika Schweiz AG: Product Data Sheet Sikasil® SG-500, Zürich 2006.

[10] Prüfbericht Nr. 507 20750: Prüfung eines Structural Glazing Klebstoffes nach ETAG Nr. 002; ift Rosenheim 1999.

[11] Weller, B.; Tasche, S.: Glasbau. In: Wendehorst Bautechnische Zahlentafeln. Herausgegeben von O. W. Wetzell. Stuttgart/Leipzig/Wiesbaden: B. G. Teubner, 2004. Seite 901-932.

[12] Witek, G.: Modifizierte Acrylat-Klebstoffe DELO-PHOTOBOND für konstruktive Glasverklebungen. In: Tagungsband; glasbau2004; Dresden 2004. Seite 97-105.

[13] Weller, B.; Tasche, S.: Adhesive Fixing in Glass Construction; In: Tagungsband; Glass Processing Days 2005; Tampere 2005. Seite 267-270.

[14] Weller, B.; Pottgiesser, U.; Tasche, S.: Kleben im Bauwesen - Glasbau. Teil 1: Anwendungen. In: Detail. Heft 10/2004. Seite 1166-1170.

[15] Weller, B.; Pottgiesser, U.; Tasche, S.: Kleben im Bauwesen - Glasbau. Teil 2: Grundlagen. In: Detail. Heft 12/2004. Seite 1488-1494.

[16] DELO-Norm 5. In: BOND it – Nachschlagewerk zur Klebtechnik. 3. neu bearbeitete und erweiterte Auflage, Landsberg 2002.

[17] Jansen, I.: Vorbehandlung und Klebstoffauswahl. In: Tagungsband; glasbau2004; Dresden 2004. Seite 89-96.

[18] Habenicht, G.: Kleben, Grundlagen, Technologie, Anwendungen. 3. neu bearbeitete Auflage, Berlin 1997.

[19] Brockmann, W. et al.: Klebtechnik - Klebstoffe, Anwendungen und Verfahren. 1. Auflage, Weinheim 2005.

[20] DIN EN 12600: Glas im Bauwesen - Pendelschlagversuch; Verfahren zur Stoßprüfung und Klassifizierung von Flachglas. Ausgabe 04/2003.

[21] Kleinert, H., Häßler, R., Jansen, I.: Erzeugung haftvermittelnder dünner Schichten auf Metalloberflächen durch spezielle physikalische und chemische Verfahren. Teilprojektbericht B7 des SFB 287 1999-2001.
[22] Fraunhofer Institut Werkstoff- und Strahltechnik: Jahresbericht 2004, Dresden 2005.
[23] Schlimmer, M., et. al.: Berechnung und Auslegung von Klebverbindungen, Teil 1-9. Adhäsion, Kleben und Dichten 48 (2004), Heft 5-12.

Autoren dieses Beitrages
Prof. Dr.-Ing. Bernhard Weller, Dipl.-Ing. Volker Prautzsch, Dipl.-Ing. Silke Tasche, Dipl.-Ing. Iris Vogt

Technische Universität Dresden, Fakultät Bauingenieurwesen, Institut für Baukonstruktion, 01062 Dresden

Die atmende Haut

Muss es wirklich 100 % Glas sein

Dipl.-Ing. Arch. **Herwig Barf**, DS-Plan GmbH, Stuttgart;
Dipl.-Ing. (FH) Arch. **Martin Lutz**, Geschäftsführer, Vorstand,
DS-Plan AG, Stuttgart

Kurzfassung

Der Vermietungsmarkt hat sich in den letzten 2 bis 3 Jahren stark verändert. Nebenkosten/Energiekosten sind ein, wenn nicht der entscheidende Faktor wenn über die Durchführung eines größeren Bauprojektes befunden wird.
Die neue EU-Richtlinie DIN 18599 und der „Energiepass" werden in nächster Zukunft eingeführt.

Gebäude mit Ganzglasfassaden genießen in der jüngsten Vergangenheit einen immer schlechteren Ruf, welcher durch teilweise einseitige und schlecht recherchierte Presseberichte verstärkt wird. Gewisse Nachteile von Ganzglasfassaden sind jedoch aus energetischer und wirtschaftlicher Sicht nicht gänzlich von der Hand zu weisen: Der Energieeintrag muss, mit oft aufwendigen Mitteln reduziert werden, die Investitionskosten für Ganzglasfassaden sind oft höher als für Fassaden mit teilweise geschlossenen (preisgünstigeren) Fassadenanteilen, etc.

Großmieter haben, nicht nur aus den oben genannten Gründen, teilweise immer größere Vorbehalte gegen Gebäude mit Ganzglasfassaden, deren Image, angeheizt durch die Berichterstattung, immer öfter angekratzt wird.

Ein weiterer Grund für solche Vorbehalte ist das so genannte 26 Grad Urteil (Urteil des Landgerichts Bielefeld vom 16.04.2003, gegründet auf §§ 535, 636 BGB und § 6 ArbStättV in Verbindung mit Arbeitsstättenrichtlinie Raumtemperaturen, ASR 6, sowie DIN 1946/2). D. h. die vorhandenen gerichtlichen Urteile zur Einhaltung einer Raumtemperatur interpretieren alle die Arbeitsstättenrichtlinie als ein Muss-Kriterium, d. h. eine Einhaltung von max. 26° bei 32° Außentemperatur muss vorgesehen bzw. gewährleistet werden.

Es muss also nicht immer 100 % Glas sein.

Aus den oben bereits genannten Gründen werden aktuell immer mehr Bauvorhaben (Eigengenutzte sowohl als auch Fremdvermietete Objekte) mit teilweise geschlossenen (und hoch Wärme gedämmten) Anteilen – unter Verbesserung aller Komfortansprüche für die Nutzer geplant und ausgeführt.

Als ganzheitlich denkendes und planendes Ingenieurbüro hat sich die DS-Plan GmbH auf das enge Zusammenspiel zwischen Fassadenkonstruktion und Raumkonditionierung unter den gegebenen wirtschaftlichen Rahmenbedingungen, spezialisiert, da diesem Wirkungskreis bei Hochbauten i. d. R. die Schlüsselrolle zukommt. Ihr Zusammenwirken beeinflusst maßgeblich sowohl die Wirtschaftlichkeit und die Gestaltung eines Gebäudes als auch das Wohlbefinden der Nutzer.

Dieser ganzheitliche Planungsansatz ist bereits in den frühesten Planungsstadien (z. T. bereits in der Wettbewerbsphase) für die spätere Realisierung und Vermarktung von innovativen Konzepten entscheidend.

Im Folgenden sollen einige Projektbeispiele (z. T. in der Realisationsphase), welche unter den oben genannten Voraussetzungen derzeit geplant werden, sowie eine damit im Zusammenhang stehende Eigenentwicklung aus der Forschungsabteilung von DS-Plan vorgestellt werden.

Sky Office, Düsseldorf (Gebäudehöhe ca. 85 m)

Architekt: Ingenhoven und Partner Architekten, Düsseldorf
Bauherr: Viterra Development GmbH, Düsseldorf
Fassadentechnik, Energiekonzept, Bauphysik, Simulationen: DS-Plan GmbH, Stuttgart

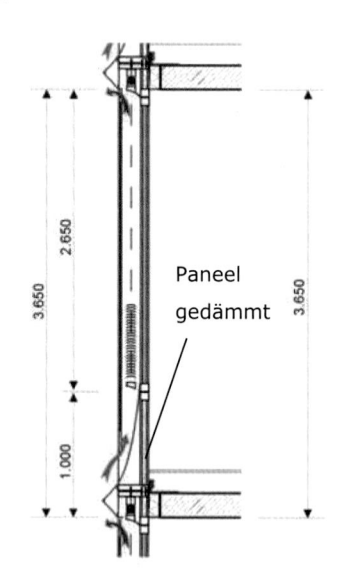

Paneel gedämmt

Merkmale / Vorteile

- Doppelfassade als kompakte doppelschalige Fassade (mit minimiertem Fassadenzwischenraum)
- Hoch Wärme gedämmter Brüstungsanteil, im Bereich der Innenfassade, dadurch Verbesserung der Gesamtdämmeigenschaft und Verringerung des Energieeintrages
- Betonkernaktivierung als Grundkühlung und Grundheizung
- Additive dezentrale Lüftungseinheit in jeder zweiten Büroachse
- Natürliche Be- und Entlüftung der Büroeinheiten
- „Außen" liegender, hoch effizienter Sonnenschutz
- Erhöhter Schallschutz durch Doppelschaligkeit
- Wirtschaftliche Konstruktionsweise
- Konkurrenzfähiges Vermietungsobjekt

Schimmelpfenghaus, Berlin (Gebäudehöhe ca. 119 m)

Architekt: Langhof Architekten, Berlin
Bauherr: CASIA Immobilien, Frankfurt
Fassadentechnik, Bauphysik: DS-Plan GmbH, Stuttgart

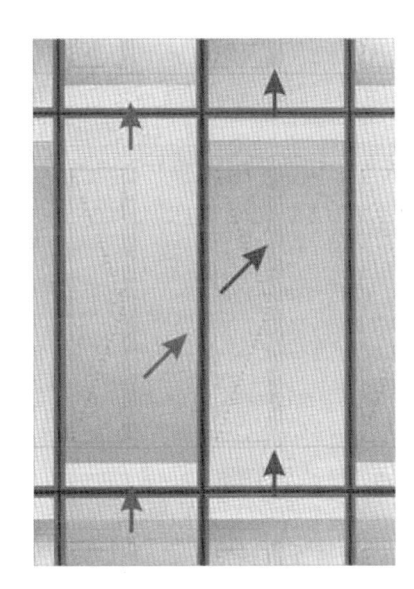

Merkmale / Vorteile
- Doppelfassade als kompakte doppelschalige Fassade (mit minimiertem Fassadenzwischenraum)
- Hoch Wärme gedämmter Brüstungsanteil, im Bereich der Innenfassade, dadurch Verbesserung der Gesamtdämmeigenschaft und Verringerung des Energieeintrages
- Betonkernaktivierung als Grundkühlung und Grundheizung
- Natürliche Be- und Entlüftung der Büroeinheiten
- „Außen" liegender, hoch effizienter Sonnenschutz
- Erhöhter Schallschutz durch Doppelschaligkeit
- Wirtschaftliche Konstruktionsweise
- Konkurrenzfähiges Vermietungsobjekt

VDI-Haus, Düsseldorf

Architekt: Petzinka, Pink und Partner, Düsseldorf
Bauherr: VDI, Düsseldorf
Generalfachplaner (Fassadentechnik, Energiekonzept, TGA-Planung, Bauphysik): DS-Plan GmbH, Stuttgart

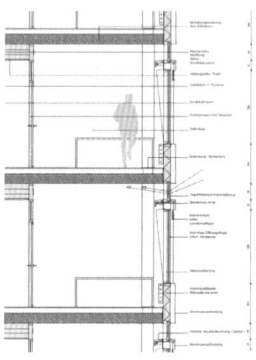

Merkmale / Vorteile

- Komplett vorgefertigte, elementierte Aluminium P-R Konstruktion
- Hoch wärme dämmende Aluminiumprofile, dadurch erhebliche Verringerung des Kaltluftabfalls im fassadennahen Bereich
- Hoch Wärme gedämmter Brüstungsanteil, dadurch Verbesserung der Gesamtdämmeigenschaft und Verringerung des Energieeintrages
- Betonkernaktivierung als Grundkühlung und Grundheizung
- Zusätzliche Heizflächen im Brüstungsbereich
- Lichtlenkung im oberen Fassadenbereich
- Natürliche Be- und Entlüftung der Büroeinheiten
- Zusätzliche mechanische Lüftung (z. B. bei Großraumnutzung)
- „Außen" liegender, hoch effizienter Sonnenschutz
- Wirtschaftliche Konstruktionsweise und minimierte Montagezeiten durch hohen Vorfertigungsgrad
- Wirtschaftliche haustechnische Anlage

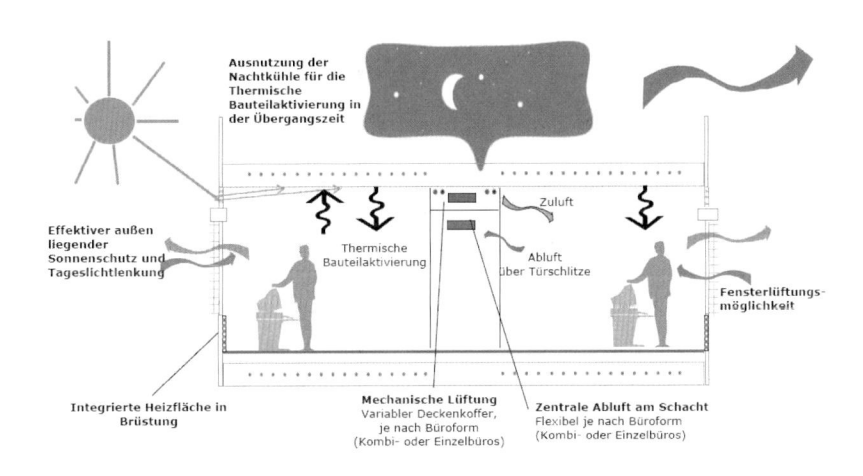

Haustechnisches Konzept

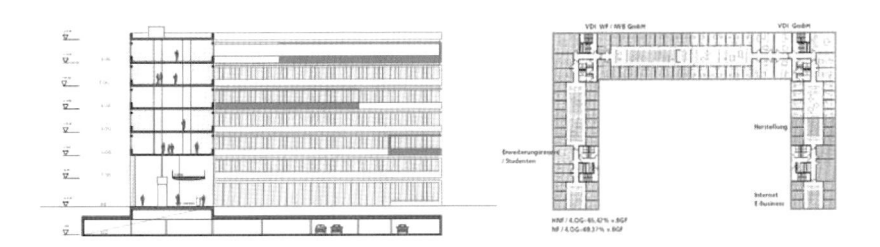

Schnitt   Grundriss Regelgeschoss

Forschungs- / Entwicklungsergebnis : Dezentrale Lüftungseinheit

In enger Zusammenarbeit mit Architekten, Ingenieuren und ausführenden Firmen wurde im Rahmen der von DS-Plan betriebenen Forschungs- und Entwicklungsarbeit eine dezentrale

467

Lüftungseinheit entwickelt und zur Produktreife gebracht. Hierbei standen im Vordergrund eine effiziente, kostengünstige und damit wirtschaftliche Haustechnik sowie ein gestaltungsoptimiertes Format dieser Einheit, welches den Einsatz in anspruchsvolle und hochwertige Fassadenkonstruktionen erlaubt – ohne Platz- und Gestaltungseinbußen.

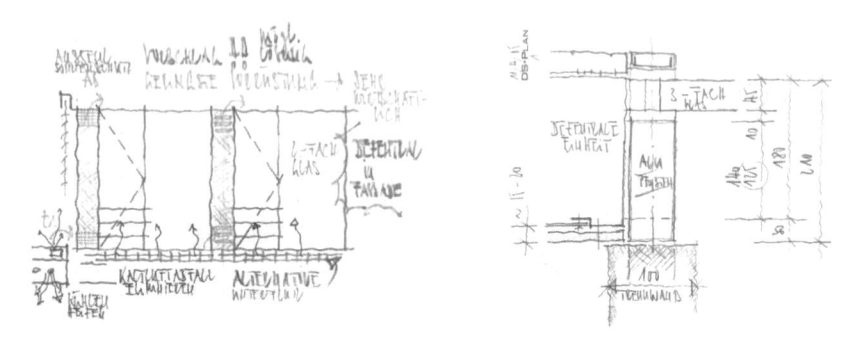

Die dezentrale Lüftungseinheit kann geschoßhoch mit einer schmalen Ansichtsbreite in eine Standardfassade (sowohl als auch in Sonderentwicklungen) integriert werden. Hierbei wird auf die innere und äußere Flächenbündigkeit mit der Fassadenkonstruktion geachtet. Die äußere und die raumseitige Bekleidung des Gerätes kann dabei (annähernd) gänzlich frei gewählt werden.

Abmessungen:
- Höhe ca. 2700 mm
- Breite ca. 450 mm
- Tiefe ca. 210 mm

Leistungen
- Heizen
- Lüften
- Kühlen. Max. Kühlleistung in Verbindung mit Betonkernaktivierung ca. 55 W/m²
- Grundbefeuchtung, Grundentfeuchtung über Wärmerückgewinnung

System dezentrales Lüftungselement

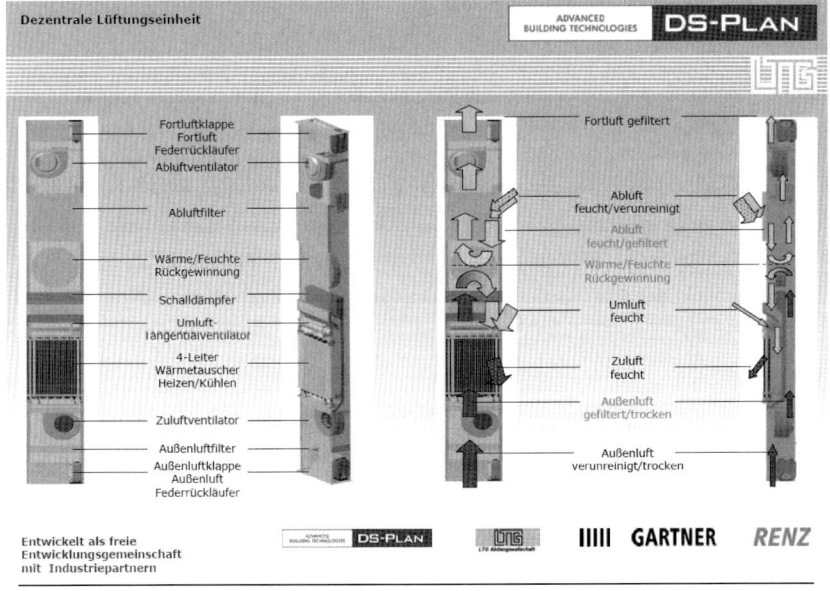

Mehrwert für Projektentwickler, Bauherr, Architekt
- Uneingeschränkte Mieter- / Nutzerflexibilität, abgestimmt auf unterschiedliche Raumkomfortansprüche
- Uneingeschränkte Vor- / Nachrüstbarkeit, ohne Verlust an Nutz- oder Mietflächen
- Hohe Ausführungsqualität durch hohen Vorfertigungsgrad
- Zeitsparender Zeitablauf durch Standardisierung
- Hoher thermischer Komfort
- Uneingeschränkte Gestaltungsfreiheit (Oberflächen innen und außen)
- Flächenbündiger Einbau in Fassadenkonstruktion

Referenzprojekt dezentrales Lüftungselement: Altana, Konstanz

Architekt: Petzinka, Pink und Partner, Düsseldorf
Bauherr: Altana Pharma AG, Konstanz
Generalfachplaner (Fassadentechnik, Energiekonzept, TGA-Planung, Bauphysik): DS-Plan GmbH, Stuttgart

Für die Altana Pharma AG wurde in enger Zusammenarbeit mit Petzinka, Pink und Partner ein zukunftsweisendes Gesamtkonzept (Raumkonditionierung – Fassade) unter Einbezug des von DS-Plan entwickelten dezentralen Lüftungselementes ausgearbeitet, bei welchem der Schwerpunkt auf größtmögliche Energieeinsparung und zukunftsorientierte Flexibilität gelegt wurde.

Transparente Gebäudehüllen – neue Projekte und aktuelle Forschung

Dr.-Ing. **Wolfgang Sundermann,**
Dr.-Ing. Dipl. Wirt.-Ing. **Thomas Winterstetter,**
Werner Sobek Ingenieure, Stuttgart

Kurzfassung

Die neue Konzernzentrale für Serono in Genf von Helmut Jahn oder die neue Lufthansa-Hauptverwaltung in Frankfurt von Christoph Ingenhoven sind für Bauwerke, die mit einer großen Vielzahl von interessanten und neuartigen Fassaden- und Dachkonstruktionen ausgestattet sind. Die gestaltbildenden Elemente in den Gebäudehüllen sind dabei z.b. geschuppte Aussenfassaden, seilgespannte Glasfassaden, hydraulisch öffenbare verglaste Forum-Dächer sowie mehrgeschossige Glastore. Im neuen zentralen Gebäude für die Mannheimer Versicherung hängt eine zweischalige Fassade an einer 25 m weit auskragenden Rohbaukonstruktion. Neuartige Konstruktionen für die Gebäudehüllen werden auch möglich durch aktuelle Forschung an den Universitätsinstituten z.B. über geklebte Glaskonstruktionen, schaltbare Verdunklungen oder faserbewehrte Verbundgläser.

1. Konzernzentrale „Horizon Serono", Genf (CH)

Zur Zeit befindet sich in einer Hanglage mit Blick auf den Genfer See die neue Konzernzentrale des Schweizer Biotechnologie- und Pharmakonzerns Serono im Bau (Architekt: Murphy/Jahn, Chicago). Der Gebäudekomplex besteht aus einer campusartigen Anordnung von siebengeschossigen Gebäudetrakten, deren Abfolge von großräumigen Atrien unterbrochen wird. Die Bauaufgabe umfasste eine hochkomplexe Fassadentechnik mit ca. 15 verschiedenen Fassadentypen.

Die Bürobereiche erhalten eine einschalige Verglasung mit außenliegendem Edelstahlprofil-Sonnenschutzrollo, der in einer speziell auf das Objekt zugeschnittenen Sonderausführung eingebaut wurde. Die Fassaden sind teils mit Edelstahlschwertpfosten, teils mit Glasschwertern in einer sehr hochwertigen Materialität ausgeführt.

Alle Büros erhalten eine natürliche Frischluftzufuhr aus dem Unterflurbereich entlang der Fassade. Die Fassaden sind teilweise geschuppt ausgeführt, wobei die äußeren Scheiben der geneigten Fassadenverglasungen weit nach unten auskragen und die Zuluftöffnungen vor Winddruckfluktuationen und der Witterung schützen.

An den Gebäudeseiten setzt sich die Fassade in hochtransparente „Screenwalls" weiter, die auch teilweise geschuppt ausgeführt sind.

Einen echten Blickfang stellt das große kreissegmentförmige, ca. 300m² große Forumdach dar. Es spannt über bis zu 20m und kann zu Lüftungszwecken komplett als Ganzes nach oben aufgeklappt werden. Die damit verbundenen vielzähligen Zwischenbeanspruchungszustände, das komplexe Verformungsverhalten bei Öffnen und Schließen und nicht zuletzt die Antriebs- und Steuerungstechnik der Hydraulikaggregate stellten eine höchst anspruchsvolle Ingenieursaufgabe an das Planungsteam.

2. Neue Hauptverwaltung der Deutschen Lufthansa AG, Frankfurt

Die in Fertigstellung befindliche neue Hauptverwaltung der Deutschen Lufthansa AG am Flughafen Frankfurt am Main (Architekten: Ingenhoven Overdieck Architekten, Düsseldorf) weist eine kammartige Gebäudestruktur mit dazwischenliegenden Atriumshöfen auf. Die Atrien stellen Wintergärten mit einer Ausdehnung von ca. 20 x 40m im Grundriß und einer Höhe von ca. 20m dar, die Schutz vor Witterung und Fluglärm bieten. Die alle Bürotrakte überspannnende bogenförmige Baukörperstruktur hat eine Breite von ca. 90m und ist auf eine Gesamtlänge von ca. 500m ausgelegt, von denen der erste, realisierte Bauabschnitt ca. 170m umfasst.

Die Außenfassade ist untergliedert in elementierte Doppelfassaden, die die Bürobereiche umhüllen, und in hochtransparente Seilfassaden vor den Atrien. Den oberen Abschluß des Gebäudes bilden in den Bürokämmen Stahlbeton-Dachschalen, in den Atrien verglaste Stahlgitterschalen, deren Geometrie jeweils auf computererzeugten Freiformflächen basiert.

Die Tragstruktur der Stirnfassaden der Atrien wird aus vertikal vorgespannten Stahldrahtseilen im Abstand von ca. 1,45m gebildet. Die Verglasung selbst besteht aus geschoßhohen Isolierglasscheiben, die hier erstmalig in Verbindung mit einer solchen Vertikalseilfassade eingesetzt wurden. Aufgrund des Gewichts dieser exzentrisch auf Seilklemmen stehenden Scheiben sind die Seilachsen in Seilpaare aufgelöst. Die Seilklemmen selbst sind komplexe

Edelstahl-Feingussteile, die die Funktionen Scheibenklemmhalterung, Seilpaarkopplung und Reibschluß-Seilklemme in sich vereinen.

Die Seile sind kopfseitig exzentrisch an einem Bogenträger mit Zugband angeschlossen und werden zwischen diesem und der Decke über 1.UG definiert vorgespannt. Die Vorspannung der Seile ist so gewählt, dass in der Regel kaum Verformungen entstehen, die Fassade jedoch unter extremen Windlasten um bis zu ca. 40cm nachgeben kann. Am Übergang zu den Normalfassaden und an der Stelle der Türdurchgänge sind aufgrund dieser Bewegungen folglich Bewegungsfugen zu integrieren, die hier mit Glasschwertern und Bürstendichtungen gelöst wurden.

Die Gitterschalen oberhalb der Atrien bestehen aus Rechteckhohlprofil-Bogenträgern in Querrichtung und Verbindungsträgern in Querrichtung. Durch den Ansatz von Schalentragwirkung und die gegenseitige Stabilisierung der beiden Tragprofilscharen entsteht eine sehr filigrane, ruhige, ausgewogene Konstruktion. Die Gitterschalen sind ebenfalls mit unbedrucktem Isolierglas eingedeckt. Zur Abfuhr der großen solaren Wärmelasten sind im unteren Bereich der Seilfassade Lamellenöffnungsflügel für die Zuluft und oben im Längsrandbereich der Gitterschalen große, regelbare, aerodynamisch optimierte Abluftelemente angeordnet.

3. Erweiterungsbau Konzernzentrale Mannheimer Versicherungen, Mannheim

Die Hauptverwaltung der Mannheimer Versicherung, die 1987-1990 unter Leitung der Architekten Murphy/Jahn aus Chicago geplant und gebaut wurde, erhält durch den nachfolgend beschriebenen Neubau alle notwendigen Flächen, um die zur Zeit teilweise noch an externen Standorten beschäftigten Mitarbeiter an einem zentralen Standort zusammen zu führen.

Das Gebäude ist etwa 100m lang, 16m breit und 35m hoch und kragt auf der Ostseite weit über einen Bestandsbau aus. Es hat in den Bürobereichen eine zweischalige Fassade in vollelementierter Bauweise. Sie besteht aus einer hochtransparenten Außenhaut (Einfachverglasung ESG mit Randeinschliff an den Vertikalrändern, zweiseitig liniengelagert) und einer Innenhaut aus Dreifach-Isolierverglasung mit Argonfüllung, ausgeführt als SSG-Verglasung in einem Aluminium-Rahmenprofilsystem. Der Sonnenschutz ist im Fassadenzwischenraum angeordnet. Die Grundbelüftung der Büroräume erfolgt über dezentrale Klimakonvektoren, die im Bereich des Hohlraumbodens sitzen. Zusätzlich gibt es in der Innenfassade geschosshohe Doppel-Fenstertüren für natürliche Stoßlüftung, die sich nach außen zu einem Edelstahl-Lochblech mit Horizontalschlitzen öffnen. Diese „intelligente", anpassungsfähige Fassade wird durch Bauteilaktivierung der Decken, d.h. durch einbetonierte Wasserleitungssysteme zur Temperierung des Konstruktionsbetons ergänzt.

An vier Stellen, an den beiden Atriumseiten und an den beiden Treppenhäusern zum Innenhof hin, wird die vertikale Gebäudehülle durch hochtransparente Seilfassaden gebildet. Hierbei sind die Glasscheiben über Klemmhalteteller nur in den vier Eckpunkten gehalten; die Klemmhalter wiederum sind Teil einer eigens entwickelten Seilklemmenkonstruktion aus Stahlguss-Werkstoff.

Den Gewichtslastabtrag leistet ein Doppel-Vertikalseil mit relativ geringer Vorspannung, das jeweils über Konsolen am Dachringträger bzw. an einer Geschossdecke hängt und in der Lage ist, die exzentrische Scheibenauflagerung per Kräftepaar aufzunehmen. Horizontallasten (Windlasten) werden durch ein hoch vorgespanntes Horizontalseil geführt. Bei beiden Seilarten kam das neue Seilsystem Brugg HYEND mit allgemeiner bauaufsichtlicher Zulassung zur Verwendung. Bei diesem System wurden alle Komponenten wie Endbeschläge etc. speziell auf architektonische und funktionelle Belange hin optimiert. Aufgrund der Flexibilität der ebenen Seilkonstruktion kam der Gestaltung und Auslegung aller Systemkomponenten wie Seilklemmen, bewegliche Türrahmen und verformungsfähige Verglasung größte Bedeutung zu.

Durch die filigrane Konstruktion von Seilfassaden wird ein Höchstmaß an Transparenz realisiert und damit ein Innenbereich mit einer phantastischen Raumwirkung geschaffen.

Den oberen Abschluß des Gebäudes bildet eine bogenförmige, komplett verschweißte Gitterkonstruktion, die mit Glas- und Metallelementen eingedeckt ist. Diese Struktur ist von einem Randträger unterstützt, der an den Gebäudeenden weit auskragt und aus einem geometrisch äußerst anspruchsvollen Schweißprofil mit veränderlichem Querschnitt besteht.

Als Erweiterung der bisherigen Cafeteria wurde an der Nordostecke des Gebäudeblocks ein weiteres eingeschossiges Gebäude errichtet. Diese neue Cafeteria ist voll verglast; zu Klimatisierungszwecken kann diese Verglasung auf der Südseite auf voller Höhe geöffnet werden. Die Dacheindeckung der Cafeteria besteht analog zum Dach des Erweiterungsbaus aus einander abwechselnden Elementen aus bedrucktem Isolierglas und metallverkleideten Vakuumdämmpaneelen. Diese Elemente liegen auf einem extrem schlanken Tragrost aus geschweißten Flachstählen, der bei einer Bauhöhe von 300 mm und einer Stützweite von 15 m auf nur vier Stützen in den Fünftelspunkten ruht.

Den Übergang vom Neubau zu dieser Cafeteria bildet ein L-förmiger, verglaster Wetterschutzgang. Die Glasscheiben sind mittels Klemmhaltern an eine Unterkonstruktion aus minimierten Flachstählen befestigt, so dass abermals ein sehr transparenter, fast entmaterialisierter Eindruck entsteht.

4. Fertigstellung Flughafen Bangkok

Der neue internationale Großflughafen Bangkok als zentrale Drehscheibe für den fernen Osten steht kurz vor der Eröffnung. Die 60 Andockstationen für Flugzeuge werden durch insgesamt über 3 km lange Concoursen miteinander verbunden. Diese 50 m breiten und ca. 20 m hohen Concoursen sind abwechselnd mit Glasscheiben oder einer 3-lagigen Membran eingedeckt. Das unterhalb des mit Stahlträgern gehaltenen und weit auskragenden Daches gelegene 450 m lange Terminalgebäude ist ringsherum mit einer ca. 30 m hohen seilverspannten Glasfassade verkleidet. Diese Fassade verfügt in ihrem Kopfpunkt über ein spezielles Anschlußdetail, das zum Ausgleich der unterschiedlichen Vertikalverformungen des Daches und der Fassade dient.

5. Weitere Projekte

Kleinere Projekte wie das Dach des neuen ICE-Fernbahnhofes für den Flughafen Köln-Bonn mit einem schlanken, weit gespannten Bogentragwerk oder die neuen Glasdächer am Wiener Platz in Dresden verfügen ebenfalls über eine große Vielzahl interessanter Detaildurchbildungen.

6. Forschungsprojekte

Die Forschung im Bereich Glasbau beschäftigt sich unter anderem mit adaptiven Fassaden, die sich sowohl an die äußeren klimatischen Bedingungen als auch an die inneren Nutzungen automatisch anpassen. Die Fügung von Glasscheiben durch Epoxyd-Klebeverbindungen sind inzwischen bzgl. ihrer Festigkeit und Dauerhaftigkeit erprobt, geforscht wird deshalb gemeinsam mit ausführenden Unternehmen an den Möglichkeiten einer baupraktischen Anwendung. Mit Glas- oder Kohlefasern bewehrtes Glas bietet eine multifunktionale Anwendung unter gestalterischen, bauphysikalischen und statischen Aspekten.

Bild 1: Neue Konzernzentrale Horizon Serono, Genf (Computeranimation Murphy/Jahn)

a)   b)

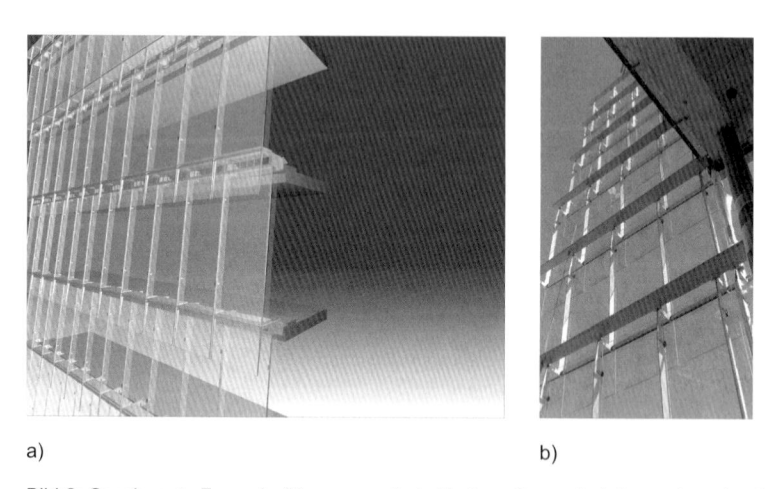

Bild 2: Geschuppte Fassade (Konzernzentrale Horizon Serono) a) Computeranimation b) Ausführung

Bild 3: Neue Hauptverwaltung Lufthansa, Frankfurt a) Luftaufnahme b) Verglasung Atrium

Bild 4: Auflagerdetail der seilverspannten Fassade (Hauptverwaltung Lufthansa)

Bild 5: Erweiterungsbau Konzernzentrale Mannheimer Versicherungen, Mannheim

a) b)

Bild 6: Seilverspannte Fassaden (Mannheimer Versicherungen) a) Atrium b) Treppenhaus

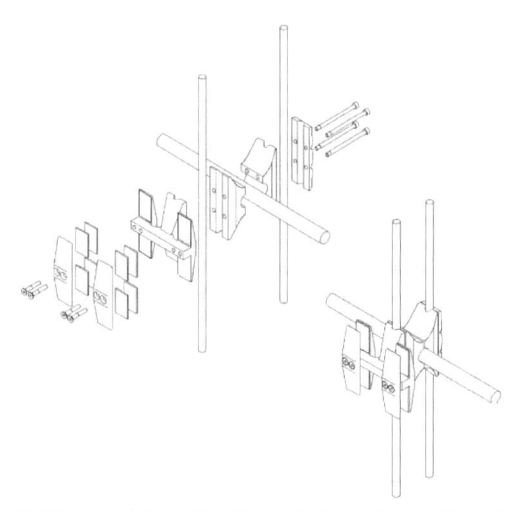

Bild 7: Anschlußdetail Seilfassade (Mannheimer Versicherungen)

Bild 8: Neuer Flughafen Bangkok, Fassade des Terminal-Gebäudes

Bild 9: Glasdach des neuen ICE-Bahnhofs (Flughafen Köln / Bonn)

Bild 10: Glaskuppel aus zusammengeklebten Schalenelmenten (ILEK Universität Stuttgart)

Praktische Umsetzung anspruchsvoller Glaskonstruktionen aus der Sicht des ausführenden Unternehmens

Der Beitrag der Fachunternehmen zum Projekterfolg durch Mitwirkung bereits in der Planungsphase

Dipl.-Ing. **Peter Tückmantel** VDI, Dipl.-Ing. **Wolfgang Wies**,
Wagener Gruppe, Kirchberg

Kurzfassung

Anspruchsvolle Glaskonstruktionen erfordern eine ganzheitliche, umfassende Planung. Die Planung sollte nicht durch den Architekten allein erfolgen. Ein Ingenieurbüro mit Erfahrungen im Glasbau ist unbedingt einzuschalten, dies können auch mehrere Spezialisten sein. Zu einem umfassenden Planungsteam gehört aber auch, dass möglichst früh die ausführenden oder potentiell ausführenden Unternehmen in diese Planung einbezogen werden.
Nur so können das Budget, die Termine und die erforderlichen Qualitäten eingehalten werden. Firmen sollten möglichst früh Ihre Sichtweise in die Planung einbringen. Durch die Auseinandersetzung mit dieser anderen Sichtweise entstehen eventuell scheinbar im Planungsprozess zusätzliche Reibungspunkte, in Wirklichkeit werden Probleme jedoch frühzeitig diskutiert, zu einem Zeitpunkt, in dem Änderungen ohne großen Aufwand und relativ günstig erfolgen können, wenn also agiert werden kann und nicht reagiert werden muss. Sonderlösungen können frühzeitig in das Projekt eingebracht werden, der Projekterfolg kann so wesentlich beeinflusst werden. Grundlage des Projekterfolges ist das verantwortungsvolle Mitdenken aller Projektbeteiligten und vor allem die qualifizierte Ausschreibung.

Im Folgenden werden zur Erläuterung einige Beispiele solcher Sonderlösungen gezeigt.

1. Einleitung

Der Titel „Praktische Umsetzung anspruchsvoller Glaskonstruktionen aus der Sicht des ausführenden Unternehmens" beinhaltet die Behauptung, dass

- es eine spezielle Sichtweise der Unternehmen gibt, die sich von der Sichtweise anderer Projektbeteiligter - wie dem Architekten oder dem Fachingenieur - unterscheidet.

Weiterhin stellen sich die Fragen,
- was macht die „praktische" Umsetzung aus und
- was ist eine anspruchsvolle Glaskonstruktion beziehungsweise inwiefern unterscheidet sich die Umsetzung dieser von einer nicht anspruchsvollen Konstruktion?

Die Antworten sind scheinbar trivial, die Erfahrungen zeigen jedoch, dass diesen grundlegenden Wahrheiten und Ihren Konsequenzen im Bauablauf zu wenig Beachtung geschenkt wird.

Die Praxis zeigt, dass die höheren Anforderungen anspruchsvoller Konstruktionen häufig nicht erkannt werden, dies ist z.b. die Notwendigkeit einer Zustimmung im Einzelfall (ZiE).

Ein Grund könnte sein, dass die anspruchsvollen Glaskonstruktionen sich häufig nur auf einen kleinen Teil des Projektes beziehen, dass also die Mengen relativ gering sind. Beispiele sind besondere Eingangssituationen, während die Hauptfassaden in einem Standardsystem erstellt werden. Durch diesen Umstand fällt diese Position als C- oder B-Position aus einer ersten genaueren Betrachtung heraus. Da aber diese Flächen für das Projekt erst relativ spät relevant werden – Glasarbeiten gehören zu den letzten Gewerken – unterbleibt eine rechtzeitige Prüfung, in der noch Pufferzeiten vorhanden gewesen wären oder man steuernd hätte eingreifen können. Im schlimmsten Fall hat aber diese C-Position eine entscheidende Bedeutung für den Fertigstellungstermin, da die Ausführung mit langen Fristen verbunden ist. Die Position ist also zwar nicht sehr umfangreich, birgt aber enorme Risiken – z.B. durch Schadensersatzforderungen und Verzugsstrafen der Bauherren.

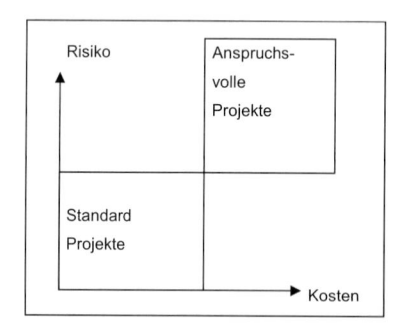

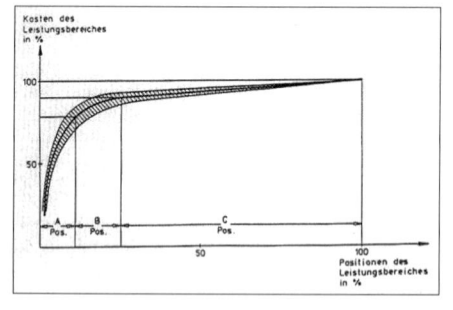

Bild 1: Risiko und Kosten

Bild 2: ABC-Analyse der Positionen eines Leistungsverzeichnisses

Die Planung und Ausschreibung bleibt also bei den Mitteln und Prozessen des „Standards", wodurch eine Diskrepanz entsteht zwischen den umsetzbaren und den umzusetzenden Qualitäten. Ein Grund für die „Planung im Standard" ist unter anderem leider die falsche Einschätzung, dass – wie bei einer Standardlösung durchaus möglich – die Detailplanung durch das ausführende Unternehmen schnell und kostengünstig ausgeführt werden kann. Übersehen wird dabei, dass die sinnvolle frühe Einbindung der Unternehmen in den Planungsprozess nicht das gleiche ist wie die Abwälzung der Grundlagenplanung auf die Unternehmen, die diese im Zuge der Werkplanung ausführen sollen.

Es ist als Unsitte zu bezeichnen, dass etwa in den Vorbemerkungen mit einem Satz wie „alle Zulassungen und Nachweise sind in den Einheitspreisen einzurechnen" dem Anbieter große Risiken und Kosten zugeschoben werden – dabei ist es unwichtig, ob dies aus Unwissenheit oder eben mit Berechnung geschieht.

Die Unternehmen können im Vergabeprozess oder zum Zeitpunkt der eigentlichen Werkplanung – zu einem Zeitpunkt, zu dem die Termine meistens feststehen und nur sehr wenig Spielraum lassen und das Budget auch nicht mehr angepasst werden kann – die verlorene Zeit nicht aufholen.

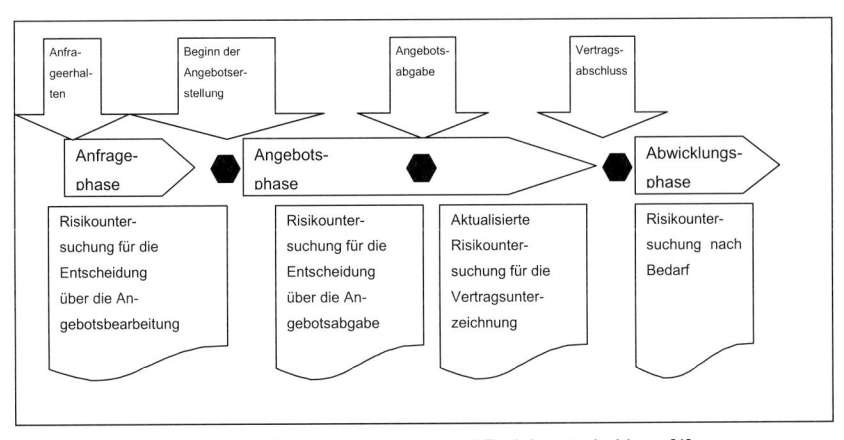

Bild 3: Zusammenhang von Risikountersuchung und Projektentscheidung [1]

Gerade funktionale Ausschreibungen sind ungenau und führen dazu, schon den Entscheidern auf Bauherrenseite die Konsequenzen (Kosten, Termine) der funktional gewünschten Lösung nicht zu verdeutlichen. Tritt nun in der Vergabe diese unzureichende Planung in das Bewusstsein so gibt es zwei grundsätzliche Lösungen: erstens die Planung wird nun nachgeholt, die Termine verschoben. Oder aber, die Leistung wird – oder ist sogar bereits – vergeben und die Planung erfolgt durch das ausführende Unternehmen. In diesem Fall geben Bauherr und Architekt wesentliche Steuerungselemente aus der Hand. Durch die Sachzwänge wird leider viel zu häufig – vor allem im letzten Fall – die Qualität geändert, wodurch der Bauherr und Architekt im Endeffekt weder Ihr eigentliches Ziel erreichen noch – wie bei einer frühzeitigen Weichenstellung möglich – ein erreichbares Optimum. Zu diesen Weichenstellungen gehört z.B. konkret die Einbindung von Fachplanern und Unternehmen. Dadurch kann im Vorfeld eine genaue Klärung der Notwendigkeit und des Umfanges einer ZiE erfolgen, Vorstatiken und in Ausnahmefällen auch Bauteiluntersuchungen durchgeführt werden oder sogar gegebenenfalls die ZiE schon erwirkt werden.

Fehler macht jeder, auch die Produktanbieter. Diese nennen aus Unkenntnis der konkreten Randbedingungen einen für diese Situation falschen Preis oder machen unrichtige Angaben zu den Produktionsmöglichkeiten. Fehler sind jedoch am Anfang relativ unkritisch für das Projekt. Da jeder Fehler Kosten verursacht, sollten die unvermeidbaren Fehler möglichst früh gemacht werden, dort sind sie noch günstig.

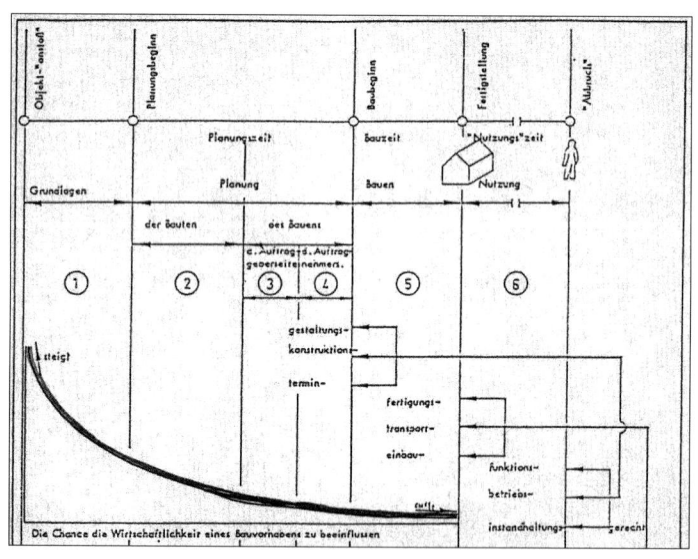

Bild 4: Chancen die Wirtschaftlichkeit eines Bauvorhabens zu beeinflussen
Fehler in einer späten Phase sind relativ teuer [2]

Der Bauherr sollte sich bewusst machen, dass diese Planungskosten sowieso entstehen und eben nicht verschwinden. Falls eine Firma diese „Nebenkosten" kalkulatorisch falsch bewertet und den Zuschlag erhält, so ist eben das Ziel des Bauherren nicht erreicht, da nun z.b. keine Fachfirma den Auftrag erhält und die von dieser Firma nicht gesehenen Risiken den Bauablauf stark belasten. In der Regel bezahlt der Bauherr diese Kosten oder eben Kosten die durch diese Situation entstehen im Verlauf des Projektes, diese Kosten sind höher als die der ursprünglich anbietenden Fachunternehmen.

	Projektrisiken		
An den Auftraggeber zurückgewiesene Projektrisiken	Vom Auftragnehmer **übernommene** Projektrisiken		
	An Dritte weitergegebene Projektrisiken		Beim Auftragnehmer **verbliebene** Projektrisiken
	An Konsortien und Unterlieferanten **durchgestellte** Projektrisiken	Durch Versicherungen u.ä Risikoträgern **abgesicherte** Projektrisiken	

Tabelle 1: Unterteilung der Projektrisiken nach den Trägern [1]

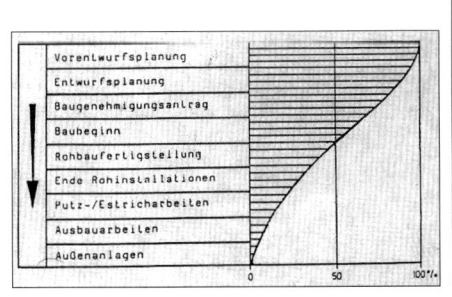

Bild 5: Einflussmöglichkeiten des BH auf Gestaltung der Baukosten im Zuge der Realisierung eines Bau-Projektes, qualitative Darstellung [3]

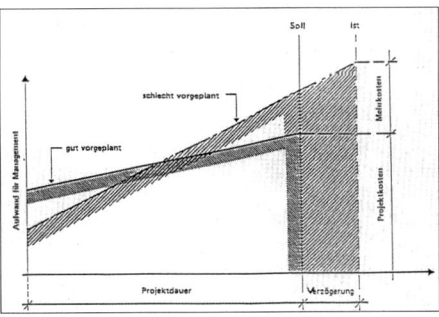

Bild 6: Mehrkosten durch schlechte die Vorplanung [4]

Auch für die Fachunternehmen ist diese Situation sehr unbefriedigend, da die Vergabephase mit den anschließenden technischen Klärungen sehr kostenintensiv ist. Wenn dann – nach intensiven Klärungen – die Ausschreibung grundlegend geändert wird ergibt sich eine ganz neue Situation, mit z.b. anderen Leistungsbereichen und daher anderen potentiellen und tatsächlichen ausführenden Unternehmen. Die Kosten werden also nun zu Verlusten. Der Verlierer ist das Fachunternehmen.

Eine hohe Risikoeinschätzung wegen unklarer Anforderungen durch die Unternehmen ist sehr negativ, da dies entweder dazu führt, dass die Preise hoch werden, dass diese an den Bauherr zurückgegeben werden oder aber dass erst gar kein Angebot abgegeben wird.

Statt also einer für den Bauherren und Unternehmer mit hohen Risiken belasteten Ausschreibung oder Vergabe, erfolgt bei einer richtigen Planung eine wesentlich qualifiziertere Ausschreibung und er erhält damit wirtschaftlichere Angebote. Die Angebotsabgabe ist für die Unternehmen mit weniger Risiken verbunden und die Wahrscheinlichkeit von Nachträgen und Verzögerungen sinkt.

Beispiele:

Brinkgasse in Köln:
Fachunternehmen können in der Vergabephase durch Sonderlösungen eine Problemlösung herbeiführen, dies wird am Beispiel Brinkgasse, Köln, verdeutlicht.
Hier war es möglich, die Kosten und Lieferzeiten wesentlich zu reduzieren und dadurch den Zuschlag zu erhalten.
Statt einer einteiligen Glasstütze von 6.710 mm Höhe bei einer Tiefe von ca. 400 mm wurde eine Änderung des statischen Systems mit einer Seilhinterspannung vorgeschlagen. Dadurch konnte eine Teilung der Stütze erfolgen, diese war nun 2 x 3.500 mm hoch bei einer Tiefe von 250 mm. Als Nebeneffekt führte die geringere Stützentiefe zu einer höheren Raumausnutzung.

Bild 7: Brinkgasse Köln

Badenweiler, Therme [5]

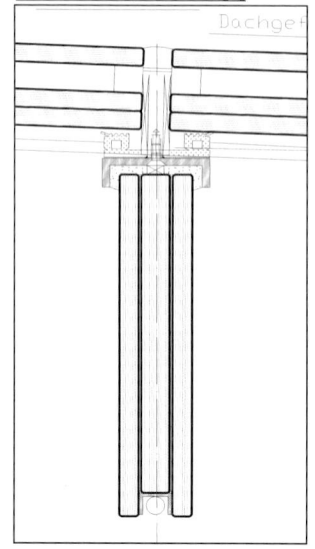

Bild 8 Glasträger

Architekt:
Architektengruppe F70, Freiburg

Bauherr
Staatliches Vermögens- und Hochbauamt, Freiburg

Fachingenieur
Schlaich Bergermann und Partner, Stuttgart
Prof. Dr.-Ing. Ö. Bucak, FH München

Konzept / Anforderung
Hallenhöhe 8 m, Glasträger 3-fach Verbund,
Spannweite 6 m, Seilunterspannung,
Linienlagerung und Sogsicherung
Das Dachgefälle beträgt nur 1,8 °.
Die Dachentwässerung erfolgt am Massivgebäude.
Die eingebaute Rinne wurde mit einem Notüberlauf und mit einer elektronischen „Warnanlage" ausgestattet, um ein Verstopfen der Rinne oder der Fallleitungen zu melden.

Besondere Lösungen, Optimierungen
Die Detailplanung und Ausschreibung wurden sehr qualifiziert ausgeführt. An den Auflagerschuhen konnten nur Details verbessert werden.

Bild 9 Dach und Fassade

Bild 10 Riegel und Stützen

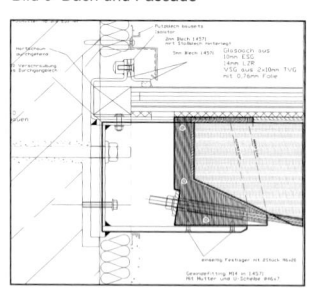

Bild 11 Detail Auflager

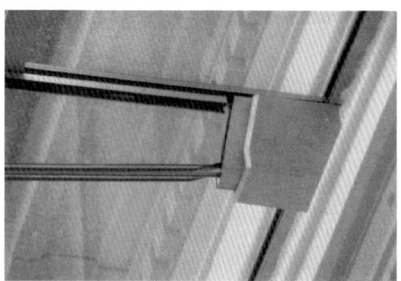

Bild 12 Detail Auflager

Bild 13 Ansicht Glasbinder

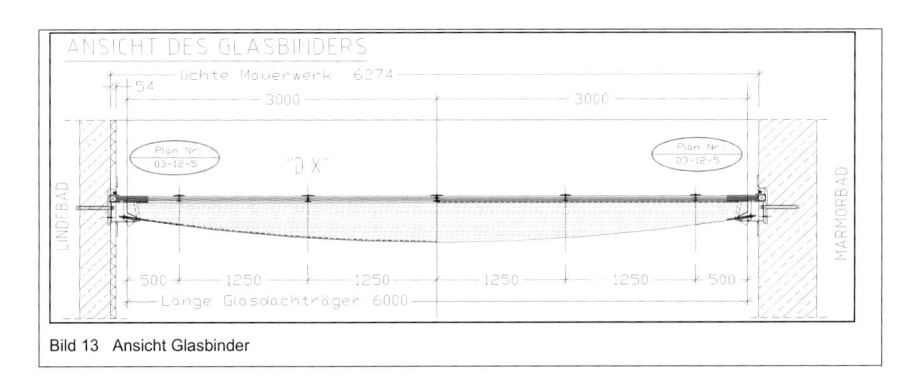

2. Anspruchsvolle Konstruktionen

Anspruchslose Bauwerke gibt es nicht, denn es gibt zumindest im Bereich der Technik Mindestanforderungen. Eine anspruchslose Gestaltung dürfte es nicht geben, schließlich ist Bauen auch eine Frage der Kultur und Identität.

Hohe Ansprüche einer Konstruktion oder Aufgabe entsteht im Wesentlichen in den wichtigsten Projektzielen:

- **Qualität** (Was soll geplant, entwickelt, gebaut werden?

    Welche Funktion soll erfüllt werden? Technik [Tragwerk, Bauphysik] undGestaltung)

    Kosten (Was darf das Vorhaben kosten?)
- **Termine** (Bis wann soll dies erledigt sein? / Quantität)

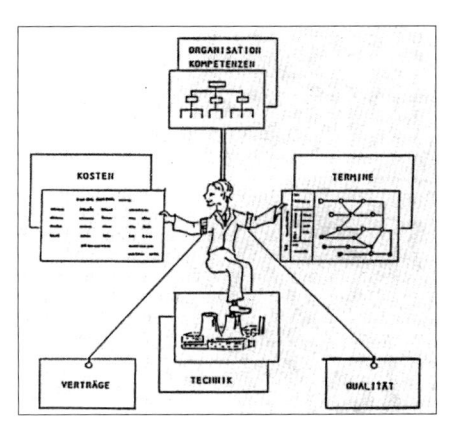

Bild 14:   Projektziele [4]

Projekte beziehungsweise Konstruktionen werden im Wesentlichen beschrieben durch:
- Umfang
- Besonderheit, Schwierigkeit, Risiko
- Komplexität
- Bedeutung

Anspruchsvoll sind komplexe Bauaufgaben, für die keine Standardlösungen und damit auch keine Faustformeln existieren. Sie überschreiten den Erfahrungsschatz vieler am Bau Beteiligter. Anspruchsvoll ist eine Konstruktion etwa,
- die sehr komplex ist,
- die Fehler nicht verzeiht und daher Improvisation ausschließt,
- die einen hohen Planungsaufwand erfordert: Das sehr genaue Durchdenken der Konstruktion zu einem frühen Zeitpunkt ,
- die einer absolut sorgfältigen Arbeitsvorbereitung bedarf und zusätzlich wesentlich von der Qualität und Kompetenz der ausführenden Firma abhängt,
- bei der die Bauausführung gegebenenfalls sogar überwacht werden muss,
- die eine umfangreiche Zusammenarbeit mit Behörden erfordert,
- die innerhalb einer schwierigen Öffentlichkeit geschieht,
- die einen schwierigen Beschaffungsmarkt hat.

Auch die Prozesse der Baustelle können sehr Anspruchvoll sein, also angefangen beim Betreuungsaufwand für den Kunden bis hin zur Logistik und so weiter.

Das folgende Zitat von Vitruv (Römischer Baumeister, 84-20 vor Christus) zu den unterschiedlichen Bedeutungen von Bauteilen verdeutlicht die Problematik: „Wie man ohne Mängel Bauwerke ausführen muss und wie man denen, die zu bauen beginnen, Sicherheit verschafft, habe ich auseinandergesetzt. Denn hinsichtlich der Erneuerung von Ziegeln oder Balken oder Latten braucht man sicht nicht in gleicher Weise zu sorgen wie hinsichtlich der Grundmauern, weil diese Dinge, wenn Sie schadhaft sind, leicht ausgewechselt werden."

Die „Höhe" der Anforderung ergibt sich vereinfachend aus dem Überschreiten des Standards. Dies sollten im technischen Bereich die allgemein anerkannten Regeln der Technik sein, beziehungsweise durch Anwendungen, die nicht durch Normen oder vergleichbare Regeln abgedeckt werden. Es sind also Bauaufgaben für Ingenieure oder Fachfirmen, vereinfachend in Abgrenzung zu den klassischen Handwerksbetrieben. In dem Bereich der hohen

Anforderungen gehören auch aufwendige Simulationen und FE-Berechnungen oder allgemein komplexe Prozesse mit einer Vielzahl von Daten und Parametern. Komplexe Aufgaben und Prozesse, gerade auch innovative Lösungen, führen dazu, dass die Ergebnisse und Aussagen nicht einfach gegeben werden können. Es ist nicht möglich, unbekanntes Terrain zu betreten und gleichzeitig eine unrealistische Sicherheit der Aussagen zu behaupten. Zudem sind in einem wesentlich stärkeren Maße als üblich diese Aussagen in dem weiteren Planungsprozess zu verifizieren und zu validieren, da scheinbar kleine Änderungen – welche im Regelfall der Standardaufgabe unproblematisch sind – katastrophale Folgen haben können. Ursprünglich richtige Aussagen, die in einen falschen Kontext geraten führen immer wieder zu Missverständnissen und Behinderungen. Die Standardaussage „das haben wir immer so gemacht" zeigt zu oft leider nur, dass die veränderten Randbedingungen nicht verstanden wurden. Die Improvisation ist höchstens bei Standardlösungen möglich, bei komplexen Bauaufgaben muss diese durch eine genaue Planung ersetzt werden. Dies bedeutet, dass teilweise die Detaillösung, also dass Zuendedenken schon vor der Ausschreibung notwendig ist.

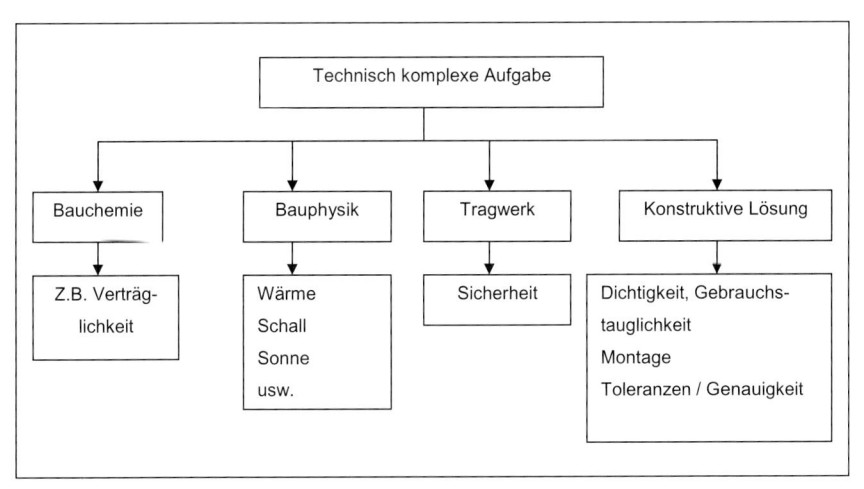

Technisch komplexe Aufgabe			
Bauchemie	Bauphysik	Tragwerk	Konstruktive Lösung
Z.B. Verträglichkeit	Wärme Schall Sonne usw.	Sicherheit	Dichtigkeit, Gebrauchstauglichkeit Montage Toleranzen / Genauigkeit

Bild 15: technisch komplexe Aufgaben

Aus komplexen Aufgaben ergibt sich auch die wichtige Forderung, Schnittstellen (Personen, Materialien) zu reduzieren und damit die Beherrschbarkeit zu erhöhen, das Risiko zu minimieren und Abläufe zu optimieren (Termine, Fristen).

Im Bereich der Gestaltung ist die Abgrenzung schwieriger und wird nicht weiter vorgenommen.

Bei Standardlösungen mag es richtig sein davon auszugehen, dass man hinterher ein ausführendes Unternehmen findet. Für anspruchsvolle Bauaufgaben kennt wahrscheinlich jeder die Situation, dass es schwer werden kann einen Ausführenden zu finden, selbst in der heutigen Zeit des Akqusitionsmarktes für Standardlösungen.
Schließlich spielen ganz unterschiedliche Dinge eine Rolle, damit eine Firma ein Angebot abgibt und wirklich sich für ein Projekt interessiert:

- Projektgröße, Lage
- Konstruktionsart, Produkte
- Preis
- Termine
- bis hin zu psychologischen Gesichtspunkten

Man muss einfach zur Kenntnis nehmen, dass es Dinge gibt, die – obwohl technisch richtig – von anderen Personen bzw. Firmen aus verschiedensten Gründen heraus anders gesehen werden oder anders gelöst werden, natürlich ebenso technisch richtig.

2.1 Qualität

Aufgaben, die als anspruchsvoll erkannt werden, stellen im Allgemeinen kein Problem dar, da dieses Problembewusstsein schon die halbe Lösung ist, siehe oben.
Problematisch sind die Aufgaben, die leider teilweise sehr ähnlich der Standardaufgaben sind oder scheinen, für die jedoch eine Übertragung der Standardlösungen nicht möglich ist. Bei diesen werden Spezialisten gefordert, um die Qualität sicherzustellen. Während bei Standardaufgaben die Hinzuziehung von Fachfirmen in der Planungsphase nicht notwendig ist, sollte dies bei anspruchsvollen Aufgaben geschehen. Natürlich besteht die Möglichkeit, dass durch Hinzuziehung einer nicht qualifizierten Firma eine Lösung nicht erleichtert wird. Die Wahrscheinlichkeit einer schnellen und preiswerten Lösung wird aber durch die Konsultation einer Fachfirma wesentlich erhöht. Der Idealfall der frühzeitigen Einbindung von spezialisierten Ingenieuren, die die Einbindung von Firmen entbehrlich machen würde, ist leider viel zu selten.

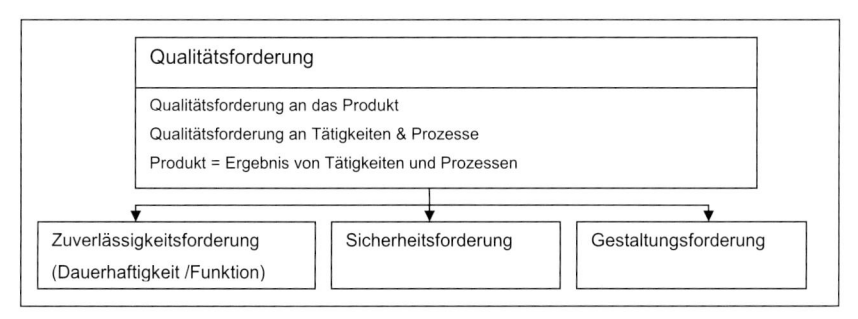

```
┌─────────────────────────────────────────────────────────────┐
│                     Qualitätsforderung                       │
│                                                              │
│         Qualitätsforderung an das Produkt                    │
│         Qualitätsforderung an Tätigkeiten & Prozesse         │
│         Produkt = Ergebnis von Tätigkeiten und Prozessen     │
│                                                              │
│  ┌──────────────────────┐ ┌──────────────────┐ ┌──────────────────────┐
│  │ Zuverlässigkeitsforderung │ │ Sicherheitsforderung │ │ Gestaltungsforderung │
│  │ (Dauerhaftigkeit /Funktion)│ │                  │ │                      │
│  └──────────────────────┘ └──────────────────┘ └──────────────────────┘
└─────────────────────────────────────────────────────────────┘
```

Bild 16 Qualität

Falls nun die Idee aufkommt, dass die Einbindung von Fachingenieuren und Fachfirmen in die Planung das unausgesprochene Eingeständnis der Planer bedeuten würde, dass diese nicht alleine umfassend beraten können und deshalb zu unterbleiben habe, so ist dies hier in aller Deutlichkeit zu verneinen.

Jeder gute Hausarzt kennt seine Grenzen und stellt rechtzeitig Überweisungen aus. Genau so sollte der Architekt oder später der eingeschaltete Ingenieur rechtzeitig die entsprechenden Spezialisten einspannen. Diese zu koordinieren und zu einer Lösung aus einem Guss unter einer Leitidee zu führen ist sehr anspruchsvoll, da dies gewöhnlich eben nicht von den Spezialisten erbracht worden kann

2.1.1 Technische Anforderungen

Der Fachingenieur wird vor allem in dem Bereich der technischen Anforderungen benötigt. Die Gestaltung, das Budget und die Termine wirken sich auch auf die technischen Anforderungen aus. Da es also nicht ausreicht nur die Technik frühzeitig zu klären, hat die Fachfirma vor allem den wesentlichen Vorteil gegenüber den beratenden Ingenieuren oder Projektsteuerern, dass sie diese ganzen Aspekte bündelt.

Gerade falls im Planungsprozess z.B. „nur" ein Statiker involviert war ist zu prüfen, ob die technischen Anforderungen auch mit der Gestaltung vereinbar sind und ob die konstruktiven Belange wie Dichtigkeit und Dauerhaftigkeit erfüllt wurden. Die Ausführenden müssen schließlich in letzter Konsequenz für diese Konstruktion die Verantwortung übernehmen hinsichtlich der Termine, der Montagefähigkeit, der Gebrauchstauglichkeit und der Gewährleistung. Daher ist für die notwendige material- und fertigungsgerechte Konstruktion die Abstimmung mit den Lieferanten und Montagebetrieben erforderlich.

Die Firmen stehen auch in einem anderen Wettbewerbsdruck als die Fachplaner, denn diese müssen die Alternativvorschläge – das können drastische Vereinfachungen mit starken Abweichungen vom Konzept sein – der Konkurrenz antizipieren. Spätestens im Preiskampf werden leider oft anspruchsvolle Konstruktionen zugunsten günstigerer Lösungen fallengelassen. Anspruchsvolle Bauaufgaben erfordern eben auch einen Bauherrn, der auf diesen Anspruch beharrt. Da dies häufig nicht der Fall ist, wird jede Firma bemüht sein müssen, Alternativlösungen zu präsentieren und sich vom Wettbewerb abzuheben. Eine detaillierte Planung im Vorfeld erleichtert den Bauherren darum die Wertung und Vergabe wesentlich.

Iranisches Konsulat, Frankfurt

Architekt:
Naqsh.E.Jahan-Pars/S.H.Mirmiran, Teheran
Kontaktarchitekten Deutschland:
A. Möller mit M. Peters, Bad Nauheim

Bauherr
Islamische Republik Iran

Fachingenieur
Professor Pfeifer und Partner, Darmstadt
Wörner und Nordhues, Darmstadt

Konzept / Anforderung
Hallenhöhe 12 m, Breite Schrägverglasung: 50 m
Spannweite 20 m, Glasraster 2 x 2 m, Seilbinder mit
20 mm Tragseilen, Bauhöhe nur 60 cm
Aussteifung der Binder über das Glas, selbststabilisierendes
System. Pfosten der Vertikalfassade 13 m freie Spannweite,
mit Vorspannung durch Überhöhung der Seilbinder.

Besondere Lösungen,
Anspruchsvolle konstruktive Lösungen für Durchdringungen
und Aufnahme der Dehnungen. Edelstahlspreizen 30 mm
Durchmesser mit Gelenk

Bild 17   Durchdringungen

Bild 18   Fassade / Dach

Bild 19   Detail

Für die Firmen ist es wichtig, dass die Grundlagen einer anspruchsvollen Ausschreibung auch möglichst erhalten bleiben, da größere Änderungen die Angebotsbewertung ändern. Zu häufig erhält auch ein Wettbewerber den Auftrag, der nicht die gewünschte Qualität angeboten hat und dann, bedingt durch die Sachzwänge, die Konstruktion mit Billigung des Bauherrn soweit ändert, dass am Ende eine Lösung ausgeführt wird, die nur dem Angebot entspricht, in dem Fall eine „billigere" Lösung.

2.1.2 Gestaltung

Wir haben bisher hauptsächlich von hohen technischen Anforderungen gesprochen. Die Qualität wird jedoch nicht nur durch technische, sondern auch durch gestalterische Anforderungen bestimmt, die sich gegenseitig beeinflussen.

Die gestalterische Anforderung sollte ebenso als ein Rahmen für die Bauaufgabe angesehen werden wie die folgenden Kosten und Termine. Während das Budget vom Bauherrn festgesetzt wird legt der Architekt den gestalterischen Rahmen fest. Der Ingenieur kommt zu häufig erst nach diesen Festlegungen in das Projekt und muss diese Festlegungen umsetzen.

Bild 20 Messe Mailand [6]   Bild 21 & 22 Hochhaus Swiss Re in London, Norman Forster

Für das für uns wichtige Bausegment folgt die Funktion stark der Form. Dies liegt daran, dass Glas als Baustoff und Konstruktionsstoff im Bereich der „Haut" eines Gebäudes eingesetzt wird, in dem Bereich der Fassade. Dies ist nun aber der Bereich des Architekten. Überspitzt gesagt ist der Ingenieur nur für das Tragwerk (Tragwerksplaner) verantwortlich. Durch die Entwicklung der Vorhangfassade, der Skelettbauweise und ähnlichem wurde eine Trennung der Trag- und der Hüllfunktion (Primär- und Sekundärstruktur) erreicht. Erst dadurch konnte der Architekt sich von der „Dekoration" der Tragstrukturen lösen und sich ganz mit der Formfindung und den Proportionen beschäftigen und diese optimieren. Dieser Fortschritt

geht weiter, indem der Ingenieur weiterhin dem Architekten Freiräume schafft, bis hin zu Projekten, in denen die gegossene Form die scheinbar wichtigste Funktion ist. Die Architektur wird nun immer mehr zur Skulptur, zur Form. Beispiele sind z.b. Bauten von Gehry, Zaha Hadid und Freiformflächen wie die Messe Mailand.
Es ist manchmal schwierig, Architekten zu erklären, weshalb solche Formen – mit filigranen Glas-, Stahl-, Betonstrukturen – möglich sind, aber es nicht möglich ist, eine plumpe Glasscheibe von 3 m x 3 m mit 2-fach VSG im Überkopfbereich aufzuhängen.

Bild 23, 24, 25   Beispiele für Glaskonstruktionen, die interessante Herausforderungen sein können.

Wenn der Architekt von „form folows funktion" spricht meint er eine andere Funktion als der Ingenieur. Der Ingenieur meint Tragfunktion, Sicherheit, der Architekt Nutzerzufriedenheit, die Ermöglichung von Flexibilität, das Einpassen und Einfügen oder die Hervorhebung, manchmal auch die Reduzierung der Betriebskosten, die Kosten der Überwachung, Wartung und Reinigung und allgemein der Wirtschaftlichkeit. Die Form entsteht also unter Beachtung vieler Randbedingungen, von der Lage, Standort und dem Klima bis hin zu sozialen Gesichtspunkten. Dies sind die Felder, in denen die Architekten Ihre Stärken voll entfalten können.

Bild 26   Entwurf   Bild 27   Ausführung

Die Beispiele in Bild 23-25 zeigen, dass dort, wo Glaskonstruktionen gewünscht sind einfach größtmögliche Transparenz geplant wird: ein Hauch von nichts.
Diese Problematik wurde bei dem unteren Beispiel frühzeitig erkannt. Die Architekten SMO und Van den Valentyn, Köln, entwickelten daher eine sehr elegante Lösung [7]. Fassadenberater: Ingenieurbüro Brecht, Stuttgart. Als Sondervorschlag konnte diese Fassade dann sogar als SG-Fassade mit einem Ug-Wert von 1,1 W/m²K und einem hoch dämmendem Randverbund realisiert werden.

Bild 28, 29, 30   Max-Ernst-Museum, Brühl

Die Sicherheit oder die technische Funktion ist eine grundlegende Notwendigkeit. Sie muss einfach vorausgesetzt werden, da man eine fehlerhafte Funktion schnell schmerzlich bemerkt. Schließlich müssen diese Raumskulpturen funktionieren, ein „sieht gut aus, funktioniert aber nicht" können wir uns nicht leisten, wir sind schließlich keine Designer.

Alles bisher Ausgeführte ist zu kombinieren mit den gesteigerten bauphysikalischen Anforderungen bis hin zu Passivhauslösungen. Auch die Bauphysik setzt der Gestaltung ihre Grenzen, rahmenlose Konstruktionen werden nie eine wärmetechnische Spitzenlösung sein.
Für den Ingenieur sieht es daher so aus, als ob die Architektur die Funktion nicht beachtet und reine Form und Proportion sei, die Architektur sich auf die gestalterische Funktion beschränkt und dass der Ingenieur dem Architekten folgt. (Bsp. Swiss Re). Interdisziplinäre

Baumeister sind hiervon natürlich ausgenommen. Die Form berührt als dem Empfinden näher stehende Eigenschaft den Menschen eher als die etwas kalte, technische Funktion. Über Emotionen kann man einfach besser verkaufen.

Die Schwierigkeit der Bauaufgabe Fassade wird dadurch verursacht, dass hier die gerade so schön getrennten Aufgaben (Gestaltung / Funktion) zusammentreffen. Dies gilt schon für einfache Glaskonstruktionen, insbesondere jedoch für den konstruktiven Glasbau und hochtransparente, filigrane Glaskonstruktionen, für die die Tragfunktion wieder wesentlich wird.

Mensa, Dresden

Architekt:
Maedebach, Redeleit und Partner, Berlin
Fachingenieur
Leonhardt, Andrä und Partner, Stuttgart
Prof. Dr.-Ing. B. Weller, TU Dresden
Konzept / Anforderung
Glasträger mit L = ca. 5,8 m, 4fach- VSG aus ESG 52 mm stark. Verbindungsknoten aus Stahlflachbl. Nebenträger L = 1,45 m. Lochleibungsverbindung
Besondere Lösungen
Im Vorfeld wurde das ursprünglich geplante Glasdach durch eine realisierbare Lösung mit massivem Kern ersetzt, dem „Tisch"

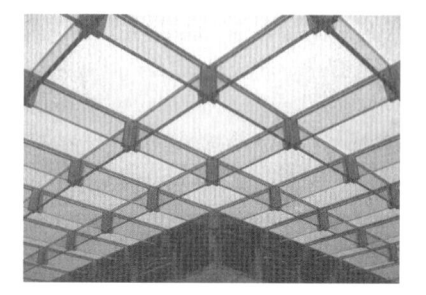

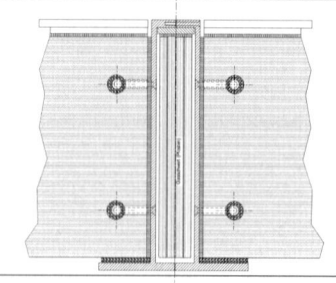

Bild 31 Glasdach

Bild 32 Entwurf [8] und Umsetzung

Bild 33 Glasdach
Bild 34 Detail Anschluss im Versuch
Bild 35 und denkbare Alternative

Auf einem sehr kleinen Raum, verstärkt z.b. durch Anforderungen aus der Bauphysik und allgemeinen Schutzfunktionen (bis hin zu Doppelfassade oder Fassaden mit aktiven und passiven Funktionaleinheiten) müssen sehr unterschiedliche Anforderungen verschiedener Fachrichtungen – eben auch der Form und der Architektur – vereinigt werden. Natürlich gibt es in allen Bereichen Höchstleistungen, doch in wenigen Bereichen schneiden sich die Interessen so vieler Beteiligter wie in der Fassade.

Für die Gestaltung im Bereich Glas sind vielerlei Punkte ausschlaggebend, einige Beispiele werden im Folgenden gezeigt. Zusammengefasst werden diese Aspekte kurz wie folgt:

- Farbgestaltung: Farbiges Glas in der Masse, farbige Beschichtung auf dem Glas (Hartbeschichtung - pyrolytische Beschichtung, Weichbeschichtung Low-E, Siebdruck, Email, weitere Bedruckungen, Airbrusch und weitere künstlerische Gestaltung, dichroitische Gläser), farbige und bedruckte Folien,
- Weitere Gestaltungen wie chemische Behandlung, Sandstrahlen, Glasschmelzen, Kleben usw.
- Glasform: gebogenes Glas, planes Glas, Glas mit Ausschnitten / Bohrungen, profiliertes Glas, Strukturglas
- Lichtlenkung, Sonnenschutz, Blendschutz (Vlies, Kapillareinlage, Prismen, Hologramme, Lamellen, Folien, Streckmetall, Lochbleche, chrome und trope Gläser – auch variabel, usw.)
- Schutzschichten (Wärmeschutz, Sonnenschutz, Schallschutz, Einbruchschutz, Brandschutz)
- Weitere Funktions- & Gestaltungselemente wie z.B. Glas-Metall Verbund oder Gläser mit steuerbarer Lichttransmission, Fotovoltaikelemente.

Daraus und den technischen Anforderungen ergeben sich ganz unterschiedliche Glasaufbauten (VSG, ISO, VG, ESG, TVG, Float, Gussglas, Profilglas), Glasgrößen und Glasstärken.

Bild 36: Opernhaus Kopenhagen, dichroitische (Zweifarbig je nach Lichtdurchgang, Ansicht) Gläser: Künstler: Olafur Eliasson

Bild 37, 38   Novartis, Basel: Verbundsicherheitsglas, in die getönte kleinere Gläser, integriert wurden

Die künstlerische Gestaltung führt einerseits zu notwendigen Einschränkungen, da z.B. die Gläser besondere Fertigungsgrößen haben oder eben nicht in jeder Kombination herstellbar sind. Andererseits erweitern diese auf vielfältige Art auch den technischen Einsatz der Gläser.

Holographische Elemente können auch der Lichtlenkung und dem Sonnenschutz dienen, Fotovoltaikelemente ebenfalls dem Sonnenschutz.

Bild 39 Hologramme, Künstler: Michael Bleyenberg

Bild 40 Plenarsaal München, Lichtdecke mit Hinterschnittanker

Bild 41, 42 Fotovoltaik, Sonnenschutz und Gestaltung

Bild 43 Fotovoltaik

Bild 44, 45 WBS, Verbund aus Glas, Metall und PVB

Verbundwerkstoffe wie WBS aus Glas, Metall, PVB stellen moderne Lösungen dar. Werden Funktionselemente im Scheibenzwischenraum eines Isolierglases angeordnet, entstehen weitere Lösungen, z.B. zur Lichtlenkung, zum Sonnenschutz und eben auch für die Gestaltung (Vlies, Kapillareinlage, Jalousien, Streckmetall, Folien usw.).

Wegen der komplexen Abhängigkeiten und der Vielzahl möglicher Kombinationen sind unbedingt die Hersteller und Verarbeiter dieser Produkte in die Planung einzubinden.

Als Beispiel für die Kombination von gestalterischen Anforderungen (Wenig Rahmenanteil, Fenster ohne Flügelrahmen, Sonnenschutz ohne Blendkästen,) mit technischen Anforderungen (Absturzsicherndes Glas, niedriger Ug-Wert, UV-beständiger Randverbund, g-Wert < 0,15) kann das Bauvorhaben Volksgarten in Köln dienen, Architekten Schaller Theodor, Köln.

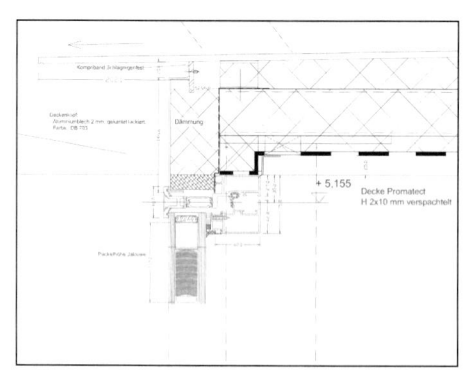

Bild 46 Vertikalschnitt, Volksgarten in Köln   Bild 47 Horizontalschnitt

Marktkirche, Essen

Bild 48 Marktkirche, Entwurf [9]

Architekt:
Gerber Architekten, Dortmund
Bauherr
Kirchenkreis Essen Mitte
Fachingenieur
PSP, Aachen & RWTH Aachen
Konzept / Anforderung
Punktgestütze Sonderkonstruktion mit minimalem Stahlanteil
Gesamtaussteifung über Glas und SG-Verklebung
Statisches System Wandverglasung: Balken auf zwei Stützen mit Kragarm. Tragende Verklebung.
Wandverglasung trägt Dach, Windlasten werden über Glas und SG-Verklebung aufgenommen. Umfangreiche statische Berechnungen bereits Jahre vor der Ausführung.
Künstlerische Gestaltung der Gläser.
Besondere Lösungen,
Bolzen 30 mm, gelenkig. 80 mm Tellerhalter
Die künstlerische Gestaltung der Gläser wurde im Vergabeprozess durch den Bauherrn geändert, dadurch entstanden Verzögerungen in dem Zustimmungsverfahren.

Bild 49 Wandverglasung, Kragarm: 2,25 m x 1,60 m

Bild 50,51   Jalousien im Isolierglas

505

Bild 52, 53: Bemaltes Glas, Tobias Kammerer und Martin Donline

2.2 Preis

Der Preis ergibt sich im Wesentlichen aus der Qualität. Einfach gesagt: Qualität hat Ihren Preis. Das Budget stellt gleichzeitig, als sozusagen zulässiger Höchstwert, ein einzuhaltendes Regulativ dar. Ein Überschreiten des zulässigen Budget i.d.R. zu einer Änderung der Qualität, weil Einsparungen vorgenommen werden.

Anspruchsvolle Konstruktionen erfordern einen entsprechend höheren, angemessenen Preis. Dass Billiganbieter keine Lösung sind, sieht man in allen Bereichen, zuletzt z.B. bei der Insolvenz der Firma Heros, deren Kalkulation – dass sagen nun alle – einfach nicht stimmen konnte. Bei Bauaufgaben, die in die Sicherheit der Menschen eingreifen, ist das Zurückgreifen auf Billiganbieter absolut unverzeihbar. Es wäre zu wünschen, dass es für Baukonstruktionen ähnliche Listen gäbe wie sie nun von der EU für die Fluggesellschaften erlassen werden.

Den Preis, als Festpreis, sollte man vereinfachend als einzuhaltenden Rahmen für eine funktionale Lösung betrachten, ähnlich wie dies im angelsächsischen Raum durchgeführt wird. Rückkopplungen, Interaktionen durch Sonderwünsche und dergleichen können von der Betrachtung ausgeschlossen werden.

Qualifizierte Ausschreibungen, aufbauend auf guter Planung, und die Vergabe an eine Fachfirma führen durchaus in der Regel nicht dazu, dass der Vergabepreis der niedrigste ist. Die Endkosten der Baumaßnahme werden jedoch geringer und die Kostenkontrolle größer sein, da keine oder geringe Umplanungen, Nachträge und Sanierungen notwendig werden.

- **Die Fachfirmen sind die einzige zuverlässige Quelle für den Preis und die Lieferzeiten und damit für die Wirtschaftlichkeit der Bauaufgabe**

Kriterium	Geäußerte Gründe Economy	Business	Tatsächliche Gründe Economy & Business
Gesamtkosten	5	8	1
Direkte Verbindung	2	1	2
Sympathie / Marke	7	7	3
Zahl tägl. Verbindungen	9	9	4
Reisedauer	6	3	unwichtig
Flugzeiten	8	6	unwichtig
Pünktlichkeit	3	4	unwichtig
Komfort	4	5	unwichtig
Sicherheit	1	2	unwichtig

Tabelle 2: Geäußerte und tatsächliche Entscheidungsgründe für eine Airline

Während offiziell z.B. für Passagiere bei den Airlines vor allem die Sicherheit zählt, ist tatsächlich aber – wie die Universität St. Gallen herausfand – der Preis ausschlaggebend. Was sagt uns dies? Nun, erstens, dass die Erfüllung der Sicherheit – dies ist die wesentliche Funktion des Ingenieurs – absolut als erfüllt vorausgesetzt zu werden scheint. Für die Unternehmen bedeutet dies, dass das Wichtigste ist, möglichst die Hauptziele zu erfüllen (direkte Verbindung), dies zum besten Preis, und dass zwar die Möglichkeit besteht durch Fachkompetenz (Bereich Sympathie, Marke) sich vom Wettbewerb abzuheben, dass aber auch die Möglichkeit besteht, dass einfach der bessere Verkauf vergabeentscheidend wird.

2.3 Termine und Quantität

Natürlich ist die Quantität ein wesentlicher Aspekt des Gesamtpreises. Technische Fragen der Logistik und der Terminplanung können projektbestimmend werden.
Zudem muss die Größe der Bauaufgabe mit den Kapazitäten der Bauausführung übereinstimmen, wodurch z.B. der Anbieterkreis bestimmt wird.
Da Gutding Zeit benötigt, und Zeit bekanntlich Geld ist, kann eine Lösung der gewünschten Bauaufgabe mit Optimierungen in diesen Bereichen (Verringerung der Menge, Änderung der Qualität zumindest in Teilbereichen) für alle – oder fast alle – Beteiligte zielführend sein, wenn eine Optimierung des Ablaufs und der Qualität nicht mehr möglich ist. Das Starren auf

den Einheitspreis versperrt manchmal die Einsicht darauf, dass dieser nur eine – zudem abhängige - Komponente des Endpreises ist. Beispiel: Lehrter Bahnhof, hier wurde auf die Ausführung von Leistungen verzichtet und dadurch das Budget eingehalten.

3. Der Fachplaner geht voran

Nun wird aber am Ende doch alles umgedreht, wieder auf die Füße gestellt, wie es sich schon oben andeutete. Denn die praktische Umsetzung der Bauaufgabe muss führend von den Fachplanern umgesetzt werden, gerade wenn die Termine, Kosten und die Gestaltung als einzuhaltender Rahmen feststehen, wie oben dargelegt. Dies sind die zusätzlichen schwierigen Randbedingungen, die ingeniöse Lösungen notwendig machen, neben dem Fachmann auch den Generalisten fordern und im Erfolgsfalle zu innovativen Lösungen führen.

Für aus der Gestaltung heraus technisch anspruchsvolle Bauvorhaben sei auf eine Parallele zu dem – der Vergleich sei erlaubt – Brückenbau hingewiesen.

Hier übernimmt der Ingenieur eindeutig die führende Funktion. Der Architekt kann natürlich die Freiräume, welche die Ingenieure ihm schaffen, kreativ nutzen. Trotzdem ist das Primat der Technik nicht zu leugnen und es ist mindestens schade, dass nun selbst bei einer Brücke wie dem Viaduc de Millau als Architekt Sir Norman Foster genannt wird und andere – in diesem Fall Michel Virlogeux – hinter diesem unbestreitbar großen Baumeister zurückstehen müssen.

4. Die antreibende Kraft des Architekten

Es ist richtig und gut, dass die Architekten schnelle und einfache Lösungen zu ihren Entwürfen, die der Aufgabe nicht gerecht werden, hinterfragen und es so ermöglichen, dass ein Optimum bei Ausnutzung der möglichen Ressourcen erreicht wird. Routine, mangelnde Kreativität, Zeitmangel und Kostenreduktion – auch innerhalb des Planungsaufwandes – sind für Standardlösungen verantwortlich, wo mehr gewünscht und möglich gewesen wären. Daher ist das Beharrungsvermögen von Architekten und das Antreiben zu innovativen Lösungen notwendig. Dies geht jedoch nur mit kompetenten Partnern und gegenseitigem Verständnis, auch für die Folgen. Dies beinhaltet eben auch das Verständnis des Architekten für die terminlichen und kostenmäßigen Konsequenzen sowie für die Grenzen der jeweiligen Konstruktion. Alternativen sollten offen diskutiert werden.

Für Fachplaner ist es andererseits frustrierend, wenn in der Entwurfphase sehr hohe Ansprüche umgesetzt werden sollen und Alternativen nicht gesucht werden, eventuell mit dem Argument, dass Angebote die die Architektenwünsche erfüllen schon eingehen würden. Gerade deshalb ist die Hinzuziehung von externen Fachberatern und Fachfirmen bereits in einem frühen Stadium sehr anzuraten, um den Entscheidern möglichst früh die Folgen aufzuzeigen und auf gesicherten Grundlagen qualifizierte Entscheidungen herbeizuführen, so dass möglichst wenig Neuplanungen und terminliche Zwangslagen entstehen.

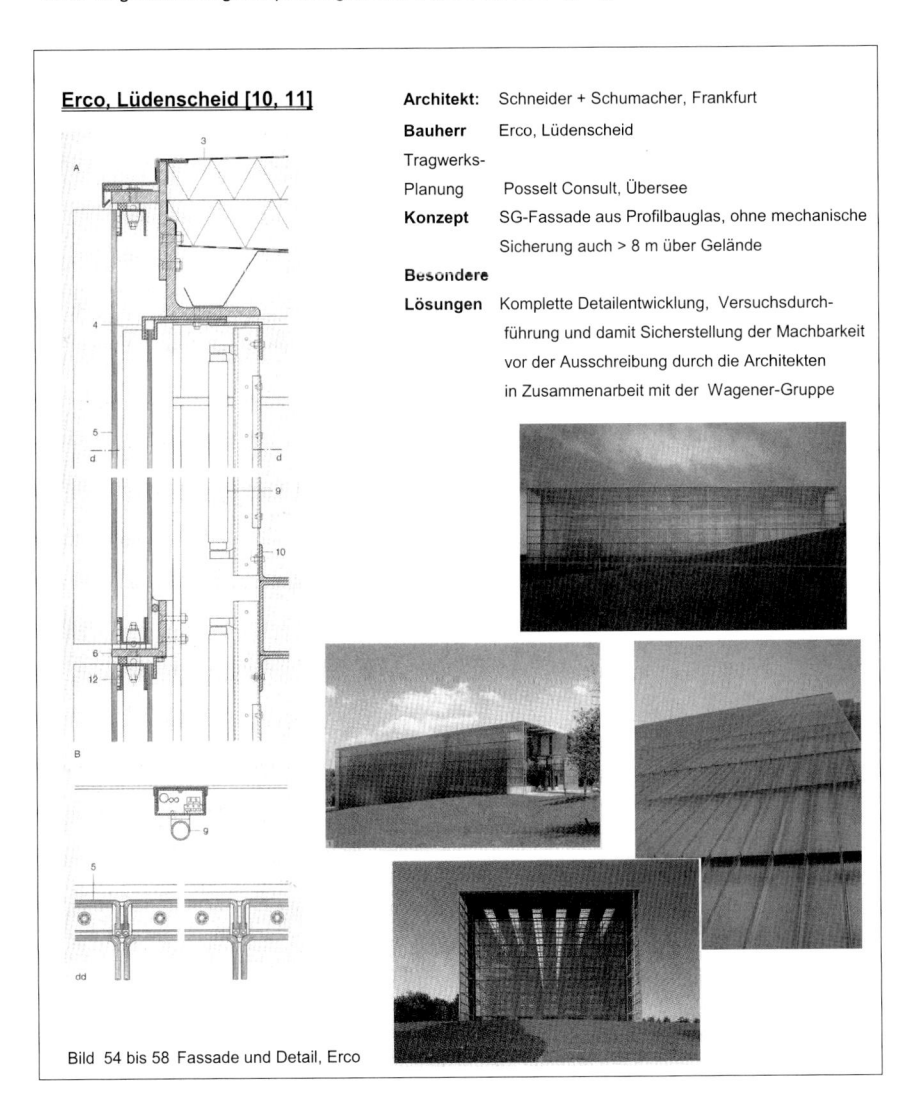

Erco, Lüdenscheid [10, 11]

Architekt:	Schneider + Schumacher, Frankfurt
Bauherr	Erco, Lüdenscheid
Tragwerks-Planung	Posselt Consult, Übersee
Konzept	SG-Fassade aus Profilbauglas, ohne mechanische Sicherung auch > 8 m über Gelände
Besondere Lösungen	Komplette Detailentwicklung, Versuchsdurchführung und damit Sicherstellung der Machbarkeit vor der Ausschreibung durch die Architekten in Zusammenarbeit mit der Wagener-Gruppe

Bild 54 bis 58 Fassade und Detail, Erco

Es sollte vermieden werden, dass folgende, bewusst negativ gewählte Situation entsteht:
- der Bauherr sagt, was es kosten darf
- der Planer, wie es aussehen soll
- der Ingenieur, wie es funktioniert
- der GU, in welcher Zeit es umzusetzen ist
- und die Fachfirma benötigt keine Kompetenzen außer einen guten Anwalt

oder: Am Anfang war

- der böse Unternehmer   mit fehlender Qualifikation, Gewinnstreben
- der smarte Planer   mit Selbstüberschätzung, mangelhafter Detailkenntnis
- der zögerliche Bauherr   mit ungeklärten Erwartungshorizont
- der clevere Consultant   mit Entscheidungsnöten

Dies soll die Notwendigkeit der Zusammenarbeit der am Bau beteiligten darstellen.

Literatur:

[1] Schoof, H.J.: Risikobeherrschung im Anlagengeschäft, VDI-Bericht 513, Düsseldorf 1984

[2] Pfarr, K.: Einsatz der Kostenrechung in der Unternehmung, Wiesbaden 1977

[3] Schmitz, H.-P.: Baukosten im Griff, Bauverlag GmbH, Wiesbaden und Berlin 1985

[4] Nübling, F.: Projektmanagement, Arbeitsunterlagen Haus der Technik

[5] Stahlbau, Seite 886 – 892, Ernst & Sohn, Berlin, Heft 11, November 2004

[6] Stahlbau, Ernst & Sohn, Berlin, Heft 8, August 2004

[7] db deutsche bauzeitung, Seite 38 – 48, Konrad Medien GmbH, Heft 11, November 2005

[8] Maedebach, Redeleit und Partner, Architekten BDA

[9] Gerber Architekten, Dortmund

[10] Detail, Seite 338 – 343, Heft 4, April 2004

[11] db deutsche bauzeitung, Seite 54 – 58, Konrad Medien GmbH, Heft 3, März 2002

Innovative Lösungen im konstruktiven Glasbau

Dr.-Ing. **Albrecht Burmeister**, DELTA-X GmbH Ingenieurgesellschaft, Stuttgart;
Prof. Dr.-Ing. Dr.-Ing. E.h. Dr. h.c. **E. Ramm,** Universität Stuttgart, Institut für Baustatik; DELTA-X GmbH Ingenieurgesellschaft, Stuttgart

Einleitung

Transparente Konstruktionen entstehen aus dem Zusammenwirken von großflächigen Glaselementen und minimalisierten Tragwerken. Sie repräsentieren nicht nur die Zielvorstellungen moderner Architektur sondern auch die aktuellen technischen Möglichkeiten. Ausgehend von frühen, sehr fortschrittlichen Lösungen wie beispielsweise „Les Serres" im Parc de la Villette [1] wurden technische Entwicklungen initiiert, woraus ein heute verfügbares breites Spektrum technischer Möglichkeiten resultiert. Gelungene Projekte des konstruktiven Glasbaus entstehen in der Regel aus dem Zusammenwirken von optimierten Tragstrukturen mit adäquaten Glas-Lösungen. Vor diesem Hintergrund gilt es, die angesprochenen Teilaspekte intensiver zu betrachten.

1. Tragwerke

Für weitgespannte Fassaden kommen unterschiedliche statische Systeme in Betracht. Neben allfälligen Biegeträgern sind insbesondere membranartige Tragwerke und gemischte Systeme hervorzuheben. Im Bereich der Biegeträger sind für vertikal orientierte Tragelemente zunächst Flachstahl-Lösungen zu erwähnen, die sehr schlank gehalten werden können, solange sie axial auf Zug beansprucht (hängende Fassaden) und gegen Stabilitätsverlust stabilisiert werden. Für die Stabilisierung eignen sich zum einen das angehängte Eigengewicht der Verglasung oder aber Seil-Abspannungen, die in der Regel nur sehr geringe Querschnitte erfordern. Günstige Wirkungen lassen sich in Verbindung mit punktgelagerten Gläsern erzielen. Linienförmig gelagerte Verglasungen [2] erfordern aus Gründen der Glas-Lagerung entsprechende Auflagerprofile. Dies führt in der Regel zu geschweißten T-Querschnitten mit ansonsten vergleichbaren Maßnahmen zur Stabilisierung.
[3] Bei Tragwerken, die ihre Lasten über Membranwirkungen abtragen, sind Bogenträger und Seile anzusprechen. Beide Lösungen benötigen steife Membranlager. Ebene Seil-Tragwerke stellen die leichteste Version filigraner Tragsysteme dar [4], allerdings sind die entlang der

Fassadenränder zu verankernden hohen Seil-Vorspannungen als nachteilig anzusprechen. Zudem ist der Korrosionsschutz der hochfesten Seile als wichtige Aufgabe anzuführen. Gemischte Systeme, wie sie aus der Verbindung von Biegeträgern mit vorgespannten Zugelementen entstehen, erfordern in der Regel deutlich geringere Vorspannkräfte und vermeiden den Nachteil hoher Lagerkräfte. Sie lassen sich zu dem oftmals günstig vorfertigen, was sich auf die bei architektonischen Stahlbaulösungen wesentliche Forderung nach Fertigungsgenauigkeit und auf den Korrosionsschutz positiv auswirkt.

Grundsätzlich gilt für sämtliche optimierten und schlanken Tragwerke, dass mit größeren Deformationen zu rechnen ist. Dadurch vergrößert sich der Einfluss geometrischer Nichtlinearitäten, wodurch entsprechende Analysen, die Behandlung von Ausfallsszenarien sowie die Analyse von Stabilitätsproblemen und Untersuchungen zur Schwingungsanfälligkeit notwendig werden. In Verbindung mit der Dichtigkeitsforderung bzw. der Fugenproblematik ist zudem die Interaktion zwischen Tragwerk und Verglasung zu beachten.

2. Gläser

Sowohl im Bereich der Gebäudehülle, als auch für den Innenausbau stehen im Wesentlichen ausgereifte Lösungen mit einem hohen Entwicklungspotential zur Verfügung, die aus architektonischer Sicht einen breiten Gestaltungsspielraum eröffnen. Hierzu stehen qualitativ hochwertige Gläser und ausgereifte Konstruktionen zur Verfügung.

Im Bereich der Isolierverglasungen stehen bauphysikalische Anforderungen wie Wärme – und Schallschutz, Sonnen- und Blendschutz im Vordergrund. Daneben bieten unterschiedliche Einbauten im Scheibenzwischenraum weitere funktionelle Möglichkeiten, wie beispielsweise die steuerbare Lichtlenkung oder Sonnenschutz (s. Bild 1). Darüber hinaus erfüllen Isolierverglasungen auch Funktionen der Absturzsicherung sowie weitergehende Forderungen wie Einbruchhemmung, Schutz vor terroristischen Einwirkungen, um nur einige zu nennen.

Bild 1+2: Bürogebäude Gelsenwasser AG

Im Innenbereich werden Gläser in nahezu jeder denkbaren Form eingesetzt. Seien es begehbare Verglasungen, Treppenstufen, Trennwände oder Aufzugschachtverglasungen. In diesen Bereichen, wie auch z.B. in der Fassade kommen vielfach Stützkonstruktionen zu Anwendung, welche das Glas nur punktuell lagern. In diesem Zusammenhang sind kleinflächige Halteelemente anzuführen, welche das Glas entweder durch Bohrungen (gebohrte Punkthalter s. Bild 3) oder durch die Fuge lokal stützen und in der Regel zu Spannungskonzentrationen führen.

Selbst punktförmig gestützte Verglasungen im Bereich von Verkehrwegen wie beispielsweise beim Petuelring in München stellen beherrschbare Lösungen dar.

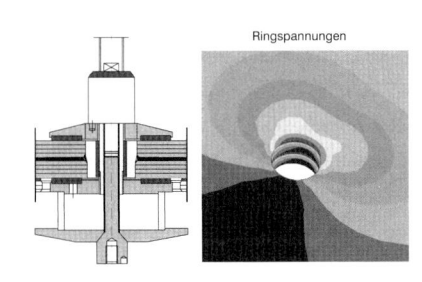

Bild 3: Petuelring, München   Bild 4: Petuelring, München: Spannungen im VSG

Grundlage für derartige Anwendungen sind ausreichend erforschte Glasfestigkeiten mit der notwendigen Resttragfähigkeit, die darüber hinaus auch Möglichkeiten bieten, Anforderungen aus dem Brandschutz zu erfüllen (s. Bild 4).

3. Sonderkonstruktionen

Lösungen, die über die klassischen punktgehaltenen Gläser hinausgehen, finden in Form von Glasschwertern Anwendung, wie sie beispielsweise im Fassadenbereich eingesetzt werden. Selbst gläserne Tragwerke können sicher geplant und ausgeführt werden. Als Beispiel sei der Messestand der Firma Glas Trösch auf der Bau 2003 in München genannt. Dabei wurde bewusst das Ziel verfolgt, den aktuellen Stand der Technik auf dem Gebiet den konstruktiven Glasbaus zu demonstrieren.

Bild 5: Rahmengelenk, Messestand Glas Trösch

Der Bild 5 gezeigte vordere Rahmen wurde als gläsernes Tragwerk in Form eines statisch bestimmten 3-Gelenk-Rahmens ausgeführt. Verwendet wurde 4 x 12 mm TVG bzw. 3 x 12 mm TVG, um eine ausreichende Tragfähigkeit zusammen mit günstigen Resttragfähigkeitseigenschaften zu kombinieren.

4. Ausführungsbeispiel

Bei der Erweiterung der Sparkasse Donaueschingen wurde für das Tragwerk der Kundenhalle eine Konstruktion aus 3-Gelenk-Rahmen gewählt. Es handelt sich um ein außenliegendes Stahltragwerk, das in der Spannrichtung der Dachträger ca. 15 m überspannt. Die eingangsseitigen Pendelstützen weisen eine Höhe von ca. 13.5 m auf. Quer zu den 3-Gelenk-Rahmen ergibt sich eine Breite der Halle von 19 m.

Um den Raumabschluss herzustellen, werden punktförmig gelagerte Scheiben benutzt, die Punkthalter-Konsolen werden direkt an den beschriebenen Stahlbau angeschlossen. Die Tafeln der Fassade werden mittels 4, diejenigen des Daches mit jeweils 6 Punkthaltern gehalten. Es handelt sich grundsätzlich um Isolierverglasungen. Die obere Scheibe der Dachverglasung besteht aus ESG, die untere Scheibe besteht aus Verbundsicherheitsglas (vorgespannte Gläser, ESG/TVG).

Die Tafeln der Fassade sind im Regelbereich ca. 2500 mm breit und ca. 1200 mm hoch. Die Tafeln im Dachbereich sind ebenfalls ca. 2500 mm breit und 1800 mm lang. Die Abmessungen der Glastafeln ergeben sich aus der Zielvorstellung, in der Richtung orthogonal zu den Hauptträgern keine Nebenträger anzuordnen, um ein möglichst filigranes Erscheinungsbild zu erreichen. Nachdem die Glastafeln im Dachbereich zur Reinigungszwecken betretbar sind, werden neben den flächigen Belastungen aus Eigengewicht, Wind und Schnee auch kleinflächig (100 x100 mm) wirkende Belastungen aus dem Betreten der reinigenden Person betrachtet.

Die vergleichende Berechnung derartiger Situationen zeigt, dass Teilflächenbelastungen auf punktgestützten Isoliergläser nicht durch Flächenlasten angenährt werden können, sondern eine detaillierte Betrachtung erfordern. [5]

Bild 6: Sparkasse Donaueschingen, Südfassade, Außenansicht

5. Literatur

[1] Wiggington, M: Glass in Architecture. Phaidon Press Ltd, 1996

[2] DIBt Fassung September 1998: Technische Regeln für die Verwendung von linienförmig gelagerten Verglasungen

[3] Burmeister, Dr.-Ing. A.: Weitgespannte Fassaden aus Stahl und Glas – statische und konstruktive Aspekte anhand von ausgeführten Konstruktionen. 27. Stahlbauseminar FH Biberach 2005

[4] Schlaich, J., Schober, R.: Konstruktionsprinzipien doppelt gekrümmter Glasdächer. Technische Universität Dresden: 4. Dresdner Baustatik-Seminar 2000

[5] Burmeister, Dr.-Ing. A., Reitinger, Dr.-Ing. R.: Innovative Lösungen für moderne Isolierverglasungen. Glasklar. München: Deutsche Verlagsanstalt 2003

Teil III

Schriftenreihe "Herausragende Ingenieur-Leistungen in der Bautechnik"

In der Schriftenreihe **Herausragende Ingenieurleistungen in der Bautechnik** sind bisher folgende Monographien erschienen:

Titel	Verfasser	Jahr
John A. Roebling - Leben und Werk des Konstrukteurs der Brooklyn-Brücke	H. Wittfoht	1983
Eduard Züblin - Leben und Wirken eines Ingenieurs in der Entwicklungszeit des Stahlbetons	V. Hahn	1984
Emil Mörsch - Erinnerungen an einen großen Lehrmeister des Stahlbetons	H. Bay	1985
Karl Imhoff - Ein Wegbereiter der Stadtentwässerung und der Gewässerreinhaltung	G. Annen	1986
Ulrich Finsterwalder - Mensch - Werk - Impulse	H. Rausch	1987
Geheimrat **Gottwalt Schaper** - Wegbereiter für den Stahlbrückenbau vom Nieten zum Schweißen	H. Siebke	1988
Karl Schaechterle Ein Leben für fortschrittlichen Brückenbau	F. Leonhardt	1989
Max Mengeringhausen und seine Kunst individueller Baugestaltung mit Serienelementen	H. Eberlein	1990
Heinrich Müller-Breslau Vollender der klassischen Baustatik	G. Hees	1991
Kurt Beyer - Hochschullehrer und Bauingenieur in Theorie und Praxis	M. Koch/G. Franz/ H. Steup	1992
Otto Graf - ein Genie?	G. Rehm	1993
Johann Wilhelm Schwedler (1823 - 1894)	H. Ricken	1994
Die Talbrücke bei Müngsten - Vor 100 Jahren begann der Bau dieses Meisterwerks der Ingenieurbaukunst	H.-F. Schierk	1994
Leopold Müller-Salzburg (1908-1988) Wegbereiter der Felsmechanik und des modernen Tunnelbaus	E. Fecker/ A. Negele/ G. Spaun	1996
Hubert Rüsch (1903 - 1979) Wegbereiter des modernen Massivbaues	H. Kupfer	1997

Matthias Koenen (1849-1924)	W. Ramm	1998
Alois Negrelli, Ritter von Moldelbe - Ein Pionier des Verkehrswegebaus zu Beginn der Industrialisierung	A. Pauser/ M. Pauser	1999
Johann Gottfried Tulla (1770-1820) - Das Phänomen eines Bauingenieurs -	J. Giesecke	2000
Fritz Leonhardt (1909 -1999) Ein Leben als Bauingenieur in der Gesellschaft	W. Zellner	2001
Fazlur Khan (1929-1982) Wegbereiter der 2. Chicago School	W. Sobek	2002
Oskar von Miller – Schöpfer des Walchenseekraftwerks, des Bayernwerks und des Deutschen Museums München	R. Meurer	2003
Rudolf Bredt (1842-1900) Wissenschaftlich-technischer Begründer des industriellen Kranbaus	K.-E. Kurrer	2004
Josef Schmidbauer (1913 – 1971) – Wegbereiter der Geotechnik	D. Placzek	2005
100 Jahre Mittellandkanal – seine herausragenden Einzelbauwerke und seine wirtschaftliche Bedeutung	R. Hencke	2006

100 Jahre Mittellandkanal – Geschichte, Bauwerke und Verkehrsbedeutung

Dipl.-Ing. **Reinhard Henke**, Wasser- und Schifffahrtsdirektion Mitte, Hannover

Das Netz der Binnenwasserstraßen in Deutschland wird in erster Linie von den Stromgebieten des Rheins, der Ems, Weser, Elbe, Oder und Donau gebildet. Außer der Verbindung vom Rhein zur Donau im Süden über Main und Main-Donau-Kanal ermöglicht nur im Norden eine durchgehende Wasserstraßenverbindung vom Rhein bis Berlin und weiter bis zur Oder der Schifffahrt den Verkehr in West-Ost-Richtung.

Bild 1 Lageplan Mittellandkanal

Als zentraler Teil dieses West-Ost-Wasserweges zweigt der Mittellandkanal (MLK) bei Bergeshövede in der Nähe von Rheine aus dem Dortmund-Ems-Kanal ab und endet nach rd. 325 km Länge bei Magdeburg an der Elbe. Neben der Bedeutung für den Durchgangsverkehr von und zu den Industriezentren an Rhein und Ruhr, den Gewerbestandorten östlich der Elbe und den deutschen Seehäfen besitzt der MLK auch eine erhebliche regionalwirtschaftliche Bedeutung. So binden neben den vom MLK direkt berührten Industriegebieten

Ibbenbüren, Minden, Hannover, Braunschweig und Magdeburg Stichkanäle nach Osnabrück, Hannover-Linden, Hannover-Misburg, Hildesheim und Salzgitter weitere Industrie- und Gewerbegebiete an den MLK an. Heute liegen etwa ein Viertel aller Industriebetriebe und die Hälfte der industriellen Arbeitsplätze Niedersachsens am MLK und seinen Stichkanälen.

1. Die Geschichte des Kanalbaus in Norddeutschland

Die Idee, eine Kanalverbindung zwischen Rhein und Elbe und weiter bis zur Oder herzustellen, reicht bis in das 16. Jahrhundert zurück. Bedingt durch die Ausrichtung der schon im Mittelalter schiffbaren größeren Flüsse Norddeutschlands in Richtung Nord- und Ostsee, wurde bereits früh der verkehrliche und damit einhergehend auch der strategische Nutzen einer West-Ost-Wasserstraßenverbindung erkannt.

Den ersten Versuch zum Bau eines solchen Wasserweges unternahm Herzog Julius von Braunschweig (1568 bis 1589). Er hatte die Absicht, Oker und Aller schiffbar zu machen und mit der Weser sowie der Elbe zu verbinden. Er scheiterte aber vor dem Reichskammergericht an der Klage des Bürgermeisters und des Rates der Stadt Braunschweig bei Kaiser Rudolf II. gegen diese „Grabenwerksunternehmungen", wie sie das Vorhaben herablassend nannten. „Der Fürst sei nicht befugt, zweifelhafte und ungewisse Dinge, die ebenso wohl zum Schaden und Nachteil als zu Nutz und Frommen auslaufen und gedeihen möchten, im Fürstentum zu unternehmen."

Die Verwirklichung von stromverbindenden Kanalbauten begann im 17. Jahrhundert im Osten Deutschlands mit dem Bau des Friedrich-Wilhelm-Kanals (heute Oder-Spree-Kanal) in den Jahren 1662 bis 1668. Er stellte die Verbindung der Stromgebiete von Elbe und Oder her, indem er den Raum Berlin mit der Oder bei Fürstenberg verband. Eine zweite Verbindung aus dem Raum Berlin zur Oder entstand 1743 bis 1746 mit dem zweiten Finow-Kanal, nachdem erste Baumaßnahmen Anfang des 17. Jahrhunderts nicht erfolgreich abgeschlossen werden konnten.

Zur gleichen Zeit entstand 1743 bis 1745 der Plauer Kanal zwischen dem Plauer See und der Elbe bei Parey. Zusammen mit dem 1865 bis 1872 errichteten Ihle-Kanal bildet er den heutigen Elbe-Havel-Kanal und verkürzt den Wasserweg zwischen Brandenburg und Magdeburg, der bis dahin über die Untere Havel führte, um etwa 100 km. In den Jahren 1773/1774 wurde der Bromberger Kanal hergestellt, der die Oder über die Netze mit der

Weichsel verband. Weiter über die Nogat und das Frische Haff bestand damit Ende des 18. Jahrhunderts ein durchgehender Schifffahrtsweg zwischen Königsberg, Berlin, Breslau, Dresden und Hamburg.

Zu Beginn des 19. Jahrhunderts existierte somit im Osten Deutschlands bereits ein zusammenhängendes, durch zahlreiche Kanäle ausgebautes Wasserstraßennetz, während die Verbindung der nordwestdeutschen Ströme noch mehr als 100 Jahre auf sich warten ließ. Zwar entstanden zu Zeiten Napoleons strategische Pläne, eine schiffbare Verbindung vom Rhein zur Elbe und weiter zur Ostsee zu schaffen, um die Herrschaft über die von ihm eroberten Gebiete zu festigen. Doch diese Überlegungen haben das Planungsstadium niemals überschritten.

Erst die im 19. Jahrhundert einsetzende Industrialisierung führte zu einer Wiederaufnahme konkreter Überlegungen zur Verbindung der nordwestdeutschen Stromgebiete durch Schifffahrtskanäle. Die Dampfmaschine ermöglichte eine erheblich effizientere industrielle Produktion und führte zu einem enormen Transportbedürfnis von Massengütern, insbesondere von Kohle, das allein von der aufblühenden Eisenbahn nicht bewältigt werden konnte. Besonders in Westdeutschland mit seinen umfangreichen Kohlelagerstätten machte sich das Fehlen eines Wasserstraßennetzes mit billigen Frachtsätzen schmerzlich bemerkbar. Aus dieser wirtschaftlichen Notwendigkeit heraus begründet, beginnt hier die Geschichte des MLK.

2. Die Planungen für den Bau des Mittellandkanals

Auf Initiative und im Auftrag der Industrie des Ruhrgebietes überreichte ein Kanal-Komitee am 24. April 1856 dem Preußischen Minister für Handel, Gewerbe und öffentliche Arbeiten eine Denkschrift zum Bau einer Schifffahrtsverbindung vom Rhein über die Weser zur Elbe. Der preußische König Wilhelm I. ordnete sieben Jahre später, vor allem auf Drängen des westfälischen Provinziallandtages, die Ausführung technischer Vorarbeiten an.

Es kam allerdings bald zu heftigen Auseinandersetzungen über die geplante Linienführung des Kanals, da sich die anliegenden Städte und Gemeinden durch den Bau und den späteren Betrieb des Kanals erheblichen wirtschaftlichen Aufschwung und Wohlstand erhofften. Daher bildeten sich vielerorts Komitees, die entsprechend der lokalen Interessenlage eine Trassierung des Kanals durch ihren Ort befürworteten. Die Auseinandersetzungen wurden wegen der politischen Ereignisse 1864/66 (Krieg mit Dänemark und Österreich) und 1870/71 (Krieg mit Frankreich) nicht zu Ende geführt.

Der Aufschwung von Industrie und Verkehr nach Beendigung des deutsch-französischen Krieges veranlasste die Preußische Regierung, dem Landtag 1877 eine Denkschrift „über die im Preußischen Staat vorhandenen Wasserstraßen, deren Verbesserung und Vermehrung" vorzulegen. Neben den bereits erwähnten Auseinandersetzungen über die Frage der Trassenführung, meldeten sich nun die Gegner und Befürworter des Rhein-Weser-Elbe-Kanals vehement zu Wort. Die Gegner der MLK-Pläne sahen in dem preiswerten Transportweg ein Einfallstor für Konkurrenzprodukte und eine einseitige Wirtschaftsförderung, die Befürworter erwarteten eine deutliche Absatzsteigerung. Zu den Gegnern gehörten vor allem die Vertreter der ostelbischen Landwirtschaft und Vertreter der Montanindustrie aus Schlesien und dem Saarland. Machtvolle Befürworter waren die Industriellen des Ruhrgebietes. Letztlich standen sich in diesen Kontroversen das konservativ geprägte, traditionelle Preußen und der fortschrittlich-moderne Industriestaat Preußen gegenüber. So wurde der Entwurf eines Gesetzes für „den Bau eines Schifffahrtskanals von Dortmund nach der unteren Ems zur Verbindung des westfälischen Kohlegebietes mit dem Emshafen" vom 24. März 1882 vom Abgeordnetenhaus angenommen, vom Herrenhaus dagegen abgelehnt.

Am 13. März 1886 wurde der Gesetzentwurf erneut eingebracht. Man hatte ihn – um die Vertreter der östlichen Landesteile günstiger zu stimmen – um den Bau des Oder-Spree-Kanals, welcher als Friedrich-Wilhelm-Kanal aus dem Jahre 1668 bereits in Grundzügen existierte, erweitert. Das Gesetz wurde nunmehr am 9. Juli 1886 angenommen. Der Dortmund-Ems-Kanal konnte nach siebenjähriger Bauzeit 1899 fertig gestellt werden.

In logischer Weiterführung des Vorhabens zur Realisierung eines Schifffahrtsweges zwischen Rhein und Elbe, plante die preußische Regierung nun den westlichen Anschluss des Dortmund-Ems-Kanals an den Rhein und den östlichen Anschluss zur Weser und zur Elbe. Die für den Bau des MLK erforderlichen Mittel wurden allerdings noch 1899 vom Abgeordnetenhaus mit der Mehrheit der konservativen Parteien abgelehnt.

Nachdem auch 1901 eine weitere Mittellandkanalvorlage – trotz einer Erweiterung um großzügige Wasserstraßenpläne für den Osten Deutschlands – im Landtag scheiterte, änderte die preußische Regierung ihre Strategie. Auch ohne die Anbindung an die Elbe konnte der Nachweis geführt werden, dass der Bau eines Wasserweges nur bis Hannover volkswirtschaftlich von hohem Nutzen war. Daher beschränkte die preußische Regierung im April 1904 ihren Antrag zum Bau einer Schifffahrtsverbindung auf den Bau eines Kanals vom Rhein über den Dortmund-Ems-Kanal bis nach Hannover. Da damit dem Ansinnen der Kanalgegner quasi Rechnung getragen wurde, stimmten beide Häuser des Landtages dem Antrag zu. Darauf basierend wurde mit dem „Gesetz, betreffend die Herstellung und den Ausbau von Wasserstraßen" vom 1. April 1905 endlich die Rechtsgrundlage für den Bau des MLK bis Hannover geschaffen. Wesentlichen Anteil daran hatte der Geheime Baurat und spätere Ministerialdirektor Dr.-Ing. Leo Sympher (1854 bis 1922), der unermüdlich für die Idee des MLK eingetreten war. Ihm wurde nur wenige Jahre nach seinem Tode am Wasserstraßenkreuz Minden ein Denkmal errichtet. Der 1. April 1905 kann als „Geburtsstunde" des MLK angesehen werden. Aus Anlass des 100. Geburtstages wurden im Frühjahr 2005 durch die Dienststellen der Wasser- und Schifffahrtsverwaltung verschiedene Veranstaltungen am MLK durchgeführt. Außerdem hat das Bundesministerium der Finanzen ein Sonderpostwertzeichen herausgegeben. Die Briefmarke zeigt als Motiv die Kanalbrücke des MLK über die Elbe.

Neben dem Bau des „Rhein-Weser-Kanals" wurden weitere wasserbauliche Maßnahmen in das Gesetz vom 1. April 1905 aufgenommen. Hierzu gehörten u. a. Ergänzungsmaßnahmen am Dortmund-Ems-Kanal, der Bau eines Lippeseitenkanals von Datteln nach Hamm, die Herstellung von Staubecken im oberen Quellgebiet der Weser, die Durchführung von Regulierungsarbeiten in der Weser unterhalb von Hameln sowie Baumaßnahmen an den damaligen ostdeutschen Wasserstraßen.

3. Der Bau des Mittellandkanals bis nach Hannover

Mit dem Bau des Schifffahrtskanals vom Rhein zur Weser bei Minden und weiter nach Hannover wurde im Frühjahr 1906 begonnen. Die Bezeichnung „Mittellandkanal" wurde damals bewusst unterbunden, um Befürchtungen einer Vorwegnahme des Weiterbaus bis zur Elbe entgegen zu wirken. Der westliche Abschnitt des „Rhein-Weser-Kanals", der heutige Rhein-Herne-Kanal, wurde 1914 fertig gestellt. Er verbindet den Dortmund-Ems-Kanal mit dem Rhein bei Duisburg. Der östliche Abschnitt, also der MLK, zweigt bei Bergeshövede vom Dortmund-Ems-Kanal ab. Auf dem Kanalabschnitt bis Minden, zunächst als „Ems-Weser-Kanal" bezeichnet, wurde der Verkehr am 16. Februar 1915 aufgenommen. Östlich von Minden konnten die Arbeiten im Herbst 1916 bis Hannover abgeschlossen werden. Der Raum Osnabrück wurde durch einen 14 km langen Stichkanal mit zwei Schleusen angeschlossen.

In Minden wurde der MLK mit einer Kanalbrücke über die Weser hinweg geführt und über zwei Verbindungskanäle der Anschluss zur Weser hergestellt. Ein weiterer Stichkanal mit der Hafenschleuse und der Abstiegsschleuse zur Leine führte nach Hannover-Linden.

Bild 2 und Bild 3 Bauarbeiten am Mittellandkanal, 1914

Analog zum Dortmund-Ems-Kanal wurde der MLK für einen Verkehr mit 600t-Schiffen bemessen. Hierfür erhielt der Kanal im Querschnitt ein Muldenprofil mit einer Wasserspiegelbreite von 31 m bis 33 m und eine Wassertiefe von 3,00 m. Vorausschauend wurden aber bautechnisch die Vorkehrungen getroffen, um den Wasserspiegel zu einem späteren Zeitpunkt ab der Schleuse Münster um 50 cm anzuheben. Damit wurde der spätere Verkehr mit 1.000t-Schiffen ermöglicht.

Zum Ausgleich der Wasserverluste des MLK infolge von Verdunstung und Versickerung sowie aus dem Schleusenbetrieb wurde in Minden ein Pumpwerk errichtet. Hier wird noch heute Wasser aus der Weser in den etwa 13 m höher gelegenen MLK gefördert. Um diese Wasserentnahmen auszugleichen und Nachteile für die Weserschifffahrt und die Landeskultur unterhalb der Entnahmestelle zu vermeiden, wurden von 1908 bis 1914 die Edertalsperre (202 Mio. m³ Stauraum) und von 1912 bis 1923 (mit kriegsbedingter Unterbrechung) die kleinere Diemeltalsperre (20 Mio. m³ Stauraum) errichtet. Zum Ausgleich der Wasserentnahmen für den MLK sollten diese in den niederschlagsarmen Sommer- und Herbstmonaten Zuschusswasser in die Weser abgeben. Hiermit war auch eine Verbesserung der Schifffahrtsverhältnisse auf der Oberweser (Hann. Münden bis Minden) verbunden.

Bild 4 Edertalsperre

4. Die Fortführung des Projektes nach dem 1. Weltkrieg

Während der Kriegsjahre zeigte sich die große Bedeutung des MLK für den Gütertransport und die Versorgung von Industrie und Bevölkerung mit Rohstoffen und landwirtschaftlichen Produkten. Der fehlende Abschnitt bis zur Elbe wurde schmerzlich vermisst. Auch um die aus dem Krieg zurückgekehrten Soldaten beschäftigen zu können, wurden die Arbeiten am MLK über Hannover hinaus unverzüglich fortgesetzt.

Östlich von Peine konnten die Arbeiten allerdings noch nicht begonnen werden, da ein Streit über die weitere Linienführung des Kanals entbrannte. Die umstrittenen Varianten bestanden aus einer bereits in den technischen Entwürfen von 1899 gewählten „Nordlinie" und einer „Südlinie". Die Nordlinie verlief nördlich von Lehrte, vorbei an Oebisfelde und weiter über Calvörde und Haldensleben bis nach Glindenberg zur Elbe und schloss mit der Verbindung zum Elbe-Havel-Kanal ab. Die Südlinie umging Sehnde und Peine südlich, schwenkte westlich von Braunschweig nach Süden und führte über Wolfenbüttel, Hornburg und Oschersleben südlich von Magdeburg an die Elbe. Anschließend sollte die Elbe auf 26 km Länge bis zum Elbe-Havel-Kanal mitbenutzt werden, so dass hier eine Abhängigkeit von den Wasserständen der Elbe bestanden hätte. Der Gesamtweg war mehr als 34 km länger als die Nordlinie. Für die Südlinie setzten sich die Länder Braunschweig, Anhalt, Sachsen und Thüringen ein, weil sie Vorteile für den Anschluss des mitteldeutschen Wirtschaftsgebietes an den Kanal sahen. Als Kompromiss wurde 1920 eine sogenannte Mittellinie gefunden, die Peine und Braunschweig unmittelbar anschloss, im Übrigen aber weitgehend der Nordlinie folgte. Bei Oebisfelde wurde die Trasse später noch etwas weiter nördlich in den Drömling verschwenkt, um dort Entwässerungsmaßnahmen zu verwirklichen.

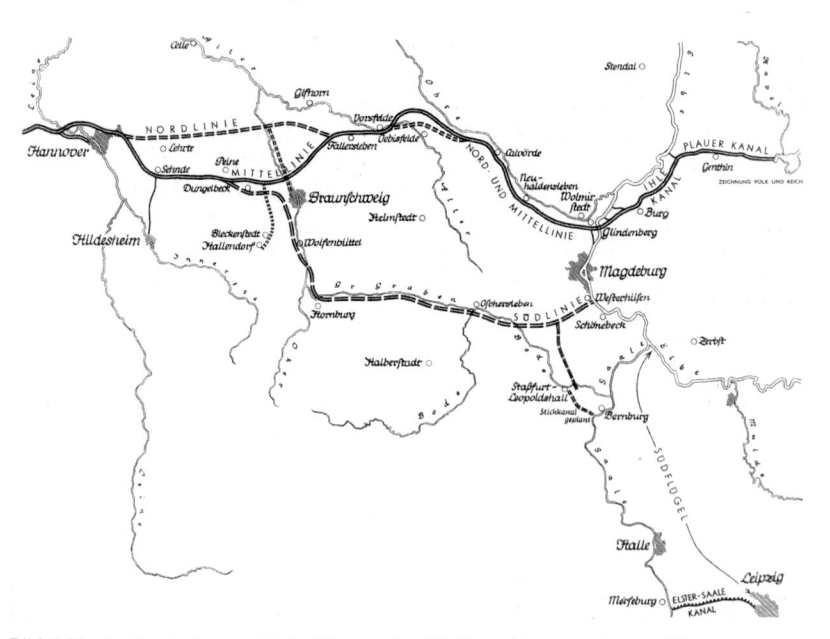

Bild 5 Die drei Varianten zur Linienführung des MLK von Hannover bis zur Elbe

Die Idee der Südlinie, die mitteldeutschen Industriegebiete bei Leipzig und Halle anzuschließen, wurde jedoch nicht aufgegeben. Man beschloss die Regulierung der Elbe zwischen Magdeburg und der Saalemündung, den Ausbau der Saale bis Merseburg für das 1.000t-Schiff sowie Anschlusskanäle nach Leipzig (Elster-Saale-Kanal) und nach Staßfurt. Diese Maßnahmen sollten den sog. Südflügel des MLK darstellen. Finanzierungsschwierigkeiten und erneute Diskussionen über die verkehrliche Bedeutung des Kanals sowie seine Auswirkungen auf andere Landesteile verzögerten zunächst die Durchführung. Erst die Unterzeichnung eines Staatsvertrages des Reiches, das am 29. Juli 1921 die Wasserstraßen von den Ländern übernommen hatte, mit den Ländern Preußen, Sachsen, Braunschweig und Anhalt ermöglichte die Vollendung des Mittellandkanals. Der Ausbau der Saale und die Regulierung der Elbe wurden jedoch zunächst zurückgestellt.

Die Arbeiten zur Vollendung des MLK gingen dann zügig voran: 1928 wurden die Schleuse in Hannover-Anderten und der Stichkanal Hildesheim mit der Schleuse Bolzum freigegeben. 1929 wurde der Hafen Peine, 1933 der Hafen Braunschweig erreicht. Mit der Fertigstellung der Schleuse Sülfeld und des Schiffshebewerks Rothensee bei Magdeburg konnte der Verkehr auf dem MLK am 30. Oktober 1938 zur Elbe freigegeben werden. Damit war die Idee der Wasserstraßenverbindung vom Rhein zur Elbe Wirklichkeit geworden. Zusätzlich wurde in den Jahren 1938 bis 1941 das Industriegebiet Salzgitter durch einen 15 km langen Stichkanal mit Schleusen in Wedtlenstedt und Üfingen an den MLK angeschlossen.

Im Gegensatz zum westlichen Teil des Mittellandkanals, der für einen Verkehr mit 600t-Schiffen bemessen war, wurde den Planungen östlich von Hannover das 1.000t-Schiff mit einer Breite von 9,00 m und einem Tiefgang von 2,00 m zugrunde gelegt. Der MLK erhielt hierfür ein Muldenprofil mit einer Wassertiefe in Kanalmitte vom 3,50 m und eine Wasserspiegelbreite von 37 bis 39 m.

Die Kanalbrücke zur Überführung des MLK über die Elbe und der Anschluss an den Elbe-Havel-Kanal über ein Schiffshebewerk bei Hohenwarthe konnten kriegsbedingt jedoch nicht mehr fertig gestellt werden. Die Bauarbeiten wurden 1942 eingestellt, nachdem bereits wesentliche Gründungsarbeiten für die Brücke und das Hebewerk abgeschlossen waren. Mehr als 60 Jahre musste die Schifffahrt in Richtung Berlin über die Elbe einen Umweg von 12 Kilometern Länge fahren. Über das Schiffshebewerk Rothensee ging es vom MLK hinunter in den Rothenseer Verbindungskanal und auf die Elbe, dann elbabwärts über die Schleuse Niegripp in den Elbe-Havel-Kanal. Problematisch waren dabei die schwankenden Wasserstände der Elbe. Bei oft wochenlangem Niedrigwasser blieb nichts anderes übrig, als einen Teil der Ladung umzuladen, um mit geringerem Tiefgang die Fahrt fortsetzen zu können. Zudem passen in den Trog des Schiffshebewerks Rothensee maximal 82 m lange Schiffe, Schubverbände waren zeitaufwändig zu entkoppeln. Die Planungen zum Bau des Wasserstraßenkreuzes Magdeburg wurden erst nach Vereinigung beider deutscher Staaten

Bild 6 Schiffshebewerk Rothensee

wieder aufgegriffen. Im Jahre 2001 wurde die Schleuse Rothensee als neues Abstiegsbauwerk vom MLK zur Elbe und zu den Magdeburger Häfen fertig gestellt.
Die Kanalbrücke über die Elbe und eine Doppelschleuse in Hohenwarthe für den Abstieg vom MLK zum Elbe-Havel-Kanal wurden am 10. Oktober 2003 in Betrieb genommen.

5. Die Höhenstufen im Mittellandkanal

Die gewählte Trasse der Weststrecke des MLK nördlich der letzten Ausläufer der deutschen Mittelgebirge (Wiehengebirge und Teutoburger Wald) ermöglichte eine schleusenlose Strecke von über 211 km zwischen der Schleusengruppe Münster am Dortmund-Ems-Kanal und Hannover auf einer Höhenlage von NN+50,30 m. Mit der Schleuse Anderten wird der Höhenunterschied zwischen dem Wasserspiegel der West- und der Scheitelhaltung von 14,70 m überwunden. Die Scheitelhaltung des MLK verläuft auf der Höhenlage von NN+65,00 m über 64 km bis zur Schleuse Sülfeld. Der MLK geht hier in seine 88 km lange Osthaltung mit der Höhe NN+56,00 m über, die erst bei Hohenwarthe östlich der Elbe mit dem Abstieg zum Elbe-Havel-Kanal wieder verlassen wird.

6. Der Ausbau des Mittellandkanals

In den 50er und 60er Jahren konnte der MLK den Anforderungen der größer, schneller und damit wirtschaftlicher gewordenen Schiffe nicht mehr gerecht werden. Selbstfahrende Motorgüterschiffe verdrängten die bis dahin weit verbreitete Schleppschifffahrt vollständig. Die zu gering gewordenen Abmessungen des Kanals, die Steigerung des Verkehrsaufkommens und der hohe Unterhaltungsaufwand durch die erhebliche Belastung von Sohle und Böschungen erforderten einen Ausbau des Kanals. Daher wurde 1965 der Ausbau des in der Bundesrepublik gelegenen Teils des MLK gemäß der Wasserstraßenklasse IV beschlossen und in einem Regierungsabkommen zwischen dem Bund und den beteiligten Ländern Nordrhein-Westfalen, Niedersachsen, Hamburg und Bremen festgelegt. Regelfahrzeug der Wasserstraßenklasse IV war das Europaschiff mit 1.350t Tragfähigkeit, 80 bis 85 m Länge, 9,50 m Breite und 2,50 m Abladetiefe. Als Ergebnis von Natur- und Modellversuchen wurde bei Zugrundelegung von Schiffsgeschwindigkeiten von 10 km/h bis 12 km/h für die Dimensionierung des Kanalquerschnitts der 7fache Querschnitt des voll abgeladenen 1.350t-Europaschiffes gewählt. Hieraus sind entsprechende Regelquerschnitte entwickelt worden. Mit ersten Ausbauarbeiten wurde im Jahre 1966 begonnen.

Die Entwicklung im Binnenschiffsbau und in der Flottenstruktur tendiert jedoch seit den 90er Jahren zum Großmotorgüterschiff und zum Schubverband. Um dieser Entwicklung Rechnung zu tragen, hat das damalige Bundesministerium für Verkehr am 1. August 1994 „Richtlinien für Regelquerschnitte von Schifffahrtskanälen" herausgegeben. In Anlehnung an die seinerzeit für das Europaschiff entwickelten Regelquerschnitte wurden die heute geltenden Regelabmessungen für Kanalquerschnittsformen festgelegt (Querschnitt 170 m²); sie sind zwar eng bemessen, lassen aber einen ausreichend sicheren und uneingeschränkten Verkehr mit Schiffen bis zur heutigen Regelschiffsgröße zu. Regelschiffe sind der zweigliedrige Schubverband mit 185 m und das Großmotorgüterschiff mit 110 m Länge. Beide Regelschiffe besitzen eine Breite von 11,45 m und eine Abladetiefe von 2,80 m. Die Wassertiefe der Regelquerschnitte beträgt 4,00 m, die Wasserspiegelbreiten im Trapezprofil 55,00 m und im Rechteckprofil 42,00 m. Die Stichkanäle werden mit einem Mindestquerschnitt von 100 m² ausgebaut. Dies ermöglicht die Fahrt eines Großmotorgüterschiffes mit 2,80 m Abladetiefe in der Einzelfahrt.

Die Verbreiterung und Vertiefung des Kanalbettes erforderte auch eine Anpassung der vorhandenen Kreuzungsbauwerke. So waren eine Vielzahl von Straßen-, Wege- und Eisenbahnbrücken, Düker, Durchlässe und Unterführungen zu erneuern oder umzubauen. Die neuen Brücken erhielten dabei für die Schifffahrt eine Durchfahrtshöhe von mindestens 5,25 m über dem Kanalwasserspiegel. Zur Überquerung von Weser, Leine und Elbe wurden neue Kanalbrücken errichtet. Auch waren sämtliche Sicherheitstore durch Neubauten zu ersetzen.

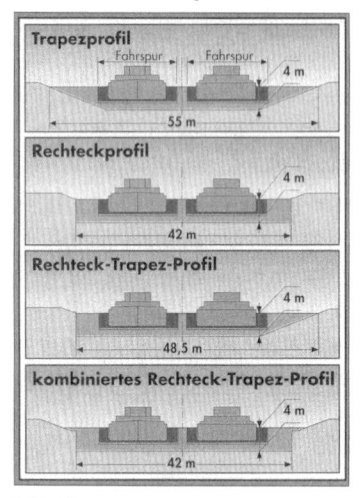

Bild 7 Regelquerschnitte

Bild 8 MLK-Ausbaustrecke

Die Baumaßnahmen am MLK zwischen dem Dortmund-Ems-Kanal und Wolfsburg wurden im Jahre 2000 weitgehend abgeschlossen. Es fehlen in diesem Streckenbereich noch die Erweiterung der Stichkanäle nach Osnabrück, nach Hannover-Linden und nach Hildesheim sowie eine Reihe von Schleusenneubauten. Östlich von Wolfsburg bis zur ehemaligen innerdeutschen Grenze waren bis zur Grenzöffnung nur unwesentliche Ausbauarbeiten vorgenommen worden. Im Bereich der ehemaligen DDR wurde der MLK in den 80er Jahren für das Europaschiff, allerdings nur für eine Abladetiefe von 2,00 m, entsprechend 3,50 m Wassertiefe, teilausgebaut. Nach der Wiederherstellung der deutschen Einheit wurden im Frühjahr 1991 von der Bundesregierung 17 Verkehrsprojekte Deutsche Einheit mit Schlüsselfunktion für das Zusammenwachsen der alten und neuen Bundesländer beschlossen. Hierzu gehört als einziges Wasserstraßenprojekt der Ausbau der Wasserstraßenverbindung vom Raum Hannover nach Berlin für Großmotorgüterschiffe und Schubverbände (Projekt 17). Seit diesem Zeitpunkt wird mit hoher Priorität auch am Ausbau der 80 km langen Osthaltung des MLK zwischen Wolfsburg und Magdeburg gearbeitet. Wesentliche Teilstrecken sind bereits fertig gestellt. Mit der Vollendung der Arbeiten in der Osthaltung soll der Ausbau des MLK im Jahre 2012 insgesamt abgeschlossen werden.

7. Bedeutende Bauwerke des Mittellandkanals

Der Bau des MLK zwischen Bergeshövede und Magdeburg einschl. der Stichkanäle erforderte neben der Herstellung des Kanalbettes mit den zugehörigen Dämmen bzw. Einschnittböschungen auf einer Streckenlänge von rd. 380 km auch den Bau einer Vielzahl von Ingenieurbauwerken. So wurden allein für kreuzende Verkehrswege und Gewässer 358 Schienen-, Straßen- und Wegebrücken, neun Unterführungen und 245 Düker und Durchlässe errichtet. Die überwiegende Zahl dieser Bauwerke wurde im Zuge des MLK-Ausbaus inzwischen durch Neubauten ersetzt. An Schifffahrtsanlagen wurden ein Schiffshebewerk, zwölf Schleusen, zehn Pumpwerke und zwölf Sicherheitstore gebaut. Außerdem wurden 21 Wasserentlastungsvorrichtungen, 19 Hochwassereinlässe und drei Kanalbrücken über Weser und Leine errichtet.

Nachfolgend werden das Wasserstraßenkreuz Minden, die Kanalbrücken über die Leine, die Schleusen Anderten und Sülfeld sowie das Wasserstraßenkreuz Magdeburg kurz vorgestellt. Es handelt sich um die markantesten Großbauwerke des MLK, die als beeindruckende Zeugnisse der Ingenieurbaukunst ihrer jeweiligen Zeit angesehen werden können. Hierbei wird auch auf die inzwischen erfolgten baulichen Veränderungen der vergangenen Jahrzehnte und auf noch geplante Baumaßnahmen der kommende Jahre eingegangen.

7.1 Das Wasserstraßenkreuz Minden

Die gleich bleibende Wasserspiegelhöhe von NN+50,30 m zwischen der Schleusengruppe Münster und der Schleuse Anderten erforderte in Minden den Bau einer Kanalbrücke zur Kreuzung der Weser. An der Kreuzungsstelle liegt der Kanalwasserspiegel etwa 13 m über dem Mittelwasser der Weser. Nördlich dieser 1914 fertig gestellten Brücke wurde 1998 im Zuge des MLK-Ausbaus eine neue Kanalbrücke als zweite Fahrt über die Weser errichtet. Westlich der Kanalbrücken zweigt der Verbindungskanal Nord zur Weser mit der Schachtschleuse ab, östlich überwindet der Verbindungskanal Süd den Höhenunterschied zwischen MLK und Weser mit zwei Schleusen. Während die Obere Schleuse mit den übrigen Bauten des Wasserstraßenkreuzes 1915 in Betrieb genommen wurde, erfolgte der Bau der Unteren Schleuse erst in den Jahren 1921 bis 1925. An die Zwischenhaltung

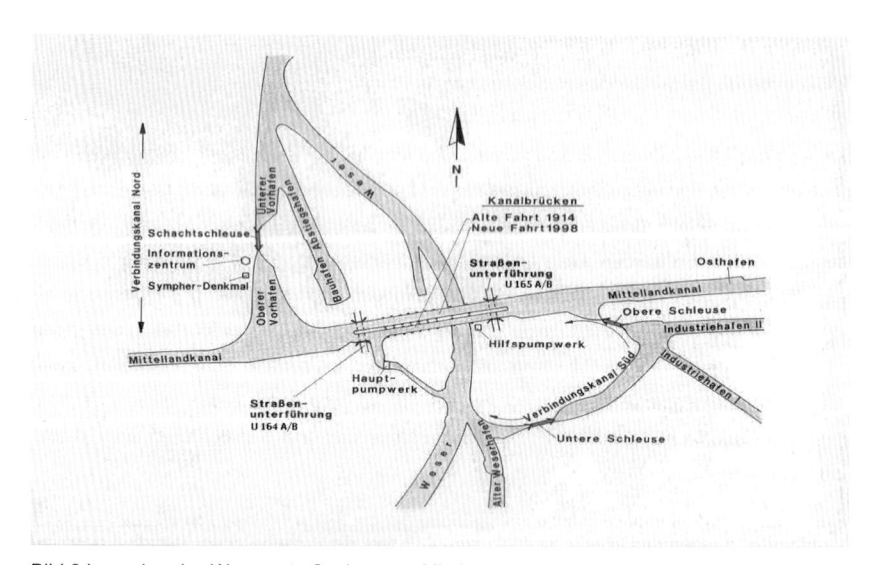

Bild 9 Lageplan des Wasserstraßenkreuzes Minden

zwischen Oberer und Unterer Schleuse hat die Stadt Minden zwei Hafenbecken (Industriehafen) angeschlossen. Das Hauptpumpwerk Minden als wichtiges Bauwerk zur Wasserversorgung des MLK aus der Weser befindet sich südwestlich der Kanalbrücken. Es wurde

1914 in Betrieb genommen. Es ist heute mit vier Rohrgehäusepumpen mit je 4 m³/s Förderleistung ausgestattet. Zum Wasserstraßenkreuz Minden gehört außerdem ein zweites kleineres Pumpwerk, das sog. Hilfspumpwerk, das 1914 auf dem rechten Weserufer in Verbindung mit dem Widerlager der alten Kanalbrücke errichtet wurde. Außerdem kreuzen unmittelbar westlich und östlich der Kanalbrücken zwei innerstädtische Straßen mittels Unterführungen die Dammstrecke des MLK.

Die 90 Jahre alte Schachtschleuse Minden besitzt bei einer Breite von 10 m eine Nutzlänge von 85 m. Die Fallhöhe beträgt bei wechselnden Wasserständen der Weser maximal 13,20 m. Um die Kosten für das Zurückführen des Schleusungswassers möglichst gering zu halten, wurden beidseitig der Schleusenkammer in vier Ebenen übereinander insgesamt 16 geschlossene Sparbecken angeordnet. In die Sparbecken werden bei jeder Talschleusung rd. 7.300 m³ Wasser eingeleitet und bei der Bergschleusung zur Wiederbefüllung der Schleusenkammer verwendet. Bei einem Wasserbedarf für eine Schleusenfüllung von 11.300 m³ beträgt die Wasserersparnis damit rd. 65 %. Lediglich 4.000 m³ Wasser werden zur Füllung der Schleusenkammer aus dem MLK entnommen. Als Verschlüsse für die Sparbecken dienen Zylinderschütze. Über sog. Ventilschächte gelangt das Wasser aus den Sparbecken in zwei Längskanäle und von dort durch 14 kleinere Öffnungen an jeder Seite in die Schleusenkammer. Die Längskanäle werden durch Drehsegmentschütze am Oberhaupt und Unterhaupt zum MLK und zur Weser hin geöffnet und geschlossen. Als Torkonstruktion wurde am Oberhaupt ein Klapptor, am Unterhaupt ein Hubtor gewählt. In den Jahren 1988/89 erfolgte nach einer Betriebszeit von mehr als 70 Jahren eine Grundinstandsetzung der Schleuse. Hierbei wurde u. a. die gesamte elektrotechnische Ausrüstung erneuert.

Bild 10 und 11 Schachtschleuse Minden (rechts im Bau 1914)

Gemäß einem Verwaltungsabkommen zwischen der Hansestadt Bremen und der Bundesrepublik Deutschland soll die Mittelweser (Minden – Bremen) in den kommenden Jahren an einen eingeschränkten Begegnungsverkehr mit 2,50 m tiefgehenden Großmotorgüterschiffen angepasst werden. Da die Mindener Schleusen nur über Nutzlängen von 82 m bzw. 85 m verfügen, wird eine neue Schleuse am Verbindungskanal Nord auf der Ostseite der Schachtschleuse errichtet. Die neue Schleuse erhält eine Kammerbreite von 12,50 m und eine Nutzlänge von 139 m. Mit den Planungen für die neue Schleuse wurde bereits begonnen, die Bauausführung ist in den Jahren 2010 bis 2012 vorgesehen.

Bei der in Massivbauweise von 1911 bis 1914 errichteten Kanalbrücke sind die Überbauten als Dreigelenkbögen ausgebildet worden. Die Kanalbrücke besitzt eine Gesamtlänge von 370 m und überspannt das eigentliche Flussbett der Weser mit zwei Strombögen von je 50 m lichter Weite. Der Weserschifffahrt steht in der östlichen Stromöffnung ein Lichtraumprofil von 30 m Breite und 4,50 m Durchfahrtshöhe über dem höchsten Schifffahrtswasserstand (HSW) zur Verfügung. Für den Hochwasserabfluss sind linksseitig der Weser sechs Flutöffnungen von je 32 m lichter Weite vorhanden. Für die Schifffahrt auf dem MLK besitzt die Brücke einen rechteckigen Kanaltrog von 24 m Breite und 3,00 m Wassertiefe, der mit den Dreigelenkbögen zu einem einheitlichen Tragwerk verbunden wurde. Die Dreigelenkbögen tragen die Lasten aus Eigengewicht sowie der Wasserfüllung des Troges von rd. 24.000t über zwei Widerlager und sieben Pfeiler in den Untergrund ab.

Bild 12 Baustelle der Kanalbrücke Minden, (1913)

Bild 13 Kanalbrücke nach ihrer Zerstörung, (1945)

Kurz vor Ende des 2.Weltkrieges, am 4. April 1945, sprengten zurückweichende deutsche Truppen beide Strombögen der Kanalbrücke. Der Wiederaufbau erfolgte in den Jahren 1947 bis 1949. Während dieser Zeit wurde die durchgehende Schifffahrt auf dem MLK über die Verbindungskanäle Nord und Süd und die dazwischen liegende Weserstrecke umgeleitet. In den Jahren 1980 bis 1986 wurden umfangreiche Instandsetzungsarbeiten an der Betonkonstruktion der Kanalbrücke vorgenommen. Hierbei konnte das Erscheinungsbild der Brücke weitgehend erhalten werden. Wie die Schachtschleuse und das Hauptpumpwerk ist die Kanalbrücke seit 1987 als Baudenkmal eingestuft. Die Güterschifffahrt wird seit August 1998 ausschließlich über die neue Kanalbrücke geführt, die alte Brücke kann noch von der Freizeit- und Fahrgastschifffahrt genutzt werden.

Bild 14 und 15 Wasserstraßenkreuz Minden mit beiden Kanalbrücken

Die alte Kanalbrücke besitzt keine ausreichenden Abmessungen für einen Verkehr von modernen Großmotorgüterschiffen und Schubverbänden. Daher wurde von 1993 bis 1998 im Zuge einer zweiten Fahrt über die Weser nördlich der alten Brücke eine neue Kanalbrücke gebaut, die der Schifffahrt einen rechteckigen Kanaltrog mit 42 m Breite und 4,00 m Wassertiefe bietet. Um das Lichtraumprofil der Weserschifffahrt einzuhalten, stand für den Überbau nur eine Bauhöhe von 2,00 m zur Verfügung. Daher konnte für die neue Brücke keine Bogenkonstruktion gewählt werden. Für den Überbau wurde ein rechteckiger, stählerner Kanaltrog von 341 m Länge gewählt. Er überbrückt die sechs Flutöffnungen mit Stützweiten von je 36,50 m und die zwei Stromöffnungen mit Stützweiten von je 54,44 m. Außerdem wird auf der Ostseite ein Wirtschaftsweg mit 13 m überspannt. Die Stahlkonstruktion des Troges besteht an der Unterseite aus einem Trägerrost mit neun durchlaufenden Hauptlängsträgern von 2,00 m Höhe und Hauptquerträgern, die im Bereich der Pfeiler als Scheiben zur Stabilisierung des Tragwerks und zur Aufnahme von Horizontallasten aus Schiffsstoß und Eisdruck ausgebildet sind. Die Seitenwände des Troges bestehen aus begehbaren Hohlkästen. Das Trogeigengewicht von 7.800t und die Wasserlast im Trog von fast 60.000t werden über 99 Elastomerlager und acht Pfeilerscheiben in den Untergrund abgeleitet. Zur Einhaltung eines ungehinderten Hochwasserabflusses der Weser stehen die Pfeilerscheiben in der Flucht der Pfeiler der alten Kanalbrücke. Die Längenausdehnung des Stahltroges infolge Temperaturänderungen wird gegenüber den starren Widerlagerbauwerken durch elastische Übergangsbänder aufgenommen. Diese U-förmigen Übergangsbänder sind paarweise übereinander angeordnet, um im Versagensfall eine doppelte Sicherheit zu gewährleisten.

7.2 Die Kanalbrücken im Leinetal

Rund 15 km nordwestlich von Hannover kreuzt der MLK in der Nähe der Ortschaften Lohnde und Seelze mit zwei Kanalbrücken das Tal der Leine. Das eigentliche Flussbett der Leine wird dabei mit der sog. Leinestrombrücke überquert. Um den Hochwasserabfluss der Leine sicherzustellen, wurde zusätzlich eine Leineflutbrücke rd. 600 m östlich der Leinestrombrücke errichtet. Beide Kanalbrücken wurden in den Jahren 1912 bis 1915 als stählerne Dreifeldbrücken gebaut. Die Leinestrombrücke erhielt Stützweiten von 23,50 m, 30 m und 23,50 m, die etwas kleinere Leineflutbrücke von 15,60 m, 23,40 m und 15,60 m. Für die Schifffahrt auf dem MLK wurden beide Brücken mit einem rechteckigen Kanaltrog mit 24 m Wasserspiegelbreite und 3,00 m Wassertiefe ausgestattet. Die Lasten aus Eigengewicht und Wasserlast werden über flach gegründete Ufer- und Strompfeiler in den Untergrund abgetragen.

Bild 16 MLK im Leinetal mit alter und neuer Fahrt

Auch im Leinetal waren die Abmessungen der beiden alten Kanalbrücken für die moderne Binnenschifffahrt nicht mehr ausreichend. Daher wurden auch hier in einer zweiten Fahrt neue Kanalbrücken in den Jahren 1995 bis 1999 erbaut. Im Gegensatz zu den Kanalbrücken in Minden und zu den alten Brücken erhielten die neuen Kanalbrücken im Leinetal unter Abwägung von ökologischen und nautischen Gesichtspunkten einen Trapezquerschnitt mit 55 m Wasserspiegelbreite und 4,00 m Wassertiefe bei 1:3 geneigten Böschungen. Die zweite Fahrt wurde mit einem Achsabstand von 58 m nördlich der alten Fahrt errichtet. Die Gesamtlänge der neuen Leinestrombrücke beträgt 77 m, die der Leineflutbrücke 55 m. Beide Bauwerke sind auf insgesamt 700 Ortbetonrammpfählen gegründet. Die neuen Kanalbrücken sind als stählerne Tröge ausgebildet und ruhen als Dreifeldträger jeweils auf dem westlichen und östlichen Widerlager sowie den beiden Pfeilern. Das Eigengewicht beträgt bei der Leinestrombrücke ca. 3.000t, bei der Leineflutbrücke ca. 1.900t. Die Vertikallasten werden je Überbau über 32 Elastomerlager in die Unterbauten eingeleitet. Die Längenausdehnung der Stahltröge infolge Temperaturänderungen wird analog zur neuen Kanalbrücke Minden mit übereinander angeordneten U-förmigen Übergangsbändern gewährleistet.

Seit der Fertigstellung der zweiten Fahrt mit den neuen Kanalbrücken im Leinetal werden die alten Bauwerke in der Regel durch die Schifffahrt nicht mehr genutzt. Die alte Fahrt bleibt in ihren jetzigen Abmessungen, soweit dies der Zustand der alten Kanalbrücken zulässt, erhalten und wird nur bei Inspektions- und Unterhaltungsarbeiten an der neuen Fahrt als Umleitungsstrecke genutzt.

7.3 Die Doppelschleuse Anderten bei Hannover

Die Doppelschleuse Anderten wurde in den Jahren 1924 bis 1928 errichtet. Mit ihr wird der Höhenunterschied zwischen der West- und der Scheitelhaltung des MLK von 14,70 m überwunden. Da es in der Scheitelhaltung an natürlichen Zuflüsse fehlt, wurde auch hier der Bau einer Sparschleuse notwendig. Der damals erwarteten Verkehrmenge entsprechend wurde die Schleuse als Doppelanlage mit zwei unabhängig voneinander zu betreibenden Kammern von je 225 m Länge (Nutzlänge heute 220 m) und 12 m Breite geplant und gebaut.

Die neue Doppelschleuse wurde in weitgehend monolithischer Bauweise errichtet. Jedes der 256 m langen Bauwerke wurde in nur sieben Baublöcke unterteilt (Ober- und Unterhaupt sowie fünf Kammerblöcke). Die insgesamt 100 Sparbecken befinden sich beidseitig der

Bild 17 Doppelschleuse Anderten

beiden Schleusenkammern in fünf Ebenen übereinander. Dadurch lässt sich eine Schleusungswasserersparnis von ca. 75% (31.500 m³) erreichen. Bei jeder Talschleusung werden 10.500 m³ Schleusungswasser in die Westhaltung abgegeben, die zurück in die Scheitelhaltung gepumpt werden müssen. Jedes der 50 Sparbecken einer Schleusenkammer wird durch ein Zylinderschütz geöffnet oder geschlossen. Diese Schütze werden durch Elektromotore bewegt. Jeweils fünf Motore einschl. Getriebe sind in einem der zwanzig auf der Doppelschleuse befindlichen sog. Ventilhäuser untergebracht. Jede Schleusenkammer wird am Oberhaupt durch ein 20t schweres Klapptor verschlossen. Die Unterhäupter wurden mit ca. 78t schweren Hubtoren ausgestattet. Sie sind durch Gegengewichte austariert. Die Wasserbewirtschaftung des MLK erforderte auch an der Schleuse Anderten ein Pumpwerk. Dieses wurde mit sechs Spiralgehäusepumpen mit insgesamt 9,6 m³/s Förderleistung ausgerüstet. Die Schleusenanlage wurde am 20. Juni 1928 durch den Reichspräsidenten von Hindenburg eingeweiht.

Im Zusammenhang mit dem Ausbau des MLK wurden Ende der 60er Jahre die Durchfahrtshöhen der Unterhaupttore von 4,00 m auf 5,25 m erhöht, die Vorhäfen ausgebaut, die bisherigen geböschten Ufer durch Spundwandufer ersetzt und das für die ehemalige Schleppschifffahrt benötigte Mittelleitwerk im oberen Vorhafen beseitigt. Ansonsten genügen die Abmessungen der Doppelschleuse Anderten den heutigen Anforderungen der modernen Güterschifffahrt. Mittelfristig ist allerdings zu prüfen, ob bei steigendem Verkehrsaufkommen die inzwischen fast 80 Jahre alte Anlage durch eine dritte Schleusenkammer zu ergänzen ist.

7.4 Die Doppelschleuse Sülfeld bei Wolfsburg

Bild 18 Baustelle der Doppelschleuse Sülfeld 1936 (Nordkammer)

Westlich von Wolfsburg wird der Höhenunterschied zwischen der Scheitelhaltung und der Osthaltung des MLK von 9 m durch die Schleuse Sülfeld überwunden. Als Doppelschleuse mit zwei voneinander unabhängigen Kammern ist sie in den Jahren 1934 bis 1937 erbaut worden und hat ihren Betrieb im Jahre 1938 aufgenommen. Jede Schleusenkammer erhielt eine Nutzlänge von 224 m, eine Breite von 12 m und eine Drempeltiefe von 3,00 m. Auch diese Schleuse wurde mit Sparbecken ausgestattet. Im Gegensatz zu den Schleusen in Minden und Anderten kam hier die Form der offenen Sparbecken zur Ausführung. Jeder Schleusenkammer wurden sechs offene Sparbecken auf drei Höhenstufen zugeordnet, in denen bei der Talschleusung rd. 67% des Schleusungswassers zwischengespeichert werden kann. Als Obertor kam ein Klapptor, als Untertor ein Hubtor zur Ausführung, als Sparbeckenverschlüsse wurden Zylinderschütze gewählt. Das Füll- und Entleerungssystem der

Schleuse besteht aus Torumläufen mit Rollkeilschützen. Zur Wasserbewirtschaftung der Ost- und der Scheitelhaltung des MLK wurde der Schleusenanlage ein Pumpwerk zugeordnet, das heute mit vier Pumpen mit einer Förderleistung von je 6 m³/s ausgestattet ist.

Bild 19 Doppelschleuse Sülfeld vor Abbruch der Südkammer

In den Jahren 1988 bis 1990 wurde eine umfangreiche Grundinstandsetzung der Nordkammer der Schleuse vorgenommen, um die Verkehrs- und Betriebssicherheit der Anlage für die nachfolgenden Jahre sicher zu stellen. Hierbei wurde u. a. der schadhafte Beton der Kammerwände großflächig abgetragen und erneuert.

Im Zuge des MLK-Ausbaus werden auch an der Schleusenanlage Sülfeld Baumaßnahmen notwendig, damit die moderne Güterschifffahrt mit einer Abladetiefe von 2,80 m die Schleuse ungehindert passieren kann. Hierzu wurde die Südkammer, die gegenüber der Nordkammer eine wesentlich schlechtere Bausubstanz aufwies, im Jahre 2004 einschließlich der zugehörigen Sparbecken abgebrochen, um hier anschließend eine neue Schleuse zu errichten. Die neue Schleuse Sülfeld Süd erhält eine Nutzlänge von 225 m, eine Breite von 12,50 m und eine Drempeltiefe von 4,00 m. Südlich der Kammer werden zwei offene Sparbecken angeordnet, mit denen eine Wasserersparnis von ca. 50% erreicht wird. Mit dem Bau der neuen Schleuse ist 2004 begonnen worden. Während der Bauzeit wird der Schiffsverkehr über die

Nordschleuse abgewickelt, die hierzu in einem 24h-Betrieb eingesetzt wird. Die Fertigstellung der Schleuse Sülfeld Süd ist für Ende 2007 geplant.

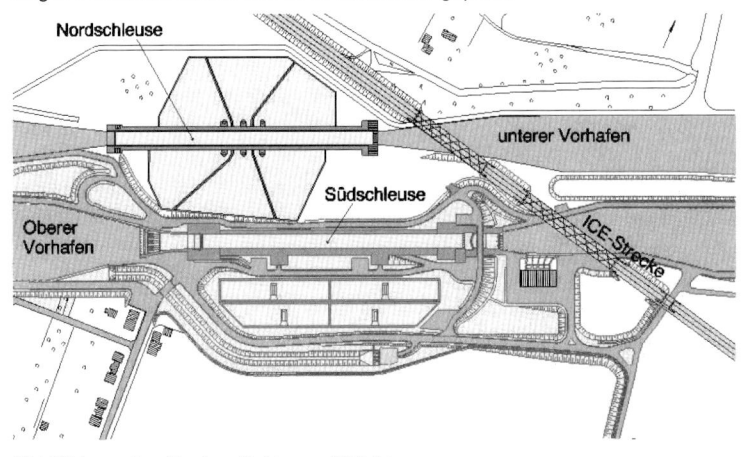

Bild 20 Lageplan Neubau Schleuse Sülfeld

Bild 21 Baustelle Schleuse Sülfeld Süd

7.5 Das Wasserstraßenkreuz Magdeburg

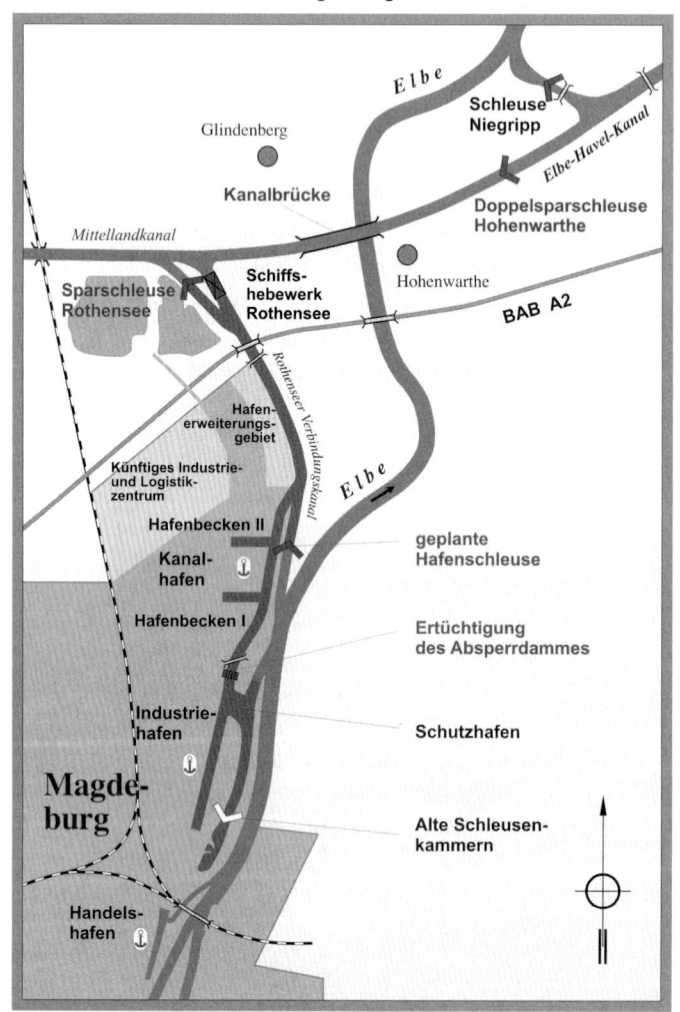

Bild 22 Lageplan Wasserstraßenkreuz Magdeburg

Mit dem Bau einer Kanalbrücke über die Elbe und eines Doppelschiffshebewerks bei Hohenwarthe, das den Höhenunterschied zwischen dem MLK und dem Elbe-Havel-Kanal von 18,55 m überwinden sollte, sowie mit dem Bau des Schiffshebewerks Rothensee wurde 1934 begonnen. Kriegsbedingt mussten die Arbeiten an der Kanalbrücke und am Hebewerk

544

Hohenwarthe 1942 eingestellt werden, nur das Schiffshebewerk Rothensee nahm 1938 den Betrieb auf. Über dieses Hebewerk wurde die Verbindung vom MLK zum Magdeburger Hafen und zur Elbe hergestellt. Je nach Wasserstand der Elbe wird hierbei ein Höhenunterschied von min. 10,45 m, max. 18,46 m überwunden. Die Konstrukteure des Hebewerks entschieden sich damals für ein Prinzip, das bis dahin noch nirgendwo in der Welt für ein Bauwerk derartiger Größenordnung praktisch angewendet worden war, für ein Hebewerk, dessen Trog beweglich auf zwei Schwimmern ruhte. Neben den beiden Vorhäfen besteht das Hebewerk aus Trogkammer, Schwimmerschächten, Schwimmern, Traggerüst und Trog. Herzstück des Schiffshebewerks ist der Schiffstrog. Er besitzt eine Länge von 85 m, eine lichte Breite von 12 m, eine Wassertiefe von 2,58 m und kann Schiffe bis 82 m Länge, 9,50 m Breite und 2,00 m Abladetiefe aufnehmen. Geführt und bewegt wird er an vier senkrechten aus einem Stück geschmiedeten Gewindespindeln von 27 m Länge und 42 cm Durchmesser. Der Trog wird durch Hubtore an beiden Stirnseiten geöffnet und geschlossen. Das 22,5 m hohe Traggerüst stellt die Verbindung her zwischen den Schwimmern und dem Trog. Jeder der beiden Schwimmer hat einen Außendurchmesser von 10 m, eine Gesamthöhe von nahezu 36 m und verdrängt 2.700 m³ Wasser. Die Schächte für die Schwimmer sind 60 m tief und haben eine lichte Weite von 11 m. Der Auftrieb der beiden Schwimmer ist dabei nahezu identisch mit der Masse des mit Wasser gefüllten Troges (einschl. Traggerüst) von 5.400t, so dass praktisch nur die Reibung und Massenträgheit überwunden werden muss, um den Trog in Bewegung zu setzen. Der Antrieb erfolgt durch acht Gleichstrommotore mit je 44 KW Leistung sowie vier Antriebsmuttern am Trog, die auf den vier feststehenden Gewindespindeln entlang gleiten.

Bild 23 Schleuse und Schiffshebewerk Rothensee

Nach der Wiederherstellung der Einheit Deutschlands wurden im Rahmen des Verkehrprojektes 17 die Planungen für das Wasserstraßenkreuz Magdeburg neu aufgenommen. Als erstes neues Bauwerk wurde in den Jahren 1997 bis 2001 westlich des Schiffshebewerks die neue Schleuse Rothensee errichtet. Durch sie können Großmotorgüterschiffe und Schubverbände vom MLK kommend den Magdeburger Hafen und die Elbe erreichen. Die neue Schleuse verfügt über eine Kammer mit einer Nutzlänge von 190 m und einer Breite von 12,50 m. Die seitlich der Schleusenkammer terrassenförmig auf drei Ebenen angeordneten offenen Sparbecken ermöglichen eine Wasserersparnis von rd. 60%. Als Obertor erhielt die Schleuse ein Zugsegmenttor. Im Unterhaupt wurde wegen der wechselnden Wasserstände der Elbe ein rd. 22 m hohes Stemmtor eingesetzt. Auf dem Steuerstand befindet sich eine Aussichtsplattform für Besucher des Wasserstraßenkreuzes. Zur Rückführung des Schleusungswassers und zur Wasserversorgung der Osthaltung des MLK wurde in unmittelbarer Nähe der neuen Schleuse Rothensee ein Pumpwerk mit einer Ausstattung von 5 Pumpen mit je 3,5 m³/s Leistung errichtet.

Bild 24 Kanalbrücke Magdeburg

Kernstück des Wasserstraßenkreuzes Magdeburg ist die in den Jahren 1998 bis 2003 erbaute 918 m lange stählerne Kanalbrücke über die Elbe. Sie besteht aus der 228 m langen eigentlichen Strombrücke und der 690 m langen Vorlandbrücke, die als Flutbrücke der Durchleitung des Hochwasserabflusses der Elbe dient. Für die Vorlandbrücke und die Strombrücke wurde eine unterschiedliche architektonische Gestaltung gewählt. Im Strombereich wird die Ansicht der Brücke durch die zu einem Fachwerk aufgelösten Außenwände des Hauptträgers geprägt, während sich die Vorlandbrücke als eine geschlossene Stauwand darstellt. Außerdem ist die Gestaltung der Pfeiler ein weiteres kennzeichnendes Merkmal der Vorlandbrücke. Sie erinnern durch ihre ausladende und geschwungene Form an Schiffsspanten und stellen damit den Bezug zum Nutzer der Brücke, der Schifffahrt, her. Den Übergang zwischen den beiden Brückenteilen sowie Anfang und Ende der Brücke markieren zusätzlich jeweils Turmpaare in Prismenform. Auf der Elbe besitzt die Kanalbrücke eine Schifffahrtsöffnung von 90 m Breite. Die Durchfahrtshöhe von mindestens 6,50 m erlaubt die Passage mit dreilagig beladenen Containerschiffen. Auf dem MLK steht der Schifffahrt eine nutzbare Trogbreite von 32 m und eine Wassertiefe von 4,25 m zur Verfügung. Die Kanalbrücke wird im Richtungsverkehr befahren, wobei die Schleuse Hohenwarthe den Verkehrsablauf bestimmt. Im westlichen Widerlager der Kanalbrücke befindet sich eine Hochwasserentlastungsanlage, die einen Abfluss von Kanalwasser in die Elbe ermöglicht. Dies ist erforderlich, weil die Osthaltung des MLK als Hochwasserableiter überschüssige Wassermengen aus dem Allergebiet und dem Drömling aufnimmt.

Bild 25 Doppelschleuse Hohenwarthe

Die Doppelschleuse Hohenwarthe bildet das östliche Ende der Osthaltung des MLK. Die Schleusenanlage besteht aus zwei parallel angeordneten Schleusenkammern, die durch eine 12,50 m breite Mittelmole miteinander verbunden sind. Die Breite der Schleusenkammern beträgt 12,50 m, die Nutzlänge 190 m. Die zu überwindende Höhendifferenz zwischen MLK und Elbe-Havel-Kanal beträgt bei Normalwasserstand 18,55 m. Auch hier ermöglichen die beidseitig der Schleusenkammern in drei Ebenen terrassenförmig angelegten offenen Sparbecken eine Wasserersparnis von rd. 60%. Im Oberhaupt der Schleuse kamen Zugsegmenttore, im Unterhaupt Hubtore zur Ausführung. Ein Pumpwerk mit einer Ausstattung von 3 Pumpen mit einer Leistung von je 3,5 m³/s sorgt für das Rückpumpen des Verlustwassers in den MLK.

Die Bauwerke des Wasserstraßenkreuzes Magdeburg werden demnächst noch ergänzt durch eine Hafenschleuse an der Zufahrt von der Elbe zum Rothenseer Verbindungskanal. Für den Hafen Magdeburg ist es von besonderer Bedeutung, dass er vom Elbwasserstand unabhängig an den MLK angeschlossen ist. Dazu wird der Rothenseer Verbindungskanal ausgebaut, und in seinem südlichen Abschnitt entsteht in den kommenden Jahren eine Hafenschleuse. Bei ausreichenden Wasserständen der Elbe bleibt sie zur freien Durchfahrt offen. Bei zu niedrigen Wasserständen der Elbe geht sie in Betrieb und sichert in der Zufahrt vom MLK und im Hafen den erforderlichen Wasserstand für die Schiffe mit 2,80 m Abladetiefe.

8. Die Verkehrsbedeutung des Mittellandkanals

Bild 26 Schifffahrt auf dem MLK in der Stadtstrecke Hannover

Der MLK war im Laufe seiner hundertjährigen Entwicklung großen Veränderungen unterworfen. Das betrifft die Fahrzeuge der auf dem MLK verkehrenden Schifffahrt, die transportierten Güter und damit auch die am MLK angesiedelten Wirtschaftsunternehmen. Wesentlicher Faktor für die Verkehrsabläufe per Schiff ist bei allen künstlichen Wasserstraßen, so auch beim MLK, die wasserstandsunabhängige Verfügbarkeit.

Bei den Fahrzeugen prägten bis in die Nachkriegszeit hinein Schleppzüge das Bild der Schifffahrt auf dem MLK. Mehrere Schleppkähne, die selbst keinen eigenen Antrieb hatten, wurden von einem Schlepper gezogen. Nach dem 2. Weltkrieg wurden die alten Schleppkähne mehr und mehr umgebaut und motorisiert. Außerdem entstanden Neubauten von Motorschiffen, gleichzeitig verbunden mit einer Entwicklung zu größeren Fahrzeugen mit höheren Tragfähigkeiten. Schleppzüge sind heute auf dem MLK so gut wie nicht mehr anzutreffen. Auch bei der Ausstattung der Fahrzeuge haben sich Änderungen vollzogen. Während die Fahrzeuge früher ganz überwiegend schlichte Laderäume hatten, findet heute zunehmend eine Spezialisierung statt. Neben dem nach wie vor verbreiteten Schiff mit herkömmlichen Laderäumen, welches den Vorteil der Flexibilität für den Transport unterschiedlicher Güter bietet, sind Tankschiffe für diverse flüssige Erzeugnisse sowie speziell für den Containertransport gebaute oder umgebaute Schiffe in Fahrt. Besondere Anstrengungen unternimmt die Binnenschifffahrt, um ihren Marktanteil bei dem Transport hochwertiger Stückgüter mit modernem und flexiblem Schiffsraum auszubauen.

Bei der Planung des neuen Kanals sind die Väter des MLK von einem Gesamtverkehrsaufkommen von 8,8 Mio. Gütertonnen pro Jahr ausgegangen. Dabei erwarteten sie einen Durchgangsverkehr von 7,2 Mio. t/Jahr und einen Ziel- und Quellverkehr, d. h. einen Verkehr, der in den Häfen des MLK endet oder beginnt, von 1,6 Mio. t/Jahr. Bereits gegen Ende der 30er Jahre erreichte der Verkehr jedoch 12 Mio. Jahrestonnen. Nach einem kriegsbedingten Rückgang ist der Gesamtverkehr bis heute auf etwa 23,5 Mio. t angewachsen. Hiervon entfallen ca. 18 Mio. t auf den Gebietsverkehr und 5,5 Mio. t auf den Durchgangsverkehr. Diese Entwicklung, nach der im Gegensatz zur einstigen Planung der Gebietsverkehr heute etwa 75% des Gesamtverkehrs ausmacht, zeigt, welch enormen Einfluss der Kanal auf die wirtschaftliche Entwicklung seines Umfeldes genommen hat.

Mit der sich in vielen Wirtschaftsbereichen abzeichnenden Entwicklung weg von der Massenproduktion hin zu einer Spezialisierung auf ausgewählte Güter hat auch bei den durch die Binnenschifffahrt transportierten Güterarten seit etwa 15 bis 20 Jahren ein Wandel eingesetzt. Waren es früher fast ausschließlich die für den Schiffstransport klassischen Massengüter, wie Getreide, Kohle, Stahl, Erz und Baustoffe, werden heute auch zunehmend hochwertige Wirtschaftsgüter wie z. B. Autoteile oder Bauteile für industrielle Anlagen (häufig Schwertransporte) befördert. Hier sind auch die hochwertigen flüssigen Produkte aus dem Mineralölbereich, aber auch aus der chemischen Industrie zu nennen, die auf dem MLK transportiert werden. Vor allem der Container hat für die Schifffahrt und die beteiligten Wirtschaftsunternehmen neue positive Impulse gesetzt. Seit den 90er Jahren werden auf dem MLK Containertransporte von und zu den Seehäfen, insbesondere Hamburg und Bremerhaven, durchgeführt. Beispielhaft sei hier die Entwicklung im Hafen Braunschweig dargestellt. Ähnlich beeindruckende Zuwächse hat der Containerumschlag am MLK auch in Minden, Hannover und Haldensleben zu verzeichnen. Ein Ende dieser positiven Entwicklung ist derzeit nicht abzusehen.

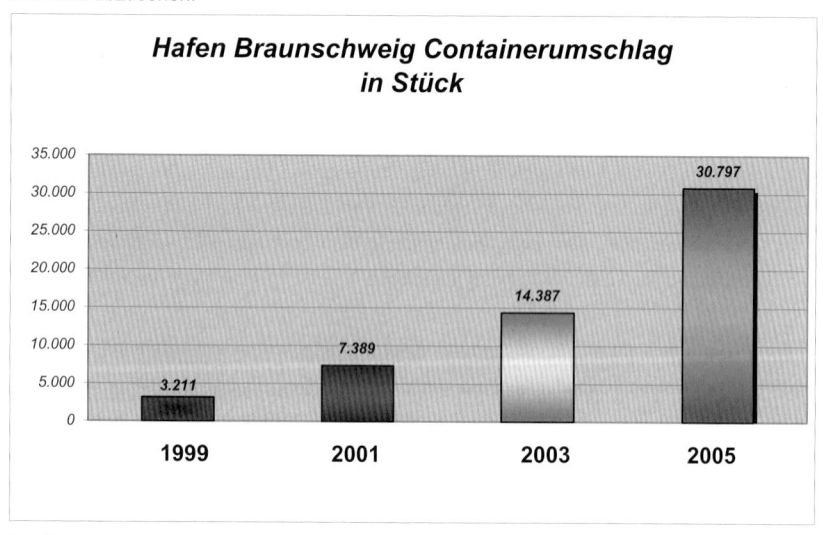

Hafen Braunschweig Containerumschlag in Stück

Jahr	Stück
1999	3.211
2001	7.389
2003	14.387
2005	30.797

Quelle: Statistik WSD Mitte, 2005

Der Wasserstraßenanschluss hatte in früheren Jahren lange Zeit einen hohen Stellenwert als Ansiedlungsfaktor, was man gerade an den Industriegebieten am MLK und den zugehörigen Stichkanälen sieht. Heute gewinnt die Anbindung an den Wasserweg erneut an Bedeutung. Die Wirtschaft erkennt zunehmend, dass es nicht allein auf die Schnelligkeit von Transporten ankommt, wie sie vermeintlich nur der LKW bieten kann. Entscheidend ist vielmehr die Verlässlichkeit von Transporten und damit deren Planbarkeit für Produktion und

Verarbeitung. Hier ist die Binnenschifffahrt angesichts der sich ständig verschärfenden Verkehrssituation auf den Straßen deutlich im Vorteil.

9. Ausblick

In der Bundesrepublik Deutschland mit ihrer zentralen Lage in Europa wird nach der Öffnung der osteuropäischen Länder und der Vollendung des EG-Binnenmarktes in den kommen Jahren eine weitere Zunahme des Güterverkehrs erwartet. Ohne die Binnenschifffahrt kann das steigende Transportvolumen nicht bewältigt werden. Dem MLK kommt hierbei als wichtiger Teil der einzigen West-Ost-Wasserstraße Norddeutschlands eine besondere Bedeutung zum Anschluss der neuen osteuropäischen EU-Mitglieder an das europäische Wasserstraßennetz zu. Bereits heute werden auf dem MLK rd. 23,5 Mio. t Güter pro Jahr umweltfreundlich, zuverlässig und sicher befördert. Mit der Fertigstellung des Ausbaus der Wasserstraßenverbindung von Hannover nach Berlin im Rahmen der Verkehrsprojekte Deutsche Einheit, Projekt 17, wird der MLK weiter an Bedeutung gewinnen. Schon heute ist er, 100 Jahre nach seiner Geburtsstunde am 1. April 1905, eine der wichtigsten und modernsten Wasserstraßen Deutschlands geworden.

Literaturverzeichnis

[1] Dipl.-Ing. Winfried Reiner, Geschichte und Zukunft des Mittellandkanals, Zeitschrift für Binnenschifffahrt, Nr. 10, Oktober 1995

[2] Dipl.-Ing. Dieter Schmidt-Vöcks, Die Geschichte des Mittellandkanals, Stadtlandschaft und Brücken in Hannover – Der Mittellandkanal als moderner Schifffahrtsweg, Wasser- und Schifffahrtsdirektion Mitte, 2000

[3] Dipl.-Ing. Andreas Hüsig, Dipl.-Ing. Reinhard Henke, 100 Jahre Mittellandkanal, Informationsschrift der Wasser- und Schifffahrtsdirektion Mitte, 2004

[4] Dipl.-Ing. Reinhard Henke, Bedeutende Bauwerke des Mittellandkanals, 100 Jahre Mittellandkanal – Tradition und Innovation -, Binnenschifffahrt, Supplement 4/2005

[5] Jörg Rusche, Christoph Weinoldt, Verkehrsentwicklung auf dem MLK, 100 Jahre Mittellandkanal – Tradition und Innovation -, Binnenschifffahrt, Supplement 4/2005

Teil IV
VDI-intern

VDI-Stellungnahme zur Gebäudesicherheit

Sicherheitsrisiko Bausubstanz – VDI fordert regelmäßige Überprüfung

Wiederkehrende bauliche Prüfungen bei besonders risikobehafteten Bauwerken wie zum Beispiel Stadien, Sport- und Messehallen, Schulen, Theater, Kaufhäusern müssen zur Pflicht gemacht werden. Das fordert der VDI Verein Deutscher Ingenieure, um den in jüngster Zeit vermehrt auftretenden Katastrophen zu begegnen. Der VDI ist der Überzeugung, dass eine regelmäßige Überprüfung durch einen von der Bauaufsichtsbehörde beauftragten Prüfingenieur unabdingbar ist. Durch das Vier-Augen-Prinzip wird die notwendige Unabhängigkeit geschaffen.

Zusammenstürzende Hallen wie jüngst in Bayern oder in Kattowitz mit Toten und vielen Verletzten machten deutlich, dass Bauwerke altern und im Laufe der Zeit ein erhebliches Gefahren- und Risikopotenzial darstellen können. Bei Versammlungsstätten gibt es wiederkehrende Prüfungen nur für haustechnische und brandschutztechnische Anlagen; die dauerhafte Sicherstellung der Standsicherheit ist Sache des Bauherrn oder Betreibers. Insgesamt existieren in Deutschland zwar 16 Bauordnungen, die standsichere Bauwerke vorschreiben. „Doch diese Vorschriften greifen in der Praxis nicht, weil die dazu verpflichteten Bauherren nur selten die Bausubstanz mit der erforderlichen Sorgfalt überwachen", bemängelt Prof. Dr.-Ing. Manfred Curbach VDI, Vorsitzender der VDI-Gesellschaft Bautechnik.

Außerdem appelliert der VDI an das Verantwortungsbewusstsein der Bauherren. „Wenn die Eigentümer und Betreiber ihre Pflichten ernst nähmen, müssten sie mehr für Standsicherheitsuntersuchungen in der Nutzungsphase und für Ertüchtigungsmaßnahmen investieren" stellt Curbach fest.

Die ausführliche VDI-Stellungnahme zu diesem Thema ist nachfolgend abgedruckt und kann über die E-Mail-Adresse bau@vdi.de angefordert werden.

VDI fordert regelmäßige Standsicherheitsprüfungen bei risikobehafteten Bauwerken

Stellungnahme der VDI-Gesellschaft Bautechnik aus Anlass der gegenwärtigen Häufung von Bauwerkseinstürzen

In letzter Zeit mehren sich Unfälle mit katastrophalen Folgen an öffentlichen Bauwerken. Unglücke wie einknickende Strommasten nach Schneefall im Münsterland im November 2005, der Einsturz einer Schwimmhalle in Tschussowoi im Ural am 4. Dezember 2005 mit neun Toten, der Einsturz der Eissporthalle in Bad Reichenhall am 2. Januar 2006 mit 15 Toten und zahlreichen Verletzten oder der Einsturz einer Messehalle in Katowice am 28. Januar 2006 mit 62 Toten und vielen Verletzten machen deutlich, dass Bauwerke altern und im Laufe der Zeit ein erhebliches Gefahren- und Risikopotenzial darstellen.

Aber anders als beispielsweise Autos (die regelmäßig zur Inspektion **und** zur Untersuchung müssen) oder Fotokopiergeräte (die regelmäßig gewartet werden) werden die meisten Bauwerke nach ihrer Fertigstellung sich selbst überlassen. Dem Bauherrn obliegt dann die Gewährleistung der Sicherheit seines Baus, d.h. das weitere Risikomanagement. Jedes Tragwerk verändert sich im Laufe seiner Nutzung und kann im Laufe der Jahre seinen ursprünglichen Zustand erheblich verschlechtern: Baustahl durch Korrosion, Mikrorisse oder Ermüdung; Stahlbeton kann durch Rissbildung, Karbonatisierung, Chlorideintrag oder Alkalireaktionen geschädigt werden; Holzwerkstoffe werden durch Feuchte, Pilzbefall oder Mikroorganismen zerstört; Kunstharze können verspröden.

Fachleute wissen das, und die insgesamt 16 existierenden deutschen Bauordnungen reflektieren es auch, indem sie verfügen, dass
- jede bauliche Anlage ... standsicher sein muss,
- jede ... bauliche Anlage ... so instand zu halten ist, dass die öffentliche Sicherheit nicht gefährdet wird,

- bauliche Anlagen (dauerhaft) so beschaffen sein müssen, dass durch Wasser, Feuchtigkeit, ... chemische, physikalische oder biologische Prozesse Gefahren nicht entstehen.

Doch diese Vorschriften greifen in der Praxis nicht, weil die dazu verpflichteten Bauherren nur selten die Bausubstanz mit der erforderlichen Sorgfalt überwachen. Wiederkehrende Standsicherheitsprüfungen werden gegenwärtig nur im Brückenbau durchgeführt - dort sind sie vorgeschrieben. Bei Versammlungsstätten gibt es wiederkehrende Prüfungen nur noch für haustechnische und brandschutztechnische Anlagen, die dauerhafte Sicherstellung der Standsicherheit ist Sache des Bauherrn oder Betreibers. Auch um unterhaltungsbedürftige Fassadenkonstruktionen, die an öffentliche Räume angrenzen, kümmert sich niemand.

Dass die Bausubstanz nicht ordnungsgemäß gewartet wird, liegt an der nicht vorgeschriebenen Überwachung oder dem entsprechenden Bewusstsein der Besitzer oder Nutzer. Der Rückzug des Staates bei der Kontrolle des Risikomanagements führt zu einer sträflichen Vernachlässigung vorhandener Bausubstanz. Schwere Bauwerkschäden führen immer wieder zu Beinahe-Unfällen und zunehmend auch zu tatsächlichen Katastrophen.

Wenn die Bauherren ihre Pflichten ernst nähmen, müssten sie mehr investieren: Bei einer angenommenen mittleren Lebensdauer von 50 Jahren müssten in der Bundesrepublik Deutschland jährlich zwei Prozent der gesamten Bausubstanz erneuert werden - das sind bei 2.000 Mrd. Euro Gesamtwert der lasttragenden Konstruktionen in Deutschland jährlich 40 Mrd. Euro. Erfahrungsgemäß kommt noch einmal der gleiche Betrag für Reparatur und Wartung dazu - zusammen also 80 Mrd. Euro pro Jahr. Das ist erheblich mehr als der durchschnittliche Umsatz des Bauhauptgewerbes in den vergangenen Jahren.

Die Wahrnehmung der Bauherrenpflichten (notwendige Wartungen, Prüfungen und Reparaturen) wird dringender denn je:
- Die Zahl der Nutzer von Bauwerken wächst ständig; Beispiele sind Hochhäuser, Versammlungsstätten oder Verkaufsstätten mit großen Menschenansammlungen.

- Die Ausnutzung aller gestalterischen Möglichkeiten und der Einsatz neuer Baustoffe führen zu immer schlankeren, kühneren und schwierigeren Tragkonstruktionen.
- Mit der fortschreitenden Entwicklung der Bautechnik werden die Bauprozesse immer komplizierter und komplexer.
- Die angestrebte Minimierung der Baukosten zieht eine die Sicherheit gefährdende Reduzierung der Planungs- und Ausführungsleistungen nach sich.
- Die vielfach geforderten kurzen Bauzeiten bewirken einen außerordentlichen Termindruck, der die Zuverlässigkeit der Planungs- und Ausführungsleistungen beeinträchtigt.
- Der weitgehende Einsatz der Rechentechnik bei der Berechnung und Konstruktion von Bauwerken führt bei fehlender Plausibilitätskontrolle zu hoher Fehleranfälligkeit (Computergläubigkeit).
- Die Anforderungen an die Qualität und Erfahrung der Planer und Ausführenden werden oft nicht eingehalten.

Der VDI ist der Überzeugung, dass ein Umdenken des Staates, der Gesellschaft und somit von uns allen dringend erforderlich ist. Folgende Maßnahmen erscheinen als Sofortreaktion auf die Katastrophen der letzten Monate geeignet:

– Das Verantwortungsbewusstsein von Besitzern und Nutzern muss geweckt werden
– Wiederkehrende Prüfungen für Bauwerke mit großen Gefahren für Leib und Leben, wie z.B. Stadien, Sport- und Messehallen, Versammlungsräume, Opernhäuser, Konzertsäle, Kaufhäuser usw. müssen zur Pflicht gemacht werden
– Das Vier-Augen-Prinzip bei der Kontrolle, d. h. Beauftragung der Prüfingenieure durch die Bauaufsichtsbehörde, ist beizubehalten und – wo abgeschafft – wieder einzuführen. Eine Beauftragung durch den Bauherrn schafft ein Abhängigkeitsverhältnis und gefährdet die notwendige Unabhängigkeit.

Prof. Dr.-Ing. Manfred Curbach
Vorsitzender der VDI-Gesellschaft Bautechnik

16.02.2006

Richtlinie VDI 6200 „Überwachung und Prüfung von Bauwerken"

Aus Anlass der Häufung von Bauwerkseinstürzen Anfang des Jahres 2006 erarbeitete die VDI-Gesellschaft Bautechnik eine Stellungnahme mit dem Titel „VDI fordert regelmäßige Standsicherheitsprüfungen bei risikobehafteten Bauwerken", die am 16.02.2006 veröffentlicht wurde (siehe vorangehender Absatz).

In der weiteren Diskussion wurde die Erarbeitung einer VDI-Richtlinie zum Thema vorgeschlagen. Der Beirat der VDI-Bau beschloss inzwischen einstimmig die Aufnahme der VDI-Richlinienarbeit und betraute das Vorstandsmitglied, Herrn Dr.-Ing. Robert Hertle, mit der Bildung des Richtlinienausschusses.

Der Erhalt und die Weiterentwicklung der Bauwerksinfrastruktur erfordern eine ziel- und zweckorientierte Überprüfung und Überwachung dieser Konstruktionen. Ausgelöst durch das tragische Unglück von Bad Reichenhall wurden durch verschiedene Stellen Aktivitäten zur Erarbeitung diesbezüglicher Empfehlungen/Handlungsanleitungen initiiert. Diese sind, soweit sie bis jetzt vorliegen, mangels Koordination nicht in allen Punkten vergleichbar und überlassen daher oftmals wesentliche Entscheidungen dem Bauherrn. Durch die Erarbeitung einer VDI-Richtlinie „Überwachung und Prüfung von Bauwerken" soll eine neutrale Basis für

a) die notwendigen Überwachungs- und Überprüfungsverfahren
b) die notwendigen Qualifikationen für die Überwachung und Überprüfung
c) die Auswertung und Beurteilung der Ergebnisse der Überwachung und Überprüfung
d) die Festlegung notwendiger Instandsetzungsmaßnahmen

geschaffen werden.

Die konstituierende Sitzung des Ausschusses fand am 03. August 2006 im VDI-Haus Düsseldorf statt. Dazu eingeladen wurden zahlreiche Experten, die sich aus verschiedenen Blickwinkeln mit dem Thema befassen. Wesentliche Punkte der 1. Sitzung waren: Ziel, Zweck und Anwendungsbereich der Richtlinie, inhaltliche Gliederung und personelle Zusammensetzung des Richtlinienausschusses.

Neue Köpfe im Beirat

Mit Wirkung ab dem 1. Januar 2006 wurden drei Persönlichkeiten neu in den Beirat der VDI-Gesellschaft Bautechnik gewählt und berufen, die hier mit ihrer Kurzvita vorgestellt werden: Der promovierte Ingenieur, **Dr.-Ing. Hans-Peter Andrä** VDI (Jahrgang 1948), studierte Bauingenieurwesen an der Universität Stuttgart. Nach zwei Jahren als Regierungsbaureferendar beim Autobahnamt in Stuttgart mit der Ernennung zum Regierungsbaumeister ging Andrä als Graduate Student an die Universität nach Calgary, Kanada, von wo er mit dem Master of Science nach Deutschland zurückkehrte. 1977 trat er dem Büro Leonhardt, Andrä und Partner bei, wurde 1988 geschäftsführender Gesellschafter der Leonhardt, Andrä und Partner GmbH mit derzeit 7 Bürostandorten in Deutschland und 2 weiteren im Ausland und leitet ab 2003 erfolgreich das Büro in Berlin. Seit 1995 prüft Andrä als EBA-Sachverständiger – Sachgebiet Eisenbahnbrückenbau und Konstruktiver Ingenieurbau – Bauwerke im Massivbau. Vorstandsmitglied im DAfStb-Ausschuss und im VPI wurde Andrä in 2004. Er pflegt aktiv die Mitgliedschaft in zahlreichen Fachverbänden, u. a. IVBH, VDI, VBI, VPI, BÜV, VUBIC, fib, DafStb, VSVI Berlin-Brandenburg und setzt sich seit 2005 engagiert für den Erhalt und die Weiterentwicklung des Prüfwesens als Präsident der Bundes-vereinigung der Prüfingenieure Deutschland ein. Im Büro Leonhardt, Andrä und Partner leitet er u. a. den Fachbereich „Forschung und Entwicklung" und hat insbesondere auf diesem Gebiet zahlreiche Fachliteratur im In- und Ausland, so z. B. auf dem Gebiet der Anwendung von Kohlenstoff-Faser-Lamellen zur Ertüchtigung von Bauwerken, veröffentlicht.

Prof. Dr.-Ing. Reinhard Harte VDI (Jahrgang 1952), Hochschullehrer an der Bergischen Universität Wuppertal und Gesellschafter der Krätzig & Partner Ingenieurgesellschaft für Bautechnik mbH in Bochum. Er studierte Bauingenieurwesen an der Ruhr-Universität Bochum und promovierte dort im Jahre 1982. Von 1985 bis 1997 war er Geschäftsführender Gesellschafter der Krätzig & Partner GmbH und in dieser Zeit für einige interessante Großprojekte zuständig: Wiederaufbau der Berliner Kongresshalle, Neubau eines kryogenen Äthylentanks in Wilhelmshaven, Neubau verschiedener großer Naturzugkühltürme. Er ist Prüfingenieur für Baustatik und zudem staatlich anerkannter Sachverständiger für die Prüfung des Brandschutzes und für die Prüfung der Standsicherheit. 1997 wurde er zum Universitätsprofessor C4 für Statik und Dynamik der Tragwerke an die Bergische Universität Wuppertal berufen. Er gehört dem Vorstand der Vereinigung der Freien Berufe in NRW an und ist gewähltes Mitglied der Vertreterversammlung der Ingenieurkammer-Bau NRW und dort in verschiedenen Ausschüssen tätig. Weiterhin wirkt er mit in Fachausschüssen für Naturzugkühltürme bei der VGB PowerTech in Essen und für Windenergieanlagen beim BÜV in Hamburg und beim DIBt in Berlin.

Prof. Dr.-Ing. **Norbert Vogt** VDI (Jahrgang 1953) studierte Bauingenieurwesen in Braunschweig und Stuttgart und promovierte 1984 bei Herrn Prof. Smoltczyk mit einem Thema der Baugrund–Bauwerksinteraktion. Als geschäftsführender Partner der Smoltczyk & Partner GmbH in Stuttgart war er anschließend – abgestützt auf einer fachübergreifenden Partnerschaft von Ingenieuren und Geologen – Berater und Gutachter bei allen geotechnischen Fragen rund um das Bauen in Boden und Grundwasser. Als herausragende Projekte sind die Neubaustrecke Mannheim - Stuttgart der Deutschen Bahn, tiefe Baugruben am Potsdamer Platz in Berlin, der Engelbergbasistunnel oder die Neuordnung des Bahnknotens Stuttgart im Projekt Stuttgart 21 zu nennen.

Seit 2001 ist Vogt Ordinarius des Lehrstuhls für Grundbau, Bodenmechanik und Felsmechanik der Technischen Universität München und Direktor des gleichnamigen Prüfamtes und hat sich dort einer forschungsgeleiteten Lehre und wissenschaftsbezogenen Baupraxis verpflichtet. Er ist Vorstandsmitglied der Deutschen Gesellschaft für Geotechnik und für diese in der europäischen und deutschen Grundbau-Normung aktiv. Er steht für die Einführung der Bachelor- und Master-Studiengänge im Bauingenieurwesen ein, wobei bei universitären Studien der Master der Regelabschluss und dem bisherigen Diplom gleichwertig ist. In diesem Zusammenhang wirkt er auch im Ausschuss "Ingenieur-Aus- und Weiterbildung" des VDI mit, in dem er seit mehr als 25 Jahren Mitglied ist.

VDI-Ehrungen für Bauingenieure

Dipl.-Ing. **Albrecht Memmert**, einer der namhaftesten Fassadenberater hierzulande, erhielt im Rahmen einer Veranstaltung im VDI-Haus Düsseldorf am 12. Oktober 2005 die **Ehrenmedaille des VDI** durch die VDI-Gesellschaft Bautechnik.

Albrecht Memmert hat durch seine wissenschaftlichen Beiträge und praxisorientierten Ingenieurleistungen die Technik, Planung und Gestaltung innovativer Fassaden maßgeblich weiterentwickelt. Als wissenschaftlicher Leiter hat er mehrere VDI-Tagungen zu diesen Themen konzipiert und sehr erfolgreich durchgeführt. Ihm ist es gelungen, das Fachgebiet Fassadentechnik als thematischen Schwerpunkt im VDI zu etablieren und die beteiligten Fachleute aller Sparten in großer Zahl unter dem Dach des VDI zum Erfahrungsaustausch und zur Weiterbildung zu versammeln.

Nach dem Abitur absolvierte Memmert zunächst eine Maschinenschlosser-Lehre bei der Firma Krauss-Maffei in München. Anschließend studierte er Maschinenbau in der Fachrichtung Stahlbau am Oskar v. Miller-Polytechnikum München (Diplom 1970). Danach schloss er bei der Schweißtechnischen Lehr- und Versuchsanstalt in München eine Ausbildung zum Schweißfachingenieur ab.

Albrecht Memmert (links) und Manfred Curbach (rechts) nehmen die hochbetagte Mutter des Laureaten in ihre Mitte

Von 1970 bis 1972 war er als Betriebsingenieur und stellv. Betriebsleiter bei dem Leichtbauunternehmen Zarges in Weilheim tätig. Danach war er bis 1975 Niederlassungsleiter bei dem Fassadenbauunternehmen Kalinna in Lauingen. Im Jahr 1976 gründete er ein Ingenieurbüro für Fassadentechnik und angewandte Bauphysik in Neuss, dem gegenwärtig 18 Mitarbeiter angehören. Neben seinem ehrenamtlichen Engagement im VDI ist er Präsident der Unabhängigen Berater für Fassadentechnik (UBF e. V.).

Am 9. Dezember 2005 verlieh der Münsterländer Bezirksverein die **Ehrenplakette des VDI** an **Dipl.-Ing. Hermann-Olaf Schneider**, VDI-Mitglied seit 1975, „...mit Dank und Anerkennung für seine langjährige engagierte und erfolgreiche Tätigkeit im Vorstand des Münsterländer Bezirksvereins. Hermann-Olaf Schneider hat dem Münsterländer Bezirksverein durch umsichtiges Finanzmanagement ermöglicht, seine Aufgaben, insbesondere die Präsentation des VDI in der Öffentlichkeit, zu erfüllen."

Der Bezirksverein München, Ober- und Niederbayern e. V. verlieh am 15.03.2006 die **Ehrenplakette des VDI an Professor Dr.-Ing. Konrad Zilch,** VDI-Mitglied seit 1973, „...mit Dank und in Anerkennung seiner aktiven Arbeit in der Betreuung des Arbeitskreises „Bau, Baustoffe und Baumaschinen" des VDI Bezirksvereines München- Ober- und Niederbayern e. V. als dessen langjähriger Leiter. Professor Dr. Konrad Zilch hat mit seinen umfangreichen Veranstaltungsangeboten im Rahmen der Bautechnik den VDI-Mitgliedern und einer breiten interessierten Öffentlichkeit viele gute Anregungen und Einblicke ins Bauwesen und deren neuen Technologien vermittelt."

Frau Architektin Dipl.-Ing. Ines Marquardt-Schmidt, VDI-Mitglied seit 1990, wurde am 6. April 2006 vom Württembergischen Ingenieurverein die **Ehrenplakette des VDI** verliehen „...in Anerkennung ihres langjährigen und erfolgreichen Einsatzes als Leiterin des Arbeitskreises „Frauen im Ingenieurberuf". Ines Marquardt-Schmidt gelingt es mit einem attraktiven und abwechslungsreichen Programm für ihren Arbeitskreis und der engagierten Mitwirkung an externen Veranstaltungen, den Frauen im Ingenieurberuf öffentliche Aufmerksamkeit zu verschaffen und ein Netzwerk mit und für Ingenieurinnen aufzubauen und auf die Bezirksgruppen auszuweiten. Sie hat sich damit besondere Verdienste in der Gemeinschaftsarbeit der Ingenieurinnen erworben."

Veranstaltungsvorschau

Tagungen

18.09.2006 – 20.09.2006 Tagung in Hamburg
Bürogebäude der Zukunft

Die fachlichen Träger dieser 2. Fachtagung sind wiederum die VDI-Gesellschaften Bautechnik (VDI-Bau) und Technische Gebäudeausrüstung (VDI-TGA). Nachdem in der ersten Veranstaltung das „Spherion" in Düsseldorf diskutiert und besichtigt wurde, werden bei dieser Tagung erstmalig drei Hamburger Gebäude fachlich analysiert. Neben allgemeinen Themen rund um zukünftige Bürogebäude stehen das Dockland, der Berliner Bogen sowie die neue Zentrale der Imtech Deutschland auf dem Programm.

Den Teilnehmern wird am Beispiel dieser Gebäude richtungweisend der Stand der Baukunst sowie der Technischen Gebäudeausrüstung hinsichtlich der Ästhetik, Funktionalität und Wirtschaftlichkeit aufgezeigt. Denn erst aus einem konstruktiven und partnerschaftlichen Zusammenwirken aller am Bau Beteiligten können solche Bauwerke entstehen. Die Besichtigung dieser Gebäude unter fachkundiger Führung ist Bestandteil des Programms.

Dockland

Das Bauvorhaben der Robert Vogel GmbH & Co. KG mit dem Namen Dockland, in Anlehnung an die schick restaurierten Hafenanlagen in London, ist direkt am Wasser zwischen Fischereihafen und Elbe mit eigenem Fähranleger gelegen. Das 25 Meter hohe, 6-geschossige, vom Architektenteam Bothe Richter Teherani in Form eines Parallelogramms entworfene spektakuläre Bauwerk, auf einer extra aufgeschütteten Landzunge mitten in der Elbe, ragt wie ein Schiffsbug 40 m über den Fluss.

Berliner Bogen

Das von den BRT Bothe Richter Teherani Architekten BDA, Hamburg, geplante 8-geschossige Bürogebäude mit 2 Untergeschossen wurde im Auftrag des Bauherrn und Eigentümers Becken Investitionen + Vermögensverwaltung, Hamburg, über dem nördlichen Ende des so genannten Hochwasserbassins erstellt. Die Tragwerksplanung für die überspannende Bogenkonstruktion von Dr.-Ing. Binnewies, Hamburg, trägt die Hauptlast des gesamten Gebäudes, so dass der Randbereich des Mischwasserrückhaltebeckens und dessen Entwässerungsleitungen statisch unangetastet bleiben.

Zentrale Imtech Deutschland

Das im Mai 2006 eröffnete neue Gebäude in Wandsbek bietet der Firma Imtech auf rund 15.000 Quadratmetern Nutzfläche Platz für ca. 550 Mitarbeiter. Das markante Haus wurde von dem Architekten-Büro NPS Tchoban Voss entworfen und von der LIP Ludger Inholte Projektentwicklung realisiert. Technisches Highlight ist die Kühlung mit PCM ohne Kältemaschine.

Die Tagung richtet sich an alle am Bau und Betrieb von Bürogebäuden beteiligten Personen, wie beispielsweise: Architekten, Ingenieure, Planer, Bauherren, Behörden, ausführende Firmen, Facility Manager, Investoren sowie Juristen. Einzelheiten zur Tagung (Programm, Anmeldung, Kosten, Ort, Nebenleistungen, Hotel usw.) siehe unter www.vdi-wissensforum.de/buerogebaeude

19.03.2007 – 20.03.2007 Tagung mit Ausstellung in Leonberg 308710
Bauen mit innovativen Werkstoffen mit Call for Papers

Diese erste Tagung mit Call for Papers, der in Kürze verfügbar sein wird, wird von Dipl.-Ing. Eva Hinkers, Associate Director, Arup GmbH Düsseldorf geleitet. Die Fachtagung will den neuesten Stand der Technik auf den Gebieten der „klassischen" sowie „neuartigen" Werkstoffe, der Verbundbauarten, der Anwendungs- und Einsatzmöglichkeiten, der Verarbeitungs-, Montage – und Verbindungstechniken präsentieren.

Sie sind aufgerufen, sich aktiv mit einem Beitrag an dieser Veranstaltung zu beteiligen. Profitieren Sie von diesem Erfahrungsaustausch. Um den Bezug zur Praxis zu unterstützen, planen wir eine begleitende Fachausstellung.

Herbst 2007 Baden-Baden 308703
Neue Entwicklungen in der Bauverfahrentechnik im Ingenieurbau

Mit der wissenschaftlichen Leitung wurde erneut Dr.-Ing. Robert Hertle betraut, der im Jahre 2002 bereits die VDI-Tagung "Verfahrenstechnik im Ingenieurbau - Traggerüste, Schalungen, Arbeits- und Schutzgerüste" leitete. Man wird die aktuellen Entwicklungen im Ingenieurbau vorstellen und Stellung beziehen.

Herbst 2007 in der Schweiz 478611
„Tunnelbau" (Arbeitstitel)

Rund um die Themen Planen, Bauen, Betreiben von Tunneln wird sich diese Veranstaltung mit Call for Papers drehen. Auch die Schwerpunkte: Sicherheit, Evakuierungsmöglichkeiten werden angesprochen. Sie sind aufgerufen, sich aktiv mit einem Beitrag an dieser Veranstaltung zu beteiligen. Profitieren Sie von diesem Erfahrungsaustausch

08-09.11.2007 Baden-Baden 308701
Innovative Fassaden III

Auch bei dieser dritten Veranstaltung wird Herr Memmert wieder die Tagungsleitung übernehmen. Diese Veranstaltung sollten Sie sich nicht entgehen lassen, denn es namhafte Experten aus den Bereichen Architektur, Bautechnik, Fassadenberatung, Technische Gebäudeausrüstung, und Bauphysik über berichten über ihre neuesten Erkenntnisse und Erfahrungen bei Planung und Ausführung. Die Veranstaltung wendet sich nicht nur an die Fachleute der genannten Branchen, sondern auch an Investoren, Bauherren, Projektentwickler und Facility Manager

Lehrgänge und Seminare

18.09.06 – 19.09.06 Stuttgart   **442510**
Grundlagen des Sachverständigenrechts
Veranstaltungsleiter: Prof. Dr.-Ing. Dr. rer. pol. Th. Wedemeier, Stadthagen
Allgemeine Rechtsgrundlagen – Sachverständigenrecht im bürgerlichen Gesetzbuch, Zivilprozeßordnung – Strafprozeßordnung – Strafgesetzbuch – Das Zeugen- und Sachverständigenentschädigungsgesetz – Recht der allg. Geschäftsbedingungen – Haftungsfragen – Vertragsgestaltung – Rechtsprechung zum Sachverständigenrecht

19.09.06 – 20.09.06 Berlin   **441327**
Rechtssichere Durchführung von Bauvorhaben – Für Bauleiter, Architekten und Ingenieure
Veranstaltungsleiter: RA Dr. R. Leinemann, Berlin
Grundlagen des Bauvertrags – Nachträge und Nachtragsmanagement – Die Sicherung von Zahlungsansprüchen – VOB und neues Bauvertragsrecht ab 01.01.2002 – Verlängerte Bauzeit, gestörter
Bauablauf, Koordination – Vertragsgestaltung bei Anwendung des AGB-Gesetzes – Abnahme,
Mängelgewährleistung, Beweissicherung und -dokumentation – Kündigung des Vertrages – Einschaltung
eines Bausachverständigen – Anwaltliche Begleitung von Baumaßnahmen – Schiedsgutachten,

28.09.06 – 29.09.06 Berlin   **440701**
Schalung im Stahlbetonbau
Veranstaltungsleiter: Dipl.-Ing. M. Cittrich, Berlin
Bedeutung der Schalung im Stahlbetonbau: Material / Kosten – Einflüsse von Bauabläufen – Umfang der Schalarbeiten – Aufgabe der Schalung – Schalhaut und Einsatz – Schalungsar-

ten und Anbieter – Arbeitsvorbereitung: Kosten, Einarbeitungskurve, Kranzahl – Kostenersparnis durch Taktplanung – Anforderungen an Sichtbeton – selbstverdichtender Beton SCC / SVB – Schalungsarten

17.10.06 Baden-Baden   **440801**
Baugrundsicherheitsnachweise im Erd- und Grundbau – Die neue DIN 1054
Veranstaltungsleiter: Univ.-Prof. Dr.-Ing. M. Ziegler, Aachen
Das Sicherheitskonzept der neuen DIN 1054 – Stützbauwerke – Flach- und Flächengründungen – Pfahlgründungen – Baugrubenverbauten – Verankerungen mit Verpressankern – Aufschwimmen,
hydraulischer Grundbruch – Gesamtstandsicherheit

24.10.06 – 25.10.06 Stuttgart   **425214**
Bauleitung für Fachplaner
Veranstaltungsleiter: RA F. Thiele, Köln
Stellung des Fachplaners im Baugeschehen als Stellvertreter des Auftraggebers – Bauleitung anhand VOB/B und VOB/C – Abwicklung der Baustelle durch den Fachplaner

06.12.06 – 07.12.06 Düsseldorf   **440525**
Baulicher Brandschutz – Schwerpunkt: Hochbau
Veranstaltungsleiter: Dr.-Ing. J. Wiese, Erkelenz
Baurechtliche Anforderungen an den Baulichen Brandschutz (MBO, LBO, SonderbauVO) – Brandschutzanforderungen für Industriebauten (Industriebau Richtlinie; DIN 18 230; Muster für ein
Gesamtbrandschutzkonzept) – Brandwände und Komplextrennwände – Verwendung von Brandschutz-Sonderteilen im Hoch- und Industriebau – Bauliche Maßnahmen für den Abzug von Rauch und Wärme – Brandschutztechnische Bemessung zur Ausführung von tragenden und raum- abschließenden Bauteilen nach DIN 4102 Teil 4 und nach Eurocodes

Chinesische Delegation zu Gast beim VDI

Der Besuch der zwölfköpfigen Delegation des „Mao Yisheng Science and Technology Educational Fund Council", einer überregionalen Stiftung mit Sitz in Peking, am 20. Oktober 2005 beim VDI diente dem technisch-wissenschaftlichen Erfahrungsaustausch. In erster Linie interessierten sich die chinesischen Kolleginnen und Kollegen für den Stand der deutschen Brückenbautechnik. Die „Mao Yisheng Stiftung", die nach einem der berühmtesten chinesischen Straßen- und Brückenbauer, Mao Yisheng, benannt ist, hat vorrangig den

Zweck, die Ausbildung der Bauingenieure in der Volksrepublik China zu fördern sowie den internationalen Austausch vor allem auf dem Gebiet des Straßen- und Brückenbaus voranzutreiben.

Neben den Mitarbeitern der VDI-Hauptgeschäftsstelle in Düsseldorf hatten auch mehrere leitende Mitarbeiter vom Landesbetrieb Straßenbau NRW an der Veranstaltung teilgenommen und ihren Sachverstand und die Spezialkenntnisse über Straßen- und Brückenbau in Deutschland in die Diskussion eingebracht. Mit der anschließenden Besichtigung der Flughafenbrücke, bei der die chinesischen Kollegen auch in das Brückeninnere Einblick nehmen konnten, bekamen die Gäste einen anschaulichen Eindruck vom Stand der deutschen Brückenbautechnik.

Statistiken zu Schule, Hochschule und Arbeitsmarkt unter
www.vdi.de/monitor-ing.de

Wie viel Prozent aller Bauingenieure sind weiblich? Hat sich dieser Wert in den letzten Jahren signifikant geändert? Wie viele Studierende des Bauingenieurwesens legten in den letzten Jahren erfolgreich ihr Diplom ab? Wie verteilt sich dies auf Universitäten und Fachhochschulen? Wie viele Studierende haben bereits Bachelor- oder Masterstudiengänge abgeschlossen? Wie sieht die Entwicklung der „Erstsemester-Studierenden" in verschiedenen Ingenieurstudiengängen aus? Wie hoch ist eigentlich die Zahl der Schulabgängerinnen und

Schulabgänger, die überhaupt ein Hochschulstudium aufnehmen dürfen? Mit diesen und ähnlichen Fragen sehen sich Berufs- und Arbeitsmarktforscher, Personalleiter, Hochschulprofessoren, Studenten, Schüler, Journalisten und besorgte Eltern konfrontiert. Die entsprechenden Statistiken und Daten waren bislang nicht sofort zur Hand oder nur mühsam auszuwerten.

Die Seite www.vdi.de/monitor-ing.de bietet jetzt vielfältige Recherchemöglichkeiten zu den Themengebieten Arbeitsmarkt, Hochschule und Schule. Selbst detaillierte Recherchen sind aufgrund der großen Datenmenge möglich. Sämtliche Selektionen oder Abfragen können ausgedruckt bzw. als pdf-Dateien gespeichert werden. Neben den Daten des Statistischen Bundesamtes und des Instituts für Arbeitsmarkt- und Berufsforschung werden künftig auch qualitative Erhebungen die Datenbestände und Abfragemöglichkeiten erweitern. Machen Sie einen Test, besuchen Sie die VDI-Homepage unter www.vdi.de/monitor-ing

VDI-Baufilm-Tag Düsseldorf 2006

Beim traditionellen Düsseldorfer Baufilm-Tag am 30. März 2006 wurde der Nachwuchs besonders angesprochen, denn es wurden im ersten Block drei Kurzfilme über bestimmte Fach- und Arbeitsgebiete von Bau- und Vermessungsingenieuren gezeigt

- **Brückenbau** (3:30 min)
- **Wasserbau** (7:30 min)
- **Vermessungswesen** (5:50 min)

Aus der SAT 3-Sendereihe nanoCAMP

Das Gruppenklärwerk Nordkanal bei Kaarst

Bei dieser Anlage handelt es sich um eine der modernsten Kläranlagen der Welt mit einer jährlichen Kapazität von rund 3 Mio. Kubikmeter Wasser. Der Film zeigt den Aufbau und die Funktionsweise der Membranbelebungsanlage zur Wasserreinigung

Erftverband, DVD, 4:20 min

Der Bau des RheinEnergiestadions, Köln

Der Film schildert den Abbruch des alten Müngersdorfer Stadions und den Neubau zu einem Fußballstadion für die WM 2006. Die Bauarbeiten dauerten von 2001 bis zum Herbst 2004. Bei dem Neubau handelt es sich um einen Entwurf des Architekturbüros Gerkan, Marg und Partner. Die Tragwerksplanung entstand im Ingenieurbüro Schlaich, Bergermann und Partner. Die Bauausführung - überwiegend in Fertigteilbauweise - lag bei der Firma Max Bögl.

Wahrzeichen des Stadions sind 4 Stahlpylone, die das Stadiondach tragen und bei Dunkelheit zu einer leuchtenden „Landmarke" werden.

MAX BÖGL, Neumarkt, DVD, 34 min

Der Düsseldorfer Baufilm-Tag ist eine Gemeinschaftsveranstaltung folgender Verbände: Architekten- und Ingenieurverein Düsseldorf e.V. (AIV); BetonMarketing West GmbH, Beckum; Deutscher Beton- und Bautechnik-Verein e.V. (DBV); Verein Deutscher Ingenieure e.V., VDI-Gesellschaft Bautechnik/NRH-BV; Bauindustrieverband Nordrhein-Westfalen e.V.

Von der VDI-Gesellschaft Bautechnik wird eine Liste von Baufilmen geführt, wobei DVD-Kopien zunehmend die früheren VHS-Kopien ablösen. Einige der „gelisteten" Filme sind in der Geschäftsstelle verfügbar und können gegebenenfalls ausgeliehen werden.

Aktuelle VDI-Berichte zu Bauthemen

Bei den VDI-Berichten handelt es sich um Bücher, die anlässlich von VDI-Tagungen herausgegeben wurden und in denen die Vorträge und Beiträge zur Tagung dokumentiert sind.

Der VDI-Bericht 1941 „Baudynamik" (ISBN-3-18-091941-8) erschien zur gleichnamigen VDI-Tagung am 17. und 18. Mai 2006 in Kassel. Er umfasst 836 Seiten, 597 Bilder, 56 Tabellen und kostet 159,00 € bzw. 143,10 € für VDI-Mitglieder. Der VDI-Bericht enthält eine CD-ROM, auf der alle Beiträge gespeichert sind, so dass die Farbbilder auch als solche sichtbar werden.

Zum Inhalt:

Bauwerke werden in zunehmendem Maße dynamisch belastet. Die sich daraus ergebenden Probleme führen zu Einschränkungen der Sicherheit, der Gebrauchstauglichkeit und der Lebensdauer der Bauwerke. Auch sind Menschen in Gebäuden immer weniger bereit, Belästigungen durch Erschütterungen hinzunehmen.

Infolge urbaner Verdichtungen sind die Auswirkungen von Erschütterungen aus Bautätigkeit, dem Einsatz von Maschinen und dem Betrieb von Verkehrssystemen zu beherrschen und zu mindern. Dynamische Belastungen aus Wind und menscheninduzierte Schwingungen müssen schon in der Entwurfsphase der Bauwerke berücksichtigt werden. Einwirkungen aus Verkehrsbelastungen führen zu Schäden, deren Ursachen dynamischer Natur sind. Neuere Entwicklungen nutzen die Ergebnisse schwingungstechnischer Untersuchungen für Inspektionen und Dauerüberwachungen zur Verbesserung der Sicherheit und der Ermittlung von Resttragfähigkeit und Lebensdauer der Bauwerke. Aber auch der Einsatz neuer oder neuartiger Materialen und die Entwicklung dynamisch hochbelasteter neuartiger Bauwerke wie Offshore Windkraftanlagen stellt eine besondere technische und wissenschaftliche Herausforderung dar.

Der VDI-Bericht 1941 fasst den derzeitigen Kenntnisstand auf allen diesen Gebieten zusammen und vermittelt anhand von praxisrelevanten Beispielen sehr anschauliche Anwendungen. Darüber wird gezeigt, inwieweit die Methoden schwingungstechnischer Untersuchungen an Bauwerken in der aktuellen nationalen und internationalen Normung bereits ihren Niederschlag gefunden haben oder finden werden.

Das Buch wendet sich an Planungs- und Überwachungsbehörden, Ingenieurbüros, Unternehmen des Baugewerbes und an wissenschaftliche Einrichtungen.

Der VDI-Bericht 1933 „Bauen mit Glas – Transparente Werkstoffe im Bauwesen" (ISBN 3-18-091933-7) erschien zur gleichnamigen VDI-Tagung am 29. und 30. Mai 2006 in Baden-Baden. Er umfasst 426 Seiten, 379 Bilder, 26 Tabellen und kostet 90,00 € bzw. 81,00 € für VDI-Mitglieder.

Zum Inhalt:
Glas, das „wichtigste Material in der Architektur" (Le Corbusier) wird heute in allen Baubereichen eingesetzt. Vom Fenster bis zur doppelschaligen Fassade, vom Wintergarten bis zur großen Glashalle, von der Glastreppe bis zur Glasbrücke, von der Hülle eines Pavillons bis zur Überdachung einer Sportarena: Glaskonstruktionen können inzwischen (fast) alle bauphysikalischen, konstruktiven und architektonischen Aufgaben erfüllen. Der „neue" alte Werkstoff Glas hat allerdings einige Eigenschaften, die ihn von traditionellen Baumaterialien unterscheiden und erst im letzten Jahrzehnt haben sich Architekten und Ingenieure mit dem Werkstoff intensiver befasst.

Insofern gibt der VDI-Bericht 1933 einen Überblick über den gegenwärtigen Stand der Technik auf diesem Gebiet und informiert über die gestalterischen, technischen und wirtschaftlichen Möglichkeiten des Einsatzes von Glas im Bauwesen.

Nicht erst seit der Errichtung des Olympiadaches in München haben auch andere transparente Werkstoffe ihren Einzug im Bauwesen erreicht. Mittlerweile haben durchsichtige Kunststoffe eine Qualität erreicht, die den Einsatz als tragende Elemente erlaubt. Auch hier hat die Berechnung, Bemessung und Konstruktion die besonderen Eigenschaften zu berücksichtigen, um sichere, zuverlässige, dauerhafte und gebrauchstüchtige Bauwerke zu gewährleisten.

Das Buch wendet sich an Architekten, Bau- und Fachingenieure, Baufirmen, Planungsbüros, Hersteller, Bauherren, Genehmigungsbehörden sowie Fachleute für Licht, Behaglichkeit und Innenraumbegrünung.

VDI-Gesellschaft Bautechnik – ein Überblick

Aufbau und Arbeitsweise

Die VDI-Gesellschaft Bautechnik ist eine von 22 Fachgliederungen des VDI. In ihr finden alle VDI-Mitglieder, die im Bauwesen tätig sind oder sich für dieses Gebiet interessieren, ihre fachliche Heimat. Rund 8.000 VDI-Mitglieder haben sich der VDI-Gesellschaft Bautechnik "zugeordnet" und sichern sich damit zusätzliche fachliche Informationen und Betreuung.
Die Zuordnung zu einer Fachgliederung ist im Mitgliedsbeitrag enthalten, jede weitere Zuordnung erhöht den Mitgliedsbeitrag. Eingebettet in den Gesamt-VDI ist die VDI-Gesellschaft Bautechnik die fachlich kompetente und neutrale Plattform und Interessenvertretung für alle Bauingenieure. Sie bietet ihren Mitgliedern in vielfältiger Gemeinschaftsarbeit aktuelle, technische Informationen und Auskünfte, fachlichen Erfahrungsaustausch und Zugang zu neuesten Erkenntnissen aus Industrie, Wissenschaft, Forschung und Verwaltung.
Die Arbeit erstreckt sich auf nahezu alle Gebiete des Bauwesens, z. B.:

Konstruktiver Ingenieurbau (Massiv-, Stahl-, Holz- und Verbundbau)
Grundbau und Bodenmechanik
Baubetrieb und Bauwirtschaft
Wasserbau und Wasserwirtschaft
Bauphysik und Baustoffkunde
Baumaschinentechnik
Bauinformatik
Bauvertragswesen
Umweltschutz und Umweltverträglichkeit
Vermessungswesen
Verkehrswegebau und Infrastruktur
Städtebau und Raumplanung
Integriertes Planen und Bauen
Industrie- und Anlagenbau
Bausachverständigenwesen.

Die Aufgaben und Tätigkeiten der VDI-Gesellschaft Bautechnik werden von einem Lenkungsgremium, dem Beirat, und dem von ihm gewählten Vorstand und Vorsitzenden, bestimmt. Diesen ehrenamtlich tätigen Mitarbeitern der VDI-Bau steht eine Geschäftsstelle mit hauptamtlichen Mitarbeitern zur Verfügung. Bei Bedarf werden für bestimmte Aufgaben Ausschüsse gebildet, die z.B. Stellungnahmen erarbeiten und sonstige Projekte durchführen.
Die regionalen Arbeitskreise Bautechnik, die organisatorischer Bestandteil des jeweiligen VDI-Bezirksvereins sind, werden ausschließlich ehrenamtlich geleitet. Die Geschäftsstelle der VDI-Bau unterstützt diese Arbeitskreise durch fachliche Beratung.

Leistungen auf einen Blick

- VDI-Mitglieder haben Anspruch auf individuelle Beratung bei allen fachlichen und berufsbezogenen Problemen (auf schriftliche, telefonische oder persönliche Anfrage).
- VDI-Mitglieder erhalten wöchentlich top-aktuelles Wissen mit den VDI nachrichten, Europas führende Wochenzeitung für Technik, Wirtschaft und Gesellschaft.
- Einmal jährlich erhalten VDI-Mitglieder der VDI-Bau kostenlos das Jahrbuch der VDI-Gesellschaft Bautechnik (ca. 500 Seiten im Format DIN-A5 mit festem Einband und eingelegter CD) mit aktuellen Beiträgen zu den Themen Beruf, Ausbildung, Karriere, sowie Fachaufsätzen, Übersichten, Tabellen und Adressen.
- Auf die Schriften und Bücher des VDI-Verlages, die VDI-Bücher des Springer-Verlages, die VDI-Richtlinien und die Teilnehmergebühren bei VDI-Tagungen erhalten persönliche VDI-Mitglieder 10 % Ermäßigung.
- Die Fachzeitschrift "Bauingenieur", Organ der VDI-Gesellschaft Bautechnik (Springer-VDI-Verlag GmbH & Co KG, Düsseldorf), erscheint 12 x zum Jahresabonnementpreis von 329,00 €. Für VDI-Mitglieder gelten folgende reduzierten Abo-Preise: 296,10 €, VDI-Mitglieder der VDI-Bau 164,50 €, Studenten 81,00 € (gegen Studienbescheinigung) (Preise inkl. MwSt. zzgl. Versandkosten, Inland 13,00 €, Ausland 32,00 €, Luftpost auf Anfrage).
- Die Fachzeitschrift „Der Bausachverständige – Zeitschrift für Bauschäden, Grundstückswert und gutachterliche Tätigkeit" erfüllt die speziellen Informationsbedürfnisse des Bausachverständigen und bietet qualifizierte Beiträge für Fachleute aus allen Bereichen des Bauwesens und der Grundstückswertermittlung. VDI-Mitglieder erhalten einen Nachlass von 20% und zahlen für ein Jahresabonnement nur noch EUR 57,60 zzgl. Versandkosten (ISSN 1614-6123, 72 Seiten, 21 x 29,7 cm, geheftet). Bestellung an die VDI-Bau.
- VDI-Mitglieder profitieren von der Kooperation zwischen VDI und IRB. Über das Portal der Ingenieure (www.vdi.de/irb) erhalten sie Zugang zu sämtlichen Datenbanken (wwwbaudatenbanken.de/koop/vdi/) des Fraunhofer IRB zu vergünstigten Preisen. Zum Kennenlernen stehen RSWB, BAUFO und FORS sowie die englischsprachige ICONDA 90 Tage kostenlos zur Verfügung. Im Anschluss erhalten VDI-Mitglieder einen Preisnachlass von 10%. Von SCHADIS können 15 Dokumente kostenfrei genutzt werden. Im ersten Nutzungsjahr wird das Jahresabonnement mit 20 % rabattiert. Von der Datenbank IRB sind 10 Dokumente kostenfrei. Auf die Leistungen des Kopienservice sowie Online-Literaturdokumentationen gewährt das IRB den VDI-Mitgliedern 10 % Nachlass.

- VDI-Mitglieder können in den Literaturdatenbanken des Fachinformationszentrum Technik (FIZ Technik) kostenfrei recherchieren und Zusammenfassungen ausdrucken. Die Bestellung eines Originalartikels bei FIZ Technik ist kostenpflichtig.
- Unter der Domain des VDI kann kostenlos eine E-Mail-Adresse: name.vorname@vdi.de beantragt werden.
- Bei Tätigkeiten im Ausland bietet der VDI mit seinem internationalen Netzwerk Unterstützung an.
- Der VDI vertritt die Interessen seiner Mitglieder in Politik und Gesellschaft, z.B. bei Gesetzgebungsmaßnahmen (Honorarordnungen, Bauordnungen der Länder, Umweltschutz, Bildungswesen, Sachverständigenwesen, Ingenieurkammern).
- VDI-Mitglieder können an den meisten Veranstaltungen der VDI-Bezirksvereine kostenlos teilnehmen.
- VDI-Mitglieder, die den vollen Mitgliedspreis bezahlen, haben bei gleichzeitiger Mitgliedschaft in einem oder mehreren der Verbände, mit denen der VDI ein Doppelmitgliedschaftsabkommen abgeschlossen hat, Anspruch auf 25 % Beitragsermäßigung.
- VDI-Mitglieder haben Anspruch auf eine erste kostenlose Rechtsberatung in berufsspezifischen Fragen durch die VDI-Vertrauensanwälte, die von der Mehrzahl der VDI-Bezirksvereine berufen wurden. Ansprechpartner ist auch der Justitiar des VDI.
- Der VDI-Versicherungsdienst bietet seine Leistungen den VDI-Mitgliedern zu besonders günstigen Bedingungen an.
- Die VDI-Ingenieurhilfe unterstützt unverschuldet in Not geratene VDI-Mitglieder und deren Angehörige.
- Als VDI-Mitglied genießen Sie erhebliche Ermäßigung für Mietwagen durch die Nutzung eines Großkundentarifs des VDI bei mehreren namhaften Autovermietern (PKW/LKW/Motorrad) innerhalb Deutschlands und günstige Leasingraten.
- Als VDI-Mitglied haben Sie immer gute Karten. Beantragen Sie die exklusive VDI-VISA Business Card der Landesbank Baden-Württemberg. Für studierende Mitglieder gibt es die VDI-StudyIng Card.
- Mit dem Focus auf die Bereiche Bau und Vergabe haben der VDI e.V. und der Bundesanzeiger Verlag interessante Vorzugskonditionen für VDI-Mitglieder vereinbart. Die Zeitschrift „Der Bausachverständige", den vergaberechtlichen Infodienst „VergabeNews" und den elektronischen Ausschreibungs-Dienst „Vergabe Mail" können VDI-Mitglieder zu besonders günstigen Konditionen beziehen. Darüber hinaus bietet er den VDI-Mitgliedern den Register-Ordner „So sorge ich vor" als eine VDI-Sonderedition an.

- Für die Werbung neuer VDI-Mitglieder oder Abonnenten können VDI-Mitglieder attraktive Werbeprämien erhalten.
- Jedes VDI-Mitglied gehört automatisch dem für seinen Wohnsitz zuständigen Bezirksverein an. Die VDI-Bezirksvereine veranstalten Vorträge, Seminare, Exkursionen, Baustellenbesichtigungen, Filmabende und gesellschaftliche Treffen, die sich nach den Wünschen und der Einflussnahme der VDI-Mitglieder richten. Bei der Mehrzahl der 45 VDI-Bezirksvereine bestehen ARBEITSKREISE BAUTECHNIK, in denen der regionale, fachliche Erfahrungsaustausch gepflegt und gefördert wird.

Tätigkeitsgebiete

- Erfahrungsaustausch und „unbezahlbare" Kontakte im führenden Netzwerk der Ingenieure und Naturwissenschaftler durch Fachtagungen, Symposien, Exkursionen und sonstige Veranstaltungen
- Betreuung in fachlichen, berufsständischen und gesellschaftspolitischen Fragen
- Förderung des Nachwuchses und der beruflichen Fortbildung, wie z. B. Unterstützung bei der Existenzgründung
- Mitwirkung bei Entscheidungen in Wirtschaft, Politik und Gesellschaft
- Zusammenarbeit mit anderen technisch-wissenschaftlichen Vereinigungen, Verbänden, Behörden, Forschungsstätten, Instituten und Einzelpersonen
- Förderung des technischen Fortschritts im Bauwesen nach humanen und umweltfreundlichen Aspekten

Ehrenamtliche Mitarbeiter der VDI-Gesellschaft Bautechnik

Vorstand
CURBACH, M., Univ.-Prof. Dr.-Ing. Institut für Massivbau, TU Dresden (Vorsitzender)
BEICHE, H., Prof. Dipl.-Ing. Landeshauptstadt Stuttgart, Bürgermeisteramt, Referent Tiefbau und Stadtentwässerung, Stuttgart
CLAUß, W., Dr.-Ing., Geschäftsführer, PBO Projektentwicklungs- und Beteiligungsgesellschaft Oberhausen mbH, Oberhausen
HERTLE, R., Dr.-Ing., Ingenieurbüro für Bauwesen, Gräfelfing
KUHLMANN, U., Prof. Dr.-Ing. Leiterin des Instituts für Konstruktion und Entwurf der Universität Stuttgart
KUNKEL, K., Dr.-Ing.
Ingenieurbüro Kunkel + Partner KG, Düsseldorf
MÜLLER, H.S., Prof. Dr.-Ing., Institut für Massivbau und Baustofftechnologie, Universität Karlsruhe (TH)
STEINHAGEN, P., Dipl.-Ing. Ed. Züblin AG, South East Europe Branch, Stuttgart

Beirat

ANDRÄ, Hans-Peter, Dr.-Ing., Geschäftsführer Leonhardt, Andrä und Partner GmbH, Berlin

BOSSENMAYER, H.-J., Prof. Dr.-Ing., Stuttgart

BRANDIN, T., Dipl.-Ing. Hauptabteilungsleiter Werksplanung,
A. STIHL AG & Co KG, Waiblingen

CHLOSTA, B., Dipl.-Ing. Essen

FISCHER, O., Dr., Geschäftsleitung Bilfinger Berger AG, München

HARTE, R., Univ.-Prof. Dr.-Ing., Bergische Universität Wuppertal
FB D- Abt. Bauingenieurwesen, Lehr- und Forschungsgebiet Statik und Dynamik der Tragwerke, Wuppertal

HERRMANN, R., Min. Dirig. Dr.-Ing., Unterabteilung BS 2,
Bundesministerium für Verkehr, Bau- und Wohnungswesen, Berlin

HINKERS, E.-M., Dipl.-Ing. Arup GmbH, Düsseldorf

KRONE, M., Dipl.-Ing., Krone Ingenieurbüro GmbH, Berlin

SCHLÜTER, F.-H., Dr.-Ing. Ingenieure im Bauwesen GbR ehem. Prof. Eibl + Partner GbR, Karlsruhe

SCHNELL, J., Prof. Dr.-Ing. Universität Kaiserslautern Massivbau und Baukonstruktion, Kaiserslautern

STRATE, J., Dipl.-Ing. Spay

TRUSS, W., Ing. Ingenieurbüro W. Truss, Flörsheim

VOGT, N., Prof. Dr.-Ing., Zentrum Geotechnik, TU München

WERNER, D., Dr.-Ing. Geschäftsführer ARCUS Planung + Beratung, Cottbus

ZILCH, K., Prof. Dr.-Ing. Lehrstuhl für Massivbau, Institut für Tragwerksbau Technische Universität München

ZIPELIUS, J. U., Prof. Dipl.-Ing., Fachbereich Architektur, Fachgebiet Baustoffe/Material + Bauphysik, Hochschule für Bildende Künste, Hamburg

Arbeitskreise der VDI-Gesellschaft Bautechnik in den VDI-Bezirksvereinen bzw. in den VDI-Bezirksgruppen

VDI Aachener Bezirksverein

BRAMESHUBER, W., Prof. Dr.-Ing., Lehrstuhl für Baustoffkunde und Institut für

Bauforschung der RWTH Aachen, Schinkelstr. 3, 52062 Aachen

Tel. +49 (0) 241 80 51 02, Fax +49 (0) 241 8 88 81 39

E-Mail: brameshuber@ibac.rwth-aachen.de

VDI Augsburger Bezirksverein
SCHNELL, M., Prof. Dipl.-Ing., Fachhochschule Augsburg, FB Architektur + Bauingenieurwesen, Geb. G2, Zi. G121, EG, Baumgartnerstr. 16, 86161 Augsburg
Tel. +49 (0) 821 55 86-1 29, Fax +49 (0) 821 55 86-1 26, E-Mail: schnell@fh-augsburg.de
VDI Bayern Nordost e.V.
KEILHOLZ, G., Dipl.-Ing. (FH) Glaserstr. 20, 90427 Nürnberg
Tel. +49 (0) 911 30 70 94 61, Fax +49 (0) 911 9 30 16 29
Tel. +49 (0) 911 30 62 47, Fax +49 (0) 911 30 35 98
E-Mail: info@keilholz-gmbh.de, georg.keilholz@t-online.de
VDI Bergischer Bezirksverein
HANSEN, H., Dipl.-Phys.-Ing., Hansen-Ingenieure, Lise-Meitner-Str.5-9, 42119 Wuppertal
Tel. +49 (0) 202/9468787, Fax +49 (0) 202468790, E Mail: info@hansen-inenieure.de,
Internet: www.hansen-ingenieure.de
VDI Bezirksverein Berlin-Brandenburg e.V.
KRONE, M., Dipl.-Ing., Krone Ingenieurbüro GmbH, Sophienstr. 33 A, 10178 Berlin
Tel. +49 (0) 30 28 39 28-0, Fax +49 (0) 30 28 39 28-39, E-Mail: krone@ibkrone.de
VDI Bremer Bezirksverein
JAGAU, H., Dr.-Ing., Jagau Ingenieurbüro, Geotechnik – Umwelttechnik
Hertha-Sponer-Str. 17, 28816 Stuhr-Brinkum
Tel. +49 (0) 421 8 00 53-0, Fax +49 (0) 421 8 00 53-30
E-Mail: drjagau@drjagau.de, Internet: drjagau.de
VDI Bezirksgruppe Cottbus
WERNER, D., Dr.-Ing., Geschäftsführer ARCUS Planung + Beratung Bauplanungsgesellschaft mbH, Vetschauer Str. 13, 03048 Cottbus
Tel. +49 (0) 355 47 70-1 50, Fax +49 (0) 355 47 70-1 53,
E-Mail: Dieter.Werner@arcus-pb.de
VDI Dresdner Bezirksverein
BÖSCHE, T., Dr.-Ing., Curbach Bösche Ingenieurpartner, Helmholtzstr. 3b, 01069 Dresden
Tel. +49 (0) 351 4667277, Fax +49 (0) 351 4667679, E-Mail: mailbox@cbing.de
VDI Emscher-Lippe Bezirksverein
KUNZE, W., Dipl.-Ing., Humperdinckstr. 75, 45657 Recklinghausen
Tel. +49 (0) 2361/14066, Fax +49 (0) 209 601 3295,
E-Mail wolfgang.kunze@eon-engineering.com

VDI Bezirksverein Frankfurt/Darmstadt
FLICKE, H., Prof. Dipl.-Ing., Udalrichstr. 18, 64646 Heppenheim
Tel. +49 (0) 6252 7 12 34 + 7 10 34, (nur Mittwoch) Fax +49 (0) 6252 7 10 33/35
E-Mail: harald.flicke@t-online.de + flicke@fb10.fh-frankfurt.de (nur Mittwoch)

VDI Hamburger Bezirksverein
LINDEMANN, C., Dipl.-Ing.(FH) Mühlenbogen 31, 21493 Schwarzenbek
Tel. +49 (0) 40 4 28 47-28 97 (Büro), Tel. +49 (0) 41 51 89 40 25
E-Mail: Christoph@computerkunst.de, christoph.lindemann@bsu.hamburg.de
ZIPELIUS, J. U., Prof. Dipl.-Ing., Lehrstuhl Baustoffe/Material + Bauphysik
Hochschule für Bildende Künste, Lerchenfeld 2, 22083 Hamburg
Tel. +49 (0) 40 20 97 02 03, Fax +49 (0) 40 20 97 02 04, E-Mail Jens.zipelius@t-online.de

VDI Hannoverscher Bezirksverein
ACHILLES, M., Dr.-Ing., Eichendorffstr. 3 H, 30916 Isernhagen, Tel. +49 (0) 511 49 82 76
Tel. +49 (0) 511/2603565, E-Mail: markus@achilles-net.de,
LEMMERMEYER, T., Dipl.-Ing. Univ., Hakenstr. 2, 31582 Nienburg
Tel. +49 (0) 5021/601713, Fax +49 (0) 5021/601735, E-Mail lemmermeyer@bkm-bau.de

VDI Karlsruher Bezirksverein
SCHLÜTER, F.-H., Dr.-Ing., Ingenieure im Bauwesen GbR ehem. Prof. Eibl + Partner, Stephanienstr. 102, 76133 Karlsruhe,
Tel. +49 (0) 721 9 13 19-33, Fax +49 (0) 721 9 13 19-99 E-Mail: fh-schlueter@iibw.de

VDI Kölner Bezirksverein
BECKER, W., Dipl.-Ing., Küttler + Partner GbR, Ostmerheimer Str. 198, 51109 Köln
Tel. +49 (0) 221 96 36 29-0, Fax +49 (0) 221 63 60 90 E-Mail: be@kup-koeln.de

VDI Bezirksverein Leipzig
TWARDY, Sabine, Dipl.-Ing., Ingenieurbüro für Tragwerksplanung, Feuerbachstr. 24, 04105 Leipzig Tel. +49 (0) 341 9 80 57 97, Tel. +49 (0) 341 9 83 13 45,
 E-Mail: s.twardy@t-online.de

VDI Lenne Bezirksverein
BRÜHL, H., Dr.-Ing., Unterer Ahlenbergweg 74 A, 58313 Herdecke
Tel. +49 (0) 2330/973841, Fax +49 (0) 2330/973842, E-Mail: bruehl.b.h@t-online.de

VDI Magdeburger Bezirksverein
SCHLÖMP, S.-H., Dipl.-Ing., M.Sc., M.Eng., PGI Planungsbüro GmbH, Maxim-Gorki-Str. 16, 39108 Magdeburg, Tel. +49 (0) 391 3004230, Fax +49 (0) 391 3004237
E-Mail schloemp-vdi@gmx.de

VDI Mittelrheinischer Bezirksverein

STRATE, J., Dipl.-Ing., Rheinufer 27, 56322 Spay, Tel. +49 (0) 2628/986898 (nach 18.00 Uhr), Tel. +49 (0) 176 22 23 36 53 (tagsüber), E-Mail: strate.juergen@vdi.de

VDI Moselbezirksverein

BEITZEL, H., Prof. Dr.-Ing., Fachhochschule Trier, Institut für Bauverfahrens- und Umwelttechnik, Europaallee 6, 54353 Föhren, Tel. +49 (0) 6502 9241-0, Fax +49 (0) 6502 92 41-18, E-Mail: h.beitzel@fh-trier.de

VDI Bezirksverein München, Ober- u. Niederbayern

ZILCH, K., Prof. Dr.-Ing., TU München – Lehrstuhl für Massivbau, Theresienstr. 90, Geb. N6, Zimmer N1615, 80333 München, Tel. +49 (0) 89 2 89-23038, Fax +49 (0) 89 289-2 3046, E-Mail: k.zilch@mb.bv.tum.de, massivbau@mb.bv.tum.de

VDI Münsterländer Bezirksverein

KUNA, I., Dipl.-Ing., Zwi-Schulmann-Weg 30, 48167 Münster
Tel. +49 (0) 251 93208-30 (Büro) Tel. +49 (0) 251 521987 (priv.)
E-Mail: ingo.kuna@remondis.de
FUNKE, G., Dipl.-Ing. Schlagholz 34, 48165 Münster
Tel. +49 (0) 2501/4991, Tel. +49 (0) 251/7601545,
Fax +49 (0) 251/7601565, E-Mail funke.guenther@oevermann.com

VDI Niederrheinischer Bezirksverein

SCHÜßLER, N., Dipl.-Ing., Schüßler-Plan Ingenieurgesellschaft für Bau- und Verkehrswegeplanung mbH, St.-Franziskus-Str. 148, 40470 Düsseldorf
Tel. +49 (0) 211 6102-103, Fax +49 (0) 211 6102-199 E-Mail: nschuessler@spig.com

VDI Nordbadisch-Pfälzischer Bezirksverein

HERBOLD, Timo, Dipl.-Ing. (FH), Münzstr. 2, 76855 Annweiler, Tel. +49 (0) 621 702299, Fax +49 (0) 621 792158, Mobil: +49 (0) 174 3440983, E-Mail herboldtimo@aol.com

VDI Nordhessischer Bezirksverein

EISFELD, M. Dr.-Ing. MSc., Einsfeld Ingenieure, Wilhelmshöher Allee 306 b, 34131 Kassel, Tel. 0561/32803, Fax: 0561/37742, E-Mail michael.eisfeld@e3p.de, Internet: www.e3p.de

VDI Osnabrücker Bezirksverein

ROHLING, K., Dipl.-Ing., Am Pingelstrang 64 A, 49134 Wallenhorst,
Tel. +49 (0) 5407/30169, E-Mail: rohling.klemens@pbr.de

VDI Rheingau Bezirksverein

TRUSS, W., Ing., Kapellenstr. 27, 65439 Flörsheim, Tel. +49 (0) 6145 6869,
Fax +49 (0) 6145/53602, E-Mail: truss-ing-buero@t-online.de
WÜRLL, R., Bergstr. 17, 97834 Birkenfeld, Tel. +49 (0) 9398/99920, Fax +49 (0) 9398/99940

VDI Ruhrbezirksverein

DRESENKAMP, H., Dr.-Ing., Spillheide 23, 45239 Essen, Tel. +49 (0) 201 40 34 67,
Fax +49 (0) 201/40 84 51 E-Mail dresenkamp@t-online.de

VDI Siegener Bezirksverein

VETTER, E., Dipl.-Ing., Salveter-Vetter, Ingenieurbüro für Bauwesen, Marktplatz 2,
57250 Netphen, Tel. +49 (0) 2738/3050, Fax +49 (0) 2738/305013,
E-Mail eike.vetter@web.de

VDI Teutoburger Bezirksverein

JUNGK, R., Dipl.-Ing., C. Stühmeyer GmbH + Co. KG, Lübbecker Str. 24, 32584 Löhne,
Tel. +49 (0) 5732/ 33 68, Fax +49 (0) 5732/126 40, E-Mail: c.stuehmeyer@t-online.de

VDI Thüringer Bezirksverein

ELLINGER, W., Dr.-Ing., Abraham-Lincoln-Str. 43, 99427 Weimar, Tel. +49 (0) 3643/ 2029
14, Fax: +49 (0) 3643/513220, E-Mail ellinger-wolfgang@t-online.de

VDI Unterweser Bezirksverein

HONKEN, R., Dipl.-Ing., Kastanienweg 22, 27578 Bremerhaven, Tel. +49 (0) 471/61312

VDI Westfälischer Bezirksverein

ÖTES, A. Univ.-Prof. Dr.-Ing., Universität Dortmund, Lehrstuhl für Tragkonstruktionen,
44221 Dortmund, Tel. +49 (0) 231 7552077, Fax +49 (0) 2317/553420,

E-Mail: oetes@bauwesen.uni-dortmund.de

VDI Westsächsischer Bezirsksverein

MÖCKEL, W., Dr.-Ing., UNGER Boden-Systeme GmbH, Donauwörther Str. 2,
09114 Chemnitz, Tel. +49 (0) 371 369 85-0, Fax +49 (0) 371 3698 5-40,
E-Mail: boden-systeme@unger-firmengruppe.de, Internet: www.bautechnikforum.de

VDI Württembergischer Ingenieurverein

BEICHE, H., Prof. Dipl.-Ing., Landeshauptstadt Stuttgart, Bürgermeisteramt, Referent Tiefbau und Stadtentwässerung, Rathaus, Marktplatz 1, 70173 Stuttgart
Tel. +49 (0) 711 216-3272, Fax +49 (0) 711 216-7787, E-Mail: hartwig.beiche@stuttgart.de

VDI-Mitgliedschaft und Beiträge

- Ordentliche VDI-Mitglieder können werden: Ingenieure und Naturwissenschaftler mit abgeschlossener Hochschulausbildung (Uni/TH/FH) und Personen, die gemäß den deutschen Ingenieurgesetzen zur Führung der Berufsbezeichnung Ingenieur berechtigt sind.
- Ordentliche VDI-Mitglieder haben bis zum 33. Lebensjahr Anspruch auf Einstufung als Jungmitglied mit reduzierten Mitgliedsbeiträgen.

- Studierende VDI-Mitglieder können Studenten aller technischen und naturwissenschaftlichen Fachrichtungen vom 1. Semester an werden.
- Außerordentliche VDI-Mitglieder können Personen werden, die an einer aktiven Mitarbeit im VDI interessiert sind. Der Nachweis eines Studiums ist nicht erforderlich.
- Ordentliche VDI-Mitglieder (auch Jungmitglieder) sind berechtigt, die Initialen VDI unmittelbar hinter dem Nachnamen zu führen.
- Für "Doppelmitglieder" und "Altmitglieder" (Hinweise durch die VDI-Mitgliedsabteilung) gelten ermäßigte Beiträge.

Jährlicher Mitgliedsbeitrag	EUR
Ordentliche und Außerordentliche Mitglieder	€120,00
Reduzierte Beiträge: Studierende Mitglieder	€ 28,00
Jungmitglieder bis 30. Lebensjahr + Pensionierte Mitglieder	€ 60,00
Jungmitglieder bis 33. Lebensjahr + Doppelmitglieder	€ 90,00
Altmitglieder	€ 40,00
1. Zuordnung	kostenfrei
2. Zuordnung (jährlicher Zusatzbeitrag)	€ 12,00
Zuordnung und weitere je (jährliche Zusatzbeitrag)	€ 24,00

Der VDI-Mitgliedsbeitrag ist steuerlich absetzbar, entweder unter "Werbungskosten" oder unter "Sonderausgaben".

Veröffentlichungen

Die folgende Aufzählung beschränkt sich auf aktuelle Veröffentlichungen, die von der VDI-Gesellschaft Bautechnik herausgegeben wurden. Ein Verzeichnis der VDI-Schriftenreihen (VDI-Berichte und VDI-Fortschrittsberichte) kann kostenlos angefordert werden beim VDI-Verlag GmbH, Postfach 101054, 40001 Düsseldorf, Tel. +49 (0) 211 6 18 84 59, Fax +49 (0) 211 6 18 81 33, E-Mail pkoether@vdi-nachrichten.com.
Ein Verzeichnis über das VDI-Buchprogramm, das seit Januar 1997 beim Springer-Verlag erscheint, kann kostenlos angefordert werden beim Springer-Verlag Heidelberg GmbH & Co. KG, Kundenservice Bücher, Haberstr. 7, 69126 Heidelberg, Tel. +49 (0) 62 21 3 45-0, Fax +49 (0) 62 21 3 45-2 29 kundenservice@springer.de

Kostenlose Hinweisblätter

Aufgrund häufiger Anfragen hält die VDI-Bau drei ständig aktualisierte Merkblätter bzw. Übersichten zu folgenden Themen bereit:

- Berufsbild des Bauingenieurs (pdf-Datei)
- Literaturverzeichnis zum Berufsbild des Bauingenieurs Ausbildung, Aufgaben, Tätigkeitsfelder, Karriere, Berufseinstieg
- Übersicht mit den Homepages aller Hochschulen (Universitäten, Gesamthochschulen, Fachhochschulen), an denen man Bauingenieurwesen studieren kann

Faltblatt über das Fraunhofer-IRB

Fraunhofer-Informationszentrum Raum und Bau (IRB), Nobelstr. 12, 70569 Stuttgart, Tel. +49 (0) 711 9 70-25 00 oder -26 00, Fax +49 (0) 711 9 70-25 08 oder -29 00, E-Mail: irb@irb.fhg.de

Bei dieser Institution handelt es sich um die führende deutsche Dienstleistungseinrichtung für den Wissenstransfer zum Planen und Bauen. Es arbeitet national und international mit vielen Stellen zusammen und betreibt die weltweit größten Datenbanken für Baufachliteratur. VDI-Mitglieder genießen erhebliche Vorteile bei der Nutzung von Dienstleistungen des IRB. Nähere Angaben findet man unter folgenden Homepages: www.irbdirekt.de und www.irbbuch.de.

Jahrbücher der VDI-Gesellschaft Bautechnik

Seit 1989 erscheinen die Jahrbücher exklusiv für Mitglieder mit Zuordnung zur VDI-Gesellschaft Bautechnik, ca. 500 Seiten, DIN-A5, gebunden.

Aktuelle VDI-Berichte

Nr.	Thema	Preis

1941 Baudynamik*) 159,00 €
Kassel, 2006, 821 Seiten DIN B5
mit zahlreichen Abbildungen, inkl. CD ROM,
ISBN-Nr. 3-18-091941-8

1933 Bauen mit Glas – Transparente Werkstoffe im Bauwesen*) 90,00 €
Baden-Baden, 2006, 426 Seiten DIN B5
mit 379 Abbildungen, ISBN-Nr. 3-18-091933-7

1902 Durchsetzung und Abwehr von Nachtragen bei Bauleistungen*) 42,00 €
Tagung Düsseldorf 2005, ca. 120 Seiten DIN A5

1838 Moderne Verwaltungsgebäude von A-Z*) 42,00 €
Das Spherion, Düsseldorf, Tagung Düsseldorf 2004
128 Seiten DIN A5 mit 82 Bildern, + 5 Tabellen

1811 Innovative Fassaden II*) Tagung Baden-Baden 2004 90,00 €
266 Seiten DIN A5 mit zahlreichen Bildern + Tabellen
inkl. CD ROM

1771 Innovatives Planen und Bauen*) – Bautechnik für die 58,00 €
Gesellschaft von morgen – Fachkongress zum Deutschen
Ingenieurtag 2003 Tagung Münster, Mai 2003
153 Seiten DIN A5 mit zahlreichen Abbildungen + Tabellen

*) Auf die Preise erhalten VDI-Mitglieder einen Nachlass von 10 %.

Fachzeitschrift „Bauingenieur"

Die Fachzeitschrift „Bauingenieur" ist Organ der VDI-Gesellschaft Bautechnik und erscheint monatlich im Springer-VDI-Verlag GmbH & Co. KG, Düsseldorf. Berichterstattung und Aufsätze erstrecken sich auf das gesamte Gebiet des Bauwesens, insbesondere aber auf den Konstruktiven Ingenieurbau, den Baubetrieb und Bauinformatik. VDI-Mitgliedern mit Zuordnung zur VDI-Gesellschaft Bautechnik wird ein Nachlass von 50% auf den Abonnementsbezugspreis gewährt. Bei studentischen VDI-Mitgliedern beträgt der Nachlass sogar 75%. Bestellungen bitte nur an die Geschäftsstelle der VDI-Gesellschaft Bautechnik richten (Probeexemplar kostenlos).

Fachzeitschrift „Der Bausachverständige"

Die Fachzeitschrift „Der Bausachverständige – Zeitschrift für Bauschäden, Grundstückswert und gutachterliche Tätigkeit" erfüllt die speziellen Informationsbedürfnisse des Bausachverständigen und bietet qualifizierte Beiträge für Fachleute aus allen Bereichen des Bauwesens und der Grundstückswertermittlung. VDI-Mitglieder erhalten einen Nachlass von 20%.

Der Verein Deutscher Ingenieure (VDI) – ein Überblick

Der VDI ist mit rund 128.000 persönlichen Mitgliedern (Ingenieure und Naturwissenschafter aller Fachrichtungen) der größte technisch-wissenschaftliche Ingenieurverein Deutschlands. Der VDI ist gemeinnützig, arbeitet unabhängig von einzelwirtschaftlichen Interessen und ist politisch neutral. Ihm gehören Ingenieure und Naturwissenschaftler aller Fach- und Ausbildungsrichtungen an. Seit seiner Gründung im Jahre 1856 hat sich der VDI einen hervorragenden Ruf als eine in allen technischen und berufspolitischen Fragen kompetente Ingenieur-Organisation in Wirtschaft, Wissenschaft, Politik und Gesellschaft erworben.

Technik-Wissenstransfer ist eine primäre Zielsetzung der Arbeit des VDI. Sein enormes technisches Wissen in den verschiedensten Branchen und Branchen übergreifenden Bereichen sowie in der Ingenieurförderung generiert er aus dem Netzwerk seiner Mitglieder und Kooperationspartner sowie in Zusammenarbeit mit Wirtschaft und Wissenschaft. Dieses Wissen stellt er diesen Zielgruppen sowie anderen Technikinteressierten in Form von zum Beispiel Beratungsleistungen, Broschüren, Seminaren, Tagungen, VDI-Richtlinien, Messen u. v. m. wiederum zur Verfügung. Dieses duale Netzwerk (Nukleus des Wissens) – einerseits mit einem enormen Wissen und andererseits einer Vielzahl interessantester, persönlicher Beziehungsgeflechte – wird in Zukunft noch stärker im Vordergrund aller Aktivitäten des VDI stehen.

Die 22 Fachgesellschaften – darunter die VDI-Gesellschaft Bautechnik – und 5 Kompetenzfelder bilden das Herzstück der technisch-wissenschaftlichen Arbeit. Sie ermöglichen die besondere professionelle und persönliche Betreuung seiner VDI-Mitglieder. Hier zeigt sich der VDI als Kompetenzträger und Expertennetz. Technologieszenarien werden entwickelt, das Expertennetz weiter ausgebaut und Kooperationen mit Fachmessen und ausländischen Organisationen intensiviert.

Die übergeordneten gesellschaftspolitischen Interessen der Ingenieure werden durch den VDI- Bereich „Technik und Gesellschaft" wahrgenommen. Dort werden u.a. die Gebiete Berufs- und Standesfragen, Ingenieuraus- und -weiterbildung, Technikbewertung, Technik und Recht, Technikgeschichte behandelt. Regional gliedert sich der VDI in 45 Bezirksvereine. Durch die neue Struktur und Gliederung in einzelne GmbHs kann der VDI künftig stärker expandieren und seine Position als führender Meinungsbilder in technikrelevanten und berufspolitischen Themenfeldern ausbauen.

Mehrere kommerziell organisierte Beteiligungsgesellschaften bzw. Dienstleistungsbereiche, wie VDI-Verlag GmbH, Springer-VDI-Verlag GmbH & Co. KG, VDI-Wissensforum IWB GmbH, VDI-Versicherungsdienst GmbH, VDI-Projekt und Service GmbH sowie zwei Technologiezentren unterstützen die technisch-wissenschaftliche Gemeinschaftsarbeit des VDI.

Das oberste Lenkungsgremium des VDI ist das Präsidium des VDI

Prof. Dr.-Ing. E. h. Dr. h. c. Dr.-Ing. Eike Lehmann, Präsident
Dr.-Ing. Willi Fuchs, Direktor und geschäftsführendes Mitglied des Präsidiums
Dipl.-Ing. Joachim Möller, Vorsitzender Berufspolitischer Beirat
Prof. Dr.-Ing. Rainer Hirschberg, Vorsitzender Beirat VDI-Bezirksvereine
Prof. Dr.-Ing. Bernd-Robert Höhn, Vorsitzender des Wissenschaftlichen Beirates des VDI
Dipl.-Ökonom Peter Urban, Vorsitzender Finanzbeirat

Hinweis: Ausführliche Informationen über den VDI beinhaltet der aktuelle VDI-Tätigkeitsbericht, der kostenlos angefordert werden kann. Darüber hinaus geben einzelne Bereiche des VDI gesonderte Informationsbroschüren heraus.

Ansprechpartner im VDI

Verein Deutscher Ingenieure e.V.

Gesellschaft Bautechnik

Dipl.-Ing. Reinhold Jesorsky, Geschäftsführer, Tel. +49 (0) 2 11 62 14-3 13

Christa Kemper, Sekretärin, Tel. +49 (0) 211 62 14-5 31 E-Mail bau@vdi.de

VDI KundenCenter, montags bis freitags 8:00 bis 18:00 Uhr,
Telefon: + 49 (0) 211 62 14-0, E-Mail kundencenter@vdi.de

VDI Technik und Wissenschaft ,

Tel. +49 (0) 211 62 14-2 97, E-Mail technik-und-wissenschaft@vdi.de

VDI Beruf und Gesellschaft,

E-Mail bg@vdi.de, Beruf und Karriere, Tel. +49 (0) 211 62 14-2 72/-2 21
E-Mail karriere@vdi.de

VDI-Büro Berlin,

Tel. +49 (0) 30 27 59 57 0 E-Mail vdiberlin@vdi.de

VDI-Büro Brüssel

Tel. +32 (0) 25 00-89 65 E-Mail bruxelles@vdi.de

VDI Mitgliederservice

Tel. + 49 (0) 211 62 14-0, E-Mail mitgliederservice@vdi.de

Mitgliedsabteilung

Tel. + 49 (0) 211 62 14-6 00, E-Mail mitgliedsabteilung@vdi.de

VDI nachrichten Leserservice

Tel. +49 (0) 211 61 88-12 2, E-Mail ukoehn@vdi-nachrichten.com

VDI-Ingenieurhilfe e.V.

Tel. +49 (0) 211 62 14-2 69/2 82

VDI-Richtlinien

Tel. +49 (0) 211 62 14-339, E-Mail vdi-richtlinien@vdi.de

Mitgliederentwicklung der VDI-Gesellschaft Bautechnik
(Stand seit 2001 jeweils per 1. Januar)

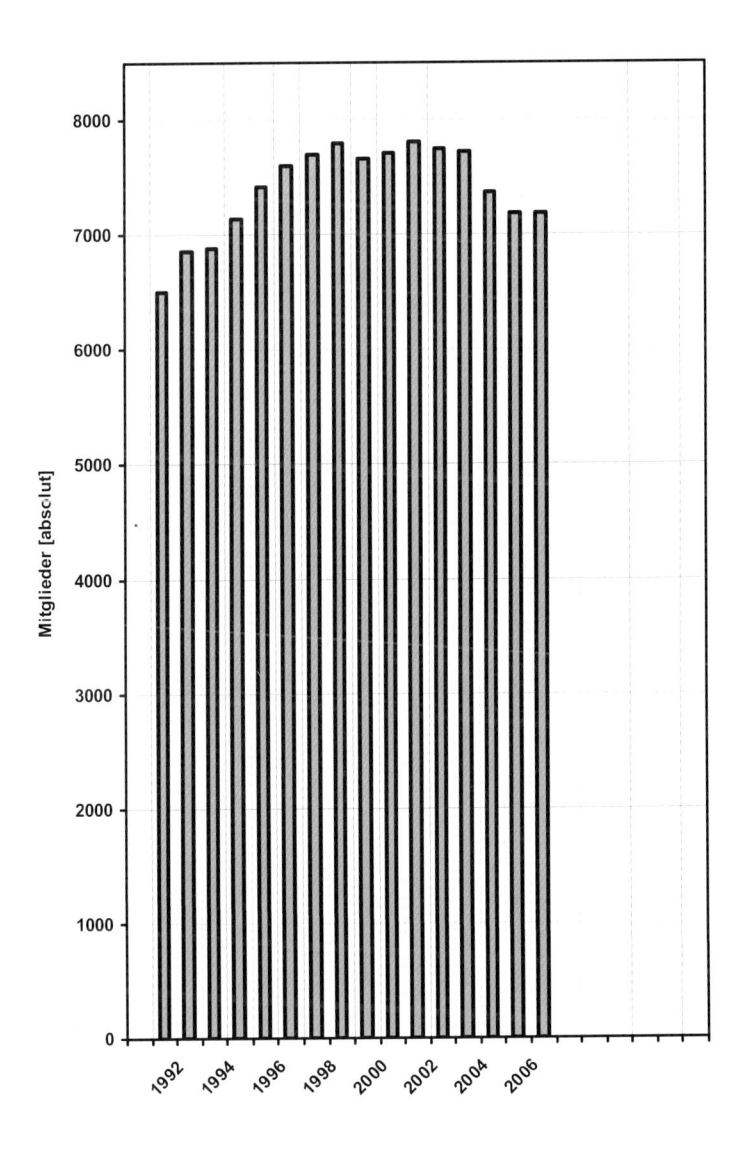

Antwort-Formblatt

bitte abtrennen und senden an

Fax-Nr. +49 (0) 211/6214-151
VDI-Gesellschaft Bautechnik
Postfach 10 11 39
40002 Düsseldorf

Absender

Name: ....

Vorname: ....

Titel: ....

Straße: ....

PLZ/Ort: ....

Mitgliederwerbung

☐ Als möglichen Interessenten an der VDI-Mitgliedschaft benenne ich:

Name, Vorname: ....Titel: ....

Straße/PLZ/Ort: ....

☐ Als Werbeprämie wähle ich ggf. (s. Anlage zur letzten Beitragsrechnung):

....

Einladungen/Programme/Informationen

☐ Bitte senden Sie mir Einladungen/Programme zu Veranstaltungen, Tagungen oder Seminaren usw. bezüglich der umseitig vermerkten Interessensgebiete

☐ Bitte senden Sie mir Informationen über Aufbau und Arbeitsweise des VDI und der VDI-Gesellschaft Bautechnik, Beitragssätze, Leistungsangebot usw.

Fachzeitschrift „Bauingenieur", Organ der VDI-Bau im Springer-VDI-Verlag Düsseldorf

☐ Bitte senden Sie mir ein kostenloses Probeexemplar

Die Fachzeitschrift „Der Bausachverständige" – Zeitschrift für Bauschäden, Grundstückswert und gutachterliche Tätigkeit"

☐ Bitte senden Sie mir ein kostenloses Probeexemplar

Bücherbestellungen, insbesondere VDI-Berichte

Für VDI-Mitglieder ermäßigen sich die angegebenen Preise um 10%.

....
....
....

_____   _____
(Ort / Datum)   (Unterschrift)

Damit wir Sie künftig noch gezielter informieren können, kreuzen Sie bitte Ihre Stellung im Beruf, den Wirtschaftszweig, Ihre Tätigkeitsmerkmale und Ihre Interessengebiete an:

Berufliche Stellung	Interessengebiete
☐ Student	☐ Baubetrieb/Bauwirtschaft (I30B)
☐ Pensionär/Rentner	☐ Bauen im Bestand (I300077)
☐ Angestellter/Beamter	
☐ Freiberufler/Unternehmer	☐ Bauen mit Textilien (I301102)
☐ Architekt (Kammermitglied)	☐ Bauinformatik (I300053)
☐ Prüfingenieur für Baustatik	
☐ Hochschullehrer	☐ Baumanagement (I301030)
☐ Sonstige (z. B. arbeitslos)	☐ Baumaschinentechnik (I301028)
_____	☐ Bauplanung (I30P)
	☐ Baustoffkunde/Bauphysik (I301036)
Wirtschaftszweig/Branche	☐ Bausachverständigenwesen (I300017)
☐ Ingenieur-/Planungsbüros	☐ Bauvertragswesen (I300015)
☐ Bauindustrie (Bauhauptgewerbe)	
☐ Öffentlicher Dienst, Gebietskörperschaften, z. B. Bauverwaltung, Deutsche Bundesbahn, Hochschule usw.	☐ Betonbau/Massivbau (I300073)
	☐ Brandschutz, baulicher (I301037)
	☐ Fassadentechnik (I301026)
☐ Produzierendes Gewerbe, Handel, Versicherungen	☐ Grundbau/Geotechnik (I301101)
☐ Sonstige	☐ Hochbau/Städtebau (I301027)
_____	☐ Holzbau (I300076)
	☐ Industriebau (I30I)
Tätigkeitsmerkmale	☐ Ingenieurbau, konstruktiver (I30K)
☐ Bauplanung, Beratung	☐ Schalungstechnik (I300016)
☐ Bauausführung, Baubetrieb	
☐ Betrieb, Überwachung, Instandhaltung	☐ Stahlbau (I300074)
☐ Lehre, Forschung, Entwicklung	☐ Umwelttechnik im Bauwesen (I301032)
☐ Sonstige (z. B. Projektsteuerung)	☐ Verbundbau (I300075)
_____	☐ Vermessungswesen (I301038)
	☐ Wasserbau/Wasserwirtschaft (I30W)

Jahrbuch der VDI-Gesellschaft Bautechnik
Für die nächste Ausgabe des Jahrbuchs wünsche ich mir

☐ Beiträge zu folgenden Themen: _____

☐ folgende Verbesserungen: _____

Arbeit des VDI (Technik und Wissenschaft, Beruf und Gesellschaft, Wissensforum, Verlag und VDI nachrichten, Bezirksvereine, Versicherungsdienst usw.):

☐ ich bin unzufrieden mit _____

☐ ich wünsche mir _____

**Teil V
Übersichten/
Tabelle/
Adressen**

Literaturverzeichnis zum Berufsbild des Bauingenieurs
Ausbildung, Aufgaben, Tätigkeitsfelder, Karriere, Berufseinstieg

I. Aufsätze in den Jahrbüchern der VDI-Gesellschaft Bautechnik (nur seit 1990)

(Stand: 8/2006)

2004 Ulrike Kuhlmann und Wolfram Wessel	Das Studium des Bauingenieurwesens an der Universität Stuttgart
Reinhold Jesorsky	Der Bauingenieur / die Bauingenieurin – ein Berufsbild
2003 Reinhold Jesorsky	Berufsbild und Karrierechancen für Bauingenieure
2001 Günter Timm	Zukünftiges Berufsbild der freiberuflich tätigen Ingenieurinnen und Ingenieure - Die Rolle der Beratenden Ingenieure, der Prüfingenieure und der Bausachverständigen im Bauprozess
G. Schmidt-Gönner und Karl Schweizerhof	Akkreditierung von Studiengängen des Bauingenieurwesens
2000 H. Falkner	Aufgaben des Bauingenieurs im 21. Jahrhundert
G. Schmidt-Gönner	Studium des Bauingenieurwesens an Fachhochschulen am Beispiel der Hochschule für Technik und Wirtschaft des Saarlandes in Saarbrücken 9. Folge in der Reihe „Hochschulen stellen sich vor"
1999 A. Ötes	Das Studium des Bauingenieurwesens an der Universität Dortmund
1998 P.H. Bischoff und M. Curbach	Das Studium des Bauingenieurwesens in Kanada und in den USA - mit einigen kritischen Anmerkungen zur Diskussion um Bachelor- und Master-Abschlüsse
R. Thumser, B. Kurth, J. Lüttge, E. Trübner, St. Steffen	Die Studierenden des Bauingenieurwesens melden sich zu Wort - Ergebnisse der letzten Bauingenieur-Fachschaften-Konferenz
1997 M. Curbach und W. Graße	Das Studium des Bauingenieurwesens an der Technischen Hochschule Dresden
1996 K. Hinrichs und L. Wittmann	Bauen für die Zukunft mit praxisgerecht ausgebildeten Bauingenieuren
H. Bechert	Selbständig werden, selbständig sein mit einem Ingenieurbüro für Bauwesen

V. Hahn	Die gesellschaftspolitische Aufgabe des Bauingenieurs
1995 H. August	Bauingenieur im öffentlichen Dienst
1994 K. Kordina	Über die Zukunftsaufgaben des Bauingenieurs
H. Duddeck und W. Krätzig	Bauingenieurausbildung in Deutschland
1993 F. Vollrath	Der Bauingenieur in der Auseinandersetzung mit Politik und Bürger
1992 K. Simons	Bauingenieure - Mitgestalter von Kultur und Fortschritt
H. Duddeck	Leitender Ingenieur bei den Neubaustrecken der Deutschen Bundesbahn - Spezialist, Generalist oder beides?
1991 H. Rausch	Bauingenieur in einer Baufirma - Aufgaben, Verantwortung, Chancen
1990 M. Preußner	Bauingenieur als freiberuflich tätiger beratender Ingenieur

II. Bücher

H. Wittfoht	Brückenbauer aus Leidenschaft, Verlag Bau + Technik GmbH, Düsseldorf/Erkrath
K. Stiglat	Bauingenieure und ihr Werk; Ernst & Sohn, Berlin
Bundesingenieurkammer	Ingenieurbaukunst in Deutschland Jahrbuch 2001; Junius-Verlag, Hamburg
F. Leonhardt	Der Bauingenieur und seine Aufgaben; DVA, Stuttgart
H. Straub	Die Geschichte der Bauingenieurkunst; Birkhäuser Verlag, Basel
H. Ricken	Der Bauingenieur - Geschichte eines Berufes; Verlag für Bauwesen, Berlin

III. Schriften/Broschüren/Aufsätze

karriereführer bauingenieure	Berufseinstieg für Hochschulabsolventen 12. Jahrgang No. 2004.2005; Schirmer Verlag, Köln
start	Studienführer 2000 von stern und CHE (mit Fachrichtung Bauingenieurwesen)
UNI Magazin 3/2005 Perspektiven für Beruf und Arbeitsmarkt	Transmedia Projekt- und Verlagsgesellschaft mbH, Mannheim (http:/www.unimagazin.de)
Der Bauingenieur Beruf mit Zukunft	Hauptverband der Deutschen Bauindustrie e.V., Berlin
Blätter zur Berufskunde	Bundesanstalt für Arbeit/Bertelsmann Verlag, Bielefeld
Arbeitsmarkt - Information, Heft 5, 1997	Bauingenieurinnen und Bauingenieure (Herausgeber: Zentralstelle für Arbeitsvermittlung, Frankfurt/Main)
Rahmenordnung für die Diplomprüfung im Studiengang Bauingenieurwesen - Universitäten und gleichgestellte Hochschulen	Ständige Konferenz der Kultusminister der Länder in der BRD
Zahlreiche Aufsätze in unterschiedlichen Publikationen	u.a. von den Autoren: H. Duddeck, H.P. Ekart, M. Hermann, W.B. Krätzig, A. Huelsmann

IV. VDI-Publikationen (der letzten 5 Jahre)

Stellungnahme zur Weiterentwicklung der Ingenieurausbildung in Deutschland	VDI Beruf und Gesellschaft, Juni 2004
Bachelor- & Masterstudiengänge in den Ingenieurwissenschaften	VDI Bereich Ingenieuraus- und weiterbildung
Empfehlung für die Weiterqualifizierung von Ingenieurinnen und Ingenieuren	VDI Beruf und Gesellschaft, März 2003

Ingenieurregister in europäischen Ländern	VDI Beruf und Gesellschaft, Oktober 2002
1-2-3-4-5 Bewerbungstipps Service für Karriere und Berufseinstieg (5. Auflage)	Verein Deutscher Ingenieure e.v. Abteilung Beruf und Karriere, Düsseldorf, 2003
Ingenieure und Ingenieurinnen in Deutschland - Situation und Perspektiven	19-Punkte-Erklärung des VDI zur Antwort der Bundesregierung auf die Große Anfrage der CDU/CSU-Fraktion im Deutschen Bundestag VDI Beruf und Gesellschaft, Düsseldorf 2002
Ethische Grundsätze des Ingenieurberufs	Verein Deutscher Ingenieure e.v. Düsseldorf 2002
Chancen im Ingenieurberuf, Das VDI-Bewerbungshandbuch 2006	Verein Deutscher Ingenieure e.v. Abteilung Beruf und Karriere Bereich Studenten und Jungingenieure, Düsseldorf, 2006 (VDI-Verlag Düsseldorf)
Karriere für Ingenieurinnen Politik-Dialog des VDI in Kooperation mit dem BMBF	VDI Beruf und Gesellschaft, November 2003

V. VDI-Bücher im Springer-Verlag
Kundenservice Bücher, Tiergartenstr. 17, 69121 Heidelberg
Telefon +49 (0) 6221 345-0, Telefax +49 (0) 6221 345-229, E-Mail: oders@springer.de

Praxistips für die Karriere	Verfasser: P.-G. Kanis
Karrierestrategie und Bewerbungstraining für den erfahrenen Ingenieur	Verfasser: H. Bürkle
Der Ingenieur als GmbH-Geschäftsführer	Verfasser: A. Sattler, G. Raguß
Spielregeln für Beruf und Karriere	Verfasser: H. Mell
Leitfaden für Existenzgründer	Verfasser: E. Sanft
Existenzgründung und Existenzsicherung	Verfasser: N. Manz, E. Hering
Erfolgreiche Karriereplanung	Verfasser: H. Mell

Homepages der Universitäten, Gesamthochschulen und Fachhochschulen mit Studiengängen Bauingenieurwesen

Universitäten		Homepage
RWTH	Aachen	www.rwth-achen.de
Technische Universität	Berlin	www.tu-berlin.de
Ruhr-Universität	Bochum	www.ruhr-uni-bochum.de
Technische Universität	Braunschweig	www.tu-braunschweig.de
Brandenburgische TU	Cottbus	www.tu-cottbus.de
Technische Universität	Darmstadt	www.tu-darmstadt.de
Universität	Dortmund	www.uni-dortmund.de
Technische Universität	Dresden	www.tu-dresden.de
Universität Duisburg-Essen	Duisburg-Essen	www.uni-due.de
Technische Universität	Hamburg-Harburg	www.tuhhg.de
Universität	Hannover	www.uni-hannover.de
Universität	Kaiserslautern	www.uni-kl.de
Universität TH	Karlsruhe	www.uni-karlsruhe.de
Universität	Kassel	www.uni-kassel.de
Universität	Leipzig	www.uni-leipzig.de
Universität Lüneburg	Suderburg	www.uni-lueneburg.de
Technische Universität	München	www.tu-muenchen.de
Universität der Bundeswehr	München (Neubiberg)	www.unibw-muenchen.de
Universität	Siegen	www.uni-siegen.de
Universität	Stuttgart	www.uni-stuttgart.de
Bauhaus Universität	Weimar	www.uni-weimar.de
Bergische Universität	Wuppertal	www.uni-wuppertal.de

Fachhochschulen		Homepage
FH Aachen	Aachen	www.fh-aachen.de
FH Augsburg	Augsburg	www.fh-augsburg.de
Technische FH Berlin	Berlin	www.tfh-berlin.de
FH für Technik und Wirtschaft	Berlin	www.fhtw-berlin.de
FH Biberach	Biberach	www.hochschule-biberach.de
FH Bielefeld/Minden	Minden	www.fh-bielefeld.de
FH Bochum	Bochum	www.fh-bochum.de
Hochschule Bremen (FH)	Bremen	www.hs-bremen.de
Hochschule21	Buxtehude	www.hs21.de
FH Coburg	Coburg	www.fh-coburg.de
FH Lausitz	Cottbus	www.fh-lausitz.de
FH Darmstadt	Darmstadt	www.fh-darmstadt.de
FH Deggendorf	Deggendorf	www.fh.deggendorf.de
FH Lippe und Höxter	Detmold	www.fh-luh.de
Hochschule für Technik und Wirtschaft Dresden (FH)	Dresden	www.htw-dresden.de
FH Kiel	Eckernförde	www.fh-kiel.de

FH Erfurt	Erfurt	www.fh-erfurt.de
FH Frankfurt	Frankfurt	www.fh-frankfurt.de
FH Gießen-Friedberg	Gießen	www.fh-giessen-friedberg.de
HafenCity-Universität (HCU)	Hamburg	www.haw-hamburg.de
FH Hildesheim-Holzminden-Göttingen	Hildesheim	www.hawk-hhg.de
FH Kaiserslautern	Kaiserslautern	www.fh-kl.de
Hochschule Karlsruhe - Technik und Wirtschaft	Karlsruhe	www.hs-karlsruhe.de
FH Koblenz	Koblenz	www.fh-koblenz.de
FH Köln	Köln	www.fh-koeln.de
HTWG Konstanz	Konstanz	www.bi-htwg-konstanz.de
Hochschule für Technik, Wirtschaft und Kultur Leipzig	Leipzig	www.htwk-leipzig.de
FH Lübeck	Lübeck	www.fh-luebeck.de
Hochschule Magdeburg-Stendal (FH)	Magdeburg	www.hs-magdeburg.de
FH Mainz	Mainz	www.fh-mainz.de
FH Bielefeld	Minden	www.fh-bielefeld.de
FH München	München	www.fhm.edu
FH Münster	Münster	www.fh-Muenster.de
FH Neubrandenburg	Neubrandenburg	www.hs-nb.de
FH Hannover	Nienburg	www.fh-hannover.de
Georg-Simon-Ohm-FH	Nürnberg	www.fh-nuernberg.de
FH Oldenburg/Ostfriesland/Wilhelmshaven	Oldenburg	www.fh-oow.de
FH Potsdam	Potsdam	www.fh-potsdam.de
FH Regensburg	Regensburg	www.fhr.de
HTW Hochschule für Technik und Wirtschaft des Saarlandes	Saarbrücken	www.htw.-saarland.de
FH Stuttgart Hochschule für Technik	Stuttgart	www.fht-stuttgart.de
FH Trier	Trier	www.fh-trier.de
FH Wiesbaden	Wiesbaden	www.fh-wiesbaden.de/
FH Wismar	Wismar	www.hs-wismar.de
FHWS Würzburg-Schweinfurt	Würzburg	www.fh-wuerzburg.de
Hochschule Zittau/Görlitz	Zittau	www.hs.zigr.de

Stand: 8/2006

DIN Deutsches Institut für Normung e. V.
Normenausschuss Bauwesen (NABau)

Neue DIN-Taschenbücher Bauwesen
Zeitraum: 1. Juli 2005 bis 30. Juni 2006

Nr.	Titel	Ausgabe	Preis/€
69	Stahlhochbau, CD-ROM	2005-11	141,00
113	Erkundung und Untersuchung des Baugrunds, CD-ROM	2005-08	103,00
114	Kosten im Hochbau – Flächen, Rauminhalte, CD-ROM	2006-01	74,00
129	Bauwerksabdichtungen, Dachabdichtungen, Feuchteschutz	2006-03	131,40
272	Bohrtechnik	2005-09	89,00
297	Feuerwehrwesen – Bauliche Anlagen, Einrichtungen, organisatorischer Brandschutz, CD-ROM	2005-08	42,50
289	Schwingungsfragen im Bauwesen, CD-ROM	2006-05	135,00
309	Dämmstoffe, Baustoffe – Wärmedämmung, Trittschalldämmung, CD-ROM	2005-11	150,00
376	Untersuchung von Bodenproben und Messtechnik, CD-ROM	2005-08	107,00
402	Stahl und Eisen: Gütenormen 2 – Bauwesen, Metallverarbeitung – Betonstahl. Stähle für den Stahlbau. Flacherzeugnisse für Kaltumformung ohne Überzüge. Flacherzeugnisse mit Überzügen. Spundbohlen. Verpackungsblech.	2005-09	149,00

Geschäftsstelle: Burggrafenstr. 6, Berlin-Mitte, Postanschrift: 10772 Berlin, Telefon +49 30 2601-2501, Telefax +49 30 2601-1180 E-Mail: eckhard.vogel@din.de, Internet: http://www.nabau.din.de

DIN Deutsches Institut für Normung e. V.
Normenausschuss Bauwesen (NABau)

Neue DIN-Normen des NABau
Zeitraum: 1. Juli 2005 bis 30. Juni 2006

Dokumentnummer	Dokumentart	Ausgabedatum	Titel	Preis €
	N =	Norm		
	N-E =	Norm-Entwurf		
	VN =	Vornorm		
	TR =	Andere Technische Regelwerke		
DIN V 105-100	VN	2005-10-01	Mauerziegel – Teil 100: Mauerziegel mit besonderen Eigenschaften	66,20
DIN V 106	VN	2005-10-01	Kalksandsteine mit besonderen Eigenschaften	56,00
DIN 276-1	N-E	2005-08-01	Kosten im Bauwesen – Teil 1: Hochbau	61,40
DIN 483	N	2005-10-01	Bordsteine aus Beton – Formen, Maße, Kennzeichnung	35,40
DIN 1055-3	N	2006-03-01	Einwirkungen auf Tragwerke – Teil 3: Eigen- und Nutzlasten für Hochbauten	40,80
DIN 1055-4 Berichtigung 1	N	2006-03-01	Einwirkungen auf Tragwerke – Teil 4: Windlasten, Berichtigungen zu DIN 1055-4:2005-03	0,00
DIN 1055-5	N	2005-07-01	Einwirkungen auf Tragwerke – Teil 5: Schnee- und Eislasten	56,00
DIN 1055-6 Berichtigung 1	N	2006-02-01	Einwirkungen auf Tragwerke – Teil 6: Einwirkungen auf Silos und Flüssigkeitsbehälter, Berichtigungen zu DIN 1055-6:2005-03	0,00
DIN 1960	N	2006-05-01	VOB Vergabe- und Vertragsordnung für Bauleistungen – Teil A: Allgemeine Bestimmungen für die Vergabe von Bauleistungen	117,70
DIN 4017	N	2006-03-01	Baugrund – Berechnung des Grundbruchwiderstands von Flachgründungen	56,00
DIN 4023	N	2006-02-01	Geotechnische Erkundung und Untersuchung – Zeichnerische Darstellung der Ergebnisse von Bohrungen und sonstigen direkten Aufschlüssen	45,90
DIN 4108 Beiblatt 2	N	2006-03-01	Wärmeschutz und Energie-Einsparung in Gebäuden – Wärmebrücken – Planungs- und Ausführungsbeispiele	105,50
DIN V 4108-4/A1	VN	2006-06-01	Wärmeschutz und Energie-Einsparung in Gebäuden – Teil 4: Wärme- und feuchteschutztechnische Bemessungswerte, Änderung A1	25,40
DIN 4109 Beiblatt 1/A2	N-E	2006-02-01	Schallschutz im Hochbau – Ausführungsbeispiele und Rechenverfahren; Änderung A2	30,30
DIN 4140	N-E	2005-12-01	Dämmarbeiten an betriebstechnischen Anlagen in der Industrie und in der technischen Gebäudeausrüstung – Ausführung von Wärme- und Kältedämmungen	114,00
DIN V 4165-100	VN	2005-10-01	Porenbetonsteine – Teil 100: Plansteine und Planelemente mit besonderen Eigenschaften	35,40
DIN 4223-100	N-E	2006-01-01	Anwendung von vorgefertigten bewehrten Bauteilen aus dampfgehärtetem Porenbeton – Teil 100: Eigenschaften und Anforderungen an Baustoffe und Bauteile	45,90
DIN 4223-101	N-E	2006-01-01	Anwendung von vorgefertigten bewehrten Bauteilen aus dampfgehärtetem Porenbeton – Teil 101: Entwurf und Bemessung	50,80
DIN 4223-102	N-E	2006-01-01	Anwendung von vorgefertigten bewehrten Bauteilen aus dampfgehärtetem Porenbeton – Teil 102: Anwendung in Bauwerken	66,20
DIN 4223-104	N-E	2006-01-01	Anwendung von vorgefertigten bewehrten Bauteilen aus dampfgehärtetem Porenbeton – Teil 104: Sicherheitskonzept	25,40

Geschäftsstelle: Burggrafenstr. 6, Berlin-Mitte, Postanschrift: 10772 Berlin,
Telefon +49 30 2601-2501, Telefax +49 30 2601-1180
E-Mail: eckhard.vogel@din.de, Internet: http://www.nabau.din.de

Dokumentnummer	Dokumentart	Ausgabedatum	Titel	Preis €
	N =	Norm		
	N-E =	Norm-Entwurf		
	VN =	Vornorm		
	TR =	Andere Technische Regelwerke		
DIN 4420-3	N	2006-01-01	Arbeits- und Schutzgerüste – Teil 3: Ausgewählte Gerüstbauarten und ihre Regelausführungen	61,40
DIN 11622 Beiblatt 1	N	2006-01-01	Gärfuttersilos und Güllebehälter – Erläuterungen, Systemskizzen für Fußpunktausbildung	35,40
DIN 11622-1	N	2006-01-01	Gärfuttersilos und Güllebehälter – Teil 1: Bemessung, Ausführung, Beschaffenheit; Allgemeine Anforderungen	35,40
DIN 18008-1	N-E	2006-03-01	Glas im Bauwesen – Bemessungs- und Konstruktionsregeln – Teil 1: Begriffe und allgemeine Grundlagen	35,40
DIN 18008-2	N-E	2006-03-01	Glas im Bauwesen – Bemessungs- und Konstruktionsregeln – Teil 2: Linienförmig gelagerte Verglasungen	30,30
DIN 18014	N-E	2006-05-01	Fundamenterder – Allgemeine Planungsgrundlagen	40,80
DIN 18015-1	N-E	2006-05-01	Elektrische Anlagen in Wohngebäuden – Teil 1: Planungsgrundlagen	56,00
DIN 18015-3	N-E	2006-05-01	Elektrische Anlagen in Wohngebäuden – Teil 3: Leitungsführung und Anordnung der Betriebsmittel	35,40
DIN V 18026	VN	2006-06-01	Oberflächenschutzsysteme für Beton aus Produkten nach DIN EN 1504-2:2005-01	66,20
DIN V 18028	VN	2006-06-01	Rissfüllstoffe nach DIN EN 1504-5:2005-03 mit besonderen Eigenschaften	61,40
DIN 18030	N-E	2006-01-01	Barrierefreies Bauen – Planungsgrundlagen und -anforderungen	88,90
DIN 18035-5	N-E	2006-01-01	Sportplätze – Teil 5: Tennenflächen	76,60
DIN 18036/A1	N-E	2005-10-01	Eissportanlagen – Anlagen für den Eissport mit Kunsteisflächen – Grundlagen für Planung und Bau, Änderung A1	17,90
DIN 18057	N	2005-08-01	Betonfenster – Bemessung, Anforderungen, Prüfungen	30,30
DIN V 18151-100	VN	2005-10-01	Hohlblöcke aus Leichtbeton – Teil 100: Hohlblöcke mit besonderen Eigenschaften	50,80
DIN V 18152-100	VN	2005-10-01	Vollsteine und Vollblöcke aus Leichtbeton – Teil 100: Vollsteine und Vollblöcke mit besonderen Eigenschaften	50,80
DIN V 18153-100	VN	2005-10-01	Mauersteine aus Beton (Normalbeton) – Teil 100: Mauersteine mit besonderen Eigenschaften	61,40
DIN V 18160-1	VN	2006-01-01	Abgasanlagen – Teil 1: Planung und Ausführung	85,00
DIN V 18160-1 Beiblatt 1	VN	2006-01-01	Abgasanlagen – Teil 1: Planung und Ausführung; Nationale Ergänzung zur Anwendung von Metall-Abgasanlagen nach DIN EN 1856-1, von Innenrohren und Verbindungsstücken nach DIN EN 1856-2, der Zulässigkeit von Werkstoffen und der Korrosionswiderstandsklassen	25,40
DIN V 18160-1 Beiblatt 2	VN	2006-01-01	Abgasanlagen – Teil 1: Planung und Ausführung; Nationale Ergänzung zur Anwendung von Keramik-Innenschalen nach DIN EN 1457, Zuordnung der Kennzeichnungsklassen für Montage-Abgasanlagen	17,90
DIN V 18160-60	VN	2006-01-01	Abgasanlagen – Teil 60: Nachweise für das Brandverhalten von Abgasanlagen und Bauteilen von Abgasanlagen; Begriffe, Anforderungen und Prüfungen	30,30
DIN 18180	N-E	2006-06-01	Gipsplatten – Arten und Anforderungen	30,30
DIN 18195 Beiblatt 1	N	2006-01-01	Bauwerksabdichtungen – Beispiele für die Anordnung der Abdichtung bei Abdichtungen	50,80
DIN 18195-101	N-E	2005-09-01	Bauwerksabdichtungen – Teil 101: Vorgesehene Änderungen zu den Normen DIN 18195-2 bis DIN 18195-5	17,90
DIN 18196	N	2006-06-01	Erd- und Grundbau – Bodenklassifikation für bautechnische Zwecke	35,40
DIN V 18197	VN	2005-10-01	Abdichten von Fugen in Beton mit Fugenbändern	76,60
DIN 18202	N	2005-10-01	Toleranzen im Hochbau – Bauwerke	45,90
DIN 18232-2/A1	N-E	2006-05-01	Rauch- und Wärmefreihaltung – Teil 2: Natürliche Rauchabzugsanlagen (NRA); Bemessung, Anforderungen und Einbau; Änderung A1	17,90
DIN 18250	N-E	2005-11-01	Schlösser – Einsteckschlösser für Feuerschutz- und Rauchschutztüren	40,80

Dokumentnummer	Dokumentart	Ausgabedatum	Titel	Preis €
	N =	Norm		
	N-E =	Norm-Entwurf		
	VN =	Vornorm		
	TR =	Andere Technische Regelwerke		
DIN 18252	N-E	2006-01-01	Profilzylinder für Türschlösser – Begriffe, Maße, Anforderungen, Kennzeichnung	50,80
DIN 18267 Berichtigung 1	N	2005-10-01	Fenstergriffe – Rastbare, verriegelbare und verschließbare Fenstergriffe, Berichtigungen zu DIN 18267:2005-01	0,00
DIN 18531-1	N	2005-11-01	Dachabdichtungen – Abdichtungen für nicht genutzte Dächer – Teil 1: Begriffe, Anforderungen, Planungsgrundsätze	45,90
DIN 18531-2	N	2005-11-01	Dachabdichtungen – Abdichtungen für nicht genutzte Dächer – Teil 2: Stoffe	76,60
DIN 18531-3	N	2005-11-01	Dachabdichtungen – Abdichtungen für nicht genutzte Dächer – Teil 3: Bemessung, Verarbeitung der Stoffe, Ausführung der Dachabdichtungen	56,00
DIN 18531-4	N	2005-11-01	Dachabdichtungen – Abdichtungen für nicht genutzte Dächer – Teil 4: Instandhaltung	30,30
DIN 18540	N-E	2005-09-01	Abdichten von Außenwandfugen im Hochbau mit Fugendichtstoffen	40,80
DIN 18560-3	N	2006-03-01	Estriche im Bauwesen – Teil 3: Verbundestriche	35,40
DIN V 18599-1	VN	2005-07-01	Energetische Bewertung von Gebäuden – Berechnung des Nutz-, End- und Primärenergiebedarfs für Heizung, Kühlung, Lüftung, Trinkwarmwasser und Beleuchtung – Teil 1: Allgemeine Bilanzierungsverfahren, Begriffe, Zonierung und Bewertung der Energieträger	88,90
DIN V 18599-2	VN	2005-07-01	Energetische Bewertung von Gebäuden – Berechnung des Nutz-, End- und Primärenergiebedarfs für Heizung, Kühlung, Lüftung, Trinkwarmwasser und Beleuchtung – Teil 2: Nutzenergiebedarf für Heizen und Kühlen von Gebäudezonen	121,80
DIN V 18599-3	VN	2005-07-01	Energetische Bewertung von Gebäuden – Berechnung des Nutz-, End- und Primärenergiebedarfs für Heizung, Kühlung, Lüftung, Trinkwarmwasser und Beleuchtung – Teil 3: Nutzenergiebedarf für die energetische Luftaufbereitung	105,50
DIN V 18599-4	VN	2005-07-01	Energetische Bewertung von Gebäuden – Berechnung des Nutz-, End- und Primärenergiebedarfs für Heizung, Kühlung, Lüftung, Trinkwarmwasser und Beleuchtung – Teil 4: Nutz- und Endenergiebedarf für Beleuchtung	105,50
DIN V 18599-5	VN	2005-07-01	Energetische Bewertung von Gebäuden – Berechnung des Nutz-, End- und Primärenergiebedarfs für Heizung, Kühlung, Lüftung, Trinkwarmwasser und Beleuchtung – Teil 5: Endenergiebedarf von Heizsystemen	138,40
DIN V 18599-6	VN	2005-07-01	Energetische Bewertung von Gebäuden – Berechnung des Nutz-, End- und Primärenergiebedarfs für Heizung, Kühlung, Lüftung, Trinkwarmwasser und Beleuchtung – Teil 6: Endenergiebedarf von Wohnungslüftungsanlagen und Luftheizungsanlagen für den Wohnungsbau	114,00
DIN V 18599-7	VN	2005-07-01	Energetische Bewertung von Gebäuden – Berechnung des Nutz-, End- und Primärenergiebedarfs für Heizung, Kühlung, Lüftung, Trinkwarmwasser und Beleuchtung – Teil 7: Endenergiebedarf von Raumlufttechnik- und Klimakältesystemen für den Nichtwohnungsbau	114,00
DIN V 18599-8	VN	2005-07-01	Energetische Bewertung von Gebäuden – Berechnung des Nutz-, End- und Primärenergiebedarfs für Heizung, Kühlung, Lüftung, Trinkwarmwasser und Beleuchtung – Teil 8: Nutz- und Endenergiebedarf von Warmwasserbereitungssystemen	101,70
DIN V 18599-9	VN	2005-07-01	Energetische Bewertung von Gebäuden – Berechnung des Nutz-, End- und Primärenergiebedarfs für Heizung, Kühlung, Lüftung, Trinkwarmwasser und Beleuchtung – Teil 9: End- und Primärenergiebedarf von Kraft-Wärme-Kopplungsanlagen	30,30
DIN V 18599-10	VN	2005-07-01	Energetische Bewertung von Gebäuden – Berechnung des Nutz-, End- und Primärenergiebedarfs für Heizung, Kühlung, Lüftung, Trinkwarmwasser und Beleuchtung – Teil 10: Nutzungsrandbedingungen, Klimadaten	88,90

Dokumentnummer	Dokumentart	Ausgabedatum	Titel	Preis €
N =		Norm		
N-E =		Norm-Entwurf		
VN =		Vornorm		
TR =		Andere Technische Regelwerke		
DIN 18650-1	N	2005-12-01	Schlösser und Baubeschläge – Automatische Türsysteme – Teil 1: Produktanforderungen und Prüfverfahren	88,90
DIN 18650-2	N	2005-12-01	Schlösser und Baubeschläge – Automatische Türsysteme – Teil 2: Sicherheit an automatischen Türsystemen	56,00
DIN 18709-5	N-E	2006-05-01	Begriffe, Kurzzeichen und Formelzeichen in der Geodäsie – Teil 5: Auswertung kontinuierlicher Messreihen	71,40
DIN 18740-4	N-E	2006-06-01	Photogrammetrische Produkte – Teil 4: Anforderungen an digitale Luftbildkameras und an digitale Luftbilder	50,80
DIN 18799-1	N-E	2006-05-01	Ortsfeste Steigleitern an baulichen Anlagen – Teil 1: Steigleitern mit Seitenholmen, sicherheitstechnische Anforderungen und Prüfungen	56,00
DIN 18799-2	N-E	2006-05-01	Ortsfeste Steigleitern an baulichen Anlagen – Teil 2: Steigleitern mit Mittelholm, sicherheitstechnische Anforderungen und Prüfungen	50,80
DIN 18800-7/A1	N-E	2006-05-01	Stahlbauten – Teil 7: Ausführung und Herstellerqualifikation; Änderung A1	56,00
DIN V 20000-1	VN	2005-12-01	Anwendung von Bauprodukten in Bauwerken – Teil 1: Holzwerkstoffe	30,30
DIN 20000-106	N-E	2006-03-01	Anwendung von Bauprodukten in Bauwerken – Teil 106: Flugasche nach DIN EN 450-1:2005-05	17,90
DIN 20000-107	N-E	2006-03-01	Anwendung von Bauprodukten in Bauwerken – Teil 107: Silikastaub nach DIN EN 13263-1: 2005-10	17,90
DIN V 20000-120	VN	2006-04-01	Anwendung von Bauprodukten in Bauwerken – Teil 120: Anwendungsregeln zu DIN EN 13369:2004-09	40,80
DIN V 20000-404	VN	2006-01-01	Anwendung von Bauprodukten in Bauwerken – Teil 404: Regeln für die Verwendung von Porenbetonsteinen nach DIN EN 771-4:2005-05	30,30
DIN 52451-1	N-E	2005-09-01	Prüfung von Dichtstoffen für das Bauwesen – Teil 1: Bestimmung der Änderung von Masse und Volumen selbstverlaufender Dichtstoffe	25,40
DIN 66137-3	N	2005-09-01	Bestimmung der Dichte fester Stoffe – Teil 3: Gasauftriebsverfahren	35,40
DIN EN 40-4	N	2006-06-01	Lichtmaste – Teil 4: Anforderungen an Lichtmaste aus Stahl- und Spannbeton; Deutsche Fassung EN 40-4:2005	61,40
DIN EN 74-1	N	2005-12-01	Kupplungen, Zentrierbolzen und Fußplatten für Arbeitsgerüste und Traggerüste – Teil 1: Rohrkupplungen – Anforderungen und Prüfverfahren; Deutsche Fassung EN 74-1:2005	71,40
DIN EN 74-3	N-E	2005-09-01	Kupplungen, Zentrierbolzen und Fußplatten für Trag- und Arbeitsgerüste – Teil 3: Ebene Fußplatten und Zentriorbolzen – Anforderungen und Prüfverfahren; Deutsche Fassung prEN 74-3:2005	35,40
DIN EN 206-1/A2	N	2005-09-01	Beton – Teil 1: Festlegung, Eigenschaften, Herstellung und Konformität; Deutsche Fassung EN 206-1:2000/A2:2005	17,90
DIN EN 409	N-E	2006-05-01	Holzbauwerke – Prüfverfahren – Bestimmung des Fließmoments von stiftförmigen Verbindungsmitteln; Deutsche Fassung prEN 409:2006	35,40
DIN EN 413-2	N	2005-08-01	Putz- und Mauerbinder – Teil 2: Prüfverfahren; Deutsche Fassung EN 413-2:2005	50,80
DIN EN 445	N-E	2005-10-01	Einpressmörtel für Spannglieder – Prüfverfahren; Deutsche Fassung prEN 445:2005	45,90
DIN EN 446	N-E	2005-10-01	Einpressmörtel für Spannglieder – Einpressverfahren; Deutsche Fassung prEN 446: 2005	40,80
DIN EN 447	N-E	2005-10-01	Einpressmörtel für Spannglieder – Basis Erfordernisse; Deutsche Fassung prEN 447:2005	30,30
DIN EN 480-4	N	2006-03-01	Zusatzmittel für Beton, Mörtel und Einpressmörtel – Prüfverfahren – Teil 4: Bestimmung der Wasserabsonderung des Betons (Bluten); Deutsche Fassung EN 480-4:2005	25,40
DIN EN 480-5	N	2005-12-01	Zusatzmittel für Beton, Mörtel und Einpressmörtel – Prüfverfahren – Teil 5: Bestimmung der kapillaren Wasseraufnahme; Deutsche Fassung EN 480-5:2005	30,30

Dokumentnummer	Dokumentart	Ausgabedatum	Titel	Preis €
	N = N-E = VN = TR =	Norm Norm-Entwurf Vornorm Andere Technische Regelwerke		
DIN EN 480-6	N	2005-12-01	Zusatzmittel für Beton, Mörtel und Einpressmörtel – Prüfverfahren – Teil 6: Infrarot-Untersuchung; Deutsche Fassung EN 480-6:2005	25,40
DIN EN 480-11	N	2005-12-01	Zusatzmittel für Beton, Mörtel und Einpressmörtel – Prüfverfahren – Teil 11: Bestimmung von Luftporenkennwerten in Festbeton; Deutsche Fassung EN 480-11:2005	56,00
DIN EN 480-12	N	2005-12-01	Zusatzmittel für Beton, Mörtel und Einpressmörtel – Prüfverfahren – Teil 12: Bestimmung des Alkaligehalts von Zusatzstoffen; Deutsche Fassung EN 480-12:2005	30,30
DIN EN 490	N-E	2005-11-01	Dach- und Formsteine aus Beton für Dächer und Wandbekleidungen – Produktanforderungen; Deutsche Fassung EN 490:2004 + A1:2006	25,40
DIN EN 492	N	2006-04-01	Faserzement-Dachplatten und dazugehörige Formteile – Produktspezifikation und Prüfverfahren; Deutsche Fassung EN 492:2004 + A1:2005	76,60
DIN EN 494	N	2006-04-01	Faserzement-Wellplatten und dazugehörige Formteile – Produktspezifikation und Prüfverfahren; Deutsche Fassung EN 494:2004 + A1:2005	88,90
DIN EN 516	N	2006-04-01	Vorgefertigte Zubehörteile für Dacheindeckungen – Einrichtungen zum Betreten des Daches – Laufstege, Trittflächen und Einzeltritte; Deutsche Fassung EN 516:2006	56,00
DIN EN 517	N	2006-05-01	Vorgefertigte Zubehörteile für Dacheindeckungen – Sicherheitsdachhaken; Deutsche Fassung EN 517:2006	50,80
DIN EN 539-1	N	2005-12-01	Dachziegel für überlappende Verlegung – Bestimmung der physikalischen Eigenschaften – Teil 1: Prüfung der Wasserundurchlässigkeit; Deutsche Fassung EN 539-1:2005	35,40
DIN EN 544	N	2006-03-01	Bitumenschindeln mit mineralhaltiger Einlage und/oder Kunststoffeinlage – Produktspezifikation und Prüfverfahren; Deutsche Fassung EN 544:2005	66,20
DIN EN 679	N	2005-09-01	Bestimmung der Druckfestigkeit von dampfgehärtetem Porenbeton; Deutsche Fassung EN 679:2005	30,30
DIN EN 680	N	2006-03-01	Bestimmung des Schwindens von dampfgehärtetem Porenbeton; Deutsche Fassung EN 680:2005	35,40
DIN EN 771-6	N	2005-12-01	Festlegungen für Mauersteine – Teil 6: Natursteine; Deutsche Fassung EN 771-6:2005	61,40
DIN EN 846-8/A1	N-E	2006-04-01	Prüfverfahren für Ergänzungsbauteile für Mauerwerk – Teil 8: Bestimmung der Tragfähigkeit und der Last-Verformungseigenschaften von Balkenauflagern; Deutsche Fassung EN 846-8:2000/prA1:2006	17,90
DIN EN 934-1	N-E	2006-04-01	Zusatzmittel für Beton, Mörtel und Einpressmörtel – Teil 1: Gemeinsame Anforderungen; Deutsche Fassung prEN 934-1:2006	35,40
DIN EN 934-2/A2	N	2006-03-01	Zusatzmittel für Beton, Mörtel und Einpressmörtel – Teil 2: Betonzusatzmittel – Definitionen, Anforderungen, Konformität, Kennzeichnung und Beschriftung; Deutsche Fassung EN 934-2:2001/A2:2005	25,40
DIN EN 934-3 Berichtigung 1	N	2006-01-01	Zusatzmittel für Beton, Mörtel und Einpressmörtel – Teil 3: Zusatzmittel für Mauermörtel – Definitionen, Anforderungen, Konformität, Kennzeichnung und Beschriftung; Deutsche Fassung EN 934-3:2003, Berichtigungen zu DIN EN 934-3:2004-03; Deutsche Fassung EN 934-3:2003/AC:2005	0,00
DIN EN 934-5/A1	N-E	2006-01-01	Zusatzmittel für Beton, Mörtel und Einpressmörtel – Teil 5: Zusatzmittel für Spritzbeton – Begriffe, Anforderungen, Konformität, Kennzeichnung und Beschriftung; Deutsche Fassung EN 934-5:2005/prA1:2005	25,40
DIN EN 934-6	N	2006-03-01	Zusatzmittel für Beton, Mörtel und Einpressmörtel – Teil 6: Probenahme, Konformitätskontrolle und Bewertung der Konformität; Deutsche Fassung EN 934-6:2001 + A1:2005	35,40
DIN EN 998-1 Berichtigung 1	N	2006-05-01	Festlegungen für Mörtel im Mauerwerksbau – Teil 1: Putzmörtel; Deutsche Fassung EN 998-1:2003, Berichtigungen zu DIN EN 998-1:2003-09; Deutsche Fassung EN 998-1:2003/AC:2005	0,00

Dokumentnummer	Dokumentart	Ausgabedatum	Titel	Preis €
	N =	Norm		
	N-E =	Norm-Entwurf		
	VN =	Vornorm		
	TR =	Andere Technische Regelwerke		
DIN EN 1090-2	N-E	2005-08-01	Ausführung von Stahltragwerken und Aluminiumtragwerken – Teil 2: Technische Anforderungen an die Ausführung von Tragwerken aus Stahl; Deutsche Fassung prEN 1090-2:2005	183,50
DIN EN 1154 Berichtigung 1	N	2006-06-01	Schlösser und Baubeschläge – Türschließmittel mit kontrolliertem Schließablauf – Anforderungen und Prüfverfahren (enthält Änderung 1:2002); Deutsche Fassung EN 1154:1996 + A1:2002, Berichtigungen zu DIN EN 1154:2003-04; Deutsche Fassung EN 1154:1996/AC:2006	0,00
DIN EN 1155 Berichtigung 1	N	2006-06-01	Schlösser und Baubeschläge – Elektrisch betriebene Feststellvorrichtungen für Drehflügeltüren – Anforderungen und Prüfverfahren (enthält Änderung A1:2002); Deutsche Fassung EN 1155:1997 + A1:2002, Berichtigungen zu DIN EN 1155:2003-04; Deutsche Fassung EN 1155:1997/AC:2006	0,00
DIN EN 1158 Berichtigung 1	N	2006-06-01	Schlösser und Baubeschläge – Schließfolgeregler – Anforderungen und Prüfverfahren (enthält Änderung A1:2002); Deutsche Fassung EN 1158:1997 + A1:2002, Berichtigungen zu DIN EN 1158:2003-04; Deutsche Fassung EN 1158:1997/AC:2006	0,00
DIN EN 1168	N	2005-08-01	Betonfertigteile – Hohlplatten; Deutsche Fassung EN 1168:2005	93,10
DIN EN 1304	N	2005-07-01	Dachziegel und Formziegel – Begriffe und Produktanforderungen; Deutsche Fassung EN 1304:2005	61,40
DIN EN 1337-3	N	2005-07-01	Lager im Bauwesen – Teil 3: Elastomerlager; Deutsche Fassung EN 1337-3:2005	117,70
DIN EN 1337-5	N	2005-07-01	Lager im Bauwesen – Teil 5: Topflager; Deutsche Fassung EN 1337-5:2005	85,00
DIN EN 1341 Berichtigung 1	N	2006-06-01	Platten aus Naturstein für Außenbereiche – Anforderungen und Prüfverfahren; Deutsche Fassung EN 1341 : 2001, Berichtigungen zu DIN EN 1341:2002-04	0,00
DIN EN 1354	N	2005-09-01	Bestimmung der Druckfestigkeit von haufwerksporigem Leichtbeton; Deutsche Fassung EN 1354:2005	50,80
DIN EN 1364-3	N-E	2006-04-01	Feuerwiderstandsprüfungen für nichttragende Bauteile – Teil 3: Vorhangfassaden – Gesamtausführung; Deutsche Fassung prEN 1364-3:2006	61,40
DIN EN 1380	N-E	2006-05-01	Holzbauwerke – Prüfverfahren – Tragende Nagelverbindungen; Deutsche Fassung prEN 1380:2006	40,80
DIN EN 1504-1	N	2005-10-01	Produkte und Systeme für den Schutz und die Instandsetzung von Betontragwerken – Definitionen, Anforderungen, Güteüberwachung und Beurteilung der Konformität – Teil 1: Definitionen; Deutsche Fassung EN 1504-1:2005	35,40
DIN EN 1504-3	N	2006-03-01	Produkte und Systeme für den Schutz und die Instandsetzung von Betontragwerken – Definitionen, Anforderungen, Qualitätsüberwachung und Beurteilung der Konformität – Teil 3: Statisch und nicht statisch relevante Instandsetzung; Deutsche Fassung EN 1504-3:2005	61,40
DIN EN 1544	N-E	2006-06-01	Produkte und Systeme für den Schutz und die Instandsetzung von Betontragwerken – Prüfverfahren – Bestimmung des Kriechverhaltens von für die Verankerung von Bewehrungsstäben verwendeten Kunstharzprodukten (PC) bei Dauerzuglast; Deutsche Fassung prEN 1544:2006	30,30
DIN EN 1603/A1	N-E	2006-04-01	Wärmedämmstoffe für das Bauwesen – Bestimmung der Dimensionsstabilität im Normalklima (23 °C/ 50 % relative Luftfeuchte); Deutsche Fassung EN 1603:1996/prA1:2006	25,40
DIN EN 1604/A1	N-E	2006-04-01	Wärmedämmstoffe für das Bauwesen – Bestimmung der Dimensionsstabilität bei definierten Temperatur- und Feuchtebedingungen; Deutsche Fassung EN 1604:1996/prA1:2006	25,40
DIN EN 1605/A1	N-E	2006-04-01	Wärmedämmstoffe für das Bauwesen – Bestimmung der Verformung bei definierter Druck- und Temperaturbeanspruchung; Deutsche Fassung EN 1605:1996/prA1:2006	30,30

Dokumentnummer	Doku-ment-art	Ausgabe-datum	Titel	Preis €
	N =	Norm		
	N-E =	Norm-Entwurf		
	VN =	Vornorm		
	TR =	Andere Technische Regelwerke		
DIN EN 1606/A1	N-E	2006-04-01	Wärmedämmstoffe für das Bauwesen – Bestimmung des Langzeit-Kriechverhaltens bei Druckbeanspruchung; Deutsche Fassung EN 1606:1996/prA1:2006	25,40
DIN EN 1609/A1	N-E	2006-04-01	Wärmedämmstoffe für das Bauwesen – Bestimmung der Wasseraufnahme bei kurzzeitigem teilweisem Eintauchen; Deutsche Fassung EN 1609:1996/prA1:2006	25,40
DIN EN 1627	N-E	2006-04-01	Einbruchhemmende Bauprodukte (nicht für Betonfertigteile) – Anforderungen und Klassifizierung; Deutsche Fassung prEN 1627:2006	61,40
DIN EN 1628	N-E	2006-04-01	Einbruchhemmende Bauprodukte (nicht für Betonfertigteile) – Prüfverfahren für die Ermittlung der Widerstandsfähigkeit unter statischer Belastung; Deutsche Fassung prEN 1628:2006	97,20
DIN EN 1629	N-E	2006-04-01	Einbruchhemmende Bauprodukte (nicht für Betonfertigteile) – Prüfverfahren für die Ermittlung der Widerstandsfähigkeit unter dynamischer Belastung; Deutsche Fassung prEN 1629:2006	71,40
DIN EN 1630	N-E	2006-04-01	Einbruchhemmende Bauprodukte (nicht für Betonfertigteile) – Prüfverfahren für die Ermittlung der Widerstandsfähigkeit gegen manuelle Einbruchversuche; Deutsche Fassung prEN 1630:2006	71,40
DIN EN 1739	N-E	2005-09-01	Bestimmung der Schubtragfähigkeit von Fugen zwischen vorgefertigten Bauteilen aus dampfgehärtetem Porenbeton oder haufwerksporigem Leichtbeton bei Belastung in Bauteilebene; Deutsche Fassung prEN 1739:2005	35,40
DIN EN 1771 Berichtigung 1	N	2006-04-01	Produkte und Systeme für den Schutz und die Instandsetzung von Betontragwerken – Prüfverfahren – Bestimmung der Injektionsfähigkeit durch Injektion in eine Sandsäule; Deutsche Fassung EN 1771:2004, Berichtigungen zu DIN EN 1771:2004-11; Deutsche Fassung EN 1771:2004/AC:2005	0,00
DIN EN 1857 Berichtigung 1	N	2006-06-01	Abgasanlagen – Bauteile – Betoninnenrohre; Deutsche Fassung EN 1857:2003, Berichtigungen zu DIN EN 1857:2003-11; Deutsche Fassung EN 1857:2003/AC:2005	0,00
DIN EN 1859	N-E	2006-02-01	Abgasanlagen – Metall-Abgasanlagen – Prüfverfahren; Deutsche Fassung EN 1859:2000 + A1:2006	25,40
DIN EN 1873	N	2006-03-01	Vorgefertigte Zubehörteile für Dacheindeckungen – Lichtkuppeln aus Kunststoff – Produktfestlegungen und Prüfverfahren; Deutsche Fassung EN 1873:2005	80,90
DIN EN 1881	N-E	2006-06-01	Produkte und Systeme für den Schutz und die Instandsetzung von Betontragwerken – Prüfverfahren – Prüfung von Verankerungsprodukten mit der Ausziehprüfung; Deutsche Fassung prEN 1881:2006	30,30
DIN EN 1990/A1	N	2006-04-01	Eurocode: Grundlagen der Tragwerksplanung; Deutsche Fassung EN 1990:2002/A1:2005	66,20
DIN EN 1991-1-4	N	2005-07-01	Eurocode 1: Einwirkungen auf Tragwerke – Teil 1-4: Allgemeine Einwirkungen, Windlasten; Deutsche Fassung EN 1991-1-4:2005	155,80
DIN EN 1991-1-6	N	2005-09-01	Eurocode 1: Einwirkungen auf Tragwerke – Teil 1-6: Allgemeine Einwirkungen, Einwirkungen während der Bauausführung; Deutsche Fassung EN 1991-1-6:2005	66,20
DIN EN 1992-1-1	N	2005-10-01	Eurocode 2: Bemessung und Konstruktion von Stahlbeton- und Spannbetontragwerken – Teil 1-1: Allgemeine Bemessungsregeln und Regeln für den Hochbau; Deutsche Fassung EN 1992-1-1:2004	233,20
DIN EN 1993-1-1	N	2005-07-01	Eurocode 3: Bemessung und Konstruktion von Stahlbauten – Teil 1-1: Allgemeine Bemessungsregeln und Regeln für den Hochbau; Deutsche Fassung EN 1993-1-1:2005	126,20
DIN EN 1993-1-1 Berichtigung 1	N	2006-05-01	Eurocode 3: Bemessung und Konstruktion von Stahlbauten – Teil 1-1: Allgemeine Bemessungsregeln und Regeln für den Hochbau; Deutsche Fassung EN 1993-1-1:2005, Berichtigungen zu DIN EN 1993-1-1:2005-07; Deutsche Fassung EN 1993-1-1:2005/AC:2006	0,00

Dokumentnummer	Dokumentart	Ausgabedatum	Titel	Preis €
	N =	Norm		
	N-E =	Norm-Entwurf		
	VN =	Vornorm		
	TR =	Andere Technische Regelwerke		
DIN EN 1993-1-8	N	2005-07-01	Eurocode 3: Bemessung und Konstruktion von Stahlbauten – Teil 1-8: Bemessung von Anschlüssen; Deutsche Fassung EN 1993-1-8:2005	155,80
DIN EN 1993-1-8 Berichtigung 1	N	2006-03-01	Eurocode 3: Bemessung und Konstruktion von Stahlbauten – Teil 1-8: Bemessung von Anschlüssen; Deutsche Fassung EN 1993-1-8:2005, Berichtigungen zu DIN EN 1993-1-8:2005-07; Deutsche Fassung EN 1993-1-8:2005/AC:2005	0,00
DIN EN 1993-1-9	N	2005-07-01	Eurocode 3: Bemessung und Konstruktion von Stahlbauten – Teil 1-9: Ermüdung; Deutsche Fassung EN 1993-1-9:2005	71,40
DIN EN 1993-1-9 Berichtigung 1	N	2006-03-01	Eurocode 3: Bemessung und Konstruktion von Stahlbauten – Teil 1-9: Ermüdung; Deutsche Fassung EN 1993-1-9:2005, Berichtigungen zu DIN EN 1993-1-9:2005-07; Deutsche Fassung EN 1993-1-9:2005/AC:2005	0,00
DIN EN 1993-1-10	N	2005-07-01	Eurocode 3: Bemessung und Konstruktion von Stahlbauten – Teil 1-10: Stahlsortenauswahl im Hinblick auf Bruchzähigkeit und Eigenschaften in Dickenrichtung; Deutsche Fassung EN 1993-1-10:2005	50,80
DIN EN 1993-1-10 Berichtigung 1	N	2006-03-01	Eurocode 3: Bemessung und Konstruktion von Stahlbauten – Teil 1-10: Stahlsortenauswahl im Hinblick auf Bruchzähigkeit und Eigenschaften in Dickenrichtung; Deutsche Fassung EN 1993-1-10:2005, Berichtigungen zu DIN EN 1993-1-10:2005-07; Deutsche Fassung EN 1993-1-10:2005/AC:2005	0,00
DIN EN 1995-1-1	N	2005-12-01	Eurocode 5: Bemessung und Konstruktion von Holzbauten – Teil 1-1: Allgemeines – Allgemeine Regeln und Regeln für den Hochbau; Deutsche Fassung EN 1995-1-1:2004	142,20
DIN EN 1995-2	N	2006-02-01	Eurocode 5: Bemessung und Konstruktion von Holzbauten – Teil 2: Brücken; Deutsche Fassung EN 1995-2:2004	66,20
DIN EN 1996-1-1	N	2006-01-01	Eurocode 6: Bemessung und Konstruktion von Mauerwerksbauten – Teil 1-1: Allgemeine Regeln für bewehrtes und unbewehrtes Mauerwerk; Deutsche Fassung EN 1996-1-1:2005	134,40
DIN EN 1996-2	N	2006-03-01	Eurocode 6: Bemessung und Konstruktion von Mauerwerksbauten – Teil 2: Planung, Auswahl der Baustoffe und Ausführung von Mauerwerk; Deutsche Fassung EN 1996-2:2006	66,20
DIN EN 1996-3	N	2006-04-01	Eurocode 6: Bemessung und Konstruktion von Mauerwerksbauten – Teil 3: Vereinfachte Berechnungsmethoden für unbewehrte Mauerwerksbauten; Deutsche Fassung EN 1996-3:2006	76,60
DIN EN 1997-1	N	2005-10-01	Eurocode 7: Entwurf, Berechnung und Bemessung in der Geotechnik – Teil 1: Allgemeine Regeln; Deutsche Fassung EN 1997-1:2004	169,70
DIN EN 1998-1	N	2006-04-01	Eurocode 8: Auslegung von Bauwerken gegen Erdbeben – Teil 1: Grundlagen, Erdbebeneinwirkungen und Regeln für Hochbauten; Deutsche Fassung EN 1998-1:2004	193,40
DIN EN 1998-2	N	2006-06-01	Eurocode 8: Auslegung von Bauwerken gegen Erdbeben – Teil 2: Brücken; Deutsche Fassung EN 1998-2:2005	142,20
DIN EN 1998-3	N	2006-04-01	Eurocode 8: Auslegung von Bauwerken gegen Erdbeben – Teil 3: Beurteilung und Ertüchtigung von Gebäuden; Deutsche Fassung EN 1998-3:2005	109,50
DIN EN 1998-5	N	2006-03-01	Eurocode 8: Auslegung von Bauwerken gegen Erdbeben – Teil 5: Gründungen, Stützbauwerke und geotechnische Aspekte; Deutsche Fassung EN 1998-5:2004	76,60
DIN EN 1998-6	N	2006-03-01	Eurocode 8: Auslegung von Bauwerken gegen Erdbeben – Teil 6: Türme, Maste und Schornsteine; Deutsche Fassung EN 1998-6:2005	76,60
DIN EN 12087/A1	N-E	2006-04-01	Wärmedämmstoffe für das Bauwesen – Bestimmung der Wasseraufnahme bei langzeitigem Eintauchen; Deutsche Fassung EN 12087:1997/prA1:2006	25,40
DIN EN 12101-1	N	2006-06-01	Rauch- und Wärmefreihaltung – Teil 1: Bestimmungen für Rauchschürzen; Deutsche Fassung EN 12101-1:2005 + A1:2006	85,00

Dokumentnummer	Doku- ment- art	Ausgabe- datum	Titel	Preis €
	N =	Norm		
	N-E =	Norm-Entwurf		
	VN =	Vornorm		
	TR =	Andere Technische Regelwerke		
DIN EN 12101-3 Berichtigung 1	N	2006-04-01	Rauch- und Wärmefreihaltung – Teil 3: Bestimmungen für maschinelle Rauch- und Wärmeabzugsgeräte; Deutsche Fassung EN 12101-3:2002, Berichtigungen zu DIN EN 12101-3:2002-06; Deutsche Fassung EN 12101-3:2002/AC:2005	0,00
DIN EN 12101-6	N	2005-09-01	Rauch- und Wärmefreihaltung – Teil 6: Festlegungen für Differenzdrucksysteme, Bausätze; Deutsche Fassung EN 12101-6:2005	126,20
DIN EN 12101-10	N	2006-01-01	Rauch- und Wärmefreihaltung – Teil 10: Energieversorgung; Deutsche Fassung EN 12101-10:2005	80,90
DIN EN 12209 Berichtigung 1	N	2006-06-01	Schlösser und Baubeschläge – Schlösser – Mechanisch betätigte Schlösser und Schließbleche – Anforderungen und Prüfverfahren; Deutsche Fassung EN 12209:2003, Berichtigungen zu DIN EN 12209:2004-03; Deutsche Fassung EN 12209:2003/AC:2005	0,00
DIN EN 12235 Berichtigung 1	N	2006-04-01	Sportböden – Bestimmung der Ballreflexion; Deutsche Fassung EN 12235:2004, Berichtigungen zu DIN EN 12235:2004-09; Deutsche Fassung EN 12235:2004/AC:2006	0,00
DIN EN 12274-7	N	2005-08-01	Dünne Asphaltschichten in Kaltbauweise – Teil 7: Schüttel-Abriebprüfung; Deutsche Fassung EN 12274-7:2005	45,90
DIN EN 12274-8	N	2005-12-01	Dünne Asphaltschicht in Kaltbauweise – Prüfverfahren – Teil 8: Augenscheinliche Beurteilung; Deutsche Fassung EN 12274-8:2005	56,00
DIN EN 12390-1 Berichtigung 1	N	2006-05-01	Prüfung von Festbeton – Teil 1: Form, Maße und andere Anforderungen für Probekörper und Formen; Deutsche Fassung EN 12390-1:2000, Berichtigungen zu DIN EN 12390-1:2001-02; Deutsche Fassung EN 12390-1:2000/AC:2004	0,00
DIN EN 12390-5 Berichtigung 1	N	2006-05-01	Prüfung von Festbeton – Teil 5: Biegezugfestigkeit von Probekörpern; Deutsche Fassung EN 12390-5:2000, Berichtigungen zu DIN EN 12390-5:2001-02; Deutsche Fassung EN 12390-5:2000/AC:2004	0,00
DIN EN 12390-6 Berichtigung 1	N	2006-05-01	Prüfung von Festbeton – Teil 6: Spaltzugfestigkeit von Probekörpern; Deutsche Fassung EN 12390-6:2000, Berichtigungen zu DIN EN 12390-6:2001-02; Deutsche Fassung EN 12390-6:2000/AC:2004	0,00
DIN EN 12390-7 Berichtigung 1	N	2006-05-01	Prüfung von Festbeton – Teil 7: Dichte von Festbeton – Deutsche Fassung EN 12390-7:2000, Berichtigungen zu DIN EN 12390-7:2001-02; Deutsche Fassung EN 12390-7:2000/AC:2004	0,00
DIN EN 12430/A1	N-E	2006-04-01	Wärmedämmstoffe für das Bauwesen – Bestimmung des Verhaltens unter Punktlast; Deutsche Fassung EN 12430:1998/prA1:2006	25,40
DIN EN 12431/A1	N-E	2006-04-01	Wärmedämmstoffe für das Bauwesen – Bestimmung der Dicke von Dämmstoffen unter schwimmendem Estrich; Deutsche Fassung EN 12431:1998/prA1:2006	25,40
DIN EN 12467	N	2006-04-01	Faserzement-Tafeln – Produktspezifikation und Prüfverfahren; Deutsche Fassung EN 12467:2004 + A1:2005	80,90
DIN EN 12504-3	N	2005-07-01	Prüfung von Beton in Bauwerken – Teil 3: Bestimmung der Ausziehkraft; Deutsche Fassung EN 12504-3:2005	35,40
DIN EN 12512	N	2005-12-01	Holzbauwerke – Prüfverfahren – Zyklische Prüfungen von Anschlüssen mit mechanischen Verbindungsmitteln; Deutsche Fassung EN 12512:2001 + A1:2005	40,80
DIN EN 12602	N-E	2006-01-01	Vorgefertigte bewehrte Bauteile aus dampfgehärtetem Porenbeton; Deutsche Fassung prEN 12602:2005	169,70
DIN EN 12691	N	2006-06-01	Abdichtungsbahnen – Bitumen-, Kunststoff- und Elastomerbahnen für Dachabdichtungen – Bestimmung des Widerstandes gegen stoßartige Belastung; Deutsche Fassung EN 12691:2006	35,40
DIN EN 12697-1	N	2006-02-01	Asphalt – Prüfverfahren für Heißasphalt – Teil 1: Löslicher Bindemittelgehalt; Deutsche Fassung EN 12697-1:2005	80,90
DIN EN 12697-11	N	2005-12-01	Asphalt – Prüfverfahren für Heißasphalt – Teil 11: Bestimmung der Affinität von Gesteinskörnungen und Bitumen; Deutsche Fassung EN 12697-11:2005	61,40

Dokumentnummer	Dokumentart	Ausgabedatum	Titel	Preis €
	N =	Norm		
	N-E =	Norm-Entwurf		
	VN =	Vornorm		
	TR =	Andere Technische Regelwerke		
DIN EN 12697-25	N	2005-07-01	Asphalt – Prüfverfahren für Heißasphalt – Teil 25: Druckschwellversuch; Deutsche Fassung EN 12697-25:2005	66,20
DIN EN 12697-40	N	2006-02-01	Asphalt – Prüfverfahren für Heißasphalt – Teil 40: In situ-Durchlässigkeit; Deutsche Fassung EN 12697-40:2005	45,90
DIN EN 12697-41	N	2005-08-01	Asphalt – Prüfverfahren für Heißasphalt – Teil 41: Widerstand gegen chemische Auftaumittel; Deutsche Fassung EN 12697-41:2005	35,40
DIN EN 12697-42	N	2006-02-01	Asphalt – Prüfverfahren für Heißasphalt – Teil 42: Fremdstoffgehalt in Ausbauasphalt; Deutsche Fassung EN 12697-42:2005	30,30
DIN EN 12697-43	N	2005-08-01	Asphalt – Prüfverfahren für Heißasphalt – Teil 43: Treibstoffbeständigkeit; Deutsche Fassung EN 12697-43:2005	40,80
DIN EN 12966-1	N	2005-07-01	Vertikale Verkehrszeichen – Wechselverkehrszeichen – Teil 1: Produktnorm; Deutsche Fassung EN 12966-1:2005	101,70
DIN EN 12966-2	N	2005-07-01	Vertikale Verkehrszeichen – Wechselverkehrszeichen – Teil 2: Erstprüfung; Deutsche Fassung EN 12966-2:2005	40,80
DIN EN 12966-3	N	2005-07-01	Vertikale Verkehrszeichen – Wechselverkehrszeichen – Teil 3: Werkseigene Produktionskontrolle; Deutsche Fassung EN 12966-3:2005	35,40
DIN EN 13036-5	N-E	2006-03-01	Oberflächeneigenschaften von Straßen und Flugplätzen – Prüfverfahren – Teil 5: Bestimmung der Längsunebenheitindizes; Deutsche Fassung prEN 13036-5:2006	71,40
DIN EN 13036-6	N-E	2006-03-01	Oberflächeneigenschaften von Straßen und Flugplätzen – Prüfverfahren – Teil 6: Bestimmung der Quer- und Längsprofile in den Wellenlängen der Ebenheit und der Megatextur; Deutsche Fassung prEN 13036-6:2006	50,80
DIN EN 13036-8	N-E	2006-03-01	Oberflächeneigenschaften von Straßen und Flugplätzen – Prüfverfahren – Teil 8: Breitenunebenheit und Unregelmäßigkeiten, Definitionen, Verfahren zur Bewertung und Auswertung; Deutsche Fassung prEN 13036-8:2006	50,80
DIN EN 13050	N-E	2006-03-01	Vorhangfassaden – Schlagregendichtheit – Laborprüfung mit wechselndem Luftdruck und Besprühen mit Wasser; Deutsche Fassung prEN 13050:2006	40,80
DIN EN 13063-1	N	2006-03-01	Abgasanlagen – System-Abgasanlagen mit Keramik-Innenrohren – Teil 1: Anforderungen und Prüfungen für Rußbrandbeständigkeit; Deutsche Fassung EN 13063-1:2005	71,40
DIN EN 13063-2	N	2005-12-01	Abgasanlagen – System-Abgasanlagen mit Keramik-Innenrohren – Teil 2: Anforderungen und Prüfungen für feuchte Betriebsweise; Deutsche Fassung EN 13063-2:2005	71,40
DIN EN 13069	N	2005-12-01	Abgasanlagen – Keramik-Außenschalen für Systemabgasanlagen – Anforderungen und Prüfungen; Deutsche Fassung EN 13069:2005	71,40
DIN EN 13084-1 Berichtigung 1	N	2006-06-01	Freistehende Schornsteine – Teil 1: Allgemeine Anforderungen – Deutsche Fassung EN 13084-1:2000, Berichtigungen zu DIN EN 13084-1:2001-04; Deutsche Fassung EN 13084-1:2000/AC:2005	0,00
DIN EN 13084-4	N	2005-12-01	Freistehende Schornsteine – Teil 4: Innenrohre aus Mauerwerk – Entwurf, Bemessung und Ausführung; Deutsche Fassung EN 13084-4:2005	76,60
DIN EN 13084-5	N	2005-12-01	Freistehende Schornsteine – Teil 5: Baustoffe für Innenrohre aus Mauerwerk – Produktfestlegungen; Deutsche Fassung EN 13084-5:2005	66,20
DIN EN 13084-7	N	2006-06-01	Freistehende Schornsteine – Teil 7: Produktfestlegungen für zylindrische Stahlbauteile zur Verwendung in einschaligen Stahlschornsteinen und Innenrohren aus Stahl; Deutsche Fassung EN 13084-7:2005	56,00
DIN EN 13084-8	N	2005-08-01	Freistehende Schornsteine – Teil 8: Entwurf, Bemessung und Ausführung von Tragmastkonstruktionen mit angehängten Abgasanlagen; Deutsche Fassung EN 13084-8:2005	45,90
DIN EN 13108-8	N	2006-01-01	Asphaltmischgut – Mischgutanforderungen – Teil 8: Ausbauasphalt; Deutsche Fassung EN 13108-8:2005	35,40

Dokumentnummer	Dokumentart	Ausgabedatum	Titel	Preis €
	N =	Norm		
	N-E =	Norm-Entwurf		
	VN =	Vornorm		
	TR =	Andere Technische Regelwerke		
DIN EN 13126-1	N	2006-05-01	Baubeschläge – Beschläge für Fenster und Fenstertüren – Anforderungen und Prüfverfahren – Teil 1: Gemeinsame Anforderungen an alle Arten von Beschlägen; Deutsche Fassung EN 13126-1:2006	61,40
DIN EN 13126-8	N	2006-05-01	Baubeschläge – Beschläge für Fenster und Fenstertüren – Anforderungen und Prüfverfahren – Teil 8: Drehkipp-, Kippdreh- und Dreh-Beschläge; Deutsche Fassung EN 13126-8:2006	56,00
DIN EN 13162 Berichtigung 1	N	2006-06-01	Wärmedämmstoffe für Gebäude – Werkmäßig hergestellte Produkte aus Mineralwolle (MW) – Spezifikation; Deutsche Fassung EN 13162:2001, Berichtigungen zu DIN EN 13162:2001-10; Deutsche Fassung EN 13162:2001/AC:2005	0,00
DIN EN 13163 Berichtigung 1	N	2006-06-01	Wärmedämmstoffe für Gebäude – Werkmäßig hergestellte Produkte aus expandiertem Polystyrol (EPS) – Spezifikation; Deutsche Fassung EN 13163:2001, Berichtigungen zu DIN EN 13163:2001-10; Deutsche Fassung EN 13163:2001/AC:2005	0,00
DIN EN 13164 Berichtigung 1	N	2006-06-01	Wärmedämmstoffe für Gebäude – Werkmäßig hergestellte Produkte aus extrudiertem Polystyrolschaum (XPS) – Spezifikation; Deutsche Fassung EN 13164:2001, Berichtigungen zu DIN EN 13164:2001-10; Deutsche Fassung EN 13164:2001/AC:2005	0,00
DIN EN 13165 Berichtigung 1	N	2006-06-01	Wärmedämmstoffe für Gebäude – Werkmäßig hergestellte Produkte aus Polyurethan-Hartschaum (PUR) – Spezifikation; Deutsche Fassung EN 13165:2001 + A1:2004 + A2:2004, Berichtigungen zu DIN EN 13165:2005-02; Deutsche Fassung EN 13165:2001/AC:2005	0,00
DIN EN 13166 Berichtigung 1	N	2006-06-01	Wärmedämmstoffe für Gebäude – Werkmäßig hergestellte Produkte aus Phenolharzschaum (PF) – Spezifikation; Deutsche Fassung EN 13166:2001, Berichtigungen zu DIN EN 13166:2001-10; Deutsche Fassung EN 13166:2001/AC:2005	0,00
DIN EN 13167 Berichtigung 1	N	2006-06-01	Wärmedämmstoffe für Gebäude – Werkmäßig hergestellte Produkte aus Schaumglas (CG) – Spezifikation; Deutsche Fassung EN 13167:2001, Berichtigungen zu DIN EN 13167:2001-10; Deutsche Fassung EN 13167:2001/AC:2005	0,00
DIN EN 13168 Berichtigung 1	N	2006-06-01	Wärmedämmstoffe für Gebäude – Werkmäßig hergestellte Produkte aus Holzwolle (WW) – Spezifikation; Deutsche Fassung EN 13168:2001, Berichtigungen zu DIN EN 13168:2001-10; Deutsche Fassung EN 13168:2001/AC:2005	0,00
DIN EN 13169 Berichtigung 1	N	2006-06-01	Wärmedämmstoffe für Gebäude – Werkmäßig hergestellte Produkte aus Blähperlit (EPB) – Spezifikation; Deutsche Fassung EN 13169:2001, Berichtigungen zu DIN EN 13169:2001-10; Deutsche Fassung EN 13169:2001/AC:2005	0,00
DIN EN 13170 Berichtigung 1	N	2006-06-01	Wärmedämmstoffe für Gebäude – Werkmäßig hergestellte Produkte aus expandiertem Kork (ICB) – Spezifikation; Deutsche Fassung EN 13170:2001, Berichtigungen zu DIN EN 13170:2001-10; Deutsche Fassung EN 13170:2001/AC:2005	0,00
DIN EN 13171 Berichtigung 1	N	2006-06-01	Wärmedämmstoffe für Gebäude – Werkmäßig hergestellte Produkte aus Holzfasern (WF) – Spezifikation – Deutsche Fassung EN 13171:2001, Berichtigungen zu DIN EN 13171:2001-10; Deutsche Fassung EN 13171:2001/AC:2005	0,00
DIN EN 13172	N	2005-09-01	Wärmedämmstoffe – Konformitätsbewertung; Deutsche Fassung EN 13172:2001 + A1:2005	66,20
DIN EN 13200-3	N	2006-03-01	Zuschaueranlagen – Teil 3: Abschrankungen – Anforderungen; Deutsche Fassung EN 13200-3:2005	56,00
DIN EN 13224 Berichtigung 1	N	2005-10-01	Betonfertigteile – Deckenplatten mit Stegen; Deutsche Fassung EN 13224:2004, Berichtigungen zu DIN EN 13224:2004-11	0,00
DIN EN 13242/A1	N-E	2006-05-01	Gesteinskörnungen für ungebundene und hydraulisch gebundene Gemische für Ingenieur- und Straßenbau; Deutsche Fassung EN 13242:2002/prA1:2006	40,80
DIN EN 13263-1	N	2005-10-01	Silikastaub für Beton – Teil 1: Definitionen, Anforderungen und Konformitätskriterien; Deutsche Fassung EN 13263-1:2005	61,40

Dokumentnummer	Dokumentart	Ausgabedatum	Titel	Preis €
	N =	Norm		
	N-E =	Norm-Entwurf		
	VN =	Vornorm		
	TR =	Andere Technische Regelwerke		
DIN EN 13263-2	N	2005-10-01	Silikastaub für Beton – Teil 2: Konformitätsbewertung; Deutsche Fassung EN 13263-2:2005	56,00
DIN EN 13279-1	N	2005-09-01	Gipsbinder und Gips-Trockenmörtel – Teil 1: Begriffe und Anforderungen; Deutsche Fassung EN 13279-1:2005	56,00
DIN EN 13286-48	N	2005-10-01	Ungebundene und hydraulisch gebundene Gemische – Teil 48: Prüfverfahren zur Bestimmung des Pulverisierungsgrades; Deutsche Fassung EN 13286-48:2005	30,30
DIN CEN/TS 13381-1	VN	2006-03-01	Prüfverfahren zur Bestimmung des Beitrages zum Feuerwiderstand von tragenden Bauteilen – Teil 1: Horizontal angeordnete Brandschutzbekleidungen; Deutsche Fassung CEN/TS 13381-1:2005	71,40
DIN EN 13384-1	N	2006-03-01	Abgasanlagen – Wärme- und strömungstechnische Berechnungsverfahren – Teil 1: Abgasanlagen mit einer Feuerstätte; Deutsche Fassung EN 13384-1:2002 + A1:2005	117,70
DIN EN 13384-3	N	2006-03-01	Abgasanlagen – Wärme- und strömungstechnische Berechnungsverfahren – Teil 3: Verfahren für die Entwicklung von Diagrammen und Tabellen für Abgasanlagen mit einer Feuerstätte; Deutsche Fassung EN 13384-3:2005	71,40
DIN EN 13412	N-E	2006-05-01	Produkte und Systeme für den Schutz und die Instandsetzung von Betontragwerken – Prüfverfahren – Bestimmung des Elastizitätsmoduls im Druckversuch; Deutsche Fassung prEN 13412:2006	35,40
DIN EN 13420	N-E	2006-03-01	Fenster – Differenzklima – Prüfverfahren; Deutsche Fassung prEN 13420:2006	40,80
DIN EN 13501-2	N-E	2006-06-01	Klassifizierung von Bauprodukten und Bauarten zu ihrem Brandverhalten – Teil 2: Klassifizierung mit den Ergebnissen aus den Feuerwiderstandsprüfungen, mit Ausnahme von Lüftungsanlagen; Deutsche Fassung prEN 13501-2:2006	105,50
DIN EN 13501-3	N	2006-03-01	Klassifizierung von Bauprodukten und Bauarten zu ihrem Brandverhalten – Teil 3: Klassifizierung mit den Ergebnissen aus den Feuerwiderstandsprüfungen an Bauteilen von haustechnischen Anlagen: Feuerwiderstandsfähige Leitungen und Brandschutzklappen; Deutsche Fassung EN 13501-3:2005	56,00
DIN EN 13501-5	N	2006-03-01	Klassifizierung von Bauprodukten und Bauarten zu ihrem Brandverhalten – Teil 5: Klassifizierung mit den Ergebnissen aus Prüfungen von Bedachungen bei Beanspruchung durch Feuer von außen; Deutsche Fassung EN 13501-5:2005	61,40
DIN EN 13658-1	N	2005-09-01	Putzträger und Putzprofile aus Metall – Begriffe, Anforderungen und Prüfverfahren – Teil 1: Innenputze; Deutsche Fassung EN 13658-1:2005	71,40
DIN EN 13658-2	N	2005-09-01	Putzträger und Putzprofile aus Metall – Begriffe, Anforderungen und Prüfverfahren – Teil 2: Außenputze; Deutsche Fassung EN 13658-2:2005	71,40
DIN EN 13707/A1	N-E	2006-06-01	Abdichtungsbahnen – Bitumenbahnen mit Trägereinlage für Dachabdichtungen – Definitionen und Eigenschaften; Deutsche Fassung EN 13707:2004/prA1:2006	25,40
DIN EN 13748-1	N	2005-08-01	Terrazzoplatten – Teil 1:Terrazzoplatten für die Verwendung im Innenbereich; Deutsche Fassung EN 13748-1:2004 + A1:2005 + AC:2005	71,40
DIN EN 13782	N	2006-05-01	Fliegende Bauten – Zelte – Sicherheit; Deutsche Fassung EN 13782:2005	76,60
DIN EN 13914-2	N	2005-07-01	Planung, Zubereitung und Ausführung von Innen- und Außenputzen – Teil 2: Planung und wesentliche Grundsätze für Innenputz; Deutsche Fassung EN 13914-2:2005	56,00
DIN EN 13947	N-E	2006-06-01	Wärmetechnisches Verhalten von Vorhangfassaden – Berechnung des Wärmedurchgangskoeffizienten; Deutsche Fassung prEN 13947:2006	88,90

Dokumentnummer	Dokumentart N = Norm N-E = Norm-Entwurf VN = Vornorm TR = Andere Technische Regelwerke	Ausgabedatum	Titel	Preis €
DIN EN 13950	N	2006-02-01	Gips-Verbundplatten zur Wärme- und Schalldämmung – Begriffe, Anforderungen und Prüfverfahren; Deutsche Fassung EN 13950:2005	66,20
DIN EN 13963	N	2005-08-01	Materialien für das Verspachteln von Gipsplatten-Fugen – Begriffe, Anforderungen und Prüfverfahren; Deutsche Fassung EN 13963:2005	66,20
DIN EN 13967/A1	N-E	2006-06-01	Abdichtungsbahnen – Kunststoff- und Elastomerbahnen für die Bauwerksabdichtung gegen Bodenfeuchte und Wasser – Definitionen und Eigenschaften; Deutsche Fassung EN 13967:2004/prA1:2006	25,40
DIN EN 13969/A1	N-E	2006-06-01	Abdichtungsbahnen – Bitumenbahnen für die Bauwerksabdichtung gegen Bodenfeuchte und Wasser – Definitionen und Eigenschaften; Deutsche Fassung EN 13969:2004/prA1:2006	25,40
DIN EN 13970/A1	N-E	2006-06-01	Abdichtungsbahnen – Bitumen-Dampfsperrbahnen – Definitionen und Eigenschaften; Deutsche Fassung EN 13970:2004/prA1:2006	17,90
DIN EN 13978-1	N	2005-07-01	Betonfertigteile – Betonfertiggaragen – Teil 1: Anforderungen an monolithische oder aus raumgroßen Einzelteilen bestehende Stahlbetongaragen; Deutsche Fassung EN 13978-1:2005	71,40
DIN EN 13984/A1	N-E	2006-06-01	Abdichtungsbahnen – Kunststoff- und Elastomer-Dampfsperrbahnen – Definitionen und Eigenschaften; Deutsche Fassung EN 13984:2004/prA1:2006	25,40
DIN EN 14080	N	2005-09-01	Holzbauwerke – Brettschichtholz – Anforderungen; Deutsche Fassung EN 14080:2005	71,40
DIN EN 14081-1	N	2006-03-01	Holzbauwerke – Nach Festigkeit sortiertes Bauholz für tragende Zwecke mit rechteckigem Querschnitt – Teil 1: Allgemeine Anforderungen; Deutsche Fassung EN 14081-1:2005	66,20
DIN EN 14081-2	N	2006-03-01	Holzbauwerke – Nach Festigkeit sortiertes Bauholz für tragende Zwecke mit rechteckigem Querschnitt – Teil 2: Maschinelle Sortierung; zusätzliche Anforderungen an die Erstprüfung; Deutsche Fassung EN 14081-2:2005	66,20
DIN EN 14081-3	N	2006-03-01	Holzbauwerke – Nach Festigkeit sortiertes Bauholz für tragende Zwecke mit rechteckigem Querschnitt – Teil 3: Maschinelle Sortierung; zusätzliche Anforderungen an die werkseigene Produktionskontrolle; Deutsche Fassung EN 14081-3:2005	50,80
DIN EN 14081-4	N	2006-02-01	Holzbauwerke – Nach Festigkeit sortiertes Bauholz für tragende Zwecke mit rechteckigem Querschnitt – Teil 4: Maschinelle Sortierung – Einstellungen von Sortiermaschinen für maschinenkontrollierte Systeme; Deutsche Fassung EN 14081-4:2005	45,90
DIN EN 14179-1	N	2005-09-01	Glas im Bauwesen – Heißgelagertes thermisch vorgespanntes Kalknatron-Einscheibensicherheitsglas – Teil 1: Definition und Beschreibung; Deutsche Fassung EN 14179-1:2005	76,60
DIN EN 14179-2	N	2005-08-01	Glas im Bauwesen – Heißgelagertes thermisch vorgespanntes Kalknatron-Einscheibensicherheitsglas – Teil 2: Konformitätsbewertung/Produktnorm; Deutsche Fassung EN 14179-2:2005	66,20
DIN EN 14187-9	N	2006-05-01	Kalt verarbeitbare Fugenmassen – Prüfverfahren – Teil 9: Funktionsprüfung von Fugenmassen; Deutsche Fassung EN 14187-9:2006	35,40
DIN EN 14188-3	N	2006-04-01	Fugeneinlagen und Fugenmassen – Teil 3: Anforderungen an elastomere Fugenprofile; Deutsche Fassung EN 14188-3:2006	50,80
DIN EN 14188-4	N-E	2006-04-01	Fugeneinlagen und Fugenmassen – Teil 4: Spezifikationen für Voranstriche für Fugeneinlagen und Fugenmassen; Deutsche Fassung prEN 14188-4:2006	35,40
DIN EN 14190	N	2005-11-01	Gipsplattenprodukte aus der Weiterverarbeitung – Begriffe, Anforderungen und Prüfverfahren – Deutsche Fassung EN 14190:2005	61,40

Dokumentnummer	Dokumentart	Ausgabedatum	Titel	Preis €
	N =	Norm		
	N-E =	Norm-Entwurf		
	VN =	Vornorm		
	TR =	Andere Technische Regelwerke		
DIN EN 14209	N	2006-02-01	Hohlkehlleisten aus kartonummanteltem Gips – Begriffe, Anforderungen und Prüfverfahren; Deutsche Fassung EN 14209:2005	56,00
DIN EN 14223	N	2006-03-01	Abdichtungsbahnen – Abdichtungen für Betonbrücken und andere Verkehrsflächen auf Beton – Bestimmung der Wasserabsorption; Deutsche Fassung EN 14223:2005	30,30
DIN EN 14224	N	2006-03-01	Abdichtungsbahnen – Abdichtungen für Betonbrücken und andere Verkehrsflächen auf Beton – Bestimmung der Fähigkeit zur Rissüberbrückung; Deutsche Fassung EN 14224:2005	30,30
DIN EN 14241-1	N	2005-10-01	Abgasanlagen – Werkstoffanforderungen und Prüfungen für elastomere Dichtungen und Dichtwerkstoffe – Teil 1: Dichtungen für den Einsatz in Innenrohren; Deutsche Fassung EN 14241-1:2005	50,80
DIN EN 14303	N-E	2005-10-01	Wärmedämmstoffe für die Haustechnik und für betriebstechnische Anlagen – Werkmäßig hergestellte Produkte aus Mineralwolle (MW) – Spezifikation; Deutsche Fassung prEN 14303:2005	80,90
DIN EN 14304	N-E	2005-10-01	Wärmedämmstoffe für die Haustechnik und für betriebstechnische Anlagen – Werkmäßig hergestellte Produkte aus flexiblem Elastomerschaum (FEF) – Spezifikation; Deutsche Fassung prEN 14304:2005	80,90
DIN EN 14305	N-E	2005-09-01	Wärmedämmstoffe für die Haustechnik und für betriebstechnische Anlagen – Werkmäßig hergestellte Produkte aus Schaumglas (CG) – Spezifikation; Deutsche Fassung prEN 14305:2005	85,00
DIN EN 14306	N-E	2005-10-01	Wärmedämmstoffe für die Haustechnik und für betriebstechnische Anlagen – Werkmäßig hergestellte Produkte aus Calciumsilikat (CS) – Spezifikation; Deutsche Fassung prEN 14306:2005	80,90
DIN EN 14307	N-E	2005-10-01	Wärmedämmstoffe für die Haustechnik und für betriebstechnische Anlagen – Werkmäßig hergestellte Produkte aus extrudiertem Polystyrolschaum (XPS) – Spezifikation; Deutsche Fassung prEN 14307:2005	88,90
DIN EN 14308	N-E	2005-10-01	Wärmedämmstoffe für die Haustechnik und für betriebstechnische Anlagen – Werkmäßig hergestellte Produkte aus Polyurethan-Hartschaum (PUR) und Polyisocyanurat-Schaum (PIR) – Spezifikation; Deutsche Fassung prEN 14308:2005	101,70
DIN EN 14309	N-E	2005-10-01	Wärmedämmstoffe für die Haustechnik und für betriebstechnische Anlagen – Werkmäßig hergestellte Produkte aus expandiertem Polystyrol (EPS) – Spezifikation; Deutsche Fassung prEN 14309:2005	101,70
DIN EN 14313	N-E	2005-10-01	Wärmedämmstoffe für die Haustechnik und für betriebstechnische Anlagen – Werkmäßig hergestellte Produkte aus Polyethylenschaum (PEF) – Spezifikation; Deutsche Fassung prEN 14313:2005	76,60
DIN EN 14314	N-E	2005-10-01	Wärmedämmstoffe für die Haustechnik und für betriebstechnische Anlagen – Werkmäßig hergestellte Produkte aus Phenolharzschaum (PF) – Spezifikation; Deutsche Fassung prEN 14314:2005	93,10
DIN EN 14321-1	N	2005-09-01	Glas im Bauwesen – Thermisch vorgespanntes Erdalkali-Silicat-Einscheibensicherheitsglas – Teil 1: Definition und Beschreibung; Deutsche Fassung EN 14321-1:2005	61,40
DIN EN 14321-2	N	2005-10-01	Glas im Bauwesen – Thermisch vorgespanntes Erdalkali-Silicat-Einscheibensicherheitsglas – Teil 2: Konformitätsbewertung/Produktnorm; Deutsche Fassung EN 14321-2:2005	71,40
DIN EN 14358	N-E	2006-05-01	Holzbauwerke – Berechnung der 5%-Quantile für charakteristische Werte und Annahmekriterien für Proben; Deutsche Fassung prEN 14358:2006	30,30
DIN CEN/TS 14383-3	VN	2006-01-01	Vorbeugende Kriminalitätsbekämpfung – Stadt- und Gebäudeplanung – Teil 3: Wohnungen; Deutsche Fassung CEN/TS 14383-3:2005	93,10
DIN EN 14388	N	2005-10-01	Lärmschutzeinrichtungen an Straßen – Vorschriften; Deutsche Fassung EN 14388:2005	45,90

Dokumentnummer	Dokumentart	Ausgabedatum	Titel	Preis €
	N =	Norm		
	N-E =	Norm-Entwurf		
	VN =	Vornorm		
	TR =	Andere Technische Regelwerke		
DIN EN 14390	N-E	2006-05-01	Brandverhalten von Bauprodukten – Referenzversuch im Realmaßstab an Oberflächenprodukten in einem Raum; Deutsche Fassung prEN 14390:2006	76,60
DIN EN 14449	N	2005-07-01	Glas im Bauwesen – Verbundglas und Verbund-Sicherheitsglas – Konformitätsbewertung/Produktnorm; Deutsche Fassung EN 14449:2005	85,00
DIN EN 14471	N	2005-11-01	Abgasanlagen – Systemabgasanlagen mit Kunststoffinnenrohren – Anforderungen und Prüfungen; Deutsche Fassung EN 14471:2005	93,10
DIN EN 14475	N	2006-04-01	Ausführung von besonderen geotechnischen Arbeiten (Spezialtiefbau) – Bewehrte Schüttkörper; Deutsche Fassung EN 14475:2006	93,10
DIN EN 14487-1	N	2006-03-01	Spritzbeton – Teil 1: Begriffe, Festlegungen und Konformität; Deutsche Fassung EN 14487-1:2005	71,40
DIN EN 14487-2	N-E	2006-04-01	Spritzbeton – Teil 2: Ausführung; Deutsche Fassung prEN 14487-2:2003	50,80
DIN EN 14488-1	N	2005-11-01	Prüfung von Spritzbeton – Teil 1: Probenahme von Frisch- und Festbeton; Deutsche Fassung EN 14488-1:2005	30,30
DIN EN 14488-3	N-E	2005-08-01	Prüfung von Spritzbeton – Teil 3: Biegefestigkeiten (Erstriss-, Biegezug- und Restfestigkeit) von faserverstärkten balkenförmigen Betonprüfkörpern; Deutsche Fassung EN 14488-3:2006	35,40
DIN EN 14488-4	N	2005-11-01	Prüfung von Spritzbeton – Teil 4: Haftfestigkeit an Bohrkernen bei zentrischem Zug; Deutsche Fassung EN 14488-4:2005	30,30
DIN EN 14496	N	2006-02-01	Kleber auf Gipsbasis für Verbundplatten zur Wärme- und Schalldämmung und Gipsplatten – Begriffe, Anforderungen und Prüfverfahren; Deutsche Fassung EN 14496:2005	56,00
DIN EN 14501	N	2006-02-01	Abschlüsse – Thermischer und visueller Komfort – Leistungsanforderungen und Klassifizierung; Deutsche Fassung EN 14501:2005	61,40
DIN EN 14600	N	2006-03-01	Tore, Türen und zu öffnende Fenster mit Feuer- und/oder Rauchschutzeigenschaften – Anforderungen und Klassifizierung; Deutsche Fassung EN 14600:2005	61,40
DIN EN 14629	N-E	2006-06-01	Produkte und Systeme für den Schutz und die Instandsetzung von Betontragwerken – Prüfverfahren – Bestimmung des Chloridgehaltes in Festbeton; Deutsche Fassung prEN 14629:2006	35,40
DIN EN 14630	N-E	2006-06-01	Produkte und Systeme für den Schutz und die Instandhaltung von Betontragwerken – Prüfverfahren – Bestimmung der Karbonatisierungstiefe in Festbeton mit der Phenolphthalein-Prüfung; Deutsche Fassung prEN 14630:2006	30,30
DIN EN 14647	N	2006-01-01	Tonerdezement – Zusammensetzung, Anforderungen und Konformitätskriterien; Deutsche Fassung EN 14647:2005	66,20
DIN EN 14649	N	2005-07-01	Vorgefertigte Betonerzeugnisse – Prüfverfahren zur Bestimmung der Beständigkeit von Glasfasern in Beton (SIC-Prüfung); Deutsche Fassung EN 14649:2005	45,90
DIN EN 14650	N	2005-08-01	Betonfertigteile – Allgemeine Regeln für die werkseigene Produktionskontrolle von Beton mit metallischen Fasern; Deutsche Fassung EN 14650:2005	30,30
DIN EN 14651	N	2005-09-01	Prüfverfahren für Beton mit metallischen Fasern – Bestimmung der Biegezugfestigkeit (Proportionalitätsgrenze, residuelle Biegezugfestigkeit); Deutsche Fassung EN 14651:2005	50,80
DIN EN 14653-1	N	2005-07-01	Manuell gesteuerte hydraulische Grabenverbaugeräte – Teil 1: Produktfestlegungen; Deutsche Fassung EN 14653-1:2005	88,90
DIN EN 14653-2	N	2005-07-01	Manuell gesteuerte hydraulische Grabenverbaugeräte – Teil 2: Nachweis durch Berechnung oder Prüfung; Deutsche Fassung EN 14653-2:2005	35,40
DIN EN 14679	N	2005-07-01	Ausführung von besonderen geotechnischen Arbeiten (Spezialtiefbau) – Tiefreichende Bodenstabilisierung; Deutsche Fassung EN 14679:2005	88,90

Dokumentnummer	Dokumentart	Ausgabedatum	Titel	Preis €
	N =	Norm		
	N-E =	Norm-Entwurf		
	VN =	Vornorm		
	TR =	Andere Technische Regelwerke		
DIN EN 14691	N	2005-08-01	Abdichtungsbahnen – Abdichtungen für Betonbrücken und andere Verkehrsflächen auf Beton – Bestimmung der Verträglichkeit nach Wärmelagerung; Deutsche Fassung EN 14691:2005	30,30
DIN EN 14692	N	2005-08-01	Abdichtungsbahnen – Abdichtungen für Betonbrücken und andere Verkehrsflächen auf Beton – Bestimmung des Widerstandes gegenüber Verdichtung der Schutzschicht; Deutsche Fassung EN 14692:2005	35,40
DIN EN 14694	N	2005-08-01	Abdichtungsbahnen – Abdichtungen für Betonbrücken und andere Verkehrsflächen auf Beton – Bestimmung des Widerstandes gegenüber dynamischem Wasserdruck nach Schadenvorbeanspruchung; Deutsche Fassung EN 14694:2005	35,40
DIN EN 14700	N	2006-03-01	Wärmedämmstoffe für die Haustechnik und für betriebstechnische Anlagen – Bestimmung der oberen Anwendungsgrenztemperatur; Deutsche Fassung EN 14700:2006	56,00
DIN EN 14707	N	2006-02-01	Wärmedämmstoffe für die Haustechnik und für betriebstechnische Anlagen – Bestimmung der oberen Anwendungsgrenztemperatur von vorgeformten Rohrdämmstoffen; Deutsche Fassung EN 14707:2005	56,00
DIN EN 14721	N	2005-10-01	Prüfverfahren für Beton mit metallischen Fasern – Bestimmung des Fasergehalts in Frisch- und Festbeton; Deutsche Fassung EN 14721:2005	30,30
DIN EN 14731	N	2005-12-01	Ausführung von besonderen geotechnischen Arbeiten (Spezialtiefbau) – Baugrundverbesserung durch Tiefenrüttelverfahren; Deutsche Fassung EN 14731:2005	61,40
DIN EN 14732-1	N-E	2006-05-01	Holzbauwerke – Vorgefertigte Wand-, Decken- und Dachelemente – Teil 1: Produktanforderungen; Deutsche Fassung prEN 14732-1:2006	76,60
DIN EN 14759	N	2005-07-01	Abschlüsse außen – Luftschalldämmung – Angabe der Leistungen; Deutsche Fassung EN 14759:2005	30,30
DIN EN 14782	N	2006-03-01	Selbsttragende Dachdeckungs- und Wandbekleidungselemente für die Innen- und Außenanwendung aus Metallblech – Produktspezifikation und Anforderungen; Deutsche Fassung EN 14782:2006	76,60
DIN EN 14808	N	2006-03-01	Sportböden – Bestimmung des Kraftabbaus; Deutsche Fassung EN 14808:2005	30,30
DIN EN 14809	N	2006-03-01	Sportböden – Bestimmung der vertikalen Verformung; Deutsche Fassung EN 14809:2005	30,30
DIN EN 14810	N	2006-06-01	Sportböden – Bestimmung der Beständigkeit gegen Spikes; Deutsche Fassung EN 14810:2006	30,30
DIN EN 14836	N	2006-03-01	Synthetische Sportböden für den Außenbereich – Künstliche Bewitterung; Deutsche Fassung EN 14836:2005	25,40
DIN EN 14840	N	2005-12-01	Fugeneinlagen und Füllstoffe – Prüfverfahren für vorgeformte Fugenprofile; Deutsche Fassung EN 14840:2005	35,40
DIN EN 14903	N-E	2006-02-01	Sportböden für Innenbereiche – Bestimmung der Drehreibung; Deutsche Fassung prEN 14903:2005	35,40
DIN EN 14904	N	2006-06-01	Sportböden – Mehrzweck-Sporthallenböden – Anforderungen; Deutsche Fassung EN 14904:2006	61,40
DIN EN 14909	N	2006-06-01	Abdichtungsbahnen – Kunststoff- und Elastomer-Mauersperrbahnen – Definitionen und Eigenschaften; Deutsche Fassung EN 14909:2006	66,20
DIN EN 14952	N	2006-01-01	Sportböden – Bestimmung der Wasseraufnahme von ungebundenen mineralischen Belägen; Deutsche Fassung EN 14952:2005	35,40
DIN EN 14953	N	2006-01-01	Sportböden – Bestimmung der Dicke von ungebundenen mineralischen Belägen für Sportböden für den Außenbereich; Deutsche Fassung EN 14953:2005	30,30
DIN EN 14954	N	2006-01-01	Sportböden – Bestimmung der Härte von Naturrasen und ungebundenen mineralischen Belägen für Sportböden für den Außenbereich; Deutsche Fassung EN 14954:2005	30,30

Dokumentnummer	Dokumentart N = N-E = VN = TR =	Ausgabedatum Norm Norm-Entwurf Vornorm Andere Technische Regelwerke	Titel	Preis €
DIN EN 14955	N	2006-01-01	Sportböden – Bestimmung der Zusammensetzung und der Kornform von ungebundenen mineralischen Belägen für Sportböden für den Außenbereich; Deutsche Fassung EN 14955:2005	30,30
DIN EN 14956	N	2006-01-01	Sportböden – Bestimmung des Wassergehalts von ungebundenen mineralischen Belägen für Sportböden für den Außenbereich; Deutsche Fassung EN 14956:2005	25,40
DIN CEN/TS 15087	VN	2006-03-01	Bestimmung des Abhebewiderstandes von verlegten Dachziegeln und Betondachsteinen – Prüfverfahren für mechanische Verbindungselemente; Deutsche Fassung CEN/TS 15087:2005	50,80
DIN CEN/TS 15117	VN	2005-11-01	Leitfaden zum direkten und erweiterten Anwendungsbereich zum Brandverhalten von Bauprodukten; Deutsche Fassung CEN/TS 15117:2005	61,40
DIN CEN/TS 15122	VN	2005-10-01	Sportböden – Bestimmung des Widerstandes von Kunststoffbelägen für Sportböden gegen wiederholte Stöße; Deutsche Fassung CEN/TC 15122:2005	30,30
DIN EN 15237	N-E	2005-07-01	Ausführung von besonderen geotechnischen Arbeiten (Spezialtiefbau) – Vertikaldräns; Deutsche Fassung prEN 15237:2005	88,90
DIN EN 15254-1	N-E	2005-07-01	Erweiterter Anwendungsbereich der Ergebnisse von Feuerwiderstandsprüfungen – Nichttragende Wände – Teil 1: Allgemeine Grundlagen; Deutsche Fassung prEN 15254-1:2005	40,80
DIN EN 15254-2	N-E	2005-12-01	Erweiteter Anwendungsbereich der Ergebnisse aus Feuerwiderstandsprüfungen – Nichttragende Wände – Teil 2: Mauersteine und Gips-Wandbauplatten; Deutsche Fassung prEN 15254-2:2005	35,40
DIN EN 15254-4	N-E	2005-07-01	Erweiterter Anwendungsbereich der Ergebnisse von Feuerwiderstandsprüfungen – Nichttragende Wände – Teil 4: Verglaste Konstruktionen; Deutsche Fassung prEN 15254-4:2005	66,20
DIN EN 15254-5	N-E	2005-07-01	Erweiterter Anwendungsbereich der Ergebnisse von Feuerwiderstandsprüfungen – Nichttragende Wände – Teil 5: Sandwichelemente in Metallbauweise; Deutsche Fassung prEN 15254-5:2005	56,00
DIN EN 15255	N-E	2005-07-01	Wärmetechnisches Verhalten von Gebäuden – Berechnung der wahrnehmbaren Raumkühllast – Allgemeine Kritierien und Validierungsverfahren, Deutsche Fassung prEN 15255:2005	76,60
DIN EN 15258	N-E	2005-08-01	Betonfertigteile – Stützwandelemente; Deutsche Fassung prEN 15258:2005	66,20
DIN EN 15265	N-E	2005-07-01	Wärmetechnisches Verhalten von Gebäuden – Berechnung des Heiz- und Kühlenergieverbrauchs – Allgemeine Kriterien und Validierungsverfahren; Deutsche Fassung prEN 15265:2005	80,90
DIN EN 15269-1	N-E	2005-10-01	Erweiterter Anwendungsbereich von Prüfergebnissen zur Feuerwiderstandsfähigkeit von Feuerschutzabschlüssen – Teil 1: Allgemeine Anforderungen zur Feuerwiderstandsfähigkeit; Deutsche Fassung prEN 15269-1:2005	30,30
DIN EN 15269-2	N-E	2005-10-01	Erweiterter Anwendungsbereich von Prüfergebnissen zur Feuerwiderstandsfähigkeit von Feuerschutzabschlüssen – Teil 2: Drehflügeltüreinheiten aus Stahl; Deutsche Fassung prEN 15269-2:2005	155,80
DIN EN 15269-3	N-E	2005-10-01	Erweiterter Anwendungsbereich von Prüfergebnissen zur Feuerwiderstandsfähigkeit von Feuerschutzabschlüssen – Teil 3: Drehflügeltüreinheiten aus Holz; Deutsche Fassung prEN 15269-3:2005	101,70
DIN EN 15283-1	N-E	2005-10-01	Faserverstärkte Gipsplatten – Definitionen, Anforderungen und Prüfverfahren – Teil 1: Gipsplatten mit Vliesarmierung; Deutsche Fassung prEN 15283-1:2005	71,40
DIN EN 15283-2	N-E	2005-10-01	Faserverstärkte Gipsplatten – Definitionen, Anforderungen und Prüfverfahren – Teil 2: Gipsfaserplatten; Deutsche Fassung prEN 15283-2:2005	71,40

Dokumentnummer	Dokumentart	Ausgabedatum	Titel	Preis €
	N = N-E = VN = TR =	Norm Norm-Entwurf Vornorm Andere Technische Regelwerke		
DIN EN 15287-1	N-E	2005-10-01	Abgasanlagen – Planung, Montage und Abnahme von Abgasanlagen – Teil 1: Abgasanlagen für raumluftabhängige Feuerstätten	109,50
DIN EN 15287-2	N-E	2006-06-01	Abgasanlagen – Planung, Montage und Abnahme von Abgasanlagen – Teil 2: Abgasanlagen für raumluftunabhängige Feuerstätten; Deutsche Fassung prEN 15287-2:2006	114,00
DIN EN 15301	N-E	2005-09-01	Sportböden – Bestimmung des Drehwiderstandes; Deutsche Fassung prEN 15301:2005	40,80
DIN EN 15303-1	N-E	2005-10-01	Planung und Ausführung von Gipsplattensystemen auf Unterkonstruktionen – Teil 1: Allgemeines; Deutsche Fassung prEN 15303-1:2005	40,80
DIN EN 15304	N-E	2005-09-01	Bestimmung des Frost-Tau-Widerstandes von dampfgehärtetem Porenbeton; Deutsche Fassung prEN 15304:2005	40,80
DIN EN 15306	N-E	2005-08-01	Sportböden für den Außenbereich Bestimmung der Verschleißfestigkeit von Kunstrasen; Deutsche Fassung prEN 15306:2005	30,30
DIN EN 15315	N-E	2005-11-01	Heizsysteme in Gebäuden – Energieeffizienz von Gebäuden – Gesamtenergieverbrauch, Primärenergie und CO2-Emissionen; Deutsche Fassung prEN 15315:2005	71,40
DIN EN 15318	N-E	2005-11-01	Planung und Ausführung von Bauteilen aus Gips-Wandbauplatten; Deutsche Fassung EN 15318:2005	45,90
DIN EN 15319	N-E	2005-11-01	Allgemeine Grundsätze der Planung von Arbeiten mit faserverstärktem (Gips-) Mörtel; Deutsche Fassung prEN 15319:2005	80,90
DIN EN 15330	N-E	2005-10-01	Sportböden – Überwiegend für den Außenbereich hergestellte Kunststoffrasenflächen – Anforderungen; Deutsche Fassung prEN 15330:2005	61,40
DIN EN 15361	N-E	2005-10-01	Bestimmung des Einflusses des Korrosionsschutzes auf die aufnehmbare Verankerungskraft der zur Verankerung benutzten Querstäbe; Deutsche prEN 15361:2005	40,80
DIN EN 15368	N-E	2005-12-01	Hydraulische Bindemittel für Bauwerke – Definitionen, Anforderungen und Konformitätskriterien; Deutsche Fassung prEN 15368:2005	56,00
DIN EN 15422	N-E	2006-01-01	Vorgefertigte Betonerzeugnisse – Festlegung für die Alkalibeständigkeit von Glasfasern als Bewehrung in Zementmörtel und Beton; Deutsche Fassung prEN 15422:2005	30,30
DIN EN 15435	N-E	2006-02-01	Betonfertigteile – Schalungssteine aus Normal- und Leichtbeton – Produkteigenschaften und Leistungsmerkmale; Deutsche Fassung prEN 15435:2005	76,60
DIN EN 15466-1	N-E	2006-04-01	Voranstriche für kalt und heiß verarbeitbare Fugenmassen – Teil 1: Prüfverfahren zur Bestimmung der Homogenität; Deutsche Fassung prEN 15466-1:2006	25,40
DIN EN 15466-2	N-E	2006-04-01	Voranstriche für kalt und heiß verarbeitbare Fugenmassen – Teil 2: Prüfverfahren zur Bestimmung der Alkalibeständigkeit; Deutsche Fassung prEN 15466-2:2006	25,40
DIN EN 15466-3	N-E	2006-04-01	Voranstriche für kalt und heiß verarbeitbare Fugenmassen – Teil 3: Prüfverfahren zur Bestimmung des Trocknungsverhaltens und des Feststoffanteils; Deutsche Fassung prEN 15466-3:2006	25,40
DIN EN 15497	N-E	2006-05-01	Keilzinkenverbindungen im Bauholz – Leistungsanforderungen und Mindestanforderungen an die Herstellung; Deutsche Fassung prEN 15497:2006	56,00
DIN EN 15498	N-E	2006-05-01	Betonfertigteile – Holzspanbeton-Schalungssteine – Produkteigenschaften und Leistungsmerkmale; Deutsche Fassung prEN 15498:2006	80,90
DIN EN 15501	N-E	2006-05-01	Wärmedämmstoffe für die Haustechnik und für betriebstechnische Anlagen – Werkmäßig hergestellte Produkte aus Blähperlit (EP) und expandiertem Vermiculite (EV) – Spezifikation; Deutsche Fassung prEN 15501:2006	71,40

Dokumentnummer	Doku-ment-art	Ausgabe-datum	Titel	Preis €
	N =	Norm		
	N-E =	Norm-Entwurf		
	VN =	Vornorm		
	TR =	Andere Technische Regelwerke		
DIN EN ISO 8339	N	2005-09-01	Hochbau – Fugendichtstoffe – Bestimmung des Zugverhaltens (Dehnung bis zum Bruch) (ISO 8339:2005); Deutsche Fassung EN ISO 8339:2005	35,40
DIN EN ISO 8340	N	2005-09-01	Hochbau – Fugendichtstoffe – Bestimmung des Zugverhaltens unter Vorspannung (ISO 8340:2005); Deutsche Fassung EN ISO 8340:2005	30,30
DIN EN ISO 9346	N-E	2005-11-01	Wärme- und feuchtetechnisches Verhalten von Gebäuden und Baustoffen – Stofftransport – Physikalische Größen und Begriffe (ISO/DIS 9346:2005); Deutsche Fassung prEN ISO 9346:2005	40,80
DIN EN ISO 10563	N	2005-10-01	Hochbau – Fugendichtstoffe – Bestimmung der Änderung von Masse und Volumen (ISO 10563:2005); Deutsche Fassung EN ISO 10563:2005	30,30
DIN EN ISO 10590	N	2005-10-01	Hochbau – Fugendichtstoffe – Bestimmung des Zugverhaltens unter Vorspannung nach dem Tauchen in Wasser (ISO 10590:2005); Deutsche Fassung EN ISO 10590:2005	30,30
DIN EN ISO 10591	N	2005-10-01	Hochbau – Fugendichtstoffe – Bestimmung des Haft- und Dehnverhaltens nach dem Tauchen in Wasser (ISO 10591:2005); Deutsche Fassung EN ISO 10591:2005	30,30
DIN EN ISO 11432	N	2005-10-01	Hochbau – Fugendichtstoffe – Bestimmung des Druckwiderstandes (ISO 11432:2005); Deutsche Fassung EN ISO 11432:2005	30,30
DIN EN ISO 12241	N-E	2006-05-01	Wärmedämmung an haus- und betriebstechnischen Anlagen – Berechnungsregeln; Deutsche Fassung EN 12241:2006	85,00
DIN EN ISO 12543-2	N	2006-03-01	Glas im Bauwesen – Verbundglas und Verbund-Sicherheitsglas – Teil 2: Verbund-Sicherheitsglas (ISO 12543-2:1998); Deutsche Fassung EN ISO 12543-2:1998 + A1:2004	30,30
DIN EN ISO 12567-2	N	2006-03-01	Wärmetechnisches Verhalten von Fenstern und Türen – Bestimmung des Wärmedurchgangskoeffizienten mittels Heizkastenverfahrens – Teil 2: Dachflächenfenster und andere auskragende Fenster (ISO 12567-2:2005); Deutsche Fassung EN ISO 12567-2:2005	61,40
DIN EN ISO 13790	N-E	2005-07-01	Energieeffizienz von Gebäuden – Berechnung des Energiebedarfs für Heizung und Kühlung (ISO/DIS 13790:2005); Deutsche Fassung prEN ISO 13790:2005	138,40
DIN EN ISO 15927-4	N	2005-10-01	Wärme- und feuchtetechnisches Verhalten von Gebäuden – Berechnung und Darstellung von Klimadaten – Teil 4: Stündliche Daten zur Abschätzung des Jahresenergiebedarfs für Heiz- und Kühlsysteme (ISO 15927-4:2005); Deutsche Fassung EN ISO 15927-4:2005	35,40
DIN EN ISO 19106	N	2006-05-01	Geoinformation – Profile (ISO 19106:2004); Englische Fassung EN ISO 19106:2006	71,40
DIN EN ISO 19109	N-E	2006-04-01	Geoinformation – Regeln zur Erstellung von Anwendungsschemata (ISO 19109:2005); Englische Fassung EN ISO 19109:2006	105,50
DIN EN ISO 19110	N-E	2006-04-01	Geoinformation – Objektartenkataloge (ISO 19110:2005); Englische Fassung EN ISO 19110:2006	93,10
DIN EN ISO 19111	N-E	2006-04-01	Geoinformation – Koordinatenreferenzsysteme (ISO/DIS 19111:2005); Englische Fassung prEN ISO 19111:2005	109,50
DIN EN ISO 19116	N	2006-05-01	Geoinformation – Positionierung (ISO 19116:2004); Englische Fassung EN ISO 19116:2006	88,90
DIN EN ISO 19117	N-E	2006-04-01	Geoinformation – Präsentation (ISO 19117:2005); Englische Fassung EN ISO 19117:2006	80,90
DIN EN ISO 19118	N-E	2006-04-01	Geoinformation – Kodierung (ISO 19118:2005); Englische Fassung EN ISO 19118:2006	134,40
DIN EN ISO 19119	N-E	2006-04-01	Geoinformation – Dienste (ISO 19119:2005); Englische Fassung EN ISO 19119:2006	101,70
DIN EN ISO 19125-1	N	2006-05-01	Geoinformation – Simple feature access – Teil 1: Gemeinsame Architektur (ISO 19125-1:2004); Englische Fassung EN ISO 19125-1:2006	80,90

Dokumentnummer	Dokumentart	Ausgabedatum	Titel	Preis €
	N =	Norm		
	N-E =	Norm-Entwurf		
	VN =	Vornorm		
	TR =	Andere Technische Regelwerke		
DIN EN ISO 19125-2	N	2006-05-01	Geoinformation – Simple feature access – Teil 2: Structured Query Language (SQL) (ISO 19125-2:2004); Englische Fassung EN ISO 19125-2:2006	97,20
DIN EN ISO 22476-4	N-E	2005-09-01	Geotechnische Erkundung und Untersuchung – Felduntersuchungen – Teil 4: Pressiometerversuch nach Ménard (ISO/DIS 22476-4:2005); Deutsche Fassung prEN ISO 22476-4:2005	97,20
DIN EN ISO 22476-5	N-E	2005-09-01	Geotechnische Erkundung und Untersuchung – Felduntersuchung – Teil 5: Versuch mit dem flexiblen Dilatometer (ISO/DIS 22476-5:2005); Deutsche Fassung prEN ISO 22476-5:2005	66,20
DIN EN ISO 22476-7	N-E	2005-09-01	Geotechnische Erkundung und Untersuchung – Felduntersuchungen – Teil 7: Seitendruckversuch (ISO/DIS 22476-7:2005); Deutsche Fassung prEN ISO 22476-7:2005	61,40
DIN EN ISO 22476-12	N-E	2006-06-01	Geotechnische Erkundung und Untersuchung – Felduntersuchungen – Teil 12: Drucksondierungen mit mechanischen Messwertaufnehmern (ISO/DIS 22476-12:2006); Deutsche Fassung prEN ISO 22476-12:2006	61,40
DIN EN ISO 22477-1	N-E	2006-03-01	Geotechnische Erkundung und Untersuchung – Prüfung von geotechnischen Bauwerken und Bauwerksteilen – Teil 1: Pfahlprobenbelastungen durch statische axiale Belastungen (ISO/DIS 22477-1:2005); Deutsche Fassung prEN ISO 22477-1:2005	71,40
DIN EN ISO 22477-5	N-E	2005-07-01	Geotechnische Erkundung und Untersuchung – Prüfung von geotechnischen Bauwerken und Bauwerksteilen – Teil 5: Ankerprüfungen (ISO/DIS 22477-5:2005); Deutsche Fassung prEN ISO 22477-5:2005	97,20
DIN ISO 9276-2	N	2006-02-01	Darstellung der Ergebnisse von Partikelgrößenanalysen – Teil 2: Berechnung von mittleren Partikelgrößen/-durchmessern und Momenten aus Partikelgrößenverteilungen (ISO 9276-2:2001)	40,80
DIN ISO 9276-4	N	2006-02-01	Darstellung der Ergebnisse von Partikelgrößenanalysen – Teil 4: Charakterisierung eines Trennprozesses (ISO 9276-4:2001)	56,00
DIN ISO/TS 22476-10	VN	2005-08-01	Geotechnische Erkundung und Untersuchung – Felduntersuchungen – Teil 10: Gewichtssondierung (ISO/TS 22476-10:2005); Deutsche Fassung CEN ISO/TS 22476-10:2005	35,40
DIN ISO/TS 22476-11	VN	2005-08-01	Geotechnische Erkundung und Untersuchung – Felduntersuchungen – Teil 11: Flachdilatometerversuch (ISO/TS 22476-11:2005); Deutsche Fassung CEN ISO/TS 22476-11:2005	40,80
DIN-Fachbericht CEN/TR 15123	TR	2005-10-01	Planung, Zubereitung und Ausführung von Polymer-Innenputzsystemen; Deutsche Fassung CEN/TR 15123:2005	40,80
DIN-Fachbericht CEN/TR 15124	TR	2005-10-01	Planung, Zubereitung und Ausführung von Gipsinnenputzsystemen; Deutsche Fassung CEN/TR 15124:2005	56,00
DIN-Fachbericht CEN/TR 15125	TR	2005-10-01	Planung, Zubereitung und Ausführung von Kalk-, Zement- und Kalkzement-Innenputzsystemen; Deutsche Fassung CEN/TR 15125:2005	71,40
DIN-Fachbericht CEN/TR 15177	TR	2006-06-01	Prüfung des Frost-Tauwiderstandes von Beton – Innere Gefügestörung; Deutsche Fassung CEN/TR 15177:2006	66,20

Veranstaltungskalender

13.09.-14.09.2006　**International Convention in Steel Construction (InnoSteel)**
Finland　Auskunft:
Mrs. Pirkko Holstila, Event Secretariy
HAMK University of Applied Sciences
Continuing Education
Visamäentie 35 A, POBox 230
13101 Hämeenlinna, Finland.
Telefon +358 (0) 3 646 3432
Telefax +358 (0) 3 646 3220
E-Mail pirkko.holstila@hamk.fi
www. Hamk.fi

13.09.-15.09.2006　**„acqua alta 06"**
Hamburg　3. Internationale Fachmesse und Kongress für Hochwasserschutz, Klimafolgen und Katastrophenmanagement
Auskunft:
ConTrac GmbH
Michael Gelinek
Köpenicker Str. 48/49
10179 Berlin
Telefon: +49 (0) 30/27593964/65
Telefax +49 (0) 30/27593968
E-Mail: info@contrac-berlin.de
Internet: http://www.acqua-alta.de

14.09.-15.09.2006　**29. Darmstädter Massivbausminar**
Darmstadt　„Sicherheitsgewinn durch Monitoring?"
Auskunft:
Dr.rer.nat. Otto Kroggel
Institut für Massivbau der TU Darmstadt
Petersenstr. 12, 64267 Darmstadt
Telefon +49 (0) 6151/162544, Telefax +49 (0) 6151/162553
E-Mail kroggel@massivbau.tu-darmstadt.de

18.09.-19.09.2006　**Bürogebäude der Zukunft**
Hamburg　Auskunft:
VDI Wissensforum IWB GmbH
Kundenzentrum
Postfach 101139, 40002 Düsseldorf
Telefon +49 (0) 2116214-201, Telefax +49 (0) 2116214-154
E-Mail: wissensforum@vdi.de

22.09.-23.09.2006　**Wettbewerb für Nachhaltigkeit**
Berlin　**Jahrestagung des Öko-Instituts e.V. in Berlin**
Auskunft:
Dr. Joachim Lohse
Öko-Institut e.V.
Institut für angewandte Ökologie
Geschäftsstelle Freiburg
Merzhauser Str. 173, 79100 Freiburg
Telefon +49 (0) 761-45295-14, Telefax +49 (0) 761-45295-88
E-Mail j.lohse@oeko.de

25.09.-26.09.2006 Berlin	**Arbeitstagung der Bundesvereinigung der Prüfingenieure für Bautechnik e.V. VPI** Auskunft: Bundesvereinigung der Prüfingenieure für Bautechnik e. V. Ferdinandstraße 47, 20095 Hamburg Telefon: +49 (0) 40 - 303 79 50-0 Telefax: +49 (0) 40 - 35 35 65 E-Mail info@bvpi.de
27.09.-29.09.2006 Karlsruhe	**Deutscher Straßen- und Verkehrskongress** Auskunft: Forschungsgesellschaft für Straßen- und Verkehrswesen (FGSV) Konrad-Adenauer-Str. 13 50996 Köln Telefon +49 (0) 221/93583-0, Fax +49 (0) 221/93583-73 E-Mail koeln@fgsv.de
27.09.-30.09.2006 Bremen	**29. Baugrundtagung mit Fachausstellung Geotechnik** Auskunft: Deutsche Gesellschaft für Geotechnik e.V. Hohenzollernstr. 52 45128 Essen Internet: http://www.baugrundtagung.com Internet: http://www.messe-bremen.de
28.09.-01.10.2006 Augsburg	**Kongress reCONSTRUCT 2006** Erneuerbare Energien – Holzenergie – Bauen und Sanieren Auskunft: REECO GmbH Unter den Linden 15, 72762 Reutlingen Telefon +49 (0) 7121/3016-0 Telefax +49 (0) 7121//3016-100 redaktion@energie-server.de www.energie-server.de + www.reconstruct-expo.de
04.10.-06.10.2006 Aachen	**14. Jahresversammlung VDI-TGA** Auskunft: VDI-Gesellschaft Technische Gebäudeausrüstung Postfach 101139 40002 Düsseldorf Telefon +49 (0) 211/6214-251 Telefax +49 (0) 211/6214-177 E-Mail tga@vdi.de Internet: http://www.vdi.de/tga
10.10.-11.10.2006 Biberach	**21. Seminar Schalung/Rüstung** Auskunft: Bauakademie Biberach Partner der Hochschule Biberach Postfach 1260, 88382 Biberach Frau Denz/Frau Krischbach Telefon +49 (0) 7351 582-551/-552, Telefax +49 (0) 7351/582-559 Email: kontakt@bauakademie-biberach.de Internet: http://www.bsauakademie-biberach.de/weiterbildung

12.10.-13.10.2006 Dresden	**Deutscher Stahlbautag Dresden 2006** Stahlbau – Tradition und Moderne Auskunft: Deutscher Stahlbau-Verband DSTV Sohnstr. 65, 40042 Düsseldorf Telefon: +49 (0) 211/67078-00 Telefax +49 (0) 211/67079-20 E-Mail contact@deutscherstahlbau.de Internet: http://www.deutscherstahlbau.de
12.10.-13.10.2006 München	**Seminar „Bauprotect 2006"** Auskunft: Universität der Bundeswehr München Fakultät für Bauingenieur- und Vermessungswesen Institut für Mechanik und Statik, Labor für Ingenieurinformatik Universitätsprofessor Dr.-Ing. N. Gebbeken, Baustatik Geb. 35, Raum 1202/1203 (1. Stock) 85577 Neubiberg Telefon +49 (0) 89/6004-3414/3239, Telefax +49 (0) 89/6004-4549 E-Mail: norbert.gebbeken@unibw.de Internet: http://unibw-baustatik.de
18.10.-19.10.2006 Dortmund	Umsetzung der EU-Richtlinie (EPBD) Gesamtenergieeffizienz von Gebäuden Auskunft: VDI Wissensforum IWB GmbH Kundenzentrum Postfach 101139, 40002 Düsseldorf Tel.: +49 (0) 2116214-201, Fax: +49 (0) 2116214-154 E-Mail: wissensforum@vdi.de
25.10.-28.10.2006 Leipzig	**Denkmal 2006** Europäische Messe für Restaurierung, Denkmalpflege und Stadterneuerung Auskunft: Leipziger Messe GmbH Messe-Allee 1, 04356 Leipzig Telefon +49 (0) 341 / 67 80, Fax: +49 (0) 341 / 678 87 62 E-Mail: info@leipziger-messe.de Internet: http://www.leipziger-messe.de
07.11.-08.11.2006 Stuttgart	**Luftreinhaltung in Fertigungsstätten** Auskunft: VDI Wissensforum IWB GmbH Kundenzentrum Postfach 101139, 40002 Düsseldorf Tel.: +49 (0) 2116214-201, Fax: +49 (0) 2116214-154 E-Mail: wissensforum@vdi.de
08.11.2006 Haan b. Düsseldorf	**Arbeitsstätten: Vorschriften zeitgemäß?** Auskunft: VDI Wissensforum IWB GmbH Kundenzentrum Postfach 101139, 40002 Düsseldorf Tel.: +49 (0) 2116214-201, Fax: +49 (0) 2116214-154 E-Mail: wissensforum@vdi.de

14.11.2006 Stuttgart	**Aufzüge der Zukunft – Visionen, Grenzen und Betrieb** Auskunft: VDI Wissensforum IWB GmbH Kundenzentrum Postfach 101139, 40002 Düsseldorf Tel.: +49 (0) 2116214-201, Fax: +49 (0) 2116214-154 E-Mail: wissensforum@vdi.de
21.11.-22.11.2006 Düsseldorf	**Innovative Beleuchtung mit LED** mit Fachausstellung Auskunft: VDI Wissensforum IWB GmbH Kundenzentrum Postfach 101139, 40002 Düsseldorf Tel.: +49 (0) 2116214-201, Fax: +49 (0) 2116214-154 E-Mail: wissensforum@vdi.de
28.11.-29.11.2006 Frankenthal	**Patient Krankenhaus – Technische Lösungen** mit Fachausstellung Auskunft: VDI Wissensforum IWB GmbH Kundenzentrum Postfach 101139, 40002 Düsseldorf Tel.: +49 (0) 2116214-201, Fax: +49 (0) 2116214-154 E-Mail: wissensforum@vdi.de
15.01.-20.01.2007 München	**BAU 2007** **17. Internationale Fachmesse für Baustoffe, Bausysteme und Bauerneuerungen** Auskunft: Projektleitung Dieter Dohr Telefon +49 (0) 89/949-20110, Telefax +49 (0) 89/949-20119 E-Mail: dohr@messe-muenchen.de www.bau-muenchen.com
24.01.-25.01.2007 Lindau	**33. Lindauer Bauseminar** Auskunft: Die Bauakademie an der Fachhochschule Biberach Postfach 1260, 88382 Biberach Frau Denz/Frau Krischbach Telefon +49 (0) 7351 582-551/-552, Telefax +49 (0) 7351/582-559 Email: bauakad@fh-biberach.de, Internet: http://www.fh-biberach.de
11.02.-17.02.2007 Obergurgl	**14. Internationale Geodätische Woche Obergurgl 2007** Auskunft: Institut für Geodäsie Leopold-Franzens-Universität Innsbruck Technikerstr. 13, 6020 Innsbruck, Österreich Telefon +43 (0) 512 507 6757 oder 6755 Telefax +43 (0) 512 507 2910 E-Mail: geodaetischewoche@uibl.ac.at

19.04.-20.04.2007 Berlin	**Deutscher Bautechnik-Tag 2007** Auskunft Deutscher Beton- und Bautechnik-Verein E.V. Kurfürstenstr. 129, 10785 Berlin Telefon +49 (0) 30 / 236096-0 Fax +49 (0) 30 / 23609623, www.betonverein.de
23.04.-29.04.2007 München	**bauma 2007** **28. Internationale Fachmesse für Baumaschinen, Baustoffmaschinen, Baufahrzeuge, Baugeräte und Bergbaumaschinen** Auskunft: Henrike Burmeister, Pressereferentin, Investitionsgütermessen Messe München GmbH Tel. (+49 89) 949-20245, Fax (+49 89) 949-20249 E-Mail: Henrike.Burmeister@messe-muenchen.de
07.05.-09.05.2007 Mannheim	**Deutscher Ingenieurtag 2007** Auskunft: VDI Wissensforum IWB GmbH Kundenzentrum Postfach 101139, 40002 Düsseldorf Tel.: +49 (0) 2116214-201, Fax: +49 (0) 2116214-154 E-Mail: wissensforum@vdi.de
10.06.-14.06.2007 Helsinki	**9th REHVA World Congress Clima 2007** Auskunft: FiNVAC Sitratori 5, FIN-00420 Helsinki, Finland E-Mail info@clima2007.org Internet: www.clima2007.org
09.07.-12.07.2007 München	**Munich Bridge Assessment Conference 2007** Auskunft: Prof. Dr.-Ing. N. Gebbeken, Prof. M. Keuser, Prof. I. Mangering Universität der Bundeswehr München 85577 Neubiberg Telefon +49 (0) 89/6004-3239 Internet: http://www.unibw-mbac.net
09.09.-13.09.2007 Freiburg	**EUROCORR 2007** Congress by Corrosion Control Auskunft: DECHEMA e.V. Andrea Köhl Theodor-Heuss-Allee 25, 60486 Frankfurt Telefon +49 (0) 69/7564 235 Telefax +49 (0) 69/7564 441 E-Mail eurocorr@dechema.de Internet:: www.eurocorr.org
19.09.-21.09.2007 Weimar	**IABSE Symposium on** **Improving International Infrastructure** Auskunft: Bauhaus Universität Weimar www.iabse.org

Neue Mitglieder

Im Zeitraum Juli 2005 bis Juni 2006 verzeichnete die VDI-Gesellschaft Bautechnik einen Zugang von 569 Mitgliedern. Dabei handelt es sich um Neuaufnahmen oder Neuzuordnungen von bereits früher eingetretenen VDI-Mitgliedern.

Abele	Peter	Germering
Acar	Tolga	Essen
Achenbach	Ulf	Bingen
Afxenti Violari	Evdokia	CY-LAKATAMIA
Aicher	Willi	Oberaudorf
Akyol	Nilay	Wetter
Ameskamp	Bernd	Cappeln
Anbergen	Hauke	Hamburg
Andreou	Antonia	CY-LIMASSOL
Angerer	Armin	Eggenthal
Argyrou-Christou	Christoula	CY-NICOSIA
Arndt	Heinrich	Betzdorf
Arnold	Daniel	Kaiserslautern
Ates	Dogan	Hamburg
Bacht	Tobias	Heidelberg
Backers	Tobias	Berlin
Baier	Claus	Fellbach
Baierl	Jeannette	Berlin
Bamberger	Dominik	Wuppertal
Bambynek	Alexander	Wolfratshausen
Bartmann	Benjamin	Frankfurt
Bauer	Martin	Augsburg
Baumeister	Matthias	Berlin
Baur	Horst	Rottenburg
Bay	Martin	Stuttgart
Bechmann	Daniel	Nürnberg
Becken	Marc	Aachen
Beckmann	Falk	Berlin
Becks	Christian	Hemsbach
Behrends	Uta	Berlin
Bekele	Girmaye	Overath
Bernicke	Alina	Bochum
Berschin	Alexander	Kassel
Bertram	Gregor	Berlin
Beyer	Jörg	Darmstadt
Bialas	Kathrin	Frankfurt
Bienhaus	Adriane	Karlsruhe
Binder	Martin	Bergen

Bletgen	Frank	Bergheim
Blösser	Michail	Berlin
Blum	Hans-Jürgen	Neckargemünd
Blum	Carlo	Homberg
Böddicker	Stefan	Brilon
Bodet	Florent	Schildow
Böhm	Nikolaus	Nördlingen
Bölter	Michael	Düren
Borges	Dörthe	Seelze
Borkowski	Eduard	Morsum
Bosbach	Marc	Aachen
Bothe	Florian	Garbsen
Böttcher	Jost	Nürnberg
Boxheimer	Kaja	Griesheim
Brand	Lars	Aachen
Bräuer	Martin	Berlin
Breitenbach	Christoph	Aachen
Brenntrup	Peter	Geldern
Breuer	Uwe	Hofheim
Bub	Thomas	Frankfurt
Buchhorn	Anett	Berlin
Buchner	Boris	Siegburg
Buenaventura Richter	Alexander	Geretsried
Bull	Stephan	Berlin
Bürkle	Gernot	Wuppertal
Cai	Zhen	Dresden
Cakar	Daimi	Köln
Cämmerer	Fiene	Leipzig
Candidi	Lotar	L- WALFERDANGE
Ceranic	Boban	Vechelde
Chalabi	Tarek	Berlin
Charalambous	Anna	CY- LAKATAMIA
Christofi	Kyriaki	CY- AKAKI
Christofi	Thanoulla	CY- NICOSIA
Clemenz	Gunnar	Karlsruhe
Constantinides	Constantinos	CY- LIMASSOL
Constantinou	Michalakis	CY- LATSIA
Constantinou	Constantinos	CY- NICOSIA
Cornelissen	Philipp	Aachen
Cüppers	Andrea	München
Dadam	Stefanie	Dortmund
Danger	Lisette	Braunschweig
Daniel	Panayiotis	CY- ANTHOUPOLI
Daniel	Xenia	CY- LIMASSOL

Dauenhauer	Kerstin	Kaiserslautern
de Lemos	Miriam	Ulm
Dezer	Rene	Berlin
Diederich	Martin	Essen
Diercksen	Gerhard	Mannheim
Dittmann	Marc	Berlin
Diwisch	Frank	Hanau
Döbert	Christine	Hamburg
Dörfler	Dieter	Rückersdorf
Dost	Patrick	Osterholz-Scharmbeck
Drabner	Jürgen	Darmstadt
Dunkel	Desiree	Hannover
Eberhard	Sonja	Braunschweig
Echelmeyer	Mark-Oliver	Dortmund
Eckardt	Hartmann	Leutenbach
Economidou Argyrou	Constantia	CY- KAIMAKLI NICOSIA
Eder	Andreas	Speyer
Efstathiou	Kyriakos	CY- STROVOLOS
Ehricke	Lucia	Kassel
Eichenseer	Bernd	Saarbrücken
Eicker	Timm	Dortmund
Eisfeld	Michael	Kassel
Eleftheriou	Marina	CY- STROVOLOS
Engels	Michael	Fulda
Engels	Udo	Erkrath
Enns	Anton	Hagen
Ewers	Jan	Büren
Exner	Ulrich	Frankfurt
Ferchichi	Semir	Berlin
Fertig	Christian	Bensheim
Fischer	Michael	München
Fischer	Stephan	Lüdenscheid
Fischer	Markus	Dresden
Fischer	Andreas	München
Fitzen	Christoph	Viersen
Flachhuber	Stefan	Nürnberg
Fleischer	Andreas	Frankfurt
Flügge	Jan-Frederik	Bochum
Freking	Michael	Braunschweig
Fritz	Thomas	Grävenwiesbach
Frücht	Christian	Menden
Fründt	Guido	Hamburg
Fuhrmann	Kornelia	Allendorf
Galster	Franz	Leutenbach

Ganter	Christian	Tuntenhausen
Garg	Leena	Stuttgart
Garvert	Bernd	Aachen
Gdalin	Jakob	Darmstadt
Geisser	Gunnar	Hildesheim
Geist	Marco	Karben
Gelhaus	Christian	München
Georghiou-Yiallourou	Eleni	CY- STROVOLOS
Georgiou Michaelidou	Georgia	CY- LIMASSOL
Georgiou-Dias	Soteria	CY- PAFOS
Gerbes	Karsten	Lüneburg
Gewitz	Jessica	Berlin
Giahi Saravani	Kian	Aachen
Glotz	Christian	Dresden
Goetsch	Marcel	Dresden
Görgemanns	Lars	Aachen
Gorges	Mike	Losheim
Grabow	Katja	Hürth
Greiling	Axel	Buxtehude
Gremmer	Thomas	Korschenbroich
Groß	Andrea	Berlin
Grüner	Harald	Ansbach
Guhlke	Christoph	Luckenwalde
Gunnoltz	Jana	Berlin
Haack	Thomas	Schalksmühle
Hackober	Maria	Braunschweig
Hadjicharou-Floridou	Evanthia	CY- NICOSIA
Hadjilazarou	Maria	CY- LAKATAMIA
Hagen	Johannes	Garching
Hager	Franz	Bayerisch Gmain
Hakvoort	Martin	Isselburg
Halfpap	Dirk	Lüneburg
Hallmann	Andrea	Meschede
Hansel	Jens	Bünde
Hansen	Heiko	Wuppertal
Hansen	Rebecca	Eckernförde
Hartmann	Ralf	Wernigerode
Hauenstein	Ferdinand	Lauf
Haupt	Benjamin	Leverkusen
Hauser	Heinz-Peter	Tönisvorst
Hauswald	Yvonne	Dresden
Havemann	Kathrin	Würzburg
Heckhausen	Hans-Peter	Tacherting
Heer	Niklas	Darmstadt

Heide	Jörg	Wilnsdorf
Heiden	Robert	Berge
Heidrich	Thorsten	Bonn
Heidt	Gunnar	München
Heimel	Richard	Benningen
Heinlein	Thomas	Regenstauf
Heise	Niels-F.	Oerlinghausen
Held	Uwe	Achstetten
Heldt	Thomas	Kaufering
Heller	Magnus	Hannover
Hellmann	Benedikt	Ennigerloh
Hellmich	Vanessa	Lindwedel
Hennecke	Christian	Dortmund
Hennenberg	Hans-Michael	Wuppertal
Hente	Christian	Burgdorf
Hering	Jürgen	Neuenkirchen
Hermann	Sascha	Mülheim
Hindelmeyer	Robert	Hannover
Höffmann	Klaus-Henning	Braunschweig
Hohaus	Michael	Berlin
Höhne	Marion	Ascheberg
Holberndt	Tobias	Bonn
Holze	Rüdiger	Burgdorf
Hölzig	Kai	Freiberg
Hübl	Daniela	Wetzlar
Hülsmann	Christof	Kassel
Hünerbein	Marco	Düren
Hüther	Melanie	Steinwenden
Hylla	Patrick	Wuppertal
Icli	Yilmaz	Fürth
Ioakim	Froso	CY- STROVOLOS-NIKOSIA
Ioannides	Georghios	CY- AGLANTZIA
Ioannides	Costas	CY- NICOSIA
Ioannidou	Maria	CY- LYCAVITOS
Ioannou	Christos	CY- LARNAKA
Ioannou Zapiti	Loukia	CY- STROVOLOS
Ioannou-Kakoulli	Anna	CY- NICOSIA
Ioannou-Savvidou	Christothea	CY- KATO POLEMIDIA
Jacob	Angelika	Rheinstetten
Jahn	Kerstin	Braunschweig
Javorovic	Branimir	Frankfurt
Jenner	Bert	Norderstedt
Jonashoff	Stefan	Braunschweig
Jorge	Romero Lozano	SAN FRANCISCO, CA

Joseph	Mandy	Nürnberg
Julavic	Monika	Berlin
Jungermann-Last	Wibke	München
Kagerer	Oliver	Osterhofen
Kamilari	Olga	CY- PERA ORINIS
Kanikli	Panagiota	CY- NICOSIA
Kaya	Hatice	Hamburg
Kehren	Werner	Remseck
Keil	Heiko	Reinheim
Keip	Christian	Wuppertal
Keller	Frederick	Magdeburg
Kellner	Jaqueline	Braunschweig
Kentoni	Maria	CY- LAKATAMIA
Kesoglou	Roberto	Hamburg
Kessler	Friedrich	Böhl-Iggelheim
Kettler	Stefanie	GB-EPSOM
Khachatourian	Christin	Aachen
Kienle	Peter	Grafenau
Kießling	Claas	Leipzig
Kirschmer	Daniela	Blaubeuren
Kivivirta	Janne Juhani	Berlin
Klagges	Oliver	Meschede
Klenk	Peter	Rastatt
Klotz	Ulrich	Berlin
Knopp	Martin	Nürnberg
Kobus	Harald	Dortmund
Kochendörfer	Bernd	Berlin
Kohlstruck	David	Göttingen
Kolb	Melanie	Siegen
Kompfe	Matthias	Kassel
König	Judith	Geretsried
Königs	Bernd	Baesweiler
Köpernik	Thomas	Maitenbeth
Köppen	Ulrich	Krefeld
Körbel	Frank	Gelsenkirchen
Kortmann	Sebastian	Aachen
Kosterski	Oliver	Germering
Kostyszyn	Carina	Aachen
Kotthaus	Christoph	Radevormwald
Kouphali Antoniou	Androula	CY- ANTHOUPOLIS
Kousas	Antonios	Bochum
Kraft	Holger	Rheurdt
Krähe	Robert	Berlin
Krasias	Charalambos	CY- ARADIPPOU L/CA

Krause	Helge	Solingen
Krebbing	Bernd	Schermbeck
Kress	Anna	Gießen
Krietemeyer	Ralf	Darmstadt
Kröhnert	Helmut	Dortmund
Krüger	Dirk	Kernen
Kuczmarski	Petra	Berlin
Kuhnke	Björn	Sankt Augustin
Kulik	Karolina	Reinheim
Kullmann	Daniel	Griesheim
Kunze	Wolfgang	Recklinghausen
Küppers	Jörg	Haltern am See
Kyriacou	Christodoulos	CY- ARADIPPOU
Kyriacou-Georgiou	Eleni	CY- LAKATAMIA
Laalej	Gisela	Neuss
Lago Villa	Melanie	Magdeburg
Lagos	Kyriakos	CY- PALECHORI
Lagos	Carlos	Hannover
Lambidonitou	Irene	CY- LAKATAMIA
Lehmann	Joachim	Dornstetten
Lehmann	Martin	Dresden
Leibnitz	Andreas	Leipzig
Leideck	Klaas	Hannover
Leister	Andreas	Großenlüder
Leitl	Steffen	Boxberg
Leppert	Caroline	Braunschweig
Leuschner	Katharina	München
Li	Lun	Kassel
Limnatitou	Kyriaki	CY- PARISSINOS-NICOSIA
Linde	Franziska	Ahrensfelde
Lindner	Mathias	Mainz
Lingies	Michael	Berlin
Liukkonen	Erkki	SF-ESPOO KIVENLAHTI
Loizias	Andreas	CY- AYIA NAPA
Lorenz	Sandra	Braunschweig
Loucaidou	Thomais	CY- LIMASSOL
Lucke	Dennis	Dortmund
Luft	Lars-Gunnar	Dresden
Luig	Peter	Hameln
Lushta	Florent	Wuppertal
Lutz	Robert	NL-TEGELEN
Maaß	Florian	Grevenbroich
Mahnkopp	Hans-Peter	Hildesheim
Maier	Philippa	Kernen

Malae Ioannidou	Yiannoula	CY- STROVOLOS
Malinowski	Przemyslaw	Köln
Mamitza	Aurelian	Berlin
Mangold	Michael	Velbert
Markovic	Marinko	Duisburg
Marks	Guido	Bergisch Gladbach
Marks	Thomas	Siegen
Marten	Frithjof	Hannover
Marten	Reina	Schwielowsee
Marti	Eleni	CY- LIMASSOL
Maslennikow	Natalie	Schauenburg
Mattusch	Viviane	Schkeuditz
Mayer	Matthias	Panketal
Meckbach	Philipp	Hagen
Melián Esser	Tobias	Goch
Merklinger	Irene	Netphen
Messner	Werner	Kippenheim
Mett	Alexander	Dortmund
Metzner-Klein	Beate	Berlin
Michael	Maria	CY- ENGOMI
Michael	Anna	CY- LARNACA
Michaelides	Stelios	CY- STROVOLOS
Michaelidou Zouppouri	Anastasia	CY- NICOSIA
Middendorf	Christoph	Duisburg
Miele	Francesco	Saarbrücken
Miels	Lars	Bergfelde
Mischok	Marcus	Berlin
Mittring	Gert	Bonn
Mocker	Stefanie	Dessau
Möller	Heiko	Kassel
Monka	Jörg	Leipzig
Morent	Stefan	Berlin
Mrkonjic	Marina	Karlsruhe
Müller	Henning	Essen
Müller	Markus	Hamburg
Müller	Christian	Darmstadt
Mylona	Demetra	CY- LATSIA
Nebrich	Christian	Darmstadt
Nickel	Bert	Ismaning
Nicolaou	George	CY- AYIOS DOMEDIOS
Niklas	Peter	Siebeneichen
Nolte	Axel	Hamburg
Nöltgen	Michael	Waldbröl
Nowak	Thomas	Herten

Oberdörffer	Jochen	Pulheim
Obuseh	Lucky Isioma	Bremen
Oechsle	Oliver	Rosenheim
Ohrmann	Niels	Helmstedt
Olymbiou-Karatzi	Maria	CY- KAIMAKLI-NICOSIA
Orfanidou	Paraskevi	CY- ANTHOUPOLI
Ork	Martin	Wuppertal
Ostholt	Tobias	Münster
Pallari-Kassinopoulou	Sotiroula	CY- AGLANTZIA
Palm	Ludwig	GB-LONDON
Palm	Philipp	Hannover
Panayidou	Antigoni	CY- LAKATAMIA
Panayiotou	Elena	CY- LAKATAMIA
Panteli	Pantelis	CY- LATSIA
Papapostolou	Despo	CY- PALLOURIOTISSA
Pawelski	Michael	Ingolstadt
Pekoll	Oskar	Berlin
Pelidou Panayidou	Stalo	CY- AGLANIJA NICOSIA
Petrou	Maria	CY- LIMASSOL
Petruschke	Jan	Aachen
Petryna	Yuri	Berlin
Pfeifer	Matthias	Bensheim
Pfeiffer	Andreas	Neustadt
Phillip	Urs	Freising
Photiou	Anthi	CY- ENGOMI, NICOSIA
Pich	Rebecca	Kaiserslautern
Pilsl	Mascha	Aachen
Piperis	Soteris	CY- STROVOLOS
Pisinou	Yianna	CY- AGLANTZIA
Pithara-Iosif	Stella	CY- LAKATAMIA
Pittakas	Constantinos	CY- AGLANTZIA
Plöger	Wolf	Hamburg
Plontasch	Christoph	Berlin
Podgorski	Stephan	Dohna
Polycarpou	Christakis	CY- LAKATAMIA
Pörschmann	Maria	Berlin
Preims	Hansjörg	A-WIEN
Prohl	Bianca	Berlin
Quintana Saavedra	Jesus David	Hannover
Raczek	Milan	Berlin
Raisin	Steffen	Essingen
Ramm	Malte	Minden
Rammelt	Mike	Meerbusch
Rassek	Stefan	Wuppertal

Raub	Tamara	Hamburg
Rehm	Claudia	Rosenheim
Reichardt	Manuel	Braunschweig
Reichelt	Stan	Leipzig
Reichert	Jochen	Stuttgart
Reinke	Thomas	Hamburg
Reisch	Arthur	Laer
Renault	Philipe	Jülich
Rettberg	Caren	Hann. Münden
Rettig	Tom	Berlin
Rexroth	Karsten	Karlsruhe
Reyelts	Hinrich	Karlsruhe
Richter	Stefan	Dresden
Riege	Andreas	Berlin
Riekewald	Jens	Chemnitz
Ries	Kevin	Düsseldorf
Rietz	Thomas	Potsdam
Rix	Joachim Gerhard	Karlsruhe
Rochelt	Markus	Erndtebrück
Röder	Steffen	Dresden
Rohwer	Hauke	Braunschweig
Rolf	Martin	Wuppertal
Roll	Daniel	Detmold
Rose	Kay	Paderborn
Rösner	Knuth	Bergisch Gladbach
Rost	Günter	Hanau
Rotsidou	Sophia	CY- MAMMARI
Rötz	Alexander	Kassel
Rubarth	Conrad	Wuppertal
Rubba	Ulrich	Staufenberg
Rudolph	Michael	Krefeld
Rudolph	Helmut	Neuburg
Rummel	Andreas	Karlsruhe
Rutkowski	Tim	Hannover
Rüttgers	Marcel	Aachen
Saeedi	Majid	Berlin
Sagner	Jürgen	Königsbrunn
Salomon	Eva-Maria	Berlin
Salzburger	Alois	A-KUNDL
Saoulias	Georgios	GR- PANORAMA-THESSALONIKI
Sauer	Florian	Karlsruhe
Schade	Markus	Hürth
Schäfer	Trinidad	Neuss
Schappmann	Jessica	Leipzig

Scharrer	Andreas	Palling
Schätzlein	Thorsten A.	Leipzig
Schau	Dieter	Holzbunge
Scherer	Christoph	Darmstadt
Schiefer	Colin	Aachen
Schiek	Olaf	Kelsterbach
Schindler	Steffen	Neunkirchen
Schindler	Johannes	Mintraching
Schirmer	Katja	Schkeuditz
Schladitz	Frank	Beucha
Schlaich	Mike	Berlin
Schmidt	Peer	Stuttgart
Schmied	Andreas	Dreieich
Schmiemann	Alina	Aachen
Schmitt	Michael	Iserlohn
Schmitt	Volker	Wörth
Schnabel	Guido	Bad Nauheim
Schneider	Christoph	Aachen
Schneider	Jens	Weiterstadt
Scholl	Willi	Mücke
Scholze	Kai	Dortmund
Schönecke	Silke	Hannover
Schöppe	Thomas	Braunschweig
Schreiber	Stefan	Walsheim
Schreyer	Juergen	Stuttgart
Schuckert	Markus	Dresden
Schuhmacher	Michael	Stuttgart
Schulte	Bastian	Dresden
Schulz	Ulrike	Wulkau
Schulz	Marc	Berlin
Schümann	Andreas	AUS-ROSALIE QLD
Schuster	Benjamin	Wuppertal
Schuster	Konrad	Braunschweig
Schwabe	Corinna	Sigmaringen
Schwartz	Markus	Herdorf
Schwarz	Patrick	Dresden
Sedlacek	Wolfgang	Schulzendorf
Seibel	Sergej	Königslutter
Seidel	Axel	Mörfelden-Walldorf
Seidel	Steffen	Braunschweig
Serkouh	Jalal	Saarbrücken
Seydler	Jörg	Lauenförde
Shrestha	Geeta	Köln
Sidon	Stefan	Wuppertal

Siebold	Franz-Hermann	Nürnberg
Sieker	Frank	Langenfeld
Siemer	Christoph Robin	Hamburg
Sikorski	Oliver	Kassel
Simon	Daniela	Berlin
Simons	Isabelle	Weinsberg
Skicki	Dirk	Oberhausen
Sofocleous	Spyroulla	CY- AGLADJIA, NICOSIA
Sojoudi	Beheshteh	Kassel
Speiser	Jürgen	Karlsruhe
Staab	Matthias	Frielendorf
Stäblein	Alexander	Warthausen
Stahl	Peter	Braunschweig
Standhardt	Jonas	Bochum
Stavrou	George	CY- AREDIOU
Steinbach	Bastian	Bad Neustadt
Stephan	Thomas	Hilden
Sternberg	Ralf	Hamburg
Stottmeister	Mathias	Stendal
Straub	Dietmar	Ravensburg
Strauß	Stephan	Krefeld
Stuth	Bernhard	Oranienburg
Sucker	Ingolf	Potsdam
Suttner	Michael	Lappersdorf
Swierczynska	Anna	Berlin
Tenbrock	Ansgar	Ahaus
Themistokleous Economidou	Eleftheria	CY- ARCHANGELOS
Theodorou	Maria	CY- LIMASSOL
Thiel	Lutz	Hamburg
Thielking	Christian	Berlin
Thiemann	Frank	Melsungen
Toppmöller	Frauke Mareike	Lemgo
Trebitz	Günter	Herford
Trosse	Jonas	Stuttgart
Tschaut	Marcus	Erfurt
Tuschell	Tim	Bergisch Gladbach
Ude	Christina	Vellmar
Uhl	Matthias	Gelchsheim
Unterweger	Roland	Pfalzgrafenweiler
Utumi	Tatiane	Karlsruhe
Vahlhaus	Christoph	Frankfurt
Vasilocostas	Stelios	CY- LAKATAMIA
Vatter	Wilhelm	Waldfischbach-Burgalben

Venus	Ludwig	Schwarzach
Verst	Rainer	Rastatt
Viehl	Thorsten	Bad Laasphe
Vielhaber	Sebastian	Arnsberg
Vijarnkaikij	Thanatorn	Hannover
Vitsaidoy Frangoudes	Maria	CY- ENGOMI
Volker	Marcus	Bettenfeld
Volkmar	Johannes	Siegen
Vollerthun	Frank	Saarbrücken
von Dobschütz	Andreas	Nürnberg
von Radowitz	Bernard	Karlsruhe
Von Wintzingerode	Wilko	Nürnberg
Wagner	Claudia	Dreieich
Waimer	Frédéric	Stuttgart
Wallrabenstein	Tim	Seeheim-Jugenheim
Wastlhuber	Andreas	Prutting
Wefer	Maik	Hannover
Weihl	Hanna	Frankfurt
Weiske	Jörn	Hamburg
Weitkamp	Mareike	Bochum
Welker	Christian	Staudernheim
Welter	Joe	Kaiserslautern
Wemhöner	Tim	Köln
Wenner	Lukas	Köln
Wichmann	Fabian	Braunschweig
Wiegand	Sven	Darmstadt
Witkowski	Nicole	Dortmund
Witkowsky	Jan	Halle
Witschas	Eberhard	Kreuztal
Wittkopf	Andre	Berlin
Wöhr	Simon	Mannheim
Woitke	Michael	Berlin
Wolf	Matthias	Aachen
Wollmerstädt	Irina	Berlin
Yenagritis	George	CY- LARNACA
Yöney	Mesut	Stuttgart
Zander	Sabine	Schönebeck
Zavou	Andronikos	CY- LIMASSOL
Zeleny	Carsten	Hamburg
Zirnig	Eva	Dortmund
Zoll	Michaela	Rödermark
Zoske	Sabine	Rehfelde

Inserentenliste Jahrbuch-Bautechnik 2006/2007

	Seite
Arcelor Commercial Sections S.A., L-4221 Esch-sur-Alzette	105
Beton Marketing Süd GmbH, 73760 Ostfildern	321
Deutsche Foamglas GmbH, 42781 Haan	201
Ed. Züblin AG, 70511 Stuttgart	231
GERB Schwingungsisolierungen, 45131 Essen	281
Hochtief Construtions AG, 60528 Frankfurt	37
Hünnebeck GmbH, 40855 Ratingen	33
NAUE GmbH & Co.KG, 32339 Espelkamp	55
PCI Augsburg GmbH, 86159 Augsburg	71
SCHWENK Zement KG, 89077 Ulm	87
ThyssenKrupp GfT Bautechnik, 45143 Essen	25
Tracto-Technik GmbH, 57368 Lennestadt	169
TÜV SÜD Industrie Service GmbH, 80686 München	17
VDI Verlag GmbH, 40239 Düsseldorf	109